Lebenserinnerungen

von

Carl Schurz

Band III

Briefe und Lebensabriß

Berlin
Druck und Verlag von Georg Reimer
1912.

Inhalt.

	Seite
Vorwort	V
Briefverzeichnis	VII
Briefe	1—338
Carl Schurz' politische Laufbahn 1869—1906 von Frederic Bancroft und William A. Dunning, für deutsche Leser bearbeitet von Max F. Blau . . .	339—488
Personen-Register	489

Vorwort.

Seit dem Erscheinen des zweiten Bandes der Lebenserinnerungen von Carl Schurz im Jahre 1907 sind zahlreiche Stimmen laut geworden, die nach einer Fortsetzung des Berichtes über den ereignisvollen Lebenslauf verlangten. Solche Leser, die mit besonderer Teilnahme den frühen stürmischen Schicksalen des Jünglings und des reiferen Mannes gefolgt waren, wünschten auch über die späteren Jahre des Staatsmannes eingehende Aufklärung. Da nun über diese zweite, kürzere Hälfte des Lebens keine persönlichen Aufzeichnungen vorhanden sind, geben wir in diesem Bande den von Frederic Bancroft und William A. Dunning für die amerikanische Auflage verfaßten Abschluß der Lebensgeschichte. Frederic Bancroft war als langjähriger, nahestehender Freund von Carl Schurz und als bekannter historischer Schriftsteller besonders dazu geeignet, diese biographische Abhandlung zu schreiben, wobei er den Beistand von William A. Dunning, Professor der Geschichte, genoß.

Dr. Max Blau, Professor der deutschen Abteilung der Universität zu Princeton, hat, als Deutscher, seine Übersetzung der oft verwickelten politischen Zustände in Amerika dem Verständnis des mit diesen Verhältnissen weniger vertrauten deutschen Lesers näher bringen können.

Wir schicken der Abhandlung eine Reihe von intimen Freundes- und Familien-Briefen voraus, in welchen die innere Entwicklung des ideal angelegten Jünglings, das Heranreifen des neuen amerikanischen Bürgers zum Staatsmann von der persönlichen Seite beleuchtet werden.

Dem Näherstehenden war es eine schwierige Aufgabe, aus der großen Anzahl von Briefen die richtige, charakteristischste Auswahl zu treffen. Oft kostete es Überwindung, den Ausdruck intimeren Gefühls stehen zu lassen, wo ein zu ängstliches Ausmerzen ein einseitiges Charakterbild gegeben hätte.

Bolton Landing, August 1912.

Agathe Schurz.

Briefverzeichnis.

			Seite
1841	27. April	Marianne Schurz an ihren Sohn Karl	1
1844	3. Januar	" " "	2
1845	17. November	Karl Schurz an Theodor Petrasch	3
1846	27. Januar	" " "	6
	6. Februar	" " "	9
	16. Februar	" " "	14
	6. August	" " "	18
	23. September	" " "	22
	?	" " "	24
1847	1. April	" " "	26
	3. April	" " "	29
1848	29. Mai	" " "	32
	26. Juni	" " "	33
	18. September	" " "	37
	21. Dezember	" " "	37
1849	20. März	" " Gottfried Kinkel	39
	23. März	" " Theodor Petrasch	43
	27. März	" " "	44
	21. Juli	" " seine Eltern und Geschwister	45
	23. Juli	" " seine Freunde	49
	31. Juli	" " Christian Schurz (Eltern)	53
	15. August	" " "	56
	18. August	" " seine Eltern	59
	20. Oktober	" " Christian Schurz	60
1850	31. Januar	" " "	63
	8. Februar	" " "	64
	18. Februar	" " "	65
	September	" " ?	66
	Mitte November	" " Eltern und Geschwister	70
	im November	Gottfried Kinkel an Christian Schurz	72
	1. Dezember	Karl Schurz an Frau Kinkel	74
	19. Dezember	Gottfried Kinkel an Christian Schurz	75
1851	1. Januar	Karl Schurz an seine Eltern	77
	2. März	Gottfried Kinkel an Christian Schurz	80
	7. März	Karl Schurz an seine Eltern	81
	2. Juni		82
	17. Juni	" " "	83
	25. Oktober	" " "	84
1852	19. April	" " Adolph Meyer	86
	19. Mai	" " seine Eltern	90

					Seite
1852	12. Juli	Karl Schurz	an	Friedrich Althaus	92
	26. Juli	"	"	"	93
	4. August	"	"	"	94
	20. Oktober	"	"	Charlotte Voß	96
1853	12. April	"	"	Gottfried Kinkel	101
1854	16. März	"	"	seine Frau	104
	23. März	"	"	"	106
	23. März	"	"	"	108
	24. März	"	"	"	109
	22. September	"	"	"	109
	26. September	"	"	"	112
	2. Oktober	"	"	"	113
1855	23. Januar	"	"	Gottfried Kinkel	117
	4. März	"	"	seine Frau	122
	25. März	"	"	Gottfried Kinkel	123
	6. August	"	"	seine Frau	127
	27. August	"	"	"	129
	29. September	"	"	"	130
	21. Oktober	"	"	"	131
	5. November	"	"	"	132
	19. November	"	"	"	133
1856	12. April	"	"	Friedrich Althaus	137
	27. April	"	"	Gottfried Kinkel	139
	15. November	"	"	Friedrich Althaus	141
	20. November	"	"	Heinrich Meyer	143
	1. Dezember	"	"	Gottfried Kinkel	145
	17. Dezember	"	"	"	148
1857	25. November	"	"	Heinrich Meyer	150
1858	15. Januar	"	"	"	152
	15. Februar	"	"	Gottfried Kinkel	153
	23. Februar	"	"	"	155
	5. November	"	"	Friedrich Althaus	156
	26. Dezember	"	"	Gottfried Kinkel	159
1859	13. April	"	"	seine Frau	161
	14. April	"	"	"	161
	15. April	"	"	"	162
	19. April	"	"	"	163
	21. April	"	"	"	163
	21. September	"	"	"	164
	22. September	"	"	"	167
	27. September	"	"	"	168
	3. Oktober	"	"	"	170
	5. November	"	"	"	171
1860	23. Februar	"	"	"	173
	2. März	"	"	"	174
	5. März	"	"	"	175
	9. März	"	"	"	176
	25. März	"	"	"	178
	25. Juli	"	"	"	179
	29. Juli	"	"	"	180
	10. September	"	"	"	181
	14. September	"	"	"	183

Jahr	Datum				Seite
1860	17. September	Karl Schurz	an	seine Frau	184
	3. November	"	"	"	185
	7. November	"	"	"	186
	14. November	"	"	"	187
	17. Dezember	"	"	"	188
	24. Dezember	"	"	"	189
	27. Dezember	"	"	"	190
1861	29. Januar	"	"	"	191
	4. Februar	"	"	"	193
	10. Februar	"	"	"	195
	4. März	"	"	"	196
	7. März	"	"	"	196
	13. März	"	"	"	197
	28. März	"	"	"	198
	17. April	"	"	"	199
	29 April	"	"	"	200
	30. April	"	"	"	201
	2. Juni	"	"	seine Eltern	201
1861	3. Juli	"	"	Adolf Meyer	202
	13. August	"	"	"	204
	19. August	"	"	seine Eltern	205
	11. Oktober	"	"	Friedrich Althaus	208
	9. Dezember	"	"	"	211
1862	2. Februar	"	"	seine Eltern	212
	13. März	"	"	"	213
	5. Mai	"	"	seine Mutter	214
	12. Juni	"	"	seine Eltern	215
	15. Juli	Margarethe Schurz	an	ihre Schwiegereltern	218
1863	7. Januar	Carl Schurz	an	seine Eltern	221
	26. März	"	"	"	222
	10. September	"	"	"	224
	24. September	"	"	Theodor Petrasch	225
	3. Oktober	"	"	"	228
	9. November	"	"	seine Tochter	231
	23. Dezember	"	"	Theodor Petrasch	234
1864	24. Januar	"	"	seine Eltern	236
	20. Februar	"	"	"	238
	24. April	"	"	"	239
	5. Juli	"	"	"	241
	12. Oktober	"	"	Theodor Petrasch	242
1865	1. Februar	"	"	seine Frau	248
	2. April	"	"	"	252
	3. April	"	"	"	253
	14. April	"	"	"	254
	18. April	"	"	"	256
	21. April	Margarethe Schurz	an	ihren Mann	258
	21. Mai	Karl Schurz	an	seine Frau	258
	15. Juni	"	"	Heinrich Meyer	259
	16. Juni	"	"	seine Frau	260
	25. Juni	"	"	Friedrich Althaus	261
	9. August	"	"	seine Frau	265
	27. August	"	"	"	266
	2. September	"	"	"	268

				Seite
1865	12. September	Karl Schurz	an seine Frau	270
	24. November	„	„ „	271
	5. Dezember	„	„ „	272
1866	23. Januar	„	„ „	273
	11. Mai	„	„ seinen Vater	274
	10. Juni	„	„ Heinrich Meyer	276
	4. August	„	„ Theodor Petrasch	280
	8. November	„	„ Heinrich Meyer	281
	16. Dezember	„	„ Theodor Petrasch	283
1867	4. März	„	„ seine Frau	284
	16. Juni	„	„ „	285
	8. Juli	„	„ „	286
	9. Juli	„	„ „	290
	16. Juli	„	„ „	290
	23. August	„	„ „	292
	4. September	„	„ „	294
	17. September	„	„ „	296
	26. Oktober	„	„ „	298
	23. November	„	„ „	299
1868	3. Februar	„	„ Heinrich Meyer	300
	24. Februar	„	„ Gottfried Kinkel	303
	5. März	„	„ seine Frau	305
	29. März	„	„ „	306
	4. April	„	„ „	307
	24. Mai	„	„ seine Tochter	309
	24. Mai	„	„ seine Frau	310
	2. August	„	„ „	311
	9. August	„	„ „	314
	16. August	„	„ „	316
	17. August	„	„ seine Tochter	316
	2. November	„	„ seine Frau	318
	9. November	„	„ „	320
	16. November	„	„ „	322
	28. November	„	„ „	323
	29. November	„	„ „	324
	20. Dezember	„	„ „	325
1869	3. Januar	„	„ „	327
	10. Januar	„	„ „	329
	16. Januar	„	„ „	330
	24. Januar	„	„ „	333
	16. Februar	„	„ „	335
	10. März	„	„ „	336

Mutter Marianne Schurz an ihren Sohn
den Schüller Carl Schurz in Cöln, Maximinianstraße Nr. 16.

Liblar den 27 April 1841.

Lieber Carl! Dein Zeugnis kann ich dier unmöglich, vor Donnersdag besorgen, denn der Vater ist Heutmitag nach Bonn gereist, und kömt nicht eher zurück bis Mätwoch Abend.

Lieber Carl sey mir fleißig in allen Fächer, besonders las die Religions Lehre Tiefe Wurzel Fasse, den daß ist der Stab worauf du dich Stützen mus, die mus dich von allen Irrwegen abhalten. Ich Sage dier nochmal Vergesse dein Gebett nicht, Mann mus mit Gott Schlafen gehn und mit Gott Auf Stehn, dein Vatter und Muter können dier nicht immer zur Seiten sein —, aber unser Vatter im Himmel der Verläßt seine Gute Kinder nicht, daher mus du alles thun um Gott und den Menschen zu Gefallen. —

Sage zur Frau Schetteler für die Kleidung würde ich Sorgen, ich weis aber nicht ob ich dein Rock hier machen soll lassen oder in Cöln, wenn ich diese Woche nicht nach Cöln komme so komme Anfangs Künftig Woche

Grüße Frau und Her Schetteler vielmal

dein dich innigst Liebende Mutter
Schurz.

Dein Ohm Georg ist noch in Bockelmünd,
und wird nicht eher wieder kommen bis Sonntag.

Mutter Marianne Schurz an ihren Sohn

Carl Schurz in Cöln

Liblar den 3 Januar 1844.

Lieber Carl! Dein Heutiger Abschied hat mich sehr angegriffen! ich habe viele Thränen vergossen nachdem du weg wars, und kann mich noch nicht finden. — That es der Brief den ich Gestern von dem Vatter gefunden? oder ist es eine Ahnung für die Zukunft? —

Lieber Carl, dier soll es an nichts fehlen, an gar nichts, du siehs ja doch wie hart es mier ist, wenn dein lieber Vatter etwas Strennge mit dier ist. Mache uns doch Freude las es dein ganzes Bestreben sein, dich, und uns alle Glücklich zu machen. es hängt nur von deinem Fleiße, und guter Aufführung ab, Talent hast du.

Dein Vatter kann wohl einmal hart sein, aber du bist auch sein Stolz, er hat dich wirklich Lieb. Suche ein Vatter der daß seinige so Nöthig hat! und so viell Geld an ein Kind legt, und schon gelegt hat, denk einmal deine Armen Schwestergen. — Ich hoffen daher, das du alles thun wirs, um deinen Eltern, und Geschwister Freude zu machen. — Nicht wahr daß thust du ja gerne? Auch Lieber Carl, erfreue uns oft mit einem Brief, der etwas Gewicht hat, Es ist ja Schrecklich von einem Kinde zu hören, ich schreibe gar nicht mehr, weil Ihr den Brief andern Leessen last, dies ist eine kalte Endschuldigung. — Kinder müssen den Eltern gar nichts Schweigen können. Das mach Freude, wier thun dier ja nichts zum Nachteil damit. — Thue das Lieber Carl, Erfreue besonders dein Vatter damit, Ich hoffe du wirs das gern thun. —

Vergesse das Betten nicht, denke oft an den Lieben Gott, dan wird Er dich auch nicht verlassen. — Sei Munder und Froh, und Studire mit Freude. Grüße die Famielie Flatten vielmal, wier lassen Ihnen alle ein Glückselig neues Jahr wünsche.

Leb wohl und braf Lieber Carl und denke

oft an dein dich Liebende

Eltern.

An Theodor Petrasch

Coeln den 17. 11. 45.

Carl Schurz hatte auf dem Gymnasium eine warme Freundschaft mit Theodor Petrasch geschlossen. Im Herbst 1845 war Petrasch, nur einige Jahre älter als Schurz, als Student nach Bonn gezogen und wurde dort einer der Hauptgründer der Frankonia.

Mein lieber Theodor! Deinen Brief habe ich erhalten und Deine dringenden Aufträge sogleich nach Gewissen und Pflicht ausgerichtet. Schreckliches Institut! diese Pension, für junge Liebende! Ich bedaure Dich recht herzlich. Es freut mich, daß Du Fridricianer geworden! — Ich bin an Deinem Hause gewesen, und habe die Vierteljahrschrift abgegeben, item Hatem und Suleikha. — Hölscher war noch nicht mit dem Büchelchen hier. —

Kürzlich habe ich etwas von Lord Byron gelesen, aber ich muß gestehen, daß ich durchaus die Meinung über ihn nicht theile, die man fast überall aussprechen hört. Seine poetischen Erzählungen (wenigstens die, welche ich gelesen habe: Beppo, Eine Vision des Gerichts, die Belagerung von Corinth, Parisina, Mazeppa) leiden theils sehr an prosaischem Inhalt und Darstellung, theils eher auch noch an äußerst ledernem Witze. Ich habe überrascht gelesen und wieder gelesen, mit dem festen Vorsatz etwas Vollendetes herauszulesen, aber meiner eifrigen Bemühung ist das nicht gelungen. Es ist mir das Meiste ziemlich platt vorgekommen. Außerdem habe ich etliche dramatische Arbeiten von Byron zu Gesichte bekommen, und auch diese zum großen Theil den epischen entsprechend gefunden. Am besten hat mir der Manfred gefallen, obschon auch hier eine bedeutende Nachahmerei des Faust nicht zu verkennen ist. Weiter las ich noch das Trauerspiel „Werner", welches mir sehr mittelmäßig schien, besonders da ich an demselben Abend den Hamlet hatte aufführen sehen. Es ist doch etwas Großes um einen Shakespeare! Wenn man den ungeheuren Effekt betrachtet, den ein solches Drama im Herzen und Geiste des Zuschauers hervorbringt, man sollte nichts werden, als Dramatiker. Er genießt seine Poesie selbst am allermeisten, sogar mehr als der lyrische Dichter, der seine Lieder aus dem Munde des Volkes wiederklingen hört. Er hat den Totaleffekt in seiner größten Stärke zusammen. Wenn man aber die ungeheure

Kunst und Schwierigkeit betrachtet, und diesen seine eignen Kräfte gegenüberstellt, so möchte man doch nicht Dramatiker werden. Ich aber, man verzeih's meinem Stolze, will es. Es wird sich sehr bald herausstellen, ob ich dazu geboren bin, und es wird noch immer frühe genug sein, zurückzutreten, und diese Zeit war für meine Ausbildung immer keine verlorne, sondern nur die Heilung von einer Krankheit, an welcher ich sonst das ganze Leben gelitten haben würde. Ich werde Dich bald mit meinen Plänen näher bekannt machen. Von Lord Byron habe ich weiter noch ein dramatisches Gedicht: „Der Verwandelte" gelesen. Es ist möglich, daß ich ihn nicht verstanden habe, denn ich weiß wirklich nicht, was er damit will.

Genug von Lord Byron. Neulich hab' ich es versucht, ein Gasel zu machen, denn „Sich in erneutem Kunstgebrauch zu üben
Ist heilige Pflicht etc."
„Zu machen versucht" verstehe mich wohl! Große Geburtsnöthe hab ich nicht gehabt, denn ich habe mir's ein wenig bequem gemacht. Der Neuheit wegen finde es hier einen Platz, obschon es eigentlich nicht der Mühe werth sein wird.

Gasel.

Dem Schwimmer graut's im Wogenschwalle nicht,
Doch wagt er sich zum Wasserfalle nicht.
Des Büffels Kraft erliegt dem Tiger schnell,
Der Tiger steht des Löwen Kralle nicht.
Stolz ruft der Leu in Waldes grüner Nacht,
Doch bei des Jägers Büchsenknalle nicht.
Die Eiche trotzt des Sturmes Wuthgebraus
Doch trotzt sie dem Lawinenballe nicht.
Hoch kreist der Adler in der Wolken Näh,
Doch kreist er bei des Donners Schalle nicht.
Ein Jeder fühlt und braucht die eigne Kraft,
Doch unbesiegbar sind sie alle nicht.
Nur Eines ist, das unbesiegbar bleibt.
Das scheut sich vor dem Wogenfalle nicht.
Und droht der Thiere schreckliche Gewalt,
Es zittert vor des Löwen Kralle nicht.
Ihm graut nicht vor des Mörders blut'ger Faust,

Und vor des Mordgewehres Knalle nicht.
Und wälzest Du ihm Felsen in den Weg,
Ihm graut auch vor dem Felsenwalle nicht.
Und droht gewisser Tod, es zagt und stirbt
Auch unter dem Lawinenballe nicht.
Hoch wie ein Adler schwebt's im Sternenreich
Und fliehet vor des Donners Schalle nicht.
O Lieb'! Es schrecken und besiegen Dich
Vereint der Erden Kräfte alle nicht.

Ich bitte um Nachsicht, denn es ist mein erster (schon gefeilter) Versuch, dessen Unvollkommenheiten ich selbst recht gut einsehe.

Übrigens bin ich in der letzteren Zeit sehr wenig produktiv gewesen, und studire nur Menschen. Doch ein interessantes Studium! Ich habe es immer getrieben, jetzt aber mit Plan und Absicht. Es ist sonderbar, daß man den Charakter des gewöhnlichen Volkes am allerschlechtesten zu geben versteht, da er sich doch immer und zu ewigen Zeiten gleich bleibt! Ich glaube, daß man den Volkscharakter des tiefsten Mittelalter an dem jetzigen zu studiren vermag. Immer dieselbe Dunkelheit, derselbe Fanatismus, derselbe natürliche Witz, dieselben gegenseitigen Reibungen, wenigstens ihrem Grundprinzip nach! Auf der andern Seite möchte ich's doch nicht sonderbar nennen, da wir das Edle und Idealische aus uns selbst herauszuarbeiten verstehen, das Gewöhnliche und tiefer Liegende aber nicht. Überhaupt ist es dem Menschengeiste eigen, daß er sich immer in Regionen, die höher liegen als die seinigen, besser hineindenken und phantasiren kann, in tieferliegende aber schwer oder fast gar nicht. Daher kommts, daß Shakespeare diesen Volkscharakter und Volkswitz so vortrefflich zu schildern versteht, weil er der tiefern Volksclasse doch bis in sein reiferes Alter angehörte, denn er ist bekanntlich in seiner Jugend Wildschütze gewesen. Das hat wenigstens zu seiner genialen Darstellung viel beigetragen, denn der malt doch gewiß die Natur treffender, dem sie gesessen hat. . . . .

Eigentlich thut es mir leid, daß ich von Cöln weg muß. Ich bin mit den meisten Lehrern ziemlich befreundet (jetzt auch über Erwarten mit Grysar) und es gefällt mir das stockphilosophische Treiben auf dem Gymnasium in Bonn gar nicht. Aber ich kann bei meiner Familie wohnen, und für mich wird es übrigens dort viele Annehmlichkeiten geben, also füge ich mich willig. Du fragtest neulich, ob ich mit Nattmann bekannt wäre? O ja, nur auf etwas sonderbare Weise, indem wir bald in einen langen Krieg gerathen werden, worin wir uns gegenseitig kennen lernen dürften. Er lobt meine Darstellung und Sprache als (wie er zu Pütz sagte) edel und vollendet, aber er war nicht damit einverstanden, daß ich das ganze Seelenleben und die Ausbildung total auf Freiheit basire, mit andern Worten, daß ich alle Instinkte und Stimmen der Natur als dem Menschen fremd und der Freiheit widersprechend darstelle. Wir werden darüber näher sprechen.

Könntest Du mir wol an eine Alt-englische Geschichte helfen, die so recht ausführlich ist? Über den Zweck nächstens! Solltest Du eine auftreiben, so lies doch die Geschichte des Königs Edwy (955—959) und schreibe mir, ob Dir dieser nicht sehr als Held eines Dramas gefällt? Die darin vorkommenden Barbareien natürlich abgerechnet. Lebe wohl!

Dein treuer Freund
Carl Schurz.

An Studiosus Theodor Petrasch,

Cöln d. 27. 1. 46.

Mein lieber Theodor! Heute war ich bei den Deinigen und erfuhr mit Bedauern, daß Du wahrscheinlich am nächsten Sonntage nach Cöln kommen werdest, da ich an eben demselben Tage nach Bonn zu kommen gedenke. Ich hörte, daß Du ausziehen wollest, und dein Einzug bei den Meinen noch einige Schwierigkeiten hätte. Eben diese wo möglich zu beseitigen möchte ich gerne mit Dir in Bonn zusammenkommen. Wenn Du nun durchaus in den Feiertagen nach Cöln willst, so bitte ich Dich, wenigstens den Sonnabend noch dort zu bleiben, da ich mit der Eisenbahn gegen 3½ dort eintreffen werde. Es ist ja auch zur Noth noch immer Zeit abzureisen. Lieb wäre es mir, wenn Du die Tage in Bonn bleiben könntest, und Möglichkeit ist überdies vorhanden, da es nur von Deinem Willen abhängt. Ich würde gerne die Tage hier zubringen, wenn mich nicht eine vorhabende Verbesserung pecuniärer Verhältnisse nöthigte. So bleibt's also. Solltest Du Etwas dagegen einzuwenden haben, so bitte ich, mir zur Umänderung des Plans die Beschwerden schriftlich einzusenden. Ich bin etliche Tage krank gewesen, und darnach schrecklich dumm geworden. Ich kann nichts Vernünftiges mehr produciren, und habe seit den Weihnachtsferien nur sechs Verse gemacht, über die ich mir sogar kein Urtheil zutraue. Hör an:

Schwermuth.

(Phantasie.)

Schwer drückt der Sonne Gluthenstrahl
Hernieder auf das müde Thal.
Es schleicht der Bach, und alle Lüfte schweigen,
Die Blüthen senken sich an ihren Zweigen.
Und eine Rose, matt und welk und bleich
Starrt sehnend in des Blau's geheimes dunkles Reich.

Bis zum Sonnabend geb' ich Dir Bedenkzeit, ob dies Gedicht mein bestes oder mein schlechtestes ist. Ich weiß es nicht, doch ist es eins von beiden.

Was machst Du eigentlich? Hast Du nichts Neues geschrieben? Keine Verse gemacht? Diese Frage thu' ich an Dein Gewissen. Nimm Dich in Acht, daß Du nicht ein allzu arger Jurist werdest. Was wollt' ich nicht thun, wenn ich in Deinen Verhältnissen lebte! Unter Freunden voller Geist und Kraft, wo Alles anspornt und Alles hilft! Und hier — ich bin ganz, ganz allein, nur hält sich von Weise zu mir. Er ist der einzige, und ich achte ihn sehr, aber es ist doch keine Zeit, sie blüht nicht so, wie im vorigen Sommer. Da war's ganz anders! Ich machte mir früher viele Hoffnung auf unsre Correspondenz, früher sag ich, denn ich habe mich getäuscht. Woran es liegt, das frage Du Dich. Es graut mir immer, wenn ich an mein künftiges Leben in Bonn denke. Wenn wir Beide eben von akademischer Freiheit gesprochen haben, und es fällt mir ein, daß ich noch lateinische Vokabeln auswendig lernen, oder ein Französisches Pensum machen muß, das wird in meinem Kopfe immer ein starker Abfall werden. Wäre diese Zeit vorbei! Man fühlt sich auch so furchtsam, man glaubt sich zu keinem kühnern Schritt in das Heiligthum des Geistes berechtigt, so lange man noch Gymnasiast ist. Wenn Du doch nur hörtest, wie Bosen über Spinoza, Hegel und Schelling loszieht, es ist eine wahre Komödie. Neulich äußerte er über mich, daß ich etwas Tüchtiges werden könnte, wenn ich mich nicht in eine falsche Richtung geworfen hätte. Ehre und Lob genug!

Ich habe mir vorgenommen, so etwas von Novelle zu schreiben, und den Stoff soll bieten der Contrast der idealen Welt in der Phantasie eines jungen Poeten und der krassen Prosa des wirklichen Alltagslebens. Wie gefällt Dir's?

Über Deine dramatische Idee möchte ich bei Dir gerne den Stab gebrochen wissen; denn ein junger Schriftsteller muß am allerwenigsten zuerst als Plagiar auftreten. Die Wochenstube von Prutz gefällt, gefällt deßwegen, weil sie das Erste in seiner Art ist. Und wirklich, Gott behüte uns vor dem Heere der Nachahmer! Die Idee, die Frauenemanzipation zum Gegenstande eines solchen Gedichtes zu machen, mag an sich nicht übel sein, aber die Heldinnen alle in Verbindung zu bringen ohne in hundert Unwahrscheinlichkeiten zu fallen, und daraus eine dramatische Handlung regelrecht zu bilden, das ist eine wahre Herkulesarbeit. Und nun gar der Stoff zu Deiner angebeteten Parabase! Berücksichtige, was der Zweck des Lustspiels ist. Mit Deiner Parabase ziehst Du die ganze Geschichte auf das Feld des Ernstes, zerstörst die ganze Illusion, und machst so das Gegentheil von dem, was Du hättest machen sollen. Ich bitte Dich, lies darüber den Lessing.

Was ich so oft über die viel besprochene Parabase gesagt habe, findest Du durch den Inhalt der Parabasen des Aristophanes durchaus bestätigt, der ein ganz verschiedenartiger von dem der Prutzschen ist. Bei dem Aristophanes war die Parabase noch Etwas, aber Prutz sagt in ihnen nur, was er in dem Stück selbst hätte thun sollen und wollen, und was er nicht gethan und thun können. Lies den Aristophanes, und überzeuge Dich.

Über dies Alles Mehreres bei unserm Zusammensein. Es grüßt Dich recht herzlich

Dein

treuer Freund

Carl Schurz.

An Theodor Petrasch

Cöln den 6. 2. 46.

Mein lieber Theodor! Die Manilla Cigarren, welche Du bestellt hast, stehn hier zu Deiner Verfügung, und Du hast nur zu bestimmen, wie und wann sie nach Bonn geschickt werden sollen.

Den Alamontade hab' ich mit großem Verlangen gelesen, muß aber gestehen, daß er meinen Erwartungen nicht entsprochen hat. Zwar ist die Philosophie gesund, edel, schmeichelnd, aber nicht mathematisch genug, um als solche durchzudringen, — Zschokke ist mehr Dichter als Philosoph. Zudem ist dies Alles schwerfällig und ungeschickt herbeigezogen. Es ist in dem eigentlichen Roman, wie er jetzt ist, über die Hälfte überflüssig, hätte aber leicht inniger mit ihm verwebt werden können. Zschokke wollte einen philosophischen Roman schreiben, hat aber das Philosophische ohne Roman, und den Roman ohne Philosophie geschrieben, — beides besteht getrennt nebeneinander. Zschokke schreibt elegant, aber seine Eleganz muß oft die Baufälligkeit des Gedankens stützen. Seine Freundschaftlichkeit ist gar zu oft überzärtlich, stört und belästigt. Man begreift gar nicht, wie der Abbé Dillon unter den so häufigen Umarmungen hat zu Athem kommen können. Der Alamontade ist der Urtypus eines Versuchs, bei nicht gar bedeutenden Kräften einen bedeutenden philosophischen Roman zu schreiben. Er hat sich wegen seiner anziehenden Philosophie eines langjährigen Beifalls zu erfreuen gehabt, aber die Zeit wird das Ding unter die Bank stecken, da man bald die Philosophie unverzuckert verlangt, und besonders ohne diesen sentimentalen Anstrich. Überall tritt in diesem Roman eine unreife Manier hervor, doch würde die Schrift, wenn sie von einem jungen Verfasser herrührte, zu großen Hoffnungen berechtigen.

Ich möchte gerne auf Deinen vorigen Brief zurückkommen, und Du wirst es der besorgten Freundschaft zutrauen, daß sie an Deinem Schicksal lebhaft Antheil nimmt. Du klagst über Deine Verhältnisse, klagst, daß Dein Leben „ein sich Überlassen an den Augenblick sei", daß Dein Genuß „einem bewußtlosegenießenden Traum" gleiche, dessen Ende ein Erwachen zur Unzufriedenheit sei, ja oft zu schmerzlicher Reue — aber warum dies Alles? Wer eigentlich hat Deine Verhältnisse geschaffen? Wer anders, als Du? Du fühlst Dich einsam unter Menschen, aber wozu hast Du dort Deine Freunde? Du bist unzufrieden mit der Ordnung des dortigen Lebens, und in Deiner Hand steht es, diese Ordnung Dir anzubequemen.

Du klagst Dein Schicksal an, daß es Dir das längst ersehnte und erstrebte Ziel unerreichbar gemacht habe, — aber hat es das? Pekuniäre Verhältnisse können Dich nicht hindern, denn Du bist früher Docent als Advokat, und vielleicht früher Professor als Anwalt. Du sprichst von einem verlornen Semester — aber besser ein Semester verloren als ein Leben! Es kostet Dich ja nur Worte, umzusatteln, und zu ergreifen — was Dir gefällt, denn Dein Vater wird nicht fordern, was Dir das Glück Deines Lebens kostet. Du bereust es bitter, da Du doch nicht erreichen könnest, wonach Du so lange gestrebt, daß Du Dich nicht von vorneherein in eine andre Carriere geworfen — aber in welche?

Du sagst, daß es Deinem Geiste unmöglich sei, „eine Beschränkung in seinem Fluge und in seinem ersten Streben anerkennen zu w o l l e n", und m ü ß t e er dies, so sei er in seiner Wesenheit angegriffen. W o l l e n und m ü s s e n? Du verstehst Dich schlecht auf die Stärke Deiner eigenen Seele. Wer hemmt Deinen Flug, Dein Streben? Wer zwingt Deinen Geist, eine Beschränkung anerkennen zu müssen? Ich versichere Dir, daß Niemand Deinen Flug stört, und Deinen Geist beschränkt, als Dein eigenes W o l l e n. Du bist unglücklich, aber Du willst es auch. Werde Dir nur selbst klarer, und Dein Geist wird einen heroischen Flug anheben über Dein Unglück, und muthig hineinlächeln — und dies Lächeln rettet ihn vom Untergange, denn das Können hängt größtentheils vom Wollen ab.

Du schreibst, daß sich kein Amt, keine Stelle, ja selbst überhaupt kein Fach mit Deinem Naturell vereinigen lasse — aber erlaube mir, das glaub' ich Dir nicht, und siehe zu, Du glaubst es Dir selbst nicht. Es ist nur Phantasie, überspannte Meinung. Dieser Flug des Geistes strebt nach einer Freiheit, die ich unsinnig nennen möchte, denn aus ihr kann nichts hervorgehen. Der Geist, und besonders der Deinige, strebt frei, aber immer mit Vernunft.

Ich vermuthe bei Dir nichts weiter, als eine ungewöhnliche Melancholie, hervorgerufen durch den Mangel an vertraulichem Familienleben (Du lächelst vielleicht, aber schäme Dich dessen nicht, es ist wahr) und durch den Mangel an Einschränkung, und dies letztere ist besonders der Grund der gänzlichen Unthätigkeit Deines Geistes. Du bist melancholisch (zu deutsch: Du hast Grillen) und was heilt dies Alles mehr, als freundschaftlicher Umgang? Seelen, wie Du, vermögen sich nie seinem wohlthätigen Eindruck zu entziehen.

„Freundschaft ist wie der Mond. Wenn Nacht umdüstert die Seele,
Wirft sie mit sanfterem Glanz leuchtende Strahlen hinein".

Jetzt will auch ich klagen. Unglücklich bin ich nicht, und nicht gewesen seit einem Zeitpunkte, der in meiner Jugend Epoche macht, mehr, als Du es vielleicht glaubst, — seit ich Dich kennen lernte. Du warst mein erster F r e u n d , und Melancholie flieht die Freundschaft — aber ich bin so erschrecklich leer. In meinem Kopfe ist's so dumpf, so verdorrt, so träge, so langsam, so dumm. Ich kann anders nichts, als lesen, und dieses kaum. Wenn ich nicht glaubte, daß es von meiner Erkältung und meinem unaufhörlichen Schnupfen herkäme, ich würde verzweifeln.

Als einen Beweis, daß ich mein Urtheil eingebüßt habe, magst Du es nehmen, daß ich meine sechs letzten Verse, diese mittelmäßige Schwermuth für das beste von all meinen Gedichten halte, und noch jetzt steif und fest. Ich bitte Dich, lies doch das Ding noch einmal. Es ist mir unbegreiflich. — Du erinnerst Dich vielleicht, daß ich in diesem Winter einen dramatischen Plan gefaßt hatte. Ich habe der

Sache weiter nachgedacht, und bin auf unbesiegbare Schwierigkeit gestoßen, so daß ich die Einsicht gewonnen habe, daß meine Kräfte dazu viel zu schwach seien, meine Gewandtheit zu wenig ausgebildet, und ich noch viel mehr studieren müsse. Ich habe für einstweilen alle dramatischen Pläne weggeworfen, und bezweifle sehr, daß ich jemals in diesem Genre Etwas leisten werde. Ich bin über mich selbst ziemlich ins Klare gekommen, und beurtheile meine Fähigkeiten dahin, daß ich mit der Zeit noch ein ziemlich erträglicher Romanisex werden kann. Denn was leistete ich in der lyrischen Poesie? Nur zuweilen, und zwar selten gelang mir ein lyr. Gedicht, worüber dazu die Urtheile noch verschiedenartig waren. Ein episches Poem gelang mir nie, und auf das Drama resignire ich von selbst schon. Ich sehe, daß die Produkte m e i n e r Jugend denen vollkommen gleichen, die der jugendlichen Feder eines spätern Novellisten entflossen sind. Ich bin, wie Du siehst, kleinmüthig, aber doch nicht unglücklich. Ich fühle aber auf der andern Seite, daß ich eine mehr philosophische Richtung genommen, denn ich arbeite stark daran, mit meinen Ansichten in's Klare zu kommen. Bisher hab' ich nur dieses anerkannt, und jenes weggeworfen, und nicht, ohne Gründe für mein Verfahren geltend zu machen, aber ich habe das noch nicht Alles zusammengestellt, was ich anerkannt, und das, was ich weggeworfen habe. Es besteht in mir Eines n e b e n dem Andern, aber nicht Eines d u r ch das Andre. Ich habe noch nicht gefügt und gefolgert, und dieses beschäftigt mich jetzt einige Zeit. Die Resultate werde ich Dir bald mittheilen können, wenn sie Dich interessieren. Du nennst es vielleicht unsinnig, und beantwortest es mit einem Achselzucken, mir aber ist es bis jetzt noch nicht gleichgültig. Glaube nur ja nicht, daß ich dazu angeregt worden etwa durch den Alamontade, sondern eben ein Streben trieb mich nach dem Alamontade zu fragen, aus dessen süßlicher Philosophie, nebenbei gesagt, auch nicht viel Gründliches zu holen ist. Wie mir so dann und wann allerlei verrücktes Zeug in den Kopf kommt, so habe ich mir jetzt vorgenommen, etwas Volksthümliches zu dichten. Wie weit ich damit reichen werde, ahne ich jetzt schon, doch lohnt der Versuch immer der Mühe, und immer noch weiß ich nicht die Richtung, für welche ich eben geschaffen wäre, denn zu allen fühle ich gleiche Neigung, und in keiner habe ich hervorragendes Glück. Ich will suchen, wo ich mich festsetzen kann, und auf wieviel ich resigniren muß.

Kürzlich habe ich einige Sagen des Rheinlandes gelesen. Du erinnerst Dich vielleicht aus dem vorigen Sommer, daß Du einmal über die Sagenpoesie schnell den Stab gebrochen, — ich fange an zu fühlen, daß sie die tiefste, schönste und sogar eigentlichste Poesie ist, natürlich hängt das sehr viel von der Auffassung ab, — man muß eine Sage nicht wie ein Kindermärchen erzählen wollen, obschon sie auch als solches noch immer ihren Reiz hat. In der Sagenpoesie vereinigt sich hoher lyrischer Schwung mit epischem Interesse, der tiefen unerschöpflichen Symbolik nicht zu gedenken. Du findest die zartesten Saiten Deines Herzens in der Sage berührt, findest Anklänge von Deinen poetischsten Empfindungen. Ich will Dir ein Beispiel nennen — die Rolandsage. Was fehlt ihr zur vollkommensten Poesie? Und sie ist nicht etwa die beste aus schlechtern, sie ist nur eine aus vielen. Was ist der Reiz in den meisten Balladen Uhlands? Eben diese reine, leichte, natürliche Auffassung der Sage, die angepaßte Behandlung und die kindliche mittelalterliche Naivität, die schon zum großen Theil in der Sage selbst liegt. Natürlich nicht an die Bearbeitung einer „Kuhsage" (Du wirst Dich erinnern) zu denken, denn man wählt eben das Schlechteste nicht, und es ist doch auch auf der andern Seite von der Prosa des einen mißrathenen Geschöpfes nicht auf die Gattung zu schließen. Auch versteht es sich von selbst, daß der Dichter das Seinige dazu thun muß. . . . . . .

Zur Thätigkeit möcht ich Dich nochmals auffordern, zum Thun-Wollen nämlich. Die Zeit ist gar zu schön, und die Jugend gar zu flüchtig. Mit ihr sinkt die himmelanstrebende Flamme, und sinkt trübe in die Asche hernieder. Zwar kann man die Jugend verlängern, sehr verlängern (das hat uns Goethe gezeigt) aber sie nicht brauchen, heißt nicht, sie verlängern. Ich bitte Dich — entziehe Dich der Welt nicht! —

Ich hoffe, daß wir uns Fastnacht sehen werden, was für eine Krankheit es auch immer sein mag, die Dich veranlaßt, dort zu bleiben. Schreibe mir bald zurück, wann und wie Du Deine Cigarren haben willst. Willst Du sie sogleich zu Deinem Hotel haben, so könnten sie wohl durch eine Cigarrensendung an meinen Vater dorthin befördert werden.

Gruß und Handschlag von
Deinem
Carl Schurz.

An Theodor Petrasch

Coeln den 16. 2. 46.

Mein lieber Theodor! Vorigen Sonnabend und Sonntag erwartete ich Dich jeden Augenblick, aber vergebens. Warst Du gar nicht in Köln? Es wäre höchst unrecht gewesen, mich nicht zu besuchen. Fastnacht hoffe ich Dich jedenfalls in Bonn zu treffen.

Über Deinen Brief habe ich mich gewundert, und muß gestehn, daß ich sogar oft versucht war, ihn großentheils für Ironie zu halten, besonders einige Stellen in modern-humoristischem Tone.

Deine unmaßgebliche Meinung von wegen des verliebt sein's ist wirklich unmaßgeblich. Dergleichen Dinge sind mir nie in den Sinn gekommen und werden es auch sobald nicht, wie ich glaube. Sonderbar ist es, daß Du alle Erscheinungen so gar gerne nach Dir selbst beurtheilst! Halte also den ganzen Übelstand bei mir für einen bloßen Schnupfen, wenn es Dir auch das Allerprosaischste scheinen möchte. Was Du über den Alamontade schreibst, ist Alles sehr gut, bis auf das ungeheure Lob des Romans. Ich bitte Dich, lies ihn noch einmal, und du wirst gestehn müssen, daß eine ungeheure, fabelhafte Liebenswürdigkeit dazu gehört, im 18ten Jahrhundert mit ihm ein so unerhörtes Glück zu machen. Unwahrscheinliche Situationen finden sich nicht nur hier und da, sondern sie sind gehäuft. Tadellos nennst Du die Eleganz des Schriftstellers; doch möchte ich dies Lob ein wenig stark nennen, denn ich bin überzeugt, daß Du hier und da weit besser geschrieben haben würdest. Du sagst, daß die Erzählung den Leser immer in Spannung erhielte. Thut das der „Ewige

Jude" von E. Sue nicht? Nur in einer etwas, aber nicht viel verschiedenen Art.

Über mein Streben, mit mir in's Klare zu kommen, brichst Du ohne Weiteres den Stab, und sagst ein wenig spottend, daß ich's Dir mittheilen möchte, wenn ich damit fertig wäre. Wie aber, mein sehr weiser Freund, wenn ich jetzt damit fertig wäre? Du schreibst, ich würde des Dings schon müde werden, aber Du hast wieder nach Dir geurtheilt. Mich hat's sogar sehr angenehm amusirt. Auf Deine Ansichten darüber bin ich begierig, doch ich glaube, sie schon zu ahnen. Ich begreife wohl, wie Du die ganze Arbeit für unnütz ansehen kannst, denn Du hast Dich von allem G l a u b e n losgesagt, und dann abgemüht, zu beweisen, daß der Mensch überhaupt nicht zu glauben brauche. Dann hast Du Dich zu reinem Indifferentismus gewendet, aber dieses ganze Treiben, diesen Indifferentismus insbesondere, muß ich durchaus verwerfen. Was interessirt Dich eigentlich, wenn Du Dir selbst gleichgültig bist? Und bist Du nicht gleichgültig gegen Dich selbst, wenn Du gegen Alles der Art indifferent sein willst? — wobei zu bemerken ist, daß Du nur indifferent sein willst und nicht sein kannst. Man muß eine Meinung haben, und wer dies verneint, hat nur durch seine Phrase auffallen wollen. Man muß wissen, was man weiß, und was man glaubt, nicht glauben, daß man Nichts wissen könnte und dann doch das Gegentheil wissen.

Meine erste Frage war: Muß ich glauben? Man frage sich selbst. Verwerfe das Dasein Gottes; spricht dann nicht eine Stimme in Dir, daß Du gelogen oder renommirt hast? Hast Du nicht die Widerlegung in Dir selbst, wenn Du ihn verwirfst? Ich weiß, daß Du einen Gott annimmst. (Du magst sagen, was Du willst.) W e i ß t Du, daß er ist? Es giebt tausend Beweise dafür, die nicht evident sind, aber einen, der u n w i d e r l e g b a r ist. Er führt Dich nicht bis zur eigentlichen Überzeugung, und doch siehst Du, daß Du ihn nicht wirst wegdisputiren können. Du g l a u b s t ihm. Du siehst die Außenwelt um Dich, aber bist Du v e r s i c h e r t, daß sie so sei, wie Du sie siehest? Kein Beweis liegt vor, aber Du glaubst es auf das n i c h t e v i d e n t e Zeugnis Deiner Sinne hin. Nehmen wir die Systeme aller Philosophen, und sehn, wie weit sie es in ihrem Wissen und in ihrem Glauben gebracht haben, und wir bemerken mit Erstaunen, daß ihr Glauben ihr Wissen um das Doppelte übersteigt. Sie glauben sogar das, was sie zu wissen glauben, und muthen ihren Schülern einen Glauben zu, der manchmal an das Unglaubliche grenzt. Glauben muß man an Etwas, um nicht toll zu werden. Ich hoffe, daß Du das einsehn willst. (Du siehst mich auf dem geradesten Wege katholisch zu werden.) Was aber soll ich glauben? Soll ich in den alten Götzendienst zurückfallen? Soll ich mich überhaupt in ein System bequemen? Wie viele Systeme aber haben Anspruch auf mich? Ungefähr so viele als sind. Alle muthen mir großen Glauben zu, dies mehr und toller, jenes weniger und vernünftiger, aber jedes mehr, als ich selbst in mir. Ein System liegt fertig in aller Menschen Herz, nur modeln diese daran und verunstalten es. Es giebt einen Gott! sagt mein Inneres. Es giebt einen Gott! sagt eine Stimme in der Brust des Kannibalen. Ich seh' ihn freundlich lächeln aus seiner ganzen Schöpfung und nenne ihn Vater, und liebe ihn. Der Kannibale hört ihn nur donnern, und nennt ihn den Donnerer und fürchtet ihn. Der alte Grieche nannte ihn Zeus, personifizirte seine Eigenschaften in seiner regsamen Phantasie und lächelte ihn an, als einen väterlichen Bruder, indem er in ihm selbst den Übergang zu sich findet. Der Jude wirft sich vor ihm auf das Angesicht, und nennt ihn Jehova, den mächtigen Schöpfer und Beherrscher des Alls. Der Christ hat sich auch einen Gott geschaffen, aus dem die Phantasie und Vernunft ein gar wundersames Monstrum machte — doch genug davon. Nenne mir ein Volk, das keinen Gott besäße! Nenne mir einen Menschen, der ihn mit Ernst negirte! Die innere Stimme spricht unwiderlegbar, und wir glauben. Spricht nicht in mir eine Stimme von der Ewigkeit der Seele? Da giebt's auch keine Beweise, die mathematisch überzeugen könnten. Und ist jene Stimme nicht wieder allgemein? Nenne mir ein Volk, das kein Leben nach dem Tode glaubte! Verschieden zwar, doch das ergiebt sich sehr folgerecht aus dem Naturell der Völker. Der Grieche genoß eines schönen Himmels, eines überaus heitern Daseins, und ist bei seinem genügsamen Charakter schon zufrieden, dort in dem Jenseits den Schatten des irdischen Seins zu finden. Der Deutsche war ungenügsamer. Sein Walhalla war eine rauschende Bierhalle, wo man genüglich zusammensitzend renommiren kann und zuweilen zankt und rauft, aber Alles in der größten Seligkeit. Der ernste Pythagoraeer, der das Ziel und den Zweck des Daseins (wie von Allem) im Auge zu halten gewöhnt ist, läßt seine Seele wandern, bis sie in einer andern Verfassung das wird, was sie in der vorigen nicht werden konnte. Der Christ zerrt die arme Seele unbarmherzig Jahrtausende lang im Fegfeuer herum, und hat auch eine Seelenwanderung, die aber nicht halb so ästhetisch und zart ist, wie die Pythagoräische. Alle aber leben nach dem Tode fort, nur allenfalls ein Schweinlein aus Epikur's Heerde nicht, welches seine Seele im Weine ersäuft und im Fraße erstickt hat. Überhaupt läßt sich leicht auf den Charakter eines Volkes schließen von seinem Gott und seiner Ewigkeit. Ferner sind auch die Grundzüge der Moral Eigenthum eines Jeden, nur werden sie verschieden ausgebildet. Ein Jeder hat die zehn Gebote in seiner Brust, und ich kann mir nichts Unsinnigeres denken, als wenn ein Kind sie herzusagen gezwungen wird. Dies ist die Offenbarung, welche jeder Mensch gehört hat, die jeder verstehn kann, weil jeder sie in seiner Brust trägt. Dies ist mein Glauben, und die Moral meine Religion. Und so glaube ich den Glauben aller Nationen, und habe die Religion der Menschheit. — Rede nicht von den mancherlei Göttern der Völker, ihre Art beruht nur auf der Anschauungsweise und dem Bildungsstandpunkte der Nationen, und alle Götter zusammen sind doch nur dieselbe und einzige Gottheit, und die Namen aller lassen sich vereinigen unter dem hehren Namen Allvater.

Hier ist mein Glaubensbekenntnis zu Ende, aber keineswegs meine Philosophie. Es dehnt sich noch ein so ungeheures Feld vor meinen Augen aus, das Feld der Moralphilosophie im weitesten Sinne.

Ich will abbrechen, und Dich nicht weiter langweilen, obgleich ich Dich noch mit so mancherlei zu ermüden hätte. Wenn es Dich belästigt, so sag' es, denn ich bin noch lange nicht fertig, wohl in mir und mit mir, aber nicht bei Dir.

Beikommend erst die Cigarren, da die Sendung an meinen Vater schon früher ohne mein Wissen abgeschickt war.

Gruß und Handschlag von Deinem

Carl Schurz.

Mache, daß Du Fastnacht in Bonn bleibst! Ich bitte!

An Theodor Petrasch.

Cöln den 6. 8. 46.

Mein lieber Theodor! Unser Maturitätsexamen ist erst am Dienstag geschlossen worden, und es hat mich nachher geärgert, daß ich nicht noch Sonntag Abend und Montag in Bonn geblieben bin.

Ich muß gestehn, daß es mir bei Euch in Bonn sehr gefallen hat, und ich mache Dir das unbedeutende Compliment, daß ich mich nach der Zeit sehne, wo ich in Deine Verhältnisse treten kann. Eure Verbindung ist jetzt außerordentlich gemüthlich, doch glaube ich, daß sie auch schon in gewisser Beziehung ihren Höhepunkt erreicht hat, ich zweifle, daß ich bei meinem Austritt vom Gymnasium die Frankonia so florirend finden werde. (Du wirst mir nicht verargen, wenn ich über eine Sache, die uns Beiden interessant ist, Dir meine Meinung unverholen sage.) Du kannst nicht leugnen, daß der Geist der bedeutenderen Leute die Meinung der Menge regiert, wenn auch bei Euch die Menge noch nicht sehr groß ist. Das ist nun sehr gut, aber die Verbindung soll keine Leute haben, die ihre Meinung durchaus regieren lassen. Es soll sich in einer solchen Gesellschaft keine Plebs bilden, und das ist einfach dadurch zu vermeiden, daß bei der Aufnahme ein strengerer Maßstab angelegt wird. Das wird freilich für den Anfang die Verbindung auf eine kleinere Anzahl beschränken, aber wird nicht eben dies auf die Dauer die bessern Köpfe anziehn und gewinnen? Auf die Dauer natürlich, und auch die muß man doch im Auge haben. Die Quantität thut's nicht, die Qualität thut's, und dadurch, daß für den Anfang die Qualität gehörig in Acht genommen wird, muß sich auch mit der Zeit die gehörige Quantität herausstellen, und ihr habt Beides zusammen im schönsten Maße.

Wird aber für die Quantität zuerst gesorgt, und dies ist das Leichtere, so wird auf die Dauer von Qualität gar keine Rede mehr sein und früh oder spät die ganze Sache auf den Hund kommen. Man hat ja daran lebendige Beispiele. Ich glaube sogar, daß am Anfange Eure Verbindung eine weit tüchtigere gewesen ist, erstens weil bedeutendere Leute weggegangen, und zweitens weil man unbedeutendere aufgenommen hat. Du antwortest, sie sind tüchtig in ihrer Art. Welcher Mensch, oder welcher Gebildete ist das mehr oder weniger nicht? Man muß nicht zu große Abstände unter den Gliedern der Gesellschaft bemerken können.

Du wirst mir zwar einwerfen, daß ich Eure Leute nicht kenne. Freilich nicht genau, aber doch schon so viel, um über ihren geistigen Werth ein allgemeines Urtheil fällen zu können. Im Übrigen gefällt mir Eure Verbindung sehr gut, und ich werde, wenn ich auf Universität komme, keinen Anstand nehmen, mich derartigen Dingen zuzuwenden, wenn meine äußeren Verhältnisse es nur irgend wie erlauben, und Ihr mich haben wollt, was auch freilich noch sehr stark die Frage sein wird, da ich wirklich auch gar Nichts gethan habe, um mit Euren Leuten näher bekannt zu werden, doch sei geduldig, ich will mich nächstens besser betragen. Ich habe wieder meiner Gewohnheit nach grundsatzmäßig geschwiegen, wenigstens zuweilen. Ich weiß sehr wohl, daß es Dir nicht angenehm sein kann, daß es Dich bei Gelegenheit ein wenig blamirt, wie es denn gewiß bei Overbeck der Fall gewesen ist, bei welchem Du mich wahrscheinlich ziemlich hinausgestrichen hast, ohne zu bedenken, daß er sich für den Anfang wenigstens sehr getäuscht fühlen würde. Du wirst mir aber jedenfalls verzeihen, wenn ich Dir versichere, daß ich mich eben darum so ungeschickt benehme, um Dich und mich nicht durch einigen Unsinn noch mehr zu prostituiren. Ich mag nämlich viel lieber für ungeschickt als für unbedeutend gehalten werden, und mag auf eine gesunde Frage lieber keine, als eine kranke Antwort geben. Du hast einstweilen ganz Recht, wenn Du mich loquax nennst. Nimm Dich aber in Acht, daß ich nicht noch zu früh in das entgegengesetzte Extrem überschlage.

Die Vorfälle in Deiner lieben, getreuen, spießbürgerlichen

Vaterstadt haben Dich vielleicht besorgt gemacht? Die Sache hat wirklich einen sonderbaren Charakter, die ehrsamen Bürger Cölns fangen an preußenfresserisch zu werden, und wollen am Ende noch einen Unterschied zwischen Bürger und Unterthan gemacht wissen. Horribile dictu in Preußen! Bei Gelegenheit der Martinskirmeß entstand auf dem Markte einige Unordnung, die durch das herzukommende Militär gedämpft werden sollte, aber nur gesteigert wurde. Es entstand eine hitzige Schlägerei, die aber nur die Folge nach sich zog, daß am folgenden Abende, Dienstag, schon gegen 7 Uhr der Markt von zwei Bataillonen besetzt war, welche die anschließenden Straßen sperrten. Diese Maßregel machte einen unangenehmen Eindruck auf die Cölner, die den Tummelplatz ihres Muthwillens sich ungern genommen sahen. In der Nacht wurden die Bataillone mit Steinen angegriffen, sie theilten sich in Detachements, welche sich durch die Straßen zerstreuten, und theilweise den Markt besetzt hielten. Es entspann sich nun an vielen Stellen ein so hitziger Kampf, daß bald, trotz der mehrfachen Bajonnetangriffe auf die Haufen, ein Piquet Dragoner von Deutz entboten werden mußte. Diese kamen zwar nicht auf den Markt, räumten aber auf der Hochstraße bis zu meinem Hause hin und am Hof gewaltig auf, und hausten wirklich niederträchtig. Eine Menge ruhiger Bürger sind von ihnen schwer verwundet worden. Ich lag gegen 12 Uhr Nachts im Fenster, sah ganze Haufen von Fliehenden, unter ihnen Verwundete, und hörte die Dragoner, welche zuweilen unter lautem Hurrah in die wehrlose Menge sprengten. Auf dem Markte raste die Polizei und einige Compagnien des 16. Reg. Ein Mensch starb dort auf dem Platze unter den Bajonneten der Soldaten. Er hatte eine ungeheure Wunde auf dem Hinterkopfe, wahrscheinlich Säbelhiebe, und viele Bajonnetstiche im Bauche und der Brust. Auf dem Hausflur eines Bekannten von mir ist er gestorben. Der Tumult währte fort bis an den Tag. Eine Menge Häuser sind demolirt worden; man bemerkte vielfach starke Blutspuren auf dem Straßenpflaster. Außer jenem einen Todten sollen noch 5 im Spital und mehrere in ihren Häusern auf den Tod verwundet liegen. Man spricht schon von 3 Gestorbenen. Der schwer Verwundeten sind im Spital 22. Viele Soldaten sollen

Wunden davon getragen haben. Ich sprach einen Chirurgen, der in seiner Compagnie 6 zählte. Auch soll ein malitiöser Ziegelstein mit dem zarten Busen eines jungen Seconde Lieutenants in gar unsanfte Berührung gekommen sein. Wahrscheinlich hat man höhern Amts die Sache für ernster gehalten, denn in der Nacht war die Wache am Zeughause außerordentlich stark besetzt. Gestern war nun die Stimmung der Bürger eine äußerst gereizte. Am Morgen erschien ein Extrablatt von der Regierung, welche ihre Eingriffe entschuldigte und die Bürger zur Ruhe ermahnte. Vormittags war eine große Versammlung auf dem Rathhausplatze. Es wurden sehr viele Reden gehalten von den ersten Männern Kölns. Franz Raveaux machte den Tribun. Die Menge wurde aufgefordert, die Sache nicht ruhen zu lassen, sondern sogleich gehörigen Orts über die Details Anzeige zu machen. Es sollen schon eine ungeheure Menge von Klagen eingelaufen sein. Gegen Mittag erschien ein zweites Blatt von viel gemäßigterer Art. Nachmittags wurde eine Bürgerwache eingerichtet, und das sämtliche Militär bekam die Weisung, nach 8 Uhr die Kaserne nicht mehr zu verlassen. Die Stadt war ungeheuer lebhaft, wie Fastnacht, die Bürgerwache durchzog die Straßen und hielt Ruhe in der dichtgedrängten Menschenmenge, doch konnte sie nicht verhüten, daß dem Grafen Canitz etliche Katzenmusik und dem gegenüber wohnenden Bürgermeister ein donnerndes Hoch gebracht wurde. Kein rother Kragen ließ sich sehen, und nur 3 Freiwillige, welche der Weisung der Bürgerwache, den Markt augenblicklich zu verlassen, nicht sogleich Folge leisteten, wurden auf der Stelle von dieser verhaftet und weggebracht. Die Nacht vergieng übrigens vollkommen ruhig. Heute erschienen wiederum zwei Extrablätter, deren eines zum feierlichen Begräbnis des auf dem Markte Gefallenen einladet, das andere die Bürger wegen ihres ruhigen Sinnes lobt, und damit hat „die Revolution zu Cöln" ein sanftes Ende genommen. In Bonn sollen ja auch Excesse vorgefallen sein. Man erzählt sich Manches davon. —

An unsrer friedlichen Pennalia wird, so Gott will, auch jetzt eine andre Richtung eingeschlagen. Lukas hat sich mit großer Entschiedenheit gegen die durch Vosen hervorgerufene jesuitische Richtung ausgesprochen; „man soll dieser entgegenarbeiten, sagte er zu unserm unseligen Direktor, es giebt unglückliche Leute genug in der Welt, welche aus Grundsatz ihre Mitmenschen in nichtsnützende Streitigkeiten bringen. Ich will das geändert wissen!" Vosen gilt bei ihm sehr wenig, und er fordert die übrigen Lehrer förmlich auf, dessen verkehrtem Wirken auf das entschiedenste entgegenzuarbeiten. Vosen hatte vor einigen Monaten die Schülerbibliothek unter seine Verwaltung gestellt wissen wollen. Jetzt ist dahin von Lukas entschieden worden, daß der Direktor, Pütz, Saal und Nattmann eine entscheidende, Vosen, als das fünfte Rad am Wagen eine berathende Stimme in Bezug auf die Anschaffungen haben sollen. Es muß ihm gewaltig schmeicheln!

Meine Prämata besorgst Du mir doch nächstens?

Dein

Carl Schurz.

An Theodor Petrasch

Bonn d. 23. 9. 46.

Mein lieber Theodor! Schon während dieser ganzen Woche haben wir Dich erwartet ohne etwas von Dir zu sehn. Die Zeit ist sehr träge, und die Ferien ziemlich langweilig. Overbeck hat 3 bis 4 Tage lang einen jungen Hamburger spazieren geführt, den er seiner Arbeiten wegen zu allen Teufeln hätte wünschen mögen. Jetzt erst ist er wieder zum Werke gekommen. Seine Reise zu Schirrmacher hat er schon abgemacht während meines Besuchs in Liblar. Nach ihm ist Privatdocent dort gewesen, der erst in der vorigen Woche wieder hier angelangt ist. Schirrmacher wird, wie man sagt, heute noch zurückkommen. Der Omnibus ist ziemlich zahlreich. Graf Reichenbach ist noch hinzugekommen. Ph. Schwarz kommt regelmäßig um sich vom Privatdocenten mit Schleswig-Holstein aufziehn zu lassen. Speltz, welcher dem Privatdocenten mit seinen Witzen gewöhnlich die Spitze bietet, hat gestern Abend auf 3 Tage den Carcer bezogen. Die jetzt überall gespürte Geldnoth macht sich auch hier ziemlich bemerklich und zwar in dem Maße, daß aus der ganzen Blase, mit Ausnahme von Speltz und Grimm, vielleicht kein Thaler herauszuziehn wäre. Im Omnibus hilft man sich mit Blechgeld, welches, wie es scheint, des gleichgültigen Aussehns wegen ziemlich flott gehandhabt wird. (Heim pflegt sich, wie man zuweilen bemerkt, bei einer Bowle vor dem ersten Trunk angelegentlich nach dem Preise zu erkundigen.) Übrigens sind noch zwei unbekannte Allemannen, 3 Fridericianer (mit Schwarz und Schmidt) und der kleine Astronom Schmidt im Omnibus ziemlich regelmäßig zu treffen. —

Da Du so ungeheuer saumselig im Antworten bist, (hab' ich doch schon 8 Tage auf Deinen „vernünftigen" Brief gewartet), so will ich Dich doch nicht um so weniger mit Briefen belästigen. Mit meinen Arbeiten gehts eben nicht schnell vorwärts, wie ich das an mir in den Ferien gewohnt bin. Doch bin ich nicht müßig gewesen. Ich habe gelesen, excerzirt, geschrieben etc. aber nur ja keinen einzigen Vers gemacht. Außer einem lateinischen Aufsatze, den ich eben angefangen, habe ich „Poetische Briefe" geschrieben. Ein sonderbarer Titel, doch nicht sonderbarer, als die Briefe selbst. Einliegend der erste als Probe, weil wir uns doch bei Deinem Hiersein mit dergleichen abgeschmackten Dingen nicht zu befassen haben und nicht befassen können. Eben diese Namen habe ich gewählt, weil einestheils die Namen dabei sehr gleichgültig, anderntheils die wohlklingendsten die besten sind. Daß sie aus Schillers philosophischen Briefen entlehnt sind, kommt dabei durchaus nicht in Betracht. Dieser erste Brief kann zur Charakteristik des Ganzen dienen, welches bei weitem noch nicht vollendet ist, und es vielleicht auch nicht werden dürfte.

von Weise wird erster Tage hier ankommen. Auch Dich wünschen wir so bald als möglich hier zu sehn, Overbeck wär's eben jetzt am gelegensten, da er einige Zeit durchaus ohne Unterbrechung seinen Arbeiten obliegen, und diese Zeit so lange verschieben will, als irgend eine angenehme Unterbrechung mit Bestimmtheit zu erwarten ist.

Wie ich jetzt höre, ist mein Vater vollkommen damit einverstanden, daß ich bei meinem Eintritt in die Universitätsjahre auch sogleich an einer Verbindung Theil nehme.

Dich erwartend binnen der allernächsten Tage grüßt

Dich recht herzlich

Dein Carl Schurz.

An stud. jur. Theod. Petrasch

(Kein Datum, vermutlich 1846.)

Mein bester Theodor! Endlich finde ich Gelegenheit, einmal meine Gedanken über eine von uns vielfach besprochene Materie zusammenhängend darlegen zu können, ohne von Dir in heiligem Eifer für Deine gute Sache unterbrochen zu werden. Es betrifft nämlich unsere Gespräche über die Wissenschaftlichkeit der Verbindung, in wiefern sie da ist und in wiefern man sie fordern darf und sie wirklich gefordert wird. Du beliebtest mir früher über diese Sache Worte in den Mund zu legen und sie hinterher als „Altersschwäche" zu belächeln, an die ich niemals gedacht hätte. Folgendes behauptete ich früher und sage es noch: Was ich unter Wissenschaftlichkeit einer Verbindung verstehe, das ist die wissenschaftliche Fortbildung der Mitglieder unter sich durch den Umgang und sonstwie. Du sagst, die wissenschaftliche Richtung bedürfe keiner besonderen Repräsentation, denn sie repräsentire sich in den Mitgliedern selbst. Sehr gut! Das muß sie dann auch thun, und zwar in allen Mitgliedern ohne Ausnahme, denn nur so hat sie eine Repräsentation in der Verbindung gefunden. Thut sie das? Gut! Thut sie es nicht, so ist das schlimm, denn die Verbindung in ihrer Ganzheit kommt ihren vorgesetzten Richtungen nicht nach, ist also das nicht, was sie sein soll, und dessen sie sich rühmt, was sie sein will. Unter Wissenschaftlichkeit bei dem einzelnen Mitgliede verstehe ich nicht etwa bloße Liebenswürdigkeit im Umgange, sondern daß er auch Fond genug hat, Etwas wissen zu können und daß er Etwas weiß, und nicht gerade etwas Gewöhnliches. Denn was ist eigentlich anders Wissenschaftlichkeit? Es gehört auch am Ende nicht gar viel dazu, ein angenehmer Bummler und populärer Student, zugleich auch praktischer Kopf zu sein, wohl aber dazu, ein tüchtiges und ganzes Mitglied der Burschenschaft zu bilden. Ich bin weit entfernt, behaupten zu wollen, daß außer der wissenschaftlichen gegenseitigen Fortbildung der Umgang keine sonstige angenehme Seite haben soll; aber eine viel angenehmere hat er gewiß nicht, und es soll durchaus kein Mitglied in der Burschenschaft sein, dem die wissenschaftliche Fortbildung und das Interesse daran auch nur in so weit ferne läge, daß es die Gelegenheiten dazu in andere seichtere Unterhaltungen umzukehren bemüht sein könnte. Das heißt nur so viel, als daß die Verbindung in ihrer Ganzheit sich nicht durch den seichten Sinn derjenigen Mitglieder, die nur eben um die Kopfzahl zu füllen da sind, angreifen lassen solle. Du wirst doch Deiner Verbindung nicht zur Last legen wollen, daß sie auch mit Namen prahle, deren Wesenheit sie nicht besitzt. — Ich hoffe, daß Du diese Ideen nicht so craß finden wirst, wie die, welche Du mir untergeschoben hast. Ich bin sogar durch Dich überzeugt worden, daß das Kneipleben nicht viel anders sein kann und sein darf wie es ist, nur muß das einzelne Mitglied die ernstere Seite der Verbindung nicht in der That verleugnen. Ich sehe ein, daß die wissenschaftlichen Kränzchen, wie sie waren, nicht haltbar sein konnten, daß sie höchstens nur eine äußerliche Repräsentation einer Richtung waren, nur muß mit dieser bloß äußerlichen nicht auch zugleich die innere verloren sein. Ich verlange auch nicht, was Du mir ebenfalls unterschobst, daß alle Mitglieder Genie's sein sollen, doch gewiß müssen sie alle ganze Menschen sein. Verlangst Du das nicht auch? Ich hoffe wenigstens. —

Eben will ich Dir noch einige Verse mittheilen. Ich habe ihrer noch mehr geschrieben, die Du mit der Zeit sehen wirst.

Da saß ich bei meinen Genossen,
Da wurde gescherzt und gelacht,
Manch armes Liedlein gesungen,
Manch krankes Witzchen gemacht.

Und es war mir so schwer im Gemüthe,
So tief unglücklich mein Herz —
Doch es weckt aus wehmüthigem Sinnen
Mich oft ein lärmender Scherz.

Und ich träumte von stillem Glücke,
Und von heimathlicher Lust,
Und ich seufzte nach einer Thräne,
Nach einer treulieben Brust.

„Was Teufel, bist Du so stille?
Trink! fort mit der Kopfhängerei!"
Und ich hob den Becher und lachte —
Mir ward so elend dabei!

Statt der letzten Zeile, war die erste Lesart: „Eine Thräne floß dabei".

Welche die bessere ist, überlasse ich Deinem gnädigen und nachsichtigen Urtheil. Bis Weihnachten werden wir uns schwerlich wiedersehen. Bis dahin also nimm einen brüderlichen Händedruck von Deinem Freunde (und getreuen Leibfuchse in spe).

Carl Schurz.

P. S. Deine Antwort wird nicht lange auf sich warten lassen! Habe ich nicht den Entwurf zu meinem lateinischen Aufsatz über die Expedition nach Sicilien dort liegen lassen? Bitte, sieh nach und, wenn Du ihn findest, laß ihn von Schmitz poliren, damit ich ihn ehestens zurückbekomme. C. S.

An Theodor Petrasch

Bonn d. 1. 4. 47.

Mein theurer Junge! Nichts kam mir heute unerwarteter, als Dein Brief, da Du Dich, wie allbekannt, in Bezug auf das Briefschreiben einer exemplarischen Faulheit befleißigst. Es ist sehr begreiflich, daß er mich demnach um so mehr freuen mußte. Daß Dich der Gedanke an mich mit „Bangigkeit und Zagen" erfüllt, muß ich, abgesehen davon, daß es mir einerseits sehr schmeichelhaft ist, andrerseits in sofern bedauern, als es gewissermaßen nicht nöthig sein dürfte. Denn, wie ich Dir schon früher andeutete, gieng der Plan zu meiner Rückkunft nach Cöln weniger von mir, als von meinem Vater aus, der sich schon so weit darin vergessen hatte, daß er mir sogleich ein Zimmer miethen wollte. Dieser Antrag fuhr natürlich glänzend ab, denn wenn ich auch noch immer den festen Willen habe, mir die Sache ganz ohne Vorurtheil reiflichst zu überlegen, so bin ich doch keineswegs dafür, einen so voreiligen bindenden Schritt zu thun. Daß Du mir mein Wort zurückgiebst, ist sehr rührend edel von Dir, und freut mich um so mehr, als ich gestehn muß, daß ich es gewissermaßen erwartete.

Deine Vermuthung, daß unser Leben in Bonn entsetzlich eintönig und still sein müsse, ist so richtig und treffend, daß ich es sogar langweilig nennen möchte. Deine Hoffnung, daß ich dadurch bei unsrer „unwillkürlichen täglichen Berührung“ mit Overbeck in ein besseres Verhältniß getreten sein möchte, ist leider eitel, und Deine Bitte, zu einem solchen durch freundliches Entgegenkommen meinerseits den ersten Schritt zu thun, ist schon mehr, aber wahrscheinlich auch fruchtloser erfüllt worden, als Du Dir denken magst. Unsre tägliche Berührung ist auch wirklich so unwillkürlich und schwach als möglich, indem sie höchstens in den wenigen Minuten besteht, wenn ich zuweilen auf den Markt komme. Ich erinnere mich nicht, daß ich Ov. jemals anders als freundlich entgegengekommen wäre, etwa die wenigen Malicen abgerechnet, die ich ihm durch meine Bierzeitung eingepumpt habe. Wenn aber ein derartiges redliches Bemühen eben ganz unbelohnt bleibt, so mag ich den Leuten nicht weiter lästig und zudringlich sein, und lasse die Sache stehn, wie sie eben steht. Ich weiß nicht — ich bin nicht so der Mensch dazu!

O.'s Eifer für die Verbindungssache ist aller Anerkennung werth, und ich mag gewiß nicht die ganze „herzenswarme Begeisterung“ der bloßen Ehrsucht zuschreiben, obgleich diese, wie Du selbst gestehst, ihr gut Theil daran hat. Was Du von Deinem Criterium schreibst, ist all recht schön, nur bin ich vermöge meiner gar zu ungenügsamen Natur nicht so ganz damit zufrieden, wenn die Leute eben nur in der Bekneiptheit ihre Herzlichkeit usw. sehen lassen. Ich habe zuweilen, wie oben gesagt, den Versuch gemacht, Ov. näher zu kommen, aber die Versuche fielen leider zum großen Theil sehr unmerklich aus, da ich mich bei ihm auch nicht im Geringsten behaglich fühle. Es ist mir nicht möglich, mir um Ov. M ü h e z u g e b e n, ich kann Dir nicht eben kurz auseinandersetzen warum; wenn Du also zwischen uns ein näheres Verhältniß hergestellt sehen möchtest, so würdest Du Dich am besten zu ihm wenden, weil meinerseits bei meinem gar zu unglücklichen Naturell sehr wenig zu erwarten steht. Overbecks moralischer und wissenschaftlicher Standpunkt mag über den meinen so hoch erhaben sein, als er immer will, so hoch steht er nicht, und nicht so unbegrenzt ist mein Respekt vor ihm, daß ich ihm gegenüber mir das Geringste vergeben möchte, besonders da ich gar nicht weiß, wie O. in diesem Punkte denkt. So viel ist gewiß, daß sein Urtheil über mich mir ebenso gleichgültig sein kann, als ihm mein Urtheil über ihn, und daß ich O. eher eine Malice als eine Artigkeit sagen mag. Das klingt all sehr giftig, ist aber im Grunde Nichts dran; denn ich bin allen Menschen herzlich gut, wenn sich nur ihre löblichen Eigenschaften so zeigen, daß man ihre unangenehmen vergessen kann. Wenn Du bei Ov. solchen Einfluß hast, daß Du ihn, sich mir auch von der bessern Seite zu zeigen bewegen kannst, so würde mir dies um so mehr angenehm sein, als unser jetziges heimliches Verhältniß wenigstens meinerseits in der Zukunft zu Ungemüthlichkeiten führen könnte, die ich so gern abhalten möchte, daß ich Dir hiermit folgende Versicherung gebe: ich werde so lange nicht in die Verbindung eintreten, als ich mit einem der höherstehenden Mitglieder in einem ungemüthlichen Verhältniß stehe, und wenn ich nie dazu kommen sollte, was mir um so mehr unangenehm sein möchte, als einige Leute mir so sehr an's Herz gewachsen sind, daß ich einige Ungemüthlichkeiten bei dem unbedeutendern Theil der Verbindung leicht übersehn kann. Du siehst also, wie lieb mir ein im Ganzen und Großen gemüthliches Verhältniß sein würde, und auch, wenn J. A. O. sich zu mir herablassen wollte, denn:

„Es ist gar schön von einem großen Herrn,
Mit armen Teufeln so human zu sprechen.“

Was Spelz angeht, so muß ich zu meinem großen Bedauern gestehn, daß ich mit ihm eigentlich in gar kein Verhältniß getreten bin. Du erinnerst Dich vielleicht, daß Du mir früher bei Gelegenheit der Bierzeitung einmal sagtest, Spelz sei von mir enthusiasmirt. Das muß nicht weit her gewesen sein. Ich habe nie bezweifelt, daß Spelz ein außerordentlicher Mensch ist, nur möcht' ich ihn auch von einer andern als der gewöhnlich heraushängenden juristischen Seite kennen. Ich soll mich möglichst an ihn anschließen, schreibst Du. Wie macht man das? Ich mag den Leuten nicht gern wider Willen lästig sein.

Weber kam sehr begeistert vom Uriel Acosta aus Cöln zurück und hat mir den andern Tag von Nichts anderm gesprochen. In Deinem Hause hatte es ihm gar zu gut gefallen, und ich hoffe, daß Du bei dieser Gelegenheit Dein Urtheil über diesen guten Jungen etwas wirst verbessert haben. Er ist ein sehr gemüthliches Kerlchen und ist augenblicklich mein nächster Umgang. Griebel ist sehr still, ungefähr wie ich Anfangs; ich glaube nicht, daß er sehr gefällt, doch wird dies von seinem Aufthauen abhängen.

Gott sei Dank! Die Leute sind abgehandelt und ich schließe diese Rubrik mit einem tiefen Seufzer der Ermattung, doch fällt mir mit Schrecken ein, daß ich vielleicht noch einmal darauf zurückkommen muß. . . . .

„Ein Leben der Liebe den Menschen geweiht", ist Dein Ideal! Aber weihe Dich und Deine Liebe ja den Menschen nicht, wenn Du in Dir fühlst, daß Du die Menschen in ihrer Liebe nicht achten kannst, oder nicht achten zu müssen glaubst. Es ist Dein Ideal, und ich achte Dich darum; ich weiß, daß Du die Menschen liebst (weil Du sie achtest), und dennoch glaubst, daß ihre Schwächen verächtlich seien; ich liebe Dich darum. Du schreibst mir, daß Dein Herz so voll ist! Ich habe es nie leer gesehn. Lebe wohl! Es scheidet von Dir mit einem warmen Händedruck

Dein

Carl Schurz.

Wenn Du zwischen Overb. und mir ein näheres Verhältniß herzustellen wünschest, so schreibe ihm selbst darüber, wenn Du es der Mühe werth hältst, aber ja nicht, als ob es von mir ausgienge. Du magst ihm meine Meinungen von ihm, die Du wohl kennst, nun grad und derb und unverzuckert zu schlucken geben; das möchte wol einige Auseinandersetzungen verhüten können. Ich verspreche Dir für mein Theil, die Sache so viel als möglich mit Wärme aufzugreifen. T. S.

An Theodor Petrasch

Bonn den 3. 4. 47.

Mein theurer Freund! . . . .

Ich begreife sehr gut, daß es Dir auffallend sein müßte von meinen häuslichen Verhältnissen usw. nichts zu vernehmen und hole daher wo möglich das Versäumte nach. Unsere traurigen Verhältnisse, welche mich manchmal in die übelste Stimmung versetzen, werden sich hoffentlich in der kürzesten Zeit entwirren und wir einer ruhigern und fröhlichern Existenz entgegengehn. Augenblicklich ist Fröhlichkeit und Ruhe nicht hier zu Hause, und ich danke es meinem großen Gleichmuth, daß ich nicht theilweise darüber zu Grunde gegangen bin, doch auch eine solche Schule hat ihr Gutes, nur ist es für den Schüler schwer, die unangenehmen Lehren so recht in sich aufzunehmen und zu verarbeiten.

Über meine Pläne kann ich Dir wenig oder gar Nichts schreiben, weil ich eben keine Zukunft habe, wohin ich sie bauen kann. Meine Beschäftigungen kann ich Dir nicht besser charakterisiren, als wenn ich Dir mein Pult beschreibe, auf welchem eine Ilias, ein Isokrates und ein Cicero liegen, untermischt mit einem Wuste von Manuscripten, die meine Mußestunden oft sehr in Anspruch nehmen. Übrigens bin ich ziemlich fleißig in meinen Fächern, werde Dir aber, weil Dir das vielleicht interessanter ist, von meinen literarischen Ausschweifungen Einiges erzählen. — Es mag Dir vielleicht sonderbar vorkommen, aber ich habe meinen Richard Wanderer[1]) wieder vorgenommen, und arbeite daran mit mehr Liebe als jemals. Ich bin bei der neuen, von der frühern ganz und gar verschiedenen, Bearbeitung ganz voll von meinem Stoffe, lebe mich hinein und reproduzire, daß es eine Freude ist. Aber oft steh' ich vom Papier auf und es will mir fast scheinen, als ob das Ding von der Anlage her ganz verbohrt wäre; aber sehr liebenswürdig kommt mir der Stoff doch vor, und so erhole ich mich schnell wieder, um weiterzuarbeiten. Aber einige Unbehaglichkeit will mich nach solch einem Bedenken dennoch nicht ganz verlassen, und ich habe leider auch gar kein Criterium, an welches ich mich wenden könnte, selbst an Dich nicht, da bis auf den Schluß die Arbeit eine total andre geworden ist. Es thut mir leid, Dir keine Ansicht von dem Ganzen geben zu können, weil dies ohne ungeheure Weitläufigkeit nicht hergehn würde. Aber dennoch möcht' ich Dich bitten, mir über den Kern, die Idee der Bearbeitung, wie Du sie gelesen hast, abgesehn von allen Mängeln der Form und Einkleidung ein Urtheil so genau als möglich zuzustellen. Du wirst Dich wahrscheinlich der Sache dazu noch genügend erinnern. Das Ding

[1]) Bezieht sich auf Brief vom 27. I. 46 „Ich habe mir vorgenommen usw."

interessirt mich zum toll werden, und ich habe mir einmal in den Kopf gesetzt, daß es entweder ein ganz verrücktes oder geniales Machwerk werden müsse. Ich sehe Dich lachen, aber das thut nichts. Übrigens habe ich wenig geschrieben, da ich mich gar zu sehr in diese Anschauungsweise hineingearbeitet habe, und der Stoff einen ungeheuren geistigen Umfang für mich gewonnen hat.

Was Deine Grobheiten angeht, die Du mir gegen Ende Deines Briefes zu sagen beliebst, so finde ich diese zwar sehr liebenswürdig, aber bei mir erfolglos. Du lieber Gott, laß mich doch in meiner Sphäre! — Über meine Gesinnung gegen Overb. hast Du ganz falsch geurtheilt, was mir um so mehr leid thut, als mir Motive und dergl. untergeschoben werden, deren ich mich schämen würde. Ich mag Dir nur das erwidern, daß Ov., wenn ich nicht vielleicht mit ihm zusammenleben müßte, eben so ein Mensch ist, der mir in freundschaftlicher Beziehung so recht gleichgültig sein könnte. Doch habe ich meine Hoffnungen auf die Zukunft nicht aufgegeben, da es nun einmal sein muß. Daß ich daran Schuld bin, Dich ihm zweimal 24 Stunden böse zu machen, thut mir sehr leid, weil ich Niemandem seine Freunde entfremden mag, aber um so mehr, weil dies mir ein Argument gegen Overb. sein dürfte. Du willst „ihm schriftlich und mündlich seine Schändlichkeit vorhalten?" Aber ich bitte Dich um Gotteswillen! Es sind so schon der Worte zu viel über diese Sache verloren worden.

Aber an Weise sollst Du einen Gruß von mir ausrichten, einen recht warmen herzlichen, sag ihm. Ihr Leute dort in Cöln seid mir doch lieber, als all das Volk — ich kann nicht umhin, Euch das zu sagen, ihr lieben Kerls.

Lebe wohl, mein Junge. Wann wirst Du hierhin zurückkommen? Wirst du am 10ten eine Reise machen? Ich hoffe Dich recht bald zu sehn, oder brieflich zu sprechen.

Dein treuer

Carl Schurz.

An stud. jur. Theodor Petrasch

Bonn. 29. 5. 48.

Mein lieber Theodor! Gestern kam mir sehr unerwartet ein Brief von Herborn zu, mit einem Einschluß an Dich, den ich Dir hiermit übersende. Mir schreibt Herborn ganz ungemein unbedeutende Dinge, ich hoffe, daß er Dich wol mehr bedacht haben wird.

Was unsre studentischen Bestrebungen angeht, so leben wir in einem solchen Schwall von Geschäften, Versammlungen, Wahlen usw., daß uns fast Hören und Sehen vergeht, und nur sehr wenig Zeit bleibt, unsre Erfolge zu genießen. Die Allgemeinheit ist da; bisher mag sie etwa 120—150 Mitglieder stark sein, doch hoffen wir tüchtig Propaganda zu machen. Wir sind jetzt daran eine allgemeine Generalversammlung sämmtlicher Studenten zu organisiren, welche dann der Kampfsplatz sein wird, auf welchem wir am lichten Tage der Öffentlichkeit unsre Gegner besiegen und wo möglich vernichten. In unsrer Parthei herrscht der beste Geist, und wir Radikalen stehn unbedingt an der Spitze. Weise und ich genießen einer sehr ausgedehnten Popularität, besonders unter den Kameelen und Catalogen; Overbeck wird sich sehr in Acht nehmen müssen, wenn er nicht sinken will. Nähere Auseinandersetzungen verspreche ich nächster Tage, da ich augenblicklich mit dem Ausarbeiten einer Vorlage für heute Nachmittag beschäftigt bin, was meine ganze Zeit in Anspruch nimmt. Die Frankonia hat sich für einstweilen wieder „einen socialen Kreis" eröffnet.

Bis nächstens also.

In Eile grüßt Dich recht herzlich Dein

Carl Schurz.

Ich habe nicht mehr Papier verbraucht, um den Brief nicht zu schwer zu machen, was ich zu entschuldigen befehle. D. O.

An stud. jur. Theodor Petrasch

Bonn den 23. 6. 48.

Mein bester Theodor! Endlich ist es mir gelungen, den seltnen Geist des Briefschreibens auf mich herabzubeschwören, und das Erste, was mir zu thun obliegt, ist, mich über mein unverantwortliches Schweigen zu entschuldigen. Lieber Junge, Dein Freund ist ein schrecklich überhäufter Mensch geworden, die bewegte Zeit hat mächtig auf ihn eingewirkt, und was der Dinge mehr sind, deren beständige Influenz unmöglich bei meiner Empfänglichkeit zu meinem Vortheil in gemüthlicher Beziehung ausschlagen konnte. Unser öffentliches Leben ist ungemein interessant und nimmt mich um so mehr in Anspruch, als mich eine lebhafte Theilnahme vom Anfange dieses Semesters ab sehr in den Vordergrund geschoben, mich zu einem öffentlichen Charakter gemacht hat, was denn allerdings seine Genugthuung aber auch viel Unbequemes in sich trägt. Die allgemeine Anerkennung, daß ich seit dem Abgange unsrer Deputirten nach der Wartburg provisorischer Präsident der allgemeinen Studentenschaft geworden bin und dies auch bis zur Einsetzung eines definitiven Vorstandes bleiben werde, hat freilich für einen jungen Menschen meines Ehrgeizes ungemein viel Anregendes — aber all' diese Dinge ziehen ungeheuer mächtig von der behaglichen, häuslich-wissenschaftlichen Existenz ab, wie ich sie mir am Anfang des vorigen Semesters zu consolidiren begann. Aber — Du lieber Gott, wer hütet sich vor dem Teufel, wenn er in so schmeichelhafter Gestalt kommt, und, ehrlich gestanden, ist's mir auch gar nicht leid drum, da man sich in dem öffentlichen Treiben manche hübsche Kenntniß aneignet und auch von dieser Seite vielleicht einen tüchtigen Kerl aus sich machen kann. Und dazu ist die Sache, worum es sich handelt, ungemein interessant und von der größten Wichtigkeit, so daß ich kaum begreife, wie eine große Zahl unsrer Commilitonen dagegen so außerordentlich gleichgültig sein kann. Die Behandlung unsres vorliegenden Stoffes, die Menge der verschiedenartigsten Pläne und der seltsamsten Bedenken, wie sie so unaufhörlich vor unsern Augen herumkreuzen, führt dem Geist so manchen neuen Gesichtspunkt der Weltanschauung herauf, und man kriegt eine mehr und mehr klare Idee davon, wie unbegreiflich weit der Horizont des menschlichen Wirkens ist, wenn man sich erst auf eine feinere Organisation einzelner integrirender Theile praktisch einläßt. In unsern großen politischen Ereignissen ist mir unendlich oft der Gedanke aufgestoßen, wie kleinlich es sei, sich aus der großen, freien, mächtig durchstürmten Welt in die engen Verhältnisse des akademischen Lebens zurückzuziehn, aber es ist mir noch gerade so unendlich deutlich zum Bewußtsein gekommen, wie groß oft das innere Verdienst im kleinen Kreise sein kann, und wie mächtig sich der kleine Kreis erweitert, wenn man erst seine wahren Bezüge zur allgemeinen Harmonie des großen Ganzen theoretisch und praktisch erfaßt hat. Es ist dies freilich für meine Person ein gar stolzer Gedanke, aber wie unendlich besser würde es nicht um all unsre Verhältnisse stehn, wenn Jeder in seiner Sphäre diesen Gedanken gehörig verstände und zu würdigen wüßte.

Die Einigung zwischen uns und den Corpsleuten geht ganz fabelhaft von Statten, und ich sehe jetzt mit großem Vergnügen, wie überflüssig all meine Kampf- und Vernichtungspläne waren, die noch zu Anfang des Semesters meine unheilschwangre Seele gegen die andre Parthei barg, die Corpsleute sind bei Wahlen usw. sehr gerecht, und es ist ungemein auffallend, daß selbst ich, der ich in den ersten Versammlungen sehr scharf oppositionell gegen sie auftrat, einer tüchtigen Zahl von Stimmen unter ihnen sicher bin. Da ich durch meine öffentlichen Verhältnisse ziemlich häufigen Umgang mit einigen Corpshäuptern zu pflegen veranlaßt bin und zuweilen der Diskurs auf unsre Prinzipienunterschiede und was so drum und dran hängt, kommt, so hör ich oft so frappant vernünftige und liberale Aussprüche, daß mir nicht selten über den entscheidenden Einfluß von einem Paar inhaltsschwerer Monate der Verstand stillstehen will. Ernsthausen ist z. B. in seiner Liberalität plötzlich so weit gekommen, daß er es uns Allen an Radikalismus zuvor thun möchte. Was nun unsre politischen Ansichten und Richtungen angeht, so sind wir Hauptkerle sammt und sonders geschworene Republikaner, aber Alles mit Maß und Überlegung. Unsre Leute von der Wartburg sind seit einigen Tagen wieder zurück, haben sehr viel gethan und ausgerichtet und ohne Ausnahme in den wenigen Tagen eine tüchtige und feste Richtung genommen. Die Resultate der Versammlung in Eisenach sind über alle Erwartung bedeutend. Als permanentes Lokal für die Versammlungen unsrer allgemeinen Studentenschaft, die sich noch heute fest konstituiren wird und aus allen Elementen der akademischen Gesellschaft zusammengesetzt ist, hat uns der akademische Senat den großen Gesangssaal zur Disposition gestellt und auf Universitäts-Kosten einrichten lassen, was Dir annähernd das Verhältniß bezeichnen mag, in welchem wir zu unsrer Behörde stehen. Überhaupt aber gehn wir gebieterisch mit ihr um, als ob wir Armeen aus der Erde stampfen könnten, und all unsre Adressen, nur vom Präsidium unterzeichnet, erhalten durch die Hunderte der Überbringer ein absonderliches Gewicht.

Lieber Kerl — das öffentliche Leben geht so ungemein lustig und frisch dahin, man fühlt sich darin wohl, man berauscht sich darin, aber zu Hause — nun, Du kennst das leider ja auch —, und unsre Zukunft liegt noch immer so grau vor uns, als ob wir gar keine Vergangenheit gehabt hätten. Bei alledem hab' ich mir noch einen ziemlich frischen Muth bewahrt, und wenn ich mich auch zuweilen leichtsinnig schelten muß, so freue ich mich doch innerlich über den guten Humor, mit dem ich das Gute, und wenn es auch noch so vereinzelt wäre, aus der Menge des Schlechten herauszufinden weiß. Wo das hinaus soll — bester Junge, das weiß ich nicht, aber ich habe es noch immer auf etwas Besseres stehn als auf einen Zeitungsschreiber. Daß ich hier inmitten der herrlichsten Naturanblicke wohne, ist ein großes Glück für mich und dämpft oft einen schlimmen Zweifel oder eine böse Unruhe, wenn ich einmal nicht stark genug sein sollte, sie mit fester Mannheit zu ertragen. Es mag vielleicht lächerlich klingen, aber es ist doch wahr: wir haben eine reiche Jugend gehabt, nicht an irdischem Besitzthum, aber reich an Wechsel, reich an Aussichten und Gesichtspunkten, reich an innern Kämpfen und Siegen. Sollte uns diese Jugend einst zu Gute kommen, so haben wir uns für immer über das Schwache und Gemeine erhoben, da wir Manches, ja sehr Vieles schon mit männlicher fertiger Erfahrung anschauen und zurechtlegen können, woran andere Sonntagskinder noch erst verzweifelt herumvagiren müssen. . . . . . .

Steht es also fest, daß Du unter die Kriegsleute gehn willst? Es ist ein schwerer Schritt, und ich will lieber ganz darüber schweigen, da ich Dich nicht mit unnützen Zweifeln beladen und belästigen mag. Die Frankonia existirt noch immer als „socialer Kreis". Wir hätten die Füchse zu Dutzenden aufnehmen können, aber wir haben viele abfahren lassen. Wir sind wirklich die angenehmsten Leute in ganz Bonn, und ich muß gestehn, daß ich mich nie in einem Kreise so wohl gefühlt habe, wie eben jetzt. Overbeck ist ausgetreten; er hat sich gänzlich aus dem Studentenleben in seinen Doctor zurückgezogen — und er wird, wenn ich nicht sehr irre, sich dabei besser befinden. Da ich „ein älteres Mitglied" geworden bin, wie August Wagner sagt, so hab' ich mir einen Leibfuchs zugelegt, an dem ich mich im Erziehen üben werde. Zuvörderst pauke ich ihn ein. Er heißt Max Sack, und ist ein gar angenehmer Junge. — Du wirst Dich sehr wundern, wenn Du hörst, daß ich in diesem Semester erst dreimal, höchstens viermal auf dem Fechtboden gewesen bin! Ich war sehr überhäuft, fange aber wieder langsam an. Daß ich nie und nimmer losgehen werde, steht fest, es sei denn, daß ich selbst Jemanden beleidige, was ich nicht zu thun pflege. Auch kommen keine Tüfteleien mehr vor.

Du würdest wohlthun, recht bald einmal einen Tag herüber zu kommen; es würde Dich ohne Zweifel aufheitern, wenn es auch nur auf einige Stunden, auf einen Kneipabend wäre. Grüße recht herzlich Ashöltern, und frag ihn, warum er mich in den Pfingstferien nicht besucht hat?

Recht bald hofft Dich zu sehn

Dein treuer

Carl Schurz.

Sämmtliche Leute lassen Dich herzlich grüßen! Besonders die unbekannten Füchse! Werner läßt Dich fragen, warum Du auf seinen letzten Brief nicht geantwortet hättest! D. O.

An Theodor Petrasch

Bonn d. 18. 9. 48.

Mein lieber Theodor! Erst in dem Augenblicke, wo ich die Vorbereitungen zu meiner Abreise treffe, ist es mir möglich, Zeit zum Briefschreiben, und nur eine sehr spärliche zu erübrigen; so sehr bin ich während dieser ganzen Woche von Angelegenheiten verschiedenster Art gedrängt und hin und her bewegt gewesen.

Wie sehr die politischen Ereignisse an spannendem Interesse gewinnen, wird nicht unbemerkt an Dir vorübergegangen sein; ebenso wenig, daß wir seit der welthistorischen Abstimmung über den Waffenstillstand dem gewaltsamen Ausbruch einer völkerumfassenden Revolution um ein Bedeutendes näher gerückt sind. Der Bogen ist gespannt und wartet nur des Augenblicks, wo eine Hand an den verhängnißvollen Drücker rührt, um den tödtlichen Pfeil gegen die Brust des Feindes zu schnellen, mag nun ein Zufall, mag ein berechnender Geist den Moment der Explosion bestimmen.

Ich werde eilen, nach Frankfurt zu kommen, denn wer weiß, ob man etwa über 14 Tage noch das Parlament dort finden wird. So viel ist gewiß: blamirt sich jetzt die deutsche Nation, so ist sie für sehr, sehr lange blamirt.

Nach meiner Rückkunft ein Weiteres. Ich eile, Dich zu benachrichtigen, daß ich keineswegs von unsern etwaigen Gewinnsten etwas hieher gesandt haben mag, bevor ich es selbst in Empfang nehmen kann.

Bis ich Dir also meine Rückkehr anzeige lebe recht wohl!

Dein

Carl Schurz.

P. S. Du wirst die Kürze meines Briefes entschuldigen, wenn Du vernimmst, daß ich noch heute abzureisen gedenke.

An Theodor Petrasch

Bonn den 21. 12. 48.

Mein lieber Theodor! Ohne Zweifel kommt Dir diese schnelle Antwort auf Deinen Brief etwas unerwartet; aber eben, weil uns ein baldiges Widersehn bevorsteht, eben deßhalb möchte ich ein Paar Worte schriftlich an Dich richten, welche mündlich zu sagen ich vielleicht unterlassen könnte.

Ich halte es für überflüssig, Dir zu beschreiben, wie sehr mir Dein Brief wohlgethan hat; denn, gesteh' ich's nur, nicht ganz unbeleidigt hast Du mich hier zurückgelassen, nicht ganz unempfindlich war ich gegen Deine Schmähungen (verzeih' mir das Wort) welche gerade die Seite an mir tadelten und herunterrissen, woran ich am allerwenigsten verkannt sein möchte. Erlaube mir die Bemerkung, daß Du auf diese Weise Niemanden bekehren, jeden fühlenden Menschen aber erbittern wirst. Aber wozu hier weiter von Tadel sprechen, da ich doch so klar sehe, daß Dein Wille, Deine brüderliche Zuneigung dieselbe blieb wie vordem! Und hab' ich nicht selbst eben so abzubitten, wie Du? Lieber Theodor — es freut mich, daß wir endlich schriftlich auf jenen Abend im Garten bei Neußer zu reden kommen. Ich habe Dich herzlich bitten wollen, Worte nicht für Ernst zu halten, die an solchem Orte und bei solcher Gelegenheit zu sprechen selbst mein leisestes Taktgefühl nicht gestattet hätte. Und das hast Du für mein „Urtheil" genommen? Ich habe Achtung vor jeder Überzeugung, sobald ich weiß, daß sie eine ehrliche ist, und werde sie nie mit äußerlichen Personalien bekämpfen. Soll ich dies mit Beispielen belegen? Warum sagte ich Nichts gegen Deine Anklagen bei Deinem Hiersein? Ich gedachte Dich in der Zukunft durch Gründe zu besiegen, nicht aber Dich durch Tiraden zu übertreffen. Oder glaubst Du denn wohl, daß Deine geäußerten Ansichten, deren manche ich Deiner Aufregung zuschreiben mag, mich weniger erschreckt hätten, als etwa Dich jene windige Fama über meine hiesige politische Stellung und Thätigkeit? Du sprachst höchst erregt von meiner politischen Leidenschaft, und ich ertrugs sehr ruhig, wenn Deine Worte oft unwillkürlich mir und der Wahrheit in's Gesicht schlugen. Leidenschaft aber ist intolerant und stillen Duldens dann nicht fähig, wenn die Mittel zu Widerstand und Antwort so gar nahe liegen.

Aber laß mich zu dem kommen, was der eigentliche Zweck dieser Zeilen ist. Ich freue mich über Deine baldige Wiederkunft; aber ich bitte Dich, laß uns das, was uns auseinanderzureißen versucht, nicht da in unser Gespräch ziehn, wo wir uns gegenseitig an unsrer Heiterkeit erfreuen können und sollen. Halten wir die Übereinkunft, Alles das brieflich zu verhandeln, was ein tiefes und ruhiges Gespräch nöthig macht. Ich bitte Dich, verbittre mir die aufrichtige Freude über das schöne Bewußtsein nicht, daß ein warmer Bund der Herzen nicht an einer Verschiedenheit der Überzeugungen zerschellt, die beiderseitige Achtung verdienen und fordern müssen. Laß uns zeigen, daß wir keine leichtsinnigen Knaben sind, und daß wir wissen, was es heißt, einer ehrlichen Überzeugung die Achtung zu erweisen, die ihr zukommt. Es war eine Zeit, wo wir uns für edle Menschen hielten; unser Glaube an uns kann nicht zu Grunde gegangen sein, und das ist mein Vertrauen.

Und nun lebe wohl, bis auf ein baldiges herzlicheres Wiedersehn.

Wie immer der Deine

Carl Schurz.

P.S. Grüße Asholtern von mir; solltest Du mich recht verächtlich bei ihm gemacht haben, so verzeih' ich's Dir — und sage ihm nur, daß ich ihm sobald schreiben werde, als meine Arbeiten mich zu Athem kommen lassen. D. O.

An Professor Gottfried Kinkel

Bonn, 20. März 49.

Lieber Herr Professor, Bisher bin ich so recht eigentlich noch gar nicht dazu gekommen, Ihnen ausführlicher zu schreiben, jetzt ersehe ich eben einen behaglichen Moment, wo die Zeitungsgeschäfte beendigt sind und man sich mit recht zufriedener Bequemlichkeit dehnen kann. Vorerst nun folge ich dem Bedürfniß, mich mit Ihnen über verschiedene Geschäftsangelegenheiten zu vereinbaren. Die Redactionsarbeiten, welche ich bei Ihrer Abreise als ein Vermächtniß von Ihnen übernahm, sind mir in mancher Beziehung lieb geworden, sowol durch Erinnerungen als Hoffnungen; zwar giebt es der langweiligen Plackereien sehr viele, aber meine leichte Art zu arbeiten hilft mir über Manches hinweg, besonders über die schlechte Laune. Wenn wir aber nun erst von so lieber Seite Anerkennungen unsres Strebens erhalten, wie sie von Ihnen uns zu Theil geworden sind, so werden Sie leicht begreifen, daß wir mit doppelt freudigem Eifer unsre Arbeit angreifen. Daß es Ihnen nicht möglich sein werde, die tägliche Besorgung der österreichischen Nachrichten zu übernehmen, habe ich gleich erwartet, besonders da ich mir nicht versinnlichen kann, woher Sie die Zeit zu Ihren massenhaften Arbeiten nehmen. Ich unterziehe mich um so lieber diesem Zuwachs an Arbeit, als ich nicht allein Ihnen damit einige Erleichterung schaffen kann, sondern auch mit vieler Liebe dies alte Ressort, in welchem ich mir einige Umsicht verschafft habe, beibehalten mag. Es ist natürlich, daß wir nun um die österreichischen Nachrichten, besonders da sich die Begebenheiten nicht sonderlich drängen, so alle 2 Tage in übersichtlichen Artikeln zusammenfassen. Wir erreichen dadurch ein Doppeltes: 1) vermeiden wir das ewige Widerrufen und Modificiren der österreichisch-magyarischen Lügen und schwankenden Angaben; 2) halten wir unser Publikum in bedeutend größerer Klarheit, da wir den engen Bezug zwischen Tatsachen und Verhältnissen besser herauszustellen vermögen. Bei dieser Gelegenheit erlauben Sie mir, daß ich Ihnen meine Gedanken über den mir notwendig scheinenden Charakter unsrer Zeitung mitteile: Es kann die Aufgabe unsres kleinen Blattes nicht sein, dem Publikum die politischen Nachrichten möglichst schnell oder gar am frühsten aufzutischen. In dieser Beziehung ist es uns unmöglich, die Concurrenz mit der Masse der größeren Blätter auszuhalten. Ein Haschen oder ein mannigfaltiges buntes Anhäufen der Nachrichten in unsern engen Spalten scheint mir somit nicht statthaft zu sein. Wir müssen vielmehr unsre eigentümliche Stärke darin suchen, daß wir alle Tatsachen und Verhältnisse von einem consequent beibehaltenen Parteistandpunkt aus betrachten und beleuchten und somit in unser Blatt ein wesentlich raisonierendes Element hineinbringen, welches natürlich mit der Erzählung der Tatsachen innig verflochten sein kann. Diese Notwendigkeit hat sich seit Ihrer Wahl in die Kammer noch schärfer herausgestellt. Da Sie, unter dessen Namen das Blatt geführt wird, durch den Eintritt in eine weitergreifende Tätigkeit in der politischen Bedeutung um eine große Stufe höher gestiegen sind, so liegt Nichts näher, als daß

Sie Ihr Blatt auch diese Stufe mit hinaufziehen und es zu dem Organ Ihrer Person und Ihrer Partei machen, was man allgemein erwartet hat und erwarten wird. Ein solcher Parteifaktor scheint mir das Blatt bisher noch nicht zu sein, indem es zwar Ihre Beziehungen zu dem Kreise Ihrer Wähler lebendig hält, aber sich auf eben diese Beziehungen etwas zu sehr beschränkt. Sollte es Ihnen nicht geeignet scheinen, daß Sie ausführliche Artikel über abstractere Dinge, über Gegenstände der Verhandlung, über das Leben und die Stellung der Parteien, über das Treiben der Abtheilungen, über die Beziehung der Kammern zu einander und zur Krone, u. s. w., u. s. w., in Form von Leitartikeln lieferten? Ich glaube, daß sich dies um so eher mit dem Raum unserer Zeitung und mit Ihrer beschränkten Arbeitszeit vereinigen ließe, als Sie die Berichte über die Verhandlungen, die doch nur, wenn sie aphoristisch aufgegriffen werden, dauerndes Interesse bieten, entsprechend abkürzen können. Es würde dies meiner Ansicht nach das Blatt über den Kreis Ihres früheren Wirkens hinaustragen und in vielen politischen Kreisen zu einer Notwendigkeit machen. Ein zweites hängt damit innig zusammen. Das Blatt muß seinen lokalen Charakter ablegen. So lange ich an Ihrer Stelle die Geschäfte führe, war dies mein consequentes Bestreben, ich habe von allen Stadtgeschichten, von allen auffallenden Persönlichkeiten keine besprochen, wenn sie nicht einen naheliegenden prinzipiellen Bezug hatte, und diese Eigenschaft ist es, welche der Zeitung manches Lob und manche Abonnenten gewonnen hat. Für das nächste Quartal hoffe ich auf eine bedeutende Ausbreitung des Abonnements, diese Ausbreitung würde, glaube ich, noch größer sein, wenn wir jetzt zum Schluß eine Reihe solcher Artikel wie die oben bezeichneten von Ihnen brächten. Ihre Artikel werden wahrhaft verschlungen, und unsere Leser vermissen gewiß schon lange mit Schmerzen die Kinkelschen Leithämmel am Kopfe des Blattes. Sie können sich nicht denken, welche Sensation Ihr Friedrichshain gemacht hat.

Ich habe noch eine Bitte. Schreiben Sie mir über diese Angelegenheit recht bald und lassen Sie sich etwas ausführlicher über die Dinge vernehmen, welche Ihnen etwa bei der jetzigen Führung der

Zeitung nicht gefallen. Es sind mir sehr viele gute Lehren zum Bewußtsein gekommen, die ich früher von Ihnen empfangen, aber halb wieder vergessen habe. Ich habe die Lernbegierigkeit nicht verloren und möchte Ihren Einfluß auf mich durch Ihre persönliche Entfernung nicht abgebrochen wissen.

Vor zwei Tagen ist v. Weise hier angekommen, der Sie in Berlin mehrmals gesehen und gesprochen hat. Ich habe mir von ihm Alles erzählen lassen, wo und wie Sie wohnen, wie Sie aussehen und wo Sie Bier trinken u. s. w. Daß Sie in Ihrer Partei großen Einfluß gewinnen würden habe ich erwartet, es freut mich sehr, jetzt eine Bestätigung zu hören. Auch hab ich vernommen daß Sie noch Ihren alten grauen Hut tragen und den grünen Rock mit dem großen Sammtkragen; das hilft dann meiner Vorstellung sehr hübsch nach. Ich habe seit einigen Tagen sehr viel mit meiner Militärpflicht zu schaffen gehabt; ich habe das Vergnügen Ihnen anzeigen zu können daß ich 5′ 8″ 3‴ groß und zu allen Waffengattungen tauglich bin; die Aushebungskommission hätte mich gleich unter die Muskete gesteckt, aber sie wird sich hoffentlich noch 3 Jahre gedulden müssen.

Über unser Parteileben und sonstige Dinge werde ich Ihnen, wenn es Ihnen nicht unlieb sein sollte, bald Ausführlicheres schreiben. Daß Sie den Antrag auf Aufhebung der akademischen Gerichtsbarkeit stellen wollen, freut mich ungemein. Die Kappenheimische Geschichte hat in unsrer Studentenschaft den Eifer in Bezug auf diese Dinge bedeutend gesteigert. Für den Anfang des nächsten Semesters kann ich Ihnen eine Masse Petitionen versprechen. Das ganze Treiben liegt hier so ziemlich unbedingt in meiner Hand und ich werde meinen Einfluß auszubeuten wissen. Dem akademischen Senat bin ich eine fürchterliche Person geworden, besonders seit ich ihm bei der Banquetangelegenheit den Hauptspaß verdorben und mich wie eine Schlange durchgewunden habe. Rektor und Universitätsrichter setzen eigenen Aussprüchen gemäß bei mir außerordentliche juristische Kenntnisse voraus, was mir um so lieber ist, als man eine sehr gefährliche Anklage gegen mich fallen ließ, welche man nicht ausreichend stützen zu können glaubte. Die Aufregung ist hier permanent und Bonn die unruhigste Stadt am Rhein.

Sie werden Ostern hieherkommen. Mögen Sie uns mit keinem falschen Versprechen getäuscht haben.

Es grüßt Sie mit wärmster Anhänglichkeit Ihr

Karl Schurz.

An Theodor Petrasch

Bonn d. 23. 3. 49.

Mein lieber Theodor! In großer Eile schreibe ich Dir, da ich mich in einem ganz gewaltigen Pech befinde. Schon seit längerer Zeit habe ich die nothwendigen Zeugnisse wegen meines einjährigen Dienstes bei der betreffenden Departements-Prüfungs-Commission eingereicht, ohne bisher irgend eine Antwort, also viel weniger noch den Freiwilligenschein zu bekommen. Da nun ausnahmsweise in diesem Jahre die Aushebung schon vor 8 Tagen begonnen hat, so wurde ich vorläufig, weil meine Papiere noch nicht angekommen waren, zur Aushebung zugezogen, wo natürlich, nachdem ich für alle Waffengattungen tauglich befunden worden, alles Übrige in suspenso blieb. Am 3. April nun wird die General-Musterung sein, wo die Rekruten in die betreffenden Heeresabtheilungen verwiesen werden. Habe ich bis zu dieser Frist meinen Freiwilligenschein oder eine sonstige schriftliche Beglaubigung des rechtzeitigen Einsenders meiner Zeugnisse noch nicht erhalten, so fürchte ich, daß man mich ganz beliebig auf ein Paar Jahre unter die Muskete stecken wird, besonders da ich den hiesigen Behörden eine persona ingrata bin und mich schwerlich einiger Rücksicht werde zu erfreuen haben. Ich habe sogar den Verdacht geschöpft, daß man einigermaßen gegen mich intriguirt, um mich so bald und so lange als möglich von Bonn zu entfernen.

Sollte Dir vielleicht irgend ein Beamter, der mit diesen Dingen zu thun hat, etwa durch Deinen Vater bekannt sein, so möchte ich Dich bitten, Dich bei ihm zu erkundigen, welche Bewandniß es mit diesen Dingen habe. Sollte es Dir gar möglich sein, einen solchen zu schnellerer Expedition meiner Papiere zu veranlassen, so würdest Du meine ganze Dankbarkeit auf Dich laden. Ich werde wahrscheinlich in wenigen Tagen dieser Dinge wegen nach Cöln kommen. Ein Unfall in dieser Beziehung würde für mich von den allerbedenklichsten Folgen sein und ich werde Nichts unversucht lassen, dieses von mir abzuwenden.

Es ist eigentlich etwas unverschämt von mir, Dich in dieser Beziehung in Anspruch nehmen zu wollen, aber ich thue das in der Meinung, daß wir Beiden uns sehr schwer in solchen Dingen unverschämt finden. Sehr bald werde ich Dir etwas Ausführlicheres schreiben.

In Erwartung einer baldigen Antwort grüßt Dich mit alter Wärme

Dein

Carl Schurz.

An Theodor Petrasch

Bonn d. 27. 3. 49.

Mein lieber Theodor! Sehr verbunden bin ich Dir für Deine schleunige Antwort. Leider muß ich Dir bemerken, daß a tempo mit meinem Briefe an Dich ein Tretbrief an die Departements-Commission ganz in der von Dir bezeichneten Weise abging. Er ist schon der dritte und noch keine Antwort! Es scheint mir demnach, als ob ein neues Schreiben ebenso wenig nützen werde als das alte. Du hast bei der Ertheilung Deines Rathes um diesen Umstand nicht gewußt, konntest ihn also auch nicht in Erwägung ziehn. Sollte es Dir dennoch dienlich scheinen, den schriftlichen Weg nochmals zu versuchen, so benachrichtige mich, wo möglich umgehend darüber. Sollte es aber andrerseits möglich sein, daß ich persönlich und mündlich bei der betreffenden Commission etwas auswirke, so würde ich in den nächsten Tagen, obschon ich schlecht abkommen kann, nach Cöln hinüberfahren. Du wirst ohne Zweifel bei Deinem Papa erfahren können, ob diese Commission zugänglich sei oder nicht.

Deinem freundschaftlichen Rathe sehnlichst entgegensehend grüßt Dich mit alter Wärme und großer Eile

Dein

Carl Schurz.

An seine Eltern und Geschwister

Rastatt, 21. Juli 1849.

Theure Eltern! Geliebte Geschwister! Umsonst würde ich versuchen, Euch die Bewegung meines Gemüths zu beschreiben, die mich ergreift, indem ich diesen Brief beginne; denn ich weiß nicht, ob es nicht die letzten Worte sind, die ich dem Papier anvertraue; ich weiß ja nicht, ob nicht der nächste Tag mein Leben abgrenzen wird oder meine Freiheit, was eins und dasselbe ist. In dieser Stunde, die ich die gewaltigste nennen möchte, die ich je gesehn, die vielleicht die letzte ist, die mir mit ruhiger Klarheit meine Vergangenheit und Zukunft zu überschauen erlaubt, bevor sich mein Schicksal für immer entscheidet, drängt sich eine solche Masse großer Fragen vor meine Seele, daß ich sie nicht alle zu beantworten vermag, obgleich ich weiß, eine wie ausgedehnte Rechenschaft ich Euch schuldig bin.

Ich weiß, wie schwer ich Euch verletzt habe; ich kenne die Hoffnungen, die Ihr auf mich bautet, kenne den Schmerz der Enttäuschung, der Euch zerreißen muß. Meine Theuren! ich würde wie ein Sünder vor Euch stehn, wenn nicht das stolze Bewußtsein, Euch, meine Zukunft, mein ganzes Leben meinen Grundsätzen geopfert zu haben, mir verböte, meinen Nacken zu beugen! Bin ich etwa ein Mensch gewesen, der zerstreuendem Genuß nachjagte? Haben mich etwa niedere Beweggründe zu übereilten Handlungen getrieben? Oder bin ich ein leichtsinniger Junge gewesen, der ohne Überlegung und Vernunft einer Augenblicksregung, oder einem kindischen Ehrgeiz folgte? Die letzte Frage fällt mir schwer aufs Herz, und oft habe ich sie bedacht, als mich traurige Einsamkeit während der Belagerung zu ruhigem Nachdenken kommen ließ; aber seht! Jetzt stehe ich am

Tage der Entscheidung, jetzt ist ja die Zeit gekommen, wo ich für meine Grundsätze werde sterben müssen, oder in eine endlose Gefangenschaft mich schmieden lasse. Dieser Augenblick trifft mich ruhig und gefaßt, wie ein Mann. In diesem Augenblick, welcher in seiner derben Realität jede romantische Einbildung verscheucht, geht mir doppelt klar das schöne Bewußtsein auf, daß ich meine Pflicht getan mit Muth und Ehre. Ich bin nie stolzer gewesen als jetzt, denn ich weiß, daß ich niemals mehr dazu berechtigt war.

Ihr habt in glücklicheren Tagen mich gesehn und mein Treiben beobachtet, ich weiß, daß es Augenblicke gab, wo Ihr mit Eitelkeit auf mich gesehn habt. Ob Ihr ein Recht dazu gehabt, will ich hier nicht entscheiden, nur meine Erinnerung sagt mir, daß mein Wille Größeres erstrebt, daß meine Kraft mehr vollendet haben würde, wäre nur meine Erfahrung und Kenntniß größer gewesen. Ich habe große Verhältnisse beurtheilen wollen, obgleich ich sie nicht gesehn und weil ich sie nicht gesehn; ich habe in große Verhältnisse eingreifen wollen, obgleich und weil ich an die Nothwendigkeit eines weitgreifenden Mechanismus nicht dachte oder ihn zum Theil für überflüssig hielt. Habe ich mich selbst getäuscht, so bin ich dem gemeinen Schicksal der Menschen verfallen und die schwere Buße sühnt die leichte Schuld. Ihr kennt mein Leben nicht von dem Tage an, wo ich Euch verlassen mußte. Die Kürze der Stunden erlaubt mir nicht, Euch meine Schicksale und Abentheuer zu erzählen, ich habe sie in meinem Tagebuch[1]) verzeichnet, das ich für Euch bestimmte und Tag für Tag regelmäßig geführt habe, selbst damals, als ich es noch nicht zu führen verstand. Ihr werdet Euch damit begnügen müssen. Wenn uns nur durch die Verwirrung der Dinge das mir für immer entzogene Glück nicht geraubt wird, zu Euch zu gelangen. Ich habe nur Weniges hinzuzusetzen. Als die Gefahr eines Angriffs durch die Preußen herannahete und ich einsah, daß alle nicht militärische Thätigkeit meinerseits eine durchaus illusorische und unnütze sein würde, so ward ich Soldat in der pfälzischen Armee; glückliches Zusammentreffen der Umstände machte mich zum Offizier und meine Stellung war eine ebenso angenehme als lehrreiche. Ich muß

[1]) Tagebuch leider nicht erhalten.

gestehn, daß ich mich schon lange gesehnt habe, mit dem Säbel in der Hand für meine Ideen einzustehn, und da der erste Versuch dazu in eine Lächerlichkeit ausgeschlagen war, trieb's mich unwiderstehlich in den Kampf, als hätte ich dort eine Schuld zu sühnen. Bei Bruchsal kam ich zuerst in's Feuer. Ich ritt in der ersten Linie umsaust von den feindlichen Spitzkugeln, Kartätschen und Schrappnells. Ich schwöre Euch, daß mir niemals in meinem Leben so wohl war und daß ich mich nie so gereinigt fühlte, als durch diese Feuertaufe. Gleich in diesem ersten Gefechte wurde ich verwundet; es war ein Streifschuß am Schienbein, der bald ausgeblutet hatte; ich blieb noch den ganzen Tag zu Pferde. Bei den Kämpfen unter den Wällen von Rastatt war ich noch häufig im blutigsten Gefechte, im mörderischsten Feuer, das könnt Ihr meinen Gegnern sagen, wenn sie mich zu schmähen suchen, daß ich mein Blut nicht geschont habe im Kampfe für meine heilige Sache, daß ich vor dem feindlichen Kugelregen nie gewichen bin, weil ich ihn gefürchtet, oder weil er mich verjagt hätte; und wenn auch all diese Kämpfe umsonst waren, ich, und mit mir viele Andere haben doch unsre Ehre gerettet vor dem Hohn und der Schmähung derer, die unsre Gegner sind.

Nun kann ich Euch all die Mühen, all die Sorgen, die Ihr um meinetwillen erduldet, all die Thränen, die Ihr um mich vergossen habt, nimmermehr vergelten; das Schicksal hat schlimm mit mir gespielt und die Meinung nicht unwahrscheinlich gemacht, daß unsre Familie zum Unglück geboren sei. Aber all das sah ich längst voraus, wenn auch nicht in allen Einzelheiten, so doch in seinem Erfolge. Ich wußte, daß mein Leben voll von Stürmen und Gefahren sein würde, weil ich zu stolz war ihnen auszuweichen — nur hatte ich mir vorgestellt, daß ich untergehn werde als ein Mann, dessen Erinnerung ein reiches Leben voll bedeutender Thaten umschließt. Ich habe mich mit Resignation zu waffnen vermocht gegen jedes Unglück; aber den Gedanken, mit meiner Kraft nur wenig ausgerichtet zu haben, diesen Gedanken zu überwinden, wird mir schwer. Ich würde, wenn mir ein längeres Leben gegönnt gewesen wäre, ein unglücklicher Mensch geworden sein, aber mein Unglück zum Wohle Vieler ausgebeutet haben, ich würde handelnd geduldet und duldend gehandelt haben wie alle die Menschen, die aufopfernd genug sind, ihre eigene Gegenwart und Zukunft über der Gegenwart und Zukunft Andrer zu vergessen, und so setzt es Resignation genug voraus, ungern auf meine Zukunft resigniren zu wollen.

Ich habe vergessen, Euch den Augenblick näher zu bezeichnen, in welchem ich diesen Brief schreibe. Heute Abend sind unsre Kundschafter zurückgekommen, sie berichten einfach, daß wir verloren sind; seit einigen Tagen ist unsre Armee vernichtet, die Preußen, versehn mit allem Belagerungswerkzeug, ziehen große Massen um die Stadt zusammen. Die Festung länger halten zu wollen, würde Wahnsinn sein. Nun ist uns die Wahl gelassen zwischen zwei Dingen: entweder uns durchzuschlagen zum Rhein, von da nach Frankreich, was kaum möglich ist, oder, und das ist fast zur Gewißheit wahrscheinlich, die Festung zu übergeben. Alle Preußen, welche gefangen werden, sind der standrechtlichen Behandlung unterworfen, und verfallen, der überwiegenden Wahrscheinlichkeit nach, dem Tode. Unter diesen bin auch ich. Wenn Ihr diesen Brief lesen werdet, so zähle ich vielleicht zu den Toten, vielleicht bin ich in eine Gefangenschaft geschmiedet, die nur von großen Ereignissen wird gelöst werden können. Ich schreibe dies mit kaltem Blute, weil ich Herr bin über mich selbst; ich hoffe, Ihr werdet es auch sein, wenn Ihr diese Worte leset.—Und doch, wenn ich bedenke, daß ich Euch, Ihr Lieben, nicht mehr sehen werde, Euch, die Ihr mir so viel Liebes gethan, von denen sich mein Herz nur blutend losreißen kann, wollen mir die Augen übergehn, und ich könnte weinen, wie ein Kind, doch ich darf nicht mehr weinen, denn ich stehe ja vor dem Tode. — Ich kann keine Worte des Trostes an Euch richten; es würde überflüssig sein, denn ich hoffe, daß Euch die Gewißheit Trost genug bieten werde, daß ich im Leben wie im Tode es werth war, Euer Sohn zu sein.

Diesen Brief habe ich dem Manne gegeben, bei dem ich im Quartier war, er ist ein braver Mann und gefällig. Er hat den Auftrag, diesen Brief erst dann abzusenden, wenn mein Schicksal entschieden ist.

Lebet wohl, meine Theuren, Ihr meine braven Eltern, Ihr meine geliebten Geschwister. Glaubt, daß Niemand Euch treuer und mehr geliebt hat als Euer Bruder; bedenkt, daß er die Menschheit liebte mehr als sich selbst, daß er stark genug war, sie bis in den Tod zu lieben — und Ihr werdet getröstet sein.

Lebt wohl, lebt wohl. Wir sehn uns nie mehr, oder lange, lange nicht wieder! Lebt wohl!

Euer

Carl.

Durch eine Zeitung, welche die Preußen uns hereingeschickt haben, erfahre ich, daß Kinkel in Karlsruhe durch das Standgericht zum Tode verurtheilt worden ist. Ich weiß, er kann sterben, wie ein Mann, weil er wie ein Mann gelebt hat. Könnte ich das von mir sagen in diesem umfassenden Maße, ich würde in diesem Augenblick den Nacken höher tragen. Aber glücklich bin ich, daß mir die Schwachheit so fern ist, wie die Feigheit, daß ich mit starkem Herzen die Schläge des Unglücks und die eigenen Gedanken ertrage. Lebt wohl! am Tage der Capitulation!

An seine Freunde

Rastatt am Tage der Übergabe 23. Juli 49.

Meine lieben Freunde! Als einen Beweis mit wie warmer Herzlichkeit ich an Euch denke mag Euch der vorliegende Brief dienen, den ich in einem Augenblicke schreibe, wo das Leben seine letzten Forderungen an mich stellt. Die nächste Stunde wird die Preußen durch unsere Thore führen und wir werden in den Händen unserer erbittertsten Feinde sein. Erlaßt es mir Thatsachen zu erzählen und zu besprechen, deren Erzählung und Besprechung Ihr in jeder Zeitung finden werdet, mich drängt es jetzt einmal aus vollem Herzen zu Euch zu reden, eingedenk der schönen Tage, die wir mit einander verlebten und die wir uns gegenseitig verschönerten, ohne, daß wir es wußten, ja theilweise — erlaubt mir die spitze Bemerkung — auch ohne, daß wir es wollten.

Noch ungewiß ist es, was uns die nächste Stunde bringen wird; aber nur zwei Dinge sind es zwischen denen meine Erwartung wühlt!

Tod oder endlose Gefangenschaft; die beiden Thatsachen, daß ich ein Preuße und ein politischer Verbrecher bin, lassen meine Hoffnungen über diese Alternative nicht hinausgehen. Gefaßten Gemüthes sehe ich meinem Schicksale entgegen und mit ruhiger Klarheit möchte ich noch einen Blick auf die schöne Vergangenheit werfen, aus der Eure Gestalten jetzt so lebhaft vor meine Seele treten. Als ich von St. Goarshausen in die Pfalz reiste sagte Wessel in seiner trockenen Manier zu mir: Du, es wäre hübsch, wenn Du dort erschossen würdest, denn es ist doch interessant sagen zu können, ein guter Bekannter sei in dieser oder jener Affäre geblieben. Ich lachte damals über das Wort und heute kommt es mir wunderbarer Weise wieder in den Sinn. Und liegt nicht viel, sehr viel Bedeutung darin? Wird nicht von den Hunderten mit denen ich bekannt war, der bei weitem größte Theil, wenn er von meinem Untergange hörte mit bedauerndem Achselzucken sagen. „Schade um ihn, er hatte ein hübsches Talent, doch er war zu überspannt und hitzig; er hätte ein brauchbarer Mensch werden können." Und damit ist's denn abgemacht und der junge Mensch mit all seinem guten Willen, all seiner Wärme, all seiner Opferwilligkeit ist vergessen — warum? weil die Menge nicht weiß, wofür er sich geopfert hat und was er durch sein Opfer errungen haben würde, wenn sich Alle so geopfert hätten. Es wird mir leicht mich in diesen Gedanken zu finden weil ich sehe, daß die Menge Recht hat, der Nutzen ist es, der alle Verhältnisse regiert und meine Uneigennützigkeit hat nur dann Anspruch auf Anerkennung, wenn sie zum augenscheinlichen Nutzen Anderer ausschlägt. Ich habe Nichts gethan, das eines Andenkens verdiente, es ist also Nichts natürlicher als daß ich vergessen werde. Sehet, da das Programm meines Ehrgeizes vor meinem Ende. Ich weiß es, viele von Euch haben meinen Ehrgeiz zu groß und zu exclusiv angeschlagen; ich sehe das deutlich in dem Augenblicke, wo ich aus mir heraus zu treten bereit bin und ein Recht habe selbst über meine Vergangenheit zu urtheilen. Es ist wahr, ich habe nicht der zweite sein wollen, wo ich der Erste sein konnte; ich habe nicht dienen wollen, wo ich zu befehlen verstand, aber die Subordination unter die Überlegenheit ist mir niemals schwer geworden und niemals habe ich der höheren

Kraft, wo ich sie fand meine Anerkennung versagt. Und dennoch leugne ich es nicht, ich würde verdorben sein, wenn ich länger in jenen Verhältnissen geblieben wäre. Ich trug eine gewisse Unbändigkeit in mir, die mich hätte zur Herrschsucht führen müssen; das Gefühl der Überlegenheit in einigen Dingen würde mich ihre Grenzen haben vergessen lassen, und die Worte derer, die mir ohne Wissen und Wollen schmeichelten würden mich meine eigenen Fehler und Schwächen mehr haben übersehen als verbessern lassen. Ich war auf dem Wege ein intoleranter Mensch zu werden, und würde es längst geworden sein, wenn nicht eine gewisse natürliche Scheu, die zu verbannen ich übrigens eifrigst bemüht war mich mit Gewalt noch im Geleise gehalten hätte. Damals beging ich eine Lächerlichkeit, die zugleich ein Staatsverbrechen war und diese Lächerlichkeit bezeichnet einen Absatz in meinem Lebenslaufe. Ich ging in die Pfalz und es wurde mir dort die Anschauung einer Bewegung, die mir bald die Forderungen der Revolution an den Mann, der in ihr eine Rolle zu spielen unternimmt klar genug versinnlicht. Ich trat in einen Kreis von Männern, deren Namen sehr viel in Deutschland waren genannt worden. Es war nicht schwer die Überlegenheit Weniger, die unbedeutende Kraft Andrer zu schätzen, zu lernen und zu erkennen, daß der Ruf eine politische Notabilität zu sein noch keineswegs einen großen Grad politischer Tüchtigkeit voraussetzt und leichten Kaufs zu erringen sei. Der Anblick dessen, was bei der pfälz. Revolution Alles zu thun war, um ihr nur einen Schein von Hoffnung auf Erfolg zu sichern, der Anblick einer unfähigen provisorischen Regierung, ließ mich bald die Frage an mich selbst stellen, ob ich denn wirklich mir dieses oder jenes gedacht haben oder es hinzustellen fähig gewesen sein würde, wenn mir in diesem Drama eine Rolle zugefallen wäre. Da erkannte ich denn schnell, daß meine mangelhaften Kenntnisse und Erfahrungen mir den Stempel eines unbedeutenden Individuums aufdrückten, dessen Gegenwart wohl auszubeuten sei, sollte seine Zukunft auch verloren sein. Ich wählte mir mit standhafter Resignation auf andre Anerbietungen eine stille contemplative Stellung aus, die mir einen ziemlich tiefen und klaren Einblick in alle Kreise und Verhältnisse gestattete ohne mir eine Verantwortlichkeit aufzunöthigen, die mir bei meinem Mangel an Selbstvertrauen hätte drückend werden können. Da bin ich denn in der Revolution umhergegangen, wie ein Naturforscher durch ein Gebirge, nicht ohne Gefahr aber unermüdlich. Ich habe in diesen wenigen Monaten mehr tausendmal mehr gelernt als hätte mich das Schicksal meiner anscheinend selbständigen in der That aber illusorischen Thätigkeit in unserer Universitätsstadt überlassen. Bald aber kamen auch die bösen Tage und nachdem ich viel gelernt hatte, schnitt das unerbittliche Schicksal mir die Hoffnung ab ein brauchbarer Mensch werden zu können. Ich sehe meinem Leben ein Ziel gesetzt, wo ich es erst beginnen sollte, meine Freiheit sehe ich vernichtet, wo mein guter Wille im Begriffe war, sich mit Klarheit zu verbünden. Das ist das schwere Unglück, das auf meinen Schultern lastet und ich fühle, daß es keinen Trost für mich gibt, als die ungebändigte Kraft meiner Seele. Ich habe mir meinen sittlichen Stolz bewahrt und Nichts wird meinen Nacken beugen. Ich fühle, daß ich werth wäre zu leben, weil mich die Erwartung des Todes klar und ruhig läßt. Ich habe dem Tode oft ins Antlitz gesehen, bei Bruchsaal, wo ich verwundet wurde, in allen Kämpfen bei Rastatt, wo ich Klinge gegen Klinge, Stirn gegen Stirn dem Feinde gegenüber stand. Die Gefahr hat mich nicht erschüttert und die Nähe des Todes mich nicht beben gemacht — sagt das denen die nach mir fragen sollten.

Zum letzten Male rasseln unsere Trommeln über die Gassen, zum letzten Male lege ich Schärpe und Säbel an, um mich dem Feinde zu überliefern. Es ist Zeit, daß ich Euch Lebewohl sage, es ist kindisch von mir, aber jetzt thut's mir wehe bei meiner Flucht nicht einmal Abschied von Euch genommen zu haben. So lebt denn wohl! Wiedersehen zu hoffen wäre Thorheit. Gedenkt noch zuweilen eines Freundes, der sein Leben daran setzte, eine Idee zu realisiren, bevor er die Mittel kannte; dessen größte Sünde es war, gegen seine eigene Theorie, dem Egoismus allzu fremd zu sein. Nochmals lebt wohl!

Der Eurige

Carl Schurz.

An Christian Schurz

Dornachbruck, 31. Juli 1849.

Theure, geliebte Eltern! Endlich find' ich einen Augenblick Ruhe, um Euch anzukündigen, daß ich gerettet und frei bin, beides durch ein verwegenes Wagniß, das eben so wohl gelungen ist, als es kühn begonnen war. Ich schrieb Euch die letzten Zeilen in der trostlosen Voraussicht, in die Hände meiner unerbittlichen Feinde zu fallen. Das Schicksal hat es anders gewendet und ich bin dem Leben wiedergegeben, nachdem ich dem Tode schon fest ins Auge sah. Ich weiß nicht, ob Ihr meinen letzten Brief aus Rastatt erhalten habt; habt Ihr ihn erhalten, so ist er früher abgegangen als ich es wollte, und von Herzen bitt' ich Euch die schweren Stunden des Schreckens und Schmerzens ab, die ich Euch unschuldiger Weise durch meine voreilige Kunde bereitet habe. Meine Rettung war nicht vorauszusehn, und ich wollte nicht, daß Ihr in der Zukunft auf die Frage, wo Euer Sohn geblieben sei, antworten müßtet: Ich weiß es nicht. Darum wollte ich Euch Kunde geben, so lange ich noch konnte. — Wie ich gerettet wurde, wollet Ihr aus beiliegenden Blättern ersehen, die ich für Euch und Jeden schrieb, der an meinem Schicksal Antheil nimmt[1]).

Jetzt laßt uns von den Sorgen des Lebens reden. Ich wohne hier auf einem Schweizerdorfe, nahe bei Basel. Meine Geldmittel sind, da ich nur wenig aus Rastatt retten konnte, so gering, daß ich nicht drei Tage mehr mein Leben werde fristen können. Zwar besitze ich mein Tagebuch, welches ich sehr regelmäßig und in ausgedehnter Weise geführt habe und welches ich drucken lassen will. Doch werden bis zu einer nothwendigen Redaktion desselben und bis ich es bei einem Verleger angebracht habe, mindestens 8—14 Tage vergehn und selbst dann ist es sehr fraglich, ob ich sogleich werde Geld in die Hände bekommen können. Von Euch verlange ich Nichts, denn ich weiß, daß ich besser darben kann, als Ihr. Aber eine Bitte stelle ich: Fragt bei der Frau Erbschlöh oder sonst wo an, ob Niemand geneigt ist, mich bis zu dem Augenblicke, wo ich mein Tagebuch verwerthen kann, zu unterstützen. Ich würde dann in die französische

[1]) Siehe Lebenserinnerungen I, 6. Kapitel.

Schweiz, wahrscheinlich nach Genf gehn, meine Studien fortsetzen und nebenbei vollkommen französisch sprechen lernen. Ich würde in Frankreich geblieben sein, wenn sich die Flüchtlinge in Paris oder nach der Grenze zu aufhalten dürften. Da ich an vielen Dingen, die zum Leben durchaus nothwendig sind, empfindlichen Mangel leide, so müßte sich die zu beschaffende Summe auf 25—30 Thlr. belaufen, besonders da ich nicht hier bleiben darf, sondern sehr bald auszuwandern genöthigt sein werde. Es darf sich nämlich kein Flüchtling weniger als 8 Stunden von der Grenze aufhalten und so riskire ich, wenn ich meine Tour nach Genf lange verzögere, von der Polizei aufgehoben, über die Grenze gesetzt oder eingesteckt zu werden, was dann sehr unangenehm sein könnte. Mit dieser ersten Bitte verbinde ich noch eine zweite. Sollte es möglich sein, unter einem Signalement, welches auf mich so ziemlich paßt, mit einem beliebigen Namen mir einen Paß zu verschaffen, so würde mir dies wesentlich vorteilhaft sein. Ich würde mich nicht allein an der französischen oder belgischen Grenze, möglichst nahe bei meiner Heimath, sondern sogar in der nächsten Umgebung von Bonn selbst aufhalten können, ohne die Gefahr entdeckt zu werden. Daß dies von bedeutenden Vortheilen sein würde, bedarf keiner Erwähnung. Wenigstens würde ich in Paris bleiben können, was meiner Ausbildung in jeder Beziehung sehr förderlich sein könnte. Die einzige Schwierigkeit besteht jetzt darin, die Grenzen zu passiren ohne arretirt zu werden, was bei der jetzigen Aufmerksamkeit der Polizei kein kleines Kunststück ist. Wie gesagt, einen Namen darf der Paß tragen, wie er immer will — nur muß das Signalement auf mich so viel als möglich anwendbar sein. Erfahren diese beiden Bitten eine günstige Erfüllung, so hoffe ich die Dauer meiner Verbannung durch eine möglichst nützliche und reichhaltige Anwendung zum Bessern wenden zu können.

Und nun die dritte und höchste Bitte. Seit zwei Monaten irre ich in der Welt herum, ohne die geringste Kunde von Euch zu haben; ich weiß nicht, ob Ihr gesund seid, ob es Euch wohl geht, ja, ob Ihr noch lebt. Fühlt Ihr, was das heißt? Tag und Nacht habe ich Bekümmerniß gehabt mehr um Euch, als um mich, Tag und Nacht hat mich der Gedanke an Eure Sorgen, Eure Mühen, Eure Thränen gefoltert, denn Ihr mußtet ja glauben, daß Alles umsonst, Alles verloren sei. Theure Eltern, ich fühle, was ich verschuldet habe, aber laßt es mich nicht entgelten, laßt mich nicht länger schmachten nach einem Worte, einer Kunde von Euch. Auch wenn Ihr mir kein Geld schickt, wenn ich mich auch durchbetteln müßte, schreibt mir nur! Alle sollt Ihr mir schreiben, Ihr und meine Schwestern, damit ich sie endlich einmal wieder an die Lippen drücken kann die theuern Züge, nach denen ich mich so lange und so heiß gesehnt. Unaussprechlich sehne ich mich nach dem Tage, wo ich das theure Blatt in der Hand halten werde als eine süße Gewähr, daß Ihr noch da seid, deren Bild in meinem Geiste täglich frischer wird.

Über die Art, wie Ihr mir das Geld und den Paß verschafft, könnt Ihr Euch mit einigen meiner Freunde berathen, die ich dazu anweisen werde. Sie können Euch vielleicht mit guten Mitteln an die Hand gehn. Fragt Sulzbach, ob er mein Tagebuch verlegen wolle. Es wird etwa 200 Seiten stark und enthält über die badische Revolution, besonders die Übergabe von Rastatt, sehr wichtige und authentische Aufschlüsse, die zu geben mir dadurch möglich war, daß ich stets in der unmittelbaren Umgebung des Commandanten war. Sagt ihm, daß ich für den Bogen 2 Frd'or haben wolle und zwar in monatlichen Raten zu je 3 Bogen. Ich werde mich unterdessen auch bei schweizerischen Buchhändlern umsehen, jedoch auf Sulzbachs Entscheid warten, da er jedenfalls den Vorzug hat. Die Noth zwingt mich zu diesen Forderungen, die jedoch ganz unabänderlich sind. Schreibt mir doch auch, ob die Bonner Ztg. noch existirt und ob — was schrecklich wäre — das Todesurtheil Kinkels eine Wahrheit und die Vollstreckung bereits erfolgt ist. Ich kann es kaum glauben, die Zeit bringt Wunderbares zu Tage und wir selbst sind ja Zeuge, wie furchtbar das Spiel des Schicksals ist.

Ich sitze hier, noch todtmatt von den übermenschlichen Anstrengungen in Rastatt und arbeite unaufhörlich an der Redaktion meines Tagebuches. Ich habe das Leben von neuen Seiten kennen lernen und werde mir das wohl zu Nutze machen. Nur ein wenig Hilfe, und ich bin ganz gerettet. Ich weiß, daß ich nicht untergehen werde in dem Schlamm fauler Unthätigkeit, in dem die meisten

Flüchtlinge hier versinken. Meine geistigen Bedürfnisse sind mir eine Garantie für meine geistigen Arbeiten und das fühle ich wohl und deutlich, daß ich in den letzten Tagen mehr gewonnen, als eingebüßt habe. Noch ist Nichts verloren! Also Muth und Thätigkeit! Ohne Zweifel wird mir einer meiner Freunde schreiben. Ihr könnt Euren Brief mit dem seinigen zusammenthun. Nochmals bitte ich Euch, wenns möglich ist um umgehende, möglichst schnelle Aufbringung und Übersendung des Geldes — nur greift Euch selbst nicht an! Schreibt mir nicht unter meinem Namen, sondern unter folgender Adresse: Herrn Gustav Stahl, im Gasthause zur Krone zu Dornachbruck bei Basel, Canton Solothurn. Schreibet bald, ich harre mit heißer Sehnsucht. Herzlichster Gruß an Alle,

Euer treuer Sohn

Carl.

An Christian Schurz

Enge b. Zürich, d. 15. 8. 1849.

Theuerste Eltern! Eure Briefe, die mir Strodtmann mit gewissenhafter Eile überbrachte, haben mit einem Male meine aufgeriebenen Kräfte wieder belebt, meine Seele wieder zur Freude aufgerichtet. Ich hatte krank zu Bette gelegen den ganzen Tag, aber als Strodtmann ankam und mir Eure lieben Zeilen übergab, sprang ich auf so gesund wie ein Fisch im Wasser und war wie neu geboren. Sogleich am andern Morgen marschirten wir hieher, nach Zürich ab, wo ich zu bleiben gedenke und wo mich die herrliche Natur, deren täglicher Anblick so unbeschreibliche Einflüsse ausübt, und die überaus erquickende Alpen- und Seeluft bald zum neuen Menschen machen wird. In der That aber kann ich Euch zu Eurer Beruhigung versichern, daß die Nachwehen meiner ungeheuern Strapatzen sich nur auf Weniges beschränken; ein wenig Mattigkeit zuweilen, und ein rheumatisches Reißen im rechten Beine, welches bei Bruchsal von einem Kartätschenschuß gestreift, ein wenig von mir vernachlässigt worden, obgleich wahrscheinlich die Knochenhaut etwas verletzt war, das ist Alles. Wenige Tage werden auch das gut machen. Aber wo hab' ich all die rührende Sorgfalt und Liebe verdient, die mir gewidmet wurde? Meine Freunde haben voll freundschaftlichen Eifers keine Mühe gescheut um mir zu helfen und zu nützen, und mein guter, alter Vater läßt sich den langen Weg nach Rastatt nicht verdrießen, um mich, den verloren geglaubten, noch einmal zu sehn! Er ist doch wieder zurück, und hat die frohere Kunde vernommen, die während seiner Abwesenheit zu Hause eingetroffen war? Ich bitte Euch, schreibt mir sogleich darüber, die Sache beunruhigt mich sehr! Es wird ihm doch Nichts zugestoßen sein, während er mich suchte und nicht finden konnte? Hätte er nur meinen Aufenthalt gewußt, in weniger als einem Tage hätte er in Dornachbruck bei mir sein können. Antwortet mir umgehend darüber! Weiß ich darüber das Genügende, so werde ich ein ruhiges Leben führen können, bis meine Kräfte mir erlauben, mit verdoppeltem Eifer die Geschäfte meines Berufes wieder anzugreifen.

Ich habe mich hier auf einem Dorfe, nicht 200 Schritte von Zürich, eingemiethet, wohlfeil, einfach und gut. Meine Fenster gehn nach dem See und den eisbedeckten Bergen hinaus und nur wenige Schritte hab ich bis auf einen Hügel, wo man die herrlichste und großartigste aller Aussichten genießt. Ich werde Euch später schreiben, wie schön es hier ist — jetzt drängt mich mein Gemüth von Anderem zu sprechen. Hattet Ihr denn gar keine Nachricht von mir, die ganze lange Zeit hindurch? Euren letzten Brief habe ich erhalten durch Anneke's Frau, an demselben Tag, wo wir aus Kaiserslautern ausmarschiert waren. Und von diesem Tage an habe ich, Tag und Nacht zu Pferde, auf Märschen und Bivouaks zubringend, stets in der Nähe des Feindes auch nicht einen Augenblick Ruhe gefunden, der mich zum Schreiben hätte kommen lassen, wie sehr ich mich auch darnach sehnte, die wenigen Schlafstunden abgerechnet, die mir dann und wann zu Theil wurden. Endlich zwei Tage nach dem Kampf bei Bruchsal, am 25. Juni ging ich nach Offenburg, um mich so schnell als möglich wieder kampffähig zu machen. Während ich dort meine Wunde pflegte, schrieb ich Euch am 25. Juni, trug am 26. Juni dem Wirth auf, meinen Brief über Frankreich zu besorgen, und mußte am 27. früh Morgens, nachdem ich nothdürftig hergestellt war, wieder in's Hauptquartier, das sich bereits in Rastatt befand. Habt Ihr diesen Brief aus Offenburg vom 25. Juni nicht erhalten? Es war der letzte den ich schrieb, denn sobald Rastatt eingeschlossen war, konnte man natürlich nicht mehr ans Briefschreiben denken. Ich habe großartige und interessante Dinge erlebt und merkwürdige Schicksale gehabt,und jetzt, da alle Noth überstanden ist, freue ich mich, daß ich sie erlebt habe. Meine Sehnsucht nach Euch, die Ungewißheit über die Reise meines Vaters nach Rastatt sind noch das Einzige, was mich quält; für meine Zukunft fürchte ich Nichts. Das Schicksal hat mich gegen jede Noth, gegen jedes Drangsal gewaffnet und gestählt; ich habe so viel gelitten und so viel ausgehalten, daß ich mit kühner Zuversicht allen Schicksalen entgegensehe, die etwa jetzt gegen mich herandrängen. Wer Kraft genug in sich selbst fühlt und den Muth dazu, das Leben zu überwinden, der kann seines endlichen Sieges gewiß sein, wenn es ihm auch nicht gelingen wird, harte Kämpfe zu vermeiden. Diese Kämpfe werden kommen, das ist gewiß; ebenso gewiß ist aber auch, daß meine Vergangenheit die beste Waffe gegen meine Zukunft sein wird. Freilich scheint es, als ob ich einen großen Schritt weiter von dem Ziele abgelenkt bin, das ich mir früher gesteckt hatte, und nicht wenig schmerzt mich das, wenn ich an Euch denke, die Ihr mit dem Schweiße Eures Angesichtes mich so weit gebracht habt: aber wer weiß, ob nicht ein höheres Ziel mir näher gerückt ist, näher als wir wissen und denken können. Und da ich gefühlt habe, als ich vor dem Tode stand, was leben heißt, und wie man leben muß, um wahrhaft und würdig gelebt zu haben, da ist es mir auch klarer geworden, als jemals, wie ich arbeiten müsse, um wahrhaft gearbeitet zu haben. Ich werde thun was ich kann, um zu werden was ich kann — und, dessen könnt Ihr versichert sein, trüge ich den Sporn dazu nicht in mir selbst, Eure Liebe und Sorge würde mich nicht ruhen noch rasten lassen.

Meine Freunde haben so viel Geld für mich zusammen gebracht, daß ich wenigstens für die nächste Zeit ruhig werde leben und arbeiten können. Es fehlt mir nur Weniges, besonders da ich Hoffnung habe, die Sachen, die ich mit von zu Hause genommen und die mir bei dem Abzuge des Hauptquartiers von Rastatt abhanden gekommen sind, wenigstens zum Theil wieder zurück zu erhalten. Nur einige Hemden habe ich nöthig, wenns auch nur 3 oder 4 wären, Taschentücher und ein Halstuch ebenso. Diese Sachen sind hier sehr theuer; nun weiß ich nicht, ob es vortheilhafter sein würde, wenn Ihr mir die Sachen dort anschafftet, um sie mir hieher zu senden, oder wenn ich sie mir hier selbst kaufte. Das Letztere dürfte etwas tief in meinen Geldbeutel greifen. Solltet Ihr das Erstere für besser halten, so kauft mir nur farbige Hemden, ich habe bei meinem Feldzuge gesehen, wie gut und überaus praktisch sie sind.

Meinen Wunsch, zu Euch zurückzukehren und einige Zeit in der Umgegend von Bonn ruhig zu leben, glaube ich noch einstweilen unterdrücken zu müssen, da die Sache noch etwas zu gefährlich sein dürfte und ich mit meiner Freiheit gewissenhaft Haushalten gelernt habe. Doch hoffe ich, daß es nicht gar zu lange dauern wird bis wir uns wiedersehn. Der Abgang der Post naht heran und ich füge nur noch die dringende Bitte hinzu, mir sogleich zu schreiben und meine Besorgnisse über die Reise meines Vaters zu zerstreuen. Mit Sehnsucht erwarte ich Euren Brief. Sollte noch etwas Geld für mich zusammen gebracht werden, so könnt Ihr das mit dem Briefe unter folgender Adresse schicken: Herrn Dietrich Rentrup, per Adr. Frau Wittwe Landolt in Enge (Nr. 420) bei Zürich.

Nochmals um baldige Nachricht bittend grüßt Euch alle aufs Herzlichste

Euer

Karl.

Grüßt doch die ganze Familie von mir!

An seine Eltern

Zürich, 18. 8. 49.

Theuerste Eltern! Zum zweiten Male und indem ich jeden Augenblick von Euch einen Brief erwarte, schreibe ich Euch aus dem schönen, heitern, für mich so einsamen Zürich; ich schreibe Euch nur deßhalb, weil ich Strodtmann nicht will abreisen lassen, ohne die schöne Gelegenheit, mit Euch zu reden, benützt zu haben. Ich fühle daß ich hier ein Leben voll recht einsamer Thätigkeit führen werde. Ich habe mich jetzt schon, nachdem die ersten freudigen Begrüßungen vorüber sind, von den meisten Bekanntschaften losgesagt, die ich im Lauf der letzten Monate gemacht habe. Wir leben hier außen unberührt von dem Wellenschlag des politischen Lebens und alle Umstände treffen günstig zusammen, um sich eine geräuschlose wissenschaftliche Thätigkeit zu gründen. Ich werde sie auszubeuten suchen, so viel ich vermag. Meine Gesundheit ist fast vollkommen wieder hergestellt. Meine Strapatzen scheinen mich mit allen bedeutendern Nachwehen verschonen zu wollen. Dies zu Eurem Troste in dieser Beziehung.

Meine Sachen, Röcke, Hosen usw., die mir im Kriege verloren gegangen waren, und die ich hier wiederzuerlangen hoffte, habe ich noch immer nicht erhalten. Doch erwarte ich sie jeden Tag und werde dann, wenn ich auch das bekommen haben werde, um was ich Euch bat, für die nächste Zeit wieder genügend equipirt sein.

In Erwartung Eures Briefes, der jetzt auf dem Wege sein muß, schließe ich, um Euch nach seinem Empfang ausführlicher zu antworten. Herzlicher Gruß an die ganze Familie.

Euer dankbarer Sohn

Karl.

P.S. Solltet Ihr noch kein Packet an mich abgeschickt haben, so wärs gut, wenn Ihr auch eine Weste hinzuthätet, da ich keine mehr habe. Ihr könnt sie ja bei Wolff kaufen. D. O.

An Christian Schurz

Zürich, 20. 10. 49.

Theuerste Eltern! Bei unsrer Überlegung, ob ich mein Vorhaben auszuführen wagen soll, haben wir einen Punkt zu berühren gänzlich vergessen. In Belgien nämlich werde ich in keiner Weise ohne gehörige Ausweisschriften existiren können. Ich müßte also einen neuen Paß haben und zwar wo möglich auf ein Jahr. Ich habe mich vielfach besonnen, wer von meinen Freunden oder Verwandten mir einen solchen verschaffen könnte, und bin auf Heribert oder Mathias-Joseph verfallen. Sollte ich aber auch in der Schweiz bleiben, so würde mir ein Paß, der für Frankreich, Belgien und Schweiz ausgestellt wäre, sehr dienlich sein. Ich bitte Euch also, Euch zu erkundigen, ob es möglich ist, von jener Seite eines solchen Passes habhaft zu werden.

In der neusten Zeit haben sich für mich hier neue Hoffnungen eröffnet. An der zürcher Universität sind nämlich die Fächer die ich studire, äußerst schwach besetzt. Für die Geschichte ist nur ein Professor da, und der liest einzig Schweizergeschichte. Für die übrigen Theile existirt nicht einmal ein Privatdocent hier. Ich habe mich über die Examina erkundigt, und gefunden, daß ich mich innerhalb eines Jahres mit großer Bequemlichkeit dazu werde befähigen können. Sollte nun bis dahin in Deutschland keine neue Bewegung einen andern Stand der Dinge herbeigeführt haben, so glaube ich, daß es am allerrathsamsten ist, wenn ich mich mit größter Beharrlichkeit an diesen Dingen halte. Ob ich in Deutschland oder in der Schweiz meine Existenz finde, das ist für einen solchen Fall am Ende ziemlich gleichgültig, wenn ich sie nur finde. Dazu hat sich hier eben für wissenschaftliche Bestrebungen eine besondre Anregung geltend gemacht. Es sind nämlich mehrere aus der gebildetern Classe der Flüchtlinge zu dem Beschluß zusammengetreten, daß sie zur wissenschaftlichen Beschäftigung der Übrigen, sowohl der völlig Unwissenden, als derjenigen, die eine tüchtige Vorbildung genossen haben, so viel thun wollen, als in ihren Kräften steht. Es wird daraus eine Art von Institut entstehn, dem die schweizerischen Behörden bereits ihre Genehmigung und Unterstützung zugesagt haben. Ich bin mit dabei betheiligt und hoffe sogar, daß sich außer der wissenschaftlichen Anregung nicht unbeträchtliche materielle Vortheile, z. B. freie Wohnung bieten werden. Es wird sich nun in wenigen Tagen entscheiden, in wiefern unsre Erwartungen erfüllt werden. Sollte das in genügendem Maße geschehn, so scheint es mir das Räthlichste, daß ich in der Schweiz bleibe, besonders deßhalb, weil ich nach einer Übersiedelung nach Belgien wohl schwerlich die Aussicht habe, wieder hieher zurückzukommen. Die Aussicht auf eine zukünftige Stellung ist eine jedenfalls nicht verachtenswerthe und ich werde mein Mögliches thun. Sollte eine neue Revolution uns den Boden des Vaterlandes wieder zugänglich machen, was ich für sehr möglich halte, so sind solche Grundlagen auch nicht eben in den Wind gebaut, denn es ist immer gut, sich für unvorhergesehene Fälle ein Pförtchen offen zu halten. Schreibt mir darüber bei Gelegenheit Eure Ansicht. Ich glaube, Ihr werdet mit mir einer Meinung sein.

Frau Heß hat mir die Sachen und das Geld überbracht; ich danke Euch herzlich dafür. Sie hat mir auch Verschiednes in Aussicht gestellt, Hauslehrerstellen usw., und ich muß gestehn, daß mir jedes Mittel äußerst lieb und willkommen ist, welches mir dazu verhelfen kann, Euch so wenig als möglich zur Last zu fallen, und die Fürsorge meiner Freunde nicht gar zu sehr auf die Probe zu stellen. Daß sich mir bald eine Erleichterung meiner Lage darbieten wird, halte ich für ziemlich gewiß, und das hat mein Bedenken vermehrt, diese Vortheile durch eine Übersiedelung mit einer völlig ungewissen Zukunft zu vertauschen. Ich bitte aber, daß all diese Sachen unter uns bleiben.

Den oben angedeuteten Paß braucht Ihr erst dann ausstellen zu lassen, wenn ich ausdrücklich darum bitte und ihn nöthig habe.

Auf diese Weise hoffe ich, daß sich unser Unglück, wenn auch nicht heben, doch erträglich machen läßt; die Zeit des Leidens kann nicht lange dauern. Die Eroberung einer bessern Zukunft für uns alle wird meiner gesunden Kraft nicht unmöglich sein, und daß es an meinem Willen nicht fehlt, davon seid Ihr wohl überzeugt. Eben deßhalb aber kann ich auch meiner Sehnsucht nach Eurem Anblick Gewalt anthun, wie schwer es mir auch geworden ist und in der Zukunft noch werden mag. Dessen dürfen wir wohl gewiß sein, daß unser Wiedersehn ein glückliches sein wird. Seid stark und laßt den Muth nicht sinken, denn Euer Muth ist der meinige.

Sobald Strodtmann wieder angekommen sein wird, sagt ihm doch, daß er mir schreibt und seine Adresse schickt.

Euch, meine Schwestern und alle Freunde grüßt aufs Herzlichste

Euer treuer Sohn

Karl.

P.S. Frau Heß erzählt mir viel von Kinkel, daß er sich gewendet zu haben scheine usw. Schreibt mir doch, was daran ist. — Sollte sich eine Gelegenheit finden, mir meinen Kapuzrock zu schicken, so würde mir das sehr lieb sein. K.

An Christian Schurz

Zürich, 31. 1. 50.

Theuerste Eltern! Äußerst betroffen bin ich darüber, daß ich seit dem 20. Dezember 49 auf eine Antwort von Euch vergebens warte, und doch geht aus einem Briefe von Meier, den ich Anfang Januar erhielt, hervor, daß Ihr mein Schreiben von Mitte Dezember erhalten haben müßt. Ich schrieb den 4. Januar nochmals, aber umsonst. Ist dieser Brief angekommen, und jener, den ich an H. Hittorf sandte? Was ist denn geschehen, daß Ihr mich so lange in der peinigendsten Ungewißheit laßt? Oder habt Ihr vielleicht dennoch geschrieben, und der Brief wurde auf der Post unterschlagen? Ich habe Gründe, das zu vermuthen, denn der Brief von Meier trug unverkennbare Spuren einer Eröffnung an sich. Ich werde an Meier darüber das Nähere schreiben. Ich bitte Euch, schreibt mir doch augenblicklich; ich weiß ja nicht das Mindeste, wie es Euch geht, ob Ihr gesund seid und zufrieden. Die sonderbarsten, traurigsten Ahnungen kreuzen sich in mir. Sollte es der Fall sein, daß ein Brief von Euch auf der Post liegen geblieben ist, so reklamirt ihn doch ja, damit ich ihn erhalte.

Meine Verhältnisse sind so, daß ich nicht klagen kann. Wir unterstützen uns gegenseitig nach Kräften und überwinden gemeinschaftlich unsre Verlegenheiten. Seit Ende Dezember habe ich meine alte Wohnung verlassen, weil sie so kalt war, daß ich dort nicht arbeiten konnte. Ich wohne jetzt bei Kaufmann Dolder auf dem Schanzengraben in Zürich, wohin Ihr alle Eure Briefe jetzt zu addressiren habt. Nächstens mehr davon. Meine Unruhe läßt mich meine eigne Lage nicht ausführlicher auseinandersetzen.

Unser Prozeß wird wohl im Gange sein. Wäre es nicht möglich, daß Ihr mir baldigst die Köln. Zeitungen schicktet, worin die Verhandlungen stehn? Es könnte vielleicht nöthig sein, darüber etwas zu schreiben und in einigen oder mehreren Blättern zu veröffentlichen.

Nochmals bittet Euch flehentlichst um baldige Antwort

Euer treuer Sohn

Karl.

Gruß an Alle!

An Christian Schurz

Zürich, 8. 2. 50.

Theuerste Eltern! So eben habe ich einen Brief an Heribert auf die Post gegeben, in welchem ich ihn um baldige Besorgung eines Passes bitte. Vielleicht dürfte ich ihn schon in der nächsten Zeit nöthig haben. Es sind jedenfalls bedeutungsschwere Ereignisse im Anzuge, Ereignisse, die vielleicht unsre augenblickliche Lage bedenklich verschlimmern, deren Erfolge aber ohne Zweifel für unsre Sache gut ausschlagen werden. Man spricht hier viel von Feindseligkeiten Österreichs gegen die Schweiz, von Ausweisung der Flüchtlinge usw. Sind diese Sagen auch nicht in ihrem vollen Umfange zu glauben, so beruhen sie doch ohne Zweifel auf etwas Wahrem. Eine Ausweisung würde uns alle in die bitterste Verlegenheit setzen, da die Geldmittel überall nur sehr gering sind und ohne diese Nichts zu machen ist. Wie diese Krisis vorüber gehen wird, ist vollkommen dunkel. Wäre es möglich, daß mir auf irgend eine Weise soviel Mittel disponibel würden, als zur Veränderung meines Aufenthalts nothwendig sind, so würde ich darin eine große Beruhigung finden. Doch hoffe ich noch immer, daß die Sache nicht so arg kommen wird. Einstweilen ist noch keinerlei Gefahr für uns vorhanden, aber es ist gut, sich für die Zukunft so viel als möglich vorzusehn. Da Meier verhaftet ist, wie ich leider gelesen habe, so weiß ich augenblicklich unter den Studenten Niemand, mit dem ich correspondiren könnte. Strodtmann hat seit seiner Relegation Nichts mehr von sich hören lassen, und sein Aufenthaltsort ist mir völlig unbekannt. Es würde mir ungemein lieb sein, unter den Bonner Studenten wenigstens mit einem noch in Verbindung zu stehn. Wenn etwa von meinen

Leuten Jemand zu Euch kommen sollte, so veranlaßt ihn, mir zu schreiben.

Euer letzter Brief kam gerade eine Stunde nachher an, als ich den meinigen auf die Post gegeben habe. Es ist mir eine große Beruhigung, daß Ihr noch alle wohl seid. Ich bin es ebenfalls.

In 2 oder 3 Tagen werde ich über unsere Verhältnisse der Bonner Ztg. nähere Berichte geben und auch an Euch das Ausführlichere schreiben. Für heute nehmt mit diesen wenigen Zeilen vorlieb und laßt Euch den einliegenden Brief zu baldiger Besorgung empfohlen sein.

In Eile grüßt Euch aufs Herzlichste

Euer treuer Sohn

Karl.

An Christian Schurz

Zürich, 18. 2. 50.

Theuerste Eltern. Je näher der Frühling kommt, um so näher die Entscheidung. Es kann wohl Niemandem entgangen sein, daß sich im Osten und Westen, im Norden und Süden Ereignisse vorbereiten, welche unsre Verhältnisse wesentlich verändern werden. Schon im vorigen Briefe habe ich in Bezug auf eine baldige Maßregel gegen die Flüchtlinge, sei es durch eine bewaffnete Invasion von Seiten Österreichs, sei es durch neue Verordnungen des Bundesrathes, Einiges angedeutet. Die neusten Nachrichten gehen nun dahin, daß es allerdings damit etwas auf sich hat, daß wir jedoch noch einige Zeit hier sicher sind. Ich habe an Heribert geschrieben und ihn um möglichst große Beschleunigung der Übersendung des Passes gebeten. Ich könnte ihn bald nöthig haben, denn die zürchersche Polizei scheint am malitiösesten gegen die Flüchtlinge zu sein. Ich bitte aber, daß Ihr die Paßangelegenheit möglichst verschweigt; denn die dortige Polizei könnte, wenn sie etwas davon hören sollte, entweder den Brief auf der Post abzufassen suchen, oder mir am Ende hier Unbequemlichkeiten machen. Meine persönlichen Verhältnisse sind erträglich; Mangel leide ich nicht, obschon ich nicht leugnen kann, daß mir einiges Geld sehr willkommen sein würde, besonders weil wir keinen Tag die vollkommene Gewißheit haben, daß nicht plötzliche Verhältnisse eine Veränderung des Aufenthalts nothwendig machen. Seid doch so gut, mir so bald als möglich ausführlich zu schreiben, wie die Sachen dort stehen. Jede Nachricht ist uns wichtig. — Der Abgang der Post macht den Schluß dieses Briefes nothwendig. Für heute lebt wohl!

Herzliche Grüße von

Eurem treuen Sohn

Karl.

Grüßt meine Schwestern aufs Wärmste.

An ?

(Berlin, September 1850.) [1]

Obgleich ich in diesem Augenblick nicht weiß, wo in aller Welt ich Dich hinzusetzen habe, so kann ich doch den Drang, Dir einige Worte zu schreiben, nicht zum Schweigen bringen, und werde diese Zeilen einem gütigen Winde anvertrauen. Zuerst einige Vorwürfe. Weshalb habe ich seit unserm letzten Zusammensein auch nicht eine Silbe von Dir gehört! Der Weg von Dir zu mir durch Deinen Bruder war doch immer sicher, und ich bilde mir ein, daß wir uns doch dies oder jenes hätten sagen können. Aber ich sehe wohl, daß ich selbst wieder die Initiative ergreifen muß, was mir oft schmeichelhafter war, als in diesem Falle.

Ich schreibe Dir diese Zeilen in Berlin, dessen Mauern mich seit fast 3 Wochen beherbergen und vielleicht noch länger beherbergen dürften, denn ich bin an den Ort, auf dem ich sitze, angeschmiedet wie Prometheus an den Felsen und kann mich nicht rühren. Erschrick nicht, denn ich bewohne nicht die Hausvogtei oder eine der

[1]) Diesen undatierten, aus Berlin im September 1850 geschriebenen und in der Vossischen Zeitung 1912 Nr. 236 zum Teil veröffentlichten Brief von Carl Schurz fand Dr. M. Bollert unter den Untersuchungsakten gegen den Berliner Arzt Ferd. Falkenthal, bei dem Sch. die letzten Wochen vor der Befreiung Kinkels gewohnt hatte. - Der Adressat des Briefes ist nicht zu ermitteln gewesen.

eisenumgitterten Hauptwachen, sondern ein einfaches Studentenzimmer, aber fast ebenso einsam, wie die Hausvogtei. Ich habe meinen guten Stern versöhnen müssen durch ein kleines Pech; der Fall wird Dich vielleicht interessieren, denn er ist ein medizinischer. Vor etwa 14 Tagen ging ich des Morgens ins Bad, um mich auf die Hitze eines geschäftsreichen Tages entsprechend vorzubereiten. Als ich nun, gesalbt von einer wohltuenden eiskalten Brause, barfuß bis an den Hals in der Pracht meiner apollinischen Glieder durch das Badehaus dahersteige, entgleiten mir plötzlich auf einer schlüpfrigen Stelle mit wunderbarer Leichtigkeit die Füße unter dem Leibe und ich komme mit einer der Länge meines Körpers entsprechenden Vehemenz zu Falle. Nachdem man mich mit großer Mühe und unter den wahnsinnigsten Schmerzen nach Hause gefahren, constatieren 2 Ärzte am späten Nachmittag nach einer mit Hilfe von Chloroform bewerkstelligten Untersuchung, daß mein rechter Schenkel nicht gebrochen, aber eine Muskelquetschung von seltener Stärke vorhanden sei. Nun ging es an ein Schröpfen, Umschläge machen ꝛc. und nach etwa 5 Tagen war ich wirklich so weit, aus dem Bette herauszukrabbeln, um auf einem Stuhl einige Minuten lang sitzen zu können. Jetzt schleiche ich bei stündlich fühlbarer Zunahme meiner Kräfte aber noch immer ohne die Fähigkeit selbständiger Bewegung an Stühlen mich haltend auf meiner Stube umher und sehne mich mit einigem Ungestüm nach dem Tage, der mich wieder ins freie zweibeinige Leben hineinführen wird. Er wird nicht mehr ferne sein. Wenn ich nun auch während meines Chloroformschlafes wunderniedliche Sachen geträumt und obgleich mir die Operation des Schröpfens köstlich viel Spaß gemacht hat, so kann ich doch nicht leugnen, daß meine ganze Situation einen etwas unbequemen und unbehaglichen Charakter annahm. Aber ich bin nun schon so hübsch in die Praxis des Studirens auf der Reise hineingekommen, und ich habe hier so glückliche wissenschaftliche Hülfsquellen mir zu Nutze machen können, daß ich nicht einmal aus dem Kreise, der meinen geistigen Arbeiten am nächsten liegt, hinauszutreten brauchte. Soweit ist Alles gut, und ich habe keine besondere Lust, verdrießlich zu sein.

O dieses Berlin! Wie freue ich mich, daß ich hier einige Tage leben und beobachten konnte! Dieses Berlin mit seinen prachtvollen schnurgeraden Straßen, seinen großartigen Palästen, seinen wunderschönen Theatern und Museen, seinen Constablern und schwarzweißen Cocarden, seinen Gardelieutenants und Weißbierphilistern! Berlin ist wirklich schön, der Urtypus einer modernen Residenz, mit hellgeputzten Häusern und großen Fensterscheiben, unaufhörlich belebt von dem Getöse der Omnibus und der Equipagen. Aber Berlin besitzt eines nicht, das den großen Städten erst den Charakter des Imposanten gibt: in Berlin findet man Nichts, was den ernsten Stempel einer gewaltigen Geschichte auf der Stirn trüge. Es ist fast unmöglich, hier eine Parallele mit Paris abzuweisen. Was rührt mich hier eine Statue des alten Ziethen oder Blüchers, Scharnhorsts und Bülows, was rührt mich selbst ein Standbild Friedrichs des Großen? Sie stehn als Anekdoten in der Geschichte und an den Klang ihres Namens knüpft sich nichts als höchstens ein wenig kalte Bewunderung. Hier liest man nicht wie in Paris an einer Straßenecke ein Capitel Weltgeschichte, und selbst die spärlichen und dürftigen Ereignisse des Jahres 48 in ihrer ohnmächtigen Haltlosigkeit heben unsre Seele nicht durch irgend eine großartige Erinnerung. Wie anders war das doch in Paris selbst im Jahre 89, als das Volk doch wenig mehr gethan hatte, als die Bastille gestürmt! Es war dort alles massenhafter, maßgebender für die civilisirte Welt! Und selbst das legitime Königthum in Frankreich war an sich eine ungleich bedeutendere Erscheinung. Abgesehen von der ungeheuren materiellen Macht beherrschte doch der Hof von Versailles Jahrhunderte lang den europäischen Geschmack. War man in Versailles leichtsinnig und lasterhaft, so hielt es das gebildete Europa für seine Pflicht, leichtsinnig und lasterhaft zu sein; und liebte eine Maitresse in Versailles die Pracht, sogleich prunkte ganz Europa; wurde ein König alt und fromm, sogleich lag die feine Welt vor den Betstühlen. Ist diese Erscheinung auch oft entwürdigend und ekelhaft, so bleibt sie doch immer bedeutend und großartig. Und all diese bunte Geschichte Europas liest man an den Fenstern der Tuillerien und Gärten des Luxembourg und in den Höfen von Versailles. Soll ich die glorreichen Erinnerungen der Revolution, die nationale Ruhmespracht des Kaiserreichs aufzählen, von der dort jede Säule, jeder Pflasterstein, der Name jeder Straße zu predigen scheint? Wo wäre es hier in Berlin möglich, jene tiefen erhabenen Schauer zu fühlen, den ich eines Abends im Tuilleriengarten empfand, als ich einsam gelehnt an die Säule des Spartakus, an dieses überwältigende Bild revolutionärer Kraft, rings um mich in großem Kreise die ewig donnernden Straßen von Paris hörte! —

Und das Volk! Ich weiß nicht, ob Du das süddeutsche Volk genug kennst, um eine Parallele zwischen ihm und dem norddeutschen durchzuführen. Schon am Rhein, wie ist es da anders! Wo findet man dort jene kränkliche, weichliche Anempfindung wie hier, wo diese unerträgliche Blasiertheit, die sich selbst zu übertreffen sucht? Ich habe anfangs, wie ich das zu thun pflege, das Volk mit gutem Humor betrachtet und kann nicht umhin, dir ein kleines Erlebnis zu erzählen. Als ich mit der Eisenbahn herüberkam, führte mich der Zufall in Magdeburg mit einer jungen Frau zusammen, die mit ihren Kindern von einer Rheinreise zurückkam. Die Kinder weinten und die Mutter war in Verzweiflung, wie das so auf Reisen Sitte ist. Endlich setzte sich die Desperation der Frau in einen Anflug von Zorn um. Sie war eine Berlinerin. „Auf der Eisenbahn", begann sie, „wird doch Einer wie der Andere behandelt! Die Beamten rennen hin und her, als ob sie wunders viel zu thun hätten. Da fragt Niemand danach, was man ist, und — setzte sie weinerlich hinzu — man kann sich doch auch auf der Reise nicht nach dem anziehen, was man eigentlich vorstellen sollte. Wenn das mein Mann wüßte!" Das Weib mußt du strafen, dacht' ich, und fragte mit möglichst kaltblütiger Unverschämtheit: „Was ist Ihr Mann denn?" „„Er ist im Ministerium"", antwortete sie. „Wie, Ihr Mann ist Minister?" „„Er ist im Ministerium"", sagte sie etwas kleinlaut. „Nun", antwortete ich, „das geht noch an." Die Gesellschaft war glücklicherweise zartfühlend genug, das aufkeimende Gelächter zu verbeißen. Die Frau aber war mäuschenstill bis Berlin.

An seine Eltern und Schwestern

Am Meere, Mitte November 1850.

Theure Eltern und Schwestern, Seit mehr als drei Monaten habt Ihr auf den Augenblick warten müssen, der Euch eine Kunde von Eurem Sohne und Bruder brächte. Ich war abgereist im Geheimen und ohne Abschied und ließ Euch Nichts zurück, als eine schwere Zeit voll von den Sorgen einer bittern Ungewißheit. Hat endlich wohl die Nachricht von Kinkels Befreiung in das Geheimniß meiner Reise für Euch einen Lichstrahl geworfen? In der That, die Kunde, welche Kinkels Entkommen und meinen Namen zusammen nennt, ist wahr. Das Glück ist uns günstig gewesen und hat die Kühnheit des Wagnisses gerechtfertigt.

That ich nicht Recht daran, Euch zu verheimlichen, daß ich drei Monate in Berlin und Spandau war? Ich verbarg mich um so sicherer vor der Polizei, als ich mich vor meinen Freunden verbarg. Eine günstige Nacht ließ die Rettung Kinkels gelingen und das Ineinandergreifen der getroffenen Einrichtungen führte uns mit Schnelligkeit aus dem Bereich der Verfolgung. In dem Augenblick, wo Ihr diesen Brief leset, trägt uns das Meer an die Küsten Englands hinüber, oder es hat uns vielleicht schon ein gastlicher Hafen aufgenommen. Die Zeit der Gefahr ist vorüber und wir sind wohl und heiter.

Werdet Ihr mich fragen, wie ich zur Rettung unsres Freundes mich und Euch so ganz habe aufs Spiel setzen können? Auf den frohen Gesichtern, die Euch umgeben, könnt Ihr die Antwort lesen. Ist nicht Kinkel eine gewaltige Kraft in der Partei und ein Freund? Und da will doch schon Etwas gewagt sein. Solche gewagte Unternehmungen muß man nach dem Erfolg beurtheilen; die Freude des Gelingens macht eine Entschuldigung wegen des Wagnisses überflüssig. Ich bitte Euch, denkt auch so, freut Euch mit Allen und laßt uns darüber nicht zu viele Worte machen.

Aber doch dürft Ihr nicht glauben, daß ich in den Augenblicken der Gefahr mir weniger wie sonst bewußt gewesen, welche Verpflichtungen gegen Euch für jeden meiner Schritte einen Maßstab abgeben sollten. Ich habe wohl daran gedacht, aber ich durfte auch

Anderes nicht vergessen. Ich bitte, tadelt mich wegen dieser scheinbaren Rücksichtslosigkeit nicht, denn es würde mir bitter sein, aus Eurem Munde jene traurige Forderung des Alltagslebens zu hören, daß man das große Streben der kleinen Sorge opfern müsse. Ich freue mich meines Bewußtseins, daß ich nicht so leicht dazu kommen werde, statt die Bedenken den Zwecken, die Zwecke den Bedenken unterzuordnen. Laßt Euch das übrigens nicht zu gefährlich scheinen. Für jetzt ist die Gefahr vorüber, und ich sehe in der nächsten Zukunft keine neue.

Ich werde den sichern Boden eines neutralen Landes so bald nicht wieder verlassen, und eine stille wissenschaftliche Thätigkeit wird mir hoffentlich Gelegenheit und Mittel bieten, auch Euch endlich zur festen Stütze dienen zu können. Ich werde schwerlich in England bleiben. Ich gedenke den Winter in Paris zu sein und dort, so viel es geht, zu lernen und zu schreiben. Ich habe die feste Zuversicht, daß ich mich dort werde halten können. Das Übrige müssen wir der Zukunft anheimgeben. Ich vertraue meinem Glück ein wenig; thut Ihr dasselbe.

Das Nächste, was ich hoffe, ist ein Brief von Euch. Ich bitte, schreibt mir nicht zu viel von der Angst und Sorge, die Ihr um mich hattet. Wir genießen jetzt das Glück unsres Erfolges rein und heiter und ich möchte nicht, daß nun nachträglich noch ein dunkler Schatten darauf geworfen würde. Aber von dem Jubel, den die Nachricht von Kinkels Befreiung in Eurer Umgebung weckte, möchte ich viel, recht viel erfahren. Ich möchte wissen, wie weit die Szenen, die ich mir mit all den bekannten Figuren vor meiner Phantasie vorüberführte, hinter der Wirklichkeit zurück geblieben sind.

Mit drückenden Befürchtungen schreibe ich die Frage nieder, wie Ihr lebt, ob Eure Existenz sich noch immer so von Tag zu Tag fortschleppt in Sorge und Entbehrung, wie damals, als ich Euch zum letzten Male sah? Wäre es so, und ich habe kaum die Hoffnung, daß es anders ist, so verhehlt mir Nichts. Ich gedenke Euren Klagen bald mit mehr als bloßen Versprechungen antworten zu können. — Von den Einzelheiten der Befreiung Kinkels, von unserer gemeinsamen Flucht und den Manichfaltigkeiten unsrer Reise erzähle ich jetzt Nichts.

Ich werde Euch ausführlich darüber unterhalten, sobald ich auf englischem Boden dazu Ruhe gefunden habe.

Noch einmal, zürnt mir nicht, daß ich ohne Abschied nach Berlin gefahren bin und jetzt ohne Abschied zur See gehen muß. Es ist nöthig, seinem Herzen zu gebieten, wenn man auf jedem Schritt und Tritt den nüchternen Verstand gebrauchen muß.

Für heute lebt wohl! Wegen meiner dürft Ihr ruhiger sein, als ich es wegen Eurer bin. Nur wegen der bevorstehenden Seekrankheit mögt Ihr mich ein wenig bedauern. Ich habe mich auf dieses Ideal des Katzenjammers auf's Beste vorbereitet und gedenke es besser zu überwinden, als das Ministerium Manteuffel seine deutsche Politik.

Nehmt heute vorlieb mit den herzlichsten Grüßen von Eurem treuen Sohn und Bruder

Karl.

Gottfried Kinkel an Christian Schurz

An der See, im November 1850.

Lieber und geehrter Bürger Schurz! Wenn Sie diesen Brief erhalten, sind Ihr Karl und ich auf der See und so gut wie in vollkommener Sicherheit. Ich halte es für meine Pflicht, an meine Frau zuerst, dann aber an Sie als den Vater meines Retters, meines getreusten Freundes zu schreiben: denn ich habe dazumal, als Sie mich, um Ihren Sohn trauernd, in der Kasematte zu Rastatt besuchten, es recht gesehen, wie Ihr Herz an ihm hängt, und so kann ich mir wohl vorstellen, daß auch Sie und Ihr ganzes Haus in diesen Monaten durch mich viel Sorgen ausgestanden hatten, weil Er, die Stütze Ihres Alters, um meinetwillen in so große Gefahr sich begeben hat. Ja, es ist wahr: Karl hat eine Treue bewiesen an mir, die ich ihm selber schwerlich jemals abverdienen kann; sein Muth, seine Ausdauer und Klugheit haben ein Wunderwerk vollendet, und ich verdanke ihm in vollem Sinne die Rettung meines Lebens, das bei einer so harten Behandlung täglich mehr in Gefahr kam. Auf was für Art das Alles geschehen und wie wunderbar es bisher gelungen ist, das kann und darf ich Ihnen heute noch nicht schriftlich erzählen; ich hoffe aber, und ein Einblick in die Zeitungen, die ich so lang entbehren mußte, giebt mir davon die Gewißheit, daß Karl und ich nach nicht gar langer Zeit ins Vaterland zurückkehren werden, und dann läßt sich, unter veränderten Zeitumständen, Alles bei einem Schoppen Neuen ruhiger und gefahrloser erzählen. Was mich betrifft, so ist Karl noch gerade zu rechter Zeit gekommen, denn noch befinde ich mich ganz gesund, und meine Getreuen in Bonn würden auch bald merken, wenn sie mich mit Karl reden und spaßen hörten, daß ich das fröhliche rheinische Herz in der harten Einsamkeit noch immer nicht verloren habe. Sagen Sie das allen denen, die in Bonn und in der Umgegend unserer alten schönen Fahne treu geblieben sind; sagen Sie es ihnen, daß ich noch der Alte bin und es zu bleiben gedenke, bis ich für all die Liebe, Theilnahme und Treue, welche so viele wackere Männer auf mich während meines Leidens gewandt haben, dadurch danken kann, daß ich alle meine Kräfte in den Dienst des Vaterlandes stelle. Denn ob ich wol auch in der tiefen Gefängnißnacht niemals auch nur einen Augenblick am Siege unserer Bestrebungen verzagt bin, sehe ich doch nunmehr mit besonders gewisser Hoffnung in die Zukunft. Dabei wird auch Karl durch seinen Charakter und Geist sowohl als durch sein unerhörtes, wundersames Glück eine Stellung gewinnen, die es auch Sie noch gerne vergessen läßt, daß Sie ihn jetzt so lange haben entbehren müssen.

Obwohl es noch von mehreren Umständen abhängen wird, wo ich künftig meine Wohnung aufschlage, so werden wir beide zunächst auf jeden Fall noch eine gute Weile zusammen bleiben und der herzlichen Freundschaft uns erfreuen, welche, durch gemeinschaftliches Parteiarbeiten geschlossen, nun durch Karls Treue und meine Dankbarkeit unauflöslich geworden ist. Es war eine im Leben einzige Minute, als nun Alles gelungen war, als Er zuerst auf der freien Straße mich umarmte, als ich dann nach anderthalb Jahren der Qual an seine Brust gelehnt in die rettende Nacht hineinfuhr und zwischen dunkeln märkischen Fichtenwipfeln der Morgen uns Glücklichen heraufleuchtete! Der Freiheit, der Thätigkeit, meiner geliebten Frau und den lebhaften Kindern wiedergeschenkt, grenzenlosem Elend entflohen, werde ich erst, wenn volle Sicherheit in England mich umgiebt, und ganze Ruhe in mein Gemüth einzieht, vollständig durchempfinden, wieviel ich der Treue meiner Partei und vor Allem meines Freundes schuldig geworden bin. Ich glaube auch, daß er damit gar vielen, vielen Menschen außerdem Freude gemacht hat, denn auch außer den Demokraten haben doch Viele ihr Herz mir innig zugewendet, welche von einer so harten und unbilligen Behandlung empört waren: und diese Alle werden es Karl nicht vergessen, was er an mir gethan hat. Ich habe diesen Ausdruck eines lebendigen Gefühls gegen Sie und Ihre Familie nicht unterdrücken können, und bitte Sie, auch allen meinen übrigen Freunden und Parteigenossen es in meinem Namen zu sagen, wem ich meine Errettung zuschreibe. Grüßen Sie mir Alle, die Muth behalten haben in dieser schweren Zeit und noch freudig an unsern feurigen Sommer von 1848 denken, halten Sie sich gesund und pflegen Sie Ihres Alters, bis der frohe Tag kommt, an welchem ich Ihren Sohn in Ihre Arme zurückführen kann. Ich grüße Sie mit Hochachtung und brüderlichem Gruß

Gottfried Kinkel.

An Frau Kinkel (Einlage in einem Brief von Kinkel)

Edinburg, 1. Dec. 1850.

Die Zeit der ersten Geschäfte ist vorüber, die der „schlechten Witze" gekommen. Unsere Munterkeit ist so grenzenlos, wie unser Appetit, unser Appetit so grenzenlos, wie unsere Gesundheit. Heute haben wir ununterbrochen flannirend sieben volle Stunden (!) nach einem Gasthofe gesucht, weil in England Sonntags alle geschlossen sind, und als wir endlich am späten Abend einen ergattert hatten, fanden wir, daß wir eben genug Englisch verstanden, um ein Beefsteak, einen Pudding, eine Flasche Xeres nebst Zubehör ganz aus dem Register der irdischen Dinge auszusondern. Wir bilden uns nicht ohne Grund ein, daß sehr bald unsere Fortschritte von den herrlichsten Talenten zeugen. Wenn ich von Kinkel mit Erfolg überboten werde, wenn er mehr lacht, mehr lacht und nicht weniger trinkt, als ich, so sehen Sie das als einen Beweis ausgezeichneten Humors an, da selbst meine Neigungen von diesen Fachstudien nicht gar weit entfernt liegen.

Leben Sie wohl! Erwarten Sie den Tag des Wiedersehens so heiter und wohl wie wir.

Herzlichen Gruß von Ihrem

Karl Schurz.

Gottfried Kinkel an Christian Schurz

Paris, 19. Dez. 1850.

Geehrter und lieber Herr! Aus der Fülle des Glücks, welches das Wiedersehen meiner treuen Frau um mich verbreitet, schreibe ich Ihnen eine flüchtige Antwort auf den herzlichen Brief, den ich in London von Ihnen erhielt. Derselbe hat Karl und mich im besten Wohlbefinden angetroffen, und herzlich hätt' ich gewünscht, Sie hätten an den vergnügten Abenden beim Kaminfeuer Theil nehmen können, wo wir drei mit Hittorf und Strodtmann die Erlebnisse der letzten Jahre, Monate und Wochen besprachen.

Die verschiedene Richtung unseres Studirens und unseres Erwerbes wird wahrscheinlich nöthig machen, daß Karl und ich auf verschiedenen Plätzen leben. Ich habe den Wunsch, seiner Familie so nützlich zu sein als ich nach bester Kraft vermag, und er hat zwischen meiner Frau und mir einen Hauptgegenstand der Besprechung gebildet, auf welche Weise wir das am sichersten könnten. Da kam uns nun die Nachricht entgegen, daß Ihre jüngste Tochter Antonie, deren Anlagen meine Frau schon früher mit ähnlichen Absichten ausgespäht hatte, sich zur Lehrerin bestimmt hat. Im Einverständniß mit meiner Johanna bitte ich Sie, mir die Ausbildung dieses Kindes zu dem vorgenannten Beruf zu übergeben. Wir werden höchstwahrscheinlich in London uns häuslich niederlassen. Antonie würde, wenn Sie einwilligen, als eines unsrer Kinder in unser Haus eintreten, und, wie diese, und wie meine Frau selbst, auch an häuslichen Arbeiten sich mitbetheiligen. Sie lernt dann zuvörderst mit uns Allen englisch, was schon allein dafür sehr wichtig ist, daß sie später in England und Nordamerika ihr Glück machen und Ihrem Alter eine Stütze werden kann. Ferner wird meine Frau, wenn sie musikalische Anlage besitzt, sie in Musik unterrichten und besonders sich bemühen, ihre erprobte Unterrichtsmethode auch ihr mitzutheilen. In den übrigen einer gediegen gebildeten Lehrerin nöthigen Unterrichtsfächern will ich selbst sie unterrichten, und es soll ihr die Zeit verbleiben, welche zu den hiefür nöthigen Vorbereitungen und schriftlichen Arbeiten erforderlich ist. Bezüglich der Religion verbleibt ihr natürlich die volle Freiheit, nach eigenem Wunsche zu leben und dem Gottesdienst in einer Kirche ihrer Confession beizuwohnen. Wir hoffen sicher, daß Glück und Fleiß uns die Möglichkeit geben werden, Antoniens Erziehung ganz zu vollenden und unser Anerbieten bis auf den Punkt durchzuführen, wo es uns gelingt, ihr eine angenehme, ihr selbst erwünschte und vortheilhafte Lebensstellung zu verschaffen.

Ich glaube, Sie und die Mutter, der ich für ihr freundliches Andenken an meine Leiden während ihrer eigenen Krankheit so herzlichen Dank schuldig bin, werden diesen unsern Antrag vernünftig und zweckmäßig finden, und auch Antonie wird einwilligen, uns als Pflegeeltern anzuerkennen. Ist dem so, dann bitte ich sich rasch zu entschließen und meiner Frau bald Mittheilung zu machen: Denn Antonie müßte alsdann mit meiner Familie sogleich sich einschiffen.

Karl ist höchst gesund, hat aber für heute nichts Wichtiges mitzutheilen. Mit ihm habe ich die Sache natürlich zu allererst, und zwar noch auf der See, besprochen, und auch er stimmt freudig in diesen Plan ein. Ich schicke Ihnen also heute von ihm nur seinen kindlichen Gruß zu.

In Hoffnung, daß dieser Brief Sie und die Familie, besonders Ihre Frau, wieder in Wohlsein antreffen wird, schließe ich mit aufrichtiger Hochachtung und Theilnahme als Ihr ergebener

Gottfried Kinkel.

An seine Eltern

Paris, am Neujahrstag 1851.

Theuerste Eltern, In diesem Augenblick erinnere ich mich recht lebhaft jener Zeit, wo ich noch in die Schule ging. Da hab' ich mir regelmäßig an jedem 31. Dezember einen Bogen Postpapier höchst sorgfältig liniirt und dann einen vom Lehrer aufgesetzten Neujahrswunsch an Euch mit ängstlicher Sauberkeit abzuschreiben begonnen. Ich schrieb und schrieb, Buchstaben für Buchstaben, der Schweiß trat mir auf die Stirn, und zuletzt, wenn ich schon ganz unten beim „gehorsamen Sohn" war, fiel mir doch ein Tintenfleck auf's Papier, und ich mußte wieder von vorn anfangen, und so fort und fort, bis ich immer schlechter und schlechter, und zuletzt ganz schlecht schrieb. Ihr erinnert Euch, meine Neujahrsbriefe fielen niemals recht gut aus. Das war eine Mühe und Qual, und ich habe mir bei all dem Heil und Segen, der in dem Briefe vorkam, gar Nichts gedacht, als das schwierige große H und das schlimme unförmliche große S, und wie es doch so überflüssig sei, einen langen Brief zu schreiben, da wir doch in demselben Zimmer schliefen. Und wo war es mir je in den Sinn gekommen, Euch etwas Anderes zu wünschen, als Heil und Segen. Und doch sollte das nun feierlich zu Papier gebracht sein. — Ich wußte damals noch Nichts von dem Haß des Lebens, und meinte in meinem Kinderglauben, die Liebe verstehe sich ja ganz von selbst.

Darüber ist nun manches Jahr hingegangen, und zum zweiten Male begrüße ich die erste Stunde eines neuen im Exil.

Voriges Jahr war ich in Zürich. Wir hatten in munterer Geselligkeit die letzten Stunden des blutigen Unglücksjahres an uns vorüberziehen lassen, und als nun plötzlich von allen Thürmen die Glocken klangen und in tiefer Nacht die Menge sich glückwünschend auf allen Straßen drängte, da ging ich mit Techow Arm in Arm über die Limmatbrücke, und wir erzählten uns viele und schöne Dinge von den Hoffnungen, die wir in das neue Jahr hinübertrugen. Was haben wir da nicht wünschend so gern geglaubt! Und von all dem ist Nichts wahr geworden.

Nun thut heute die zweite Hälfte des Jahrhunderts ihren ersten Schritt in die Geschichte. Ich sitze ruhig arbeitend bei dem sterbenden Feuer des Kamins, und Nichts bezeichnet mir die trennende Sekunde. Keine Feierlichkeit, als die tiefe Stille der Nacht. Es ist mir auch nicht feierlich zu Muthe und ich mag meine Gedanken nicht zwingen, daß sie über all die Möglichkeiten hinschweifen, welche in der neuen Jahresziffer wohl schlafen könnten. Wozu auch das Gehirn mit Dingen erhitzen, die noch nicht greifbar da sind, und die unsere Phantasie doch nicht zu beschleunigen vermag?

Aber nicht, als ob meine Hoffnungen gestorben wären! Ich glaube fester als jemals an den großen Tag, an welchem die Kraft der neuen Zeit ihren mächtigen Fuß auf die Trümmer unsrer Erniedrigung setzen wird, an den Tag, der uns mit unwiderstehlichem Kampfgeschrei von Neuem in die Bresche ruft, in der wir fechtend stehn werden, bis unser siegreiches Banner auf der eroberten Position flattert. Es muß sein, und es wird sein! Er ist unsterblich, der Geist, der um den Erdball weiter und weiter seine zauberischen Kreise zieht, der selbst scheintodte Nationen aufrüttelt, damit sie eintreten in den allgemeinen Marsch. Wie? Haben sich nicht die, welche sich unsere Feinde nennen, durch eigene, selbstgekochte Arzneien vergiftet? Hat nicht ihr eigner Mund gestern die Thaten gebrandmarkt, die sie heute thun? Besitzen sie noch eine andre Größe, als in der Schande? Rühmen sie sich nicht öffentlich ihrer Schmach? Sie haben sich entmannt, und das verschließt ihnen die Zukunft.

Aber wann der Tag kommen wird, wer weiß es? Jahrzehende sind im Leben der Völker wie e i n Tag. Der Geist der Weltgeschichte berücksichtigt die Sehnsucht der Menschen nicht, wohl aber ihre Noth und ihre Kraft. Darin liegt der freie Wille der Völker. Ob heut oder morgen, gleichviel! Wir sind wohl alle noch jung genug, um den tragisch lächerlichen Fall jener Thoren zu erleben, die erst aus dem Lauf der Geschichte lernen müssen, daß man die Stürme nicht mit Stricken binden kann.

Erwarten wir! Wir können mit Ruhe warten, denn wir haben unsere Ehre gerettet. Selbst die Besiegten können nicht mehr verhöhnt werden, denn die Sieger haben sich mit Lächerlichkeit bedeckt.

Wer verdiente mehr den Spott, die Insurgenten in Baden, oder die Preußen in Hessen? Wer steht ehrenvoller, größer da, Tiedemann vor dem Standgericht oder der Herr von Manteuffel vor der Dresdener Conferenz? So weit ist es gekommen, daß man es sich zur Ehre rechnet, in dem allgemeinen Gewirre keine Macht gehabt zu haben. Der stumme Mund der Presse spricht lauter, als die redende es vermocht hätte. Wir sind schon auf dem Punkte, wo das Schweigen agitiren kann.

Das Alles hat das vergangene Jahr vollendet. Und die Aufgabe des neuen? Die Natur der Dinge, die Logik der Ereignisse diktiert sie; sie wird verständig erfüllt werden, wenn unser Verstand sie auch nicht vorher berechnen kann.

Ich bin ganz ruhig darüber. Das Studium der Vergangenheit erleichtert mir die Erwartung der Zukunft. Der Begriff von Glück, das wir uns sonst so zu wünschen pflegen, ist wohl ein andrer geworden, nicht allein bei mir, sondern auch bei Euch. Was wär' es, wenn wir ruhig hier oder dort zusammensäßen und die vier Mauern unsern Horizont, Zwecke, die auf morgen oder übermorgen berechnet sind, unsre Hoffnungen beschränkten? Unsere Familie ist einmal zerrissen, und wir sehn das an, ich glaube, ohne großen Schmerz. Hat nicht Jeder von uns seine Art des Glücks gehabt? Steht nicht Jedem von uns seine Art des Glücks bevor? Freilich gäb' es Viel zu wünschen, aber für das, auf welches man verzichtet, bietet das gütige Schicksal etwas Anderes. Gehören wir also nicht zu den eigensinnigen Menschen, die kein anderes Glück anzuerkennen und zu genießen verstehn, als welches ihre enge Phantasie ihnen reizend vorspiegelte.

Daß wir so sind, ist Alles, was ich persönlich für uns wünschen kann. Was das Übrige angeht, so werdet Ihr mit mir fühlen, daß es doch schön ist, sein Schicksal mit dem Schicksal des leidenden Volkes verbunden zu sehn.

Ich habe lange keine Nachricht von Euch. Es ist mir zu Muthe, als ob es Euch besser gehen müsse, wie früher. Schreibt mir bald.

Lebt wohl, und grüßt meine Schwestern zum neuen Jahr herzlich.

Euer treuer Sohn

Karl.

Gottfried Kinkel an Christian Schurz

London, 2. März 1851.

Lieber und geehrter Bürger! Nachdem ich endlich in einem von mir selbst eingerichteten Hause wohne und mit zwei englischen Dienstmädchen ordentlich eingerichtet bin, erfülle ich gegen Sie die angenehme Pflicht, Ihnen für Ihr Vertrauen zu danken, mit dem Sie Tonis Erziehung und die letzte Hand ihrer geistigen Ausbildung mir und meiner Frau anvertraut haben. Toni ist uns in diesen Wochen sehr lieb geworden. Wir haben eine sehr schwere Zeit gehabt bei vier kranken Kindern, die nun noch alle am Stickhusten leiden, während auch meine Frau vor Husten und Ermüdung endlich sich genöthigt sah im Bette zu bleiben. Toni hat mit großer Liebe und Treue diese Zeit mit uns überstanden, in welcher es uns nicht möglich war, ihr etwas Angenehmes im Leben zu verschaffen, da wir selber so sehr litten. Sogar ihr von mir schon begonnener Unterricht litt große Unterbrechungen, weil ich mehrere Wochen lang mit Einrichtung meiner neuen Wohnung unablässig mich beschäftigen mußte. Von morgen an werden wir nun mit Eifer neu beginnen......

Nur um Eines, lieber und geehrter Bürger, will ich Sie herzlich bitten. Toni hat wol nicht Heimweh, aber ihre junge Seele leidet doch sehr durch die Trennung von Ihnen und dem ganzen Kreise ihrer Lieben. Ich habe dafür gesorgt, daß sie Ihnen, so oft sie wünscht, ohne alle Beschwerde schreiben kann: ich wollte nun aber Sie und die Mutter und Fräulein Anna ersuchen, an Toni doch auch öfter zu schreiben. Das zärtliche Herz des Kindes zerschmilzt bei den Gedanken, daß bei Ihnen jemand krank sein könnte, und ein Brief von Hause erfüllt sie Tage lang mit Freude.

Meine Frau, welche Toni ebenso sehr schätzt und liebt als ich, vereinigt ihre Grüße mit den meinigen. Mit Karl bin ich in steter brieflicher Verbindung und erfahre daraus, daß es ihm gut geht: er arbeitet fleißig, ist sehr geschätzt und geliebt, und ich hoffe, daß er uns zur großen Industrieausstellung besuchen wird.

Ich selbst werde erst jetzt ans Arbeiten kommen und hoffe, bald wieder selbst mit der Feder mein ausreichendes Brot zu erwerben, da ich nun in einem hübsch eingerichteten und bequemen Hause meine Ruhe dazu gefunden habe. Auch meine Frau wird bald wieder ein Klavier miethen, was in der früheren Wohnung nicht anging, und dann will sie sofort den Versuch anstellen, ob Toni eine entschiedene musikalische Anlage hat, um in diesem Falle sofort den Unterricht zu beginnen.

Ich eile zu schließen, damit dieser Brandbrief noch schnell heute fortkommt, grüße Sie und Ihre Familie herzlich und bitte um freundliches Angedenken.

Ihr

Gottfried Kinkel.

An seine Eltern

Paris, 7. März 51.

Theuerste Eltern, Euer letzter Brief hat mich sehr betrübt. Wird es denn ganz unmöglich sein, noch länger in dem Hause zu bleiben, wenn kein anderes gefunden wird? Was mich betrifft, so thue ich, was in meinen Kräften steht, und Ihr dürft darauf rechnen, daß ich lieber selber darbe, als Euch darben lasse. Aber meine Stellung ist immer eine sehr prekäre, mein Verdienst ungewiß. Von Zeit zu Zeit etwas Festes zu versprechen, ist mir unmöglich, da ich doch auch immer an das Glück des Erfolges appelliren muß. Ich hoffe mich freilich in naher Zukunft auf irgend eine Weise in die Literatur zu introduzieren, aber an eine feste Stellung ist dabei nicht zu denken. Daß ich dabei manchen glücklichen Schritt thun werde, hoffe ich, aber diese Hoffnung ist Alles, was ich vorläufig habe. Was Kinkel betrifft, so sind seine Verhältnisse keineswegs glänzend; die Sagen von reichen Vermächtnissen usw. sind sammt und sonders Fabeln. Er muß von seiner Feder leben und wird genug mit seiner Existenz zu kämpfen haben. Dazu liegt seine ganze Familie krank in einer Stadt, wo das Leben so rasend theuer ist. Er ist überladen mit Geschäften von aller Art und hat kaum eigentlich an seine einträglichen Arbeiten denken können.

Was ich also auf den Mai versprechen kann, sind 50—60 Thaler. Wenn ich mehr haben werde, so gebe ich mehr, aber darauf ist keine Rechnung zu machen. Sollte denn Niemand in Bonn sein, der sich herbeiließe, Euch so lange zu stützen, bis ich mehr erwerben kann? Es liegt ja auf der Hand, daß sich für mich bald mehr Quellen öffnen müssen. Ich brauche nicht viel und was ich über meine Bedürfnisse hinaus aufbringen kann, gehört Euch. Noch müssen wir uns durchschlagen, wie es immer gehn mag, wir dürfen auf bessere Zeiten hoffen.

Nettchen hat mir ein Paar mal geschrieben. Es scheint ihr in der Familie Kinkel sehr gut zu gefallen.

Von Dr. Lehmann habe ich lange Nichts mehr gehört. Ich erwarte einen Brief von Ihm oder seinem Bruder jeden Tag.

Ich habe sehr viel zu arbeiten, bin fast den ganzen Tag zu Hause oder auf der Bibliothek und habe oft kaum ein Stündchen zum Spazierengehn. Vom Carneval habe ich nur den Opernball gesehn. Aber ich bin wohlauf und darf mich etwas anstrengen.

Lebt für heute wohl und grüßt meine Schwester Annchen herzlich. Warum hat sie mir nicht ein Mal geschrieben?

Seid herzlich gegrüßt.

Euer

Karl.

An seine Eltern

Paris, 2. 6. 51.

Theuerste Eltern, Wundert Euch nicht zu erfahren, daß ich so eben aus dem Gefängnis komme. Ich wurde hier am Sonnabend auf der Straße verhaftet, meine Papiere mit Beschlag belegt und meine Person eingesperrt. Man glaubte, ich sei eben im Begriff die Regierung von Frankreich umzustürzen. Man fand aber, daß die Franzosen das allein könnten und ließ mich heute wieder los. Übrigens wünschte man, daß ich mich in 8 Tagen nach England verfügen möge; man kam also meinem Willen zuvor. Ich schreibe Euch das in Eile, damit Ihr wißt, woran Ihr seid, wenn Ihr die Neuigkeit meiner Verhaftung von anderswoher erfahrt. Später mehr davon. Ich reise vielleicht noch diese Woche ab.

Adieu! Euer sich jetzt wieder in den besten Umständen befindender

Karl.

An seine Eltern

17. Juni 1851.

Theuerste Eltern, Daß ich Euch nach jener sehr kurzen Anzeige meiner Verhaftung und Freilassung nicht wieder geschrieben habe, dürft Ihr mir nicht übel nehmen. Aus den Zeitungen habt Ihr so viel erfahren als nöthig war, um Euch zu beruhigen. Überdies war ich in den letzten Tagen meiner Anwesenheit in Paris so überhäuft von Geschäften und Angelegenheiten, daß ich fast keine Minute erübrigen konnte..... Doch habe ich schon so viele Bekanntschaften gemacht, daß sich mir der Weg in die hiesige Gesellschaft von selbst ebnen wird. Dann wirds schon gehen. Meine Verhaftung und Ausweisung hat für mich, die Sache selbst abgerechnet, wenig unangenehme Folgen gehabt. Ich würde ohnedies vielleicht noch früher nach England gegangen sein; die polizeiliche Ausweisung hat meine Abreise eher verzögert als beschleunigt. Es würde mir ohne Mühe gelungen sein, die Erlaubniß zu einem längern Aufenthalt in Paris zu gewinnen, aber es war mir nicht darum zu thun und ich habe Alles vermieden, was wie eine Bitte aussah.

Grüßt die Familie aufs Herzlichste. Was macht meine liebe Schwester Anna? Ich hoffe bald einmal ein Paar Zeilen von ihr zu erhalten. Adieu. Antwortet mir bald und möglichst ausführlich

Euer

treuer Sohn

Karl.

An seine Eltern

1 Henstridge Villas
St. Johns Wood, London,
25. Okt. 51.

Theuerste Eltern, Ich versprach Euch einen langen Brief, der hiermit ankommt.

Zuerst einige Worte über meine Reise. Ihr habt Euch viel Unruhe gemacht, aber ohne große Ursache. Wenn Ihr hört, daß ich von London fort bin, so macht Euch niemals böse Vorstellungen über meine Gefahren. Ich bin vorsichtig genug, um keine großen Wagstücke zu unternehmen, wenn nicht der Preis der Arbeit die Gefahr völlig aufwiegt. Es macht mir selbst kein so großes Vergnügen mich auf's Spiel zu setzen. Überdies hilft das Glück meinen Vorsichtsmaßregeln zuweilen aus, und ich laufe immer ganz wohlbehalten wieder im sichern Hafen ein.

Ich war dieses Mal gerade zur Zeit der Masse von Fremdenverhaftungen in Paris. Ich kam Donnerstag's an, blieb die Nacht dort, und ich weiß nicht, was mich trieb, meine Abreise so viel als möglich zu beschleunigen. Zwei Stunden nach meiner Abreise von Paris begannen dort die Verhaftungen. In Straßburg blieb ich eine Nacht und fuhr dann am andern Morgen nach Basel, von da nach Zürich. In Zürich war ich kaum angekommen, als ich erfuhr, daß dicht nach meiner Abreise von Straßburg auch dort Verhaftungen seien vorgenommen worden. Ich war also der doppelten Gefahr glücklich entgangen. Übrigens war die ganze Sache so sehr gefährlich nicht. Man würde mich, im Falle einer Verhaftung, ein Paar Wochen im Gefängniß gehalten und mich dann über den Canal spedirt haben. Die ganze Pariser Complottgeschichte hat sich ja wieder in eine große Blamage für das Ministerium aufgelöst, und die armen Teufel, die jetzt noch sitzen, haben es vielleicht zum Theil ihrer eigenen Ungeschicklichkeit zu verdanken. — In der Schweiz blieb ich ein Paar Wochen, machte eine Fußtour durch die Berge, stieg etwas im Schnee herum, sah Lawinen fallen, hörte Gletscher donnern, schlief eine Nacht einige tausend Fuß hoch über den Wolken etc. Ich machte die Partie in Gesellschaft einiger Freunde......

Aus der Schweiz kehrte ich nach Paris zurück und blieb dort 12 Tage ohne alle Anfechtung. Ich benahm mich freilich sehr vorsichtig; aber es ist immerhin schwer, in einer so großen Stadt einen eben angekommenen und sich ruhig verhaltenden Fremden so schnell zu entdecken und zu fassen.....

Einige Tage nach meiner Abreise von London ging Kinkel nach Nordamerika ab. Der Zweck seiner Reise ist die Agitation für die deutsche Nationalanleihe, die wir von London aus unternommen haben. Kinkel hält nun in den großen Städten Amerika's Massenversammlungen, fordert sie zur Beteilgung an der deutschen Anleihe auf und organisirt den Betrieb des ganzen Geschäfts auf dem dortigen Continent. Seine Erfolge sind colossal. Wöchentlich zwei Mal bekomme ich von Amerika ein großes Paket Zeitungen, welche von den Massenversammlungen Kinkels, seinen Reden und der enthusiastischen Betheiligung der Amerikaner an der deutschen Anleihe voll sind. Bisher sind über zwei Städte, Philadelphia und Baltimore, die Detailberichte gekommen. Die Aufnahme K.'s war über alle Maßen herzlich; Festessen, Ehrengeleit, Serenaden, Deputationen wetteiferten mit einander und die nach den Versammlungen eingezahlten Summen zeigten zur Genüge, daß diese Begeisterung kein bloßes Strohfeuer sei. In Philadelphia wurde der Mayor (Bürgermeister) Mitglied des Anleihecomités und in Baltimore bot sich der dortige Mayor an, die große Massenversammlung für deutsch- und englischredende Amerikaner zu veranstalten und zu leiten. Die Sache nimmt immer mehr einen offiziellen Charakter an.....

Kossuth ist vor ein Paar Wochen in Southampton angekommen und wird am 28. in London eintreffen. Über seinen Empfang in Southhampton werdet Ihr das Nöthige aus den Zeitungen erfahren. Hier in London werden große Vorbereitungen für seine Ankunft gemacht. Einige 100,000 Menschen werden auf den Beinen sein. Ich bin mit in der Deputation der deutschen Emigration, welche den Kossuth bewillkommnen wird. Ich hoffe ihn einige Male zu sehen und zu sprechen, besonders in Bezug auf unser amerikanisches Unternehmen.

So lange Kinkel nicht hier ist, wohne ich als Statthalter in seinem Hause. Ich habe seit meiner Rückkehr alle Hände voll gehabt; einen ungeheuren Briefwechsel, eine wöchentliche lithographische Correspondenz für Amerika, die laufenden Arbeiten in der Anleiheangelegenheit und meine Studien. Wir haben zwei Pressen zum Druck der Interimsscheine, die in lebhafter Tätigkeit sind und für jede amerikanische Post einige tausend Stück fertig machen müssen.

Meine Reise in Frankreich hat mir für die Entwicklung der Dinge im Jahr 62 sehr viele Hoffnung gegeben. Die Agitation im Volke ist sehr lebhaft, die Zuversicht ebenso groß als die Entschlossenheit. Niemals hat wohl die Presse weniger ein Bild dessen gegeben, was unten im Volke vorgeht. Die neuesten Ereignisse in Frankreich zeigen auch wohl zur Genüge, wie es um die Gemüthslage der Reaktion dort beschaffen ist. Wie sich die Sachen gestalten werden, ist im Einzelnen sehr ungewiß, im Ganzen aber halte ich, nach den Anschauungen, die ich in den Departements sowohl als in Paris gewonnen habe, einen sehr günstigen Ausgang der Krisis für unzweifelhaft. Es wird unsre Aufgabe sein, sie auf das übrige Europa zu übertragen.

Schreibt mir nächstens über Eure Verhältnisse ausführlich. Adieu. Es grüßt Euch und meine Schwester Anna aufs Herzlichste

Euer

Karl.

Meinen Parteigenossen in Bonn Salut et fraternité!

Im Februar 1852 verlobte sich Carl Schurz mit Fräulein Margarethe Meyer aus Hamburg.

An seinen späteren Schwager Adolph Meyer

London, 19. April 1852.

Geehrter Herr, In Ihrem Briefe an Margarethe sprachen Sie den Wunsch aus, daß ich Sie mit meiner Vergangenheit und meinen

Plänen für die Zukunft bekannt machen möge, da es Ihnen zu unserm großen Bedauern unmöglich sei, uns in London zu sehen. Ich würde Ihrem Wunsche sofort entsprochen haben, wenn nicht der Schluß Ihres Briefes an M. mich eine baldige Beantwortung des meinigen hätte hoffen lassen. Aber nun scheint es, als ob wir Einer auf den Andern warteteten, und es ist an mir, dieses Stillschweigen zu brechen.

Was meine Vergangenheit betrifft, so kann ich mich kurz fassen, sie wird Sie, ebenso wie mich, weniger interessieren, als meine Zukunft. Von frühster Jugend auf habe ich mich in sehr bescheidenen Verhältnissen bewegt und wenn ich nicht gerade selbst das erwerben mußte, was ich brauchte, so war ich doch stets darauf angewiesen, mit dem hauszuhalten, was ich hatte. Ich bestimmte mich früh zu einer wissenschaftlichen Laufbahn, absolvirte das Gymnasium und studirte seit dem Frühling 1847 auf der Universität zu Bonn Geschichte, um mir mit der Zeit eine Professur auf irgend einer deutschen Hochschule zu gewinnen. Nun kamen die Ereignisse des Jahres 1848 und der mächtige Geist der Zeit trieb mich in den Wellenschlag der politischen Bewegung. Im Sommer 1849 fand ich mich in der Reichsverfassungsbewegung am Rheine kompromittirt, mußte meine Heimath verlassen, war in der Pfalz und Baden und ging dann nach der unglücklichen Katastrophe in die Schweiz, wo ich bis zum April 1850 meine auf kurze Zeit unterbrochenen Studien fortsetzte. Kinkels Unglück zog mich aufs Neue nach Deutschland. Seine Befreiung gelang; ich wandte mich nach Paris, wo ich ein halbes Jahr lang blieb und lebe nun seit dem Juni 1851 in London. Das ist der kurze Abriß meines Lebens. Was die Details betrifft, so mag das, was Sie davon wissen, Ihnen eine Garantie sein für das, was Sie davon noch nicht wissen.

Ihr ausgesprochenes Hauptbedenken ist, ob ich stark genug sein werde, nach meiner Verbindung mit Margarethe uns eine solide Existenz zu gewinnen. — Seit ich in die politische Bewegung eintrat, hab ich es für meine Pflicht gehalten, meine Familie jeder Sorge für meine persönliche Unterhaltung zu entheben. Es ist mir nie sehr schwer geworden meinen Bedürfnissen genug zu thun, obgleich ich bisher fast immer den größeren Theil meiner Arbeitskraft nicht auf den Erwerb, sondern auf meine Ausbildung verwendet habe. In diesem Augenblick gewinne ich durch Unterricht wohl so viel, als zur Bestreitung einer gemeinschaftlichen Existenz Zweier hinreichen würde. Es würde mir unzweifelhaft gelingen mich nach und nach hier auf eine sehr vortheilhafte Weise festzusetzen. Aber es giebt für mich Gründe von überwiegender Wichtigkeit, welche mich bestimmen, meinen Aufenthalt in London mit Amerika zu vertauschen. Ich verspreche mir in Amerika keine goldenen Berge, ich weiß im Gegentheil, daß es nur einer kräftigen unausgesetzten Thätigkeit gelingt, sich dort durchzusetzen. Aber gerade dieses ist es, was ich in Amerika suche, und wofür ich ein breiteres und ergiebigeres Feld zu finden hoffe, als ich mir hier eröffnen kann. Ich bin zu arbeiten, viel zu arbeiten gewohnt, aber ich möchte, daß das Ziel meiner Thätigkeit in etwas mehr bestände, als in dem bloßen Brode. Meine Natur kann sich nicht an den Lebenszwecken genügen lassen, die innerhalb meiner vier Wände liegen. Hier in England würde mir vielleicht nach und nach eine reichliche Existenz blühen, aber sich hier staatsbürgerlich zu gründen, gelingt dem Ausländer nur formell; der Fremde bleibt hier ein Fremder. Darin fühle ich mich nicht wohl. Was ich in Amerika für mich suche, ist die Möglichkeit, mir nicht allein eine freie, sondern auch eine vollberechtigte staatsbürgerliche Existenz zu gründen. Wenn ich nicht der Bürger eines freien Deutschlands sein kann, so möchte ich wenigstens Bürger des freien Amerika sein.

Doch dies ist nicht der einzige Grund, der mich nach Amerika hinübertreibt. Ein anderer ist folgender. Meine Familie (meine Eltern leben noch) hat sich bei allen Wechselfällen meines Lebens mit der größten Opferwilligkeit gegen mich benommen. Seit dem Tage nun, wo ich Kinkel befreite, ist sie fast ununterbrochenen Chikanen und Trakasserieen von Seiten der preußischen Regierung ausgesetzt gewesen. Dies ging so weit, daß eines Abends Soldaten der dortigen Garnison in mein elterliches Haus gingen und mit blanker Waffe in der Hand die furchtbarste Verwüstung anrichteten, und am andern Tage von ihrem Vorgesetzten laut belobt wurden. Dies alles um meinetwillen. Gewaltsame und plötzliche Störungen des Geschäftslebens folgten Schlag auf Schlag. Sie begreifen, daß hier meine Pflicht eintritt, diesem unerträglichen Zustande ein Ende zu machen. Ich darf nicht dulden, daß man an den alten Häuptern meiner Eltern rächt, was man an mir nicht rächen kann. Nun befindet sich ein Theil meiner Verwandten in Amerika im Staate Wisconsin in behaglich gegründeten Verhältnissen. Sogleich nach den unglücklichen Dezemberereignissen in Frankreich faßte ich den Plan, meine Eltern mit jenen Verwandten zu vereinigen und ihre dortige Einrichtung zu vermitteln. Man wünscht es von beiden Seiten, und diese Sache ist mir an's Herz gewachsen.

Sie sehen daraus, daß diese Vorsätze in mir schon feststanden, bevor ich Margarethe kennen lernte. Der Grund dafür, daß der Gedanke einer Verbindung mit ihr an diesen Plänen Nichts wankend machte, ist folgender. Margarethe ist eine in jeder Beziehung begabte Natur, die aber in sich zu keiner wahren Zufriedenheit gekommen ist. Ich kenne sie, und es ist meine innigste Überzeugung, daß nur Eines ihr volle körperliche und geistige Gesundheit geben kann, nämlich eine angeregte Thätigkeit. Es hat ihr an Aufgaben in ihrem Leben gefehlt. Weil sie es nie empfunden hat, was es ist, sich eine Existenz zu gründen, so hat sie auch nie gelernt, eine Existenz zu genießen. Thätigkeit, nahe Lebenszwecke sind es, was ihr zu ihrem Glücke gefehlt hat, und was ich ihr schaffen will. Und das finden wir dort, und würden es unter den jetzigen Verhältnissen in Europa uud besonders in England nicht finden. Margarethe darf sich nicht langweilen, und sie wird erfahren, daß es nicht der Genuß allein ist, der unterhält. Was die Gründung einer materiellen Existenz in Amerika betrifft, so kann es mir, dem angestrengte Thätigkeit Lebensbedürfniß ist, dort nicht schwerer werden, als in London. Ich bringe dabei Margarethens Vermögen nicht in Rechnung. Um zu leben bedarf ich nicht eines großen Anlagekapitals, sondern nur der Gelegenheit und des Bodens zur Arbeit. Das hat mir nie gefehlt. Das Erste, was ich thun werde, ist folgendes: Ich werde in den größeren Städten der Union Vorlesungen halten über Gegenstände, die im Bereich meiner wissenschaftlichen Studien liegen. Daß ich damit reüssieren werde, ist wahrscheinlich, sowohl nach alledem, was man mir von dorther schreibt, als durch die weitverzweigten Verbindungen, die ich durch die politischen Beziehungen dort habe. Diese Reise hat außerdem den Zweck, mir einen Ort und eine Stellung auszufinden, die für uns beide passen. Nach den Versicherungen, die ich empfange, wird es nicht an Anerbietungen fehlen. In 6—8 Monaten wird diese Reise beendet sein, vielleicht auch früher, und ich werde mich dann an dem günstigsten Platze definitiv niederlassen. — Dies das Erste meines Planes. — Ihren gütigen Mittheilungen darf ich nun wohl entgegensehen. Mit vollkommenster Hochachtung

Karl Schurz.

An seine Eltern

London, 19. 5. 52.

Theuerste Eltern, Gestern und heute habe ich Briefe erhalten, die beide sehr traurigen Inhalts sind. Der erste, von Mutter und Anna, sprach die Vermuthung aus, als ob ich den Gedanken an eine Übersiedelung in Amerika und das Zusammenleben unsrer Familie schon halb aufgegeben hätte und daran dächte, in London zu bleiben. Ich begreife dieses Mißverständniß nicht. Ich schrieb, daß der Bruder Margarethens mit unsrer sofortigen Übersiedelung nicht einverstanden sei; daß ich aber gedächte, diese Sache in Ordnung zu führen. Daraus folgt doch am allerwenigsten, daß ich selbst jenen Plan aufzugeben bereit sei. Und in der That, ich denke nicht daran. Mein Plan ist noch derselbe, der er vor drei Monaten war, und ich bin noch gerade so der Überzeugung, daß ich ihn durchführen werde — Wenn es dabei Schwierigkeiten giebt, so kommt mir das nicht unerwartet; und daß ich diese Schwierigkeiten auf eine gütliche Weise zu übersteigen suche, und nicht unnöthiger Weise durch ungestüme Schritte einen Bruch mit der Familie herbeiführe, ist doch natürlich. Der Plan, daß ich im Voraus nach Amerika gehn will, beruht auf dem, wie ich glaube, ganz vernünftigen Gedanken, daß ich Euch doch nicht in die blaue Ungewißheit reisen lassen darf. Ich muß doch wenigstens einigermaßen wissen, wo wir unser Haupt niederlegen sollen; und um das ausfindig zu machen, bedarfs der Zeit. Ist ein längeres Zurückbleiben in Europa für Euch unmöglich, gut, so schaffe ich dort einen provisorischen Aufenthalt für ein halbes Jahr, oder wie lange es denn sein muß. Dann gründen wir uns einen definitiven Aufenthalt und Alles wird sich gut machen. Aber die Schwierigkeiten, die sich hier finden, müssen mit Verstand überstiegen oder umgangen werden. An eine Niederlassung in London denke ich aus zwei Gründen nicht; erstens, weil dann unser Zusammenleben sich nicht würde einrichten lassen, und zweitens, weil ich die Art der Beschäftigung, mit der ich hier mein Brod verdienen muß, auf die Dauer nicht ertragen kann. —

Die jetzige traurige Gestaltung Eurer Verhältnisse geht mir sehr nahe und Ihr dürft sicher sein, daß ich helfen werde, wo ich kann. Augenblicklich kann ich Euch unmöglich mehr schicken, als den beiliegenden Wechsel, denn ich habe nicht mehr. Mein Geld ist noch nicht ganz eingegangen, aber was ich noch zu bekommen habe, beträgt nur ein Paar Pfund Sterling. Kann ich es irgendwie möglich machen, so schicke ich Euch nächstens noch Etwas. Ich bin nun erst stark ein Vierteljahr im Verdienst, und dafür, denk ich, hab ich genug erübrigt.

Über meine Abreise kann ich noch Nichts Bestimmtes sagen; ich werde sie beschleunigen so viel als möglich. Ich freue mich, daß ich bald meine Unterrichtsstunden aufgebe; sie haben meine Gesundheit heruntergebracht, hoffentlich nicht zu viel. Auch das Klima wirkt nicht gut. Ich fühle das dringende Bedürfniß, bald wieder einige Bewegung im Großen zu haben.

Nun lebt wohl für heute! Seid vorsichtig und vertraut mir, daß ich Alles thun werde, was ich kann. Schreibt mir doch sogleich, ob der Wechsel richtig angekommen ist. Adieu

Mit den herzlichsten Grüßen

Euer

Carl.

An Friedrich Althaus

Hampstead, 12. 7. 52.

Friedrich Althaus, ein intimer Universitätsfreund von Karl Schurz, hat sich später in London niedergelassen und wurde als Schriftsteller sehr bekannt.

Liebster Friedrich, Die Lage, in der ich Dir schreibe, ist einigermaßen unbequem; Du wirst dies an der Unsicherheit meiner Schriftzüge bemerken. Ich liege mit meiner jungen Frau im Grase unter einer der prächtigen englischen Rüstern, auf einer großen stillen mit herrlichen Baumgruppen bedeckten Wiese. Seit zwei Tagen bin ich verheirathet; unsre Hochzeit war vom bürgerlichsten, demokratischsten Style. Jetzt wohnen wir in einer kleinen reizenden Wohnung in dem ländlichen Hampstead, ganz nahe bei London, mitten in einer herrlichen Natur, um hier in Ruhe die Tage bis zu unsrer Abfahrt nach Amerika zu verleben. Daß ich glücklich bin, brauch ich Dir nicht erst zu sagen. Das neue Leben liegt bewegt und groß vor mir, wie der Ocean, nach dem ich mich sehne. In 14 Tagen gedenke ich fortzusegeln. Das ist das Äußere meiner Lebenslage.

Ist nicht das Schicksal sehr gütig gegen mich gewesen? Mühelos habe ich die Erfüllung schöner Wünsche gewonnen, und in der nahen Zukunft winkt mir ein Leben voll strebender Bewegung in einem mächtigen Welttheil, in welchem die unerschöpfliche Kraft des Werdens lebt. Ich werde das Glück der Familie mit dem Wellenschlag des Forums vereinigen und neue Gesichtspunkte und Bahnen für Lernen und Wirken eröffnen sich. Ich habe das wesenlose Treiben der Emigrationen satt; große Hoffnungen sind uns in Nichts zergangen oder haben sich in eine unbestimmte Ferne gerückt; ich mag nicht länger mehr mit gezwungener Unthätigkeit meinen Blick auf einen Punkt in der Zukunft heften, für dessen Erreichung uns die selbstthätige Mitwirkung fast ganz versagt ist. Ich bedarf naher, bestimmter Ziele und Zwecke, und ich gehe dahin, wo ich sie finden werde. Ich gedenke mir die Zeit meines Exils fruchtbar zu machen. Was meine Pläne betrifft, so habe ich das Einzelne noch wenig fixirt.

Zuerst werde ich, soweit ich jetzt die Möglichkeiten übersehn kann, in den großen Städten, die ich passire, Vorträge halten über neuste

Geschichte. Ich werde mich direkt anschließen an das, was in diesem Jahre das brennendste Interesse hatte: Die französische Katastrophe. Man urtheilt in Amerika, besonders angeregt durch Kossuth, mit vieler Lebhaftigkeit aber mit wenig Kenntniß darüber, und ich selbst habe gerade bei diesem Ereigniß und durch dasselbe so vieles gelernt, daß ich jetzt zum ersten Male in meinem Leben einigen Drang fühle, meine Weisheit an den Mann zu bringen. Ich habe hauptsächlich folgendes Motiv: Kein Land ist in seinen Bestrebungen und Schicksalen so mißverstanden, als Frankreich, keine Geschichte so falsch interpretirt worden, als die französische; diese beständigen Aufzuckungen eines nach Freiheit strebenden Volksgeistes, diese rasch aufeinanderfolgenden, aufs Äußerste widersprechenden Ereignisse, jetzt feierliche Proklamation des demokratischen Prinzips, dann kurze Zeit nachher allgemeine Zustimmung zu der Usurpation eines neuen Tyrannen, dies Alles in buntem Wechsel, und das innere Volksleben doch immer dasselbe, stets bürgerliche Unfreiheit, Regierungssucht in der Demokratie, Auszeichnungssucht in der offiziellen égalité, mit einem Worte mit dem abenteuerlichsten politischen Wahlspruch den es je gegeben hat „La liberté et un gouvernement fort," „Un gouvernement fort vis à vis de la liberté" oder, was dasselbe sagen will, „un gouvernement fort contre la liberté!" Das ist der rothe Faden, der sich durch die neuste französische Geschichte zieht, von 1789 bis 1852. Die Thatsache des 2. Dezember ist das lehrreichste, was es in der neusten Geschichte gibt........

Malvern, Worcestershire, 26. Juli.

Lieber Freund, hier wird mein Brief von einer Krankheit unterbrochen, die mich fast eine Woche stumm machte und mich noch einige Tage länger ans Bett fesselte. Meine Frau war eben ein Paar Tage unwohl gewesen und ich hatte sie nach Kräften gepflegt, als sich plötzlich in meinem Gaumen eine Entzündung entwickelte, die mir das Schlucken schwer und das Sprechen fast unmöglich machte. Dazu kam ein kräftiges Fieber, das sehr bald Symptome des Scharlachfiebers zeigte. So lag ich armer Teufel wenige Tage vor meiner projektirten Abreise nach Amerika. Die Schwester meiner Frau,

Frau Ronge, machte mir den Vorschlag, daß ich mitten in meinem Fieber die Reise nach Malvern, einem Wassercurorte, unternehmen sollte, um mich dieser Heilmethode ganz und mit aller Bequemlichkeit anzuvertrauen. Ich nahm den Rath an und machte mit meiner Frau die lange bittere Fahrt, bei der ich wirklich gelitten habe. Hier angekommen lag ich ziemlich elend, aber meine Frau pflegte mich prächtig, die Wassercur wandte ihre brüsken Mittel an und in wenigen Tagen war die Gewalt des Fiebers gebrochen und mein Mund von Neuem geöffnet für Sprache und Speise. Meine Krankheit war, wie sie gewöhnlich bei mir zu sein pflegen, heftig und rasch im Angriff, meinen ganzen Organismus für kurze Zeit zu Boden werfend, dann ebenso rasch gebrochen und eine schnelle Reconvaleszenz. Die Wassercur gefällt mir; ihre Operationen sind vernünftig, vor Allem kräftig, entschieden und wirksam. Nur muß man auch in diesem System der Behandlung nicht zu exklusiv sein. Ich halte es für Unsinn, nur als unumstößliches, absolutes Prinzip aufzustellen, daß man keinen Tropfen Medizin nehmen dürfte, gerade als ob die Resultate der bisherigen medizinischen Empirie nun auf einmal aus der Geschichte ausgestrichen werden sollten!

Morgen, denk' ich, werden wir nach London zurückgehn und in 8 Tagen hoffentlich auf dem Meere sein. Das Kranksein hat mich ein wenig ungeduldig gemacht. Man kommt sich so zwecklos vor, wenn man krank ist, und das ist unausstehlich. Jeder Augenblick, der mir jetzt verloren geht, liegt mir schwer auf der Seele. Ich habe eigentlich Eile, nach Amerika zu kommen, da ich nun einmal meine Existenz hier aufgegeben habe. Es ist so ein zappelnder Schwebezustand, der höchst unbehaglich sein würde, wenn ich meine Frau nicht hätte. Die ist nun wie ein guter Engel um mich und alles geht aufs Beste. Die Frauen sind ein unbeschreibliches Element im Leben; Du weißt das ja auch.....

London, Hampstead, 4. Augg.

Erst gestern sind wir hier angekommen; gerade an dem Tage, wo wir abreisen wollten, verschlimmerte sich mein Zustand plötzlich wieder, meine Frau wurde auch etwas unwohl, und unsre Abreise wurde auf Anrathen des Arztes bis gestern aufgeschoben. Da sind wir nun; daß ich an Dich schreibe, ist das Erste, was ich thue. Ich habe erst ein Paar Leute gesprochen, und die Neuigkeiten kommen mir schon in vollen Lagen entgegen. Kossuth ist wieder da; auch ein Agitator der deutschen Emigration ist aus Amerika zurückgekommen; die Franzosen machen sich neue Hoffnungen auf ein baldiges Steigen des öffentlichen Geistes in Frankreich; die Flüchtlinge sind natürlich wieder in einiger Bewegung. Kossuth habe ich noch nicht gesehen; was er selbst über seine Erfolge sagt, weiß ich also noch nicht. Er hat ziemlich viel Geld bekommen, ist immer im Strom des Enthusiasmus geschwommen, und soll zweifellos sein, daß die Ereignisse in Europa sehr bald den Hoffnungen entsprechen werden, die er in Amerika als die seinigen proklamirt hat. Der deutsche Agitator Gögg aus Baden, hat eine Menge von Vereinen gestiftet, die sich zu einem großen „deutschen Revolutionsbunde" in Amerika zusammenschließen und centralisiren. Ihr Zweck ist, mit allen möglichen Mitteln die Bewegung auf dem europäischen Continent zu unterstützen und in den Ver. Staaten selbst bei politischen Fragen, z. B. Wahlen u. dglchn., die deutsche Bevölkerung als Masse in die Wagschale zu werfen. Das klingt gut, bedeutet wenig, denn erstens besteht die große Majorität des Revolutionsbundes aus mehr oder minder neuen Ankömmlingen, die vorläufig noch keine politischen Rechte haben, und zweitens geht Alles, was vorzugsweise in den Händen der eigentlichen politischen Flüchtlingschaft liegt (besonders der Deutschen) sehr bald zu Grunde. Die Grauen (die Altangesessenen) ziehen sich sehr bald von solchen Dingen zurück, weil die Grünen (die neuen Ankömmlinge) mit ihrem europäschen Schwindel zu viel Geschrei machen. So kann ein solches Institut wohl eine Zeit lang zusammenhalten, so lange es eben in einem passiven Zustand ist. Der Zerfall beginnt aber in dem Momente, wo es in die praktische Wirksamkeit treten soll.

Lieber Friedrich, ich schicke Dir hier einen Brief, der so zu sagen aus lauter Fetzen besteht. Verzeih, ich konnte nicht anders, und endlich mußt' ich doch, trotz meiner Beschämung, die längst verfallene Schuld gegen Dich abtragen. In 8 Tagen hoffe ich auf dem Schiff zu sein. Bis dahin habe ich hier noch alle Hände voll zu thun, lauter geschäftliche Besorgungen, die sonst nicht mein Fach sind, und eine Menge Besuche bei politischen und sonstigen Freunden, die mich zum Theil sogar zurückhalten wollen. Was mich betrifft, so sage ich Europa mit der Gewißheit Lebewohl, zur rechten Zeit wieder da zu sein. Meine Frau, die Du nicht kennst, läßt Dich herzlich grüßen; es thut mir leid, daß Ihr Euch nie gesehn habt. Ihr seid Eurer gegenseitigen Freundschaft werth.

Lebe wohl! Mit aller alten Herzlichkeit Dein

Carl.

An Charlotte Voß

Philadelphia, 20. 10. 52.

Charlotte Voß, Jugendfreundin von Margarethe Meyer und später die zweite Frau von Friedrich Althaus.

Liebe Charlotte, Dieser Brief soll mit unsrer kleinen Kiste zu Deinem Geburtstage kommen, und damit will ich auch mein Geringes dazu beitragen, um Dein Vergnügen zu erhöhen. Vor mir habe ich ein Paar eng beschriebene Seiten liegen, die ich schon in New York für Dich, Anna und Friedrich bestimmt hatte, aber wie es denn so geht, es kam Manches dazwischen, Margarethe wurde krank und wieder gesund, und mein Brief blieb liegen. Nun fang ich lieber wieder von Neuem an.

Du hast wohl nie daran gezweifelt, daß ich mich in Amerika sehr wohl fühlen würde. Und wenn Margarethe auch zuweilen ihre Späße darüber macht, daß ich jede Bretterhütte reizend und göttlich finde, so kommt das nur daher, weil ich mich für alles Kleine interessire, welches den Stempel der Originalität an sich trägt. Du weißt, welche Vorstellungen sich Margarethe von dem wüsten Amerika machte. Sie zu enttäuschen, blieb der Stunde unsrer Ankunft aufbehalten. Schon mehrere Tage, bevor sich die öde See durch den Anblick des fernen Landes belebte, bereitete uns der Himmel darauf vor, daß, was wir sehn sollten, neu sein würde. Ein weiter Horizont, ein tiefes und doch durchsichtiges Himmelsblau, eine ungewöhnlich glänzende Luft kündigten uns die Nähe des Landes an.

Endlich eines Abends erschien am Rande des Horizonts das blaue Hügelland von New Jersey. Die Nacht zeigte uns die glänzende Illumination der Leuchtthürme in weitem Halbkreise um uns her, und das aufgehende Morgenlicht rief uns auf's Verdeck zum Anblick der nahen Küste, die sich, bedeckt mit üppigem Baumgrün und blinkenden Landhäusern, prächtig aus dem Meere hob. In der That, der erste Anblick des Meerbusens von New York hat etwas Überraschendes. Das Wasser belebt mit unzähligen Schiffen und Booten, die sich in buntem Gewirre kreuzen, auf dem Saum des Landes Üppigkeit der Natur und Glanz des Reichthums, vor unserm Auge die mächtige, wimpelumgebene Stadt und darüber der leuchtende amerikanische Himmel. Margarethe lief auf dem Deck zwischen den Leuten herum und sang außer sich vor Vergnügen Lalalala! Nun ging's wieder auf den unbeweglichen Boden des Festlandes.

New York giebt an Lebendigkeit den belebtesten Punkten Londons nichts nach. Aber es ist doch ein großer Unterschied. Hier ist mehr Heiterkeit im Leben, nicht jene öde Monotonie in den Physiognomieen, nicht jene mürrische Schweigsamkeit des geschäftlichen Wesens. Hier wimmeln die Gesichter aller Nationalitäten mit ihren eigenthümlichen Typen durcheinander, vom afrikanischen Neger bis zum eingebornen Indianer, hier schwatzt und lacht Alles in hundert verschiedenen Sprachen, in hundert verschiedenen Manieren. New York hat Ähnlichkeit mit Paris. Der Broadway, die Hauptstraße, besitzt nicht die stolze Pracht der Regent-Street in London, wohl kommt er aber der reichen Eleganz der Pariser Boulevards nahe. Glänzende Läden, Restaurants und Gasthöfe in dichter Reihe. In dieser Straße concentrirt sich das unaufhörliche Gerassel des Geschäftslebens und zugleich ist sie der Wahlplatz für die Wettkämpfe der weiblichen Schönheit und äußern Eleganz. Um so stiller sind die Seitenstraßen, von beden Seiten mit Bäumen bepflanzt, großentheils mit comfortablen Privatwohnungen besetzt. Wir fuhren eines Tages aus den Staßen der Stadt, um die nächste Umgebung zu sehen, da ist das Fed belebt von den Anfängen neuer Straßen, die zum Theil von stozen Steinhäusern, zum Theil noch mit eigentlichen Blockhütten besetzt sind; eine bunte Zusammenstellung von Alt und Neu, und all dies wird wohl in kurzer Zeit in den immer mehr erweiterten Grenzen der gewaltigen Stadt zu einem Ganzen vereinigt sein.

Von New York gingen wir nach Philadelphia. Hier sahen wir unsern guten Strodtmann wieder, der uns schon vor unsrer Ankunft in einem Boardinghause Quartier gemacht hatte. Philadelphia ist stiller als New York, aber durchaus nicht still im Vergleich zu irgend einer Stadt des europäischen Continents. Der ruhige spekulative Quäkergeist hat diese Stadt gegründet und zu einer hohen Blüthe gebracht. Sie hat nicht, wie New York, jenen stolzen Charakter einer Weltstadt, in ihr ist nicht jenes überflügelnde Element, nicht jene waghalsige Kühnheit des kaufmännischen Unternehmungsgeistes; wohl aber solider Wohlstand und deutscher Fleiß. In den bessern Quartieren der Stadt zeigt sich ein überraschender Luxus in der Bauweise. Alle Haustreppen, alle Thür- und Fenstereinfassungen leuchten in prächtigem weißem Marmor; häufig sind die Erdgeschosse, nicht selten ganze Häuserfaçaden in diesem blendenden Steine gebaut. Die Independence-hall in Philadelphia ist das historisch-merkwürdigste Gebäude der Union; ein kleines Rathhaus, unbedeutend und ärmlich im Äußern und Innern, offenbar nicht gebaut für eine so große Stadt. In dem Saale dieses Hauses wurde die Unabhängigkeitserklärung der Vereinigten Staaten unterzeichnet, von seinen Fenstern herab wurde sie verkündigt, und nun steht das kleine Gebäude da als ein sprechendes Zeichen der Kleinheit Nordamerika's in jener Zeit, und rund umher die volkreiche Stadt als ein Zeichen jetziger wachsender Größe. Als die Unabhängigkeitsakte unterzeichnet wurde, vor 70 Jahren, hatte Philadelphia nur 5000 Einwohner. Nur wenig, außer Independence-hall, mahnt noch an jene Zeit. Die Zeit unsrer Ankunft war gerade die der hiesigen Municipal- und Staatswahlen; der Kampf zwischen den Parteien war seiner Entscheidung nahe. Nur noch die letzten großen Anstrengungen. Stündlich begegneten wir auf den Straßen großen Omnibuswagen, von bunt geschmückten Pferden gezogen, mit einem Musikcorps gefüllt, auf allen Seiten des Wagens in ungeheuren Buchstaben den Namen des Parteicandidaten tragend. Massenversammlung folgte auf Massenversammlung, von Tausenden besucht. Es ist ein eigenthümlicher Anblick, solch eine amerikanische Mass-meeting, wenn man sie mit unsern deutschen Volksversammlungen während der Revolution vergleicht. Der amerikanische Redner ist heftig, herausfordernd, nicht selten verletzend. Aber so hoch ist die Achtung hier vor der Redefreiheit in der Versammlung, daß ein Redner fast nie unterbrochen wird, mag er noch so dummes Zeug oder noch so provozirende Dinge sagen. Jeder fühlt sich selbst für die Ruhe der Versammlung verantwortlich, und Jeder ist, wenn es sein muß, Vertreter der Polizei. Diese Eigenschaft steht in sonderbarem Contrast zu der sonstigen Unbändigkeit des Amerikaners. Hier fühlt jeder Mensch die unbedingteste Unabhängigkeit von jeder Autorität.

Eine merkwürdige Gleichgültigkeit gegen das Leben ist in diesem Volk; so zeigt sich's bei ihren Spielen, Wettfahrten, Kriegen, und so im täglichen Leben. Diese Menschen, die ihr Leben mit angespannter Thätigkeit täglich neu gewinnen, verlieren's auch mit leichtfertigem Gleichmuth. Margarethe war durch diese Dinge, die sie in den Zeitungen las, sehr erschreckt, aber sie hat sich bald beruhigt. Bei alledem ist hier dieselbe persönliche Sicherheit wie in Paris und London. Es wird hier weit weniger gestohlen, und die Mordgeschichten knüpfen sich fast nur an Streitigkeiten über Gentleman oder Nicht-Gentleman. Der gebildete Mann lebt hier ebenso ruhig als sonstwo, und eine Frau zu incommodiren gilt für ein gesellschaftliches Verbrechen. Der Cultus der Frauen ist hier fast durch das Gesetz geboten; ihre gesellschaftliche Freiheit ist unbeschränkt, sie sind Herrinnen ihrer selbst. Eine Frau reist allein durch das ganze Land; jeder Mann muß ihr zu irgend einem Dienst bereit sein, sobald sie es fordert — oder er ist kein Gentleman. Das wird nun von Seiten einiger Damen zuweilen mißbraucht, aber hier tritt eine ausgezeichnete Eigenschaft des amerikanischen Charakters in's Mittel. Der Mißbrauch des Guten veranlaßt den Amerikaner nicht zur Abschaffung dieses Guten; der Mißbrauch der Freiheit verlockt ihn nicht zur Beschränkung der Freiheit. Der Amerikaner weiß, daß die Freiheit das beste Erziehungsmittel ist, und darin liegt die höchste Garantie für die Republik. Wir haben noch nie gesehen, wie sich ein freies Volk in seinem eignen Hause benimmt. Wir haben noch nie die Realität der Grundsätze, die wir predigen, im wirklichem Leben gesehn. Das Alles bietet sich hier unserm Blick in einem ungeheuren Tableau. Nur einen schreienden Mißton giebts darin; das ist die Sklaverei im Süden. Davon später.

Von hier gehn wir nach Pittsburg, von dort in den Staat Ohio, wo wir zu bleiben gedenken, entweder in Cleveland oder in Cincinnati. Ich werde mich dort, wenn sich nicht irgend welche glänzendere Aussichten eröffnen, sofort in die juristische Carriere werfen und in ziemlich kurzer Zeit lawyer sein; das ist die Stellung, welche eine gute und einflußreiche bürgerliche Existenz und zugleich die günstigste Gelegenheit zum politischen Lernen bietet. Die Lawyer sind die offiziellen Politiker des Volks. —

Liebe Charlotte, Du solltest Margarethe sehn, wie sie sich als Frau ausnimmt. Du solltest sie mit ihren Koffern und Kommoden beschäftigt sehn, wie da Alles hübsch in der Reihe liegt, wie sie zählt und rechnet, was doch früher eigentlich gar nicht ihr Geschäft gewesen ist. Sie lernt rechnen und spekuliren; das ist ein großer Schritt zu gutem Haushalt. Margarethe ist ernster und älter geworden, ohne ihre Heiterkeit und ihre Jugend verloren zu haben. Die Überlegung ist an die Stelle der Unbesonnenheit getreten, sie hat allmälig gelernt, das Leben als ein Ganzes aufzufassen und die Hauptsachen von Kleinigkeiten zu unterscheiden. Sie wird Mutter sein, und dieser Gedanke weckt eine ganze Welt von Gedanken. Ich segne den Tag, der sie mir gegeben hat, denn sie wird immer mehr mein. Ich könnte Dir eine Menge hübscher kleiner Geschichten erzählen über das, was meinem Herzen so nahe ist. Unser Schicksal wird noch manchem Wechsel unterworfen sein, denn ich weiß, daß sich mein Leben nicht in die Grenzen einer Stadt des Staates Ohio wird verschließen lassen. Aber gleichviel, wir haben gemeinsam den Grund zu einer Seelenstärke gelegt, die das Kleine überwindet, um das Große zu erreichen. Und wenn nun erst unser kleiner Gast da ist, der unser Leben um eine süße, freudenreiche Sorge vermehren wird, der unsre Seelen um einen neuen Gesichtskreis reicher machen wird — nun, male Dir das Bildchen selber aus, Du kennst uns ja. Und werden sich bei Dir zuletzt die Sachen doch so wenden, daß wir Dich hier haben können? Es bedarf hier nicht vieler Worte, Du weißt, wie ich es wünsche.

Grüße die Deinigen.

Dein treuer
Carl Schurz.

An Prof. Gottfried Kinkel

Philadelphia, 12. April 1853.

Lieber Kinkel, Auf Deinen Brief hast Du mich recht lange warten lassen; es war ungefähr 3 oder 4 Monate, nachdem ich Dir zuletzt geschrieben, als Deine Nachrichten ankamen, und ein Paar Tage darauf überraschte mich der Brief Deiner Frau, um so angenehmer. Von Deinem guten Succeß in Manchester habe ich durch die Zeitungen erfahren und was Du mir schreibst, hat meine Freude darüber bedeutend erhöht. Deine Position in London scheint ja jetzt gesichert zu sein, während sich rund herum so ziemlich Alles verkrümelt hat. Wie ich höre soll mit diesem Frühjahr eine ziemlich allgemeine Auswanderung der dortigen Flüchtlinge hieher stattfinden. Das ist gut, hier lernt arbeiten wer's noch nicht kann.

Ich bot Dir damals an, mich mit den hiesigen Anleihecomités in Verbindung zu setzen, und so bald ich irgend eine Instruktion von Dir erhalten haben werde, sie zu Diesem oder Jenem anzutreiben. Diese Instruktion erwarte ich vergeblich und da Du ganz und gar nicht antwortetest, so vermutete ich, daß Ihr in London in einer ganz anderen Richtung zu operiren gedachtet und neue Pläne verfolgtet, und verhielt mich deshalb ruhig. Endlich erfuhr ich die Ankunft Willichs in New York und die Zeitungen brachten die Pläne, die er auszuführen gedachte. Vor etwa 3 Wochen kam er hier an und besuchte mich. Ich sah bald, mit welchen Illusionen er hierher gekommen war und daß er sich weder durch Vorstellungen noch durch eigne Anschauungen werde bestimmen lassen wollen. Seine ganze Agitation ist eine durchaus mäßige. Das Umformen der Anleihecomités in „politische Ausschüsse" scheint mir zwecklos, überhaupt alles demonstrative Verfahren, alles Geräuschmachen und gewaltsame Aufrühren der alten Geschichten durchaus übel angebracht. Du mußt selbst erfahren haben was die Bildung einer sog. moralischen Macht hier in Amerika bedeutet, besonders, wo es auf die Deutschen ankommt.... Der Revolutionsbund, mit so ungeheurem Eifer angefangen und organisirt, ist fast zugleich mit seinem Entstehen zusammen gefallen, weil mit dem ersten Aufpuffen der Eifer erschöpft war und es an Objekten der Tätigkeit fehlte. Dabei hat freilich die schöne Annexationsphantasie mitgeholfen, aber Willich hat mir etwas von der „großen Idee der faktischen Constituirung des deutschen Staates in Amerika durch die Anleihe" auseinandergesetzt, das jener universellen Annexation an Abenteuerlichkeit Nichts nachgiebt und ganz geeignet ist, den praktischen amerikanischen Verstand, der sich auch nach und nach in dem Deutschen Bahn bricht, zu disappointiren. Über all das habe ich Willich meine Meinung gesagt. Ich habe jetzt seit 7 Monaten hier ruhig beobachtet, wenig gesagt und viel gefragt und glaube in der Bildung meiner Überzeugungen nicht leichtsinnig gewesen zu sein. Ich glaube Folgendes: Deine und Kossuths Agitation und der Revolutionsbund haben allen Eifer für die transatlantische Affaire so aufgebraucht und die europäischen Ereignisse seit 1851 haben die Amerikaner so mißtrauisch gemacht, daß man den Leuten Ruhe und Zeit lassen sollte aus ihrem Ärger und Disappointment herauszukommen. Für den Tag, der uns von Europa große Nachrichten herüberbringen wird, muß der Zündstoff sich hier wieder gesammelt haben. Man braucht nicht zu fürchten, daß Alles wieder einschlafen wird. Die beständigen Häkeleien mit den europäischen Mächten, die Cuba und die Hondurasangelegenheiten und hundert andere Dinge halten das Feuer wach und drängen die äußere Politik Amerikas naturgemäß in eine neue Bahn...

Unsere Aufgabe in der jetzigen Periode scheint mir folgende zu sein: Wir müssen uns an die amerikanischen Politiker machen, ihnen eine gesunde Vorstellung von den europäischen Zuständen beibringen und ihren Blick auf Deutschland lenken. Sie müßten erst erfahren, welche Schlüsse sie von dem hiesigen deutschen Wesen, das sie verachten, auf Deutschland selbst machen dürfen, u. s. f.....

Wenn die Amerikaner bisher von der deutschen Revolution

noch keine große Meinung bekommen haben, so ist das Niemand anders Schuld als die der hiesigen Deutschen... Ich habe Dir früher schon den Plan mitgeteilt, eine geheime, d. h. nicht öffentliche, aber auch nicht mit geheimem Hokuspokus verknüpfte Verbindung zu organisiren, welche die intelligenten Kräfte der hiesigen Deutschen in sich begreifen soll. Sie wird eine Art Missionsgesellschaft sein, um amerikanische Politiker zu bekehren. Sie ist im Gange, wirkt im Stillen und hat schon etwas geleistet. Wenn es mir möglich ist, so gehe ich dieses Jahr für einige Zeit nach Washington, als reines Privatindividuum, das die dortige Bibliothek zum Studium amerikanischer Geschichte benutzt. Bei dieser Gelegenheit muß man die Netze auswerfen, ohne offizielle Absichtlichkeit.....

Diesen Winter haben wir sehr still gelebt. Ich habe ein Buch fertig gemacht, es soll mit der nächsten Gelegenheit nach Deutschland gehen. Es ist nicht ganz die Ausführung meines alten Planes einer Darstellung der französischen Revolution; ich habe das Objekt weiter gefaßt, die neueste Geschichte hineingezogen und daher das Einzelne kurz zusammengearbeitet. Wenn ich etwas länger hier bin, werde ich ein Buch über Amerika anfangen, dessen Plan mir bereits ziemlich klar vorliegt. Er unterscheidet sich wesentlich von dem, was bisher über Amerika geschrieben worden ist....

Ich vergaß, in Bezug auf die Anleihe meine Meinung zu sagen. Das die Anleihe bestehen bleibt, versteht sich von selbst. Aber ich denke man soll sie nur r u h i g bestehen lassen, sie bleibt um so sicherer bestehn, je weniger Geräusch davon gemacht wird. Geld wird sie nicht mehr bringen, bis es in Europa ans Handeln geht. Dann aber wieder. Bis dahin ist eine Agitation speziell für die Anleihe hier eine ziemlich mäßige Sache....

Über Eure Operationen sei so gut mich von Zeit zu Zeit zu informiren. In Amerika hänge ich nicht weniger an Deutschland als ich in Europa tat. Und sei nicht so sparsam mit Deinen Briefen.

Dein Freund

Karl Schurz.

An seine Frau

Washington, Mittwoch Abend 16. März 1854.

Liebste, ... Zuerst Reiseeindrücke. Die Tour von Philadelphia bis hierher ist, die Überfahrt über verschiedene Ströme, den Blick auf die Chesapeake Bay und die unmittelbare Nähe von Washington ausgenommen, ziemlich langweilig. Sobald man die Stadt selbst gewahr wird, bleibt das Auge unwillkürlich auf hervorragenden Punkten ruhen, auf colossalen Marmorgebäuden, die sich prächtig über die Wohnhäuser erheben. Der erste Gang ist auf das Capitol, den Nationalpallast der Vereinigten Staaten, welcher die Hallen der gesetzgebenden Versammlungen umschließt. Das Gebäude ist noch nicht ganz vollendet, doch bereits gewaltig in seinen Dimensionen, verschwenderisch mit weißen Marmorsäulen ausgestattet. Auf einem Hügel am nördlichen Ende der Stadt gelegen, bietet es einen unumschränkten Blick auf Washington und seine Umgebung. Die Stadt ist sonderbar anzusehen; eine breite, an beiden Seiten mit Hotels und Läden besetzte Straße, dann große Flecke freien Landes, dann wieder von leeren Plätzen unterbrochene Straßen und in scheinbarer Unordnung umherliegende Häusergruppen, untermischt mit großartigen Marmorpalästen, welche die einzelnen Regierungsdepartements enthalten — all das läßt den Beschauer nicht zur Gewißheit kommen, ob all die Herrlichkeit im Entstehen, oder bereits im Verfall begriffen ist. Dem Capitol gegenüber, am andern Ende der großen, ungefähr anderthalb Meilen langen Hauptstraße liegt das „Weiße Haus", die Residenz des Präsidenten, und dahinter umzieht der Potomac in majestätischem Halbkreise den südlichen Teil der Stadt; jenseits die Hügel von Virginien, diesseits die Hügel von Maryland. Das ist das Äußerliche, und soweit ganz hübsch. Das Leben auf den Straßen ist ganz sonntäglich; Geschäftstreiben gibt es hier nicht, oder nur so viel, als mit dem Bedarf der Regierungsbeamten, der Congreßmitglieder und der Besucher zusammenhängt. Das bestimmt sogleich die Physiognomie einer Stadt. Die Damen entwickeln viel Glanz, und die Herren suchen ihnen zu gefallen. Das ist das Leben auf dem Trottoir.

Eine außergewöhnliche Erscheinung macht die Straße noch bunter: Es ist eine indianische Gesandtschaft, die fern von den Grenzen der Civilisation hierher gekommen ist, um mit dem Präsidenten Verträge über gewisse Landesstrecken abzuschließen. Ich sah sie heute, als ich nach dem Weißen Hause ging, in ihrer wilden Pracht. An den Beinen tragen sie Moccassins und eine Art hirschlederner Kamaschen, an beiden Seiten mit bunten Federn besetzt, sodaß sie von fern aussehen wie die Beine der Hühner, denen die Federn bis auf die Füße herabwachsen. Den Leib haben sie in eine Decke gehüllt, meistens blau; die Vornehmsten lassen ein roteingefaßtes Tierfell den Rücken herabwallen, das mit allerlei Ballen und klingenden Metallstückchen besetzt ist, sodaß sie mit jedem Schritt ein Geräusch wie ein Schlittenpferd machen, nur nicht so laut. Um den Hals tragen sie allerhand Korallenschnüre, hauptsächlich aber einen Kranz von langen, weißen Bärenklauen, was einigermaßen fürchterlich aussieht. Ihre Ohren sind, abgesehen von großen Ohrringen, überall verziert, wo nur etwas anzubringen ist, meist mit einer Menge kleiner Bummeln von Metallstückchen und Glasperlen, so ungefähr als ob sie mit glänzenden Fransen eingefaßt wären. Ihre Haare sind mit allerlei Adler- und Falkenfedern durchflochten, die zum Teil in die Höhe, zum Teil nach beiden Seiten hinausstehen. Ihre Gesichter sind schön bemalt, meist mit hochroter Farbe, besonders die Partie zwischen den Backenknochen und den Ohren. Einige hatten noch einen schönen, breiten, saftiggrünen Strich hinzugefügt, der wie ein Backenbart um das ganze Gesicht lief. Die beiden Vornehmsten zeichneten sich mit einer Extramalerei auf der linken Seite des Gesichtes aus. Es sieht aus, als wenn Einer seine Hand in Wichse getaucht und sie damit auf die linke Backe geschlagen hätte. Daß sie keine „Kid Gloves" trugen, brauche ich nicht erst hinzuzufügen. Sie sind nicht von imposant starkem Wuchs, obgleich gut gebaut. Ihre Züge sind hart und tief eingeschnitten, die Stirnen niedrig, die Hautfarbe ein schmutziges Rotbraun. Ihre Sprache besteht, soviel ich davon hören konnte, aus sonderbaren, unartikulierten Lauten, und ihre Unterhaltung ist von ununterbrochenen schnellen Gestikulationen begleitet, fast wie die Unterhaltungen der Taubstummen.

Soviel von den wilden Amerikanern, nun zu den zahmen. Gestern ist es mir mit dem Besuchemachen schlecht ergangen, was von dem einfachen Faktum herrührt, daß es in der Stadt Washington keine Hausnummern gibt und man sich also fürchterlich absuchen muß, und oft vergebens. Ich habe gestern nur e i n e n gefunden, an den ich empfohlen war. Heute ging es schon besser, indem ich die Bekanntschaft von zwei Repräsentanten und einem Senator machte und gut aufgenommen wurde. Bis ich in die höheren Sphären durchdringe, wird es jedoch noch ein paar Tage dauern. Übrigens habe ich von dem Wenigen, was ich gesehen, schon Vieles gelernt, und manches, das mich nicht freut. Wenn man als vorurteilsfreier und uninteressierter Mensch einen Blick tut in dieses Gewirre von Absichten, Interessen, Befürchtungen, persönlichen Rücksichten, Kunstgriffen, ehrgeizigen Plänen und Ansprüchen, gegenseitigen Täuschungen usw., — man fühlt sich unwillkürlich versucht, den Fuß nicht weiter hineinzusetzen. Und doch liegen in diesem Kreise große Pflichten, gewaltige Aufgaben, inhaltsschwere Bestimmungen, die sich säulenartig aus dem Staube erheben, in welchem das Ungeziefer herumkriecht. Hier macht man die Erfahrung, was gute politische Institutionen bedeuten. Das Land wird sicherlich schlecht regiert in diesem Augenblick. Aber wie immer es auch regiert werden mag, wie unfähig auch der Lenker des Steuers sein mag, — es geht doch alles gut......

Dein

K a r l.

An s e i n e F r a u

Washington, Donnerstag, den 23. 3. 54.

..... Ich habe dieser Tage eine ganze Menge Congreßmitglieder und andere höchst interessante politische und nichtpolitische Persönlichkeiten kennen lernen und lerne viel. Wahrscheinlich vor Ende der Woche komme ich zum Präsidenten, worauf ich einigermaßen neugierig bin. Nach allem, was ich hier über die Verhältnisse des Weißen Hauses erfahre — und das ist nicht wenig — bietet der Präsident das traurige Bild eines Menschen, der an das Steuerruder einer großen Republik gestellt worden ist, ohne die nötige Kraft des Charakters und ohne die ebenso nötige Klarheit des Kopfes zu besitzen. Er hat die unglückliche Eigenschaft, es Allen recht machen zu wollen, und so hat er es bereits mit Allen verdorben. Er stimmt Jedem zu, der mit ihm spricht, und sagt daher zu Jedem etwas Anderes. Es ist nie ein Präsident im Weißen Hause gewesen, der so allen guten Erwartungen, die man von ihm hegte, ins Gesicht geschlagen hat; und daher keiner, der eine so immense Popularität mit solcher Schnelligkeit verloren hat. Übrigens ist diese unangenehme Erfahrung, die das Volk mit ihm macht, ganz geeignet, die Leute in Zukunft von der Wahl solcher Männer abzuhalten, von denen Alle Alles hoffen, aus dem Grunde, weil Niemand Etwas von ihnen weiß[1]).....

Laß mich Dir noch Einiges sagen über meine hiesigen Absichten und meine Tätigkeit. Ich hatte vor, die Leute, mit denen ich hier in Berührung komme, zu einer gewissen Richtung in der äußeren Politik zu bestimmen, besonders, wenn ich irgend ein Mitglied des Cabinets erreichen könnte. Was die Congreßmitglieder betrifft, mit denen ich bekannt geworden bin, so ist mir das zum größten Teil gelungen, und meist sehr gut. Die Erfahrung, die ich über das Cabinet und den Präsidenten gemacht habe, ist kurz folgende: Sie haben gar keine äußere Politik, weder ein System noch feststehende Gesichtspunkte. Sie richten sich in ihrer äußeren Politik ganz und gar nach den Strömungen der öffentlichen Meinungen in den Parteien des Landes. Alle ihre Tätigkeit nach Außen ist auf den Effekt im Innern berechnet, und deshalb ist bei dieser Administration an Consequenz und feste Prinzipien nicht zu denken. Es ist vergebens, die Administration heute zu Etwas zu überreden oder von Etwas zu überzeugen. Die leichteste Schwenkung eines Parteimanövers kann morgen die so mühsam zusammengebauten Überzeugungen wieder umwerfen. Daher bin ich zu der Erkenntniß gekommen, daß es nur einen Weg gibt Etwas zu leisten. Das ist, zuerst auf die öffentliche Meinung zu wirken und dadurch reellen Einfluß auf die Regierung zu gewinnen. Es ist ein Glück, daß in diesem Augenblick nicht gerade eine jener großen Krisen in Europa eintritt, wo Amerika praktisch für die Frei-

[1]) Franklin Pierce war um diese Zeit Präsident der Vereinigten Staaten.

heit eingreifen könnte. Diese Regierung würde zu schwach sein es zu tun. Unter den Congreßmitgliedern habe ich bereits Freunde. Soll ich Dich einmal einen kleinen Lichtblick in die Zukunft tun lassen? Neulich abends saß ich mit mehreren Congreßleuten zusammen, und wir sprachen über europäische und amerikanische Politik. Ich nahm tüchtig Teil an der Unterhaltung. Am anderen Tag kam einer von ihnen zu mir und sagte:

„Sir, you have a fair opening before you. You will have a future in this country. I talked about you with my friends and we came to the conclusion that, if you settle in one of the new States, we will meet again in a few years in this city, and then we shall listen to you in the halls of Congress as you now listen to us.“

Liebes Kind, das kam so freiwillig und unprovoziert heraus, daß es mir Courage gegeben hat; und ich hoffe, Dir auch. Erzähle es nur Papa nicht, er wird es sonst herumplaudern. Außerdem habe ich noch eine interessante Bekanntschaft gemacht: eine bekannte amerikanische Dichterin, Mrs. Sarah Bolton, die hier im Hause wohnt. Du brauchst nicht eifersüchtig zu sein, sie ist mehr als vierzig Jahre alt, aber ihre Gedichte sind schön.

Die Frau ist äußerst einfach, unterhaltend und, ein bischen Schriftstellereitelkeit abgerechnet, frei von aller Affektation. Ich wollte, Du kenntest sie. Eins von ihren Gedichten, ein kleines Ehestandsstückchen, schicke ich Dir mit. ......

Dein

Karl.

An seine Frau

Donnerstag Abend, 23. 3. 54.

Meine Liebste, ... Soeben habe ich Besuch bei einem Senator gemacht, der sich sehr für mich zu interessieren scheint, und dem meine Ideen einigermaßen einzuleuchten schienen. Er hat mich auf morgen früh zum Frühstück eingeladen, wo ich noch andere finden werde. Oh, ich fühle, meine Liebste, daß ich in diesem Kreise etwas Bedeutendes werde leisten können, wenn ich erst aktiv und offiziell darin stünde, ich fühle es stärker und stärker, je mehr ich von den Menschen kennen lerne, die hier durch ihren Einfluß das Steuer der Angelegenheiten regieren. Die Natur hat mich mit guten Kräften ausgestattet, die nur auf die Gelegenheit zu ihrer Verwertung warten, und es ist, glaube ich, nicht Selbstüberschätzung, wenn ich sage, daß ich nur Wenigen hier nachstehen würde, nicht jetzt, sondern in ein paar Jahren. Ich fühle, mein Kind, daß sobald diese Atmosphäre der politischen Handlung mich berührt, das alte Feuer von 1848 wieder frisch und jung durch meine Adern strömt, und daß da die wahre Aufgabe meines Lebens liegt, wo ich für meine Wirksamkeit einen Blick aufs Allgemeine habe. ...... Obschon die Reaktion in Europa mich aus meiner Bahn geworfen hat, so wirst Du doch vielleicht Deinen Mann noch einmal auf seine Stelle steigen sehen. Mein Mut verspricht mir's, und warum sollte nicht auch fortan der Erfolg meinem Mute entsprechen, wie er's bisher getan hat? Es ist wahr, daß es hier besondere Schwierigkeiten zu bekämpfen gibt, aber die Schwierigkeiten vermindern sich, wenn man ihnen näher kommt, und zuletzt schrumpfen sie zu den Proportionen kleiner Angelegenheiten zusammen ......

Freitag Abend, 24. 3. 54.

...... Heute habe ich mehrere Senatoren kennen lernen und Vieles erfahren. General Shields, an den Dr. Tiedemann mir einen Brief mitgegeben, behandelt mich mit großer Herzlichkeit und nützt mir viel. ...... Die Stunde ist da, wo ich zu General Shields kommen soll, ich muß Dir also für heute Lebewohl sagen. ......

Dein

Karl.

An seine Frau

Indianapolis, den 22. 9. 54.

Meine Liebste, ... Über meine Reise will ich Dir nicht ausführlich berichten, da ich hoffe, daß Du das meiste, was ich Dir beschreiben könnte, bei Gelegenheit selbst sehen wirst. Sobald man die Alleghanies erreicht, wechselt der Charakter des Landes. Pennsylvanien hört auf der reiche, freundliche Garten zu sein da, wo der Susquehanna aus seinen Bergen hervortritt. Dichte Wälder bedecken die Höhen, und wie im östlichen Pennsylvanien nur zerstreute Baumgruppen zwischen den angebauten Äckern stehen, so siehst Du hier nur einzelne geklärte Stellen aus dem dicken Gebüsch hervorscheinen, nur noch seltener. Die Berge schieben sich eng an den Fluß heran und lassen kaum einer schmalen Straße Raum. Das Blockhaus (log cabin) in seiner ursprünglichen rohen Gestalt begegnet Dir hier zum ersten Male und gibt Dir einen entfernten Begriff von den Mühseligkeiten und Entbehrungen, die mit dem Leben des Ansiedlers verbunden sind. Ich habe leider von den Alleghanies nicht so viel gesehen, wie ich wünschte, da wir den größeren Teil bei Nacht passierten, und nur die Conturen der Berge in der Dunkelheit bemerkbar waren. Nur die Einfahrt ins Gebirge, wo die Eisenbahn den breiten Susquehanna kreuzt, habe ich beim schönsten Abendlicht genossen, und ich erinnere mich weniger Anblicke, die so groß sind. Pittsburgh passierten wir um 3 Uhr nachts, und ich habe nichts davon gesehen als die halb ausgebrannten Feuer, die man der Cholera wegen in den Straßen angezündet hatte. Der Eindruck war recht eigentlich, was man „gloomy" nennt. Die aufgehende Morgensonne leuchtete uns über die Grenze von Ohio, und ich würde diesen Staat mit großer Freude begrüßt haben, wenn mich nicht in der schneidend kalten Morgenluft so gefroren hätte, daß mir selbst mein dicker Winterrock noch nicht warm genug war. In Ohio wechselt der Charakter des Landes in's Freundliche, der „Dark Forest" ist mächtig gelichtet worden, und wenn auch wohl der bei weitem größere Teil des Bodens noch mit Wald bewachsen ist, so reihen sich doch die Ansiedelungen dicht aneinander, und das Ganze gibt ein Bild rasch fortschreitenden Wohlstandes. An manchen Stellen ist das Blockhaus noch vorherrschend, doch fängt man vielfach an, selbst in der Waldeinsamkeit sich freundlicher einzurichten. Die deutsche Zunge klingt hier überall, und oft erkennst Du auf der Eisenbahn unsern guten Landsmann, selbst wenn Du ihn nicht sprechen hörst, an seiner unzerstörbaren Kappe und seinen ehrbaren, langen Rockschößen. Eine Ansiedlung, die im ersten Stadium des Entstehens begriffen ist, hat etwas Rührendes. Die Blockhütte ist nicht größer, als daß sie einen Heerd, einen Tisch, ein Bett und die versammelten Mitglieder der Familie umfassen kann. Ställe gibt's vorläufig noch nicht; ein mit Brettern oder oft nur mit Zweigen bedeckter Schober vertritt die Stelle der Scheune. Die Äcker sind noch mit Bäumen besetzt, aber der Farmer hat ihnen um den Fuß die Rinde abgeschält oder unter ihnen Feuer angelegt, und so stehen sie blätterlos und verdorrt und warten auf den ersten besten Sturmwind, der sie umwerfen wird. Dazwischen läuft das Vieh umher und die Kinder zwischen dem Vieh. Die Frau ist im Hause mit Buttern beschäftigt, und der Mann bricht irgendwo am Rande der Ansiedlung den jungen, reichen Boden mit der Pflugschar um. Das ganze Bild ist eingeschlossen von dickem Wald, und nur eine Straße, die Du oft meilenweit schnurgrade den Wald durchschneiden siehst, hält die Verbindung mit der Welt da draußen offen. Solche Waldstraßen in Ohio sind köstlich, und wenn ich sie sah, habe ich mir oft nichts mehr gewünscht als mit Dir zu Pferde zu sein und einen solchen Weg zu Ende reiten zu können. Der Wald wird heller und heller, je mehr man sich Cincinnati nähert, und zuletzt öffnet sich das prächtige Tal des Ohio und zeigt dem Blick die stolze „Queen of the West“.

Der Ohio hatte so wenig Wasser, daß ich anfangs nur einen breiten Sandstreifen sah, wo eigentlich sein Bett sein sollte, bis ich zuletzt den eigentlichen Strom entdeckte. Bei regelmäßigem Wasserstande ist er ungefähr so breit als der Rhein, und seine hügeligen Ufer sind nicht viel weniger schön. Cincinnati liegt halbmondförmig am Ohio und ist im Norden, Westen und Osten von steilen, abhängigen Bergwänden (bluffs) eingeschlossen. Der Charakter der Stadt ist freundlich, nicht so einförmig als Philadelphia, nicht so geräuschvoll als New-York, doch freilich auch diesen östlichen Städten an Pracht nachstehend. Aber man baut so viel in Cincinnati, und die Neubauten sind so großartig angelegt und so prächtig in der Ausstattung, daß bald die Königin des Westens sich stolz mit den großen östlichen Städten vergleichen darf.

Ich habe heute Morgen Mr. Bolton aufgesucht, der mich sehr herzlich empfing. Er führte mich zum Gouverneur des Staates,

Mr. J. Wright, dem er früher von mir gesagt hatte, und der sich in einer langen Conversation sehr verbindlich zeigte und mich angelegentlich zu sich einlud. Mrs. Bolton, die eben im Einrichten eines Hauses begriffen ist und deswegen heute Morgen abwesend war, sah ich heute Nachmittag. Ich hoffe, daß meine Washingtoner Bekanntschaften mir hier sehr gute Dienste leisten werden. Der Gouverneur kündigte mir an, daß er Alles aufbieten werde, um mich zum Hierbleiben zu bestimmen. Ich denke nun sogleich mit der Gasangelegenheit ins Zeug zu gehen. Die Auspizien sind gut. Ich bitte Dich, nähe nicht zu viel und reite fleißig; bitte, thu das Deinem Mann zu Liebe. Und vergiß nicht, daß jede Zeile, die Du mir schreibst, meinem Herzen eine große Freude sein wird.......

Dein

Karl.

Indianapolis, den 26. 9. 54.

Meine Liebste, ... Die Stadt kenne ich jetzt so ziemlich. Obgleich sie vorläufig nur 18 000 Einwohner hat, bedeckt sie doch einen großen Flächenraum. Die große „Main Street" mit ihren Läden läßt nicht verkennen, daß Indianapolis die Hauptstadt eines Staates ist. Sie bietet einen äußerst lebendigen Anblick, nicht wie irgendeine der Hauptgeschäftsstraßen von Philadelphia und New-York, sondern sie trägt einen ländlichen Charakter; von einem beständigen Gewimmel von Bauernwagen und Reitern (auch Reiterinnen) bedeckt, sieht sie eher einem ewigen Jahrmarkte ähnlich. Geritten wird hier außerordentlich viel. Kein Bauer kommt zu Fuß in die Stadt, und die Frauen und Mädchen vom Lande setzen sich in ihren gewöhnlichen Kleidern aufs Pferd, wie sie eben sind. Und da hier viel Pferdezucht getrieben wird, so kommen fast hinter der Hälfte der Reiter junge Füllen gelaufen, die sich in der Straße amüsieren und herumspringen, als ob sie zu Hause wären. Dabei bietet die schöne, breite Straße einen stattlichen Anblick, und Du wirst nicht gewahr, daß Du Dich 700—800 Meilen westlich von der atlantischen Küste befindest. Bereits fangen die Privatwohnungen an, wenigstens die eleganteren, sich aus dem Innern der Stadt in die äußeren Teile zurückzuziehen, und hübsche Reihen feiner „Cottages" bilden sich an den Enden der Geschäftsstraßen, die 10—15 Minuten von dem Mittelpunkt der Stadt in den Wald auslaufen. Ja, man kann sogar sagen, daß die äußersten Häuser der Stadt im Walde stehen. Die Deutschen, die hier ungefähr 2000 Köpfe zählen, wohnen meistens in einem eigenen Stadtteil zusammen, wie in Cincinnati. Die öffentlichen Gebäude von Indianapolis, darunter eine Blindenanstalt, ein Irrenhaus und eine Taubstummenanstalt, geben an Pracht des Äußern sowie an Solidität der inneren Ausstattung den besten Anstalten des Ostens nichts nach. Die Eisenbahnen sind mit zwei oder drei Ausnahmen alle auf einen großen Bahnhof vereinigt, und zwischen 12 und 1 Uhr mittags kannst Du aus dem „Union-Station"-Hause sechs Züge auf einmal nach verschiedenen Richtungen abfahren sehen. Von Unglücken habe ich bisher noch nichts gehört. Es kommt zwar zuweilen vor, daß Kühe über die Schienen gehen, aber sobald der Zugführer sie bemerkt, läßt er die Lokomotive fürchterlich und anhaltend pfeifen, worauf die Kühe gewöhnlich erschreckt und eilig davon laufen. Die Bahnen sind sonst gut gebaut. Ich fühle mich frisch und wohl und die wechselnde Reiseluft thut mir gut. Lebewohl und gieb unserem Kinde einen Kuß.

Dein

Karl.

An seine Frau

St. Louis, den 2. 10. 54.

Meine Liebste, Ich schreibe Dir gerade vor meiner Abreise zu Hecker. Ich hatte meinen letzten Brief eben zur Post gegeben, als ich erfuhr, daß Hecker von Neuem schwer erkrankt sei, und daß man für sein Leben fürchte; doch war es mir nicht möglich, ganz authentische Nachrichten zu bekommen. Ich habe beschlossen, jedenfalls hinzugehen, wie es auch sein möge. Heckers Freunde hier, die sehr zahlreich sind und außerordentlich besorgt um ihn, bestimmen mich, daß ich alles aufbieten soll, um ihn zu einer Veränderung seiner Lebensweise zu bewegen, wenn es noch nicht zu spät ist. Man schreibt allgemein seine Krankheit der rücksichtslosen Überanstrengung zu, mit der er seine Farm bearbeitet, und man glaubt, daß er nicht lange leben kann, wenn er so fortfährt, selbst im Falle er die jetzige Krisis überstehen sollte. Ich will alles aufbieten, um ihn zu einer Reise oder etwas dergleichen zu überreden. Man erzählt sich hier allerlei wunderliche Dinge von dem Eifer, mit welchem er seinen neuen Beschäftigungen obliegt, gleich als wollte er durch die Beschwerden körperlicher Arbeit das Feuer dämpfen, das in ihm brennt.

Ich habe Dir vorgestern meinen nächtlichen Eintritt in Chicago geschildert. Heute will ich Einiges von dem Eindruck sagen, den die Stadt bei Tage macht. Meine Freunde führten mich aus, um mir Chicagos größte Merkwürdigkeit zu zeigen. Nachdem wir durch die breiten Geschäftsstraßen, mit hohen, prächtigen Marmorgebäuden, die an Lebendigkeit des Treibens dem New-Yorker Broadway fast nichts nachgeben, zu dem See gekommen waren und, zwischen kolossalen Waarenhäusern uns durchdrängend, den großen Bahnhof erreicht hatten, der fast am See liegt und von dem aus 4—5 Eisenbahntracks, auf Pfahlwerken ruhend, durchs Wasser laufen, blieben wir plötzlich vor einem kleinen hölzernen Gebäude stehen, das, auf festen Blöcken gebaut, an allen Seiten mit Schießscharten versehen war und offenbar mit dem jetzigen, ungeheuren Leben ringsum in keiner Beziehung mehr stehen konnte. Dies, sagte man mir, sei Fort Dearborn, das noch vor ungefähr zwanzig Jahren den wenigen Ansiedlern dieses Platzes zur Verteidigung gegen wilde Indianerhorden diente. Dieses Fort, das älteste Gebäude in Chicago, die ehrwürdigste Antiquität, ist jetzt dreißig Jahre alt. Der älteste Eingeborene von Chicago ist ein Mädchen von 22 Jahren. Sie wurde geboren, als dort nur drei elende Hütten standen. Jetzt hat die Stadt über 80 000 Einwohner und einen unermeßlichen Handel. Indem man durch die Straßen geht, sieht man die Stadt wachsen. Dieses Bauen und Wirtschaften ist unbeschreiblich. Derjenige Teil der Stadt, in welchem die wohlhabenden Leute wohnen und dem man, wegen der die Häuser umgebenden Gärten, den Namen „Garden City“ gegeben hat, gibt an Eleganz der Gebäude und Schönheit der Straßen dem

Besten, was ich bis jetzt gesehen habe, nichts nach. Die Großartigkeit der öffentlichen Anlagen und Unternehmungen im Verhältnis zur Jugend der Stadt übertrifft Alles, von dem ich bis jetzt weiß. Die Landpreise ringsum sind unsinnig hoch, da die Leute wohl wissen, bis zu welcher Größe Chicago sich ausdehnen wird.

Die Fahrt durch die Prärieen von Illinois ist ziemlich eintönig, und die vielen Punkte, welche man unterwegs berührt, sind ganz nett und schnell vorwärtsgehend, aber sonst nichts Besonderes. Von Alton bis St. Louis fährt man auf dem Mississippi. Seine dunklen Wasser bewegen sich majestätisch zwischen den ewigen Wäldern seiner Ufer. Große Fischreiher schweben mit langsamem Flügelschlage über den Wellen des Flusses, sich hier und da niedersenkend, um ihre Beute zu erspähen. Schwärme großer Raubvögel kreuzen über dem dunklen Urwald des Ufers und verstärken den trüben Eindruck, den die öde Wildnis auf die Seele des Wanderers macht; denn kaum ist die Stadt Alton aus dem Blick entschwunden, so hört auf beiden Seiten des Flusses der Anbau auf. Alles ist öde, bis man die unmittelbare Nähe von St. Louis erreicht. Wo der breite Missouri seine gelben, schlammigen Gewässer mit denen des Mississippi vermischt, verändert sich die Farbe des Stromes. Zuerst läßt sich das Wasser des letzteren genau von dem des ersteren unterscheiden; die eine Seite des Flusses ist dunkelbraun, die andere hellgelb. Aber bald überwindet der Missouri mit seiner gewaltigen Wassermasse den Mississippi, und der ganze Strom wird lehmfarbig. St. Louis präsentiert sich von der Wasserseite sehr imposant; die Waarenhäuser und Gasthöfe reihen sich auf dem breiten Quai wie Paläste aneinander. Aber im Innern ist die Stadt schmutzig, und die Straßen der älteren Stadtteile eng. (D. h. nach amerikanischen Begriffen; in Deutschland würden sie für sehr breit gelten.)

Es zeigt sich sofort, daß die Stadt ursprünglich von Franzosen angelegt ist. Einige Straßen werden jetzt sehr elegant ausgebaut und entsprechend dem bedeutenden Geschäftsleben und den unberechenbaren Ressourcen der Stadt. Ich fand hier eine Menge alter und neuer Freunde und habe mich nur mit Mühe aus allen Einladungen usw. herauswickeln können.......

5. 10. 54.

Zwischen der ersten Hälfte meines Briefes und dieser liegt mein Besuch bei Hecker. Ich kam morgens gegen 11 Uhr bei ihm an und fand ihn in einem bemitleidenswerten Zustande, das Gesicht eingefallen, spitz geworden, die Augen matt, die Stimme schwach, die Hautfarbe gelb-pergamentartig. Ich erschrak, als ich ihn sah, und fast noch mehr, als ich ihn hörte. Er hatte seit vier Wochen nicht mehr geschlafen und war beständig, obgleich kaum seiner Glieder mächtig, von immerwährender Unruhe hin- und hergeworfen worden. Seine Krankheit ist das sogenannte „Congestive Fever", welches in plötzlichem Blutandrang nach Brust und Kopf sich äußert und dessen dritter Anfall für regelmäßig tödlich gehalten wird. Ich glaube, daß man auf den wahren Grund seiner Krankheit schließen kann, wenn man ihn sprechen hört. Sein sanguinisch-cholerisches Temperament wirft ihn aus einer Extremität in die andere, oft in der widersprechendsten Weise. Seine Erinnerungen aus der Vergangenheit foltern seinen Geist beständig und treiben ihn, durch die härteste körperliche Anstrengung, gegen sie anzukämpfen. Er ist überaus nervös geworden und beständig gereizt. Die heftigen, durchaus unbesonnenen körperlichen Anstrengungen, der bittere Mutwille, mit dem er sich den gefährlichen Einflüßen des Klimas exponiert, haben seine Kräfte niedergebrochen, und das jetzige leidenvolle Alleinsein mit sich selbst hat die dunkelsten Lebensanschauungen in ihm heraufbeschworen. Ich saß traurig an seinem Bette, und nur mit großer Anstrengung versuchte ich ihn aufzuheitern. Endlich kamen wir in Gang, und als ich ihn auf Dinge gebracht hatte, über die er mit einigem Wohlgefallen sprach, ging es gut. Zuletzt wurden wir beide munter und kamen ins Lachen. Ich wandte alles auf, und wir unterhielten uns ganz flott bis tief in den Abend hinein. Am andern Morgen fand ich ihn viel besser, und er sagte mir zum Gruß:

„Seit vier Wochen habe ich heute Nacht zum ersten Male wieder geschlafen und daran sind Sie schuld. Sie haben gemacht, daß ich gestern meine Fieberzeit vergessen habe."

Er fühlte sich kräftig genug aufzustehen und im Hause herumzugehen; es wurde ein großes Feuer im Kamin angezündet, und wir saßen in der großen Stube. Unter den Arbeitern entstand eine freudige Aufregung, als er wieder bei Tische war, und es schien sich alles in den Weg des Bessern lenken zu wollen. Ich redete ihm zu, seine Farm zu verlassen und eine Wasserkur zu gebrauchen. Er ging auch gern darauf ein, aber ich befürchte, daß er, wenn er sich wohler fühlt, es doch nicht tun wird. Er wird ganz nach der alten Methode behandelt und nimmt ungeheure Quantitäten Medizin ein. Ich habe alles getan, um ihn davon abzubringen, aber mit nur scheinbarem Erfolge. Ich hatte vor, länger bei ihm zu bleiben, aber nach einem zweitägigen Besuche trieb es mich fort, teils weil ich mich von dem, was ich hörte und sah, wirklich tief deprimiert fühlte und es nicht ganz verstecken, teils weil Deine Briefe in Chicago auf mich warten und ich es plötzlich nicht mehr aushalten konnte. Ich habe deshalb Jagd und alles andere Ilinois-Vergnügen darangegeben, wie lockend es auch war, da Millionen von Wandertauben über uns herziehen. Und so bin ich, sobald es ging, nach St. Louis zurückgekehrt, um heute nach Chicago abzugehen, wo ich endlich wieder einen Hauch von Dir empfangen werde. Ich fühle, daß ich bald wieder zu Dir zurück muß; was noch zu thun ist, werde ich so schnell als möglich thun......

Dein

Karl.

An Prof. Gottfried Kinkel

Philadelphia, 23. Jan. 1855.

Lieber Kinkel, Eure Briefe habe ich gestern empfangen und ich beantworte sogleich diejenigen Punkte, die darin von Wichtigkeit sind. Den Paß, den ich im Jahre 50 in Berlin führte, besitze ich schon lange nicht mehr. Ich habe ihn kurz vor meiner Verhaftung in Paris verbrannt, da er ausgelaufen war. Übrigens sehe ich nicht, wie dem Angeklagten damit wesentlich genützt wäre; daß ich in Berlin einen falschen Namen führte ist eine durch hinreichende Zeugenaussagen etablirte Tatsache. Es kommt nur darauf an, daß Falkenthal neben meinem falschen nicht auch meinen wahren Namen gewußt hat. In dieser Beziehung könnte mein Paß nicht als Evidenz dienen, da er nur beweisen würde, daß ich einen falschen Namen geführt habe, was bereits bewiesen ist. Es ist überhaupt unmöglich, einen positiven Beweis zu liefern, daß F. meinen wahren Namen nicht gewußt hat. Das ganze Argument würde nur auf eine Wahrscheinlichkeitsrechnung hinauslaufen, in welcher mein Paß ohne Gewicht sein würde. F.'s Anwalt muß offenbar der Gegenpartei die Beweisführung zuschieben, daß F. meinen Namen gekannt habe — und dafür giebts, glaube ich, keine Indizien, wenn nicht F. sich durch eine unbegründete Strohrenommage selbst ins Pech geritten hat. Ich weiß ganz positiv, daß er meinen Namen nicht gewußt hat. Diese Aussage ist meinem juristischen Verstande nach das Einzige, was ich dem Angeklagten zu Hilfe bringen kann. Das Affidavit, welches ich Dir geschickt habe, läuft freilich auf ein andres Ziel hinaus, weil ich den eigentlichen Anklagepunkt nicht genau kannte. Aber die Aussage, auf welche es ankommt, ist doch ganz ausdrücklich darin enthalten. Ich glaube, der Advokat wird sie benutzen können, wenn er nicht das ganze Aktenstück von einer anderen Seite für kompromittirend hält. Wenn der Prozeß noch so lange hinausgeschoben wird, so könnte er mich wissen lassen, was ich für F. tun kann. Ich kann beschwören 1) daß er meinen wahren Namen nicht wußte. 2) Daß er bei der Bearbeitung der Beamten nicht beteiligt war. 3) Daß er bei der Operation selbst nicht aktiv war und auch nicht speziell wußte, was in jener Nacht vorging. Ich kann aber nicht eidlich aussagen, was er behauptet hat, daß er von meinen Absichten und meiner Tätigkeit nicht unterrichtet war.

Daß man meinen damals geführten Namen in „Gissem" umgeändert hat, ist mir speziell angenehm. Es ist mir sehr daran gelegen, daß man sich bei diesem Gissem beruhigt. Heribert ist das faktische Haupt seiner Familie, ein vortrefflicher, in seinem Kreise ganz unentbehrlicher Mensch. Der Verlust seiner Freiheit würde die Existenz der Familie sehr verwirren, vielleicht ganz derangieren. Ich möchte daher Alles aufbieten, um ihn aus der ganzen Geschichte fernzuhalten. Ich würde mich aus diesem Grunde in meiner Aussage über den Namen und den Paß, die ich geführt habe, nicht näher erklären können, ich möchte nicht an dem „Gissem" rütteln. Vielleicht, daß dieser kleine Irrthum Stich hält. Ich denke, es sind nun der Opfer genug. Übrigens schien mir nach den letzten Nachrichten der Prozeß für F. so gut zu stehn, daß er all seine Inconsequenz und Unbesonnenheit aufbieten müßte, um die Chancen zu wenden. Denke deshalb daran, wenn Du Etwas in der Sache thust, H.'s Interessen gut im Auge zu behalten.

Ich habe zuweilen Nachrichten über Brockelmanns aus einer hiesigen Quelle und erfahre zu meinem schmerzlichen Erstaunen, daß Schwarz, durch die lange Untersuchungshaft mürbe gemacht, gegen seine Mitangeklagten als Zeuge aufgetreten sei. Es würde mich unendlich freuen, wenn Du dieser Nachricht widersprechen könntest.

Daß Du die Anleihegelder vorläufig in Deiner Hand ruhig festhältst, ist sehr gut. Die Verhältnisse in Europa berechtigen zu keinen Hoffnungen auf morgen und übermorgen, und die Anleihesumme ist just so klein, daß man sie nur mit Erfolg anwenden kann, wenn man eine unmittelbare und locale Wirkung hervorbringen will.

Daß Du über Amerika klagst, finde ich sehr begreiflich. Die jetzige Administration, die unter den glänzendsten Auspizien ans Ruder trat, ist was man „a total failure" nennt. Die alten Parteien lösen sich auf und die politische Atmosphäre ist mit dem Duft der Verwesung angefüllt..... An eine feste Politik ist so lange nicht zu denken, bis diese Zersetzung sich vollzogen hat und neue Formationen Zeit gehabt haben, sich zu fixiren. In diesem Augenblick ist Alles Confusion, Zerfahrenheit, Intrigue, Nebraska question, Homestead question, Tarif question, naturalization question, Pacific Railroad question, Cuba question, Sandwich Island question, Nicaragua Expedition — alle diese Dinge laufen in wilder Verwirrung durcheinander und die öffentliche Meinung kann zu keiner gesunden Conclusion kommen......

Die Sklavenfrage bietet für den Ankömmling in Amerika so viel verschiedene Seiten dar, besonders wenn die Existenz der Union beständig mit ins Spiel kommt, daß es ihm schwer wird, sich durch die Verwirrung von Rücksichten und Interessen durchzuarbeiten. Nachdem ich alle Argumente studiert habe, deren ich habhaft werden konnte, die biblischen ausgenommen, bin ich zuletzt bei der Überzeugung angelangt, daß, was immer auch Incidentien sein mögen, die zum Compromiß auffordern, die Frage der Freiheit doch nur e i n e ist, und daß strenges und treues Festhalten am Princip durchweg praktischer ist, als es manchmal scheint. Es ist nicht die rein philanthropische Seite der Frage, was mich zu dieser Überzeugung gebracht hat, sondern die mittelbaren und unmittelbaren Wirkungen des Systems auf den ganzen Organismus der Ver. Staaten, der aristokratische Charakter der südlichen Gesellschaft, der demoralisirende Einfluß der Sklavenmacht auf die nördlichen Politiker, die dadurch hervorgebrachte Einseitigkeit aller politischen Rechtsbegriffe und besonders die Einwirkung auf die äußere Politik. Wenn Du mich fragst, wann die Ver. Staaten im Interesse der Völkerfreiheit praktisch in den Lauf der Welt eingreifen werden, so antworte ich unbedenklich und aus voller Überzeugung: Sobald die Sklavenhalter aufgehört haben eine politische Macht zu sein. Der Sklavenhalter fürchtet die Propaganda der Freiheit, weil er nicht weiß, wie weit sie gehen möchte. Selbst der bloße Name der Freiheit hat für ihn etwas gefährlich Zweideutiges. Aus diesen Gründen bin ich entschieden gegen jede Erweiterung des Sklavereigebietes inclusive Annexation von Cuba. Es ist wahr, daß diese Annexation die Creolen von Spanien befreien würde, aber zugleich würde sie die Gefahren der Freiheit in den Ver. Staaten so sehr vermehren, daß der Kauf des Preises nicht wert wäre. Es wäre prächtig, wenn die spanische Regierung den glücklichen Augenblick benutzte, um die Emanzipation der Neger in Cuba zu vollziehen, dann soll Cuba willkommen sein. Es ist schlimm, daß die Antisklaverei Partei zwar viele Talente besitzt, aber wenig Leute, welche sich auf die praktische Politik verstehen. Sie kennen die Regel nicht, daß man nie hastig agitiren soll, wenn man nicht ein u n m i t t e l b a r e s Objekt im Auge hat. Sie vergessen, daß in der Krisis der Mann am schwersten wiegt, der im Rufe ruhiger Mäßigung steht. Sie haben gewöhnlich ihr bestes Pulver verschossen, wenn die Schlacht anfängt. Doch ist im letzten Feldzuge Großes gewonnen worden. Vielleicht wirds gelingen, im Jahre 56 die Junker-Partei total niederzubrechen. Ich wüßte für die hiesige Politik kein glücklicheres Ereignis.

Aus Europa haben wir heute Friedensnachrichten erhalten, die sich hoffentlich nicht bestätigen werden. Beendigung des Krieges durch die Annahme der vier Punkte, das wäre doch der faulste Ausgang der europäischen Krisis.

Was ich Dir von mir selbst erzählen kann, ist kurz Folgendes. Im nächsten Monat geh ich nach Washington, um mich für unsere Reise nach Europa mit Pässen und Empfehlungen zu versehen, wobei ich hauptsächlich die Möglichkeit nach Frankreich zu gehen, im Auge habe. Ich habe gute Connexionen bei der Regierung und erwarte das Nötige zu erhalten. Dann werde ich nochmals in den Westen müssen, um ein combiniertes Familienunternehmen zwischen meinen Eltern und zwei Brüdern meiner Mutter, die hier sind, einzuleiten. Dann denke ich, unsre europäische Reise anzutreten, was wahrscheinlich gegen Anfang oder Mitte Mai geschehen wird. So weit meine Vorsätze, die übrigens noch einigen möglichen Zwischenfällen ausgesetzt sind.

Die einzigen Schattenseiten unsres hiesigen Lebens bestehen darin, daß meine Frau oft leidend ist und daß, wie mir scheint, die dem hiesigen Clima eigentümlichen schroffen Temperaturwechsel ihre Gesundheit nachteilig afficiren. Ich hoffe, daß unsre Reise, in dieser Beziehung Manches wieder gut machen wird.....

Meine Eltern und Schwestern befinden sich sehr wohl und erwidern Eure Grüße mit Herzlichkeit. Deiner Frau danke ich sehr für ihren freundlichen Brief, der mich über alle interessanten Persönlichkeiten wieder vollständig au fait gesetzt hat und hoffe mich der Fortsetzung ihrer Mitteilungen bald wieder wert zu machen.

Meine Frau und ich grüßen Euch mit alter Herzlichkeit.

Dein

Karl Schurz.

An seine Frau

Watertown, 4. März 1855.

Meine Liebste, Gestern Nachmittag endlich sind wir glücklich am Ziele unserer Reise angelangt, ohne Eisenbahnunglück, ohne auf der Prairie einzuschneien, ohne zu hungern und zu dursten u. s. f. Ich schrieb Dir zuletzt von Chicago aus. Wir gingen dort um 9 Uhr Morgens auf die Eisenbahn, da die Schiffahrt auf dem See noch nicht offen ist. Auf einem Umwege erreichten wir Wisconsin, und mußten, bevor wir die Eisenbahn gewinnen konnten, welche von Milwaukee nach Watertown geht, eine Strecke von 6 Meilen auf dem Schlitten zurücklegen. Das Wetter war warm, der Schnee thaute auf und die Schlittenpartie war höchst unerquicklich. Ich freute mich sehr, Dich nicht mitgenommen zu haben, denn das Vergnügen war wirklich einigermaßen ermüdend, besonders, da der Schnee an einigen Stellen ganz geschmolzen war und wir zu Fuß gehen mußten. Gegen fünf Uhr Abends langten wir in einer kleinen Landstadt, Jonesville, an, wo wir übernachten mußten, weil wir für den regelmäßigen Eisenbahnzug zu spät gekommen waren. Gestern Morgen nun fuhren wir im schönsten Wetter dort ab, und sind nun wohlbehalten hier. Da heute Sonntag ist, so können wir außer dem Einziehen von Erkundigungen Nichts für unsere Zwecke thun. Doch sind die Resultate dieser Erkundigungen sehr versprechend. ....Mein Oheim Jacob und zwei seiner Kinder waren etwas unwohl, doch nur unbedeutend. Sonst Alles wohl. Papa ist im besten Humor, seine Vögel haben bereits neue Quartiere bezogen und fühlen sich ganz zu Hause.......

Die Stadt hat seit meinem letzten Besuch in mancher Beziehung gewonnen. Es wird viel gebaut und die Preise des Eigenthums steigen fortwährend. Ich glaube, daß sich viel *sehr* vortheilhaftes hier thun läßt, doch kannst Du gewiß sein, daß ich keine Mühe sparen werde, um mich über alle Verhältnisse vorher auf's Genauste zu erkundigen. Außer dem Geschäftlichen wird auch für gesellige Unterhaltung Manches gethan. Es hat sich ein Gesangverein gebildet, der bereits ein sehr erfolgreiches Conzert gegeben hat. Eine Menge

Bälle sind diesen Winter gehalten worden, und ein Liebhabertheater ist in der Organisation begriffen. Alles dies sind freilich noch Anfänge, aber es ist doch Etwas. Es ist ein Zeichen, daß die geistigen Bedürfnisse sich kräftig regen......

Wie sehr ich auch Deine Gegenwart hier wünschte, so bin ich doch froh, Dich nicht mitgenommen zu haben. Die Winterreise hat sehr viel Unangenehmes, das für eine schwache Gesundheit zu hart ist......

Es ist nun heute der fünfte Tag, daß ich von Dir und unserem Kinde getrennt bin, und meine erste Sehnsucht ist, meine Geschäfte möglichst schnell beendigt zu haben, um wieder zu Euch zurückkehren zu können. Ich freue mich, daß ich für die nächste Zeit so viel in Anspruch genommen sein werde, daß ich wenig Zeit habe, um meinem Heimweh nachhängen zu können. Aber auch Du sollst Dich nicht quälen. Die Zeit wird noch hinfliegen und eine beständige Thätigkeit, was sie auch sein möge, wird Dir schnell über die Tage der Trennung hinweghelfen......

Dein

Karl.

An Gottfried Kinkel

Philadelphia, 25. März 55.

Lieber Kinkel, Deinen Brief fand ich bei meiner Rückkehr von einer westlichen Reise vor und beeile mich Deinem Wunsche gemäß mit der Antwort.

Für Brune [1]) möchte ich gern Alles tun, was ich kann, nur fragt es sich, ob ich ihm Etwas zu bieten vermag, was mit seinem Geschmack übereinstimmt. Er wird wahrscheinlich nicht farmen wollen, und was sonstige Geschäfte angeht, so kenne ich ebensowenig seine Fähigkeiten, als seine Neigungen. Er versteht wol keine Silbe Englisch, was ihn für eine Stellung in einer Fabrik oder bei einer Eisenbahn untauglich macht. Unter diesen Umständen läßt sich par distance

[1]) Gefängniswärter in Spandau, der bei der Befreiung Kinkels behülflich war.

schwer Etwas verabreden. Das Beste ist, Du schreibst ihm, daß ich Alles tun werde, um ihm eine Position zu verschaffen, daß ich aber vorziehe, bei meinem Besuche in Europa mich mit ihm zu besprechen, bevor ich ihm eine bestimmte Anerbietung mache. Vielleicht wird es mir möglich sein, durch meine Familienverbindungen in Europa Etwas für ihn zu tun. Wenn er während meiner Abwesenheit nach Amerika kommt, so kann ich ihm Nichts bieten als ein Paar Empfehlungen, denn Du weißt, daß sich hier keine Arrangements auf Monate im Voraus machen lassen. Die betreffende Person muß immer zum Zugreifen gegenwärtig und bereit sein. Ich denke es wird mir nicht schwer, im Westen ein Unterkommen für ihn zu finden, aber wir müssen dafür Beide an Ort und Stelle sein. Also verschieben wir in dieser Beziehung das Definitive bis zu meiner Hinüberkunft. Es wäre ungewissenhaft von mir, ihm ein Versprechen zu machen und ihn später allein hier sitzen zu lassen.

Du scheinst zu vermuten, daß ich jetzt für immer nach Europa zurückzukehren gedenke; und ich sehe, daß viele meiner Freunde derselben Meinung sind. Meine Absicht ist, daß der Besuch in Europa nur eine Interpunktion in meiner amerikanischen Existenz bilden soll. So lange in Europa keine Umwälzung der Dinge eintritt, ist es mein fester Vorsatz, dieses Land nicht als meinen zufälligen Wohnort, sondern als meinen Wirkungskreis zu betrachten. Ich liebe Amerika, die Dinge um mich her interessieren mich lebhaft, sie hören auf mir fremd zu sein. Ich finde, daß die Frage der Freiheit, wenn auch noch so verschieden in der Form, doch im Wesen überall dieselbe ist. Und wenn ich die öffentlichen Angelegenheiten dieses Landes nicht mit der Pietät ansehe, wie die unsrer alten Heimath, so ist es doch weder bloßer Ehrgeiz noch künstlicher Thatendrang, was mich treibt, hier aktiv Partei zu nehmen. Mein Interesse an den politischen Kämpfen dieses Landes ist stark und unwillkürlich genug, um mich mächtig aufzuregen. Es kostet mich mehr Zwang, mich zurückzuhalten, als Teil zu nehmen. Überdies stehe ich jetzt in der besten Frische meiner Kraft. Soll ich mich auf bloße Existenzbestrebungen beschränken, während ich die Hoffnung habe, in dieser Beziehung bald ganz unabhängig zu sein? Ich darf sagen, daß ich weder habgierig noch genußsüchtig bin. Wenn ich zu erwerben suche, so ist es nur, um nicht in den Bestrebungen, die meiner Natur verwandt sind, durch Mangel beschränkt oder gestört zu werden. Oder soll ich mich von Neuem jenem trostlosen Warten hingeben, das die stärkste Constitution untergraben muß, wenn es die einzige Beschäftigung bildet? Wir haben Beide die Bitterkeit dieses Zustandes geschmeckt und ich brenne vor Begierde, wieder einmal mit sichtbaren, greifbaren Dingen zu tun zu haben und nicht auf Hypothesen und Träume beschränkt zu sein. Ich habe eine heilsame Scheu vor der illusorischen Geschäftigkeit, die mit dem professionellen Flüchtlingsleben verbunden ist. Obgleich sich meine Ergebenheit für die alte Sache des Vaterlandes um Nichts gemindert hat, so sind doch meine Erwartungen kühler geworden. Meine Hoffnungen für die nächsten Jahre sind schwach. Aber kommt auch der Umschwung früher als ich denke, ich sehe nicht, warum ich die dazwischenliegende Zeit soll unbenützt vorübergehen lassen. Ich fühle, daß ich hier Etwas leisten kann. Ich bin davon überzeugt, wenn ich die Menschen messe, welche jetzt die Bühne einnehmen. Das läßt mir keine Ruhe und wenn meine Aussichten auf Erfolg auch nicht mit den Impulsen meiner Natur correspondirten, so würde ich, auch ohne es gewollt zu haben, mich plötzlich mitten im Kampfe finden. Warum sollte ich unter diesen Umständen wünschen, jetzt nach Europa zurückzukehren? Dafür freue ich mich zu aufrichtig, einmal wieder einen festen fruchtbaren Boden unter den Füßen zu haben. Nach meiner Rückkehr aus Europa denke ich nach Wisconsin zu gehen. Ich habe schon auf meiner letzten Reise einen großen Teil meiner pekuniären Interessen dahin verlegt, dort ist das deutsche Element mächtig durch die Zahl der Eingewanderten und ringt nach politischer Geltung. Es fehlt nur an Köpfen, die nicht genötigt sind, sich ganz in den engen Kreis des Lebenserwerbes zu bannen. Dort ist der Platz, wo ich einen soliden, nach und nach sich erweiternden Wirkungskreis finden werde, ohne den Anmaßungen des nativistischen Elements gegenüber mir auch nur das Geringste vergeben zu müssen und ich habe die Hoffnung, bald auch den Einfluß zu gewinnen, wo er unsrer Sache nützlich werden kann. In meiner Idee sind die künftigen Interessen Amerikas und Deutschlands enge miteinander verknüpft. Sie werden natürliche Verbündete sein, sobald ein europäischer Umschwung erfolgt ist. Wie verschieden die beiden Länder auch in ihrem Wesen sind, so wird die Gemeinschaft ihrer Gegner sie bald zu einer correspondirenden äußern Politik führen. Der amerikanische Einfluß in Europa wird sich auf Deutschland basiren und Deutschlands Stellung in der Welt wird sich wesentlich auf den Succeß Amerikas stützen müssen. Deutschland ist die einzige Macht in Europa, deren Interessen nicht mit den amerikanischen in Conflict geraten, und Amerika ist die einzige Macht in der civilisirten Welt, die auf ein starkes vereinigtes Deutschland nicht eifersüchtig zu sein braucht. Die Beiden können mit einander wachsen ohne Rivalen zu werden, und Jedes wird es in seinem natürlichen Interesse finden, die Gegner des Andern in Schach zu halten. Die Amerikaner werden das einsehen, sobald man über den Kaiser von Österreich und den König von Preußen hinwegschreiten kann. Und die Deutschen werden es einsehen, sobald sie überhaupt an eine nationale äußere Politik denken können.......

Ich weiß noch nicht genau, wann wir von hier abreisen werden. Ich denke Anfang Mai. Bis dahin habe ich noch meine Hände voll mit allerlei geschäftlichen Dingen.......

Während meiner Reise im Westen war meine Frau einmal ernstlich von einer gefährlichen Lungenkrankheit bedroht und befand sich ein paar Tage in wirklicher Gefahr. Es ist nun Alles gut vorübergegangen und wir haben über Nichts zu klagen....

Meine Familie ist bereits in der Übersiedlung nach Wisconsin begriffen und bei unsrer Rückkehr von Europa werden wir Alle wieder an demselben Platze versammelt sein. Alle sind wol und lassen herzlich grüßen. Alle Anekdoten und Details unseres Lebens spare ich bis zu unserm Zusammensein auf.......

Dein

Karl Schurz.

Am 21. April 1855 hatte sich Karl Schurz mit Frau und Kind nach Europa eingeschifft, wo er aber nur bis zum 8. Juli blieb. Er mußte dann nach Wisconsin zurückkehren, da sich inzwischen seine Eltern und Schwestern dort niedergelassen hatten und er auch in Watertown seinen festen Wohnsitz aufschlagen wollte. Frau Schurz blieb mit ihrem Töchterchen unterdeß, ihrer angegriffenen Gesundheit wegen, zur Kur in einer Wasserheilanstalt bei Malvern in England.

An seine Frau

Watertown, den 3. 8. 55.

Meine Liebste, ... Ich habe mich jetzt so weit hier eingewohnt, daß ich Dir einen Begriff von meiner Umgebung geben kann. Ich wohne bei den Alten, in einem zwar kleinen, aber ganz hübschen Frame-House in der Stadt; das Haus liegt im Garten und ist von allen Seiten von Akazienbäumen beschattet. Der Sitz vor der Tür ist außerordentlich behaglich zu jeder Tageszeit, und er wird besonders von Mama mit Vorliebe benützt. ......

An der rechten Seite des Parlors führt eine Tür in mein Kabinett, das nicht größer ist wie ein Omnibus. An der einen Seite steht ein Bett, an die andere Längenwand kommt mein Schreibtisch und ein Gestell mit Büchern.

Der einzige Stuhl, der in meinem Kabinett Platz findet, wird natürlich vor dem Schreibtisch stehen. Die Wände dekoriere ich dann mit meinem Jagdzeug und meinen Pistolen. Mein Fenster ist von einem frisch-grünen Schlinggewächs umzogen und dämpft das Licht herrlich. Das ist meine Wohn-, Studier- und Schlafstube in einer Person. (Wenn ich Jacksons Farm kaufe, was hoffentlich bald der Fall sein wird, so ziehen wir hinauf in das geräumige Haus, das darauf steht.) Das Leben ist außerordentlich wohlfeil.

Mama braucht für die ganze Haushaltung alles in allem monatlich nicht mehr als 12 bis 14 Dollar, und sobald die Garten- und Feldernte vorbei ist, wird sie noch weniger brauchen. Und wenn ich auf die Jagd gehe, kann ich ihr oft das Fleisch sparen. Gestern Morgen war ich ein paar Stunden auf der Farm und schoß meine ersten Prairie hühner und Schnepfen, eine ganze Jagdtasche voll, sodaß wir zwei Mittage davon genug hatten. Du kannst Dir nicht denken, wie dieses

Städtchen vorwärts geht. Seit ich zuletzt hier war, sind ganze Reihen von dreistöckigen Stores in Stein gebaut worden, und in kurzer Zeit wird die Hauptstraße den Charakter der westlichen Ländlichkeit total verlieren. ......

Wie groß der Aufschwung der Stadt ist, kannst Du aus dem Faktum entnehmen, daß der letzte Zensus hier eine Einwohnerschaft von 8500 Menschen nachgewiesen hat, während im Jahre 1850 nicht 1000 Menschen hier waren. Aus diesen kurzen Angaben siehst Du, wie gut meine Aussichten hier sind, und daß wir uns wohl einige Hoffnung auf eine komfortable Zukunft machen können.

Ich kann nicht leugnen, daß das hiesige Leben für mich viele anziehende Seiten hat. Es gibt hier manche Leute, die sich um meine Bekanntschaft bemühen, und aus der Art, wie man mir hier begegnet, darf ich wohl schließen, daß ich hier mit Leichtigkeit eine prominente Stellung gewinnen werde. Außerdem glaube ich, daß mir das Leben hier gesund ist, teils weil ich viel auf die Farmen umhergehn muß um sie zu sehn, teils weil ich jede Woche ein paarmal auf die Jagd gehen oder reiten will. Ich fühle, daß jede durch starke Bewegung hervorgerufene Müdigkeit mich kräftigt, und ich habe alle Ursache zu hoffen, daß Du mich recht stark und wohl, vielleicht ein wenig sonnengebrannt wiederfinden wirst. Wie freue ich mich auf die Tage, wo ich Dich hier durch das Land kutschieren werde, und wo wir unsere Kleine die ganze Wohltat des Naturlebens können genießen lassen. Ich habe mir schon so viel ausgedacht und Du sollst sehen, wie glücklich wir hier sein werden......

Ich habe mir jetzt vorgenommen, alle Familienmitglieder mit Babies, deren ziemlich viele sind, eines Sonntags auf die Farm zum Mittagessen hinauszufahren. Ich lasse dann den großen Farmwagen kommen, mit einem kräftigen Joch Ochsen bespannt, und in dieser Equipage soll der ganze Volksstamm sich fortbewegen. Pferde sind noch nicht angeschafft worden, weil sie warten wollten, bis ich kam; bisher ist noch alles mit Ochsen getan worden, und es geht recht gut. Du solltest nur sehen, wie Sonntags die umwohnenden Farmerfamilien sich hierher in die Kirche fahren lassen. Elegante Damen, mit Schleier und Federhut, sitzen mit Würde auf dem Ochsenwagen, und manchmal siehst Du ein kräftiges Joch mit mehr als 25 sonntäglich geputzten Personen auf dem Wagen daherkommen. Aber auch elegante Equipagen sind in Fülle hier und eine ganze Menge von sehr hübschen Pferden. Ich habe schon genug indianische Ponies hier gesehen, die ich auf der Stelle für Dich hätte kaufen mögen, so sanft und zuverlässig sind sie. Während ich dies schreibe, zieht eine Musikbande durch die Stadt, welche einer Zirkusbande vorausgeht. Heute um 2 Uhr nachmittags ist die erste Vorstellung, abends die zweite, und kaum sind die Zuschauer entfernt, so wird der Zirkus abgebrochen und sofort nach dem nächsten Platze gefahren. Nun strömen die Farmer aus der Umgebung zusammen, und die ganze fashionable Welt versammelt sich. Gewöhnlich treffen auch einige Trupps berittener Indianer ein, die sich an den Leistungen der Kunstreiter höchlich ergötzen. Neulich war eine Gesellschaft hier, deren Musikwagen von sechs Elephanten gezogen wurde, was natürlich ein großes Fest gab.......

Dein

Karl.

An seine Frau

Watertown, den 27. August 1855.

Meine Liebste, Heute ist Dein Geburtstag und ich hoffe, daß Du die Briefe erhalten hast, die für diesen Tag bestimmt waren. Wir haben über Tisch von nichts Anderem gesprochen und Du kannst Dir denken, daß ich wohl zuweilen mitten in einem Satze abbrach und stumm wurde. Wie Du Dich am heutigen Tage, der uns hätte alle zusammen finden sollen, wohl einsam fühlen magst! Und wie einsam fühlte ich mich selbst! Zuletzt sattelte ich mir das Pferd und ritt in den Wald, in Gedanken immer weiter bis ich zuletzt fand, daß ich fünf Meilen von Watertown entfernt war. Der Vollmond ging auf und die Bäume warfen ihre dunkeln Schatten über den Weg, und recht vollgesättigt von Träumen und Phantasien kam ich nach Hause. Und Dein Bild stand so lebhaft vor mir, daß ich nicht erschreckt gewesen wäre, wenn Du mich in der Thüre empfangen hättest.

Dein letzter Brief, mein liebstes Kind, hat mich viel heiterer gemacht. Er zeigt mir, daß Du über eine dunkle Stimmung weggekommen bist und neuen Muth gewonnen hast. Und das giebt mir frische Hoffnung auf den baldigen Erfolg Deiner Kur......

An seine Frau

Watertown, den 29. 9. 55.

Meine Liebste, Die ganze Woche ist hingegangen mit den Vermessungen auf der neuen Farm. Jetzt bin ich mit der Auslegung der Blocks fertig und gehe nun morgen an die Abgrenzung der einzelnen Lots.......

Schon während des Vermessens, noch ehe ich das Land zum Verkauf in den Markt gebracht habe, erhielt ich von vielen Seiten Anfragen von Leuten, die kaufen wollten.......

Vorgestern traf mich inmitten dieser Beschäftigungen die Nachricht: Sebastopol ist gefallen! Du kannst Dir denken, daß ich meine Zahlengedanken fallen ließ, und daß den Rest des Tages meine Phantasie auf den blutigen Schlachtfeldern der Krim umherschweifte. Die Frage: was werden sie jetzt tun? beschäftigte mich in hundertfältiger Gestalt, und wenn ich dann die Karte vor mich nahm, und das Bild des Kriegsschauplatzes mir klar vor Augen lag, so konnte ich nicht umhin, mich für ein paar Augenblicke an das Steuer der Ereignisse zu träumen und die Frage, was ich jetzt tun würde, für mich selbst zu lösen. Warum muß ich hier sitzen, ein Nichts an Macht und Einfluß, mit miserablen Plänen des Gelderwerbs beschäftigt, und doch den Kopf voll von Ideen, und das Gefühl unerschöpflicher Kraft in mir, während draußen gewaltige Entscheidungen getroffen werden, und die Bühne der Welt mit Schurken und Mittelmäßigkeiten angefüllt ist! Dieser Krieg mit seiner elenden Führung ist nun wieder einmal ein schlagender Beweis, wie nötig es ist, daß ein Sturm über die Erde weht, um in dem wilden Wellenschlage Charaktere und Talente an die Oberfläche zu werfen. Dasitzen und zusehen zu müssen! Seine Phantasie mit den Geschichten vergangener Zeiten oder mit den leeren Luftgebilden der Möglichkeit zu füttern! Und es gäbe so viel zu tun! Welch ein Glück ist es für mich, ja, für uns beide, daß ich diese unverwüstliche Lebensheiterkeit besitze; es würde mich sonst verzehren und ich würde mir den Kopf einstoßen an Dingen, von denen ich weiß, daß sie nicht möglich sind. Aber so hält mein glücklicher Fatalismus, den Du an mir kennst, mich aufrecht; man könnte sagen, daß er eine Torheit ist, aber er ist oft die Quelle von Entschlüssen und Erfolgen gewesen; und mir ist er kostbar.......

An seine Frau

Watertown, den 21. 10. 55.

Meine Liebste, Jetzt, wo ich Dir schreibe, gehöre ich wieder zu den zweibeinigen, gehenden Menschen[1]). Aber Du solltest mich sehen, wie erbarmungswert ich noch immer hinken muß. Ich, der ich sonst auf meine tadellose Geradbeinigkeit so stolz war! Doch hat sich in den letzten zwei Tagen mein gequetschtes Knie so bedeutend gebessert, daß ich in ganz kurzer Zeit den unangenehmen Unfall total überwunden zu haben hoffe.......

So bei gesundem Leibe krank zu sein! Und dazu konnte ich eine Reihe von Nächten hindurch nicht schlafen, teils der Schmerzen und der kalten Umschläge wegen, teils weil ich, an beständige starke Bewegung in freier Luft gewöhnt, nun zu fortwährender Ruhe verdammt war. Nun, es ist gottlob vorbei, und ich fange an mich wieder des Lebens zu freuen wie ehedem. Ich habe ganze Nächte durchgelesen. Heine's vermischte Schriften, seine neueste Misere, dann ein gutes Stück von Schlossers Geschichte des 18. Jahrhunderts und so ferner. Zuletzt gab ich mich ans Zeichnen, und so habe ich einen vollständigen Plan unseres künftigen Wohnhauses entworfen, Grundriß, Façade, Seitenansicht und alle Detailzeichnungen. Das hat mir viel Vergnügen gemacht, und ich fühle, daß ein Baumeister an mir verloren gegangen ist.

---

[1]) Carl Schurz hatte ungefähr am 12. October einen leichten Unfall gehabt; sein Pferd stürzte und quetschte ihm im Fallen das linke Knie.

den 23. 10. 55.

...... Vor einigen Tagen habe ich zum ersten Mal sollen in die hiesige Politik eingeführt werden. Im November ist Wahl der Staatsregierung. Der jetzige Gouverneur, Barstow, der gern wiedergewählt sein will, reist nun im Staate umher, um für sich zu agitieren. Gestern war er hier, und es fand eine große Versammlung statt. Nun war vor einigen Tagen eine Deputation von hiesigen Bürgern bei mir, um mich zu bitten, den Gouverneur in der Versammlung zu adressieren und ihn zur Wiederwahl zu empfehlen. Da aber die jetzige Administration die Finanzen des Staates auf eine höchst gewissenlose Weise verwaltet hat und überhaupt in ihren politischen Prinzipien mit den meinigen in Widerspruch steht, besonders was die Nationalpolitik angeht, so schlug ich die Bitte ab und verweigerte, etwas für Barstow zu tun. Übrigens bin ich schon oft gefragt worden, ob ich nicht möglichst bald an der hiesigen Politik teilnehmen wolle, und man versichert mir von allen Seiten, daß ich in die gesetzgebende Versammlung würde gewählt werden, sobald ich mich auf die Kandidatenliste setzen ließe. So wäre es nun allerdings möglich, daß wir diesen Winter übers Jahr einige Monate in Madison, am Regierungssitze, zubringen würden. Ich sehe immer mehr, welch ein weites Feld hier vor mir offen liegt, und daß ich in mancher Beziehung nur zuzugreifen brauche, um persönliche Erfolge zu haben. Und das wird dazu dienen, unserm hiesigen Leben mannigfache Anregungen zu geben. Überhaupt wird es uns an Veränderung nicht fehlen......

Denke an mich nur mit Freuden.

Dein

Karl.

An seine Frau

Watertown, den 5. 11. 55.

Meine Liebste, Ich schreibe Dir heute noch einmal von hier aus, weil ich nicht sicher bin, ob ich schon so bald in Philadelphia sein werde, daß ich meinen Brief dort zur Post geben kann. Meinem ursprünglichen Plane gemäß hätte ich eigentlich schon unterwegs sein sollen, aber eine Menge kleiner Umstände sind zusammengetroffen, um meine Abreise um einige Tage zu verzögern. Zuerst habe ich noch ein paar Kontrakte abzuschließen wegen der Bauten im nächsten Frühjahr, und ich konnte die Leute nicht zusammentreiben. Dann ist die Dreschmaschine ausgeblieben und hat den Verkauf des Getreides verzögert, ferner kamen die Staatswahlen, die jedermann in Anspruch nehmen, und ich konnte meinen Notar nicht zur Überschreibung einiger Mortgages und dergleichen bringen — und so geht es fort bis herunter zu dem Umstande, daß ich einem Schneider meinen Winterrock zum wenden gab, daß dieser Schneider den Rock auftrennte und dann krank wurde und den Rock nicht zur rechten Zeit liefern konnte. Du siehst, daß ich ein kleiner Pechvogel bin, aber in vier bis fünf Tagen, hoffe ich, ist das alles überwunden und ich segle munter nach Osten.......

Ich war nie ganz ohne Unruhe, solange ich Dich in Deutschland wußte, und die kurze Notiz, welche Du mir über Dein Abenteuer mit der preußischen Polizeiperson gibst, zeigt mir, daß ich nicht mit Unrecht fürchtete. Welch eine Kleinlichkeit vonseiten der Regierung! Ist das eine Macht, die sich stark fühlt und mit ihrer Kraft imponieren will? Nicht einmal die Frauen in Ruhe lassen zu können und sie mit Dingen zu quälen, über die fünf Jahre hingegangen sind! Es ist kaum begreiflich! Meinen nächsten Brief erhältst Du aus dem Osten und ich werde Dir dann auch schon sagen können, wann die Rückkehr mir möglich sein wird...... Denke mit freudigem Gefühl an

Deinen

Karl.

An seine Frau

Philadelphia, 19. Nov. 1855.

Meine Liebste, Heute schreibe ich Dir aus Philadelphia und fühle mich Dir wieder um so viel näher.....

Mein Kopf ist so voll von meinen Angelegenheiten hier, von welchen die Möglichkeit meiner baldigen Rückkehr abhängt, daß ich an Nichts Anderes denken kann. Ich sinne immer hin und her was ich thun soll..... Die Sehnsucht nach Dir und unserem Kinde ist oft so heftig in mir, daß es mich eine Anstrengung des Willens kostet, um nicht Alles im Stich zu lassen.

Den 21. Nov.

Ich hatte so lebhaft gehofft, hier bald mit meinen Angelegenheiten zu Stande zu sein, daß ich meinen Wunsch fast für wirkliche Gewißheit nahm und an Nichts denken konnte, als mit welchem der nächsten Schiffe ich abreisen sollte. Und nun sehe ich diese freudige Aussicht auf einmal wieder verdunkelt......

den 24.

Zwischen dem vorigen Absatz und diesem liegen zwei Tage, zwei Tage, in welchen ich mit meiner Sehnsucht nach Euch einen harten Kampf gekämpft habe. Endlich kann ich nicht mehr; ich schließe morgen mit D. ab, dann arrangire ich meine übrigen Geschäfte, so daß wir einige Zeit den Rücken frei haben, dann gehe ich nach New York und dann nehme ich Passage auf dem Washington oder Canada, dies ist also der letzte Brief, den ich Dir schreibe bevor ich komme.......

Ich sehe Deine Freude wenn Du diesen Brief zu Ende gelesen hast und das ist das liebste Bild, das ich meiner Seele vorhalte. Ich schwelge darin; wie werden wir erst in der Wirklichkeit schwelgen!

Dein

Karl.

Carl Schurz war am 17. December 1855 in England angekommen, wo seine Frau mit dem Kinde ihn erwartete. Zusammen reisten sie Anfang Februar nach Montreux, als ihnen endlich die französische Regierung einen Paß für die Durchreise bewilligt hatte. Aus dieser Zeit stammt die nachstehende Aufzeichnung:

Ankunft in Montreux.

Ein aus den Lebenserinnerungen ausgelassener Abschnitt.

Ehe ich zu meiner Rückkehr nach Amerika übergehe, kann ich der Versuchung nicht widerstehen, von einer Sache zu sprechen, die so rein persönlicher Natur ist, daß meine Kinder und nächsten Freunde mir verzeihen werden, wenn ich sie erwähne, während sie demjenigen Leser, der nicht dem Freundeskreise angehört, kaum von Interesse sein wird. Ich wage aber davon zu sprechen, weil sie mir so theuer ist. Es ist die Erinnerung an einen der glücklichsten Augenblicke meines Lebens. Es war Margaretha, meiner Frau, von ihrem Arzt gerathen worden, ein oder zwei Monate in Montreux am Genfer See zuzubringen, ehe wir wieder unsere Seereise nach dem Westen antreten würden. Es war früh im Februar 1856. Wir reisten über Paris und Dijon durch Frankreich und mußten irgendwo an der Schweizer Grenze eine Postkutsche nehmen. In Montreux waren Zimmer für uns von meinem Schwager, Heinrich Meyer, bestellt, der auch seiner Gesundheit wegen mit seiner jungen Frau, Emilie, die Frühlingsmonate dort zubringen wollte. Er bewohnte eine Etage in einem sehr einfachen Hause, das „Maison aux bains" genannt, weil ein Bach durch die Rückseite des Hauses lief, einen kleinen Wasserfall bildend. Für uns waren Zimmer im selben Hause belegt, wir waren die einzigen Bewohner mit meinem Schwager und seiner Frau, außer der Familie des Eigenthümers, die ein hohes Parterre innehatten. In einer hellen Mondnacht kamen wir ungefähr um elf Uhr in Montreux an und der Postillon der Postkutsche war so freundlich, uns mit unserem Gepäck gerade vor dem Maison aux bains, unserem Bestimmungsort, abzusetzen. Da die Zeit unserer Ankunft etwas unbestimmt geblieben war, hatte mein Schwager uns augenscheinlich nicht erwartet, denn das Haus war still und dunkel. Da standen wir nun ganz allein auf der Straße. Wir mußten eine beträchtliche Anzahl von Steinstufen die zu einer Seite des Hauses führten, hinaufsteigen, um eine Thür zu erreichen, an der wir uns den Einwohnern bemerkbar machen konnten. Während der letzten Stunden unserer Reise hatten wir dann und wann zwischen den neben der Straße stehenden Bäumen einen Blick auf den See erhaschen können. Als wir aber diese Stufen erklommen und uns etwa halbwegs umdrehten, um hinter uns zu blicken, bot sich uns ein über alle Beschreibung schöner Anblick. Es war der hellste Mond, den ich je gesehen hatte; die Luft war mild und leicht bewegt; vor unseren Blicken lag der See, viele Meilen weit ausgebreitet; ein kleines Boot mit Segeln wie Schwalbenflügel glitt träge über den leuchtenden schimmernden Wasserstreifen hin, in dem der Mond sich spiegelte; jenseits, auf dem gegenüber liegenden Ufer des See's, ragten die dunklen Bergwände von Savoyen empor; weit nach links glänzten die weißen Spitzen der „Dents du Midi"; gerade vor uns, in den See hinausragend das berühmte Schloß Chillon mit mondbeglänzten Thürmen, die untern Mauern in schwarze Schatten gehüllt. Wir hielten den Atem an vor staunendem Entzücken und stimmten sogleich überein, daß wir noch nicht klopfen und um Einlaß bitten, sondern den Anblick ein Weilchen länger genießen wollten. So setzten wir uns denn nieder auf den Steinstufen, meine liebe Frau an meiner Seite, unser schlummerndes Kind auf meinem Schooß. So saßen und saßen wir, reines Glück in vollen Zügen schlürfend. Als nach einer Weile der eine um den andern besorgt, frug: „Ist es nicht Zeit?" da war die Antwort, „Nein, noch nicht, wir werden nie wieder so Schönes sehen." Endlich, als wir uns widerstrebend eingestehen mußten, daß wir nicht ewig hier sitzen bleiben dürften, erhoben wir uns, klopften an die Thür und wurden von unseren liebenden Freunden herzlich begrüßt.

Wenn ich jetzt auf mein langes Leben zurückblicke und mir seine glücklichen Augenblicke zurückrufe so schwebt mir diese halbe oder vielleicht ganze Stunde auf den Steinstufen bei Montreux als einer der glücklichsten in der Erinnerung vor. Und es war nicht allein diese Mondscheinstunde auf der Steintreppe. Mein Schwager Heinrich war ein junger Mann von großer Lebhaftigkeit des Geistes, froher Laune und manchen anziehenden Charaktereigenschaften; meine Schwägerin Emilie, noch nicht zwanzig Jahre alt, eine der herrlichsten und edelsten der Frauen, meine Frau Margaretha in der Blüthe ihrer Anmuth und unser Kind, das anfing, die wunderbarsten Dinge zu sagen, der Mittelpunkt des Interesses für uns alle. Wir hatten uns alle herzlich lieb, waren jung und mit reichlicher Genußfähigkeit gesegnet, voller Hoffnung für die Zukunft und noch nicht bedrückt von Sorgen in der Gegenwart, jeder begierig, zum Glück des andern beizutragen. Dabei hatten wir immer äußerlich die größten Naturschönheiten vor Augen und waren umgeben von allen Reizen des Frühlings in diesem gottbegnadeten Eckchen, wo, von den schützenden Bergen gegen alle rauhen Winde beschirmt, die schönsten Südfrüchte reifen. Uns war es, als wenn dies alles uns gehöre, denn Montreux war damals noch nicht der moderne Badeort, der es heute ist, und wir ruderten und wanderten, oder saßen beisammen in unserem gemüthlichen „Maison aux bains“, uns laut vorlesend Thackeray, Dickens oder Shakespeare, oder wir plauderten darüber, was Heinrich und Emilie in Hamburg thun würden, oder was Margaretha und ich in Amerika anfangen wollten und wie wir dann und wann wieder zusammenkommen müßten — ja, das waren Wochen ungetrübten Glücks, reinen, kindlichen, übersprudelnden Glücks, wie es uns nur selten auf dieser Welt gegeben wird. Schließlich kam die Abschiedsstunde. Thränen flossen in Strömen und wenn wir vier im späteren Leben wieder zusammenkamen — was zuweilen unter merkwürdig veränderten Verhältnissen geschah — so verfehlten wir niemals, unsere Herzen an der Erinnerung an diese himmlischen Tage in Montreux zu erwärmen. Wer einmal solche Sonnenstrahlen des Glücks genossen hat — der mag wohl seinem gütigen Geschicke dankbar sein — und ich bin wahrlich dankbar.

An Friedrich Althaus

Montreux, 12. 4. 56.

Lieber Friedrich, Ich habe nun so lange Nichts mehr von Dir gehört, daß ich voraussetzen muß, Deine Beschäftigungen wirken erschöpfend auf Dich ein und geben Dir nur selten die Stimmung zum Schreiben. Ich könnte es wohl begreifen, wenn Du jetzt nicht besonders mittheilsam wärst; es giebt Dinge, die das Aussprechen nur dann ertragen, wenn sich im persönlichen Verkehr der Impuls des Augenblicks findet. Ich will nicht voraussetzen, daß Du Dich durch das Gefühl Deines Verlustes zur Gleichgültigkeit gegen Dich selbst hinreißen läßt [1]). Könnte ich Dich nur hieherziehen, wo es so schön ist.

[1]) Frau Friedrich Althaus war kurz vorher gestorben.

Aber was uns Charlotte von Euern Vorsätzen schreibt, nimmt mir ganz die Hoffnung darauf. Wir könnten Euch in unsrer Wohnung jetzt so gut beherbergen, seit mein Schwager mit seiner Frau weggezogen ist. (Wir haben sehr schöne Tage gehabt, uns sehr gut mit einander verstanden und uns sehr ungern getrennt.) Es ist unmöglich, in dieser wunderbaren Natur nicht neue Lebenslust zu gewinnen. Man schwärmt, ohne sonst dazu geneigt zu sein. Es ist schwer, an andre Dinge zu denken, so lange man draußen ist, und kommt man dazu, so kann man fast nicht anders, als sanguinisch sein. Das wär es, glaub ich, was Du bedürftest, und warum kannst Du nun nicht hier sein? — Ich hätte Dir gern mehr über meinen Lieblingsplan, Dich' mit über das Meer zu führen, gesagt, aber da nun wahrscheinlich Gregorovius zu Euch kommt und Ihr Eure Pläne daran geknüpft habt, so sehe ich ein, daß es unnütz wäre. Wie gut ist es, daß gerade Gregorovius, mit dessen Freundschaft alte schöne Gedankenkreise zusammenhängen, täglich in Deiner Nähe sein wird. Schreibe mir recht bald, ob Gregorovius auf Deine Absichten eingeht; wenn es der Zeit nach möglich ist, so möchte ich gern in Eurem Bunde der Dritte sein.

Wir unsteten Wandervögel werden wohl bis zu Mitte Mai hier bleiben; dann wird es, wie man allgemein sagt, hier so unerträglich heiß, daß man besser thut, sich zu entfernen. Wir werden über Paris nach England zurückkehren. Den Nachrichten nach, die ich aus Amerika habe, ist es mir unmöglich, den ganzen Sommer über meine Geschäfte ohne persönliche Leitung gehn zu lassen. Die Chancen sind so gut, daß ich es nicht verantworten könnte, sie in Unthätigkeit vorübergehn zu lassen.

Es scheint mir, daß Margarethes Zustand sich im Allgemeinen gebessert hat; wenigstens sind manche der unangenehmsten Krankheitssymptome verschwunden oder doch sehr gemildert. Es ist meine Meinung, daß eine angenehme Wohnung in einem gesunden Klima, eine eigene und stabile Hauswirthschaft, in welcher für alle Comforts gesorgt werden kann, ein ruhiges ländliches Leben ohne Aufregungen und dabei eine streng regelmäßige Diät und moderirte Kur ihr viel dienlicher sein werden, als dieses unsichere Umhertappen nach dem was etwa gut sein möchte, und die beständige Ungewißheit der Existenz, die uns heute unruhig sein läßt über das, was morgen geschehn soll. Wir haben diese Dinge vielfach und ruhig überlegt und können zu keinem andern Resultate kommen. Wir können uns doch nicht mehr gegen die Überzeugung wehren, daß Margarethes Unwohlsein nicht durch eine halbjährige Wasserkur oder einen vorübergehenden Aufenthalt in einem „Medizinklima" geheilt werden kann, wie Anfangs Dr. Gully meinte.

Du siehst, daß ich schwere Fragen zu beantworten habe, zu deren Lösung die kurze Zeit, welche wir noch zur Überlegung vor uns haben, schwerlich von selbst viel beitragen wird. Ich wünsche von Herzen, lieber Friedrich, daß Du einmal einen Augenblick benutzen möchtest, wo Du zum Schreiben gestimmt bist, und dann sei ausführlich über Dich selbst, was Du denkst und vorhast. Sei gewiß, daß ich Dir nicht übel nehmen würde, wenn Du schweigst, und ich hoffe nun, daß Du sprechen wirst, wenn Dir so zu Muth ist.

Mit herzlichem Gruße an Charlotte Dein

K. Schurz.

An Prof. Gottfried Kinkel

Montreux, 27. April 1856.

Lieber Kinkel, Du mußt mir verzeihen, daß ich nicht eher für die Bereitwilligkeit gedankt habe, mit welcher Du meine amerikanische Correspondenz vermittelt hast. Unser Leben geht hier so ruhig und gleichmäßig hin, daß es keine äußere Veranlassung zum Schreiben giebt und die Reflexionen über Weltereignisse, die man machen könnte, sind meist so trister Natur, daß man sich dieselben gegenseitig ersparen darf. Wir haben sieben Wochen mit meinem jüngern Schwager und seiner Frau hier zusammengelebt und eine sehr angenehme Zeit gehabt....

Seit nahezu drei Wochen sind wir allein und leben Idylle. Die Gegend, die Du wahrscheinlich kennst, ist über Alles schön, das Klima gerade was wir suchten, und wäre es nicht, daß der beständige Naturgenuß einen geistig ein wenig träumerisch und unproduktiv macht, so wäre es der beste Aufenthalt, der sich denken ließe. Meine Frau war Anfangs fortwährend leidend, befindet sich zwar etwas besser, aber die Schmerzen, mit welchen sie noch immer zu tun hatte, lassen uns nicht zur Ruhe kommen.....

Gestern habe ich d'Ester gesehen. Er wohnt nur 3 Stunden von hier und besuchte mich, da er vermittelst eines dritten Bekannten meine Adresse erfahren hatte. Er ist ganz der Alte, sieht noch ganz so aus wie vor fünf Jahren.....

Ich habe auch Nachrichten über Techow erhalten, die freilich schon etwas alt sind. Diesen Notizen gemäß muß es Techow und Schütz in Australien recht schlecht ergangen sein, während Damm, der ehemalige Pastor aus Baden, in ein Erziehungsinstitut als Lehrer eintrat und nach dem Tode des Eigentümers dessen Wittwe heiratete und sich nun in reichlichen Umständen befindet.

So viel von Deinen hiesigen Bekannten. Wann wir nach London zurückkehren werden, ist noch nicht ganz gewiß, wahrscheinlich im Laufe des Mai. Meine Angelegenheiten in Amerika rufen mich so dringend dahin, daß ich schwerlich noch viel länger hier zugeben kann. Doch ist auch über unsre Abreise von Europa noch Nichts festgesetzt. Ich kann nicht leugnen, daß ich mich unter den obwaltenden Umständen wieder hinübersehne. Der Wunsch, meine dortigen Unternehmungen fortzusetzen, ist dabei nicht das Einzige. Europa sieht in diesem Augenblick doch recht unfruchtbar aus, es giebt zwar Dinge genug, die auf eine Krisis hindrängen, und darunter nimmt der finanzielle Wirrwarr, die durch die Nationalanleihe und die credits mobiliers hervorgerufene Überspekulation nicht die unterste Stelle ein. Aber welcher Art werden die Krisen sein? Krisen der gesellschaftlichen Impotenz.

Während der Anwesenheit meines Schwagers haben wir Euren Band Erzählungen gelesen und uns an den „Heimatlosen", dem „ehrlichen Jungen", der „musikalischen Orthodoxie" und dem „Hauskrieg" sehr gefreut. Die Margret gefällt mir weniger. Der Anfang der Erzählung, die Figur des Vaters ist vortrefflich, aber in der Liebesgeschichte und der ganzen Entwicklung scheint mir die Sprache zu wenig natürlich, der Dialog zu getragen, als daß der Eindruck ein harmonischer sein könnte. Du siehst, daß ich in meinen alten Tagen dazu komme, Deine Werke zu studieren und dabei kann ich nicht umhin, von Deinen famosen Heimatlosen zu sprechen, Deiner Frau wegen des ehrlichen Jungens und der musikalischen Orthodoxie ein besonderes Compliment zu machen. Das ist öffentliche Meinung hier bei uns. Ich will Dich nicht bitten, uns zu schreiben, da ich weiß, wie beschäftigt Du bist und tu Dir darin keinen Zwang an.

Mit den herzlichsten Grüßen an Deine Frau und die Kinder von uns Beiden,

Dein

K. S.

Meine Frau sagt mir, daß was ich über Eure Erzählungen gesagt habe, so arrogant und nicht gut genug wäre. Nimm es nicht übel, Du weißt wie's gemeint ist.

Am 21. Juni 1856 hatte sich Karl Schurz mit Frau und Kind wieder eingeschifft. Sie brachten einige Tage nach der Ankunft in New-York und in Philadelphia zu und fuhren dann nach Watertown, Wisconsin, wo unterdeß das neue Wohnhaus gebaut wurde.

An Friedrich Althaus

Watertown, 15. 11. 56.

Lieber Friedrich, Mein Brief kommt nur stückweise zu Stande. Die Schuld an der langen Unterbrechung trägt der Besuch einer Philadelphier Familie, die mehrere Tage bei uns war. Überhaupt fehlt es uns an Verbindung mit der östlichen Civilisation gar nicht. So besuchte uns neulich das ehemalige Parlamentsmitglied Wesendonck von Düsseldorf mit seiner Frau. Er hat früher zu der Pro-Sklaverei Demokratie gehört, aber jetzt für die Freiheitspartei sehr rührig und auch kräftig gewirkt. Er hat ein sehr gutes kaufmännisches Geschäft in Philadelphia und macht eine Reise theils für dieses, theils um eine Nationalconvention der Deutschen in den Ver. Staaten vorzubereiten. Die deutsche Bevölkerung soll nun in den nächsten vier Jahren tüchtig durchwühlt und im Wahlkampf von 1860 in Masse in's Feuer geführt werden. — Doch ich sehe, daß ich unwillkürlich wieder in die Politik hineingerathe, während Dir manche andre Dinge vielleicht interessanter sind. —

Unser Haus ist jetzt seit mehreren Wochen fertig, und auch die Einrichtung vollendet, bis auf eine Ladung Möbel, die wir stündlich von Milwaukee erwarten. Die meisten Sachen, die wir haben, sind hier fabrizirt, und ebenso hübsch als solid. Etwas Gemüthlicheres als Margarethens und meine Stuben kann man sich nicht denken. Die Zimmer liegen im Erdgeschoß, rechts vom Corridor; Margarethe sitzt gewöhnlich in ihrem hellen Erkerfenster, das vom Dach der Veranda überschattet wird, die Aussicht auf die Stadt, und den Wald und die Hügel gerade vor sich. Meine Fenster, das eine meinem Schreibtisch gerade gegenüber und das andere zu meiner Linken, gehn auf den Hof, die Wirtschaftsgebäude und den Fluß und den Wald dahinter. Die Zimmer sind ziemlich geräumig und sehr hoch, nicht ganz ohne einige Eleganz und sehr wohnlich und heimathlich zugleich.

Was nun Geschäfte und Unternehmungen betrifft, so kann ich Dir, außer der Angabe, daß ich während meines Hierseins eine ganze Reihe von Lots verkauft habe, keine bessere Vorstellung geben, als indem ich von den Anlagen und Prospekten der Stadt spreche; denn die Interessen des Grundeigenthümers sind so identisch mit denen der Stadt, daß sich kaum ein andres als gemeinsames Fortschreiten oder Rückschreiten denken läßt. Es sind jetzt vier neue Eisenbahnlinien im Bau begriffen, welche Watertown theils mit dem Mississippi, theils mit dem Lake Superior und dem nördlichen Theile des Lake Michigan, theils mit Chicago in direkte Verbindung setzen. Drei von diesen Bahnen werden in wenigen Monaten in Betrieb sein. Außer dem real-estate bin ich in eine andre Linie hineingegangen; der Gouverneur von Wisconsin hat mir ein Patent als Notary Public ausgestellt, und ich habe bereits meine Office zu diesem Zweck. Im März kommt die Advokatur hinzu, wofür ich hier ein ziemlich ausgedehntes Feld habe. Dann bin ich Präsident einer Insurance Company geworden, die sich hier neu gebildet hat und soeben ihre Wirksamkeit beginnt.

Bisher hat Margarethen das Clima, obschon wir schon einen Ansatz von Winter hatten, bei Weitem nicht die Unbequemlichkeiten bereitet, welche im vorigen Jahr den Winteraufenthalt in England so unbehaglich machten. Sie ist den ganzen Tag Trepp-auf, Trepp-ab in unserm frischen neuen Hause, und wir fangen an, eine solche Gemüthlichkeit zu verspüren, wie wir sie bisher im häuslichen Leben noch niemals hatten, und wie ich sie ohne ihren Geschmack und ihr Anordnungstalent auch niemals haben würde. Könnte ich Dir nur Etwas von meiner Art zu denken geben und Dich hieherziehn! Könnte ich Dich nur einmal ein halbes Jahr zu Besuch hier haben, vielleicht, daß Du andern Sinnes würdest! Wie mehr ich mich an das breite Fahrwasser hier gewöhne, um so weniger kann ich Deine Lust an den engen einförmigen Londoner Verhältnissen begreifen. Aber ich hab's wohl aufzugeben und thue das mit dem innigsten Bedauern. Wer weiß, wann die Wege des Lebens uns wieder zusammenführen werden; ich fühle immer mehr und mehr, daß mein Loos auf dieser Seite des Oceans geworfen ist, wenn nicht drüben kaum zu erwartende Veränderungen geschehn; und Dich scheint das Schicksal oder Dein innrer Trieb immer fester an Europa binden zu wollen, je mehr ich mich davon loslöse. — Doch genug davon. Was macht Herzen? Ich schrieb ihm gern einmal sobald ich Zeit habe; aber die Schwierigkeit ist, daß ich seither Nichts von ihm gehört habe, und vielleicht wenig zu schreiben weiß, das sein Interesse erregen könnte.

Thu mir den Gefallen, mich nicht so lange warten zu lassen, als ich Dich jetzt warten ließ. Da ich kaum mehr hoffen darf, Dich selbst hier zu sehn, sind Deine Briefe um so liebere, unentbehrlichere Gäste. Mit dem wärmsten Freundesgruß Dein

K. Schurz.

An seinen Schwager Heinrich Meyer

Watertown, den 20. 11. 56.

Lieber Heinrich, Die letzten Wochen waren die Zeit, wo das Allgemeine mehr als gewöhnlich seine Anforderungen an den amerikanischen Bürger stellt. Ihr draußen in Eurem dekrepiten Europa habt wohl kaum mehr einen Begriff davon, wie eine große Idee die Masse des Volkes in ihren Tiefen aufrütteln, und wie ein enthusiastischer Prinzipienkampf alle anderen Interessen, selbst für eine gewisse Zeit die materiellen, beiseite schieben kann. Es ist nun seit sieben Jahren wieder das erste Mal, daß ich an der Politik handelnden Anteil genommen habe; in einer Zeit, die selbst den Schläfrigsten aufrüttelte, und in einer Sache, welche keiner in der Welt an Größe und Tragweite nachsteht.

Endlich hat sich in den Vereinigten Staaten ein regelmäßiger, kräftiger Kampf gegen die Sklaverei entsponnen, und die Partei der Freiheit, obgleich in der ersten Wahlschlacht mit kleiner Majorität geschlagen, hat trotz ihrer Jugend und mangelhaften Organisation soviel Kraft gezeigt und soviel Boden gewonnen, daß sie mit Siegesgewißheit der Zukunft entgegensehen kann. Der Wahlkampf war einer der aufgeregtesten, die Amerika je gesehen hat, und die Anstrengungen, die von beiden Seiten gemacht wurden, waren ungeheuer. Ein allgemeiner Meinungskampf in einem freien Volke hat etwas unglaublich Imposantes, und niemals siehst Du mit größerer Klarheit, welch umfassenden Einfluß die politische Freiheit auf die Bildung der Massen ausübt. Wie traurig ist der Kontrast, der sich hier zwischen dem geborenen Amerikaner, welchem Stande er auch angehören mag, und dem Einwanderer, deutschen oder irländischen Ursprungs, geltend macht; während jener sich mit Klarheit und Leichtigkeit einer neuen Wahrheit bemächtigt und zugleich die Mittel findet, dieselbe in die lebendige Praxis einzuführen, liegt dieser durch die bloße Schwerkraft der Trägheit in bornierten Vorurteilen festgeankert, und es kostet ihm unglaubliche Mühe, sich auf das Wagestück einer neuen Idee einzulassen und sich zu einiger Selbständigkeit des Urteils zu erheben. Doch sind unsere Anstrengungen nicht ohne Erfolg geblieben, und Fremont hat in unserem Staate allein gegen 25 000 deutsche Stimmen erhalten. Was mich betrifft, so hat mir meine kurze Wirksamkeit so ausgedehnten Einfluß verschafft, daß ich wohl nicht sehr lange offizieller Stellung fernbleiben werde.

Unser häusliches Leben interessiert Dich wohl mehr als die Politik. Wir wohnen nun schon seit mehreren Wochen im neuen Hause, und Margarethe hat ein ausgedehntes Feld für ihre Tätigkeit.

....

Kurz, unser Haus sagt uns so zu, daß wir lieber nicht ausgehen mögen, und es fehlt nichts darin als ein Besuch von Euch und ein Klavier, auf dem man mit Genuß spielen kann. Übrigens liegt die Cottage so schön und ihre äußere Erscheinung ist so geschmackvoll, daß sich schon gierige Blicke darauf richten.......

Dein

K. Schurz.

An Prof. Gottfried Kinkel

Watertown, 1. Dezember 1856.

Lieber Kinkel, Ich schreibe Dir heute aus dem vollen Behagen meiner Häuslichkeit heraus. Denke Dir ein hübsches Landhaus auf einer sanften Anhöhe, auf Flintenschußweite von der Stadt, mit einem freien Blick auf Fluß und Stadt und die umschließenden Hügel vor sich und einem, hier und da von kleinen Häusern belebten, Eichenwald hinter sich. Im Hause rechts von dem Hausflur zwei hohe und geräumige Zimmer, die durch eine breite Schiebtüre mit einander in Verbindung stehen, und im ausgebauten Erkerfenster des einen eine hübsche junge Frau arbeitend und ein spielendes kleines rotbäckiges Posaunengesicht, und im andern Zimmer ein männliches Wesen am Schreibtisch, von Büchern umgeben, unter denen sich Blackstone und Kent und ähnliche Gesellen durch ihre Dicke hervortun, an den Wänden Gewehre und Jagdgeräte und dergl. und die ganze umgebende Einrichtung so recht gemütlich und behäbig, im vordern Erkerzimmer nicht ohne Eleganz — da hast Du meine Frau und Hans und mich, wie wir in diesem Augenblick leiben und leben. Willst Du die Scenerie vervollständigen, so denke Dir, daß sich heute der Dezember mit einem jener Schneestürme anmeldet, die man nur hier im Westen kennt, die Eisenbahnzüge auf dem offenen Felde zum Stillstehen bringen, Reisende auf der wilden Prairie einschneien und alle Communikation unterbrechen. Der Sturm singt in den zackigen Spitzbogen unsrer Veranda ein vielstimmiges Lied und der wirbelnde Schnee erlaubt uns, wenn wir am Fenster stehn, eine Aussicht von wenigen Schritten: „Solch ein Moment wars nach der großen Aktion" — als ich dazu kam, Dir zu schreiben....

Wie oft habe ich in den letzten Monaten Dir und uns gewünscht, Du wärest hier! In diesem Lande wird jetzt ein Kampf gekämpft, in welchem wir Alle unsern Platz haben — und der tätige Ideenkampf ist doch zuletzt die Würze des Lebens. Der zufriedenste Mensch kann wohl nicht leugnen, daß er hier Manches entbehrt, aber das Bewußtsein, einmal wieder für Etwas da zu sein, einen Gedanken und eine Handlung in die Wagschale des Allgemeinen werfen zu können, ersetzt mir Alles. Zwecke zu haben, die außer uns selbst und unserm nächsten Kreise liegen, ist ein großes Ding und wohl wert, uns selbst und den Unsrigen dafür Etwas zuzumuten. Du kennst wohl die Vorgänge der letzten Monate im Allgemeinen durch die Zeitungen gut genug. Es giebt nichts Sonderbareres als die beiden Parteien nach dem Wahlkampfe, die demokratische, obgleich sie gesiegt hat, mißmutig und niedergedrückt, voll von Furcht wegen dessen, was da kommen mag; die republikanische, obgleich geschlagen, voll von Kraftgefühl, voll von Selbstbewußtsein wegen der gewonnenen Erstlingsresultate und voll von Zuversicht für die Zukunft. Fremont ist bereits von einer Reihe von Blättern für 1860 wieder aufgestellt, überall wird die Organisation beibehalten und die Agitation, als ob Nichts geschehen wäre, fortgesetzt. Der Geist der Partei ist, was man mit einem unübersetzbaren Ausdruck „buoyant" nennt. Man spricht davon, daß Buchanan, von dem imponirenden Ausspruch der öffentlichen Meinung im Norden erschüttert, Alles aufbieten werde, um die Sklaverei aus Kansas entfernt zu halten. Er mag solche Resultate im Geheimen wünschen, aber er wird nicht imstande sein, sie herbeizuführen. Er ist nicht sein eigner Herr. Gewählt durch eine Partei, deren Majorität im Süden liegt, wird er die Politik dieser Majorität verfolgen müssen, um ihre Partei und in ihr die einzige Stütze seiner Administration zu erhalten......

Wäre New York oder Boston der Sitz der Centralregierung, so würde die nördliche Demokratie eine Chance haben; in Washington herrscht das südliche Element.

Es ist wahrscheinlich, daß Kansas als Sklavenstaat in die Union hineinforciert wird — es sei denn, daß ein Teil der nördlichen Demokraten im Kongreß rebellisch wird, oder daß man imstande ist, den Kampf in Kansas zu einem revolutionären in großem Maßstabe zu machen.......

Es können von nun an keine anderen Parteien mehr in der Union existiren, als eine nördliche und eine südliche, eine Anti- und eine Pro-Sklavereipartei, und schon in diesem Augenblicke sind die Demokraten hier oben nichts Anderes mehr, als die Vorposten der Sklavenmacht in den freien Staaten..... Wir haben den Geist des Jahrhunderts, eine begeisterungsfähige Idee und das Talent auf unsrer Seite, der Süden hat die Einigkeit und die Brutalität auf der seinigen. Ich weiß nicht, ob dieser Kampf ohne Pulver entschieden werden kann, ich glaube kaum....

Unser Sieg hier im Staate war glänzend genug; Wisconsin ist mit 15 000 Majorität für Fremont gegangen. Es ist mit Eifer und Ausdauer gearbeitet worden, und ich habe mein ehrlich Teil dazu getan. Ich habe durch meine kurze Wirksamkeit einen verhältnismäßig großen Einfluß gewonnen und werde bald in Wisconsin ein Wort mit zu sprechen haben. Während der letzten Monate habe ich viel öffentlich sprechen müssen und finde, daß ich einen großen Fortschritt gemacht habe. Meine Stimme und meine Glieder sind lose geworden und ich bin ein wenig hinter die Geheimnisse des Pathos gekommen. Es ist mir oft genug gelungen, mein Publikum in enthusiastisches Feuer zu setzen, und wenn ich an das Gefühl appelliren will, habe ich aufgehört mich zu geniren. Kurz, ich habe in Bezug auf eine rednerische Wirksamkeit Mut gewonnen, und hoffe, wenn ich nächstes Jahr in die Legislatur komme, Etwas zu leisten. Die fremde Sprache macht mir wenig Schwierigkeiten mehr, ich finde im Gegenteil in manchen Dingen das Englische bequemer und effektreicher als das Deutsche.

Hecker hat eine große Agitationsreise gemacht und den allgemeinen Erwartungen nicht entsprochen. Er sprach in New York, Philadelphia und den übrigen Städten des Ostens, wo jedes seiner Worte stenographisch berichtet wurde.... Er hatte andere Leute um sich, die besser sprachen. Da war Julius Froebel, da war Münch aus Missouri als der „Far West" Correspondent mehrerer Blätter, da war Solger, der vortrefflich sprach und Andere, die den Hecker nur im Zauber des Namens nicht übertrafen....

Ich treibe diesen Winter meine juristischen Studien so stark als möglich, da im März die Advokatur regelrecht losgehen soll. Ich habe vom Gouverneur eine Notaranstellung bekommen und mache es zum Hauptgegenstand meines Geschäfts in dieser Linie, östliches und europäisches Kapital hier auf Hypotheken anzulegen, zu verwalten und die Zinsen zu remittiren. Dieses Geschäft ist in seiner Anlage noch durchaus sicher und gut..... Außerdem bin ich Präsident einer Insurance Co. geworden, und Alles dies, zusammen mit dem real estate business and anderen accidentellen Dingen, giebt materielle Beschäftigung genug. Auch muß ich dann und wann etwas Politisches schreiben, Briefe oder Artikel, und wenn ich nun bei der nächsten Vakanz in den Stadtrath komme, werde ich nicht mehr Zeit zum Studieren übrig haben, als ich durchaus bedarf. — Unsre Stadt geht tüchtig vorwärts; wir bekommen enorme Eisenbahnverbindungen, die bereits alle im Bau begriffen sind, und in ein Paar Jahren wird wol der Grundwert so hoch sein, daß wir unsre materiellen Interessen weniger scharf im Auge zu behalten brauchen.

Den 17. Dezember.

Mein Brief hat eine Unterbrechung von mehr als zwei Wochen erfahren, in welcher ich eben nicht zum Schreiben kommen konnte. Würden und Bürden haben sich indessen auf mein Haupt gehäuft und ich habe wenig Ruhe gehabt. Es ist uns gelungen, unsre Stadt zur County Hauptstadt zu machen und daran knüpft sich eine Menge öffentlicher Arbeiten, die in Kurzem ausgeführt werden müssen, Gerichts-, Administrationsgebäude, Schulhäuser, Brücken, etc. — Nun bin ich zum Commissioner of Public Improvements (Direktor der öffentlichen Bauten) ernannt worden, ein Posten, der von allen Municipalämtern augenblicklich das praktisch-wichtigste ist.....

Wie fremd ist eigentlich die Lebenssphäre, in der ich mich bewege, jener, für welche ich mich meine ganze Jugend hindurch vorbereitet habe, und doch, wie leicht findet man sich hinein, wenn man erst einmal die Lust des Schaffens und Gedeihen-sehens genossen hat. Das ist der eigentümliche Reiz, der in dem hiesigen Leben liegt, und den man nur schwer demjenigen, welcher ihn nicht hat praktisch kennen lernen, verständlich machen kann. Es ist sonderbar, wie schnell man hier lernt, lernt ohne zu studieren, und wie man, nachdem man einige Zeit in dieser Luft gelebt hat, plötzlich mit Dingen umzugehn weiß, um die man sich eigentlich nie bekümmert hat. Und hier öffnet sich uns ein Blick in die Fruchtbarkeit der politischen Freiheit. Zur Erholungslektüre habe ich mir etwas ganz Neues gewält, nämlich T. Livii Patavini Historias, und Du könntest mich oft genug, einem ehrsamen Tertianer gleich, in Schellers und Lünemanns Wörterbuch herumstöbern sehen. Von meinen classischen Errungenschaften habe ich schändlich viele eingebüßt, aber ich finde, daß mir, nachdem ich einige Seiten gelesen habe, das Latein wieder Haufenweise zufällt. Ich bekomme nächstens Ciceros Reden und werde sie wahrscheinlich mit mehr Genuß lesen als auf dem Gymnasium. Du wunderst Dich vielleicht, wie ich mitten in der materiellen Tätigkeit des hiesigen Lebens auf die römischen Classiker verfalle; der eigentliche Grund ist weniger, weil ich das Lateinische nicht ganz vergessen will, sondern weil ich glaube, daß man aus dieser Sorte von Autoren auch für amerikanische Politik Manches lernen kann.

Meine Frau und ich sprechen in dieser Zeit häufig von dem gemüthlichen Weihnachtsfest, das wir im vorigen Jahre bei Euch feierten und Du nimmst es gewiß nicht für eine höfliche Redensart, wenn ich Dir sage, daß wir innig wünschen so Etwas noch einmal zusammen haben zu können. Dieses ist freilich die Zeit der soliden Vorsätze und Bestrebungen, aber wer weiß, was in den nächsten Jahren, wenn Alles gut geht, der in uns immer rege Wandergeist noch zu wege bringen wird. Ich verzweifle daran, daß Du Dich dem traurigen England entwinden und in die neue Welt hinüberkommen wirst und eben so schwach ist in mir die Erwartung von Ereignissen, die uns in Europa zu einer gemeinsamen Tätigkeit führen könnten. Um so nötiger ist es, daß wir von nun an in Briefen sympathisiren, denn Leute wie wir dürfen einander nicht fremder werden, als die unerbittliche Entfernung im Raum es gebietet.

Grüße Deine Frau und Deine Kinder aufs Herzlichste von uns Allen, besonders von Margarethe und

Deinem

Karl Schurz.

Im Herbst 1857 war Carl Schurz zum Vice-Gouverneur des Staates Wisconsin nominirt worden.

An seinen Schwager Heinrich Meyer

Watertown, den 25. November 1857.

Lieber Heinrich, Du hattest Recht, wenn Du in Deinem letzten Briefe die Vermutung aussprachst, ich sei wahrscheinlich mit anderen Geschäften so überhäuft, daß ich schwerlich zum Briefschreiben kommen könnte. Die Wahlzeit hat mich in der Tat beständig in Atem gehalten, besonders da wir schon lange vor dem entscheidenden Tage bemerkten, daß die Geschäftskrisis so gewaltig die Aufmerksamkeit aller in Anspruch nahm, wodurch wir leicht unsere Majorität einbüßen und die Wahl verlieren konnten. Da unsere Partei hauptsächlich aus den solidesten Bestandteilen der Bevölkerung, nämlich den amerikanischen Farmern, besteht, welche die Politik mit viel Gewissenhaftigkeit, aber mit wenig Eifer betreiben, wenn nicht gerade besonders aufregende Fragen zu entscheiden sind, so war zu besorgen, daß sehr viele, von ihren Geschäften mehr als gewöhnlich in Anspruch genommen, nicht zum Stimmkasten gehen und uns im Stich lassen würden. Die Stärke unserer Gegner liegt hauptsächlich in den volkreichen Städten und besteht vornehmlich aus den

Irländern und der ungebildeten Menge deutscher Einwanderung, und ist, der Natur der Sache nach, leichter zu sammeln und zu handhaben. Der Erfolg hat unsere Besorgnis gerechtfertigt. Es sind im ganzen Staat, der nahezu 140 000 Wähler zählt, kaum 90 000 Stimmen geworfen worden, und die größere Hälfte des Ausfalls liegt auf unserer Seite. Obschon die Wahl am 3. November stattfand, so haben wir doch noch keine Gewißheit über den Ausgang, da die entscheidenden Majoritäten so klein sind. Alle Nachrichten stimmen darin überein, daß ich von allen Kandidaten unserer Partei die meisten Stimmen habe, und zwar um ein ziemlich Bedeutendes. Da aber auch der mir gegenüberstehende Kandidat einer der stärksten war, so halte ich, obgleich meine amerikanischen Freunde steif und fest behaupten, ich sei gewählt, meine Wahl nicht eher für gewiß, bis die offizielle Stimmenzählung vorüber ist und ich das offizielle Ernennungsdokument in Händen habe. Diese Zählung fängt am 15. Dezember an und wird vielleicht, je nachdem dieselbe geführt wird, eine feststellende Entscheidung durch die Supreme-Court nötig machen, da bei so zweifelhaften Resultaten nicht selten Schwindeleien vorkommen. Ich will daher nicht renommieren, bevor ich das Ende weiß. Das Amt, welches mir zufallen würde, ist das des Lieutenant-Governor, des stellvertretenden Gouverneurs. Während der Sitzungen der Gesetzgebung ist er Präsident des Staatssenats, des höchsten legislativen Körpers, und im Falle der Krankheit oder Abwesenheit oder sonstigen Unfähigkeit des Gouverneurs hat er die volle Regierungsgewalt im Staate zu führen. Die Stellung ist mit einem sehr ausgedehnten Einfluß verknüpft und für den, der sie auszufüllen weiß, der Vorläufer mancher anderen Dinge. Wie immer das Endresultat des letzten Wahlkampfes sich herausstellen mag, er ist für mich die Quelle eines bedeutenden Einflusses und einer ansehnlichen Reputation gewesen, die über die Grenzen von Wisconsin hinausgeht, und die mir eine respektierte Stellung in Amerika sichern wird..........

Ich schicke Dir hierbei den stenographischen Bericht einer Rede, welche ich während meiner Kandidatur gehalten habe, und welche durch einen großen Teil der Vereinigten Staaten die Runde gemacht hat und noch macht. Dieselbe hat viel Aufsehen gemacht und ist viel zitiert worden. Sie ist Euch vielleicht nicht uninteressant, da sie einiges Übersichtliche über unsere politischen Parteien enthält.....

Prosit Neujahr für Alle.

Mit den herzlichsten Grüßen

Euer

C. Schurz.

An seinen Schwager Heinrich Meyer

Watertown, den 15. Januar 1858.

Lieber Heinrich, Ich hatte vor, Dir zu Neujahr zu schreiben, aber eine Menge dringender Angelegenheiten hielt mich davon ab. Mein Neujahrswunsch kommt deshalb spät, aber er ist herzlich. Ich bin wirklich froh, daß das gemeine Kalenderjahr 1857 endlich vorüber ist. Es war voll von Pech jeglicher Art. Denke Dir nur, daß ich in der Wahl um 48 Stimmen zu kurz gekommen bin, 45005 gegen 45053, und auch das durch einen Wahlschwindel, der so gut wie am Tage liegt, der aber nur mit Aufwendung einiger Kosten bewiesen und festgestellt werden könnte. Die Kosten nun habe ich in der schlechten Zeit nicht Lust aufzuwenden. Ich begnüge mich also diesesmal mit den Sporen, die ich mir in dem Wahlkampfe verdient habe, in welchem wir durch eine unverantwortliche Nachlässigkeit der Partei geschlagen worden sind.

Was die materiellen Verhältnisse betrifft, so liegt natürlich die Finanzkrisis schwer auf uns......

Das Unangenehmste bei den gegenwärtigen Verhältnissen ist die furchtbare Knappheit des Geldes. Man kann nichts einkassieren und kommt daher an allen Enden zu kurz......

Im Osten ist das Geld wieder häufiger, und das Vertrauen hat sich gehoben, und ich hoffe, wir werden hier bald die Wirkung davon spüren. Wenn es so fortgeht wie jetzt, so wird bald der Schreiner, wenn er beim Metzger eine Hammelkeule kaufen will, mit einem Tisch bezahlen und sich einen Stuhl als Wechselgeld herausgeben lassen. Wir haben hier unter unserer Kaufmannschaft eine ansehnliche

Reihe von Fallissements gehabt. Unter anderen sind die Gebrüder Werlich aus Hamburg gefallen, was bei der sehr guten Reputation dieser Herren allgemeines Bedauern erregt.......

Mit Grüßen an Dich und Deine Emilie

Dein

C. Schurz.

An Gottfried Kinkel

Madison, 15. Februar 1858.

Mein lieber Kinkel, Seit Monaten habe ich nicht daran denken können, meine Briefschulden an meine Freunde abzutragen. Du klagst darüber, daß Deine geschäftliche Tätigkeit in London Dich von aller Correspondenz zurückhält, welche keinen andern Zweck hat, als den der freundschaftlichen Geselligkeit und ich, der ich in einer ganz anderen Lebenssphäre lebe, muß in diese Klage von Herzen einstimmen...........

Seit dem vorigen September, wo meine politische Carriere anfing, sich zu entscheiden, zu gestalten und umfassendere Anforderungen an mich zu stellen, bin ich gar nicht mehr zum Genusse meines häuslichen Lebens gekommen, und wie das Datum dieses Briefes Dir zeigt, schreibe ich Dir heute nicht einmal von meinem schönen heimatlichen Grunde aus.

Du hast mich wieder einmal lebhaft in die alte Welt zurückgerufen, und ich muß gestehen, daß von allen Deinen Beschreibungen diejenigen über Dein Familienleben und über Deine Thätigkeit mir die interessantesten waren; nicht als ob mir für die politische Entwicklung in Europa das Interesse und das Verständnis fehlten, sondern weil mir der Anblick Eures individuellen Lebens von Allen das Erquicklichste ist. Ich kann das mit Ähnlichem erwidern. Meine Frau hat sich in den letzten Monaten verhältnismäßig recht wohl befunden, und obgleich sie zuweilen etwas leidend ist, so sehe ich doch ein stetiges Fortschreiten zum Bessern. Sie hat sich so tüchtig in unser hiesiges Leben hineingearbeitet und sich so vortrefflich praktisch hineingefunden, daß (ohne Renommage) unser Haus das angenehmste weit und breit ist und daß es Jedem, welcher Nationalität er angehören mag, bei uns wol zu Mute wird. Meine Kinder gedeihen vortrefflich........

Die Geschäfte waren in der letzten Zeit unter aller Kritik, die Geldklemme ging hier so weit, daß man fast wieder zu den Mitteln des primitiven Tauschhandels greifen mußte, die größere Hälfte unsrer Kaufmannschaft ist natürlich draufgegangen. Ich persönlich habe keine schweren Verluste zu beklagen gehabt......... Glücklicherweise waren hier alle Lebensbedürfnisse so wohlfeil, daß man zur Haushaltung fast Nichts gebrauchte, und im Übrigen streckte man sich nach der Decke............

So viel von Geschäften, nun die Politik. Meine Tätigkeit und Erfolge in der Fremont Campagne 1856 brachten mir mehr Anerkennung als ich erwartet hatte. Am 2. Sept. vorigen Jahres nominierte mich die republikanische Convention zum Lieutenant-Governor mit an Einstimmigkeit grenzender Majorität, und seitdem bin ich immer mehr in den Vordergrund getreten. Die Umstände begünstigten mich wesentlich. Während des Wahlkampfes kam ich weit im Staate herum und hatte mit meinen Reden den besten Erfolg, mit den englischen eigentlich noch mehr als mit den deutschen.........

Im Ganzen genommen glaube ich, daß meine Popularität zu schnell entstanden ist, um dauerhaft zu sein. Ich war den Amerikanern eine neue Erscheinung. Ein Deutscher, der, wie sie behaupten, ihre Sprache besser spricht, als sie selbst, und dabei über ihre eignen Politiker den Vorteil einer passablen Kenntnis europäischer Verhältnisse hat, mußte natürlich ihre Aufmerksamkeit auf sich ziehen. So bin ich denn auch unter den Amerikanern populärer als unter den Deutschen, denn unter den letzteren habe ich meine Neider. Du kennst ja unsre Landsleute in Amerika. Übrigens habe ich bis jetzt wenig Ursache zu klagen.........

Wie immer die nächsten Ereignisse sich gestalten werden, es ist gewiß, daß Buchanans Administration einen Wendepunkt in der amerikanischen Politik und Geschichte bezeichnen wird. Sie hat die

Logik der Verhältnisse auf eine scharfe Weise zu Tage gelegt und den Kampf vereinfacht. Wie sehr auch die ökonomische Lage des Landes die Aufmerksamkeit der Staatsmänner und des Volkes in Anspruch nimmt, Alles verschwindet doch vor der überragenden Größe der Sklavereifrage und alle Anstrengungen, sie mit andern Dingen zuzudecken, sind umsonst. Wir bewachen die Entwicklung in Washington mit mehr Spannung als Angst und sind bereit ins Zeug zu gehen. À propos. Ich bin first colonel im Stabe unsrer Miliz und vielleicht machen wir eine Kleinigkeit Krieg, wenn's sein muß.

Watertown, 23. Febr. 58.

Seit vorgestern bin ich wieder daheim und sehe nun eine Woche Ruhe vor mir. Diese Zeit werde ich dazu benutzen, um an Etwas Anderes als Politik zu denken. Dein „Nimrod" hat so viel Aufsehen gemacht, daß er in einer Reihe amerikanisch-deutscher Blätter besprochen worden ist. Die Artikel sind teils sehr günstig, teils zahm. Daß das Stück einigen New Yorkern nicht radikal-mordbrennerisch genug ist, versteht sich von selbst, und ich freue mich darüber. Du hast nun allerdings die ruhmwürdige Bescheidenheit, mir nie Deine Werke geschickt zu haben, glorreich aufrecht erhalten, aber daß Du mir Deinen Haupt-Nimrod nicht zukommen läßt, ist doch ein bischen arg. Den Haupt-Nimrod will ich haben und wenn Du ihn mir schickst, so kannst Du Dich vor Deinem Gewissen damit rechtfertigen, daß ich ihn brieflich rücksichtslos schlecht machen werde, wenn er mir nicht gefällt. Um Deine letzten Skrupel zu entfernen, will ich Dir hierbei eine Rede von mir schicken, die einzige, die während der letzten Wahlcampagne correkt stenographiert worden ist. Auf die Rede gründet sich ein großer Teil meiner Reputation hier zu Lande und ich lege sie also mit gebührender Bescheidenheit meinem Lehrmeister in der Kunst zu Füßen. Einzelne Stücke davon haben die Runde durch die amerikanische Presse gemacht und sind gut aufgenommen worden. Ich brauche wohl kaum zu erwähnen, daß ich nach guter Vorbereitung gesprochen habe. Ein Extempore Redner werde ich nie. In der Debatte gehts gut genug, aber aus dem Stegreif, d. h. so ohne Weiteres mich der Inspiration des Augenblicks anvertrauend eine große und schöne speech zu halten, wird mir schwerlich jemals gelingen. Es wäre für mich von der größten Wichtigkeit, aber ich glaube es fehlt die unbedingte Beherrschung der Form. In dieser Beziehung beneide ich Dich, da tun Studium und Übung wol Einiges, aber sie machen den Meister nicht........

Nun lebe wohl für heute und finde dann und wann eine freie Stunde, um mir wieder einen so lieben Brief zu schicken. Grüße die Deinigen herzlich von uns Allen und sage besonders Deiner lieben Frau, wie sehr ich ihr für ihren schönen Brief danke. Ich würde ihr direkt geschrieben haben, wenn ich nicht wüßte, daß zwischen Euch volle Gütergemeinschaft besteht. Vergiß den Haupt-Nimrod nicht!

Dein

Karl Schurz.

An Friedrich Althaus

Watertown, 5. Nov. 1858.

Mein lieber Friedrich, Ich weiß und fühle, wie viel Ursache Du hast, Dich über mich zu beklagen, aber ich darf Dir versichern, daß ich seit Monaten keinen ruhigen Tag gehabt habe, welcher mir zu einem Brief, wie ich ihn gern an Dich schreibe, die nöthige Muße und Behaglichkeit gewährt hätte. Ich habe eine geraume Zeit wieder auf der hohen Woge des öffentlichen Lebens geschwommen, und da ich mir vorgesetzt habe, bei Allem, was ich in dieser Linie thue, jedesmal das Beste zu leisten, das meine Kräfte vermögen, so macht das eine völlige Concentration meiner Aufmerksamkeit unumgänglich. Seit wenigen Tagen nun kann ich mich wieder der ungestörten Behaglichkeit meines häuslichen Lebens erfreuen, und wenn ich nun sogleich daran gehe, Dir zu schreiben, so bitte ich Dich, daraus zu schließen, daß ich nur auf einen solchen ruhigen Moment gewartet habe, um meinerseits unsre Correspondenz wieder aufzunehmen.

Die Aufregungen der letzten Monate sind in ihren Nachwirkungen noch nicht ganz vorüber. Die Antisklaverei-Partei hat bei den diesjährigen Herbstwahlen eine neue große Anstrengung gemacht, und wir ruhen nun buchstäblich auf unsern Lorbeeren aus. Wir haben in allen nördlichen Staaten eine ununterbrochene Reihe der glänzendsten Siege erfochten, welche dieses Land je gesehen hat; wir haben fast die letzten Citadellen unsrer Gegner mit Sturm genommen, und selbst Illinois, wo es noch nicht gewiß ist, ob Douglas gesiegt oder unterlegen, hat im einen wie im andern Falle sich auf eine emphatische Weise gegen die Administration Buchanans erklärt. Wenn die Politik der republikanischen Partei so weise geführt wird, daß wir nur die Posten behaupten, welche wir jetzt haben, so ist uns die Präsidentenwahl im Jahre 1860 gewiß, und das politische Übergewicht der Sklavenmacht ist für immer dahin.

Und wenn ich Dir dabei sage, daß während dieses letzten Kampfes mein Name über die Grenzen Wisconsins und der westlichen Staaten hinausgegangen ist und daß ich mir einen nationalen Ruf erworben habe, so thue ich das nicht, um zu prahlen, sondern weil ich weiß, daß es Dir Freude macht. Eine Rede, die ich in Chicago hielt, ist von Maine bis Minnesota gelesen und in einer Million von Exemplaren gedruckt und verbreitet worden, und des Lobes in den Blättern war kein Ende. Ich lasse zugleich mit diesem Briefe ein Exemplar meiner Chicago-Rede und einer akademischen Adresse abgehen, welche ich während dieses Sommers in Beloit-College, einem der besten Institute dieses Staates und des ganzen Westens, gehalten habe. Margarethe ist eine sehr eifrige und enthusiastische Politikerin geworden, liest die Zeitungen sehr regelmäßig und verfehlt nie, Alles auszuschneiden, was auf mich Bezug hat. Diese Sammlungen werden dann nach Hamburg geschickt, um ihren Brüdern einen Begriff von ihrem Manne beizubringen.

In unserm häuslichen Leben wird bald eine große Veränderung eintreten. Ich werde in ganz kurzer Zeit nach Milwaukee übersiedeln, ohne jedoch mein Hauswesen hier ganz aufzulösen. Margarethe und die Kinder werden im Winter in Milwaukee zur Miethe wohnen und den Sommer hier in unserm hübschen Landhause zubringen. Die Eisenbahnverbindung wird es mir möglich machen, jede Woche mindestens einmal, wahrscheinlich öfter hier zu sein, so daß das Aufgeben des beständigen Zusammenlebens nicht zu drückend wird. Die Zusicherungen, welche ich habe, lassen mich auf eine gute Praxis rechnen, es kommt mir dabei natürlich meine Reputation außerordentlich zu Statten. Ich werde dann später versuchen, mein Eigenthum hier los zu werden, sobald sich dazu eine vorteilhafte Gelegenheit findet. Vorläufig jedoch sind die Aussichten nicht sehr glänzend, da sich die Geldverhältnisse des Westens von der letzten Geschäftskrisis nur langsam erholen. Diese Krisis war furchtbar und ihre schleichenden Folgen sind noch immer drückend genug. Wir haben alle gelitten und es wird vielleicht noch dreier Jahre bedürfen, um die letzten Spuren davon zu verwischen. Die Lawyers sind jetzt die einzigen Leute, die, wie man es hier nennt, „gut aus machen".

Weißt Du, daß wir sehr stark damit umgehn, Dich herüberzuziehen und Dir ein warmes Plätzchen zu bereiten? Ich bin vor einiger Zeit Mitglied der „Board of Regents of the Wisconsin State-University" geworden und wir werden im Januar die Professur der neuern Sprachen und Literatur neu zu besetzen haben. Die Universität liegt in Madison, einem der schönsten Punkte der Ver. Staaten. Die Anstalt ist freilich nicht nach dem Muster der deutschen Universitäten eingerichtet, sondern mehr nach dem der Gymnasien, aber freier, und ohne die untern Classen. Doch ist in einigen Branchen das lecture-System eingeführt. Der Unterricht der neuern Sprachen beschränkt sich auf das Deutsche, Französische und Englische. Unter den Professoren sind vortreffliche Leute; die collegialischen Verhältnisse sind gut, und das gesellschaftliche Leben kann sehr angenehm gemacht werden. Wie würde Dir eine solche Stellung gefallen? Ich halte es nicht für unmöglich, die Anstellung eines Abwesenden durchzusetzen. Wenn Du hier wärest, würde mein bloßer Vorschlag wahrscheinlich genügen. Jedenfalls würdige die Sache einer Erwägung und laß mich umgehend wissen, ob und unter welchen Bedingungen ich Dich der Board of Regents vorschlagen soll. Deine Stellung würde eine behagliche, angenehme und einflußreiche sein und wir würden Vieles miteinander thun und schaffen können. Bedenke Dir die Sache und schreibe mir bald darüber, jedenfalls so bald, daß ich früh genug vor der Meeting der Regents weiß, woran ich bin. Du solltest erwägen, welche Chancen Dir für die Zukunft in London offen stehn, und was für eine Carriere sich Dir hier eröffnet, und dabei sollte ein Hinblick auf Deine Nachkommenschaft nicht außer Berücksichtigung bleiben. Margarethe ist ganz enthusiastisch für die Sache. Wenn sich das einrichten ließe, so würde einer unsrer schönsten Wünsche erfüllt sein.

Was Charlotte uns über Euer häusliches Leben geschrieben, hat uns aufs Innigste gefreut. Und der Segen, der Euch bevorsteht, kann Euer Glück nur erhöhen. Die Freude, Kinder zu haben, hast Du noch nicht genossen, und Du wirst finden, daß Deine Phantasie nicht ausgereicht hat, sie Dir vorher auszudenken. Unsre Beiden sind über alle Beschreibung schön aufgeblüht. Margarethe ist während des Sommers vielfach leidend gewesen, so daß wir, obgleich die Ärzte das Leiden mit den climatischen Verhältnissen in keinen Bezug bringen, an eine Reise nach Europa dachten. Ihr Unwohlsein ist der einzige dunkle Fleck in unserm häuslichen Glück. — Ich befinde mich wie gewöhnlich, d. h. so, daß mich mein Körper wenig an sich selbst erinnert. — Nun laß mich bald von Euch hören, besonders über die oben berührte Angelegenheit. Grüße Charlotte herzlich, ebenso Herzen und unsern andern Freunden meinen besten Gruß.

Dein

Carl Schurz.

An Gottfried Kinkel

Milwaukee, Dec. 26th. 1858.

Mein liebster Freund, Wir haben Alles durch die Zeitungen erfahren[1]). Wir saßen auf meinem Zimmer mit Anneke und seiner Frau zusammen, als ein Freund mich herausrufen ließ und mir ein Blatt gab, das die ganze Nachricht enthielt. Kein Schlag hätte uns so unerwartet treffen und keiner alle anderen Gedanken so plötzlich zum Stocken bringen können. Daß ich keinen Brief von Dir erhielt, ist mir nicht unerklärlich gewesen. Man kann nicht immer schreiben und was Du mir hättest schreiben können, wußte ich ja ohnedies,

[1]) Johanna Kinkel war am 15. November 1858 in London gestorben.

da ich Dich kenne. Du erwartest gewiß nicht, daß ich mich dazu zwingen sollte, Dir Trostesworte zu sagen. Ich könnte das vielleicht, wenn ich Deinen Schmerz nicht verstände. Auch ist das Nichts für Männer, die dem Schicksal schon so oft in die Augen gesehen haben, und wer weiß wie oft noch in die Augen sehen werden. Jeder Schlag soll uns gegen neue Schläge und jeder Verlust uns abhärten gegen neue Verluste. Wir haben noch lange nicht genug gelebt und gekämpft. Ich sehe Dich lebendig in der Mitte Deiner Kinder vor mir stehen, die nicht allein die erste, sondern auch die zweite Heimath verloren haben. Ich sehe Dich mutig der Zukunft entgegen blicken, ich weiß daß Du Mut hast und daß auch das Härteste ihn nicht beugen kann. Das Vertrauen steht fest über mir und deßwegen weiß ich, daß Niemand Dich trösten kann, als Du selbst.

Wenn Du nun aber kannst, so schreibe mir und thue es mit dem Bewußtsein, daß Du nirgendwo ein treueres, innigeres Verständnis finden kannst als hier. Die Bande, welche uns an einander knüpfen sind zu eisern, zu wahr, als daß Du das nicht wissen solltest. Also schreibe und sage mir Alles, was Du fühlst Jemandem sagen zu müssen.

Ich wünsche, lieber Freund, ich könnte Dich jetzt hier haben und Dich in den Wellenschlag des Lebens hineinführen, in welchem ich schwimme. Aber vielleicht ist es auch besser in der Stille mit dem Schmerz fertig zu werden, den eine geräuschvolle Tätigkeit wohl übertäuben aber nicht stillen kann.

Schreibe mir sobald Du kannst. Laß mich fühlen wie Du fühlst und sei gewiß, daß es kein Herz giebt, welches das Deinige so sehr würdigt als das meinige.

Margarete und ich grüßen Deine Kinder herzlich. Erinnere sie an uns.

Dein

Carl Schurz.

An seine Frau

Boston, 13. April 1859.

Meine Liebste, Es ist bereits tief in der Nacht, das Banquet ist vorbei, und ich will Dir nur wenige Worte zum Gruß schicken, bevor ich mich zur Ruhe lege....... [1])

Ich kam gerade zur rechten Zeit hier an; ich konnte mich eben umkleiden, bevor das Banquet anfing. Mein Empfang war ein wirklich enthusiastischer und mein Name ist bereits für Neu-England gemacht. Meine Rede über Staatsrechte fand ich hier bereits weit verbreitet und man erwartete mich mit neugieriger Spannung. Man brachte mir und dem tapferen Staate Wisconsin einen Toast aus, den ich zu beantworten hatte. Die kleine Rede, die ich hielt, rief ungemeinen Beifall hervor. Fast auf jeden Satz folgte ein Bravo, und als ich schloß, wollte der Applaus kein Ende nehmen. Dann ging es ans Händedrücken, und fast keiner der nachfolgenden Sprecher schloß ohne auf „brave Wisconsin and her gallant champion" angespielt zu haben. Kurz, die Sache war ein kompleter Succeß.

Auf nächsten Montag ist die große Versammlung in Faneuil Hall festgesetzt, bei welcher mir eine grand reception gegeben werden soll. Was die Know-Nothing-Amendments angeht, so sind die Aussichten gut. Alle verständigen Leute sind dagegen und ich denke, Senator Wilson und andere prominente republikanische Führer, werden sich nach meiner Rede kühn und offen dagegen aussprechen. Wenn es uns gelingt, diese Sache niederzubrechen, so sind die Aussichten für die Zukunft großartig...........

An seine Frau

Boston, den 14. April 1859.

Meine Liebste, Soeben bin ich von dem Diner zurückgekehrt, von dem ich Dir gestern schrieb. Es war bei Mr. Gardner Brewer, einem der reichsten Leute hier, und eine der reichsten Affairen, die ich

[1]) Carl Schurz war von einigen prominenten Leuten in Boston aufgefordert worden, dort gegen die Know nothing Bewegung zu sprechen.

in meiner Karriere noch mitgemacht habe. Wenn ich nach Hause komme, werde ich Dir von dem Küchenzettel so viel mitteilen als mir im Gedächtnis bleibt. Für heute genüge es, daß wir von 6—10 zu Tisch saßen, und während der Zeit eine Schüssel die andere, ein Wein den andern jagte. Die Gesellschaft war nicht besonders zahlreich, aber an Qualität überbot sie alles, was ich bisher in Amerika zusammengesehen habe. Von literarischen Charakteren waren da Longfellow, Whipple und Holmes, von Politikern Governor Banks, Senator Wilson, Burlingame, Allen, Adams (Sohn von John Quincy Adams), Andrews und noch einige andere Kongreßmänner. Von der Unterhaltung kann ich nur mündlich erzählen. Longfellow und ich hatten ein langes Gespräch über Deutschland, das wir, sobald ich Zeit habe seiner Einladung zu folgen, in seinem Hause in Cambridge fortsetzen werden. Zu Hause angekommen, fand ich eine Anzahl von Karten, die für einige Tage meine Zeit mit Einladungen ausfüllen könnten. Habe keine Sorge, daß ich mich hier überarbeiten werde; wenn ich nur Ruhe genug habe, um meine Rede für Montag gebührend auszuspinnen! Heute Morgen wurde ich sogleich nach dem Frühstück in Beschlag genommen und in der Stadt herumgeschleppt; man ließ mir nur etwa 3—4 Stunden zum Schreiben. Glücklicherweise regnet es, und ich hoffe morgen bis zum Diner Ruhe zu haben. Ich lebe wie Hannibal in Capua; es ist gut, daß es nicht zu lange dauert. Hast Du je erfahren, wie müde man von einem Mittagessen werden kann? Ich bin so abgearbeitet, als ob ich das Schwerste geleistet hätte; und ich habe bei Tische wirklich Erhebliches geleistet. Oh, Boston ist eine wundervolle Stadt; sie ist zu gut um darin zu leben!

Den 15. April, morgens.

Ich bin früh auf, fröhlich wie eine Lerche, und sehe mit Lust dem kommenden Tag und der Aufgabe, die ich zu lösen habe, entgegen. Die historischen Erinnerungen, die hier fast jede Straße, jeden öffentlichen Platz beleben, haben mich in die Stimmung versetzt, in der ich einst vor neun Jahren zum ersten Male durch Paris wanderte. Die Rede, die ich schrieb, ist von diesem Gefühl beherrscht, und ich freue mich darauf, daß Du die Worte lesen sollst, welche die Begeisterung diktiert hat. Ich glaube, sie werden meine Hörer hinreißen, und ich werde einen großen Schlag führen......

Die Post geht sogleich, für heute lebewohl!

Dein

Karl.

An seine Frau

Boston, 19. April 1859.

Meine Liebste, So eben komme ich vom Diner bei Longfellow zurück; ich bin totmüde. Daß ich jetzt nur eine Stunde in unsrer traulichen Stube auf dem Sopha liegen könnte, Du neben mir im Rocking-chair, die Kleinen über mich kletternd. Ich habe meine Glorie wieder einmal satt, aber ich kann sie mir nicht vom Leibe schlagen. Ich empfange 30 bis 40 Visiten von 10 Uhr Morgens bis 3 Uhr Nachmittags, und finde noch eine Anzahl Karten, wenn ich nachher nach Hause komme.

Mein Empfang in Faneuil-Hall war großartig; es waren zwischen 1500 und 2000 Menschen da, die Gallerien mit Damen besetzt. Ich habe gesprochen wie ein Gott, und heute kann ich mir die Lobsprüche über meine Rede nicht vom Leibe halten. Sie steht in allen Blättern; Du wirst sie vielleicht schon gesehn haben. Wenn nicht, so laß mich Dir nur sagen, daß ich damit zufrieden bin......

Ich kann nicht mehr schreiben, aber ich werde Dir Alles erzählen, wenn ich wieder bei Dir bin ....

Dein

Karl.

An seine Frau

New-York, den 21. April 1859.

Meine Liebste, Seit zwei Stunden bin ich in New-York. Gestern Abend sprach ich in Worcester mit großem Succeß. Ich schwankte lange, ob ich nicht lieber direkt nach Hause reisen sollte, aber zuletzt kam ich zu dem Schluß, es sei doch besser, da ich nun einmal in Boston war, meine Geschäfte hier abzuwickeln.

Mein Erfolg in Massachusetts ist ein entschieden glänzender gewesen. Meine Bahn dort ist gebrochen. Ich habe bereits vorläufige Verabredungen über die zu haltenden Vorlesungen getroffen, und man hat mir allerseits die ermutigendsten Zusicherungen gemacht. George Sumner, Bruder des berühmten Charles, Longfellow und andere wollen dafür sorgen, daß ich Engagements genug bekomme. Meine Rede ist überall mit Bewunderung gelesen worden und hat die ganze intelligente Welt für mich gewonnen. Ich habe kaum der Hälfte der Einladungen folgen können, mit denen ich überströmt wurde. Ich war der „Lion" und bin froh, daß ich fort bin. Die „Lion-schaft" ist eine sehr anstrengende Sache, der ich kaum gewachsen bin......

Was für einen matten, zerfahrenen Brief schreibe ich da! Aber so ist es mir zumute. Mein Kopf ist dumm, und mein ganzes Wesen ist erschöpft. Die Zeit in Boston war sehr anstrengend, und ich werde selig sein, wenn Du mich erst wieder pflegen kannst. Weißt Du, was es heißt, von Morgen bis Abend geistreich sein und aufgeweckte Sachen sagen zu müssen? Und das war meine Aufgabe: ich glaube, ich habe sie gelöst. Ich bin sentenziös wie ein Orakel gewesen. Aber jetzt möchte ich gern wieder einige Tage Ruhe haben und dumm sein können!......

An seine Frau

Chaska, Minn., 21. September 1859.

Meine Liebste, Heute schreibe ich Dir in einer kleinen Tavern eines kleinen Landplatzes in der Wildnis [1]). Was Wildnis ist, und was uranfängliche Plätze, und was Wege durch die Wildnis sind, wissen wir in Wisconsin nicht mehr. In St. Paul bekam ich einen Wagen mit zwei Pferden zu meiner Disposition, mit welchem ich die Tour diese Woche machen sollte. Vorgestern Mittag machte ich mich auf den Weg. Meine Straße führte mich über Fort Snelling, welches,

[1]) Carl Schurz bereiste die westlichen Staaten, um für Lincoln in der Präsidentschafts-Campagne zu sprechen.

den alten Schlössern am Rhein ähnlich, auf einem hohen Felsen am Mississippi liegt, da wo derselbe den Minnesotafluß aufnimmt. Die Aussicht ist zauberhaft. Links der Mississippi, ungefähr so breit wie der Rhein bei Bonn, von hohen, schroffen, hier und da mit Busch bewachsenen Felswänden eingedämmt, und rechts der Minnesota mit seinen hügeligen, sanft absteigenden Ufern, den schönsten Partieen des Rheingaus nicht unähnlich. Fort Snelling selbst könnte für eine alte Ritterburg passieren mit seinen runden Türmen und Basteien. Und der ganze Anblick weckte vaterländische Erinnerungen in mir auf. Von dort ist es nur eine Meile bis zu den Minnehaha-Fällen. Zuerst ging es über eine flache Prairie, in weiter Ferne von Waldgürteln begrenzt. Diese Prairie bildet das Plateau auf den Hügeln, die von dem Flußbett aus aufsteigen. So fährt man dann auf der Prairie hin, auf der man nichts weniger erwartet als einen Wasserfall zu finden. Plötzlich stößt man auf eine bebuschte Schlucht. Man hört das Rauschen des Wassers ohne etwas zu sehen, man steigt hinauf und steht plötzlich einem der reizendsten Naturschauspiele gegenüber. Von der Höhe stürzt ein Bach, nicht breiter als unser Haus mit der Veranda, in das Felsbecken hinab. Das Wasser fällt von einem kühnen überhängenden Steindache in einem prächtigen Bogen in die grüne Schlucht herab. Man geht hinter den Fall, der ungefähr 60 Fuß hoch ist, und steht wie in einer Höhle, die mit einem Vorhange stürzenden Wassers geschlossen ist. Durch diesen Vorhang spielt das muntere Sonnenlicht, und man findet sich von den Regenbogen-Farben des aufsteigenden Wasserstaubes eingehüllt. Du mußt das auch sehen, sobald sich wieder einmal eine Gelegenheit zu einer westlichen Reise bietet; es ist zu schön. Dem Minnehahafalle konnte ich nur eine halbe Stunde widmen; dann ging es über die todte Prairie auf Shakopee zu, wo ich die erste Rede halten sollte. Hier war es, wo noch vor anderthalb Jahren die Sioux und Chippewas einen blutigen Kampf kämpften, der mit dem Tode und dem Skalpieren Vieler und dem Abschlachten und Braten des Chippewahäuptlings endigte, ein merkwürdiges Schauspiel für die Weißen, die hier schon seit einigen Jahren angesiedelt waren.

Man hatte schon an meinem Kommen verzweifelt, und meine

Ankunft erregte freudige Überraschung. Sofort wurden eine Menge von Landwagen in Bewegung gesetzt und die einzigen musikalischen Instrumente, die es im Orte gab, zwei kleinere Trommeln und eine große, verkündeten die bevorstehende Versammlung. Am Abend fand ich dann eine dichtgefüllte Halle, Deutsche und Amerikaner. Ich sprach deutsch und englisch mit dem besten Erfolge, und mit den deutschen Landsleuten, die früher alle Demokraten gewesen waren, war des Händedrückens und der Versicherungen, daß sie jetzt republikanisch stimmen würden, kein Ende. Die Amerikaner waren über meine Rede außerordentlich begeistert; sie hatten, wie sie sagten, so eine Art zu sprechen noch nicht gehört, und ich kann Dir versichern, daß meine Reputation in Shakopee gemacht und fest gegründet ist.

Gestern Morgen ging es wieder auf die Reise. Wir fuhren durch die Niederungen am Minnesotafluß, durch Gras, welches 6 bis 8 Fuß hoch ist, und setzten über den Fluß in einem sehr primitiven Ferry-Boat. Es ging nach Waconia, 20 Meilen von Shakopee. Gegen 2 Uhr kamen wir dort an, und ich fand zu meinem großen Erstaunen, daß die Stadt Waconia aus einer Tavern, einer Dampfmühle und zwei noch im Bau begriffenen Holzhäusern bestand. Überdies erfuhren wir zu unserm großen Leidwesen, daß von St. Paul die Nachricht gebracht worden, ich sei noch nicht angekommen, und so war die Versammlung abbestellt worden. Wir entschlossen uns also zu Mittag zu essen und zum Orte des nächsten Appointments zu fahren. Im Gespräche mit dem Wirt und seinem Vater, in denen ich Landsleute fand, kamen wir auf den Preis des Landes und dergleichen; der Wirt äußerte, sein Schwager Scheck habe ganz in der Nähe 80 Acker gekauft, und so fand ich denn plötzlich die Verwandten, Schwager und Schwiegervater unseres unvergeßlichen Doktors vor mir. Daß sie mit ihrem Schicksal etwas unzufrieden sind, kann ich schon begreifen. Sie leben im dicksten Walde, nur über die schlechtesten Wege zugänglich, im Winter fast von aller Kommunikation mit der Welt abgeschnitten.

Die Frau hatte uns in dem rauhen, noch nicht ganz fertigen Blockhause ein sehr annehmbares Mittagessen bereitet, und so fuhren wir denn um 3 Uhr, wenn auch unverrichteter Sache, so doch wohlgemut nach unserm zehn Meilen entfernten Bestimmungsorte ab. Das Wetter war prächtig, der Wald wunderschön, — aber die Wege! Frischgemachte Knüppelbrücken im allerursprünglichsten Stile wechselten mit grundlosen Schlammlöchern ab, und man schöpft ordentlich Atem, wenn man ein Stück Straße findet, auf dem die Stumpen so dicht stehen, daß man es resigniert aufgibt, ihnen auszuweichen.

Um 6 Uhr abends waren wir hier in Chaska, einem neuen Platze von 300 Einwohnern. Nun, hier läßt es sich leben. Eine deutsche Tavern, Bier, reine Bettlaken, gutes Essen usw. Um 2 Uhr nachmittags werde ich zu den versammelten Völkern sprechen, und meine Donner werden in den Wäldern Minnesotas wiederhallen, und die Indianer werden erstaunt ihre Köpfe in die Höhe recken. Alles für die gute Sache! Oh, was der Mensch nicht tut und leidet für die gute, gute Sache! Es ist jetzt 9 Uhr morgens. Heute Abend schreibe ich mehr. . . . . . .

Shakopee, den 22. September 1859.
Morgens 6 Uhr.

Dies ist ein großes Land. Um 4 Uhr gestern war ich mit meiner Meeting in Chaska fertig und schickte mich an, über Shakopee, wo ich schon vor zwei Tagen gesprochen, nach Lexington zu fahren, wo ich Grow von Pennsylvanien treffen soll. Eine Meile von Shakopee bat mich mein Begleiter, in einer Brauerei, die am Wege liegt, abzusteigen, was wir taten. Plötzlich hörten wir die „band“ von Shakopee, bestehend aus den bekannten Trommeln, und siehe da, das Volk von Chakopee kam in neun Wagen, mit fliegenden Fahnen, um mir einen feierlichen Einzug in den Platz zu bereiten. Meine Rede neulich hatte sie so entzückt, daß sie absolut mehr haben wollten. Kanonendonner, Freudenfeuer, eine mit Menschen zum Brechen vollgepackte Halle, und alle schönen Damen von Shakopee darunter, auf den vordersten Bänken sitzend. Die Aufregung war ungeheuer. Ich sprach wie nie, und Alle, Männlein und Weiblein, waren hoch entzückt. Heute nun geht's nach Lexington. Da pfeift der Steamer, der den Brief mitnehmen soll. Adieu, Adieu. . . . . .

Dein

Karl.

An seine Frau

St. Paul, 27. September 1859.

Mein liebstes Weibchen, Das nenne ich eine Kampagne! Das nenne ich leben und reisen im Westen! Meinen letzten Brief erhieltst Du von Shakopee. Ich schrieb ihn kurz vor unserer Abreise nach Lexington. Gegen 8 Uhr machten wir uns auf den Weg. Zuerst ging es über die rollende Prairie, eine muntere Fahrt durch die frische Morgenluft. Endlich wendete sich die Straße in den Wald, und wir hatten noch 16 Meilen bis zu unserm Bestimmungsort. In meinem letzten Briefe schon sprach ich von den Waldwegen Minnesotas; aber was wir zwischen Belle-Plaine und Lexington fanden, übersteigt die kühnsten Bilder der Phantasie. Solche Knüppelbrücken, solche Schlammlöcher, solche undurchdringlichen Dickichte von Stumpen habe ich nie gesehen. Fast ein Dutzendmal hatten wir aus dem Wagen auszusteigen, um die Räder, und zuweilen die Pferde, aus dem Schlamm zu ziehen. Wir machten zuweilen nicht mehr als zwei Meilen die Stunde. Die Zeit verging unter Lachen und Fluchen. Endlich, gegen 3 Uhr nachmittags, erreichten wir Lexington, eine Stadt, die aus einer Tavern, einem Schulhaus und einem Store besteht. Hätten wir unterwegs nicht einen amerikanischen Farmer gefunden, der uns als Führer diente und beständig im Indianertrab vor unserm Wagen hertrabte, wir würden die Stadt nie gefunden haben. In Lexington fand ich Grow, Kongreßmitglied aus Pennsylvanien, mit dem wir ein festliches Diner einnahmen, bestehend aus Speck, Kartoffeln, roten Rüben und einer unbeschreiblichen Pie von ebenso unbeschreiblichem Geschmack. Nach Tische sprachen wir zu der Versammlung im Schulhause, die aus men, women und babies bestand, die letzteren über die Hälfte der Zeit an der Mutterbrust. Nachdem wir unsere Beredtsamkeit genügend hatten spielen lassen und die Versammlung entlassen war, berieten wir uns, auf welche Weise wir zum Frühstück am andern Morgen etwas anderes als Speck bekommen könnten. Grow, der ein kapitaler Geselle ist, verfiel auf den Gedanken, daß wir uns auf den edlen Fischfang verlegen sollten. Und so verschafften wir uns Angeln und einen Kahn und schwammen bei herabdämmerndem Abend auf dem nahen See. In weniger als einer Stunde hatten wir einen ganzen Eimer voll Fischen und sahen mit Stolz unserm nächsten Frühstück entgegen. Wir schliefen unter dem Dach, sieben Mann in einem Raum, machten am nächsten Morgen unsere Toilette in der Küche, trockneten uns mit unseren Taschentüchern, da die Handtücher rar und die vorhandenen gebraucht waren, verzehrten unsere Fische mit höchstem Selbstgefühl und machten uns dann, nachdem wir von Grow geschieden waren, auf den Weg nach Mankato, einer Stadt, 36 Meilen von Lexington entfernt. Meine Begleiter waren Scheffer, der Nominierte für Staatsschatzmeister, ein ganz köstlicher junger Deutscher, und Wilkinson, ein sehr angenehmer Amerikaner, der wahrscheinlich in den Vereinigten-Staaten-Senat gehen wird. Ich war erstaunt, wie bekannt ich bereits bin. Jeder Mann, dem wir begegneten, selbst in der tiefsten Einöde, jubelte auf, sobald er meinen Namen hörte, und des Händedrückens war kein Ende. In Mankato angekommen fand ich ein gutes Hotel und ausgezeichnete Versorgung. Das Haus, in welchem die Versammlung abgehalten wurde, war zum Brechen voll. Die Leute waren von 12 ja 15 Meilen in der Runde gekommen, mit Fahnen und Trommeln, um „that tremendous dutchman" zu hören. Alles ging ab nach Wunsch, drei Cheers, und noch drei Cheers, und wiederum drei Cheers. Und nachdem wir gut ausgeschlafen, fand uns der nächste Morgen auf unserm Wege nach Henderson, meinem nächsten Appointment. Mitten auf der offenen, einsamen Prairie begegnete uns ein Wagen mit zwei Herren. Wir hielten einander instinktiv an, und nach dem Auswechseln der gewöhnlichen Grüße erkannten sich the Honorable Frank Blair von Missouri und the Honorable Carl Schurz von Wisconsin. Große Erkennungsszene, die durch einen Trunk aus der Brandyflasche des Hon. Frank Blair festlich begangen wurde. Nach einer angenehmen Unterhaltung trennten wir uns und fuhren in verschiedenen Richtungen ab.

In Henderson, einem Platze von 1000 bis 1500 Einwohnern, mitten im Walde, hielten wir unsere Versammlung ab, während eines furchtbaren Gewitters, welches die Blitzschläge links und rechts neben uns niedersandte. Aber das Volk war enthusiastisch, und selbst die Ladies hatten sich von dem herabströmenden Regen nicht abhalten lassen. Der Donner des Himmels gab den Beifall zu meinen Kraftstellen. Dort erhielt ich Briefe von dem Central-Committee, die meine Gegenwart in Stillwater und St. Anthony für Montag und Dienstag verlangten. Sonntag Morgen also verließen wir Henderson, um womöglich an demselben Tage noch das 60 Meilen entfernte St. Paul zu erreichen. Aber es war unmöglich. Unsere abgetriebenen Pferde bedurften so sehr der Ruhe, daß wir in einer guten Country-Tavern, 17 Meilen von St. Paul anhalten mußten. Gestern Nachmittag um 1 Uhr waren wir bereits in Stillwater. Ich sprach in einem großen Warehouse zu einer zahlreichen Versammlung. Gestern Abend Ständchen mit Fackeln usw. Heute Morgen um 5 verließen wir Stillwater, und nun schreibe ich Dir in der kurzen Spanne Zeit, die zwischen meiner Ankunft hier und meiner Abfahrt nach St. Anthony liegt, wo heute eine kolossale Massenversammlung stattfinden wird. Die Zeitungen zeigen an, daß die Bevölkerung von 5 oder 6 Ortschaften mich auf halbem Wege empfangen und mir einen triumphalen Einzug in St. Anthony bereiten wird, mit Musik, Kanonendonner usw. Von St. Anthony werde ich nach S. Cloud gehen und am nächsten Samstag wieder hier sein, wo man mir einen großen Fackelzug und eine Demonstration so colossal wie möglich vorbereitet. Die Deutschen sind hier ganz Enthusiasmus....

Adieu für heute. Das Musikcorps ist da und der Wagen hält vor der Tür.......

Dein

Karl.

An seine Frau

St. Paul, den 3. Oktober 1859.

„Noch immer in St. Paul?", wirst Du fragen. Ja, immer noch hier, und ich werde noch die ganze Woche in Minnesota bleiben. Vorgestern wurde ich von einem großen Fackelzug in die Versammlung im Deutschen Theater begleitet, und gestern Morgen war ich bereits auf dem Dampfboot, als eine Deputation von Amerikanern und Deutschen mich fast mit Gewalt zurückholte, damit ich noch an einigen Orten sprechen sollte, wo ich stürmisch verlangt werde. So mußte ich denn bleiben.......

Wir haben gloriöse Zeiten gehabt. Vorigen Dienstag wurde ich zur Meeting in St. Anthony von einem Zuge von Wagen und Reitern eskortiert, der eine Meile lang war. In unserer Versammlung waren zwischen vier- und fünftausend Personen, während die demokratische Meeting, die zu gleicher Zeit stattfand, und in der Rothe und Larrabee sprachen, kaum 400 Köpfe zählte. Abends kam dann die Diskussion zwischen Rothe und mir richtig zustande. Ich glaube, ich schrieb Dir schon in meinem vorigen Brief, wie die Sache veranlaßt wurde. Als ich nun ganz gegen Rothes Erwartung in St. Anthony eintraf, hatten wir verschiedene Briefe zu wechseln, ehe Rothe sich zur Diskussion verstehen wollte. Seine demokratischen Freunde erklärten ihm endlich, daß sie ihn nicht weiter sprechen lassen wollten, wenn er meine Aufforderung nicht annähme. So tat er es endlich, und das Resultat wirst Du aus dem beiliegenden Zeitungsausschnitte ersehen, der dem „Minnesotian" entnommen ist.

Die Sache am vorigen Samstag war brillant, aber es ist seitdem noch keine Zeitung mit einer Beschreibung erschienen. Am nächsten Montag werde ich die letzte Rede in der Nähe von La-Crosse sprechen und dann mit dem allernächsten Zug nach Hause kommen. Ich habe ordentliches Heimweh, und ich verließ gestern das Boot mit blutendem Herzen......

Küsse die Kinder und grüße die Alten.

Dein

Karl.

An seine Frau

Milwaukee, den 5. November 1859.

Liebste Frau, Du warst wohl traurig, als ich gestern Abend nicht ankam; aber was wirst Du erst sagen, wenn ich auch heute nicht komme?

Gestern Nacht gegen 12 Uhr kam ich in einem „Propeller" von Sheboygen hier an. Ich fand alles darauf gespannt mich hier zu sehen. Die Dinge liegen hier so konfus durcheinander, daß, wie man sagt, nur ich selbst helfen kann. Auf heute Abend haben sie in der Erwartung, mich hier zu haben, eine Versammlung angesagt und wollen mich mit Gewalt zurückhalten. Ich werde morgen an meiner Schiller-Speech arbeiten und, wenn ich nicht fertig werden sollte, am betreffenden Tage krank werden müssen; doch hoffe ich, alles zur rechten Stunde bereit zu haben......

Nun zu meinen Erlebnissen: Montag Abend sprach ich in Fond-du-Lac mit dem besten Erfolge. In der Nacht ging ich nach Plymouth, 28 Meilen, und am nächsten Morgen in Sheboygen, wo ich Harvey wiedertraf, und von da nach Manitowoc. Dort wurde ich mit Musik und Kanonen empfangen und fand Hobart, den ich nur mit aller Mühe dazu bringen konnte, die Debatte mit mir anzunehmen. Endlich konnte er nicht mehr ausweichen, und ich verarbeitete ihn gehörig, zum größten Vergnügen aller republikanischen Zuhörer. Am nächsten Morgen sah ich Röser, der sehr freundlich war. Dann ging es nach Sheboygen, wo ich vor einer sehr großen Versammlung die zweite Debatte mit Hobart hatte. Einen größeren Triumph habe ich fast noch nie erlebt. In meiner 1½-stündigen Rede, die ich so recht im besten Humor machte, ließ ich nichts, gar nichts von ihm übrig, und selbst die Demokraten gestanden zu, daß ich ihrem Kandidaten gar zu übel mitgespielt habe. Ein Clergyman erklärte, er habe schon manche Diskussion gehört, aber noch nie habe er einem Mann so die Haut abziehen, ihn braten und auseinanderschneiden sehen wie dieses Mal. Der Jubel war groß. Am andern Morgen um 10 Uhr sprach ich zu einer deutschen Versammlung in Sheboygen und fuhr dann mit einem Extrazug nach Plymouth, wo ich um 2 Uhr eine Rede hielt. Abends kehrte ich nach Sheboygen zurück, um mit dem Dampfer nach Milwaukee zu fahren. Aber der Dampfer blieb aus, und ich mußte bis gestern Nachmittag auf Gelegenheit warten. Das war die Ursache der Verzögerung. Nun bin ich hier, und es liegt wie ein Alpdruck auf mir, daß ich nicht wegkann. Aber nachdem ich so viel getan, muß ich auch dieses Opfer noch bringen. Es geht nicht anders. Schreibe mir ja, daß ich Deinen Brief Montag Mittag habe. Ich kann's so kaum aushalten.......

Dein

Karl.

An seine Frau

Milwaukee, den 23. Februar 1860.

Meine Liebste, ... Nun soll ich Dir ja auch sagen, wie es mit der Politik steht. In der Assembly in Madison (Wisconsin) findet sich eine Majorität von Grünhörnern, die nichts zu tun versteht, aber dazu viel Zeit gebraucht. Sie sitzen nun bereits sechs Wochen und haben noch gar nichts zustande gebracht. Endlich haben sich denn ein paar junge Talente unter ihnen gezeigt, und ich hoffe, der Rest der Sitzung, die wahrscheinlich bis zum 1. April ausgedehnt werden wird, wenigstens scheint es mir so, wird etwas fruchtbarer sein. Die Frage, wer Chief-Justice werden soll, wird scharf diskutiert, und die Opposition gegen den ehemaligen Richter A. D. Smith, der die La-Crosse-Bonds genommen hat, nimmt zu. Einerseits hat er sich durch seine Verdienste viele Freunde erworben, und andrerseits sind die Gegner, die von den Bonds nichts wissen wollen, sehr determiniert. Zu den letzteren gehöre ich und werde seine Nomination bis zum äußersten bekämpfen. Rücksichtsloser Kampf gegen die Corruption ist meine Platform, und ich werde die Partei mit eisernen Klammern daran festnageln. Die Convention wird am 29. stattfinden; ich höre, daß ich in Watertown zum Delegaten gewählt worden bin. Es ist, wie ich höre, kein Zweifel daran, daß ich vom Staat at large werde nach Chicago geschickt werden.

Meine Douglas-Rede ist natürlich in unzähligen Exemplaren hier überall herumgekommen und hat einen ausgezeichneten Effekt gemacht. An mehreren Plätzen, höre ich, macht man Pamphlet-Ausgaben. Lincoln schrieb mir, er sei neidisch geworden. In Madison guckten mich unsere Grünhörner in der Legislatur mit großen Augen an.......

Du fragst mich, ob mir auch das Haus sehr unfreundlich und einsam vorgekommen sei, als Du nicht da warst? Meine Liebste, das ist gerade der Platz, wo ich Dich am allerwenigsten entbehren kann; ich mag nicht da sein, wenn Du abwesend bist. Als ich am letzten Montag über Watertown nach Madison reiste und in der Dunkelheit des Abends an der Stadt vorüber fuhr, wo ich hinter den zerstreuten Gaslichtern das Haus wußte, in dem Du nicht warst, da wurde es mir ordentlich traurig ums Herz. Ich habe große Anhänglichkeit an das Haus. Wenn wir auf die letzten Jahre zurückblicken, wie viel glückliche Tage haben wir doch in dem Hause genossen! Welchen Wechsel der Schicksale, der Pläne und der Stimmungen haben wir nicht dort durchlebt! Wie viel Liebe und treue Sorge hat nicht in diesem Hause gewohnt! Das ist es, was mir das Haus so lieb macht, aber weshalb ich auch nicht ohne Dich darin sein mag. Wohin uns auch die Zukunft stellen mag, nah oder weit, hoch oder niedrig, das Haus wird doch immer einen lieben Platz in unseren Erinnerungen einnehmen, und wenn wir uns die alten schönen Tage und unsre Kinder in der liebenswürdigsten Periode ihrer Entwicklung vormalen, so wird die Szene in der alten lieben rothen Stube und auf der Veranda sein........

An seine Frau

Milwaukee, den 2. März 1860.

Meine Liebste, Heute schreibe ich Dir in einiger Aufregung. Gestern Abend kam ich von der Staats-Convention zurück. Ich bin mit dem größten Enthusiasmus und ohne eine dissentierende Stimme an die Spitze der Staats-Delegation gestellt worden, und morgen werde ich Dir die kurze Rede schicken, die ich bei der Annahme gehalten habe. A. D. Smith wurde fürchterlich geschlagen und Scott Sloan zum Chief Justice nominiert. Soweit alles gut.

Nun etwas Ernsthafteres. Gestern Abend wurde Booth von neuem durch den Ver. Staaten Marschall verhaftet wegen seines Widerstandes gegen das Sklavenjagd-Gesetz. Dieser Fall treibt die Staatsrechtsfrage auf die Spitze; wir werden nun die endgültige

Entscheidung des großen Kampfes zwischen dem Staate Wisconsin und der Supreme Court der Vereinigten Staaten haben. Ich werde nun morgen Abend von hier abreisen, um meine Appointments einzuhalten. Es ist noch unbestimmt, wann die Sache vor der Supreme Court aufgenommen wird; davon wird es abhängen, wie weit ich werde reisen können.

Würdest Du im äußersten Fall allein von Philadelphia[1]) abreisen auf eine telegraphische Depesche hin? Wenn die Sache sehr drängen sollte, so würde ich nicht nach Philadelphia kommen, oder ich muß alle meine Appointments aufgeben. Diese Angelegenheit legt mir eine Masse Arbeit auf, aber sie ist fruchtbar ......

Heute ist mein Geburtstag. 31 Jahre also. Ich bin schnell gewachsen, ohne alt zu werden. Hier innen ist noch ein ganzer Frühling von Kraft und Streben und Liebe. Der Ernst des Lebens hat mich wohl etwas mehr ergriffen, aber ich bin doch noch so frisch wie vor zehn Jahren; ....

Ich werde nun nicht eher von Dir hören, bis ich in Indianopolis bin. Ein langes Lebewohl......

Dein

Karl.

An seine Frau

Chicago, den 5. März 1860.

Meine Liebste, Eine solche politische Aufregung, wie die, welche Chicago in diesem Augenblicke auf den Kopf stellt, habe ich noch nie gesehen. Douglas oder Anti-Douglas ist das Kampfgeschrei. Ich kam am Sonnabend hierher und sprach abends in zwei Versammlungen; zuerst im Deutschen Theater, wo unsere Landsleute Schulter an Schulter standen, sodaß kein Apfel zur Erde konnte; und noch viele Hunderte standen draußen und drängten sich vergebens dem Eingange zu; und dann in der amerikanischen Versammlung in Metropolitan Hall, wo mindestens 4000 Leute wie in einer Härings-

[1]) Frau Schurz war zu Besuch bei der befreundeten Familie Tiedemann in Philadelphia.

tonne zusammengepreßt waren, während wohl 2000 die Straße füllten und dort mehreren Rednern zuhörten. Mein Empfang, als ich in die amerikanische Versammlung kam, war kolossal; der Enthusiasmus ist nicht zu beschreiben; die Leute zittern vor Aufregung. Das republikanische Hauptquartier ist vom frühen Morgen bis tief in die Nacht von Menschen gefüllt; es ist eine permanente Massenversammlung. „Long John" kommandiert wie ein Feldmarschall, und alles scheint nach der Trommel zu marschieren. Es ist ordentlich lächerlich zu sehen, wie selbst die ruhigsten Leute aus dem Häuschen sind. Auf demokratischer Seite werden auch die größten Anstrengungen gemacht, aber man glaubt allgemein, daß Chicago seine alte republikanische Majorität liefern wird........ Du mußt heute mit wenigen Worten vorlieb nehmen.......

Nun Adieu! Meine Eile ist groß, und Du mußt mir nicht böse darüber sein.

Dein

Karl.

An seine Frau

South Bend, Indiana, den 9. März 1860.

Meine Liebste, Seitdem ich Dir von Jacksonville aus geschrieben habe, bin ich fast keinen Augenblick zur Ruhe gekommen. Ich konnte buchstäblich nicht eine halbe Stunde finden, um Dir zu schreiben. Unsere deutschen Brüder in Terre-Haute und Evansville liebten mich so, daß sie mich kaum zu Bette gehen lassen wollten; und selbst wenn ich anfing einzuschlafen, wurde ich wieder von dem Gesange deutscher Männerkehlen geweckt. Diese Woche war wirklich hart, und ich habe mich sehr quälen müssen. Ich habe drei Nächte auf den Eisenbahnen zugebracht, davon nur eine im Schlafwagen. Vor einer halben Stunde kam ich hier an (es ist jetzt 10 Uhr morgens) und habe nun endlich einen Tag Ruhe vor mir. Dieses Eisenbahnleben ist scheußlich; zum Frühstück undefinierbares Beafsteak, zäh wie gegerbte Rindshaut, aufgewärmte Kartoffeln und Saleratus-

Biscuits, die wie grüne Seife riechen. Mittags ditto, Abends ditto; dann die Lecture und dieselben Antworten auf dieselben Komplimente, und zuletzt ins Bett, ganz erschöpft; und am nächsten Morgen geht es wieder auf die Eisenbahn. Oh, jetzt bin ich der Sache aber auch gründlich müde und freue mich wie ein Spatz auf die Tage, wo wir wieder zusammen zu Hause sein und mit den Kindern spielen werden. Gott sei dank, der Tag wird nun bald da sein, und hier sind durstige Herzen, um ihn zu genießen! . . . . . .

In der Politik steht es hier überall vortrefflich. Von dem überraschend großen Erfolge in Chicago hast Du unzweifelhaft schon gehört. Das ist ein harter Schlag für Douglas, vielleicht der härteste, den er unter diesen Umständen empfangen konnte. Der Jubel über das Resultat ist groß unter den Republikanern. Fast überall ist die Nachricht mit Freudenschüssen begrüßt worden. Ich glaube, daß dieser republikanische Sieg die Aussichten von Douglas auf die Nomination in Charleston auf Null reduziert. Sie waren meiner Meinung nach nie sehr stark, aber ein demokratischer Ausfall der Wahl in Chicago hätte ihm ein neues Prestige gegeben. Hier in Indiana sehen die Dinge viel besser aus, als ich mir vorgestellt habe. Das deutsche Votum zieht sich immer stärker auf unsere Seite, und ich hege kaum einen Zweifel daran, daß wir Indiana in der Wahl gewinnen können. Meine Springfield Speech ist hier im Westen ungeheuer viel gelesen worden. In Indiana allein sind drei oder vier Ausgaben davon gedruckt worden. Sie ist fast in Jedermanns Händen gewesen. Indiana ist der einzige Staat, wo starke Sympathieen für Bates auftauchten, aber sonst hörte man von Bates nirgendwo. Seward ist offenbar im Steigen. Wenn Douglas nicht nominiert wird in Charleston, so halte ich Sewards Nomination in Chicago für sehr wahrscheinlich. Wird Douglas nominiert, so wird wahrscheinlich Lincoln der Mann auf unserer Seite sein. Mit beiden wäre ich sehr zufrieden.

Ich bin totmüde und muß ein wenig schlafen. Diesen Brief muß ich bald zur Post geben, damit er noch heute abgehe und Dich möglichst bald erreiche. Morgen ist Sonntag; ich werde Ruhe haben und Dir wieder schreiben, und dann mit mehr Frische und so recht con amore. Diese letzte Nacht bin ich zu sehr gerädert worden. .... Es ist wirklich Zeit, daß wir wieder zusammen kommen. Es geht nicht mehr so..........

Dein sehr müder

Karl.

An seine Frau

Milwaukee, den 25. März 1860.

Meine Liebste, Ich kam gerade zur rechten Zeit hier an. Mein Paine[1]) ist nominiert, und wir müssen sehen, daß wir ihn wählen. Die Wahl ist am Dienstag in acht Tagen, den 2. April, und die Sache ist im allgemeinen von so großer Wichtigkeit, daß man etwas Arbeit nicht scheuen darf. Das republikanische Ticket für die Stadt im Ganzen und im Einzelnen ist so untadelhaft und stark, daß es sehr möglich erscheint, Milwaukee diesmal republikanisch zu machen. Das würde noch das glänzendste Resultat sein, das diesen Frühling erfochten worden ist. Milwaukee, die Zwingburg der Demokratie, republikanisch, das würde Douglas erst vollkommen den Todesstoß geben. Ist das nicht „des Schweißes der Edlen wert?" Wirst Du mir böse sein, wenn ich dieser guten und großen Sache einige Tage Arbeit widme? Nicht wahr, Du wirst doch auch nicht wollen, daß da, wo so viel an mir und meinem Handeln hängt, ich die Sache durch Nachlässigkeit in die Brüche gehen lassen soll? Du weißt doch auch die Verantwortlichkeit zu schätzen, die an meiner hervorragenden Stellung hängt, eine Verantwortlichkeit, die allerdings nicht verbrieft und versiegelt, aber als moralische doch nicht minder stark ist? Würdest Du nicht auch stolz sein, wenn ich Dir am Morgen des 3. April die Nachricht von einem republikanischen Siege in Milwaukee brächte und Du Dir sagen könntest: „Auch ich habe an diesem großen Resultat meinen Teil, ich habe ihn mit meiner Entbehrung erkauft?" Das ist die Weise, in der auch die Frauen, selbst in der bescheidensten Sphäre, das ihrige zum Siege großer Prinzipien beitragen können, ein Beitrag, der um so höher und achtungswerter ist, als ihnen

---

[1]) Sein Compagnon in der Advokatur in Milwaukee.

dabei die fortreißende Aufregung des aktiven Kampfes fehlt. Ich weiß, Du stehst zu hoch über dem Gewöhnlichen, als daß Du über den gewöhnlichen Wünschen des Lebens die Verantwortlichkeit Deiner Stellung vergessen könntest. Was immer Du auch in einem Augenblick des Verdrusses und der Unzufriedenheit denken oder sagen magst, ich habe immer das Ungewöhnliche, die Anlage zum Großen in Dir erkannt und immer daran geglaubt. Und in diesem Glauben habe ich Dir vielleicht Entbehrungen zugemuthet, die hart waren, aber diese Zumuthungen waren an eine hervorragende Natur gestellt, die auch der stürmischen Arbeit des Lebens gewachsen ist.........

Dein Karl.

An seine Frau

Alton, den 25. Juli 1860.

Meine Liebste, Gestern also war ich bei Lincoln. Er ist noch ganz dasselbe alte gemüthliche Haus wie früher, ebenso einfach und unbefangen. Das Empfangs-Komité hatte mir im Gasthof Quartier gemacht, und Lincoln war einer der Ersten, die an meiner Stube anklopften. Er trägt einen leinenen Sackrock und einen Hut von zweifelhaftem Alter, aber es sieht Alles an ihm reinlich und nett aus. Wir unterhielten uns auf meiner Stube nahezu zwei Stunden. Ich lag gerade auf dem Bett, als er kam, um etwas auszuruhen, und er bestand darauf, daß ich liegen bleiben sollte. Von der Präsidentenwahl sprach er mit einer ruhigen und gemütlichen Unbefangenheit, als ob es sich um eine Kartoffelernte handelte. Er erzählte mir von all den Briefen und Besuchen, mit denen er überhäuft würde, und sage, daß er die, welche bereits um Ämter und dergleichen anfragten, gar nicht beantworte. „Men like you, setzte er hinzu, who have real merit and do the work, are always too proud to ask for anything; those, who do nothing, are the most clamorous for office, and very often get it, because it is the only way to get rid of them. But if I am elected they will find a tough customer to deal with, and you may depend upon it, that I shall know to distinguish deserving men from the drones.“

„All right, Old Abe!“ dachte ich.

Abends war ich bei Lincoln zum „Supper“. Die Madam hatte sich sehr niedlich „aufgedressed“ und versteht es schon sehr gut den Fächer zu schwenken. Sie schwätzt ganz gut und wird sich schon ins Weiße Haus finden. Lincolns Jungen sind echte westliche Bengels. Einer von ihnen bestand darauf barfuß zu laufen. Nach dem Abendessen, wozu eine Reihe von „leading men“ eingeladen war, steckten wir unsere Zigarren an und schwätzten. Um 8 Uhr kamen die Wide-Awakes, um mich zur Versammlung in das Kapitol zu begleiten. Es war der größte Fackelzug, den Springfield noch gesehen. Lincoln bestand darauf mitzugehen, obgleich er seit seiner Nomination noch nicht öffentlich erschienen war. Er mußte „that tremendous speaker“ einmal hören. So nahmen denn die Wide-Awakes Old Abe und mich in die Mitte, und wir beiden wanderten Arm in Arm nach dem State-House. Der Jubel war ungeheuer. Ich hielt eine der besten Reden, deutsch, die mir noch gelungen; dann sprach ich englisch und strengte mich auch etwas mehr als gewöhnlich an. Lincoln saß den ganzen Abend dicht vor mir, beobachtete jede Bewegung und applaudierte mit ungeheurem Enthusiasmus. Als ich fertig war, kam er und „shook hands“ (Autsch!) und sagte: „You are an awful fellow! I understand your power now!“ Er schenkte mir ein Exemplar von seinen Debatten mit Douglas, und er und die Madam schärften mir sehr ein, bei meinem nächsten Besuche meine Madam mitzubringen und ja bei ihm im Hause einzukehren.

Heute Morgen um 5 Uhr reiste ich von Springfield ab und kam um 8 Uhr hier an, wohl, munter und schlagfertig wie je ....

Dein Karl.

An seine Frau

Belleville, Ill., den 29. Juli 1860.

Meine Liebste, Schon gestern wollte ich schreiben, aber Du hast keine Idee von dem Treiben, in welchem ich lebe. Ich habe fast keine Minute für mich. Mit Mühe und Not habe ich meinen

St. Louis speech zu zwei Dritteln fertig bekommen und hoffe, daß ich morgen, Sonntag, den Rest machen kann; aber ich muß mich mit Gewalt abschließen. Es wird die größte Rede meines Lebens, und ich weiß, Du zürnst mir nicht, wenn meine Briefe etwas kürzer sind und meine Rede dafür noch besser wird. So benutze ich denn jede freie Sekunde zum Arbeiten.

Gestern war ich bei Hecker. Er ist noch ganz der Alte......

Heute wird hier eine große Demonstration sein, die ganze Stadt ist bereits mit Fahnen und Kränzen dekoriert. Hecker wird hier sein und mit mir sprechen. Der Enthusiasmus ist überall auf dem Punkt der Fieberhitze angekommen. Mein Erfolg war an allen Punkten glänzend. Die Deutschen kommen in Hunderten und Tausenden herüber. Wenn es überall geht wie in Egypte, wo im Jahre 1856 fast gar keine republikanischen Stimmen fielen, so ist Lincolns Wahl unvermeidlich...........

Oh weh, die Kanonen donnern schon wieder, die Trommeln rasseln, die Marschälle sprengen an meinem Fenster vorbei. Die 34 Jungfrauen in Weiß sind auch schon vorrätig. Da ist die Deputation, die mich holt. Adieu!......

Dein Karl.

An seine Frau

Pittsburgh, Pa., 10. September 1860.

Meine Liebste, Endlich haben mich die bösen Männer für einen Augenblick verlassen, und ich kann Dir meine Erlebnisse erzählen. Ich hätte Dir schon gestern geschrieben, aber ich fürchtete Dich in unnötige Angst zu setzen. Meinen Brief von Detroit wirst Du erhalten haben. Samstag Morgen dachte ich per Dampfboot nach Cleveland zu gehen, um dann den Abendzug nach Pittsburgh zu nehmen, was für mich die angenehmste Reise gewesen sein würde. Wir verließen also Detroit um 9 Uhr morgens, und nach Tisch legte ich mich zu Bette, um den Schlaf nachzuholen, den ich in der Nacht in dem Hotel, wo ich fast von den Mosquitos aufgefressen war, versäumt hatte.

Als ich mich hinlegte, war das Wasser etwas unruhig, und es blies ziemlich. Aber da ich ein geborener Seemensch bin, so schlief ich ruhig ein, und als ich nach einigen Stunden aufwachte und hinausging um mich zu erkundigen, wie weit es noch bis Cleveland sei, erfuhr ich zu meiner großen Verwunderung, daß wir umgekehrt seien und wieder Detroit zusteuerten. Der Kapitän hatte den Sturm so stark gefunden, daß er es nicht wagte, weiter in den See hineinzufahren. Aus Vorsicht also war er umgekehrt. Du kannst Dir denken, wie verdrießlich ich war. Wären wir noch zur rechten Zeit in Detroit angekommen, ich glaube, ich hätte in meinem Zorn den Milwaukee Zug genommen, um dort zur Seward-Meeting zu sein und Dich dann mitzunehmen. Aber es war zu spät. Ich mußte also auf dem Boot bleiben, wo ich verdrießlich einschlief. Am andern Morgen kam der Kapitän ehrerbietig, mit dem Hute in der Hand, und bat mich um ein paar Worte allein. Er sagte, er habe eben erfahren, wer ich sei, und entschuldigte sich sehr, daß er das nicht gleich gewußt habe. Dann nötigte er mir mein Passagegeld auf mit dem Bemerken, daß er es sich zur Ehre rechne, mich an Bord zu haben, er würde sich nie für eine solche Ehre bezahlen lassen. „Well —", dachte ich. Dann räumte er mir seine Kajüte ein, ein hübsches, elegantes Zimmer, rief die Stewards zusammen und erteilte ihnen die Instruktion, daß alles, was dieser Herr befehle, sogleich geschehen müsse. Nun war ich Herr auf dem Schiffe und ließ mir's ziemlich wohl sein. Mein Zorn legte sich, und ich arbeitete den ganzen Tag an meiner Rede, die ich jetzt schon ziemlich auswendig kann.

Gegen Abend aber hatte sich die Kunde verbreitet, daß ich an Bord sei, und nun hatte ich Pascha-ähnlich in meiner Kajüte großen Empfang. Um 7 Uhr fuhren wir ab, und heute Morgen erwachte ich nach einem herrlichen Schlaf in Cleveland. Die anderen Passagiere waren schon längst fort, aber der Kapitän hatte den Befehl gegeben, mich nicht zu stören. Ein schönes Frühstück erwartete mich, es wurde mir ein Steward mitgegeben, um meine Baggage zu tragen, und ich ging zur Eisenbahn, nachdem mich beim Abschied der Kapitän noch einmal feierlich versichert hatte, er würde es sich zum größten Vergnügen anrechnen, mich wieder auf dem Boot zu beherbergen.

Ruhm ist doch etwas werth —, nicht? Glücklicherweise habe ich kein Appointment verloren. Heute Abend spreche ich hier, und meine anderen Engagements sind auf der Eisenbahnlinie. Soweit also alles gut.

Douglas spricht am 12. in New York und mein Donnerschlag kommt gerade auf ihn. Das ist köstlich...........

Dein

Karl.

An seine Frau

New-York, den 14. September 1860.

Meine Liebste, Heute schreibe ich Dir im Hauptquartier des Nationalkomité. Ich hätte Dir gestern geschrieben, aber ich war den ganzen Tag mit meiner Rede beschäftigt. Morgens diktierte ich sie den Stenographen der „Tribune" und nachmittags lernte ich noch auswendig, soviel als nötig. Soll ich gestehen, daß ich ein wenig das Kanonenfieber hatte? Ich war den ganzen Tag etwas nervös, ganz absorbiert von dem bevorstehenden Abend, und ich hätte Dir in der Stimmung nicht schreiben können. Aber als ich abends den unermeßlichen Saal mit Tausenden gefüllt — so gefüllt sah, daß niemand sich rühren konnte, und als ich bei meinem Eintritt, während ein anderer sprach, mit rauschendem Applaus begrüßt wurde, da war „Richard himself again", und ich fühlte das alte Selbstvertrauen wieder. Ich hatte kaum meinen Platz eingenommen, als mir ein Brief überreicht wurde; das war der Deinige, und ich nahm das als ein Zeichen guter Vorbedeutung. Endlich kam ich an die Reihe, wurde mit unendlichem Jubel empfangen und während meiner Rede so oft von stürmischem Applaus unterbrochen, daß das Händeklatschen beinahe so lange dauerte wie das Sprechen. Ich habe nie so brillant geredet wie gestern Abend. Das ungeheure Auditorium schien wie elektrisiert, und als ich geschlossen hatte, gab es ein förmliches Sturmlaufen auf die Tribüne zu. Das Händedrücken wollte gar kein Ende nehmen. Ich glaube, es war der größte und glänzendste Erfolg, den ich noch gehabt habe. Ich sprach über zwei Stunden, und man sagt mir, daß man in New-York noch nie eine so große Versammlnug einem Redner so lange habe zuhören sehen............

Dein

Karl.

An seine Frau

Philadelphia, den 17. September 1860.

Meine Liebste, ...Von meinem glänzenden Succeß in New-York hast Du nun gehört, teils durch meinen Brief, teils durch die Zeitungen, welche ich Dir schickte. Am Samstag sprach ich in Easton zu einer vortrefflichen Versammlung, und Sonntag Morgen fuhr Göpp mich nach Bethlehem, von wo ich den Zug nach Philadelphia nehmen konnte. In Bethlehem hatte ich einige Stunden, in denen ich die Plätze besuchte, wo wir so glücklich waren: Yerkes' Haus, wo jetzt ein anderer wohnt; aber der kleine Baum im Garten, an welchem unser Hans sich zum ersten Male auf seine zarten Beinchen richtete, steht noch da. Dann ging ich zu dem alten Kirchhof, wo wir so manche Stunde verträumten, setzte mich auf die alten Bänke, an den alten Gräbern, und dachte an die alte Zeit; dann zum neuen Kirchhof, wo der schöne Spaziergang am Felsabhange ist; hier hatte ich Hans den steilen Pfad auf- und abgetragen, da mich im Pistolenschießen geübt. Dort auf der Bank hatten wir Bleakhouse und Nicholas Nickleby gelesen. Die Zeit liegt hinter mir wie eine ferne Jugenderinnerung. Damals dämmerte der Mann in mir auf, aber nur im Verlangen und in unbestimmter Vorahnung. Ich setzte mich auf eine der wohlbekannten Bänke und überlas den Probebogen der Pamphlet-Ausgabe meiner New-Yorker Rede. Welch ein Wechsel! Ich darf mir sagen, daß ich in jenen Tagen nichts von mir vorhergedacht oder gesagt, was nicht geworden ist. Ich habe das Versprechen gehalten, welches ich in mir selbst der Welt gegeben. Und doch sehne ich mich oft tief, die Tage von Bethlehem noch einmal zu verleben. Sei ruhig, dieser Kampf geht auch einmal vorüber und wir werden ruhige Jahre haben, Jahre wie einst, des ruhigen kindlichen Genusses. Warum sollte der gereifte, tatgekräftigte Mann nicht ebenso genießen können? Jetzt stehe ich in der Fülle meiner Kraft, die unbeschränkt, unerschöpft in mir Blüten und Früchte treibt. Die Zeit des Handelns ist da; laß mich handeln, und die Ruhe wird uns als Lohn der Pflichterfüllung............

Dein Karl.

An seine Frau

Milwaukee, den 3. November 1860.

Meine Liebste, Willst Du mir glauben, daß ich seit vorigem Montag buchstäblich keine Minute habe finden können, um einige Zeilen zu schreiben? Aber es ist wirklich so. Montag fuhr ich nach Port Washington, wo ich am Abend sprach .... Donnerstag sprach ich nachmittags in Milwaukee County und abends in Watertown. Es regnete in Strömen, und der Schlamm war knietief, aber der ganze Bahnhof war mit Wide-Awakes gefüllt, und der Spektakel war ungeheuer. Coles Halle war zum Erdrücken gefüllt, und die ganze Stadt schien wie umgewandelt. Es sah aus, als ob die Republikaner das Kommando führten. Ein paar Tage, bevor ich sprach, war Senator Gill, der demokratische Senator, der Präsident des Douglas-Clubs, der noch vor zwei Wochen Douglas in Watertown bei der Versammlung als „the greatest of living statesmen" eingeführt hatte, für Lincoln herausgekommen und zur republikanischen Partei übergetreten. Er sprach in meiner Versammlung unter großem Jubel...............

Gestern Morgen kam ich von Watertown zurück und sprach hier im County. Eben steht der Wagen vor der Tür, der mich zu einer neuen Expedition fortbringen soll. So ist jede Minute meiner Zeit in Beschlag genommen, und ich komme kaum zur Besinnung. Das Sprechen ist das Wenigste dabei. Es ist, als ob in der Stunde vor der Schlacht der Generalstab an der Front vorbeireitet und einige ermutigende Worte an die Truppen richtet. Die Hauptsache ist das

Fahren. Es nimmt mehr Zeit als Kräfte in Anspruch. Ich bin vollkommen gesund und frisch..........

Noch zwei Arbeitstage, und der Kampf ist vorbei. Hosianna! Ich werde dann wieder denken können und werde mich wieder besinnen können, daß ich nicht dem großen Kreise allein angehöre. Ich werde sofort meine Lecture-Appointments in Ordnung bringen und, sobald es geht, zu Dir eilen..... Verzeih mir diesen dummen Brief, ich schreibe Dir in größter Hast. Potter steht neben mir mit einer Peitsche in der Hand, mit der er nicht mich, sondern unsere Wagenpferde schlagen will. Die Trompete bläst, und es geht wieder ins Feld..........

Die besten Grüße

Dein Karl.

An seine Frau

Milwaukee, den 7. November 1860.

Meine Liebste, Die Wahl ist vorüber, die Schlacht geschlagen, der Sieg gewonnen. Ich blieb in der Stadt, um noch bis zum letzten Augenblick an dem Stimmkasten zu arbeiten. Den Tag unmittelbar vor der Wahl sprach ich an mehreren Plätzen und tat mein Bestes. Der Kampf war lebhaft, man gab sich von beiden Seiten die größte Mühe. Als die Wahl vorüber war, versammelten wir uns in der „Chamber of Commerce" an der Spring Street-Brücke, um die telegraphischen Nachrichten in Empfang zu nehmen. Der Saal war gedrückt voll. Wie die Depeschen ankamen, so stieg die Aufregung, und des Jubels war kein Ende, als Lincolns Majoritäten sich nach und nach ins Colossale anzuhäufen schienen. Endlich kam New-York, das eigentliche Entscheidungsfeld der Campagne. Die ersten Nachrichten sprachen von einer Majorität von 40 000 in der City gegen uns. Bange Stille unter den Republikanern. Dann kamen die Depeschen Schlag auf Schlag, und die formidable Zahl schmolz auf 35 000, auf 28 000 und zuletzt auf 25 000 herunter. Allgemeines Aufatmen. Nun brachen die republikanischen Majoritäten aus dem westlichen Teile des Staates New-York wie ein Hagelwetter herein.

Die Versammlung war wie toll, Alles schrie und jubelte, die Hüte flogen an die Decke, an die Wände und auf den Boden, als ob sie keine Ware gewesen wären. Endlich, gegen 2 Uhr, sagte der Telegraph: „Nach den empfangenen Nachrichten ist New-York gut für 50 000". Nun wurde die Kanone herausgeholt, und wir weckten die Demokraten, die sich schon ziemlich früh am Abend von den Straßen verzogen hatten, und nun, als der erste Kanonenschuß verkündigte, daß das große Werk vollendet, der große Sieg gewonnen sei, da fehlte nichts, als daß ich Dich in dem Augenblicke hier gehabt hätte! Dieser Sieg gehört auch Dir, und ich habe seinen Genuß nicht von dem Gedanken an Dich trennen können. Jetzt, jetzt ist die schwere Zeit vorbei. Liebe, Ruhe, Familie, Glück! Die Zukunft droht mit keiner Trennung mehr. Ich gehe sogleich daran, meine Vorlesungen zu ordnen, und sobald das geschehen ist, reise ich ab. Ich erwarte noch ein halbes Dutzend Briefe, die mir über die Zeit meiner Appointments Gewißheit verschaffen sollen, und sobald die da sind, hält mich nichts mehr. Heute Nachmittag gehe ich nach Watertown und bleibe da bis nächste Woche Dienstag oder Mittwoch. Ich bin sehr ermüdet und brauche einige Tage Pflanzenschlaf.

Von Watertown aus schreibe ich sogleich wieder. Ich bin glücklich in dem Gedanken an die Zukunft. Wir werden wieder Eins sein und, wenn mich nicht Alles trügt, ein Stück der alten Idylle wieder zurückführen.......

Dein Karl.

An seine Frau

Milwaukee, den 14. November 1860.

Meine Liebste, ...Du hast keinen Begriff davon, wie ich von Briefen überflutet werde, in denen meine Verwendung bei Lincoln um Stellen nachgesucht wird. Ich habe vor, ein Zirkular als Antwort drucken zu lassen und den Unglücklichen zuzuschicken. Die Disunionsbewegungen im Süden gehen noch immer fort und es ist nicht unmöglich, daß wir unruhige Zeiten bekommen. Die Wahrschemlichkeit ist jedoch, daß vor Lincolns Inauguration die notwendig eintretende Reaktion im Süden selbst den Spektakel niederhalten wird. Wir leben in einer großen Zeit. Jeder Tag kann uns neue Entscheidungen bringen — ich aber sehne mich nach Ruhe. Ruhe und Familie! steht auf meiner Fahne........

Morgen muß ich eine Rede halten und bin noch nicht fertig. Es fehlt mir wieder an der Janitscharenmusik und ich fühle, daß obgleich ich körperlich vollkommen wohl bin, ich doch geistig an einiger Abspannung leide..........

Dein

Karl.

An seine Frau

Boston, den 17. Dezember 1860.

Meine Liebste, ...Gestern Nachmittag habe ich einen Brief an Lincoln geschrieben, in welchem ich ihm meine Ansichten über die jetzige Lage der Dinge auseinandersetze und ihm andeute, daß ich mich nie einem Compromiß unterwerfen, sondern in dem Augenblicke, wo die Partei von ihren Prinzipien zurücktritt, die Partei verlassen werde. Ich muß gestehen, daß ich volles Vertrauen in Lincolns Ehrlichkeit und auch in seinen Mut habe; aber möglich wäre es, daß der jetzige Congreß ihm durch Compromißbeschlüsse die Hände fesselte. Ich wünschte, ich könnte nur drei Tage lang ein Mitglied des Senats sein; ich würde den Leuten ein neues Lied singen. Es scheint mir, daß die allgemeine Confusion in Washington die Passierung von Compromißbeschlüssen verhindern wird; aber doch könnte es sein, daß die Partei sich in ihren Repräsentanten erniedrigte und Lincoln sich fügen müßte.........

Ich habe gestern und heute viel darüber nachgedacht und werde fest sein; doch hoffe ich auf das beste. Ich stehe in lebhaftem Briefwechsel mit Washington und heize unseren Leuten nach Kräften ein. Es macht mich traurig, daß ich am Weihnachtsabend nicht bei Dir sein kann. Aber was hilft's. Es wird noch einmal die Zeit kommen, wo es keine derartigen Notwendigkeiten mehr für uns gibt......

Dein Karl.

An seine Frau

Boston, den 24. Dezember 1860.

Meine Liebste, Es ist Weihnachtsabend, und ich sitze hier einsam und allein mit meinen Gedanken.........

Gestern und heute habe ich geruht, morgen geht es wieder an die Arbeit. Ich kann Dir mit großer Freude sagen, daß die Gefahr einer Erniedrigung der republikanischen Partei geringer ist als je. Lincoln selbst steht fest wie eine Eiche, und seine Entschlossenheit teilt sich auch den zaghaften Mitgliedern der Partei mit. Die Briefe, welche ich von Washington bekomme (und meine Correspondenz mit meinen Freunden dort ist sehr lebhaft) sind in den letzten Tagen voll der ermutigendsten Nachrichten. Der Mut unserer Leute scheint in demselben Maße zu wachsen, in welchem die Verlegenheit unserer Gegner größer wird. Ich habe, soweit meine Zeit es erlaubte, aus der Entfernung kräftig hineingefeuert, und fast täglich schicke ich meine Ansichten und Vorschläge über das, was zu tun ist, hinüber.

Es scheint, als ob die Sache im Congreß gut gehen wird. — Eins aber ist nun fast gewiß geworden. Es wird zwischen dem Norden und dem Süden zum Kampfe kommen, dessen Dauer abhängen wird von der Entschlossenheit, mit der man ihn führt, d. h. je kräftiger der Norden die Sache angreift, um so kürzer wird die Krisis sein. Das ist die Zeit für Männer von Entschlossenheit und Ressourcen und ich sollte mich nicht wundern, wenn auch Dein Mann da wieder in den Dienst gerufen würde.

Ich werde wohl schwerlich dazu kommen, wieder den Säbel zu schleppen, aber es ist sehr möglich, daß ich bei den Vorbereitungen zu diesem Entscheidungskampfe, der Organisation und dergleichen tätig sein werde. Sobald die Sache so weit ist, werde ich an die verschiedenen republikanischen Gouverneure einen Organisationsplan schicken, den ich dieser Tage entworfen habe.

Wir leben in einer großen Zeit, und wir sollten nicht kleiner sein als die Anforderungen, welche die Zeit an uns stellt. Wenn mich nicht alles täuscht, so ist das Ende der politischen Sklavenmacht nahe. Die republikanische Partei braucht nur ihre Macht zu verstehen, um mit einem einzigen Schlage eine Reform durchzuführen, welche zu den großartigsten unserer Tage gehören wird. Warum kann ich nicht jetzt im Congreß sein? Ich könnte Dinge dort sagen, die unseren furchtsamen Brüdern die Köpfe wirbeln machen würden. Übrigens bin ich nicht so weit vom Congreß entfernt, als die Leute denken. Ich bin gerade daran, eine Rede auszuarbeiten, wechle im Congreß von einem Repräsentanten gehalten werden soll. Ist das nicht hübsch? Wenn ich auch nicht selbst da sein kann, meine Reden machen sich doch dort laut. Ich habe schon Spuren bemerkt von den Briefen, die ich hingeschickt habe.

Den 27. Dezember 1860.

Die Sezessionisten versuchen, Virginia und Maryland in die Bewegung hineinzuziehen. Wenn das gelingt, so wird ihr nächster Schritt sein, von der Stadt Washington, welche zwischen Virginia und Maryland eingeklemmt liegt, Besitz zu ergreifen. Da dies noch während Buchanans Administration oder am 4. März geschehen wird, wenn man überhaupt zur Ausführung des Planes schreitet, so werden militärische Maßregeln ergriffen werden müssen, nicht allein um die Politik der nächsten Administration durchzuführen, sondern auch schon vorher, um Lincoln den Eintritt ins Amt zu sichern. Diese ganze Verwirrung kann in meiner Meinung nur dadurch vermieden werden, daß die nördlichen Staaten sich sobald als möglich rüsten und ihre Entschlossenheit zeigen, die Regierung mit Waffengewalt und um jeden Preis aufrecht zu halten.

Diese Vorbereitungen und ein praktischer Beweis dieser Entschlossenheit scheinen mir das Einzige zu sein, wodurch die südlichen Desperados von ihrem Vorhaben abgeschreckt werden können. Diese Leute verlassen sich darauf, daß das Volk des Nordens keine Lust hat zu kämpfen. Darin irren sie sich. Wie unsere Repräsentanten in Washington kühner werden, so steigt auch der fighting spirit im Volke. Auf welche Weise auch der Kampf ausbrechen mag, ich bin gewiß, lange wird er nicht dauern. Ich schreibe heute noch an Lincoln, um ihm die Grundzüge eines Planes zur Rüstung der freien Staaten vorzulegen.

Du siehst, was für Dinge mich innerlich beschäftigen, und ich muß gestehen, daß ich oft, wenn ich eine Vorlesung halte, an Dinge denke, welche von dem Gegenstande des Vortrages ganz verschieden sind. Das macht mir das lecture business ganz zuwider. Aber was hilft's? Das Geld will gemacht sein, und so muß ich eben bei der Stange bleiben. Ich ginge für mein Leben gern auf einige Tage nach Washington, aber es läßt sich nicht machen. Andrerseits bin ich auch ungeduldig, nach Hause zu kommen, aber mein Gewissen verbietet mir irgend ein Appointment aufzugeben. . . . .

Die Eigentümer des „Atlantic-Monthly" schickten neulich zu mir um mich zu sehen. Ich ging hin, und sie baten mich, für das „Atlantic-Monthly" zu schreiben, zu 5—8 Dollar die Seite. Das wird eine gute Sache sein, wenn ich erst einmal wieder ruhig arbeiten kann. . . . .

Von der Herausgabe meiner Reden rieten sie mir für den Augenblick ab, da sich jetzt Bücher nicht verkaufen lassen . . . .

Dein Karl.

An seine Frau

Toledo, den 29. Jan. 1861.

(Aus dem Französischen übersetzt.) [1])

Meine Liebste, Die Gefahren der Eisenbahn, die Unannehmlichkeiten einer Nachtreise sind überwunden, und ich bin jetzt in einem hübschen Zimmer eines wohlgehaltenen Hotels eingerichtet. Ein ausgezeichnetes Frühstück steht vor mir auf dem Tisch, und ich bedauere nur, daß ich es allein verzehren muß. Trotzdem hoffe ich, daß ich von meinen Freunden nicht vor 2 oder 3 Uhr nachmittags entdeckt werde. Die einzigen Leute, welche mich hier bis jetzt erkannt haben, waren

[1]) Dieser und einige andere an seine Frau gerichtete Briefe schrieb Carl Schurz in französischer Sprache.

erstens der Wirt und zweitens der Neger, der mir mein Frühstück brachte und der vorgiebt, meine Douglasrede gelesen zu haben, und drittens der Barbier, welcher mich an seiner Bude vorbeigehen sah und über meine Anwesenheit hier in Entzücken geriet. Besagter Neger hat sich zu meinem Beschützer aufgeworfen, und als ich ihm erklärte, ich möchte heute früh gern allein bleiben, gab er mir mit Gönnermiene die Versicherung, dafür wolle er schon sorgen; ich solle mich nur ganz nach Belieben unterhalten. Jeder nämlich, der es wagen würde, mich stören zu wollen, der bekäme es mit ihm selbst zu tun! Somit habe ich mich denn im Hochgefühl vollkommenster Sicherheit zum Schreiben niedergesetzt.

In einem heutigen Blatt, das mir mein Neger brachte, las ich, daß Lincoln in einer Privatunterhaltung erklärt haben soll, er werde lieber sterben als seine Stellung dadurch erkaufen, daß er auch nur von einem einzigen Hauptpunkte des Chicagoer Programms abweiche, denn jedes Nachgeben auf Seiten der republikanischen Partei in dieser Hinsicht sei gleichbedeutend mit einem Verfall der Regierung, mit Einführung von Anarchie, wie in Mexiko, und mit einer Flucht der Sieger vor den Besiegten; eine solche Feigheit würde er sich nie zuschulden kommen lassen.

Wenn das wahr ist, und ich bezweifle es nicht, so ist der Sieg uns sicher, und der große Kampf zwischen Freiheit und Sklaverei ist endgiltig entschieden. Gloire à lui! (Hoch Lincoln!). Wir leben in einer wunderbaren Zeit. Dies ist nicht nur ein Zeitalter der Abenteurer und Emporkömmlinge, welche Geisteskraft und Gunst der Verhältnisse hochgebracht hat, sondern auch das Zeitalter der Männer von Gewissen, welche lediglich durch die Kraft ihrer Ehrlichkeit die Sachlage beherrschen und alle ihnen entgegenstehenden Hindernisse niederwerfen. Im Jahre 1848 habe ich oft bedauert, daß ich zu jung war, um eine leitende oder auch nur offizielle Stellung bei den Vorgängen einzunehmen. Aber heute kann ich meinem Schicksal danken, daß ich gerade in dem besten Mannesalter bin, zu einer Zeit, wo in Europa Garibaldi wie ein fahrender Ritter als Vorkämpfer für ein Princip auftritt, Garibaldi, ein Mann von unerschütterlicher Überzeugung und fester Willenskraft, ein Mann, der sich selbst zu einer Großmacht aufschwang, und zwar Großmächten gegenüber, welche erst das Resultat von Jahrhunderten sind. Und wenn in Amerika der Aufstand einer Tyrannenpartei und die verbrecherischen Unternehmungen eines volksfeindlichen Elementes unter der ehrlichen Willenskraft eines einfachen Mannes zusammenbrechen, ist es nicht ein berechtigter Ehrgeiz, sich einer solchen Zeit würdig zeigen zu wollen? Ist es nicht einiger Opfer an Ruhe und Bequemlichkeit wert, den durch solche Sachlage auferlegten Pflichten zu genügen? In einem kleinlichen Zeitalter leben zu müssen und seine Kräfte in Nichtigkeiten zu erschöpfen, das kann man nur ein trauriges Schicksal nennen. Aber wie, wenn man in großen Zeiten lebt, von erhabenen Problemen umgeben ist, und dann wegen verhältnismäßig kleiner Vorzüge und Wünsche die hohen Ziele aus den Augen läßt, seine Pflicht verletzt — ist das nicht ein noch viel tausendmal erbärmlicheres Dasein? Was uns beide anlangt, wir wollen jedenfalls auf der Höhe unserer Zeit leben, nicht wahr?

Ich verstehe Deine Klagen. Ich selbst bedauere ja so oft, wie die Notwendigkeit so grausam ist. Aber ich weiß auch, daß edler Sinn und hohes Pflichtgefühl in diesen Tagen des allgemeinen Ringens in Deinem Innern wohnen wie in meinem eigenen, und daß der Heldenmut Deiner Natur Dich über alle kleinern Bedenken emporheben wird, sobald die größere Pflicht an Deine Thüre pocht! Ich habe viel mehr Vertrauen zu Dir, als Du selbst wohl hast.

Verzeih, wenn ich Dir heute nur von ernsten Dingen schreibe. Die Nachrichten von heute früh haben meine Seele tief ergriffen; ich mußte von ihnen reden.

Immer

Dein Karl.

An seine Frau

Hillsdale, Mich., den 4. Februar 1861.

Meine Liebste, Heute Morgen verließ ich Oberlin und kam hier zwischen 3 und 4 an. Den Sonntag habe ich in Oberlin zugebracht, in einer frommen Doktorsfamilie, die am Sabbat kein Mittagessen kochte. Denke Dich in meine Situation. Zum Frühstück kein Fleisch, zu Mittag keins und zum Abend auch keins. Ich will gern fromm sein, aber Gott mit leerem Magen preisen ist eine Sache, für die ich nicht sehr schwärme. Aber Dein armer Mann hat auch das überstanden und heute Mittag in Toledo im Hotel gegessen, wo man ihm wieder Fleisch gegeben hat. Und so geht es wieder besser.

Was denkst Du von Seward, mein Kind? Hast Du seine letzte Rede gelesen oder davon gehört? Diese Größe ist auch gefallen; er beugt sich vor der Sklavenmacht; er hat den Weg des Compromisses und der Conzessionen betreten, und ich weiß nicht, wo er auf dieser abwärtsgehenden Laufbahn stehen bleiben wird. Dieser Stern auch erloschen! Das ist hart. Wir haben so fest an ihn geglaubt und mit so viel Liebe an ihm gehangen. Dies ist die Zeit, die die Seelen der Menschen prüft, und Mancher vielleicht wird noch zu le cht befunden werden. Lincoln steht noch fest wie eine Mauer. Jede Nachricht, die von Springfield kommt, stärkt mein Vertrauen auf ihn. Diese und die nächste Woche werden entscheiden; manche große Reputation wird in diesem Wirbel untergehen und vielleicht mancher neuer Name sich in die Geschichte schreiben. Unter uns gesagt, es sollte mich nicht wundern, wenn Lincoln seine Einladung an Seward, an die Spitze des Cabinetts zu treten, widerriefe; sicher ein kühner, vielleicht gefährlicher Schlag, aber gerecht; denn Seward, was immer er selbst denken mag, hat nicht das Recht, die künftige Politik des Präsidenten gegen dessen Willen und Sinn eigenmächtig zu compromittieren. Wo ist unser „Seward Enthusiasm" von der Chicagoer Convention hin? Wo sind die schönen Redeblumen, mit denen wir seine Niederlage bedeckt haben?

Ich werde Lincoln nächsten Samstag sehen, und ich habe vor, über alle Angelegenheiten, die von gemeinsamem Interesse sind, mein Gemüt auf das Vollständigste auszupacken und ich glaube nicht, daß mir das seinige verschlossen bleibt.

Weißt Du, daß ich beinahe dazu gekommen wäre, diese Woche einen Abstecher nach Washington zu machen? Heute kommt die von dem Staate Virginia berufene Conferenz zusammen; die nördlichen Staaten wollten anfangs keine Delegaten hinschicken, besannen sich aber zuletzt eines Besseren. Vorigen Freitag telegraphierte ich an Governor Randall, für den Staat Wiskonsin dasselbe zu tun und unter anderen mich hinzuschicken. Man fand aber die Absendung von Delegaten wahrscheinlich zu spät, und so ist die Sache unterblieben.

Nun genug von der Weltgeschichte, die sich in unseren Tagen abspielt..........

Gestern Abend brachte ich im langweiligen Parlor meiner langweiligen Doktorfamilie zu, und Du weißt, wie langweilig ein solcher Sonntagabend sein kann. Da habe ich denn in Gedanken mit den Kindern gespielt und Dich aus Andersens Märchen vorlesen hören und mich herzlich nach Euch gesehnt. — Nun, die beiden Wochen werden auch bald vorüber sein, und dann hören die Lectures auf.....

Dein Karl.

Auszug aus Brief an seine Frau

Springfield, den 10. Februar, abends.

Ich habe den ganzen Nachmittag und einen Teil des Abends mit Lincoln zugebracht und ihn soeben verlassen. Wir sprachen über alles, was von gemeinsamem Interesse war, und wurden ordentlich warm mit einander. Plötzlich brach er die Unterhaltung ab und sagte: „I will give you a mark of confidence which I have given to no other man“. Dann schlossen wir uns ein und er las mir den Entwurf seiner Inaugurationsrede vor. Wir diskutierten Punkt für Punkt und dann sagte er: „Now you know better than any man in this country how I stand and you may be sure that I shall never betray my principles and my friends“. (Dieses Vorlesen der Inaugurationsrede bleibt unter uns.) Als ich von ihm Abschied nahm nach einer Unterhaltung, in der er mir mit der größten Offenheit seine Ansichten und Pläne entwickelt hatte, sagte ich ihm, daß ich die Administration um einige Anstellungen für meine Freunde bitten würde; er antwortete: „You write to me and you may be sure that I shall attend to everything you may ask for; and as to your own case, which you have not spoken of to me, I shall never forget you". Ich hörte von anderen hier, daß er selbst von meiner Sendung nach Sardinien gesprochen hat..........

An seine Frau

Washington, den 4. März 1861.

Meine Liebste, Es war mir buchstäblich unmöglich, Samstag oder gestern zu schreiben. Ich war so umdrängt, daß ich mich kaum rühren konnte. Auch heute Morgen kann ich nur wenige Augenblicke „stehlen", also verzeih mir, wenn ich kurz bin.

Der große Tag ist da[1]), die Stadt ruhig, das Militär auf den Beinen, eine unübersehbare Masse von Republikanern aus allen Staaten auf den Straßen. Es wird keine Störung vorfallen, wie es scheint. Die Vorbereitungen vonseiten der Regierung sind vortrefflich..........

An seine Frau

Washington, 7. März 1861.

Meine Liebste, Seit zwei Tagen habe ich versucht Dir zu schreiben; aber es ist ein schreckliches Leben hier. Keine Minute Ruhe. Gestern Abend kam Otterburg hier an und gab mir Deinen lieben Brief. Ich danke Dir.

Gestern empfing ich von allen Seiten Gratulationen über meine Anstellung als Gesandter nach Sardinien. Es wurde sogar an Zeitungen telegraphiert, aber ich selbst habe keine offizielle Information. Ich weiß, daß Lincoln vorgestern Abend zu Horace Greeley und Senator Grimes sagte, er halte die Anstellung für eine sehr passende und sei sehr geneigt, sie zu machen. Alles was vorher gethan werden

---

[1]) Am 4. März 1861 fand die Inauguration von Lincoln statt, zu der Carl Schurz nach Washington gereist war.

müsse, sei eine Consultation mit Seward. Auch Andern hat er gesagt, daß er mir geben würde, was ich wolle. Ich höre, die Senatoren von Vermont präsentiren einen Candidaten für dieselbe Stelle mit großer Vehemenz, aber ich glaube, das kann das Resultat nicht ändern. Old Abe erklärte mich Sen. Grimes gegenüber als den größten Mann in Amerika, und sagte ihm, mein Wunsch allein sei hinreichend, ihn zu bestimmen, ohne andere Unterstützung.........

Sei mir nicht böse über meine kurzen Briefe. Ich muß ein Dutzend Leute besuchen heute Morgen und bin jetzt schon wieder von allen Seiten umgeben. Heute wird sich die Sache vielleicht entscheiden............

Dein

Karl.

An seine Frau

Washington, 13. März 1861.

Meine Liebste, Es ist bereits Mittwoch, und ich kann noch immer nicht fort. Die Opposition gegen mich wird fortgeführt, wie es scheint, doch hat die kräftige Verteidigung Seitens der N. Y. Tribune viel geholfen. Lincoln will, daß ich nach Sardinien gehn soll und hat sich definitiv dafür ausgesprochen, daß ich eine Mission erster Classe haben soll. Es ging ein Gerücht, daß mir Brasilien angeboten werden soll; daß Diejenigen, die Sardinien für jemanden Anders haben wollen, darauf dringen, ist gewiß. Ich habe mich aber soweit meinen Freunden gegenüber darauf gehalten, daß ich nicht annehmen werde. Sollte Lincoln mir die Sache anbieten, in guter Form, so werde ich auf Sardinien bestehn, die andre Mission aber nicht definitiv verwerfen. Der Gehalt ist $ 12,000 und Rio de Janeiro soll sehr schön sein. Doch weiß ich, daß Lincoln vorhat, mich nach Sardinien zu schicken. Er wird keinesfalls definitiv über die Mission disponiren, bevor er mich gefragt hat.

Vorgestern Abend war ich beim General Postmeister mit dem sardinischen Gesandten zusammen, der sehr erfreut sein würde, einen

Mann meines Schlages in Turin zu wissen. Schon vor 4 Monaten hat er seiner Regierung geschrieben, daß ich dahin gehn werde.

Heute Morgen kam ein Brief von Dir an. Er war mir eine Oase in der Wüste, wie ein frischer Trunk an einem heißen staubigen Sommertage. Du hast keinen Begriff von dem Leben hier, von dieser Gesellschaft gieriger Menschen, die alle an sich selbst allein denken, von diesem Rennen und Jagen der Interessen, von dieser Jagd, wobei die Jäger einer auf den andern schießen. Ich bin den ganzen Tag auf den Beinen, von Department zu Department laufend und für meine Freunde sorgend. Ich habe keinen Augenblick der Erquickung, als Abends wenn ich mich zur Ruhe lege und mit dem Gedanken an Dich und unsre Kleinen in den Schlaf falle.

Wann ich von hier wegkommen werde, weiß ich noch nicht; Du siehst ein, daß ich jetzt nun diesen Kampf durchkämpfen muß. Ich habe Hoffnung auf vollen Erfolg, denn ich weiß, daß Lincoln mir treu sein wird. Ich will also Nichts vernachlässigen. Mein Kopf ist wüst und mein ganzes Wesen zuweilen wie ausgetrocknet, besonders wenn ich so recht müde bin und man mir doch keine Ruhe läßt. Ich weiß, was Du zu dieser Zeit leidest, und der Gedanke liegt mir doppelt schwer auf.

Adieu, mein Kind. Ich bin wieder von einer Gesellschaft umgeben, die mich von allen Seiten drängt und in Anspruch nimmt. Wie froh werde ich sein, wenn ich erst wieder bei Dir bin. Aber ich kann diesen Kampfplatz nicht aufgeben, bevor Alles entschieden ist.

Dein

Karl.

An seine Frau

Washington, 28. März 1861.

Meine Liebste, Dies ist ein Tag des Triumphes. Gestern Nacht nach 12 wurde ich geweckt mit der Nachricht, daß Cassius M. Clay die russische Mission annehmen wolle, daß dem Präsidenten die gegen 11 Uhr angekommene telegraphische Depesche vorgelegt worden und er seine Freude darüber ausgedrückt habe. Heute Morgen ging ich nach dem Weißen Hause, wurde sogleich vorgelassen, und Lincoln hielt mir ein Papier entgegen, auf welchem ich las: „I nominate Carl Schurz of Wisconsin to be Minister Plenipotentiary and Envoy Extraordinary to Spain. Abraham Lincoln.“ Warme Händedrücke und so weiter. Sewards Einfluß ist also besiegt, und ich bin Herr des Schlachtfeldes. Jubel überall wohin die Nachricht ging. Jetzt liegt meine Nomination dem Senate vor und ich hoffe, daß in dem Augenblicke, wo ich schreibe, meine Bestätigung vor sich gehen wird. Ich sprach zum Präsidenten über die Anstellung Paine's als Sekretär, und er ließ sich zufriedenstellend aus. Ich werde die Sache wahrscheinlich morgen früh durchsetzen.

Morgen habe ich noch eine Reihe von Besuchen zu machen, z. B. beim Spanischen Minister, und um 3 Uhr Nachmittags werde ich nach New York abgehen, wo ich die finanziellen Vorrichtungen für unsre Abreise treffen werde. Montag Morgen reise ich von New York ab, Tag und Nacht durch.

Nun, mein Weibchen, ist Alles gut. Bereite Dich auf die Abreise sobald als möglich vor. Seward wünscht, daß die Minister bald abgehen sollen.

Dieses Resultat ist mehr als die Sendung nach Turin gewesen sein würde. Es ist ein Sieg. Spanien ist neben Mexico der diplomatisch wichtigste Posten.

In Eile,

Dein

Karl.

An seine Frau

Milwaukee, 17. April 1861.

Meine Liebste, Man ist zu dem Schluß gekommen, nicht eher eine große Versammlung anzuberaumen, bis die eigentliche Truppenaushebung stattfinden soll. Gestern sind alle Militärpersonen von hier vom Gouverneur nach Madison berufen worden, um über die Aushebung und Organisation das Nähere festzusetzen. Um 5 Uhr werden sie zurückerwartet, und dann werden wahrscheinlich die

Listen zum Einschreiben der Voluntäre sogleich aufgelegt werden. Hoffentlich wird das heute Abend vor sich gehen. Das warte ich ab und komme erst morgen nach Hause. Die Kriegslust ist allgemein; alle Welt will marschiren — und ich darf nicht. Ich bedaure fast, Gesandter zu sein. Wäre ich nur einer von der Menge, die ihren Impulsen folgen darf! Verzeih mir, mein Weibchen, ich kann die Gedanken nicht loswerden, die vielleicht unvernünftig sind. Paine bemüht sich, eine Offiziersstelle in einem der Wisconsin-Regimenter zu bekommen und bat mich, hier zu bleiben, bis die Leute aus Madison zurückkehren, um ihm zu helfen. Er hat seiner Frau noch Nichts davon gesagt, und will auch nicht, bis er die Stelle hat. Dann, denkt er, wird es wohl zu Hause eine Szene geben, aber er kann nachher nicht mehr zurück........

Am vorigen Montag war die Aufregung hier so groß, daß man nahe daran war, die Druckereien der „News" und des „Seeboten" zu zerstören. Die „News" ist schon bedeutend zahm geworden, und der „Seebote" wird seinem Schicksal schwerlich entgehn, wenn er nicht zeitig einlenkt............

Adieu bis morgen Abend. Mir ist schlecht zu Muthe, — aber ich glaube, ich muß doch wohl dem Schicksal folgen, das mich nach Europa ruft. Laß uns ja am Montag zur Abreise fertig sein.

Meine besten Grüße,

Dein

Karl.

An seine Frau

Washington, 29. April 1861.

Meine Liebste, Endlich soll heute eine regelmäßige Post abgehen, und ich habe die Hoffnung, daß mein Brief Dich erreichen wird. Am Samstag gab ich einem Herrn einige flüchtig geschriebene Zeilen mit, und hoffentlich hast Du sie zu Gesicht bekommen und bist über meine Sicherheit und mein Wohlsein beruhigt. Gestern Abend kam O. hier an und brachte mir mündliche Nachrichten von

Dir. Heinrich [1]) ist also angekommen und bei Dir. Sage ihm meine allerherzlichsten Grüße.

Washington ist ohne Zweifel die ruhigste Stadt in den Ver. Staaten. Nirgendwo, glaub ich, ist so wenig Aufregung. Wir haben ungefähr 13,000 Mann hier, und jeder Tag bringt neue Regimenter. Die Stadt ist vollkommen sicher und man schläft hier mit mehr Ruhe und länger als anderswo. Es ist, als ob man hier durch einen Schirm von dem Sturmwinde der allgemeinen Aufregung geschieden wäre.

Soeben habe ich den Präsidenten gesehn, und von ihm den endlichen Bescheid über meine 3 Monate „leave of absence" erhalten. Seward war auch da — u n d i c h h a b e „leave". Hurrah!

An s e i n e F r a u

Washington, 30. April 1861.

Meine Liebste, Hoffentlich hast Du meinen Brief aus Annapolis und die beiden von hier mit der Post erhalten. Ich habe „3 months leave of absence" und den Auftrag, ein Cavallerie-Corps zu organisieren. Hier geht Alles gut. Bald wird's losgehn. Ich bin wohl und werde morgen abreisen, es sei denn, daß ich mit meinen Angelegenheiten nicht ganz fertig werde.

Ich schreibe diese hastigen Zeilen im Bureau des Kriegssekretärs; Schimmelfennig, der eben nach Philadelphia und New York gehen will, wartet darauf.

Mit vielen Grüßen, besonders an unsern lieben Heinrich,

Dein

K a r l.

An s e i n e E l t e r n

New-York, den 2. Juni 1861.

Meine teuersten Eltern, Wie Ihr bereits durch die Zeitungen werdet erfahren haben, ist meiner militärischen Tätigkeit plötzlich ein

---

[1]) Sein Schwager Heinrich Meyer war in New York angekommen.

Ziel gesetzt. Ich sollte eben mit meiner Brigade nach Fort Monroe gehen, als Depeschen aus Spanien meine sofortige Abreise nötig machten. Mir ist diese Wendung der Dinge sehr verdrießlich; aber die Notwendigkeit meiner Anwesenheit in Madrid ist so dringend, daß ich keine Wahl mehr habe. So muß ich also in dem Augenblicke von diesem Lande Abschied nehmen, wo ich am liebsten hier sein möchte. So geht es, wenn man nicht mehr sein eigener Herr ist; ich muß es mir eben gefallen lassen. Am nächsten Mittwoch reisen wir mit der Persia, dem besten Schiff, das zwischen New-York und Liverpool läuft, von hier ab, und in zwanzig Tagen hoffe ich in Madrid zu sein. — Ich hoffte sehr, Euch vor meiner Abreise noch einmal zu sehen, aber die Dringlichkeit der Umstände macht auch das unmöglich......

Es wäre mir lieb, wenn die Reparaturen, die am Hause zu machen sind, recht bald gemacht würden. Es ist wahrscheinlich, daß mein Schwager Heinrich, der noch einige Zeit hier in Amerika bleiben wird, Euch eines Tages einen Besuch abstattet.

Nun sage ich Euch Lebewohl, nicht auf viele Jahre, sondern vielleicht nur auf eine kurze Zeit; denn es ist wohl möglich, daß die allgemeine Verwicklung der Verhältnisse es für mich nötig macht, während meiner Amtsdauer die Regierung von Zeit zu Zeit zu besuchen. Macht Euch um unseretwegen keine Sorge; wir gehen in einer unruhigen Zeit einem ruhigen Leben entgegen, und es ist mein größtes Glück, endlich auch imstande zu sein, von Euch alle Sorge fernzuhalten. Seid gewiß, daß ich Eurer immer mit ungeschwächter Liebe gedenken werde.

Grüßt auf das Herzlichste alle Verwandten und Freunde von Eurem Euch liebenden Sohne Carl.

An seinen Schwager Adolf Meyer

Paris, den 3. Juli 1861.

Lieber Schwager, Dein freundlicher Brief traf uns in London, gerade inmitten unserer Vorbereitungen zur Abreise, und wir verschoben die Antwort bis zu unserer Ankunft in Paris. Du hattest ohnehin unterdessen von uns gehört. Wie sehr bedauern wir jetzt, daß wir Dir nicht telegraphiert haben, sobald wir den europäischen Boden betraten..........

Aber nun ist es zu spät; die Zeit ist verflossen, mehr schon als ich glaubte hier verbringen zu dürfen, und ich muß auf meinen Posten. Wir haben in diesen Tagen mehrfach überlegt, ob Margarethe nicht jetzt allein auf einige Wochen nach Hamburg gehen solle; aber es ist doch auch hart, daß wir jetzt, nachdem uns die Möglichkeit eines ruhigen Zusammenlebens nach einer aufregenden und mühevollen Zeit endlich gegeben ist, uns wieder trennen sollen. So hat auch das Gute, das uns das Schicksal bietet, seine bitteren Seiten, welche uns nicht zur Befriedigung kommen lassen.

Hier sind wir mit unserer Ausrüstung beschäftigt. Die Vorbereitungen zum Hofleben sind nichts weniger als angenehm, und in die Exzellenz-Begriffe kann ich mich noch gar nicht hineinfinden. Hier haben wir die ersten Erfahrungen über die erforderlichen Uniformen und Hofkostüme gemacht. Der Kopf ist mir ganz voll von all den Goldstickereien, Brokaden und Spitzen, und dazu ist die dumme Affenkomödie so kostspielig, daß mir meine $ 12000 Gehalt für die ersten zwölf Monate recht winzig vorkommen. Hier, scheint es, hat die republikanische Einfachheit ihre Grenzen. Ich verließ Amerika noch mit der Hoffnung, daß ein Gesandter der Vereinigten Staaten sich draußen so vernünftig betragen dürfe wie zu Hause. Aber hier höre ich, daß die Hofreglements unerbittlich sind. Will man diplomatischen Einfluß haben, so muß man sich dazu bequemen, die Maskerade mitzumachen. Ich muß eine Uniform und meine Frau eine Schleppe tragen. Und nun so viel Geld ausgeben zu müssen, bloß um ebenso lächerlich auszusehen wie die anderen! Aber, wie schon mancher weise Mann behauptet hat, „der Mensch gewöhnt sich an alles“; auch daran, sich selbst einfältig vorzukommen.

Wir gehen wahrscheinlich über Marseille und Alicante. Der Landweg über Bayonne und Burgos soll, wie wir von der Familie des zurückkehrenden Gesandten erfahren, sehr beschwerlich sein. In diesem Falle also müssen wir Dienstag Morgen in Marseille sein und werden Donnerstag oder Freitag Madrid erreichen.......

An seinen Schwager Adolf Meyer

Madrid, den 13. August 1861.

Lieber Schwager, Für Deinen freundlichen Brief danke ich Dir von Herzen. Ich hatte gehofft, einige Wochen bei Euch in Hamburg leben und Euch einmal recht nahekommen zu können, aber die Ungunst der Verhältnisse will mir diesen Wunsch, den ich so lange gehegt, nicht gewähren. Doch freue ich mich sehr, daß wenigstens Margarethe Euch wiedergesehen hat und eine Zeit lang mit Euch leben kann[1]). Ich bin überzeugt, daß ihr der Aufenthalt in Reinbek sehr gut tun wird. Die wirklich unerträgliche Sommerhitze von Madrid hätte sie nur herunterbringen können ....

Es wird mir schwerlich möglich sein sie in Hamburg abzuholen, wie sehr ich es auch wünsche. Die eigentümlichen Verhältnisse der Vereinigten Staaten machen es mir zur Pflicht, auf meinem Posten zu bleiben oder wenigstens, ihn nicht auf lange Zeit zu verlassen. Was Du mir von Hamburger Preisen und Transportmitteln sagst, läßt es mir allerdings rätlich erscheinen, die Sachen, welche wir für unser hiesiges Hauswesen gebrauchen, in Paris anzuschaffen, und ich denke, sobald ich von hier abkommen kann, will ich mir mit Margarethe in Paris ein Rendez-vous geben. Die Reparaturen, die ich hier an unserm köstlichen Landhause habe vornehmen lassen, sind fertig, und die „Quinta" würde jetzt bereit sein, ihre Bewohner aufzunehmen, wenn es mir nur möglich wäre, diese Bewohner jetzt schon herbeizuschaffen. Doch erlaubt es der „Dienst", wie man in Preußen sagen würde, und die afrikanische Hitze nicht. In wenigen Wochen wird es gehen.

Die Nachricht von der miserablen Affaire bei Manassas hat mich, wie Du Dir leicht denken kannst, höchst unangenehm berührt. Sie hätte sofort die allerbedenklichsten Folgen nach sich ziehen können, wären die Sezessionisten imstande gewesen, ihre Vorteile zu verfolgen.

---

[1]) Man war zum Schluß gekommen, daß es doch besser sei, wenn Frau Schurz während der heißen Sommerzeit mit den Kindern nach Hamburg zu ihren Verwandten ginge, während Carl Schurz in Madrid eine Unterkunft vorbereitete.

Jedenfalls wird sie eine bedenkliche Verlängerung des Krieges nach sich ziehen, ohne jedoch das Endresultat zu ändern. Von Compromissen wird nun nicht mehr die Rede und mit der Existenz der Sklaverei wird es wohl zuletzt vorbei sein.

Du kannst Dir vorstellen, daß ich jetzt mit meinen Gedanken oft mehr in Washington als in Madrid bin. Ich gäbe viel um einen Tag im Cabinet des Präsidenten. Hoffentlich wird sich alles zum Guten wenden. Es ist doch fast, als ob man nie zum ruhigen Genuß kommen sollte.

Du versprichst mir am Ende Deines Briefes: „nächstens mehr". Bitte, halte Wort. Werde ich Dich nicht vielleicht auch in Paris treffen? Es wäre sehr schön, wenn wir dort ein paar Tage zusammenhaben könnten.

Dein C. Schurz.

An seine Eltern

Madrid, den 19. August 1861.

Meine teuersten Eltern, Von Tag zu Tag und von Woche zu Woche habe ich hier auf einen Brief von Euch gewartet, aber vergebens. Hätte ich mich nicht zu erinnern geglaubt, daß der in Watertown getroffenen Verabredung nach, ich zuerst von Euch einen Brief hätte erwarten dürfen, würde ich Euch von hier aus sogleich Nachricht gegeben haben. Wahrscheinlich liegt unserm beiderseitigen Schweigen dieselbe Ursache zu Grunde.

Margarethe hat Euch wohl schon mitgeteilt, warum wir uns in Paris trennten. Die Erfahrungen, die ich seither gemacht habe, sind derart, daß ich die Trennung, unangenehm wie sie war, nicht habe bereuen können. Doch laßt mich erzählen. Ich kam am 13. Juli hier an und wurde, nach einer vorherigen Zusammenkunft mit dem Minister des Auswärtigen, am 14. abends um 10 Uhr der Königin vorgestellt. Die Präsentation des Credenzbriefes ging mit dem üblichen Schnickschnack vor sich; ich hielt eine Rede an die Königin auf Englisch, wovon sie kein Wort verstand, und sie antwortete mit einer Rede auf Spanisch, wovon ich auch kein Wort verstand, und wir waren beide sehr miteinander zufrieden. Es fiel übrigens bei dieser Audienz etwas vor, das man in dem an das steifste Zeremoniell gewöhnte Spanien nicht für möglich gehalten hätte; ich erschien nämlich, in Ermanglung einer Uniform, in den heiligen Hallen des königlichen Schlosses im schwarzen Frack, eine so schreckliche Sache, daß Madrid sich für mehrere Tage nicht darüber beruhigen konnte. Vor einigen Tagen habe ich endlich meinen gestickten Rock von Paris bekommen, und ich glaube, daß das europäische Gleichgewicht nun hergestellt ist. — Ich wohnte ungefähr eine Woche im Hotel, und mietete dann ein Landhaus dicht vor dem Tor Alcalá. Das Haus hat eine sehr schöne Flucht geräumiger Zimmer und liegt in einem ungefähr 14 Acker großen Garten. Es gehört der Königin Christine, die vor mehreren Jahren mit ihrem Gemahl, dem Herzog von Rianzares, dem ehemaligen Gardisten Muñoz, dort gewohnt hat. Im Jahre 1854 hatte sich das Volk von Madrid mit diesem Landsitz der mißliebigen Christine bei Gelegenheit der Revolution einige Freiheiten erlaubt, deren letzte Spuren ich habe jetzt erst verwischen müssen.

Eine Haushaltung zu führen ist hier ungemein schwer. Es wird von der Frau eines Ministers vorausgesetzt, daß sie sich um nichts bekümmert, was im Wirtschaftsdepartement ihres Hauses vorgeht, und die spanischen Dienstboten sind so ans Stehlen gewöhnt, daß man der Knöpfe an seinem Rock nicht sicher ist. Glücklicherweise habe ich an Perry, der schon seit vielen Jahren in Spanien und an eine Spanierin verheiratet ist, eine gute Stütze.

Daß ich das Landhaus mit dem großen Garten gefunden habe, ist unschätzbar. Die Umgegend von Madrid ist so öde und baumlos, daß man lieber die Häuser ansieht als die Landschaft. Der Manzanares, der berühmte Strom, der die Hauptstadt bewässert, hat im Sommer gerade Wasser genug, um die schmutzige Wäsche von Madrid anzufeuchten, und so sieht man den Fluß nicht vor Hemden und Unterhosen. Die Stadt selbst hat ungefähr 300 000 Einwohner; einige Straßen und Spaziergänge sind hübsch, aber im ganzen ist die Capitale, die von den Spaniern für eine der glänzendsten Städte der Welt ausgegeben wird, nicht großartiger als eine deutsche Residenz zweiten oder dritten Ranges. Das Volk ist den übrigen Bewohnern Westeuropas um ein Jahrhundert in der Zivilisation zurück. Es gibt natürlich gebildete Leute hier, aber im ganzen ist die Unwissenheit der unteren und mittleren Volksklassen unglaublich.

Man spricht und schreibt und singt so viel von dem „schönen Spanien“. — Das ist eine Fabel, es sei denn, daß alle Schönheit in dem südlichen Viertel zusammengedrängt ist. Als ich hierherkam, nahm ich den Weg von Paris über Marseille und Alicante. Der Weg von da nach Madrid führt durch einen der ödesten Landstriche, die ich je gesehen habe. Wilde, rauhe Bergketten ohne Baum und Strauch, oder weite, kahle Ebenen mit äußerst wenig Vegetation. Der von den Mauren bewohnte Teil von Spanien war früher sorgfältig kultiviert und bewässert. Blühende Felder und baumreiche Gärten bedeckten die Ebenen; wie die Christen vordrangen, wurde alles zerstört. Die Mönche predigten, daß die Bäume ein gefährlicher Luxus seien und die Sinnlichkeit beförderten, und unter dem Landvolk verbreitete sich der Glaube, ein reicher Baumwuchs mache das Land ungesund. So wurden die blühendsten Gegenden in traurige öde Steppen verwandelt. Nur im äußersten Süden, besonders in der Gegend von Granada, wo sich die maurische Bevölkerung am längsten hielt, hat sich die alte Kulturweise noch teilweise erhalten.

Vom gesellschaftlichen Leben hier in Madrid habe ich noch wenig genossen, da während der Sommersaison alle Welt ausgeflogen ist. Wenn die Diplomaten nicht viel gesellschaftlichen Verkehr unter sich hätten, so sähe es traurig um uns aus. Ich kann nicht leugnen, ich wünschte, ich wäre wieder daheim. Ich will dort zehnmal lieber hart arbeiten als hier müssig gehen. Ich kann die Leute nicht leiden, die so viele Bücklinge machen, und ich schäme mich vor mir selbst, wenn man mir alle Sorten Ehrenbezeugungen und Reverenzen an den Kopf wirft. Ich kann mich nirgends wohlfühlen als in einem Lande, wo die Leute gerade in ihren Stiefeln stehen. Es wird wohl noch ein paar Wochen dauern, bis ich Margarethe abholen kann. Morgen muß ich nach La Granja, einer Sommerresidenz der Königin, wo ich wahrscheinlich zwei oder drei Wochen bleiben werde. Ich habe bisher immer genug zu tun gehabt; der unsichere Zustand unserer politischen Angelegenheiten erfordert Arbeiten, die sonst nicht nötig sind. Ihr müßt Euch in Amerika besser schlagen, damit wir uns in Europa nicht zu schämen brauchen. Ich möchte zehnmal lieber in Amerika mitkämpfen, als hier in Europa unsere Niederlagen beschönigen. Das ist ein häßliches Geschäft.

Schreibt mir recht ausführlich über Euer Leben, Eure Absichten und Eure Bedürfnisse, und vergeßt nicht, daß ich mit treuer Liebe an Euch denke. Schreibt mir ohne Rückhalt, was Ihr braucht, und ich werde sogleich Sorge tragen.

Euer Karl.

An Friedrich Althaus

Madrid, den 11. Oktober 1861.

Lieber Friedrich, Du wirst Dich wundern, wenn ich Dir sage, daß ich seit meiner Ankunft in Spanien noch keine einzige Zeile über Land, Bewohner und Zustände aufgezeichnet habe. So oft ich auch den Entschluß faßte, immer kam Etwas, das gerade im Augenblick gethan sein wollte. So habe ich unzweifelhaft bereits Vieles verloren, das ich jetzt nicht mehr in meinem Gedächtnis wiederfinden kann. Ich hätte übrigens nur wenig Angenehmes aufzeichnen können. Spanien ist in allen Beziehungen hinter meinen Erwartungen zurückgeblieben. Ein ödes Land und ein uncultivirtes Volk. In der Politik alle Corruption, die dem constitutionellen Wesen anzuhängen pflegt, ohne constitutionelle Freiheit. In der höhern Gesellschaft eine Art von Cultur, die sich durch ihre Laster wie durch ihre Oberflächlichkeit auszeichnet; in den niedern Volksklassen viel angestammte rohe Kraft, aber beispiellose Unwissenheit. Die rohste, schwärzeste Finsternis.

Dieses Bild mag etwas kraß scheinen, aber im Ganzen ist es wahr. Ich begreife nicht, wie dieses Land die Reputation der Schönheit hat gewinnen können. Rauhe, öde Gebirge, nur selten bewaldet, wild und unwirthbar, und öde, baumlose wasserlose Ebenen; das ist die Landschaft. Es giebt allerdings Ausnahmen, aber nur wenige.

Ich habe den September in San Ildefonso, einer der Sommerresidenzen der Königin, in der Sierra Guadarrama zugebracht. Die Bergformen sind hier und da grotesk, die meisten Berge völlig kahl, einige mit Fichtenwaldung bedeckt, nur äußerst spärlich mit Bächen belebt, und von den höchsten Spitzen sieht man weithinaus nichts als die fahle Erdfarbe der vegetationslosen Ebenen. Ich habe bis jetzt keine anständigen Bäume in Spanien gesehn, als die Ulmen am Escorial, die Philipp II. aus England bekommen hat. Alles Übrige, mit Ausnahme der Fichten, ist zwerghaftes verkrüppeltes Zeug. Man sagt, daß es in Estremadura schöne Eichenwaldungen geben soll. So viel weiß ich, daß die Mancha und Castilien die ödesten Landstriche sind, die ich mich erinnere gesehn zu haben.

Ich habe bisher die Gesellschaft noch wenig gesucht; die Schlüsse, welche ich gezogen habe, sind aus einem Vergleich dessen, was ich gesehen, und dessen, was man mir gesagt hat, herausgewachsen. Der diplomatische Kreis, auf den man zunächst angewiesen ist, besteht aus einer Reihe steifer Aristokraten, aufgeschwollen von Autoritätsbewußtsein.

Möglicher Weise aber bin ich auch nicht in der Stimmung, das Gute, welches sich mir bietet, zu würdigen. Meine Gedanken sind drüben, jenseits des Oceans, und ich habe, in dem Maßstabe, wie die Lage der Dinge dort bedenklicher wurde, hundertmal den Wunsch bereut, eine diplomatische Stellung einzunehmen. Was ich über amerikanische Angelegenheiten schreibe, ist nur für Dich, und Du wirst es also als vertrauliche Mittheilung für Dich behalten.

Wir haben jetzt unzweifelhaft eine gute und zahlreiche Armee und wahrscheinlich auch einen fähigen und energischen Führer an der Spitze. Auch die Flotte ist in guter Ordnung, und es ist wahrscheinlich, daß unsre Überlegenheit zur See dem Süden großes Unheil bringen wird. Aber es wird manchen Sieg kosten, es wird mancher gewaltige Schlag geführt werden müssen, um das wieder gut zu machen, was uns die unglückliche Manassas-Affaire geschadet hat. Hätten wir damals einen eklatanten Erfolg errungen, so würde die Rebellion im Keime erstickt worden sein. Der Süden würde aufgehört haben, an die Möglichkeit eines Erfolges zu glauben. Es gab dort eine große Anzahl von Leuten, die darauf warteten, vom Erfolge auf die eine oder andre Seite gezogen zu werden. Die Classe von Leuten ist für uns verloren. Die Rebellion hat sich consolidirt. Die Leute gewöhnen sich an die Idee, von der Union geschieden zu sein, und es ist wahrscheinlich, daß der Krieg den Charakter annimmt, den der carlistische Krieg hier in Spanien hatte.

Es giebt nur ein Mittel, um der Sache eine entscheidende Wendung zu geben; und das ist, die Freiheit aller Sklaven zu proklamiren. Das ist freilich eine Operation, die fürchterliche Consequenzen nach sich ziehen kann; es ist ein wahrer Kaiserschnitt — aber ich sehe keine andre Weise in der geholfen werden kann. Man muß die Quelle der Secessionsbewegung verstopfen, um der Bewegung selbst Meister zu werden.

Die Anwendung eines solchen Mittels erfordert mehr Muth und Entschlossenheit, als die Regierung besitzt. Du hast die Ängstlichkeit bemerkt, mit welcher man Fremonts Proklamation qualifizirte; das ist die Manier, große Volksbewegungen im Sande verlaufen zu lassen. Wäre ich in Amerika, ich würde auf meine Faust eine Anstrengung machen, um für die Radikalcur die öffentliche Meinung zu gewinnen. Vielleicht wird die Noth zu den Maßregeln treiben, welche man nicht den Muth hat, zu ergreifen — aber ich fürchte, dann wird's zu spät sein. — Du siehst, ich bin nicht besonders sanguinisch in Bezug auf die Zukunft. Sieht man die Dinge aus der Entfernung, so ist man zuweilen besser im Stande, die Entscheidungspunkte herauszufinden, als wenn man in der Nähe dem täuschenden Einfluß günstig aussehender Details ausgesetzt ist.

Ich hoffe jetzt bald im Stande zu sein, mich so weit von meiner Arbeit hier loszumachen, um meine Familie aufsuchen zu können. Möglicherweise sehn wir uns bei der Gelegenheit. Aber laß Dich dadurch nicht abhalten, mir zu schreiben.

Vor Allem grüße Charlotte aufs Herzlichste von mir. Auch Herzen, wenn Du ihn siehst.

Wie immer — Dein

Karl.

An Friedrich Althaus

Madrid, den 9. Dezember 1861.

Lieber Friedrich, Ich würde Dir, hätte ich Muße zum Briefschreiben finden können, schon längst mitgetheilt haben, daß ich zuerst nach der Bull Run-Affaire, und vor ungefähr 5 Wochen wiederum, der Regierung meine Resignation angeboten, oder, als Alternative, um einen unbestimmten Urlaub gebeten habe. Mein erster Brief wurde mit neuen Instruktionen für meine hiesige Wirksamkeit beantwortet; mein zweiter war aber so bestimmt, daß man mir entweder das Eine oder das Andere geben wird. Ich erwarte die Antwort Anfangs nächster Woche. Die Veranlassung zu diesem Schritt ist meine Überzeugung, daß man drüben von der wahren Lage der Dinge keinen Begriff hat und blindlings in die unverantwortlichsten Dinge hineinrennt. Es scheint fast, als ob es dort Niemand gäbe, der die Wahrheit sieht, oder Niemand, der den Muth hat, sie zu sagen. Das Eine ist fast so schlimm als das Andere. Da ich hauptsächlich zur Wahl Lincolns mitgewirkt habe, so fühle ich in der Weise, in welcher die Angelegenheiten dort geleitet werden, eine persönliche Verantwortlichkeit, der ich in dem ruhigen Genusse einer diplomatischen Stellung nicht gerecht werden kann. Es ist jedoch wahrscheinlich, daß man mir den Urlaub gewähren wird. Ich hoffe die Antwort nächste Woche zu erhalten und werde dann sogleich abreisen; da der hiesige preußische Gesandte mir versichert, daß meiner Reise durch Preußen keine Schwierigkeiten entgegenstehn werden, so denke ich direkt nach Hamburg zu gehn.

Ob ich unter diesen Umständen nach London kommen kann, hängt davon ab, ob nach der Antwort unsrer Regierung auf Englands Forderung [1]) es mir überhaupt noch möglich sein wird, über England nach Amerika zu gehn. Wenn nicht, so nehme ich das Hamburger Packetboot nach New-York. Doch hoffe ich, daß Adams [2]) Abreise nicht gar zu schnell vor sich gehn wird und ich Euch noch in London besuchen kann. Was die Zukunft mir bringen wird, ist demnach

[1]) Bezieht sich auf die Trent-Affaire.

[2]) Charles Francis Adams, damaliger amerikanischer Gesandter in England.

ungewiß; so viel ist sicher, daß die Lage des Landes die höchsten Anstrengungen und die letzten Opfer jedes guten Bürgers verlangt, und ich sollte der Letzte sein, der sie verweigerte. Ich habe in der letzten Zeit durch diese stete ruhelose Sorge sehr viel gelitten. Ich werde mich wieder wohler fühlen, wenn ich mitten im Strome schwimme. Die schönen Träume von ruhigem Behagen müssen wohl vorläufig aufgegeben werden.

Ich wünsche gar zu sehr, noch einen Tag bei Euch sein zu können. O, es ist keine bequeme Sache, sein Schicksal an das eines Volkes zu knüpfen. Wie immer Dein Freund

C. Schurz.

An seine Eltern

New-York, den 2. Februar 1862.

Meine liebsten Eltern, Wahrscheinlich hat Euch der Telegraph schon gemeldet, daß wir hier sind, munter und wohlbehalten [1]). Unsere Seefahrt war sehr unangenehm; wir haben die See in ihrer drohendsten Gestalt und den Sturm in seiner ärgsten Wuth gesehen. Das Schiff verlor vier Boote, die Schanzkleidungen waren eingeschlagen, Segel zerrissen, Raaen heruntergerissen und zerbrochen, Matrosen über Bord geworfen und das Schiff wie ein Wrack aussehend. Wir hielten uns alle gut; und jetzt ist alles gut. Wir sind hier, so gesund und munter wie je. Ich habe Urlaub auf drei Monate, den ich gut benutzen will. Heute gehe ich nach Washington, wo wir mindestens vierzehn Tage oder drei Wochen bleiben werden. Ich glaube, ich bin gerade zur rechten Zeit gekommen. Ihr werdet bald von mir hören. Dann besuchen wir Euch in Watertown, und ich hoffe, wir werden Euch recht fröhlich wiedersehen. In wenigen Tagen werde ich Euch ausführlicher schreiben können. Ich bin voll von Arbeit; heute entschuldigt Ihr wohl meine Kürze.

Euer Karl.

---

[1]) Nach Empfang seines Urlaubs war Carl Schurz nach Hamburg gereist und hatte sich dort mit seiner Familie Anfang Januar 1862 eingeschifft.

An seine Eltern

Washington, den 13. März 1862.

Meine liebsten Eltern, Hätte ich nicht erwartet, daß schon vor dem heutigen Tage wir in Watertown zusammensein würden, schon längst hätte ich Euch geschrieben. Aber meine Angelegenheiten hier verschleppten sich von Tag zu Tag, sodaß ich auch heute noch nicht weiß, woran ich bin. — Die politischen Aussichten sind jetzt so gestaltet, daß sich das Beste hoffen läßt; aber es wird noch sehr schwere Kämpfe kosten, um die Revolution zu einem Ende zu führen, welches dem Lande dauernden Frieden und soliden Fortschritt sichern wird.

Was nun mich selbst betrifft, so weiß ich augenblicklich nicht, wie ich meine Schritte lenken soll. Ich hatte vor wenigen Tagen eine Unterredung mit dem Präsidenten, aus welcher mir hervorzugehen scheint, daß er in Erwartung der politischen Kämpfe, die da notwendig kommen werden, meine Anwesenheit im Lande wünscht. Ich habe ihm zu verstehen gegeben, daß ich dazu bereit bin, worauf er bemerkte, daß ich dann hier eine Position einnehmen müsse, die mit meiner bisherigen Stellung draußen hinreichend korrespondierte. Das könnte nur eine Stellung in der Armee sein, denn von Zivilstellungen gibt es jetzt nichts mehr. Wir sind übrigens in dieser Beziehung noch zu keinem Schluß gekommen. In wenigen Tagen jedoch muß sich die Sache entscheiden, da mein Urlaub nun bald zu Ende läuft.

Die Kriegsereignisse sind derart, daß wenn mit Energie operiert würde und die heiße Saison nicht bevorstünde, bald eine definitive Entscheidung erreicht werden könnte. Aber da man die Rebellen-Armee von Manassas hat echappieren lassen und der Sommer, der den Operationen Schranken setzen wird, vor der Thür steht, so wird sich die Sache doch wohl noch in die Länge ziehen..............

Ich werde hier den ganzen Tag so überlaufen, daß ich kaum zum Schreiben kommen kann. Alle Deutschen, die bei der Regierung etwas zu tun haben, wenden sich an mich. So ist meine Stube eine Art Hauptquartier, wo es wie in einem Taubenschlag fortwährend aus- und eingeht............

Von Herzen Euer treuer Sohn

Karl.

An seine Mutter

Philadelphia, 5. Mai 1862.

Meine liebste Mama, Ich bin S. sehr dankbar dafür, daß er Dir die erste Zeitungsnachricht von meiner Krankheit nicht mitgetheilt hat. Du würdest Dich unnöthiger Weise geängstigt haben. Ich war wirklich ein paar Wochen recht unwohl, so daß ich ungefähr acht Tage das Bett hüten mußte. Doch war von Nervenfieber nicht die Rede. Ich litt an sehr starkem und anhaltendem Kopfweh und so großer Mattigkeit, daß ich mich kaum rühren konnte. Jetzt habe ich hier in Philadelphia recht ruhige Tage gehabt und befinde mich wieder ganz wohl. In einigen Tagen werde ich wieder sein wie früher.

Nun hoffen wir auch bald aus unserer Ungewißheit heraus zu kommen. Der Präsident hat noch immer meine Entlassung nicht angenommen und nicht über mein Schicksal bestimmt. Doch werde ich wohl in zwei oder drei Tagen Genaues hören. Dieser Zustand der Ungewißheit über die nächste Zukunft ist sehr unangenehm, aber bei unsrer Regierung muß man sich an die Langsamkeit der Entschließung gewöhnen.

Ich weiß wohl, liebe Mama, daß Du Dich mit dem Gedanken, mich in der Armee statt im Auslande zu sehn, nicht hast befreunden können; aber wenn man so, wie ich, für eine gute Sache gekämpft hat, an die man mit aller Kraft der Überzeugung gebunden ist, so ist es schwer, sie zu verlassen gerade in dem Augenblicke, wo sie zur letzten Entscheidung kommen soll. Es ist schwer, unthätig und faul in der Fremde zu sitzen, wenn das Resultat jahrelanger Arbeit, ja, das ganze Schicksal der Republik, der man sich hingegeben hat, an einem Faden hängt. Ich glaube allerdings, daß es nicht nöthig sein würde, in militärischer Beziehung noch viel helfen zu wollen; wir wissen jetzt, daß wir stark genug sind, die Rebellen niederzuwerfen, und obgleich ich nicht glaube, daß trotz all unsrer Siege die Sache in wenigen Wochen zu Ende sein wird, so scheint es mir doch gewiß, daß zwei Hauptschlachten den großen Operationen ein Ziel setzen werden, es sei denn, daß uns ein großes Unglück passirt. Aber dann beginnt die wichtigste aller Aufgaben, nämlich die Resultate des Sieges so zu bestimmen, daß dem Lande eine große, freie und friedliche Zukunft gesichert wird. Und dazu bin ich keineswegs überflüssig. Um die Aufgabe, welche mir in dieser Beziehung zufallen wird, ganz zu lösen, muß ich Fuß in der Armee gefaßt haben. Der Geist der Armee wird überhaupt in der Lösung der großen Fragen von der größten Wichtigkeit sein, und leider ist er, was die obersten Führer angeht, bisher nicht gewesen was er sein sollte.

Wenn Du die ganze Lage der Dinge betrachtest, so wird Dir von selbst der Gedanke kommen, daß die Sache eines Opfers werth ist. Es ist wahr, ich sollte oft etwas mehr die Frage des persönlichen Vortheils bedenken, aber Du mußt mir schon verzeihn, wenn ich es nicht immer kann. Wenn man für eine gute und große Sache Alles, was man kann, gethan hat, so ist das Bewußtsein der Pflichterfüllung im großen Maßstabe auch nicht ohne Werth. — Sollte indessen der Präsident jetzt noch die Annahme meiner Resignation verweigern, so habe ich das Meinige gethan, und wir werden zurückgehn; keinen Falls aber ohne Euch noch gesehn zu haben.

Nun, liebste Mama, schreibe mir recht ausführlich, wie es Dir geht, und was für Wünsche Du haben magst, ich werde glücklich sein, sie zu erfüllen. Wir sind jetzt Alle munter. Die Kinder haben beide die Masern gehabt, aber sind jetzt beide wieder wohl. Margarethe ist im ganzen auch gesund.

Mit alter Liebe

Dein

Karl.

An seine Eltern

Mount Jackson, Hauptquartier der Mountain-Armee, 12. Juni 1862.

Theuerste Eltern, Heute sind wir auf dem Rückmarsch von Harrisonburg hier angekommen, und ich benütze den ersten freien Augenblick, um Euch zu schreiben. Margarethe hat Euch wahrscheinlich angezeigt, daß ich am 2. Juni mit meinen Generalstabs-

Offizieren zur Armee abging. Da der Weg über Harper's Ferry abgeschnitten war, so gingen wir über Pittsburg und Wheeling; wir blieben der angeschwollenen Gewässer wegen, welche die Brücken der Eisenbahn weggerissen hatten, zwei Tage in den Bergen liegen, kamen endlich am 6. nach Cumberland, am 7. nach Winchester, wo wir Banks und Sigel trafen, ritten noch dieselbe Nacht auf Cavalleriepferden, die mir Banks lieh, bis nach Strasburg und langten nach einem zweitägigen Ritt in Harrisonburg an. Am 10. Morgens, zwei Tage nach dem Treffen bei Croß Keys, für welches wir also zu spät kamen, wollten wir nach Fremont's Hauptquartier abgehn, als uns auf dem Wege dahin der Rückzug der Armee gemeldet wurde. Denselben Nachmittag traf die Armee in Harrisonburg ein. Das Wetter war schlecht, die Straßen voll Schlamm, und die Leute boten einen wirklich kläglichen Anblick. Die Armee hat sehr gelitten; beständige Eilmärsche; äußerst mangelhafte Verpflegung, zuweilen absolut Nichts zu essen; das Schuhwerk abgenutzt, eine Menge von Leuten barfuß; die Pferde durch den Mangel an ordentlicher Fütterung abgemagert und heruntergekommen; die Cavallerie zum großen Theil unter aller Würde. Die Leute hatten sich größtentheils bei Croß Keys vortrefflich geschlagen, aber der Armee war eine bessere Verpflegung, Reorganisation und Ruhe so absolut nöthig geworden, und zudem war Jackson durch Verstärkung so überlegen, daß Fremont beschloß, sich auf die starke Position von Mount Jackson zurück zu ziehn. Gestern kamen wir bis New-Market und heute rückten wir hier ein. Wir sind comfortabel einquartiert, und werden wohl einige Tage ungestörter Ruhe genießen. Sobald die Reorganisation der Armee vorgenommen wird, werde ich ein ordentliches Commando, wahrscheinlich von zwei Brigaden, bekommen. Ich habe sehr tüchtige und angenehme Stabsoffiziere bei mir; einen Major Hoffmann, früherer preußischer Ingenieur-Offizier, der dann in der englisch-deutschen Legion während des Krim-Krieges, dann am Kap der guten Hoffnung, dann bei Garibaldi in seinem sizilianischen und neapolitanischen Feldzuge und endlich in der piemontesischen Armee diente; einen Capitän Spraul, ehemaligen baierischen Infanterie-Offizier, der ebenfalls in der englisch-deutschen Legion und bei Garibaldi gedient hat, und Fritz Tiedemann und Willy Westendarp. Wir sind alle wohl und munter. Von mir kann ich sagen, daß ich seit Jahren nicht so gesund gewesen bin als jetzt. Das Land hier ist so wunderschön, die Berge so malerisch und die Thäler so üppig und fruchtbar, daß ich in friedlichen Zeiten nirgendwo so gern leben möchte als hier. Aber es ist unbeschreiblich, wie dieses herrliche Land leidet. Viermal sind beide Armeen durch dieses Thal auf und abgezogen und viermal hat der Marsch der Armeen seine verwüstenden Spuren hinterlassen. Aber welche Stimmung in der Bevölkerung! Jeder Blutstropfen sezessionistisch. Während ich schon früher die Schwierigkeit einer Beendigung des Kriegs trotz unsrer Siege und der Wiederherstellung der Union so klar einsah, daß ich um des Landes Willen meine diplomatische Stellung in Europa aufgab, so sind mir diese Schwierigkeiten in doppelter Größe vor Augen getreten, nachdem ich einen Blick in die wirkliche Lage der Dinge an Ort und Stelle gethan habe. Die Weiber hier im Süden sind wie besessen, und das ist eines der schlimmsten Symptome.

Und nun bitte ich Euch, liebste Eltern, habt um mich keine Sorge. Ich werde mich vorsichtig benehmen, ich kenne meine Stellung, und ich habe Glück. Was ich gethan habe, das habe ich aus reinem Willen und Pflichtgefühl gethan. Dies ist eine harte Zeit, aber sie geht auch vorüber. Ich werde Euch Ehre machen, und von dem, was ich gethan, werdet Ihr Nichts zu bedauern haben. Wenn Ihr Etwas gebraucht, so schreibt mir. Meine Adresse ist: Gen. C. Schurz, Headquarters of General Fremont's Army.

Adieu für heute. Ich werde so oft als möglich schreiben. Bleibt wohl und glücklich. Herzliche Grüße an die ganze Familie. Mit alter Liebe Euer treuer

Karl.

Margarethe Schurz an ihre Schwiegereltern

Bei Philadelphia, den 15. Juli 1862.

Liebe Eltern, Den Abend vor meiner Abreise zu Carl schickte ich Euch meinen letzten Brief, seitdem habe ich Manches erlebt und durchgemacht, und jetzt, da ich hier wieder zur Ruhe gekommen bin — drängt es mich Euch gleich zu schreiben.

Carl war nahe Middletown in Virginia sehr nett in einem Framehäuschen einquartirt und dort entstand in ihm der Wunsch mich zu sehen. Da er nur telegraphirte „come immediately" erschrak ich doch sehr und war schnell bereit abzureisen. Die Doktorin[1]) und ich reisten am Montag Abend fort (um 11 Uhr), waren um 4 Uhr morgens in Baltimore; um 2 Uhr des andern Tags in Martinsburg (via Harper's Ferry) — und wurden an der Eisenbahn in Martinsburg von Fritz[2]) mit einer Ambulanz empfangen. Die Brücke bei Harper's Ferry war erst eben wieder hergestellt. Noch sah man die Ruinen der andern, zerstörte und niedergebrannte Häuser — verbrannte Locomotiven, u. s. w., u. s. w. Dabei ist die Gegend bei Harper's Ferry so romantisch, daß sie mich an die Schweiz erinnerte. — O wie weh es Einem thut diesen Frieden der Natur und zugleich die Zerstörung von Menschenhänden, das glaubt Ihr gar nicht! — In der Ambulanz fuhr es sich prächtig und obgleich der Weg bis Winchester noch 22 Meilen weit war, wir fuhren fröhlich fort, denn das Wiedersehn lockte gar sehr.

In Winchester, wo die Secessionistinnen unsre Soldaten so scheußlich behandelten, blieben wir über Nacht. — Von dem Schmutz in den Hotels kann man sich wirklich keinen Begriff machen, wenn man nicht da war. — Man sieht nur alte Männer oder Knaben, da die Andern alle in der südlichen Armee sind. — — Die Ernte sieht prachtvoll aus — aber sie haben keine Leute, um die Arbeit zu thun und so ist denn der Weizen schon ganz braun geworden — und wird wohl meistens verfaulen.

---

[1]) Frau Dr. Tiedemann.

[2]) Fritz Tiedemann.

Von Winchester fuhren wir Mittwoch Morgen um 8 Uhr fort und hatten nur noch 12 Meilen bis nach Middletown. — Auf unserm ganzen Weg trafen wir nur unsere Proviantwagen, sahen die Pferde unserer Trains in den hohen Weizenfeldern fressen. Einige alte Farmer hielten uns an und baten Fritz mit zitternder Stimme, doch den Leuten zu verbieten, die Fenzen [1]) zu verbrennen und die Felder zu zerstören. Es dauerte mich, aber Fritz hat kein Erbarmen mit Rebellen. — Zu beiden Seiten unsres Wegs lagen todte Pferde und verpesteten die Luft, Fenzen waren nicht mehr zu sehen, steinalte Leute sah man in den Feldern mit letzter Anstrengung ihrer Kräfte arbeiten. Hie und da ein Farmer zu Pferd, der uns mit unheimlichen Blicken ansah und mich oft das Schlimmste befürchten ließ. Aber juchhe! da waren wir. — In Middletown vor einem hübschen Hause hielt Carl vor Sigels headquarters, — dies selige kindliche Gesicht, wie er uns erblickte, o er hat ein wirklich unschuldiges Kindergesicht, wenn er sich so recht freut. Willy [2]) war auch hoch zu Roß und hofft bald als Ingenieur angestellt zu werden. — Wir begrüßten Sigel, der sich meiner noch gut von London aus erinnerte und ritten dann in Carls Logis, welches eine Meile von Sigels entfernt war. Carl steht sehr gut mit Sigel und Sigels Anstellung haben wir Alle nur Carl zu verdanken. Er und sämmtliche Offiziere hätten abgedankt, wenn Rufus King angestellt wäre; — das telegraphierte er an den Präsidenten und darauf wurde Sigel ernannt. — In Carls Häuschen wohnten er und sein Stab zusammen, auch das Bureau war daselbst. — Ihr wißt, Major Hoffmann ist Chef des Stabs, Fritz und Spraul Adjutanten, Wermerskirch Quartirmeister und Willy Ingenieur. — Spraul und Hoffmann sind tüchtige Soldaten aus Garibaldis Stab — und Fritz ist ein muthiger fleißiger Junge geworden. — Wir verlebten 6 schöne Tage mit Carl. — Einen Tag aßen wir mit ihm bei Sigel zu Mittag, am 4. Juli aß Sigel bei uns. Wir hatten Alles bekränzt, kochten selbst mit und Carl und der ganze Stab fühlte sich sehr glück-

---

[1]) Holzzäune.

[2]) Willy Westendarp, Neffe von Frau Schurz.

lich. Carl sieht sehr wohl aus, und fühlt sich befriedigt. — Rund um seine Wohnung lagen seine Truppen — und das Lager im Wald mit all den kleinen Laubhütten sah ganz poetisch aus. Ich spazierte oft mit Carl durch das Lager, — und wenn er ein „Guten Morgen, ihr Leute" sprach, ertönte ihm ein recht wohlgemeintes „Guten Morgen, General" von allen Seiten entgegen. Er ist schon sehr populär bei seinen Leuten und er hat gleich für neue Kleidung und für neue Provisionen gesorgt, denn die armen Kerle sind oft 20 Meilen marschirt und haben dabei für zwei Tage nur einen cracker gehabt. — Jetzt ist das anders und das bringt große Zufriedenheit......

Wir ahnten noch nicht, daß wir fort mußten, als plötzlich Marschorder kam. — O wie gerne hätte mich Carl mitgenommen und wie gerne wäre ich gegangen, aber Sigel hielt es nicht für rathsam und so mußten wir rasch packen und umkehren. — O wenn der Abschied nur nicht wäre! Montag Abend um 9 Uhr ging's also wieder fort. Frau Doktorin, ich und Mrs. Lyons, deren Mann in Sigels Stab ist; das kam Alles so schnell — und Carl war so unglücklich darüber, daß ich noch kaum weiß, wie ich fortkam. Allein, wir drei Frauen, mit einem jungen Kutscher den gefährlichen Weg (wo noch am selben Tag 9 bushwhackers eingebracht waren) fuhren wir die Nacht durch. In Martinsburg holte uns General Sigel ein, der nach Washington wollte. Er war sehr erstaunt, daß uns Carl hatte so reisen lassen und sagte, wir sollten uns freuen, daß wir so glücklich davon gekommen seien.

So sind wir denn jetzt wieder auf der einsamen Farm [1]) und die Hitze, während ich sie auf dem Marsch weiß, macht mir viele Sorge. — Ich fürchte und glaube jetzt gewiß, daß die Armee noch für Richmond bestimmt ist — denn McClellan hat seine Unfähigkeit gezeigt. Täglich können wir Nachrichten erwarten, die uns sagen, daß Pope's Armee vielleicht schon nah bei Richmond ist und das Clima und das Wasser sind dort unten so schlecht! — Ich warte mit

[1]) Frau Schurz brachte den Sommer mit den Kindern auf Dr. Tiedemanns Farm in der Nähe von Philadelphia zu.

wahrer Sehnsucht auf Carl's Brief und will Euch dann gleich Nachricht geben. Bitte schreibt doch gleich.

Eure Tochter

Margarethe.

An seine Eltern

Washington, 7. Januar 1863.

Meine liebsten Eltern, Endlich ist mir eine kurze Ruhe im Schoße meiner kleinen Familie vergönnt worden. Am Neujahrsabend kam ich aus dem Lager hier an. Den Weihnachtsabend hatte ich in meinem kleinen Zelt im Tannenwalde bei Stafford zubringen müssen. Das ist gerade kein amüsanter Platz, besonders zu einer Zeit, welche in der Familie die angenehmste zu sein pflegt. Doch genug des Klagens. Ich habe nun 8 Tage Urlaub genossen, und damit muß ich schon zufrieden sein.

Nun zuvörderst, viel Glück zum neuen Jahr! Wir habens Alle nöthig, und somit ist dieser Wunsch keine leere Form. Dir, liebste Mama, wünsche ich vor Allem, daß Deine Gesundheit recht bald wiederkehren möge. Euch Beiden, theure Eltern, wünsche ich, daß Ihr bald Eure Kinder und Enkel um Euch versammelt sehn mögt. Wann das wohl sein wird, weiß ich nicht; aber es kommt vielleicht schneller, als man denkt. So weit ist uns das Glück günstig gewesen, und ich bin gewohnt, ein wenig auf seine Gunst zu zählen. Wir werden schon wieder zusammenkommen; habt keine Sorge. Und ich bin's auch gewiß, Edmund [1]) und ich werden mit Ehren aus diesem Kriege hervorgehn. Wir sind beide keine Feiglinge, und das Glück verläßt die Muthigen nicht.

Ich würde Euch schon längst und öfter geschrieben haben, wenn mich die Geschäfte meines Commando's nicht beständig im Gange hielten. Selbst wenn die Armee stille liegt, giebt's jeden Augenblick zu thun; und will man seine Sachen gut in Ordnung halten, muß man sich eben um jede Kleinigkeit bekümmern. So komme ich denn

---

[1]) Sein Vetter Oberst Edmund Jüssen.

selten zum Briefschreiben, und selbst hier in Washington habe ich kaum eine Viertelstunde hintereinander Ruhe.

Wann die Armee des Potomac ihre Operationen wieder beginnen wird, ist sehr zweifelhaft. Von der Schlacht bei Fredericksburg hat sie sich längst wieder erholt; in der That, die Armee ist niemals in einem besseren Zustande gewesen. Aber wir begegnen hier einer Menge von Terrainschwierigkeiten, welche man auf dem westlichen Kriegsschauplatz nicht zu überwinden hat, und die Unmöglichkeit, eine so große Armee aus diesem gänzlich ausgesogenen Lande zu verproviantiren, tritt fast jeder Bewegung hindernd in den Weg. Freilich, das Ding m u ß gehn, und reicht die Fähigkeit eines Generals nicht aus, so muß er eben einem andern Platz machen.

Ich muß gestehn, meine Hoffnung ist wieder lebendig geworden. Die Regierung, welche durch die Emanzipations-Proklamation die Brücken hinter sich abgebrochen hat, kommt mit jedem Tag zu einer klareren Erkenntnis der Nothwendigkeiten, die uns regieren. Auf die Tapferkeit der Armee habe ich mehr Vertrauen als je, und ich bin gewiß, wir werden große Erfolge haben, sobald die Regierung einmal Harmonie in die Operationen bringt.

Sobald ich zu meinem Commando zurückgekehrt sein werde, kann ich Euch wahrscheinlich Näheres sagen über die Möglichkeit, Edmund in unser Armee-Corps herüberzuziehn.

Und nun, nochmals meine besten, herzlichsten Wünsche zum neuen Jahr. Seid mir nicht böse, wenn ich nur selten schreibe, glaubt nicht, daß ich darum weniger an Euch denke.

Mit den herzlichsten Grüßen an die ganze Familie,

Euer treuer Sohn

K a r l.

An s e i n e E l t e r n

Lager bei Stafford Court House,

26. März 1863.

Liebste Eltern, Heute kam ich von einem kurzen Urlaub, den ich wegen Unwohlsein (ich hatte nämlich die Gelbsucht) angetreten hatte, hier wieder an. Margarethe besuchte mich hier gerade, als ich anfing mich krank zu fühlen; ich ging darauf mit ihr, brachte einige Tage in Washington und dann etwa zehn Tage in Philadelphia zu. Jetzt bin ich wieder hergestellt und kann meine Pflichten in der Armee wieder erfüllen. Ich bin nun wirklich General Major geworden und werde während der Abwesenheit von Gen. Sigel, der einen Urlaub auf unbestimmte Zeit hat, das Commando des 11. Armee-Corps bekommen. Sollte Sigel nicht hieher zurückkehren, was wahrscheinlich ist, so hoffe ich, das Corps definitiv zu erhalten. Es sind ausgezeichnete Truppen, und ich glaube, ich werde etwas Tüchtiges damit leisten können. Wahrscheinlich wird die nächste Campagne eine sehr bewegte sein. Die Armee ist in gutem Zustande und jetzt wieder vom besten Geiste beseelt. Gen. Hooker, der sehr viel Energie und Thätigkeit entfaltet, besitzt das Vertrauen der Truppen in hohem Maße. Er hat, was allen Commandeuren dieser Armee vor ihm fehlte, das erste Element des militärischen Erfolges: Selbstvertrauen. So sehn wir denn den Dingen die da kommen sollen, mit Hoffnung entgegen. Vorläufig sind die Straßen noch in einer solchen Verfassung, daß wir uns unmöglich bewegen können. Es wird wohl noch ein paar Wochen so dauern. Dann aber, hoffe ich, werdet Ihr nur Gutes von uns, und auch von mir insbesondere, hören.

Deinen ersten Brief, lieber Papa, erhielt ich gerade als ich krank geworden war.......

Margarethe und die Kinder befinden sich wohl. Sie wohnen in Philadelphia und haben recht hübsche Zimmer. Ihr könnt Euch denken, daß der Abschied recht hart war, denn das nahe Bevorstehen eines neuen Feldzuges macht es nicht wahrscheinlich, daß wir uns sehr bald wiedersehn werden. Vielleicht wird Margarethe diesen Sommer eine Reise zu Euch machen, und ich wünsche es aufrichtig...

Die politische Lage scheint sich sehr zu verbessern. Es herrscht im Allgemeinen mehr Vertrauen und Entschlossenheit, den Krieg bis zu Ende zu führen. Auch stehen die Finanzen der Regierung bedeutend besser als zuvor.

Nun haltet Euch wohl, liebste Eltern, und schreibt mir öfter, selbst wenn ich Euch auch wegen meiner vielen Beschäftigungen nicht so oft antworten kann, als ich gerne wollte. Ich hoffe Euch Ehre zu machen.

Bleibt gesund und denkt mit Liebe an

Euren

Karl.

An seine Eltern

Bethlehem, den 10. September 1863.

Liebste Eltern, Es ist mir endlich gelungen, ein paar Wochen Urlaub zu bekommen, und ich habe nun einige Tage mit Margarethe und den Kindern verleben können. Ihr könnt Euch denken, daß wir recht glücklich zusammen waren. Ich hatte einen Anstoß von „Camp Fever" gehabt, und die Ruhe in dem stillen Bethlehem tut mir wohl ......

Ich bin natürlich noch lang und dürr wie früher, aber sehe doch wohl aus, und man sagt, ich sei bedeutend breiter geworden. Soviel ist gewiß, daß die Strapazen des Krieges soweit auf meine Gesundheit keinen ungünstigen Einfluß ausgeübt haben. Im Gegenteil; ich fühle mich am gesundesten, wenn wir am meisten herumgeworfen werden. Ich hätte gern meinen Urlaub dazu benutzt, um Euch im Westen einen Besuch abzustatten, aber die Zeit war so kurz, daß ich kaum einen Tag zur Ruhe gehabt haben würde; und da ich die ganze Familie hätte mitnehmen müssen, so würde die Reise auch kostspieliger geworden sein, als ich diesen Augenblick gerade hätte vertragen können. So habe ich es denn aufschieben müssen bis zum Winter, wo es sich wahrscheinlich besser machen wird.........

Am 17. dieses wird mein Urlaub aus sein, und ich muß zu meinem Commando zurück. Endlich stehen die Sachen so, daß wir uns begründeten Hoffnungen auf baldige Beendigung des Krieges hingeben dürfen. Unsere Armee, durch die Conskription verstärkt, wird zuletzt der Rebellion den Gnadenstoß versetzen müssen, doch wollen wir unsere Hoffnungen nicht so hoch spannen.

Mit alter Liebe und mit herzlichen Grüßen

Euer Karl.

An Theodor Petrasch

Lager bei Catlett Station, Virginia,
24. September 1863.

Mein lieber Petrasch, Es hätte mir keine erfreulichere Überraschung werden können, als Dein Brief. Ich erkannte die Handschrift sogleich wieder; ich hätte sie unter Hunderten herausgefunden. Weit geschieden durch Raum und Zeit, haben wir einander im Leben aus dem Gesichte verlieren können. Aber die Erinnerung an die köstlichen Jugendtage, als wir wie Brüder aneinanderhingen, kann Nichts in mir auslöschen. Ich sehe Dich immer noch, wie ich Dich in unsern Gymnasialjahren in Köln sah. Wir waren in dem Alter, in welchem ein Paar Jahre Unterschied viel ausmachen. Ich war jünger als Du, schüchtern von Natur, mit einem eben aufkeimenden Kraftbewußtsein, dem ich selbst noch nicht recht traute. Du warst bereits zu einer gewissen Männlichkeit herangereift, die für mich etwas Imponirendes hatte. Du sprachst mit Kühnheit aus, was ich oft gedacht hatte, aber kaum auszudenken wagte. Ich wunderte mich oft, wie Du an mir Gefallen finden konntest, und verstand es nicht. Wenn ich jetzt bedenke, wie weit Du mir damals voraus warst, so verstehe ichs noch nicht. Ich lehnte mich an Dich an mit schwärmerischer Freundschaft, Du zogst mich aus dem engen Gesichtskreise, den meine Verhältnisse und meine Erziehung um mich gebaut, und gabst mir einen Blick ins Leben. Du lehrtest mich zuerst meine ängstliche Schüchternheit überwinden. Ich weiß Dir Dank für jedes ermuthigende Wort, denn Du warst der Erste, der in mir das Bewußtsein wach rief, daß ich nicht zu den Gewöhnlichen gehörte. Dann, als ich eben Muth gewonnen, auf eignen Füßen zu stehn, und Kraft, auch Dir Etwas zu sein, ergriff uns beide der Strudel des Lebens und zog uns auseinander. Und jetzt erst empfange ich wieder ein Wort von Dir, und Du von mir.

Ich kann mich jener Zeit der Schwärmerei, welche das Herz so warm und für das Schöne und Große so empfänglich hielt, nicht ohne Rührung erinnern. Man mag sich über Ideale lustig machen, weil sie oft mit der Wirklichkeit so seltsam contrastiren, — der Enthusiasmus ist doch das Schönste im Menschen. So lange er lebt, stirbt die Jugend nicht.

Du hast mir von Deinem Leben erzählt, und ich freue mich, zu sehn, daß Dir das in Deiner dortigen Lebenssphäre Erreichbare geworden. Dem, was Du von mir weißt, kann ich nur Weniges hinzusetzen.

Ich brach im Jahre 52 mein Flüchtlingsleben in London ab, weil ich seine Haltlosigkeit schwer empfand und mich nach einer soliden Thätigkeit sehnte. Hier in Amerika lebte ich mehrere Jahre still und zurückgezogen im glücklichsten Familienkreise. Ich wünschte, Du kenntest meine Frau. Sie ist viel besser als ich; und wir haben zwei köstliche Kinder. Ich studirte, beobachtete und lernte viel, bis ich endlich im Jahre 56, als die Bewegung gegen die Sklaverei sich großartig entfaltete, mich ins öffentliche Leben gezogen sah. Ich wußte, daß ich etwas Gutes leisten würde. Amerika ist das Land für das strebsame Talent, und der Ausländer, welcher die hiesigen Verhältnisse gründlich studirt und zu würdigen weiß, kann sich eine größere Bahn der Thätigkeit bereiten als selbst der Eingeborene. Mein Erfolg überraschte mich selbst; ich sah meine kühnsten Erwartungen übertroffen. Ich fand plötzlich, daß ich eine Celebrität in Amerika geworden. Ich warf mich mit vollem Herzen in die Antisklaverei-Bewegung hinein und bot darin den Amerikanern etwas Neues. Die breite Weltanschauung des Deutschen, die ihnen weitere Gesichtskreise eröffnete; die eigentümliche Sprache des Fremden, die, obgleich nach den besten Mustern der englischen Literatur gebildet, doch sich in einer Menge ungewohnter Wendungen erging; die Kraft der wahren Überzeugung, die nicht gar zu oft rein gefunden wird — alles dies hatte für den Amerikaner einen seltenen Reiz, und so gewann ich, vielleicht schneller als irgend ein Mensch hier zu Lande, einen continentalen Ruf, einen Ruf, der in manchen Beziehungen weit über mein Verdienst ging. Meine Wirksamkeit war sehr ausgedehnt und hatte einen großen und direkten Einfluß auf die politische Entwicklung des Landes. Man sagt mir nach, daß ich Lincoln zum Präsidenten gemacht. Das ist nun gewiß nicht wahr; aber daß man mirs nachsagt, zeigt wohl, daß ich Einiges dazu beitrug, um den Luftstrom in Bewegung zu setzen, der Lincoln in den Präsidentenstuhl trug und damit das System der Sklaverei in seinen Grundfesten erschütterte. Ich hatte meine ganze Kraft daran gesetzt und war bei der herkulischen Arbeit sehr müde geworden. Wie es wohl in Augenblicken der Erschöpfung kommt, ich suchte Ruhe. So ging ich als Gesandter nach Spanien. Aber ich fand bald, daß Ruhe in einer Zeit, wie diese ist, für mich die aufreibendste Anstrengung war. Der Riesenkampf, welcher über die Zukunft dieses Landes entscheiden wird, gewann plötzlich enorme Dimensionen. Das Getöse des Streites drang bis in meine Eremitage in Madrid. Es wurde mir unheimlich in meiner Stille; die gezwungene Apathie des insipiden diplomatischen Lebens wurde meinem Temperament und meinem Gewissen erdrückend schwer. Da kam die Nachricht von dem ersten großen Unglück unsrer Waffen, der Schlacht von Bull Run, wie ein Donnerschlag. Ich bat sofort den Präsidenten, mich zurückzurufen. Ich gehörte zu denen, welche die Krisis beschleunigt hatten; ich konnte mich den Chancen des Kampfes nicht entziehen. Endlich im Dezember 61 bekam ich Urlaub, kehrte sofort hieher zurück, legte meine Gesandtschaft nieder, machte noch eine Anstrengung, die Regierung zur Emanzipationsmaßregel zu bewegen und ihr beim Volke den Weg zu ebnen, und trat dann in die Armee ein. In Folge der Sommercampagne von 62 avancirte ich zum General-Major, dem höchsten Range, den man in der Armee der Ver. Staaten hat. Ich werde wohl bis zum Ende dieses Krieges im Dienste bleiben. Dann trete ich in meine alte Thätigkeit zurück mit der Genugthuung, nicht allein an der Zukunft dieses Landes mitbestimmend gearbeitet, sondern auch seine Schicksale treu getheilt zu haben. Bei dem politischen Aufbau der neuen Verhältnisse, welche diese Revolution hervorbringen muß, werde ich wohl eine große Wirksamkeit haben, und man wird meine Stimme hören.

Das ist die glänzende Außenseite meines Lebens. Ich habe viel gearbeitet, viel gekämpft, viel errungen und auch viel gelitten, so viel, daß es starker Überzeugungen bedurfte, um mich aufrecht zu halten. Wie oft habe ich in Augenblicken des Unmuths gewünscht, ich möchte zu denen gehören, die bei einer bescheidenen Thätigkeit ihr Brod mit ihren Lieben in stillem Frieden essen! Der kleinliche Neid des Deutschen, der sich lieber dem Eingeborenen unterordnet, als den Landsmann sich über den Kopf wachsen sieht —, die Eifersucht des Eingebornen, der dem Fremden seinen Einfluß und seine Bedeutung mißgönnt, — die giftige Schmähsucht des politischen Gegners, dem selbst die persönliche Ehre nicht heilig ist, — alles das hat mir viele bittre Stunden gemacht. Ich hätte mich zu jener souveränen Menschenverachtung emporarbeiten können, die, wie man sagt, Menschen groß macht; aber das ist meiner Natur zuwider. Ich bleibe lieber klein. Ich liebe die Menschen trotz ihrer selbst und besitze jenes unverwüstliche Vertrauen, welches, tausendmal getäuscht, tausendmal neulebendig aufathmet. Es ist vielleicht einfältig, aber ich kann nicht anders, und das hält mich jung und heiter und hoffnungsvoll.

Die Hauptsache ist, daß man sich in einer Lebensstellung, wie der meinigen, nicht von einer falschen Ambition beherrschen läßt. Die Ambition, Etwas zu leisten, darf unbegrenzt sein, aber sie muß sich losmachen von der Ambition, Etwas zu sein. Es ist mir lieb, daß ich offizielle Stellungen eingenommen habe, die nach dem gewöhnlichen Begriff glänzend sind. Ich habe ihre Werthlosigkeit erkennen lernen, denn sie haben nie zu meiner innern Befriedigung beigetragen. Ich glaube, ich könnte jetzt eine Krone ohne Bedauern von mir werfen, wenn ich sie hätte. Solche Dinge sind nur Mittel zum Zweck, und als solche wohl zuweilen von Wichtigkeit. Ich bin glücklich so weit gekommen, daß die Äußerlichkeit keine Verführung mehr für mich hat. Ich glaube sagen zu können, daß ich praktisch ein noch besserer Republikaner geworden bin als theoretisch.

Lager bei Bridgeport, Alabama
den 3. Okt. 63.

Mein Brief ist mehrere Tage liegen geblieben, da ich plötzlich durch einen Marschbefehl unterbrochen wurde. In zwölf Stunden hatten wir fertig zu sein und haben dann, zwei Armee-Corps, einen Marsch von 1200 Meilen per Eisenbahn gemacht. Rosecranz hatte die Schlacht am Chickamauga verloren und wir sind ihm zu Hülfe gekommen. Jetzt ist die feindliche Cavallerie in unserm Rücken erschienen und hat unsre Verbindungslinien in Gefahr gebracht. Das wird meinen Brief wohl noch einige Tage zurückhalten.

Ich denke mir, daß Euch europäischen Militärs in unsrer Kriegführung Manches unverständlich sein muß. Unsre Armeen können nirgendwo vom Lande leben, und die Distancen, welche wir zu durchlaufen haben sind ungeheuer. Die Entfernung zwischen der Armee des Cumberland und ihrem nächsten großen Depot ist 180 Meilen, eine Strecke, die ungeheuer lang ist und doch an jedem einzelnen Punkte aufs Sorgfältigste bewacht werden muß; denn das Verbrennen einer Eisenbahnbrücke kann die Existenz der Armee gefährden. Solche Umstände verändern die ganze Weise der Kriegführung. Denke Dir nur, daß unsre Armeen seit dem Ausbruch des Krieges, also seit dem Sommer 61, kein Cantonnement gesehn haben. Die Soldaten haben, ohne die geringste Unterbrechung, Sommer und Winter bivouakiren müssen. Das kostet natürlich eine enorme Anzahl von Leuten, die Armeen schmelzen mit großer Schnelligkeit zusammen, und es bedarf der größten Zähigkeit von Seiten der Regierung und des Volks, den Krieg von Jahr zu Jahr fortzusetzen. Es giebt vielleicht kein Volk der Erde, das sich nicht von der Größe der Unglücksfälle, die uns betroffen, und von der Enormität der Opfer, die gebracht werden mußten, hätte schrecken lassen. Welch eine gewaltige Aufgabe, und welch eine große Sache! Ich bin glücklich, in dieser Zeit und in diesem Lande zu leben. Was sind gegen das herrliche Ziel unsre kleinen Leiden und unsre individuellen Opfer! Die Sklaverei wird aus ihrer letzten Citadelle vertrieben, die beleidigte Würde der Menschennatur gerächt. Das Volk der neuen Welt thut einen unermeßlichen Schritt vorwärts in seiner Reinigung und Veredlung, und aus dieser Republik werden wir ein Reich machen, im Vergleich zu dem, um Karl Moorisch zu reden, Rom eine Kleinkinder-Bewahranstalt gewesen sein soll. In dieser Nation, der Summe, dem Amalgam aller civilisirten Nationalitäten, liegt eine Titanenkraft, die sich wie eine Riesenlocomotive der Menschheit vorspannen wird. Das alte Europa wird ihren Zug fühlen.

Doch laß mich wieder zu uns selbst zurückkehren. Beim Überlesen dessen, was ich in Virginien an Dich geschrieben, bin ich fast erschreckt, wie viel ich über mich selbst geschrieben. Aber es war mir, als müßte ich wieder in der alten Vertraulichkeit mein Herz öffnen. Du denkst also wirklich daran, zu uns herüber zu kommen? Wie schön wäre das, — und mein erster Impuls war, Dir zu schreiben, komm um jeden Preis! Aber wir sind doch wohl in dem Alter, in welchem es uns verboten ist, uns von schönen Wünschen fortreißen zu lassen. Wir müssen abwägen, was Du aufgeben mußt und was Du zu finden hoffen darfst.

Ich glaube, es würde mir möglich sein, Dir in der Volontär-Armee sogleich eine Offizierstelle zu verschaffen. Aber die Armee ist hier nicht, was sie drüben ist. Eines Tages ist der Krieg zu Ende, die Armee verschwindet, und Jeder tritt ins bürgerliche Leben zurück. Die sogenannte reguläre Armee bleibt allerdings bestehn; aber sie ist klein und ein exklusives Institut. Es ist für den Ausländer schwer, darin einen Platz zu finden, und es wäre thöricht, auf die schwache Möglichkeit einen Lebensplan zu bauen. Ich weiß in der Tat nicht, ob es Dir hier gefallen würde — denn es ist hier Alles anders als in Europa, — und wie glücklich ich sein würde Dich hier zu sehn, wie würde mirs sein, wenn ich Dich hier unglücklich sähe?

Aber ließe sich die Sache nicht so einrichten, daß Du herüberkommen könntest, ohne Deine Stellung drüben zu verlieren? Die Stellung, die Du Dir so mühsam durch langes Ausharren erworben, aufs Ungewisse hin aufgeben — ich würde Dir vielleicht dazu rathen, wenn ich nicht so warm und aufrichtig Dein Freund wäre. Ich würde sicherlich Alles, was ich an Einfluß besitze, für Dich aufbieten — aber was ist das? Eines Tages wechselt die Regierung, und wer weiß, ob ich in einer neuen Administration Freunde habe?

Wenn Du mir wieder schreibst, willst Du mir auch sagen, was aus den Freunden geworden ist, die in Köln und Bonn mit uns zusammen waren?

Und schicke mir Dein Bild. Man muß sich körperlich wiedersehn, um alle Erinnerungen recht lebendig aufzufrischen. Ich lege das einzige von mir ein, das ich hier auftreiben konnte; einer meiner Adjutanten hatte es.

Lebe wohl, und laß mich recht bald von Dir hören. Meine

Frau, welche manche von Deinen alten Briefen aus unsrer schönen Zeit gelesen hat — denn die habe ich immer noch — hat Dich daraus liebgewonnen und grüßt Dich herzlich.

Immer Dein alter Freund

C. Schurz.

An seine Tochter

Lager im Lookout-Valley, Tenn.,

9. November 1863.

Liebe Agathe, Heute Abend ist es so recht warm und behaglich in meinem Zelt; mein Kamin brennt hell, und draußen im Lager höre ich das Ruhesignal blasen. Jetzt will ich Dir Deinen lieben Brief beantworten. Es freut mich sehr, daß Du mir geschrieben hast, und die Nachrichten, die Du mir giebst, sind sehr angenehm. Es ist schön, daß Du wieder in die Schule gehst, und wenn Du fleißig bist, so zweifle ich nicht, daß Du bald die großen Mädchen in der Schule an Kenntnissen übertreffen wirst. Ich glaube, Du bist etwas im Rechnen zurück, und darauf solltest Du besondern Fleiß verwenden. Rechnen will geübt sein, und wenn man einmal gewisse Fortschritte darin gemacht hat, so treibt man es auch recht gerne. Die Geographie wird Dir sehr leicht werden. Du hast schon viel mehr fremde Länder gesehn als die meisten Kinder Deines Alters, und Du wirst auf der Landkarte viele weit von einander entfernte Plätze finden können, an denen Du schon gewesen bist. Weltgeschichte hat Dir immer viel Vergnügen gemacht, und das freut mich. Sie ist die lehrreichste und angenehmste von allen Wissenschaften. Ich wünschte nun auch, daß Du Dein Klavierspiel fleißig fortsetztest, und daß Du etwas Zeichnen lerntest. Das ist eine ebenso angenehme als nützliche Beschäftigung und eine Quelle des Genusses für's Leben. Du hast wohl gesehn, wie viel Freude Mama und ich aus der Musik schöpfen, und es hat mich oft gereut, daß ich nicht ordentlich habe zeichnen lernen. Aber jetzt ist meine Jugend vorbei. Um neue Sachen zu lernen bin ich schon beinahe zu alt, und ich habe auch zu viel andre Sachen zu thun.

Ich weiß, lieber Hans, daß Du Alles thun wirst, um Mama und mir Freude zu machen und uns Ursache zu geben, mit Dir zufrieden zu sein. Wir lieben Dich ja aus vollem Herzen, und Du liebst Deine Eltern gewiß ebenso. Es ist ein großes Glück, gute Kinder zu haben, und dieses Glück wirst Du uns gewiß bereiten wollen. Deine gute Mama leidet viel, da ich nicht bei ihr sein kann, und Du mußt es ihr leicht machen, ihre Einsamkeit und ihre Sorge um mich zu tragen. Du weißt vielleicht selbst noch nicht, wie viel Du dazu thun kannst.

Ich bin hier in einem Kampfe für eine sehr große und heilige Sache, deren Entscheidung gewaltige Folgen haben wird für die Zukunft des menschlichen Geschlechtes. Dafür bringe ich große Opfer und dulde oft Mangel und Mühe und Gefahr. Dabei ist mir das Bewußtsein, in Dir ein gutes Kind zu haben, ein sehr großer Trost. Ich denke oft an Dich, alle Tage, mit vieler Liebe und vielem Vertrauen, und ich weiß, Du wirst Alles thun, daß ich einst auf Dich stolz sein kann.

Du mußt aber doch nicht denken, mein guter Hans, daß es uns jetzt hier schlecht geht. Mein kleines Zelt ist ein wahres Bild von Behaglichkeit; es ist hier so warm, wie in einem steinernen Hause. Ich habe auch ein Federbett zum Geschenk bekommen, so daß ich so weich liege, wie ein Prinz. Wir haben auch Lebensmittel die Fülle und wenn es auch keine große Mannigfaltigkeit an Speisen giebt, so fehlt es uns doch an Nichts. Es ist zuweilen einmal gut, Dinge entbehren zu müssen, die man sonst für durchaus nöthig hält; denn das giebt uns eine Genügsamkeit, welche für das ganze Leben eine Quelle der Zufriedenheit ist.

Im Grunde leben wir Soldaten hier viel besser wie die Eingeborenen des Landes. Du hast keinen Begriff von der hier herrschenden Armuth. Die Leute leben in Blockhäusern, an welchen die Fugen zwischen den einzelnen Blöcken ganz offen stehn, so daß das Licht und der Wind durchziehn können. Natürlich sind unsre Zelte viel dichter und besser. Frauen und Männer sind auf das Ärmlichste gekleidet und leben fast ausschließlich von Maisbrod und Schweinefleisch. Fast alle Frauenzimmer rauchen und kauen Tabak.

Dazu sind sie so unwissend, daß die Kenntniß des Lesens und Schreibens eine große Seltenheit unter ihnen ist. Der Unterschied zwischen dieser Bevölkerung und derjenigen, welche wir im Norden sehn, ist ungeheuer. Aber das hat einen natürlichen Grund. In diesem Lande, dem Staate Tennessee, den Du auf der Karte leicht finden wirst, besteht die Sklaverei. Es giebt hier einzelne reiche Leute, welche viele Neger besitzen. Diese Neger thun alle Arbeit für sie, und die reichen Herren sind also zu dem Gedanken gekommen, daß sie selbst nicht zum Arbeiten, sondern zum Regieren und Herrschen geboren seien. Sie wollten aber nicht nur ihre Neger beherrschen, sondern auch die armen weißen Leute, die nicht genug Geld hatten, um sich Sklaven zu kaufen, und deßhalb selbst ihre Arbeit thun mußten. Um sie aber besser beherrschen zu können, versuchten die reichen Leute die Armen dumm zu halten, und so kam es, daß man hier wenig Schulen hat und die meisten Menschen gar keine Erziehung genossen haben. Da sie nun die vielen Entdeckungen und Erfindungen, welche man in dem letzten Jahrhundert gemacht hat, nicht kennen und nicht zu gebrauchen verstehen, so bleiben sie auch arm und elend.

Für diese Leute und ihre Kinder ist dieser Krieg ein wahrer Segen, denn er rüttelt sie aus ihrer Schläfrigkeit auf und bringt sie mit andern klügeren und thätigern Menschen in Berührung. Sie werden darauf aufmerksam, wie miserabel ihr Zustand ist; ihre alten, faulen Gewohnheiten werden gestört; sie werden genöthigt, sich selbst zu helfen und dadurch gezwungen, ihre Gedanken auf neue Dinge zu richten. Sie hören davon sprechen, wie verschieden das Leben in andern Theilen des Landes ist; und später, wenn in Folge des Krieges andere Leute kommen, um sich hier anzusiedeln, so werden sie von der allgemeinen Betriebsamkeit mit fortgerissen werden; denn das Land ist sehr schön und fruchtbar, und ein fleißiges Volk würde hier glücklich leben können und große Reichthümer erwerben. Das wird gewiß nach dem Kriege der Fall sein, denn auch die Leute aus dem Norden, die mit der Armee hieher gekommen sind, sehn jetzt erst, was für schöne Gegenden es im Süden giebt, und wie herrlichen Raum man hier für menschliche Thätigkeit finden kann. So siehst Du, wie aus schlimmen Dingen Gutes entspringen kann. Der Krieg ist gewiß an und für sich ein sehr großes Unglück und bringt furchtbares Elend über viele Leute. Aber manche seiner Folgen werden für die Menschheit sehr wohlthätig sein.

Nun, meine liebe Agathe, muß ich Dir für heute Adieu sagen. Habe mich recht lieb; sei recht gut mit unserer kleinen Pussy, die, wie Du weißt, noch unverständig ist, und die man mit Sanftmuth behandeln muß; sei recht folgsam gegen Mama, und schreibe mir bald wieder. Du machst mir eine sehr große Freude damit.

Dein Dich liebender Vater

C. Schurz.

An Theodor Petrasch

Lookout-Valley, 23. Dez. 63.

Mein liebster Freund, Endlich bin ich soweit zur Ruhe gekommen, daß ich die Beantwortung Deiner Fragen mit einiger Überlegung vornehmen kann. Die Aufgabe ist nicht so leicht, wie sie aussieht.

Dir eine Offiziersstelle zu verschaffen, würde nicht sehr schwer sein, aber ich möchte Dich nicht unter Majors-Rang in der Armee sehn. Das Avancement bis zum Capitain hinauf geht sehr schnell; und zuweilen vom Major aufwärts ebenfalls; aber wer einmal von den zehn Capitains eines Regiments der jüngste ist, der muß sich mit Geduld waffnen. Könnte ich Dir heute eine Capitainsstelle anbieten, so würde ich Dir rathen, sie nicht anzunehmen, sondern lieber geduldig zu warten, bis eine Stabsoffiziersstelle frei wird. Das letztere wird wahrscheinlich in der nächsten Zukunft in meinem Commando der Fall sein.

Nun gebe ich Dir bei alledem Eines zu bedenken. — Die Armee, wie sie jetzt existirt, ist keine permanente Institution, und eine Stellung darin nur zeitweilig. Sobald der Krieg aus ist, geht man nach Hause. Da wir nach soliden Gesichtspunkten handeln wollen, so bietet sich Folgendes zu bedenken: Die Zeit, welche Du in der Armee zubringst, ist insofern verloren, als sie zum Aufsuchen und zur Vorbereitung einer definitiven Lebensstellung angewendet werden könnte.

Auf der andern Seite würde Dir der Eintritt in die Armee Zeit und Gelegenheit geben, Dich mit der Landessprache hinlänglich vertraut zu machen. Außerdem würde er bis zum Ende des Krieges finanziell Deine Existenz sichern.

Wäre ich bei Dir, oder könnte ich ein Paar Wochen in New-York oder Boston zubringen, so könnte ich Dir Zuverlässigeres sagen. Aber so bin ich seit meinem Eintritt in die Armee fast ausschließlich auf das Lager- und Campagne-Leben beschränkt gewesen und dem bürgerlichen Thun und Treiben mit seinen Chancen und Gelegenheiten fremd geworden.......

Vor Allem aber wünschte ich, Du könntest es möglich machen, nach New-York zu gehn und meine Frau zu besuchen. Sie würde Dich sogleich in einen ausgedehnten Kreis guter und zum Theil einflußreicher Freunde einführen; und ich weiß, es würde ihr die aufrichtigste und größte Freude machen. Deine Frau, die sich wahrscheinlich hier zu Lande noch etwas unheimlich fühlt, würde bei ihr eine herzliche Freundin, und in ihrem Umgang viel Aufmunterung und Ermuthigung finden. Ich glaube, von Boston nach New-York zu gehn, wäre unter obwaltenden Umständen das Beste, was Du thun könntest. Boston, obgleich meine Lieblingsstadt in Amerika, ist für den unbekannten Ankömmling ein etwas exclusiver Platz. Es giebt herrliche Leute dort, aber man muß Amerika kennen, um sich dort zurecht zu finden.

Ich wünschte sehr, ich könnte auf einige Wochen in Urlaub gehn und Dir persönlich zur Seite stehn, aber gerade jetzt kann ich nicht fort. Das 11. Armee-Corps, zu dem ich gehöre, ist durch eine Reihe von Schlachten und harten Campagnen so zusammengeschmolzen — bei Bull Run betrug mein Verlust 26 %, bei Chancellorsville 23 %, bei Gettysburg nahezu 60 % — daß wir nun verstärkt und reorganisirt werden sollen; und da ich Zweitcommandirender im Corps bin und die Interessen meines Commandos persönlich wahrzunehmen habe, so kann ich mich, wenigstens bis die Reorganisationsangelegenheit geordnet ist, nicht entfernen. Ich bedaure das um so mehr, als wir wahrscheinlich einige Wochen still liegen werden und das Lagerleben in dieser menschenleeren Gegend zum Verzweifeln öde, einförmig und langweilig ist. Überdies ist die Lage der Cumberland-Armee eine keineswegs beneidenswerthe. Wir haben zwar einen der glänzendsten Siege dieses Krieges gewonnen, einen Sieg, den Du unglaublich finden würdest, wenn Du die Stellung sehn könntest, aus der wir den Feind hinausgefegt haben. Aber nach diesem Siege können wir uns nicht rühren. Unsre Verbindungslinien sind so lang und unsre Zufuhrmittel so unzureichend, daß wir unsre Armee nur so eben verproviantiren können. Das Land ist innerhalb eines Umkreises von 20 bis 30 Meilen total ausgesogen und bietet uns absolut Nichts mehr. Unsre Feldartillerie haben wir auf die Eisenbahnstationen jenseits des Tennessee zurückschicken müssen, weil wir die Pferde nicht mehr ernähren können..........

Nun laß mich sobald als möglich von Dir hören. Ich habe den Brief an den Gouverneur von Massachusetts so eingerichtet, daß er allein Dir die Bekanntschaft seiner und meiner Freunde verschaffen wird. Meine herzlichsten Grüße an Deine Frau.

Mit alter unveränderter Freundschaft

Dein

C. Schurz.

An seine Eltern

Lookout Valley, 24. Januar 1864.

Theuerste Eltern, Eure lieben Briefe vom 15. d. habe ich erhalten, und ich danke Euch herzlich dafür. Es war mir das liebste Geschenk, das ich hätte empfangen können. Ich schrieb Euch gegen Ende Dezember und schickte den Brief durch einen in Urlaub gehenden Soldaten, der ihn in Louisville zur Post geben sollte, — denn unsre Posteinrichtungen hier sind von der miserabelsten Art. Habt Ihr ihn denn nicht erhalten?

So muß ich meine Neujahrswünsche wiederholen. Ich habe keinen sehnlicheren Wunsch, als wieder einmal mit Euch und meiner kleinen Familie ruhig auf der stillen Farm leben zu können — und ich hoffe in der That, daß dies in nicht ferner Zukunft der Fall sein wird. Hoffen wir, daß wir uns in guter Gesundheit wiedersehn.

Wie groß auch der Reiz des wilden Kriegslebens sein mag — man denkt doch nie ohne tiefe Sehnsucht an die Seinigen zurück. Ich habe eine Photographie der Farm, auf welcher sich die Porträts aller Familienmitglieder befinden, auch die Eurigen und Toni's. Ihr erinnert Euch wohl des Bildes. Das steht auf dem Kaminsimse meines Blockhauses, gerade vor meinen Augen, wenn ich am Feuer sitze, und Ihr könnt Euch denken, was für Gedanken und Erinnerungen es in mir erweckt. Nun, auch dieser Wunsch wird uns erfüllt werden.

Es scheint mir, daß der Krieg sich nun schnell seinem Ende naht. Während unsre Hülfsmittel frisch und unerschöpft sind, macht sich beim Feinde ein Mangel am Nöthigsten geltend, besonders an Leuten und Pferden. Es ist ganz gewiß, daß in der uns gegenüberstehenden Armee die Conscription nicht genügt um die Lücken zu füllen, welche durch die Desertion entstehen. Das Ausreißen hat in großem Maßstabe angefangen. Täglich werden große Transporte eingebracht. Solche Armeen sind nicht geeignet, einen langen und hartnäckigen Widerstand zu leisten. Dieser Geist muß sich der Rebellen-Armee in Virginien mittheilen, und ich halte es nicht für unmöglich, daß die ganze Sache einmal unerwartet und plötzlich zusammenbricht, wie die ungarische Revolution bei Vilagos. Indessen machen wir uns für eine kräftige Frühjahrs-Campagne bereit, die uns in das eigentliche Herz der Rebellion bringen soll. Hier ist die verwundbarste Stelle, und im Westen wird unzweifelhaft der entscheidende Stoß geführt werden.

In der letzten Campagne haben wir ziemlich harte Arbeit thun müssen, nicht sowohl mit den Waffen, als mit den Beinen. In den Gefechten haben wir wenig gelitten, aber unser Marsch nach Knoxville und zurück war dafür um so schärfer. Jetzt liegen wir in bequemen Winterquartieren. Das Wetter war um Neujahr herum ziemlich kalt für einige Tage; aber jetzt genießen wir die schönste Frühlingstemperatur. Nachmittags ist es so warm, daß man es angenehm finden würde, in Sommerkleidern zu gehn. Ich bin immer recht gesund gewesen, und wie toller es geht, um so wohler fühle ich mich. Was mir körperlich am wenigsten behagt, ist das ruhige Lagerleben. Worüber ich am meisten klagen muß, ist, daß ich Unglück mit meinen Pferden gehabt habe. Mein bestes Campagnepferd starb plötzlich; ein anderes ist in einem solchen Zustand, daß ich es wohl nie wieder werde brauchen können. Ein drittes ist lahm, und ein viertes, eine prachtvolle englische Stute, erholt sich erst jetzt von der langen Eisenbahnfahrt im letzten Herbst. Nun, man muß so etwas tragen lernen..........

Und nun lebt wohl für heute. Ob ich bald in Urlaub gehn werde und Euch dann besuchen kann, weiß ich nicht. Ich gedenke jedenfalls an der kommenden Präsidentenwahl Theil zu nehmen, und dann sehn wir uns jedenfalls wieder. Ich sehne mich sehr nach Euch, und ich bin gewiß, ich werde Euch wohl wiedersehn. Laßt Euch Nichts abgehn. Denkt meiner mit alter Liebe, wie ich Eurer gedenke. Grüßt die ganze Familie.

Mit dem allerherzlichsten Gruß

Euer treuer

Karl.

An seine Eltern

Lookout Valley, 20. Februar 1864.

Theuerste Eltern, ... Mit der Angelegenheit, über welche der Ausschnitt aus der Illinois Staatszeitung handelt, hat es folgende Bewandtniß: Hooker, der ein sehr zweideutiger Gentleman ist, scheint es darauf abgesehn zu haben, mir meine Stellung unter seinem Commando so unangenehm wie möglich zu machen. Um mir nun einen Stich zu versetzen, machte er in seinem Rapport über das Nachtgefecht von Wauhatchie eine Bemerkung, die darauf hinauslief, daß ich einen mir gegebenen Befehl, eine Brigade zur Verstärkung von Geary vorzuschieben, zu spät ausgeführt habe. Sobald der Rapport, von dem ich gar Nichts gewußt hatte, in die Öffentlichkeit kam, verlangte ich von Gen. Thomas, daß die Wahrheit des Rapports durch eine Court of Inquiry untersucht werde. Das geschah, und ich bewies nun vor der Court, durch einen Haufen von Zeugen, daß Gen. Hooker in eigner Person die Brigade, welche zur Verstärkung von Geary vorgehn sollte, aufgehalten und in eine andere Stellung gebracht, während er mir den Befehl geschickt hatte, mit einer andern Brigade, an deren Spitze ich mich selbst gestellt, einen vom Feind besetzten Hügel zu nehmen und fest zu halten. Den letztern Befehl hatte ich, wie er selbst zugiebt, gut ausgeführt, während er die Ausführung des erstern durch das eigenhändige Zurückhalten meiner Brigaden, unmöglich gemacht hatte. Da diese Sachen sonnenklar bewiesen waren, so entschied die Court auch natürlich, daß der Hooker'sche Rapport ungegründet sei, und Hooker ist richtig in dieselbe Grube gefallen, die er mir gegraben hatte. Das Urtheil liegt jetzt dem Gen. Thomas zur Bestätigung vor und wird dann veröffentlicht werden. Wenn Hooker meine Vertheidigung vor der Court of Inquiry zu Gesichte bekommt, so wird er zu der Überzeugung kommen, daß es gefährlich ist mit scharfen Instrumenten zu spielen.

Von Margarethe habe ich Nachricht, daß sie krank war. Ich habe vor auf Urlaub zu gehn, sobald Gen. Howard zurück ist, an dessen Stelle ich jetzt das Corps kommandire. Es ist sehr zweifelhaft, ob ich lange genug weg bleiben kann, um nach dem Westen zu kommen. An der Präsidentenwahl werde ich mich gewiß bethätigen und dann längere Zeit im Westen sein. Und so wird unser Wiedersehn, wenn es auch nicht gerade jetzt sein kann, doch nicht mehr sehr lange herausgeschoben bleiben.

Haltet Euch nur wohl und guten Muthes, damit es für uns Alle ein freudiges wird.

Mit herzlicher Liebe

Euer

Karl.

An seine Eltern

Nashville, 24. April 1864.

Theuerste Eltern, Heute schreibe ich Euch von Nashville aus, wo ich auf Befehle warte. Als das 11te Corps mit dem 12ten zusammengeworfen und unter Hooker's Befehl gestellt wurde, verstand es sich von selbst, daß ich versetzt werden mußte. Ich verließ also vorige Woche mein altes Commando und meldete mich bei

General Sherman. Derselbe hat nun nach Washington telegraphiert, um zu erfahren, welches Commando ich haben soll, und wir erwarten jeden Augenblick eine Antwort. Es ist möglich, daß ich einen Distrikt am Mississippi bekomme, allein ich halte eine Versetzung nach dem Osten, vielleicht in Sigel's Departement für noch wahrscheinlicher. Ich muß gestehn, daß es mir ziemlich gleichgültig ist, wohin ich kommen werde. Ihr könnt Euch denken, daß der Abschied von meiner alten Division, welche ich nun seit fast zwei Jahren kommandiert habe, mir recht schmerzlich geworden ist. Aber meine Beziehungen zu Hooker waren so unhaltbar geworden, besonders nach der bekannten Court of Inquiry, in der ich Hooker sehr scharf auf's Leder gegangen war, daß keine Wahl mehr blieb. Und, Alles zusammengenommen, bin ich ganz zufrieden damit. Was mein Commando, in Bezug auf Größe, betrifft kann ich nur besser gestellt werden. Sobald ich weitere Befehle bekomme, werde ich Euch's wissen lassen. Ich werde wahrscheinlich nicht länger als noch zwei oder drei Tage zu warten haben.

Den Monat März habe ich bei meiner Frau und den Kindern in New York zugebracht. Ich wäre gern mit der Familie zu Euch gekommen. Aber es ist Zeit, daß etwas Ordentliches für die Erziehung der Kinder gethan wird.........

Meinen Besuch bei Euch habe ich also bis zum Sommer verschieben müssen; aber dann komme ich auch ganz gewiß. Es ist wahrscheinlich, daß ich Etwas in der politischen Agitation der Präsidentenwahl thun werde, und dazu kann ich die Vorbereitungen am besten auf der Farm machen. Ich sehne mich sehr danach, Euch wiederzusehn, nach einer so langen und stürmischen Trennung, und ich hoffe, daß unser Wiedersehn allseitig ein frohes sein wird.

Nun müßt Ihr mir auch recht ausführlich schreiben, sobald Ihr wissen werdet, wo Eure Briefe mich finden können. Auch ich will mein Bestes thun. Adieu für heute. Seid glücklich und gesund und denkt mit Liebe Eures Sohnes

Karl.

An seine Eltern

Nashville, 5. Juli 1864.

Liebste Eltern, Euren Brief vom 17. v. M. habe ich empfangen; er kam kurz vor dem 1. Juli hier an. Ich würde schon vor mehreren Tagen geantwortet haben, hätte ich nicht jeden Augenblick auf Gewißheit in Bezug auf einige Dinge gewartet, über die ich Euch Nachricht geben wollte..........

Ich bin, wie Ihr seht, noch immer hier. Ich hätte gern irgend wo anders die Zeit des Wartens zubringen mögen, aber ich bin durch die Befehle von Gen. Sherman hier festgehalten. Er stellte mir ein Commando in Aussicht, als ich mich im April bei ihm rapportierte, und schrieb mir später, als mein Instruktionslager hier hatte aufgelöst werden müssen, ich solle nur ruhig Geduld haben; er werde an mich denken, sobald ein Commando offen würde. So vergeht denn Tag auf Tag, ohne daß meine Lage sich wesentlich verändert hätte. Ich wohne mit meinen Offizieren in einem hübschen Hause außerhalb der Stadt, und wir führen, wie wir es früher zu thun gewohnt waren, unsre eigne Haushaltung. Da ich hier Bücher genug haben kann, so fällt es mir nicht schwer, mich nützlich mit Studiren und Schreiben zu beschäftigen. Ein täglicher Spazierritt hält mich in Bewegung, so daß meine Gesundheit ziemlich gut ist. Sollte ich übrigens von Sherman Nachricht bekommen, daß ich in einiger Zeit noch kein Commando in der Front zu erwarten habe, so werde ich Alles thun, um mir die Erlaubnis zu erwirken, das weitere Warten zu Hause besorgen zu können.

Daß die Demokraten in Watertown glauben, ich habe resignirt und werde für Fremont auftreten, und daß sie in ihrem Vergnügen so weit gehen, mir ein Fest geben zu wollen, ist ja ganz hübsch. Man störe sie nur nicht in dem Glauben.

Der Ausgang der politischen Campagne wird unzweifelhaft sehr von dem Resultate unsrer militärischen Operationen abhängen, und was die letzteren betrifft, so werden sie langwieriger sein, als es nach unsrem ersten Erfolge Manchen geschienen hat. Hoffen wir das Beste.

Die Nachtstunde ist da und der Brief muß fort. Ich bitte Euch, öfter zu schreiben, auch Du, liebe Mama, wenn Du einmal Lust hast und es Dich nicht zu sehr angreift. Ich sehne mich sehr nach Euch, und ich hoffe, unser Wiedersehn ist nicht fern mehr.

Grüßt alle Verwandten und Freunde.

Mit alter Liebe Euer

Karl.

Ich schicke Euch hiermit ein Bild von mir. Es ist ziemlich gut.

An Theodor Petrasch

Bethlehem, den 12. Okt. 1864.

Mein liebster Freund, Du hast Grund mit mir unzufrieden zu sein. Briefe, wie die Deinigen, und von einem Freunde, wie Du bist, hätten längst eine Antwort verdient. Und so habe ich denn auch der Verzögerung wegen einige Gewissensbisse. Aber im Grunde fühle ich mich doch nicht sehr schuldig. Ich war in den letzten fünf Wochen von dringenden Arbeiten überhäuft; meine Frau und meine Kinder beklagten sich darüber, daß meine Anwesenheit doch nur eine halbe sei, und da sie sich zuletzt zufrieden geben mußten, so weiß ich, wirst Du nicht weniger gerecht sein. Du weißt ja, wie es mit dem Briefschreiben geht, wenn man einen Freund nicht mit einigen wenigen Worten abspeisen will und doch keine Muße hat, sich ordentlich auszusprechen. Jetzt habe ich endlich einen kleinen Ruhepunkt gefunden, und der gehört Dir.

Die Beschreibung Deines häuslichen Glückes hat uns, meine Frau und mich, alte Zeiten noch einmal überleben und die Gegenwart doppelt genießen lassen. Ich verstehe Dein Glück ganz, weil ich es ja selbst aus Erfahrung kenne und ihm an meinem eignen häuslichen Heerde täglich neu begegne. Deshalb freuen wir uns doppelt mit Dir — ich spreche immer von uns, denn Deine Briefe gehören meiner ganzen Familie. Ich habe nun freilich den Familienhimmel noch in einem andern Lichte sehen und schätzen lernen: als einen immer sichern und ruhigen Hafen im Sturme. Es geht Nichts

„im Himmel und auf Erden" über das Gefühl des Friedens und des liebenden Verständnisses im Schoße der Zusammengehörigkeit. Ich sehe in Deinen Briefen die Frage angedeutet, wie man aus einem solchen Hafen wohl wieder auslaufen mag in den Kampf der Elemente. Ich habe mir, wie so mancher Schiffer, diese Frage auch schon oft gestellt; — aber man thuts doch. Das ist das Leben, — das Schicksal, hätte ich beinahe gesagt, wenn das nicht zu abergläubisch klänge. Man muß die Anforderungen, welche das Leben stellt, nicht von sich abweisen. Den Gebrauch der Kräfte, die man hat, ist man denen schuldig, die sie nicht haben. Wenn die Erfüllung dieser Pflicht Entsagungen fordert, so muß man auch diese tragen. Das ist eine Sache der innern Verantwortlichkeit, die man besser fühlt, als man sie beschreiben kann. — Ich hatte gehofft, Dich im Laufe des Herbstes besuchen zu können, und Deine Briefe haben mein Verlangen geschärft.

Was Du mir über den Brief sagst, den ich Dir nach Europa geschrieben habe, ist Alles in den Wind gesprochen. Gieb Dir keine Mühe, mir mein Gefühl über die Natur und Wirkung unseres Verhältnisses in unsern schönen Jugendtagen auszureden. Ich weiß selbst am Besten, was Du mir damals warst und wie Alles zusammenhing, und die Erinnerung daran kann ich mir nicht abschwächen lassen. Ich weiß, im Grunde lebt sie in Dir gerade so. Es war eine köstliche Knospen- und Blüthenzeit.

Jetzt muß ich Dich ein wenig schulmeistern. Deine Meinung über das, was ich in der jetzigen Krisis unsrer Verhältnisse thun oder nicht thun sollte, theilte ich nicht. Du würdest gewiß nicht so geurtheilt haben, wenn Du die großen Kämpfe mitgemacht hättest, die hinter uns liegen. Du hast Dich vielleicht gewundert, als ich für die jetzige Regierung öffentlich eintrat. Ich glaube aber, daß ein Paar Worte über meine Anschauung der Dinge Dir die Sache klar machen werden. Jede Krisis in menschlichen Dingen hat ihre Hauptfrage, der sich alle Nebenfragen unbedingt unterordnen müssen. Wir sind in einem Kriege begriffen, in welchem es sich um die Existenz der Nation, das heißt um Alles handelt. Es hat sich im Lande eine Partei erhoben, welche droht, alle Resultate des Krieges zu verscherzen, und zwar in einem Augenblicke, in welchem bei kräftigem Festhalten der eingeschlagenen Politik der Ausgang kaum mehr zweifelhaft ist. Die Regierung hat unzweifelhaft große Fehler gemacht; die Personen, welche die Geschicke des Landes dirigiren, sind unzweifelhaft nicht Ideale von Staatsmännern, obgleich bei Weitem nicht so unbedeutend, wie man sie gern darstellen möchte. Aber das ist Nebensache. Die Hauptsache ist, daß sich die Politik der Regierung in der richtigen Direktion bewegt; d. h. der Sklavenhalter wird niedergeworfen und die Sklaverei abgeschafft. Ob sie sich in dieser Direktion mit Geschick oder Ungeschick, mit Langsamkeit oder Schnelligkeit bewegt, ist gleichgültig der andern Frage gegenüber, ob man eine Politik adoptiren solle, welche sich in einer andern, verkehrten und verderblichen Richtung bewegen würde. Unter solchen Umständen war für mich die Wahl leicht getroffen; sie war keinen Augenblick zweifelhaft. Wenn Fremont und Mac Clellan meine Busenfreunde und die Mitglieder der jetzigen Regierung meine Todfeinde gewesen wären, ich würde für die letztere ohne Zaudern eingetreten sein. Die Gegengründe persönlicher Art, die Du anführtest, wie böswillige Kritik u. dglchn. konnten nicht ins Gewicht fallen. Wenn man etwas Ordentliches ausrichten will, muß man sich nicht von Kleinigkeiten stören lassen. Über derartige Dinge bin ich längst hinaus. Die Leute können über mich sagen, was sie wollen. Ich rechne auf keinen Dank; nicht einmal auf Anerkennung. Den einzigen wahren Lohn hat man doch nur in sich selbst. Die Genugthuung, die ich wünsche, habe ich alle Tage, heute ebenso gut, wie je vorher; sie besteht darin, daß ich Ideen, die ich in meiner Art ausgesprochen habe, von einer Menge von andern Leuten in ihrer Art wiederholt und verbreitet finde. Ob dabei mein Patentrecht respektirt wird, ist mir sehr gleichgültig. Der eigentliche Zweck der Ideenpropaganda ist sogar besser erreicht, wenn der Ursprung der Ideen vergessen wird. Ich habe in dieser Art viele Dinge gesehen und erfahren, die mir die innigste Satisfaktion gewährten. Die Zeichen der Zeit sind in diesem Augenblicke sehr günstig. Die Wiederwahl des Präsidenten ist fast unzweifelhaft, — es sei denn, daß uns auf dem Kriegsschauplatz ein großes Unglück zustieße, was nicht zu erwarten steht. Der Ausgang der Wahl wird den Ausgang des Krieges bestimmen und über das Schlimmste werden wir hinweg sein. Ich schicke Dir eine von meinen Reden, die von dem Congreß-Comité veröffentlicht worden ist, und in welcher Du, wenn Du Dir die Mühe nimmst, sie zu lesen, meine Ansichten über die Gestaltung und das eigentliche Objekt des jetzigen Parteikampfes klarer exponirt finden wirst, als ich sie in einem kurzen Briefe geben könnte.

Über zwei Punkte möchte ich Dich noch aufklären. Deine Meinung über den Präsidenten ist zu geringschätzig. Er ist allerdings ein Mann ohne höhere Bildung und seine Manieren stimmen wenig mit dem europäischen Begriff von der Würde eines Regierungshauptes überein. Er ist ein ausgewachsenes Naturkind und versteht sich nicht auf Redensarten und Attitüden. Aber er ist ein Mann von tiefem Gefühl, richtigen und festen Grundsätzen und unbestechlicher Redlichkeit. Man kann sich stets auf seine Motive verlassen und in ihm ist die charakteristische Göttergabe dieses Volkes, der gesunde Menschenverstand, in einem wunderbaren Grade ausgebildet. Wenn Du einmal Gelegenheit fändest, seine offiziellen Aktenstücke und seine politischen Briefe zu lesen, so würdest Du dies in einer Weise bewahrheitet finden, die Dich überraschen würde. Ich kenne den Mann aus persönlicher Beobachtung so gut wie Einer, und besser als die Meisten. Ich bin mit den Triebfedern seiner Handlungen ziemlich genau vertraut. Ich habe ihn manchen furchtbaren Kampf heldenmüthig kämpfen und sich durch manche verzweifelte Lage mit gesinnungstreuer Kraft durcharbeiten sehen. Ich habe ihn oft und hart getadelt, und nachträglich habe ich nicht selten gefunden, daß er Recht hatte. Ich kenne auch seine Schwächen; es sind die Schwächen eines guten Menschen. Daß er in den unendlichen Verlegenheiten seiner Stellung große Fehler gemacht hat, ist nicht zu leugnen, aber wohl zu erklären. Andre Leute würden in derselben Situation vielleicht nicht dieselben Fehler gemacht haben, wohl aber andere. Lincolns Persönlichkeit aber hat in dieser Krisis eine ganz besondere Bedeutung. Frei von den Aspirationen des Genies wird er einem freien Gemeinwesen nie gefährlich werden. Er ist das personifizirte Volk; das ist auch das Geheimniß seiner Popularität. Seine Regierung ist die repräsentativste, die es je in der Weltgeschichte gegeben hat. Ich will eine Prophezeihung machen, die vielleicht in diesem Augenblicke sonderbar klingen wird. In fünfzig Jahren, vielleicht schon viel früher, wird Lincolns Name auf der Ehrenliste der amerikanischen Republik dicht neben den Washingtons geschrieben werden. Und da wird er für alle Zeiten stehn bleiben. Die Kinder derer, die ihn jetzt verfolgen, werden ihn segnen.

Ein andrer Punkt, über den ich Dich aufklären wollte, ist dieser. Du glaubst, daß diese Regierung mich mit großer Rücksichtslosigkeit behandelt habe. Die Sache verhält sich so: Ich hatte ein ziemlich tiefgehendes Zerwürfniß mit meinem Commandeur, Gen. Hooker, der ein Mann ohne festen sittlichen Boden ist, aber ein guter Soldat, der noch dazu das Talent hat, seine Leistungen vor der Öffentlichkeit in das glänzendste Licht zu stellen. Wegen eines Unrechts, das er mir zufügte, verlangte ich eine Untersuchung, bei der ich sehr gut und er sehr schlecht wegkam; die natürliche Folge aber war, daß ich mein Commando unter ihm aufgeben mußte, meiner eignen Sicherheit wegen. Unglücklicher Weise war gerade zu jener Zeit die Reorganisation der westlichen Armee vollendet und die Campagne sollte eben beginnen, so daß Sherman sein Versprechen, mir sofort ein neues Commando zu geben, nicht erfüllen konnte. Ich entschloß mich daher, freiwillig, während ich in Nashville wartete, die Direktion eines Übungslagers zu übernehmen, um nicht müßig zu sein. Die Regierung hatte damit gar Nichts zu thun. Als ich endlich um Erlaubniß ersuchte, mich in Washington rapportiren zu dürfen, wurde mir von der Regierung sofort ein Commando zur Disposition gestellt, welches viel größer war als mein früheres. Es waren zwei Gründe, welche mich bestimmten, dies vorläufig abzulehnen; erstens machte es der Gesundheitszustand meiner Frau wünschenswerth, daß ich einige Zeit bei meiner Familie zubrächte; und zweitens war die politische Lage so, daß ich hier eine bedeutendere Wirksamkeit haben konnte als anderswo. Ich bin also, wo ich bin, freiwillig. Daß diese Dinge in dieser oder jener deutschen Zeitung anders dargestellt worden sind, ist nicht verwunderlich. Man muß sich das nicht angehn lassen. Es fällt mir niemals ein, derartigen Angaben öffentlich zu widersprechen. — Übrigens hätte ich wirklich Grund gehabt, mich zu beklagen, so hätte das meine Handlungsweise nicht ändern können. In Zeiten, wie die jetzigen sind, handelt es sich um wichtigere Dinge, als die Interessen oder Empfindlichkeiten von Personen. Wer sich nicht darüber erheben kann, muß sich darauf beschränken, seinen Käse zu verkaufen. Ich fühle mich so gehoben durch die großartige und hoffnungsvolle Wendung, welche die Dinge genommen haben, daß ich zu viel größern Opfern fähig wäre als die, welche das Schicksal von mir fordert. Dieses ist ein großes Volk und dieses großen Volkes größte Prüfungszeit. Wir sind im Schmelzofen und das Metall fließt prächtig während die Schladen verkohlen. Wir werden eine gewaltige Zukunft haben. Doch laß mich nicht in dieses Kapitel hineingerathen. Ich weiß, Du schätzest Amerika noch nicht nach seinem wahren Werthe. Du hast Dich noch nicht durch die harte stachlige Kruste durchgearbeitet, und was ich Dir sagen könnte, will selbstgefunden sein, um richtig verstanden zu werden. Hier sieht man die Menschheit, wie sie ist, mit all ihren augenfälligen Fehlern und all ihren unscheinbaren Tugenden. Man muß sich durch die erstern nicht von dem Versuch abschrecken lassen, bis zu den letztern durchzudringen. Dann erst findet man sich.

Du kannst Dir denken, daß ich dies Zusammensein mit meiner Familie genossen habe, wenn auch mancher Tag durch das Unwohlsein meiner Frau getrübt wurde.......

Was Du mir von Deinen äußern Verhältnissen schreibst, ist nicht so gut, wie ich es für Dich wünschen möchte. Schreibe mir über zwei Punkte: 1. wie es Dir mit dem Englischen geht, und 2. wie lange Deine jetzige Stellung noch vorhalten wird. Ich werde Dir dann einen Brief an Senator Sumner schicken, der mir gern gefällig sein wird und während seiner häufigen Anwesenheit in Washington seinen Einfluß gebrauchen kann.

Adieu für heute. Es ist spät, ich habe den ganzen Tag gearbeitet, und meine Frau bittet mich, ersucht mich, drängt mich, befiehlt mir, mich zur Ruhe zu legen. Wir Beide schicken die herzlichsten Grüße für Dich und all Deine Lieben. Deine Schwester erinnert sich wohl Deines langen, schmächtigen Freundes noch.

Dein

Carl Schurz.

An seine Frau

Washington, den 1. Februar 1865.

Liebste, Noch immer kann ich nicht fort, Grant ist in Nord-Carolina gewesen. Hoffentlich wird er nun kommen. Du kannst Dir denken, daß ich vor Ungeduld und Langeweile vergehe. Gestern Morgen hatte ich ein langes Gespräch mit Lincoln und Stanton. Beide waren sehr freundlich, besonders ersterer so herzlich wie je; aber wie zu erwarten war, ich wurde darauf vertröstet, daß Grant kommen und die Sache entscheiden würde.........

Gestern war ich im Congreß, als das Amendement zur Constitution passiert wurde, welches die Sklaverei abschafft. Die Szene welche der Verkündigung des Resultats der Abstimmung folgte, war des großen Ereignisses würdig. Die Gallerien waren gedrängt voll, und selbst die „Floor" des Hauses war mit Zuschauern gefüllt. Alle erhoben sich, wie auf ein Commandowort. Die Damen schwenkten ihre Taschentücher, die Herren warfen ihre Hüte in die Höhe, und man umarmte sich, man drückte sich die Hände, und es vergingen wohl zehn Minuten, bis das Hurrahrufen und das enthusiastische Getümmel aufhören wollten. Das Haus vertagte sich sogleich, und die Kunde des Ereignisses verbreitete sich über die Stadt. Es waren unterdessen Kanonen aufgefahren worden, die diesen großen Schritt auf dem Wege der Freiheit mit ihrem Donner begrüßten. Es ist der Mühe wert, in diesen Zeiten zu leben. Ich will Dir gestehen, daß ich im Augenblicke, als der allgemeine Enthusiasmus im Hause losbrach, nicht mit geschrieen habe; ich glaube, ich hätte nicht sprechen können. In solchen Momenten fühlt man in sich, daß es sich doch lohnt für große Ideen zu arbeiten, wenn man auch sonst noch so viel Ursache hat mit seinem Schicksal zu hadern.......

An seinen Schwager Heinrich Meyer

Bethlehem, den 25. März 1865.

Lieber Heinrich, Endlich komme ich dazu Deinen lieben Brief in Ruhe zu beantworten. Er war kaum angekommen, als ich nach

Washington beschieden und dem in der Organisation begriffenen Volontair-Veteranencorps zugeteilt wurde. Da das Corps erst in seinen Anfängen begriffen war, so mußte ich die verschiedenen Rekrutierungsstationen in den westlichen Staaten besuchen, um der Sache etwas mehr Leben zu geben. Von dort bin ich soeben zurückgekommen und stehle mir nun einige Tage, die ich bei meiner Familie zubringen will. Am 28., also in drei Tagen, werde ich wieder nach Washington gehen. Da dieses Corps, welches aus ausgesuchten Leuten bestehen soll, nur langsam zusammenkommt, während sich sonst die Armee mit großer Schnelligkeit auffüllt, so ist es wahrscheinlich, daß ich vorläufig zu meinem alten Commando unter Sherman zurückkehren werde. Wenigstens stellt mir ein Brief von General Grant, den ich hier vorfand, diese Wahl frei.

Du hast gewiß den Gang der Ereignisse auf diesem Continent mit Interesse verfolgt. Niemals haben wir uns einer so ununterbrochenen Reihe von glänzenden Erfolgen erfreuen können. Die glorreichen Feldzüge Shermans in Georgia und in den Carolinas, der Fall der Seehäfen, Savannah, Charleston und Wilmington, sowie die Zerstörung aller großen Eisenbahncommunicationen des Südens haben sozusagen die Lebensadern der Rebellion unterbunden. Was ich früher in meinen Briefen über die unausbleibliche Erschöpfung des Südens an Leuten und Material gesagt habe, ist nun alles wahr geworden. Ich glaube, die gesamte Macht der Rebellen beläuft sich diesen Augenblick auf nicht mehr als 150 000 schlagfähiger Leute, von denen im günstigsten Falle höchstens 120 000, wahrscheinlich aber nicht 100 000 conzentriert werden können. Dagegen haben wir unter Grant vor Richmond und Petersburg etwa 100 000, unter Sherman unmittelbar, die Cavallerie eingerechnet, 75 000, unter Schofield, der nun mit Sherman in Communikation ist, 40 000, unter Sheridan 25 000. Alle diese wirken nun auf dem großen östlichen Operationsfelde zusammen. Außerdem haben wir unter Thomas in Tennessee und Georgia wenigstens 50 000, und unter Canby am unteren Mississippi etwa 40 000 Mann. Dann noch die an verschiedenen Punkten zerstreut liegenden Garnisonen. Dies sind nun alles alte Truppen. Die Aushebung dieses Jahres, die überall gut vorwärts geht, wird vor dem 1. Mai wenigstens 250 000 frische Truppen geliefert haben, welche jetzt schon größtenteils zu den Armeen im Osten und Westen gestoßen sind. Dieser Koloß von wenigstens 550 000 Mann wird sich nun im Frühjahr im Osten und Westen auf die Reste der conföderierten Armee werfen, und wenn nicht für den Süden Wunder geschehen, so muß gegen Mittsommer der Krieg endgiltig entschieden sein. Ich bringe dabei in Anschlag, daß Lee mit seiner Hauptarmee den Vorteil einer Centralstellung hat und, wenn er sich entschließen kann, Richmond aufzugeben, uns hier und da kleine temporäre Vorteile abgewinnen mag. Er könnte sich zum Beispiel mit allem, was er hat, auf Sherman werfen, obgleich es dafür fast zu spät scheint, indem der Letztere nach seiner Vereinigung mit Schofield über eine hinreichende Macht gebietet, um alle gefährlichen Schläge zu parieren. Oder Lee könnte sich von Neuem gegen Norden wenden und einen Einfall in die freien Staaten machen, der vielleicht so lange erfolgreich sein würde, bis unsere Armeen ihn erreichen. Aber selbst im günstigsten Falle würde dies das unvermeidliche Endresultat nur um kurze Zeit verschieben. Die Verluste, die er in der Schlacht erleidet, können nicht ersetzt werden; denn der abenteuerliche Plan der Negerbewaffnung, selbst wenn er auf südlicher Seite überhaupt praktikabel wäre, käme jetzt zu spät. Der Neger bedarf monatelangen Exerzierens und Disziplinierens, um ihn zum Schlachtsoldaten zu machen. Lee's Ressourcen also sind zu Ende. Selbst ein Sieg würde nur zu seiner Aufreibung beitragen, während unsere Mittel noch immer in Fülle aus der Erde springen. Die „London Times" hat kürzlich die Situation vortrefflich definiert, indem sie sagt: „Der Süden ist bereits erschöpft, und der Norden ist noch nicht einmal ermüdet."

So sehen wir also das Ende vor uns. Es ist möglich, daß es noch ein paar Schlachten gibt; es ist auch möglich, daß die Sache ohne weitere Kämpfe im großen Maßstabe zum Schlusse kommt. Die Führer der Rebellion fühlen ihre Schwäche; das geht aus allem hervor. Es würde mich nun nicht wundern, wenn eines Tages Lee zum Diktator gemacht würde, um eine Capitulation abzuschließen, oder wenn er im äußersten Falle vom Obercommando zurückträte, worauf natürlich die ganze Maschine auseinanderfallen würde.

Vielleicht werden sie auch noch einen letzten Verzweiflungsschlag wagen, und dann kommt es auf die Stimmung ihrer Truppen an, ob überhaupt noch etwas geleistet werden kann. Der Ausgang für alle Fälle ist nun wohl nicht zweifelhaft mehr, und die Entwicklung der Dinge ist so gewesen, daß für diese große Revolution Resultate gesichert sind, die der ärgste Sanguiniker nicht hätte glänzender ausmalen können. Es ist wirklich die Wiedergeburt der Republik auf der Basis voller Freiheit und einer ins Ungeheure entwickelten Macht.

Auch in finanzieller Beziehung stellen sich die Dinge jetzt weit günstiger. Zu Anfang des Krieges war unsere Finanzwirtschaft freilich abenteuerlich genug, und man hätte Hunderte von Millionen sparen können, hätte man damals die Natur des Kampfes erkannt und sich danach eingerichtet. Aber gesetzt nun, wir kommen aus dem Kriege mit einer Nationalschuld von 3000000000 Dollar; gesetzt, der Zinsfuß für die konsolidierte Schuld wird auf 6% fixiert: wir werden dann 180 000 000 Dollar Zinsen zu bezahlen haben. Die Internal Revenue wird im nächsten Fiskaljahre 400 000 000 Dollar abwerfen. Unser Budget wird sich im Frieden schwerlich auf mehr als 120 000 000 Dollar belaufen, sodaß uns 100 000 000 Dollar zu einem Amortisationsfonds übrigbleiben. Die Steuern sind nun freilich schwer, aber nicht außer Proportion zur Produktionskraft des Landes. Dann aber ist folgendes nicht zu vergessen: Die Steuern werden jetzt noch von einem T e i l des Landes bezahlt, nämlich dem Norden; sobald der Süden wieder bei uns ist, wird dieselbe Steuerlast auf eine viel größere Volkszahl verteilt und der Druck der Last im Verhältnis vermindert werden. Bei der Steuerfähigkeit dieses Landes ist eine Staatsschuld von 3—4000 000 000 Dollar nicht unanständig. Also kauft Ihr da drüben nur ruhig United States Bonds. Es ist meine feste Überzeugung, daß es für den Kapitalisten keine bessere und sicherere Grundlage gibt. Die neue Volksanleihe hier, die sogenannte Sieben-Dreißiger, deren Zinsen in Currency und nicht in Gold bezahlt werden, geht rasend ab. Das Vertrauen ist unerschöpflich, und ganz mit Recht. Das Gold ist in den letzten vier Wochen um 60% gefallen, und die vorsichtige Politik des neuen Schatzsekretärs wird uns unzweifelhaft bald zur Spezie-Basis zurückbringen. Wir können nun ganz gut noch einen Krieg führen, ohne die materiellen Kräfte des Landes ungebührlich anzugreifen. Hätten die Europäer nun die wahre Lage der Dinge gekannt, sie hätten alle unsere in Gold verzinslichen Papiere kaufen müssen. Sie würden ein ungeheures Geschäft gemacht haben. Die beste Gelegenheit ist natürlich vorbei; aber jetzt noch sind große Summen zu gewinnen. Du hast vielleicht hier und da Gelegenheit, etwas über Amerika in die Presse zu bringen. Dazu kannst Du die Notizen, die ich Dir liefere, gebrauchen, natürlich ohne meinen Namen zu nennen.

Mit dem Schlusse des Krieges wird dann auch eine große Veränderung in unseren Lebensverhältnissen eintreten. Es versteht sich von selbst, daß dann die Uniform ausgezogen und der Degen an die Wand gehängt wird. Und da diese Periode nahe bevorsteht, so haben wir auch schon manche Stunde mit Überlegungen zugebracht.

Zunächst haben wir den Plan besprochen, daß Margarethe diesen Sommer nach Europa gehen sollte, hauptsächlich auch der Erziehung der Kinder wegen....... Die kleine Emmy ist das himmlischste Geschöpf das je geboren wurde[1]). Sie ist ein wahrer Sonnenblick....... Sollte Margarethe nach Europa gehen, so würde ich sie wohl abholen, sobald ich abkommen kann. Allein über diese zukünftigen Dinge läßt sich noch nicht mit Gewißheit sprechen.

Dein C. Schurz.

An seine Frau

Washington, (Sonntag) den 2. April 1865.

Liebste, Soeben komme ich von City Point zurück. General Grant habe ich nicht mehr gefunden; er war schon seit zwei Tagen nach der Front gegangen. Aber ich fand meine Ordres fertig. Der Generaladjutant, den er zurückgelassen hatte, sagte mir, Grant habe mit Sherman die ganze Armee-Organisation von Shermans Armee überlegt, und er glaube, daß die Ordres für mich in Übereinstimmung mit den Resultaten dieser Überlegung gemacht worden seien. Ich

[1]) Im December 1864 war in Bethlehem ein drittes Töchterchen geboren.

muß mich also bei Sherman rapportieren. Jetzt noch ein anderes Arrangement machen zu wollen, wäre unmöglich; es würde aussehen, als ob ich mit den Leuten spielen wollte, — und das geht doch nicht. Es bleibt mir also keine Wahl, besonders da Grant unzweifelhaft mit den besten Intentionen für mich gehandelt hat. Und wenn man es bedenkt, so hätte man mir in der That keine größere Satisfaktion geben können, als mich zu dem Commando zurückzuschicken, von dem Hooker mich entfernt hatte .... Überdies sind die Nachrichten von Grant, wie Du jetzt schon wissen wirst, sehr günstig. Wahrscheinlich wird der entscheidende Schlag geführt, während ich Dir dies schreibe. Das Ende steht ganz gewiß vor der Tür, und ist erst der große Krieg aus, so werde ich sicherlich die erste günstige Gelegenheit wahrnehmen, um aus dem Dienste auszuscheiden und für immer zu Euch zurückzukehren. Das wird gewiß nicht lange mehr währen........... In City Point sah ich Lincoln auf einige Augenblicke. Er war sehr hoffnungsvoll und erwartet augenscheinlich die Stunde, wo von drüben Unterwerfungsvorschläge gemacht werden. Ich kam auf demselben Boot mit Mrs. Lincoln von City Point hierher zurück. Die Landesmutter war über alle Maßen liebenswürdig mit mir, schalt mich, weil ich sie nie besuchte, überhäufte mich mit Einladungen und ließ mich zu guterletzt in ihrem Staatswagen nach meinem Hotel fahren. In wenigen Stunden erfuhr ich mehr Staatsgeheimnisse als sonst in einem Jahre. Ich wünschte, ich könnte Dir erzählen. Es ist eine erstaunliche Person. Lincoln selbst wird noch einige Tage in City Point bleiben, wahrscheinlich mit der geheimen Hoffnung, dort noch die Capitulation von Richmond zu empfangen, die in der That in wenigen Tagen kommen kann..........

Montag, den 3. April 1865.

Soeben kommt die Nachricht, daß Richmond unser ist. Ich sagte Dir vorher, daß die Sachen sich schnell abwickeln würden, aber es geht noch schneller, als ich erwartet hatte. Lee kann nicht viel von seiner Armee gerettet haben. Wahrscheinlich ist er nach Danville gegangen, um sich mit Johnston zu vereinigen. Er ist töricht gewesen, daß er nicht capituliert hat; es wäre respektabler gewesen. — Eben empfange ich Nachricht, daß ich vielleicht heute noch fort kann. Nun gut; vielleicht bin ich noch bei der letzten Szene des letzten Aktes. Aber Du fühlst jetzt wohl selbst, daß Du Dich nicht mehr zu fürchten brauchst. Es wird nun natürlich nicht viel Gefechte mehr geben. Das Ganze wird auf Märsche und Occupation hinauslaufen. Dann tritt die Politik wieder in ihre Rechte............

Dein Karl.

An seine Frau

Headquarters, Army of Georgia,
Raleigh, den 14. April 1865.

Liebste, Gestern Morgen kamen wir in der Hauptstadt von Nord-Carolina an. Seit unserm Abmarsch von Goldsborough am vorigen Montag hatten wir beständig feindliche Cavallerie vor uns, die hier und da Stand hielt und abging, sobald unsere Tirailleurs auf sie feuerten. So hatte der Marsch beständig den Anschein eines Marsches in der unmittelbaren Gegenwart des Feindes. Wir bewegten uns beständig auf schlechten Straßen, durch Sümpfe und dicke Nadelholzwälder. Am 11. kamen wir in einem kleinen Platze am Neuse-River an, der Smithfield heißt. Johnstons Armee hatte in der Gegend campiert und erst vor wenigen Tagen dort eine große Revue abgehalten. Es war dort, wo uns die Nachricht der Capitulation Lees traf. Der Jubel der Soldaten war ungeheuer. Wir glaubten natürlich, daß am 12. die Capitulation Johnstons erfolgen würde. Statt dessen hörten wir wieder das gewohnte Tirailleurfeuer in unserer Front, als wir in der Direktion von Raleigh vorrückten. Abends jedoch, als wir bei Gulleys-Station, 14 Meilen von Raleigh, lagerten, überraschte uns plötzlich das Pfeifen einer Lokomotive, und bald erschien ein kleiner Eisenbahnzug unter der weißen Parlamentärfahne, der uns zwar nicht die Capitulation Johnstons, wohl aber die Übergabe Raleighs durch eine Deputation brachte. Gestern Morgen also, um

9 Uhr, rückten wir nach einem Marsche von 14 Meilen hier ein. Kilpatricks Cavallerie war uns um ein paar Stunden zuvorgekommen und hatte die Stadt bereits besetzt. Es ist ein hübscher kleiner Platz von nicht mehr als 7000 Einwohnern. Die Furcht der Leute, die so viel von Raub und Brand gehört hatten, legte sich bald; man wurde vertraulich, und es war noch nicht Abend geworden, als sich die Einwohner in großen Lobeserhebungen ergingen über die musterhafte Ordnung, die von den Soldaten beobachtet wurde.

Aber ich habe Dir ja noch gar nicht gesagt, wer und was ich bin. Ich bin Stabschef und Zweitcommandierender der Army of Georgia, die aus dem 20. und 14. Corps besteht und von Slocum commandiert wird. Slocum hat eine große Vorliebe für mich gefaßt, und so gefällt mir diese Stellung recht gut, viel besser, als mir ein Divisionscommando gefallen haben würde. Der Stab besteht aus sehr angenehmen Offizieren, und ich habe niemand über mir als den Armee-Commandeur selbst.

Was nun die nächste Zukunft betrifft, so ist es wahrscheinlich, daß Johnston dem Beispiele Lees folgen wird. Einige seiner Generale hatten sich schon dahin ausgesprochen, ehe sie Raleigh verließen. Für den Fall jedoch, daß er nicht in den nächsten Tagen capitulieren sollte, wird die Armee diejenigen Punkte besetzen, an denen er Flüsse passieren müßte, wenn er versuchen sollte, nach dem Süden zu entkommen. Mit sehr schnellen Bewegungen könnte er uns vielleicht entschlüpfen, aber ich halte das nicht für wahrscheinlich, da er die totale Nutzlosigkeit einer ferneren Fortsetzung des Kampfes einsehen muß. Nach allen Nachrichten, die wir hier empfangen, ist seine Armee kaum noch 25 000 Mann stark und in jeder Beziehung in einem miserablen Zustande............ Auf alle Fälle wird es nicht viele Tage währen, bis die vollständige Auflösung der letzten Rebellenarmee sich vollziehen wird, und sobald das geschieht, wird Dein Mann sofort seine Resignation an das Kriegsministerium schicken, und sobald er deren Annahme empfangen hat, sich auf den Weg zu seiner Frau und seinen Kindern machen. Dann sind alle Träume von Feldzügen und Schlachten für immer vorbei, und man legt sein Haupt im Schoße seiner Familie nieder.

Während ich dies schreibe, marschiert Brigade auf Brigade an meinem Hauptquartier vorüber. So weit das Auge reicht, eine See von Bayonnetten. Heute Morgen rückte das 15. Armeekorps ein und defilierte vor Sherman, der sich vor dem Stadtkapitol aufgestellt hatte. Es waren einige Generale bei ihm, unter denen ich mich auch befand, um der Revue beizuwohnen. Die Bürger von Raleigh, die sich zahlreich vor dem Kapitol eingefunden hatten betrachteten das Schauspiel mit neugierigen Blicken. Die Truppen sahen vortrefflich aus, und das Corps wollte kein Ende nehmen. Nahe bei mir standen ein Herr und eine sehr hübsche junge Dame. Nachdem die Truppen bereits ein paar Stunden vorbeidefiliert waren und immer noch mehr kamen, bemerkte ich, daß die junge Dame ihr Taschentuch vor die Augen hielt. Ein Stabsoffizier, der bei dem Paare stand, erzählte mir später, sie sei weinend in die Worte ausgebrochen: „It is all over with us; I see now, it is all over a few days ago I saw General Johnston's army, ragged and starved; now, when I look at these strong and healthy men and see them coming and coming — it is all over with us!" ......

Das ist das allgemeine Gefühl unter den Rebellen hier. Die zahlreichen Unionsleute, die es in Nord-Carolina gibt, sind natürlich in Ekstase. Ich habe alte, eisgraue Männer ihre Hüte vor den Truppen abziehen und sie in der Hand halten sehen, bis die Colonnen vorbei waren.

Ich bin sehr wohl. Es ist wunderschönes Wetter, und wir haben die ganze Pracht des südlichen Frühlings um uns her. Die Bäume sind schon voll Laub und die Gärten bunt von Blumen. Kennst Du das schöne Lied: „Jetzt muß sich alles, alles wenden"? So ist mir zumute. Denn wenn ich etwas sehe, das mich freut, so denke ich jedesmal, das beste ist doch, daß der Krieg zu Ende geht und ich zu den Meinigen gehe.......

An seine Frau

Raleigh, den 18. April 1865.

Liebste, Schon gestern hätte ich Dir geschrieben, hätte ich die düstere Stimmung abschütteln können, welche seit der Ankunft der Nachricht von Lincoln's Ermordung auf meinem Gemüte liegt. Ein Donnerschlag aus heiterem Himmel hätte uns nicht unerwarteter, nicht furchtbarer treffen können. Der gute, gute Lincoln! Noch immer, wenn meine Gedanken auf einem anderen Gegenstand geschweift sind, und dann auf dieses schreckliche Ereignis zurückkommen, muß ich mich wieder und wieder fragen, ob es denn möglich sein kann. Der Mörder, der diese That getan, hat den besten Freund des Südens getötet. Es ist ein eigentlicher Vatermord. Das Volk des Südens mag Gott danken, daß der Krieg vorüber ist. Hätte diese Armee noch einmal gegen den Feind marschieren müssen, kein Haus wäre auf ihrem Pfade stehen geblieben. Die Soldaten saßen um ihre Lagerfeuer, zuerst in dumpfer Consternation; dann hättest Du überall die Worte hören können: „Wir wünschten, der Kampf wäre noch nicht vorbei!" Es ist gut, daß er vorüber ist. Der Krieg, jetzt fortgesetzt, würde den Zügen des Attila gleichen. Am Abend nach der Ankunft der furchtbaren Nachricht wurden alle Wachen in der Stadt verdoppelt, und nach Einbruch der Dunkelheit wurden die Straßen abgeschlossen und jeder arretiert, der sich blicken ließ, da man fürchtete, die Soldaten würden in ihrem Grimm die Stadt anzünden. Diese Vorsicht war keineswegs überflüssig. — Es wird lange währen, bis ich diese Eindrücke überwinde. Unserem Triumphe ist die Lust des Jubels abgeschnitten.

Seit zwei Tagen unterhandelt Sherman mit Johnston. Ich fürchte, Sherman wird versuchen, nachdem er von Grant als Schlachtenlenker übertroffen ist, Grant als Unterhändler zu übertreffen. Sogleich nach unserem Einmarsch hier machte er einen großen Fehler. Er lud den Rebellen-Gouverneur von Nord-Carolina, Vance, ein, hierher zurückzukehren, und seine Legislatur zusammenzuberufen. Glücklicherweise ist Vance bis jetzt nicht gekommen. Ich bin jetzt sehr ungeduldig, nach dem Norden zurückzukehren. Der letzte Schuß ist gefeuert, und man kann mit gutem Gewissen nach Hause gehen..... Hoffentlich wird es mir in den nächsten Tagen gestattet, von hier abzureisen......

Dein Karl.

Frau Schurz an ihren Mann

Bethlehem, 21. April 1865.

Mein Carl, Jetzt weißt Du Alles, und ich sehe Dich still und allein für Dich sitzen, und denken, denken, denken! Alles was Lincoln Dir je gesagt, die kleinen Kämpfe, die Ihr zusammen gehabt, und die frohen Stunden, Alles zieht jetzt an Dir vorüber, und stimmt Dich abwechselnd froh und traurig. Jetzt ist er begraben, und gestern gingen alle Einwohner unserer kleinen Stadt in einer langen Procession nach dem Kirchhofe, wo wir eine schöne Rede von Dr. F. hörten, und von da in die Kirche, wo prachtvolle Musik gemacht wurde. Das war mein erster weiter Gang. Ich ging mit den Kindern. Wir waren alle in schwarz gekleidet, und es war mir zumute, als ging ich hinter der Leiche eines alten, treuen Vaters her. Ich habe mich so recht satt weinen können, und Dr. F.'s Rede drang jedem ins Herz. Nun ist alles wieder ruhig, und auch in mir legt sich der tobende, schreiende Schmerz, und ich denke mir immer: glücklicher könnte er nicht gestorben sein! Ohne Schmerz, im Angesicht seiner Siege, so fiel er wie ein Held, und was Du immer gesagt hast, so ist es: Nach Washington ist er unser größter Präsident und der größte Emancipator. Wie glücklich bin ich, daß Du ihm so treu gedient!......

An seine Frau

Washington, den 21. Mai 1865.

Liebste, Mein Verhältnis zum Präsidenten[1]) stellt sich immer besser. Gestern sah ich ihn, um mit ihm über die Angelegenheit von Texas und Mexico zu sprechen, und ihm meine Befürchtungen mitzuteilen, daß ein Einverständnis zwischen dem Rebellenführer, Kirby Smith, und dem Kaiser von Mexico, existiere. Ein solches Einverständnis

[1]) Andrew Johnson.

könnte uns in seinen Folgen in Schwierigkeiten verwickeln, nicht allein mit Mexico, sondern auch mit Frankreich. Ich schlug ihm also vor, sofort von seiten unseres Gesandten in Paris Schritte zu veranlassen, die zu einer Aufklärung und Feststellung unserer Beziehungen mit Frankreich in gewissen Eventualitäten führen sollten. Er antwortete mir mit der Bitte, ich möge doch ins State Department hinübergehen, um Mr. Hunter, der augenblicklich Sewards Stelle versieht, zu sagen, was ich von der Lage der Dinge dächte, und was er an unseren Gesandten in Paris demgemäß schreiben sollte. Ich antwortete, ich würde mich wohl hüten, das zu tun; das sei Sewards Department, und ich wollte nicht über Sewards fences[1]) steigen. Er solle lieber selbst seine Befehle in dieser Sache geben, da er allein seinem Staatssekretär Instruktionen zu geben habe. Er lachte und meinte, ich habe Recht, er wolle aber tun, was ich ihm geraten habe. Dieser Vorfall zeigt, daß ich auf dem Wege bin, mir hier einen persönlichen Einfluß zu erwerben, der unter Umständen von großer Bedeutung werden könnte............

An seinen Schwager Heinrich Meyer

Bethlehem, den 15. Juni 1865.

Lieber Heinrich, Zuerst laß mich Dir danken für das schöne Geschenk: „La Vie de César", welches hier ankam, während ich in Nord-Carolina war, um Johnstons Armee fangen zu helfen.

Nun also sind wir fertig, mit dem Kriege wenigstens, und können uns mit Behagen den Problemen der friedlichen Entwicklung hingeben. Die Uniform ist ausgezogen, der Säbel hängt an der Wand; mit der Reitpeitsche und den Sporen spielen die Kinder. Ich verließ die Armee sogleich nach der Übergabe der Rebellen-Armeen und sitze glücklich im Schoße meiner Familie. Wir wären bereits westwärts gegangen, wäre es nicht so schwer, mit unserer Kleinsten die weite Reise in der Sommerhitze zu unternehmen. Überdies habe ich einige literarische Arbeiten in der Hand, die ich ebenso gut hier wie anderswo vollenden

[1]) fences = Zäune.

kann. Mit dem Ende des Krieges thun sich natürlich für mich auch neue Bahnen auf, — doch davon schreibe ich Dir später einmal, wenn ich etwas klarer sehe.........

Ob ich wieder in den Staatsdienst gehen werde, weiß ich noch nicht; ich glaube nicht, obgleich ich wohl könnte. Wenn man nicht in eine Stellung kommt, in der man etwas ganz Besonderes leisten kann, so lohnt es sich in keiner Beziehung. Man verliert an Einfluß, — denn der unabhängigste Mann hat immer den größten Einfluß auf die öffentliche Meinung — und man gewinnt nichts in materieller Beziehung Übrigens hat der Präsident nach mir telegraphiert, und in drei Tagen werde ich seiner Einladung zufolge nach Washington gehen. Was man von mir will, weiß ich nicht. Wahrscheinlich soll ich „reconstruieren" helfen. Zugleich mit diesem Briefe wirst Du ein Exemplar meiner Reden erhalten. Die Ausgabe ist schon einige Wochen im Buchhandel, aber der Verleger hatte versäumt, mir gutgebundene Exemplare zu schicken...........

Dein treuer Schwager

Carl Schurz.

An seine Frau

Washington, den 16. Juni 1865.

Liebste, Nun weiß ich also, was der Präsident will: ich soll die südlichen Staaten besuchen, um die Lage der Dinge dort gründlich kennen zu lernen, der Regierung darüber meine Ansichten zu sagen, und bestimmte Vorschläge zu machen. Er klagte, daß er keine zuverlässige Information bekommen könne, und also beständig im Dunkeln handeln müsse. Ich ging gleich zu Stanton, um mit ihm die Sache zu besprechen. Stanton antwortete mir, daß er es für durchaus notwendig hielte, daß ich die Sache annehme; meine Rapporte würden, wenn sie nicht die Handlungsweise des Präsidenten bestimmten, für die Discussionen des nächsten Congresses die größte Wichtigkeit haben; der Präsident würde meinen Rapport nicht ohne weiteres in die

Tasche stecken können; meine Meinungen und Erfahrungen würden auf offizielle Weise ins Publikum gehen, und könnten nicht ohne Wirkung bleiben. Wenn ich aber ablehnte, so würde der Präsident später zu den Radikalen sagen können: „Ich habe auf die Information hin gehandelt, die ich hatte. Ich wollte einen von Eueren eigenen Leuten hinschicken, um mir Aufklärung über die Lage der Dinge und Rat zu geben, und er wollte nicht gehen!"

Darin hat er Recht. Ich sagte nun heute Morgen dem Präsidenten, ich wollte zuerst sehen, wie die Sache eingerichtet werden könnte, durch Rücknahme meiner Resignation, oder auf welche andere Art, und dann wollte ich ihm meine Entschließung geben. Nun wird heute Nachmittag eine Cabinetssitzung sein, in der sie die Sache überlegen wollen. Heute Nachmittag erfahre ich mehr. ......

An Friedrich Althaus

Bethlehem, Pa., 25. Juni 1865.

Lieber Friedrich, Endlich komme ich doch, und zwar mit dem vollen Bewußtsein, wie unbegreiflich Dir mein langes Schweigen gewesen sein muß, — und wie verzeihlich es mir selbst vorkommt. Die Periode, die wir so eben durchgemacht haben, fesselte mit solcher Gewalt den Geist an das unmittelbar Vorliegende, daß es schwer war, sich mit denen zu unterhalten, die nicht, wie wir selbst, unter dem direkten Eindruck der Verhältnisse standen. Und war man nun erst mit einem auch noch so lieben und vertrauten Freunde aus dem Zusammenhang der Unterhaltung gekommen, so wurde das Wiederanknüpfen mit jedem Tage schwieriger. Du verstehst das und wirst mir verzeihen.

Jetzt endlich sind wir über die furchtbare Sturm- und Drangzeit hinaus. Der Kanonendonner hat aufgehört, die Todten sind begraben, und man fängt wieder an, Pläne für die Zukunft zu machen ohne den Zusatz: „vorausgesetzt, daß mich bis dahin meine Kugel noch nicht gefunden hat". Die Verwirrung der Dinge, in die uns der Krieg gestürzt hat, lichtet sich allmählig, und die Probleme der nächsten Jahre treten klarer hervor. Ich sehe, daß man in Europa den Werth unsres Sieges zu würdigen versteht; und ich, der ich die Dinge in der Nähe beobachtet und hier und da die verborgenen Ursachen der Ereignisse gesehen habe, kann Dir sagen, es ist unmöglich, von dem amerikanischen Volk zu hoch zu sprechen. An Ausdauer, Opferwilligkeit, Verachtung der Gefahr, Mäßigung im Siege, Vorsatztreue, hat keine Nation der Welt diese jemals übertroffen. In Europa kennt man nur die Außenseite unserer Verhältnisse; man hat einen ungefähren Begriff von den Schlachten, die wir geschlagen, von der Zahl der Todten, die wir verloren, von den Steuern, die wir bezahlt und den ungeheuern Summen, die wir ausgegeben haben. Aber man weiß dort nicht, was für Anstrengungen hier freiwillig gemacht, was für Opfer hier freiwillig gebracht worden sind, von Privatleuten, die bloß dem Impulse ihres Patriotismus folgten; man weiß dort nicht, daß in Allem, was gethan und geopfert wurde, der Volksgeist der Regierung voranging, und mit welcher stoischen Festigkeit die Massen bei der letzten Präsidentenwahl an den Stimmkasten traten und sich Steuern, Conskription und Schlachtfelder votirten.

Lincoln's Stärke bestand nicht in seinem Genie, denn eigentliches Genie besaß er nicht. Er war stark, weil er die lebendige Verkörperung der Volks-Denkweise war. Er fühlte instinktiv die Überzeugungen und Entschlüsse des Volks heraus, weil sie in ihm denselben Entwicklungsprozeß durchmachten, wie in den Massen, und was er sagte und that, war der Volksgedanke in der Volkssprache gesprochen und in der Volksweise ausgeführt. Deshalb war er langsam im Vorwärtsschreiten und schritt nie zurück, das war auch der Grund, weshalb die Ermordung Lincolns das Volk so tief ins Herz traf. Nie ist die Trauer einer Nation allgemeiner und aufrichtiger gewesen. Es war eine wahrhafte Familientrauer, frei von aller offiziellen Affektation. Das Volk hat nie einen treueren Repräsentanten gehabt. Sein Tod änderte zwar an der augenblicklichen politischen Situation nichts, aber ich fürchte, die Entwicklung der Dinge wird ihn uns doppelt betrauern lehren. Lincoln war zwar nicht der erleuchtete Kopf, der die ganze Tendenz einer geschichtlichen Periode sogleich auf den ersten Blick erfaßte; aber durch klares Anschauen und langsame Schlußfolgerungen kam er zuletzt immer auf das Rechte. Dann war er entschieden und unbeugsam. Johnson, fürchte ich, ist ein engerer Kopf. Er ist nicht ohne Talent, aber wir müssen erst sehen, ob er Klarheit und Entschiedenheit des Willens besitzt. Die Aufgabe, die uns jetzt noch zu lösen bleibt, ist in einer Beziehung schwieriger als die bereits absolvierte. Die Union der politischen Form nach wiederherzustellen, ist eine Kleinigkeit. Die ehemaligen Rebellen leisten den Treueid mit Vergnügen und sind begierig, wieder in die alten Rechte der staatlichen Selbstregierung unter der Constitution einzutreten. Aber damit ist unser Zweck nicht erfüllt. Die Union soll reconstruirt werden auf Grund der Resultate der großen socialen Revolution, die sich während des Krieges im Süden vollzogen hat. Auf den Ruinen der slave-labor-society soll die free-labor-society gegründet und aufgebaut werden.

Die Schwierigkeit liegt nun hier: Das südliche Volk hat seine Pro-Sklaverei-Gesinnung nicht aufgegeben. Es unterwirft sich der Abschaffung der Sklaverei, weil es muß. Sobald es aber seine staatliche Autonomie wieder errungen hat, wird es in den ehemaligen Sklavenstaaten die Stellung der ehemaligen Sklaven in einer Weise fixiren, die der Sklaverei so nahe als möglich kommt. Und dann wird die Central-Regierung nicht mehr das Recht haben, einzugreifen. Es würde also die Entwicklung und Durchführung einer großen socialen Revolution einer Bevölkerung überlassen bleiben, die der Tendenz dieser Revolution durchaus feindlich ist. Die Aufgabe ist nun, dieser Gefahr vorzubeugen. Vorläufig, so lange die Staaten noch nicht wieder in ihre constitutionellen Beziehungen zur Central-Regierung eingetreten sind, hat die letztere das Heft noch in der Hand, und es handelt sich darum, die Mittel aufzufinden, durch welche die Resultate der Revolution so fixirt werden können, daß in der Folge die südliche Bevölkerung nicht mehr daran rütteln kann.

Die Frage wird jetzt mit großem Eifer agitirt; der nächste Congreß wird sie fürs Erste zu entscheiden haben. Mir ist in dieser Angelegenheit eine ziemlich wichtige Rolle zugedacht. Präsident Johnson, dessen Vertrauen ich in einem ziemlichen Grade besitze, obgleich ich nicht all seine Meinungen theile, hat mich ersucht, für ihn in die südlichen Staaten zu reisen, die Verhältnisse zu studiren, ihm Bericht zu erstatten und Vorschläge über die zu befolgende Politik zu machen. Mein Bericht, der wahrscheinlich vor den Congreß kommen wird, kann möglicher Weise dazu bestimmt sein, in dieser wichtigen Frage eine bedeutende Rolle zu spielen. Ich werde wahrscheinlich in wenigen Tagen abreisen und an die Erfüllung dieser Pflicht gehen.

Diese Reise setzt freilich die Erfüllung meines Lieblingswunsches, mit meiner Familie in Ruhe zu leben, um zwei bis drei Monate zurück. Aber die Lage der Dinge fordert den Dienst, den ich dem Lande leisten soll, so gebieterisch, daß ich nicht ablehnen kann und mich ohne Murren unterwerfen muß. Sonst habe ich nicht vor, im Staatsdienste zu bleiben, obgleich mir günstige Chancen dazu offen stehen. Ich will mir in dieser Zeit meine Unabhängigkeit bewahren und mir eine direkte Einwirkung auf die öffentliche Meinung sichern.

Ich sollte Dir nun noch Vieles von unserm häuslichen Leben erzählen, aber Margarethe hat mir darin schon vorgegriffen. Übrigens ist ja auch die ganze Art unserer Existenz so sehr mit den öffentlichen Interessen verknüpft, daß, wenn ich Dir von den letzteren erzähle, ich zugleich einen Theil der erstern beschreibe. Nun muß ich Dir sagen, daß unsre Kleinste, die nicht anders mit politischen Fragen in Beziehung steht, als daß sie Savannah heißt, weil ihre Geburt mit der Einnahme der Stadt nahe zusammenfiel, ein eigentliches Kriegskind, das himmlischste Geschöpf ist, das Du Dir denken kannst. Es giebt nichts Reizenderes.

Ich weiß, es ist unverschämt von mir, wenn ich nun, nach so langem Schweigen meinerseits, verlange, daß Du mir recht bald und recht ausführlich von Dir und den Deinen schreiben sollst. Aber Du thust es doch. Recht ausführlich, nicht wahr?

In alter unveränderlicher Freundschaft

Dein

Carl Schurz.

An seine Frau

Atlanta, Ga., den 9. August 1865.

Liebste, Mehrere Tage habe ich vergehen lassen ohne zu schreiben, da ich keine direkte Verbindung hatte. Vorigen Mittwoch verließ ich Savannah auf einem river-steam-boat und erreichte erst Samstag Abend Augusta. Die Fahrt den Savannah-River herauf war äußerst langweilig, die Gegend äußerst monoton; nichts als Wald, freilich eine prächtige Vegetation, aber nur hier und da von einigen elenden Pflanzungen unterbrochen. Zwei Tage lang sahen wir kein Haus. Die Akkomodationen auf dem steamer waren schlecht, die Gesellschaft gleichgültig. Dabei machten wir nur etwa fünf Meilen die Stunde und legten des Nachts an.

In Augusta wurde es wieder Tag. Ich wurde von General Steedman, der in Georgia kommandiert, aufs beste aufgenommen und verfolgte meine Nachforschungen mit dem größten Erfolge. Obgleich ich viele Erfahrungen mache, die mir über manche Dinge neue Aufklärungen geben, so finde ich doch immer mehr, daß die Meinungen über den Stand der Dinge, die ich mit hierherbrachte, im ganzen und selbst im einzelnen richtig waren. — Augusta ist eine ziemlich hübsche Stadt von etwa 20 000 Einwohnern; breite Straßen, manche mit vierfachen Reihen von Bäumen bepflanzt; der Platz hat vom Krieg gar nicht gelitten, da Shermans Armee ihn nicht berührte.

Gestern Morgen reiste ich von da ab in einem Eisenbahnwagen, der ursprünglich für General Thomas eingerichtet war, bestehend aus einem kleinen Salon mit vier Sophas, einem Bettraum, einem Eßraum mit Tisch und Armstühlen und einer Küche. So kam ich also auf eine bequeme Weise hierher. Von wem wurde ich hier am Bahnhofe begrüßt? Von Prinz Salm, der hier das Commando hat. Er hat alles getan, um mir es comfortabel zu machen. Die Prinzessin ist auch hier, aber krank. Atlanta mag früher ein hübscher Platz gewesen sein. Sherman hat ungefähr drei Viertel der Stadt verbrannt; die Hauptstraßen, besonders der ganze Geschäftstheil, liegen in Trümmern. Man hat eben angefangen, aus den Ziegeln der Ruinen kleine einstöckige Gebäude aufzuführen. Das Ganze macht einen traurigen Eindruck. Die Bevölkerung ist bitter wie je. Dies ist der einzige Platz, in dessen Umgegend es noch etwas wie Guerillawesen gibt, das jedoch nur gegen Neger gerichtet ist. Fast jeden Tag werden welche mit Schuß- und Stichwunden eingebracht. Die Pflanzer der Umgegend scheinen sich organisiert zu haben, um die Neger zu zwingen, wie früher als Sklaven zu arbeiten, und wie sich ein Neger untersteht davonzugehen, wird er erschossen. Erst gestern wurde ein Neger hier auf der Straße in den Unterleib gestochen; ich besuchte ihn im Hospital. Heute Abend ist er gestorben. Der Täter ist gefangen und wird bald sein Schicksal aus den Händen der Military-Commission empfangen. Man wird ihn wohl als warnendes Exempel hängen.........

Georgia hat mich mehr Zeit gekostet, als ich erwartete, wegen der schlechten Verbindungen. Hoffentlich werde ich nun schneller von der Stelle kommen. Ich habe ziemlich viel Hitze ausstehen müssen, aber ich leide nicht davon...........

Dein

Karl.

An seine Frau

Jackson, Miss., den 27. August 1865.

Liebste, Du fragst mich, wieso es kommt, daß ich in Jackson, Mississippi, und nicht in New Orleans bin. Die Sache hängt so zusammen. Ich hörte in Montgomery, daß die Convention des Staates Mississippi schon zusammengetreten sei, und da mir das Zusammensein der einflußreichsten Leute des Staates mehr Gelegenheit zur Sammlung von Information versprach, als ich auf irgendeine andere Weise hätte gewinnen können, so eilte ich über Selma und Meridian hierher. Unglücklicherweise hatte sich zwar die Convention an demselben Tage aufgelöst, an welchem ich ankam, aber ich hatte doch noch Gelegenheit, ihre hervorragendsten Mitglieder zu sehen, und so ist mein Hauptzweck in der Tat erreicht. Es wurde mir freilich schwer, meinen Reiseplan in einer Weise zu ändern, die meine Ankunft in New-Orleans auf weiter hinausschieben mußte, denn dort liegen ja die Briefe, nach denen ich mich so sehr sehne..........

Hier wohne ich bei General Osterhaus, der diesen Distrikt kommandiert. Vorigen Mittwoch mußte ich in Meridian, einem elenden Neste mit korrespondierendem Wirtshause, über Nacht bleiben. Ich gab mich schon dem etwas melancholischem Eindrucke meiner Einsamkeit hin, als Osterhaus eintrat, der auf einer Inspektionsreise begriffen war. Er gab seine Absicht sogleich auf und begleitete mich am andern Tage nach Jackson. Hier wohnt er in einem hübschen Hause mit großem Garten und hat seine ganze Familie bei sich.......

Osterhaus ist ein sehr tüchtiger Mensch von kräftigem Geiste und großem administrativem Talente. Von allen Distrikten, die ich gesehen habe, ist seiner am besten in Ordnung. Seine Ansichten über alle Dinge, die mit seiner Aufgabe zusammenhängen, sind klar und auf ein richtiges Begreifen seiner Situation gegründet. In seinem Commando herrscht die wahre Furcht des Herrn.........

Über meine Erfahrungen im Süden kann ich Dir nur wenig Allgemeines sagen. Alle meine vorgefaßten Meinungen habe ich hier im vollsten Maße bestätigt gefunden; nein, mehr als das. Der wirkliche Stand der Dinge läßt meine Erwartungen weit hinter sich zurück. Dies ist das verkommenste, demoralisierteste Volk, das ich je gesehen habe. Der Einfluß der Sklaverei hat seine sittlichen Begriffe verwirrt, und seine kindische, krankhafte Selbstüberhebung hat es niemals auch nur zu einer annähernd richtigen Erkenntnis seiner Lage kommen lassen. Im gegenwärtigen Augenblicke ist die Gesellschaft in einem Zustande völliger Auflösung und kann nur durch eiserne Gewalt in Rand und Band gehalten werden. Alle Achtung vor dem Rechte des persönlichen Eigentums scheint vollständig verschwunden zu sein. Jeder nimmt, was ihm beliebt, und scheint dabei ganz zu vergessen, daß man das Stehlen nennt. Seit der Neger kein Sklave mehr ist und keine 1000 Dollar mehr kostet, hält man sein Leben keines Strohhalms mehr wert. Ich habe eine Liste von Morden, von südlichen „gentlemen“ an Negern verübt, die, wenn ich sie einer Massenversammlung im Norden vorlegen wollte, die Leute wütend machen würde. Wenn wir heute unsere Truppen wegzögen, — morgen würden die südlichen Staaten in Blut schwimmen. — Ich spreche meine auf Erfahrung gegründete Überzeugung aus, wenn ich sage, daß der einzige Lichtpunkt in diesem dunklen Gemälde das Betragen des Negers ist. Nicht allein ist die farbige Bevölkerung aus der Sklaverei in die Freiheit übergegangen ohne einen einzigen Versuch, Rache zu nehmen für vergangene Leiden, sondern sie ist in diesem Augenblicke mit lobenswertem Eifer damit beschäftigt sich eine solide Zukunft zu gründen. Wo immer eine Negerschule eröffnet wird, ist sie voll von Kindern. Es ist köstlich, die kleinen Wollköpfe auf der Straße ihre „spelling books" studieren zu sehen. Man beschuldigt den Neger mit Unrecht, daß er nicht arbeiten will. Die Neger sind die einzigen Leute, die hier arbeiten. Ich habe noch keinen weißen Mann auf dem Felde gesehen. Was merkwürdiger ist, mit wenigen Ausnahmen sind die Neger die einzigen Leute, die hier Geld haben; sie sind die einzigen, die sich vor keiner Arbeit scheuen, um Geld zu verdienen.

Laß mich erst meinen Hauptrapport machen. Ich werde dem Volke des Nordens die Augen öffnen. Meine Reise geht nun allmählich zu Ende..........

Dein Karl.

An seine Frau

New-Orleans, den 2. September 1865.

Liebste, Gestern Abend kam ich hier an, und heute Morgen, als ich General Canby besuchte, fand ich denn auch richtig vier Briefe auf einmal............

In Vicksburg brachte ich zwei Tage bei General Slocum zu, der mich, da er mit dem Staatsgouverneur in Conflikt geraten war, wie einen Helfer in der Not empfing. Slocum hat vollständig Recht in seiner Opposition gegen die Organisierung einer Staatsmiliz, besonders in der Force, die vom Gouverneur proponiert worden war. Wenn die Regierung ihn desavouiert und den Gouverneur stützt, so ist das der unverantwortlichste Streich, der bisher noch in Washington gemacht worden ist. Ich habe das Mögliche getan mit Berichten und telegraphischen Depeschen. Wenn es nicht hilft, so ist es meine Schuld nicht. Will der Präsident durchaus doch eine falsche Bahn einschlagen, so muß er sich später nicht wundern, wenn ich die ganze Artillerie, die ich jetzt sammle, gegen ihn ins Feld führe. Er wird das Geschütz ziemlich schwer finden, doch hoffe ich immer noch, daß es nicht nötig sein wird............

Ich stieg im St.-Charles-Hotel ab, was einst eines der besten im Lande war, jetzt aber in einem heruntergekommenen Zustande ist. Heute Morgen quartierte mich General Canby in seinem Hause ein, einem Hause natürlich, das einem reichen Rebellen gehört und von der Regierung in Beschlag genommen worden ist. Ich wohne nun ganz prächtig, habe mein eigenes Badezimmer und alle ersinnlichen Bequemlichkeiten. New-Orleans, nach dem zu urteilen, was ich bis jetzt gesehen habe, hat ganz den Charakter einer Großstadt, im Gegensatz zu den Plätzen, die ich bereits in diesem Landesteile besucht habe. Das französische Element ist viel zahlreicher und bedeutender, als ich mir gedacht. Französische Geschäftsschilder gibt es in Menge, und auf allen Seiten hörst Du die französische Sprache. Ein großes Quartier der Stadt ist fast ausschließlich von Franzosen bewohnt und hat alle die charakteristischen Eigenschaften, die uns an den Städten Frankreichs auffallen.

Ich habe hier auf dem Hauptquartier und dem Free-Men's-Bureau eine wahre Fundgrube von Information gefunden und werde mehrere Tage hierbleiben müssen, um sie gehörig auszubeuten. Außerdem sind die hiesigen Verhältnisse der langen Occupation wegen viel entwickelter als anderswo, und ich habe eine Menge von Personen zu sehen. Hier haben wir Reconstruktion und Zivil-Regierung in allen Stadien. Wahrscheinlich werde ich im Laufe der Woche auf ein paar Tage nach Mobile gehen, wo der Commandeur des Departements von Alabama sein Hauptquartier hat, in welchem Departement manches faul ist. Wenn ich zurückkomme, besuche ich ein paar Punkte im Innern des Staates und gehe dann den Fluß hinauf nach St.-Louis. Ich erwarte überdies eine Depesche vom

Präsidenten, die mir möglicherweise noch dieses oder jenes zu untersuchen geben mag............

Sei mutig und heiter. Bald werden wir ja wieder zusammen sein.

Dein Karl.

An seine Frau

New-Orleans, den 12. September 1865.

Liebste, Mein Aufenthalt hier dehnt sich länger aus, als ich ursprünglich erwartet hatte. Die politischen Verhältnisse hier sind sehr verworren, und es ist notwendig, daß ich nicht allein die Klasse von Leuten, mit denen meine natürliche Sympathie geht, sehe und anhöre, sondern auch mich mit den constituirten Autoritäten in Verbindung setze. Nun trifft es sich unglücklicherweise, daß Gouverneur Wells ein paar Tage vor meiner Ankunft hier noch nach seinem Wohnort am oberen Red-River gegangen und noch nicht zurückgekommen ist. Er soll heute oder morgen hier ankommen, und es ist absolut nötig, daß ich ihn sehe............

Du hast unzweifelhaft von dem Conflikt zwischen General Slocum und General Sharkey und der darauf erfolgten Entscheidung des Präsidenten gehört. Nichts hätte unglücklicher sein können als diese Entscheidung. Jetzt die Truppen zurückzuziehen und die Miliz zu organisieren, heißt dem Rebellenelement die Waffen zurückgeben. Die Folge wird eine scharfe, vielleicht blutige Verfolgung der Neger und Unionsleute sein. Es liegt mir nun ob, die Folgen dieser unglücklichen Politik zu untersuchen, und wie lange mich das dort aufhalten wird, kann ich unmöglich vorhersehen. Jedenfalls muß die Untersuchung gründlich sein, um zuverlässige Resultate zu liefern. Im ganzen ist die Entwicklung der Dinge schlecht hier; das Pro-Sklavereielement gewinnt überall die Oberhand, und die Politik der Regierung ist so, als ob sie dieses Resultat befördern wollte........

Heute hatte ich eine sonderbare Begegnung, die auf mich einen tiefen Eindruck gemacht hat. In der Office des Ex-Gouverneurs Hahn wurde mir ein alter Herr vorgestellt, mit der einfachen Eleganz gekleidet, welche den Weltmann von Geschmack anzeigt, und so fließend und versatil in der Conversation, daß ich in ihm einen Mann von mehr als gewöhnlichem Talente und vielseitiger Bildung sehen mußte. Im Laufe des Gespräches dankte er mir für meine Anstrengungen für die farbige Rasse und bemerkte, er tue das mit um so mehr Wärme, als er ein starkes persönliches Interesse daran habe. Ich verstand die Bemerkung nicht, bis er mir sagte, er selbst sei ein Farbiger. Es gibt kein Land der Welt, in welchem er nicht als ein Gentleman erster Classe empfangen werden würde, mit Ausnahme dieses. Ich kann den Eindruck nicht beschreiben, den ich empfing; ich werde ihm aber Ausdruck geben, wenn ich wieder zum Sprechen komme. Es gibt dieser alten „freien Farbigen" über 20 000 in diesem Staate, von denen viele reich sind (sie repräsentieren ein Kapital von mehr als 13 000 000 Dollar) und zu den gebildetesten Leuten des Landes gehören...........

Ich bin der Trennung sehr müde. Es soll wahrhaftig die letzte sein.

Dein Karl.

An seine Frau

Washington, den 24. November 1865.

Liebste, Ich hatte die Copieen meines Rapports erst Dienstag ganz bereit und lieferte das Dokument Mittwoch Morgen ab. Zugleich ließ ich um Erlaubnis anfragen, meinen Rapport drucken lassen zu dürfen. Heute erkundigte ich mich beim Privatsekretär des Präsidenten und erfuhr, daß er noch nicht dazu gekommen sei, den Rapport zu lesen und einen Entschluß zu fassen. Er wolle ihn heute Abend sehen.

Zugleich machte ich auch meine Rechnungen, die dem War-Departement, und zwar einem bestimmten Beamten, zur Durchsicht vorgelegt werden müssen. Dieser Herr hat nun endlich, nachdem ich die Rechnung zweimal umgeschrieben hatte, seine Durchsicht vollendet, muß aber eine Gelegenheit abpassen, wo er dem Kriegsminister den

„Account" zum „Approval" vorlegen kann. Das ist ihm noch nicht gelungen, und da heute Cabinetssitzung ist, so wird es ihm wohl auch nicht gelingen. Die Folge davon ist, daß ich heute nicht wegkann und vielleicht morgen auch noch nicht. Das ist wieder einer von den Fällen, „die den Selbstmord entschuldigen". Aber natürlich kann ich nicht weggehen, bis das ganze Geschäft, das mich hierher gerufen hat, beendigt ist. Gestern bekam ich einen Brief von der „New-York-Tribune", in welchem mir angetragen wird, die Tribune-Office hier in Washington zu übernehmen. Die großen Zeitungen haben nämlich hier Offices, in denen Nachrichten gesammelt, Correspondenzen gemacht und überhaupt die Interessen der Zeitungen vertreten werden. Die Stellung hat einige Wichtigkeit, doch enthält der Brief nichts über die zu erfüllenden Pflichten und die Finanzfrage. Ich werde noch heute Abend darum schreiben........

Die politische Stimmung unter den hier angekommenen Congreßleuten ist ausgezeichnet. Der Präsident ist, wie es scheint, scheu geworden, aber trägt sein Schicksal durchaus nicht mit sehr gutem Humor. Heute hatte ich eine lange Conferenz mit Howard, der in allen seinen aus dem Süden mitgebrachten Eindrücken mit mir übereinstimmt.......

An seine Frau

Washington, den 5. Dezember 1865.

Liebste, Gestern Morgen um 6 Uhr kam ich wohlbehalten hier an und stürzte mich sofort in den Strudel der Geschäfte [1]). Für die erste Zeit habe ich sehr viel zu tun. Man muß sich natürlich zuerst orientieren und mit den Détails der zu erfüllenden Pflichten bekannt werden. Das ist keine kleine Sache. Gestern habe ich bis 11 Uhr nachts auf der Office sein müssen und heute wieder........

[1]) Wie sich aus Nachfolgendem ergiebt, hatte Carl Schurz den Antrag der New-York Tribune angenommen und Anfang December seine neue Tätigkeit angetreten.

Sumner sagte mir, daß der Präsident mir gar nicht hold ist wegen meines Berichtes. Er hat mich offenbar dazu gebrauchen wollen, ihn in seiner Politik zu unterstützen, und ärgert sich nun, daß ihm das Resultat meiner Reise als Hinderniß im Wege steht.

Gestern erfuhr ich, daß er Howard meinen Rapport zu lesen gegeben hat, und daß Howard davon enchantiert sei. Ich versuche, Howard morgen zu sehen. Die Aktion des Congresses ist so weit scharf und entschieden und der Geist unserer Partei ausgezeichnet. Die Botschaft des Präsidenten ist offenbar darauf berechnet, einen Conflikt mit dem Congresse zu vermeiden. Und der letztere wird tun, was er Lust hat......

An seine Frau

Washington, den 23. Januar 1866.

Liebste, Es ist zwar beinahe Mitternacht, aber ich muß Dir heute doch noch schreiben. Es wurde mir gestern ein Antrag gemacht, der für uns von Wichtigkeit werden könnte. In Detroit hat man ein großes Kapital zusammengeschossen, eine Aktiencompagnie hat sich gebildet, und man hat alle Vorbereitungen gemacht um eine neue Zeitung zu gründen. Alles ist fertig; es fehlt nur an einem Chef.. Gestern kam eine Deputation der Board of Directors hierher, um mir die Annahme der Redaktion zu proponieren. Ich antwortete, daß ich in Unterhandlung mit Leuten in St. Louis sei und nicht eher etwas anderes annehmen könne, bis sich das Unternehmen in St. Louis als impraktikabel herausgestellt habe. Man fragte dann, unter welchen Bedingungen ich überhaupt die Zeitung in Detroit übernehmen wolle, wenn ich mich etwa mit den St. Louis-Leuten auseinandersetzen sollte........

Detroit ist eine schöne Stadt, etwa 75 000 Einwohner stark und einer der wohlfeileren Plätze im Lande. Das Unternehmen ist, wie gesagt, ganz fertig, Druckerei, Typen, geschäftliches Lokal, alles ist gekauft und bezahlt und bares Kapital zur Geschäftsführung in genügender Fülle da. Das Unternehmen steht auf der solidesten

Basis, und wie es angelegt ist, zweifle ich nicht am Gelingen. Das ist die Lichtseite. Die Schattenseite ist, daß im Vergleiche mit St. Louis mein Erwerbs- und Wirkungskreis zwar ein sicherer, aber ein verhältnismäßig beschränkter sein würde. Ich kann sowohl meine politische als meine materielle Zukunft dort gründen, aber nicht in einem so großen Maßstabe als in St. Louis. Die gesellschaftlichen Verhältnisse würden in Detroit ebenso angenehm, wenn nicht angenehmer sein als in St. Louis. Ich habe sogleich nach St. Louis an Gouverneur Fletcher geschrieben und mir von ihm eine telegraphische Antwort über den dortigen Stand der Dinge ausgebeten. Stehen die Sachen dort so, daß ich mit Sicherheit auf das Gelingen des dortigen Unternehmens rechnen kann, so ziehe ich St. Louis vor. Ist das nicht so, so glaube ich, ist das Detroit-Anerbieten eine annehmbare Sache. Nehme ich Detroit, so müssen wir am 1. März da sein. In etwa acht Tagen muß sich die Sache entscheiden.

Mein Rapport hat bei den Congreßleuten großen Succeß gehabt. Sumner hat im Senat beantragt, 100 000 Copieen davon drucken zu lassen. Auch das Haus hat ihn verlangt. Der Präsident hat sich einem Senator gegenüber ausgedrückt: „The only great mistake I have made yet was to send Schurz to the South." Ich glaub's!

Ich muß sagen, meine Sehnsucht nach einem festen Haushalte hätte mich beinahe bestimmt, die Detroit-Proposition sofort zu acceptieren. Freilich hätte es vorher noch einer Conferenz mit der Board of Directors bedurft.

Nun überlege Dir die Sache, bespreche sie und schreibe mir Alles was Du davon denkst.....

Dein Karl.

An seinen Vater

Detroit, den 11. Mai 1866.

Liebster Papa, Meinen herzlichsten Glückwunsch zu Deinem Geburtstage. Was ich Dir alles wünsche, brauche ich wohl nicht aufzuzählen. Die letzten Jahre sind hart gewesen, voll von Ungewißheit, Besorgnis und Aufregung. Jetzt, wo der Friede zurückgekehrt ist und alles sich in die Bahnen des gewöhnlichen Lebens zurücklenkt, wird auch für uns eine ruhigere Zeit zurückkommen, und in wenigen Monaten hoffe ich den großen Wunsch erfüllt zu sehen, den ich jahrelang mit mir herumgetragen, und den Ihr gewiß mit mir geteilt habt: der Wunsch, wieder mit Euch unter einem Dache zu leben. Endlich gestalten sich die Aussichten heiterer. Ich habe ein Feld gefunden, auf dem ich mir eine sichere Existenz gründen kann, und der nächste Herbst wird uns nun alle vereinigt finden. Dann sollt Ihr den Abend des Lebens im Schoße der Familie feiern, die Euch lieb hat. Haltet Euch nur wohl und frisch, daß unser Zusammenleben ein ungetrübtes wird. Ich wäre gern dieser Tage zu Euch hinübergekommen, aber die Pflichten meiner jetzigen Stellung halten mich jetzt noch so unerbittlich in meinem Zeitungsbureau fest, daß ich keinen Tag abwesend sein darf; ich habe sehr viel zu arbeiten, und da ich entschlossen bin, keine Mühe zu sparen, die unser jetziges Unternehmen erfolgreich machen kann, so darf ich es natürlich nicht leicht nehmen. Soweit sind denn auch die Aussichten sehr gut. Vom ersten Jahre darf man natürlich nicht zu viel erwarten........

Der Verlust, den ich bei dem Brande des Eisenbahnhofs erlitten habe, war uns allen sehr hart und empfindlich. Ich hätte alles andere schon gern entbehrt, wären nur nicht meine Briefe dabei gewesen [1]). Nun, wir müssen den Verlust als ein Pfand betrachten, welches das Schicksal für künftiges Glück verlangt............

Wir sind nun auch fest entschlossen, daß Margarethe Euch sobald als möglich mit den Kindern in Watertown besuchen soll. Wenn ich irgendwie abkommen kann, so werde ich sie hinbringen und die Sache so einrichten, daß ich über den Sonntag bleiben kann. Ich werde Euch jedenfalls zu gehöriger Zeit telegraphieren, sodaß Ihr genau wißt, wann Ihr uns zu erwarten habt. Nichts würde mir mehr Freude machen als Euch alle recht wohl und munter anzutreffen.........

Nun nochmals meinen herzlichsten Glückwunsch! Hoffentlich ist

[1]) Siehe den folgenden Brief an Heinrich Meyer.

meine liebste Mama in der schönen Farmluft wieder zu Kräften gekommen. Laßt Euch alle in gutem Wohlsein finden.

Mit herzlichsten Grüßen!

Euer

Karl.

An seinen Schwager Heinrich Meyer

Detroit, den 10. Juni 1866.

Lieber Heinrich, Vorgestern kam ein Paket hier an, welches den zweiten Band der Histoire de Jules César mit den Karten enthielt. Ich danke Dir herzlich für das schöne Geschenk. Eine Gabe wie diese ist mir besonders wert seit dem Unfall, der uns vor einigen Wochen getroffen hat. Ich weiß nicht, ob Du schon davon gehört hast. Wir ließen unsere Sachen aus dem Osten per Eisenbahn hierher schicken. Zwei große Kisten waren eben auf dem hiesigen Bahnhofe angekommen, als Feuer ausbrach und nicht allein die Gebäude, sondern auch alle Güter, die dort aufgehäuft lagen, verzehrte. Darunter waren unsere Kisten. Sie enthielten von allen unseren Sachen gerade diejenigen, die uns am wertesten waren, und deren Verlust am unersetzlichsten ist. Du weißt vielleicht, wieviel Margarethe auf die Briefe hielt, welche sie von mir hatte. Ein Kasten mit den sämtlichen Briefen war in den verbrannten Kisten. Diese Briefe enthielten nicht allein ein Bild aller inneren Wechselbeziehungen unseres Lebens, sondern eine teilweis sehr ausführliche tagebuchartige Skizzengeschichte aller der bedeutenden und interessanten Ereignisse, mit denen ich in den letzten 14 Jahren in Verbindung gestanden habe[1]). Margarethe hatte sie mit der äußersten Sorgfalt gesammelt und geordnet. Es fehlte kein abgerissenes Blättchen, das ich während des Krieges auf dem Schlachtfelde oder auf dem Marsche mit Bleistift geschrieben und ihr geschickt hatte. Diese Briefe hatten für uns einen ganz unbeschreiblichen Wert. Sie wären für meine Kinder das schönste Erbstück gewesen. Als sie verloren waren, fühlten wir, als

---

[1]) Es fand sich später, daß noch manche Briefe gerettet, allerdings alle aus der Kriegszeit verbrannt waren.

ob uns ein Teil unseres Lebens entrückt worden wäre, und als ob wir unsere Vergangenheit nur durch einen trüben Schleier sehen könnten. Du kannst Dir denken, wie hart uns dieser Schlag war, und noch jetzt, wenn die Rede darauf kommt, möchten wir anfangen zu weinen. Ich glaube nicht, daß wir diesen Verlust jemals verschmerzen werden.

Auch außerdem waren die Verluste schwer genug. Vorerst fast alle meine Manuskripte, Sammlungen von Notizen, Auszügen u. s. w.; dann eine Menge von Briefen, die ich von bedeutenden Personen, z. B. Lincoln, bekommen hatte. Ferner alle unsere Bilder, die großen Photographieen, von denen wir eine sehr hübsche Sammlung hatten. Glücklicherweise waren die Albums mit den Portraits in den Koffern. Dann alle unsere Musikalien und die wertvollsten meiner Kriegs-Reliquieen, meine alte zerschossene Divisionsfahne, meine Säbel, ferner meine ganze militärische Bibliothek und ein großer Theil meiner national-ökonomischen und historischen Bücher .... und meine ganze, sehr wertvolle Sammlung von militärischen und geographischen Karten, darunter vollständige Atlässe von Détailplänen sämtlicher Feldzüge Friedrich des Großen, Napoleons, des Erzherzogs Karl, der russisch-türkischen Kriege, nebst großen Kartenwerken über alle Theile Europas. Endlich war aber auch die ganze hübsche Büchersammlung der Kinder dabei und auch Fritz Reuters „Olle Kamellen", die uns so manche heitere Stunde gemacht hatten. — Kurzum, das wertvollste meiner allmählich werdenden Bibliothek und unsere Kunstgegenstände — alles dahin, und zwar vieles, das sich nie ersetzen läßt.

Doch nun genug des Jammers. Während ich schreibe, bluten alle Wunden frisch, und obgleich ich fühlte, als ob ich Dir alle meine Leiden erzählen müßte, bin ich doch nun froh, daß ich über dieses Kapitel weg bin. Die Verluste haben mir auf eine eigentümliche Weise weh getan. Als ich von alledem, was mit meiner besten Jugendzeit und meinen lebendigsten Bestrebungen so innig zusammenhing, Abschied nehmen mußte, kam ich mir auf einmal alt vor, und es legte sich ein Schatten über meine sonst so unverwüstliche Heiterkeit.

Daß ich nach Detroit gegangen bin, hat Euch wohl ein wenig überrascht. Als der Krieg aus war, verstand es sich von selbst, daß eine bleibende Stätte und ein solides Geschäft gesucht werden müßten. Ich hätte wohl von dem Präsidenten Johnson eine neue Stellung im Staatsdienste bekommen können, hätte ich seiner Politik meine Überzeugungen opfern wollen. Aber davon konnte natürlich nicht die Rede sein. Das Resultat meiner Sendung nach dem Süden im vorigen Sommer, die damals so viel Aufsehen erregte, und mein offizieller Bericht, der seiner unglücklichen Restaurationspolitik einen so schweren Schlag versetzte, brachten mich in so offenbaren Conflikt mit dem Präsidenten, daß ich seitdem nie wieder in gutes Einvernehmen mit ihm gekommen bin. Wenn er es für seinen größten Fehler ansah, daß er mich nach dem Süden geschickt hatte, und mich als eine Hauptstütze der Opposition betrachtete, so konnte ich ihm darin nicht Unrecht geben. Nachdem nun meine Verbindung mit der Administration durch die einfache Tatsache aufgelöst war, daß wir gegen einander gingen, nahm ich die Direction des Bureaus der „New York Tribune" in Washington an, unter ziemlich guten Bedingungen. Dies konnte übrigens nicht gut eine permanente Sache werden; unterdessen wurde mir die Direktion eines neuen Journals hier in Detroit angeboten, und da man mir große Vorteile offerierte, so gab ich andere Pläne auf und ging darauf ein........ Das Geschäft ist jetzt etwa seit drei Monaten im Gange und geht sehr gut. Da neue Journale gewöhnlich anfangs mit großen Schwierigkeiten zu kämpfen haben, so nimmt man an, daß das erste Jahr den Einschuß einer ansehnlichen Summe verlangt. Aber in den ersten drei Monaten sind wir schon so weit gekommen, die Kosten zu decken und werden nun bald anfangen zu verdienen.......... Vorläufig muß ich freilich schaffen wie zehn Pferde, die morgens früh eingespannt und gegen Mitternacht erst wieder ausgespannt werden. Aber da dies eine einflußreiche Tätigkeit ist, die mir und meiner Familie eine solide und mit der Zeit reichliche Existenz verspricht, so lasse ich mir die Mühe gern gefallen.........

Wir leben vorläufig noch im Hotel, da das Häuserbauen nicht schnell genug geht, um die Einwohnerschaft zu akkommodieren und die Häuser deshalb sehr rar sind. Margarethe ist mit den kleineren Kindern für einige Wochen auf die Farm gegangen.......

Von allgemeinen Verhältnissen hier kann ich Dir nur wenig Interessantes berichten. Die Frage, welche hier die Gemüter bewegt, ist, ob der Präsident oder der Congreß die Reconstruktionspolitik diktieren soll. Diese Frage wird sich bei den Congreßwahlen dieses Herbstes entscheiden. Die Chancen sind, daß die republikanische Partei bei den Wahlen einen hinreichenden Erfolg erringen wird, um den Präsidenten im Zaum zu halten. Johnson ist ein Mann von bornierten Gesichtspunkten, dessen ganze Stärke darin besteht, daß er, wenn er einmal eine Sache aufgegriffen hat, daran mit um so größerer Starrheit festhält, als er Hindernisse in seinem Wege findet. Wäre er klüger, so würde er für die Entwicklung des Landes ein sehr gefährlicher Mann sein. — Aber wie sieht es bei Euch aus? Sollte man glauben, daß in einem Jahrhundert, das so große Fortschritte gesehen hat, ein Volk in eine so entsetzliche Lage gebracht werden kann wie die ist, in welcher sich jetzt die Deutschen befinden? Das sind die Früchte unverantwortlicher Regierungen. — Ich muß gestehen, daß ich jetzt fast mehr an Deutschland denke als an Amerika. Ich würde manche halbe Stunde über den Karten sitzen, wenn ich noch welche hätte — aber leider habe ich keine mehr — um den Armeeaufstellungen und -Bewegungen zu folgen. Ich habe in der letzten Zeit die Lage der Dinge so gut studiert, als es aus den Zeitungen möglich ist, und es scheint mir, daß Führer, welche die Politik verstehen, dem Volke in drei Monaten ein deutsches Parlament verschaffen könnten, um dessen Gunst die Fürsten buhlen müßten. Aber die Ratlosigkeit und Zerfahrenheit, die sich dort an allen Enden kundgibt, ist ja ganz entsetzlich. Kein Deutscher scheint klar zu wissen, was er will, und während man sich um Nebensachen zankt, geht alles darauf, Friede, Wohlstand, Freiheit und Nationalität. Seit ich Europa verließ, ist mir niemals der Wunsch gekommen, wieder nach Deutschland bleibend zurückzukehren; aber ich muß gestehen, wenn ich jetzt die Zeitungen lese, so wandelt er mich an, und wäre ich reich, so würde ich ihm wohl schwerlich widerstehen können. Ich glaube, man könnte der Sache einen Umschwung geben, selbst ohne Revolution. Freilich, solange unter den politischen Größen Deutschlands Bismarck der einzige ist, der Ideen hat, die jedoch unglücklicherweise falsch sind, was läßt sich da erwarten? Ich kann nicht die Hoffnung aufgeben, daß sich endlich noch ein paar tüchtige, vernünftige Kerle finden werden, die zu handhaben wissen, was es an latenter Kraft in der Nation gibt, und „thus hoping against hope“, muß ich es mir mit dem Vergnügen genug sein lassen, meinem amerikanischen Publikum das A-B-C europäischer Politik beizubringen.

Nun lebe wohl, lieber Heinrich. Ihr müßt es mir drüben nicht übel nehmen, wenn ich nur selten schreibe. Ich bin so überladen mit Arbeit, daß ich die Augenblicke der Ruhe, die ich mir gönnen darf, wohl zurate halten muß, um die Anstrengung auszuhalten.........

Wie immer

Dein

C. Schurz.

An Theodor Petrasch

Detroit, 4. August 1866.

Liebster Peter, Dein letzter Brief kam hier während meiner Abwesenheit an, was die Verzögerung der Beantwortung erklären und rechtfertigen muß. Ich habe einige Tage Landleben bei meinen Völkern auf meiner alten Farm in Watertown, Wisconsin, genossen. Jetzt bin ich wieder im Joch, und zwar sehr.

Was sagst Du zu den Ereignissen in Deutschland? Der Friede ist mir etwas zu schnell gekommen. Ich hatte auf ein Zerwürfnis zwischen Preußen und Frankreich gehofft, aus welchem Deutschland gewiß als eine Einheit hervorgegangen sein würde. Ich fürchte jetzt, daß das siegreiche Preußen zu Preußisch und zu wenig Deutsch sein wird.

Wie geht es Deiner Familie? Die Meinigen sind Alle wohl.

Mit dem herzlichsten Freundesgruß

Dein

Carl Schurz.

An seinen Schwager Heinrich Meyer

Detroit, den 8. November 1866.

Liebster Heinrich, Schon längst habe ich Dir schreiben wollen, und Du würdest schon vor Wochen einen Brief von mir bekommen haben, hätte mich nicht die Wahlcampagne so in Atem gehalten, daß ich fast keinen Augenblick Muße hatte. Jetzt endlich ist alles vorbei. Wir haben den glänzendsten Wahlsieg davongetragen, dessen ich mich noch zu erinnern weiß, und ich kann mir wieder einige Ruhe gönnen.

Zuerst laß mich Dir für die wunderschönen Geschenke danken, die Du mir geschickt hast. Alle die prächtigen Karten, Musikalien und Bücher und die überaus elegante Cigarrenbüchse. Aber wie schön auch diese Sachen sind, und wie herzlich ich mich darüber freue, so muß ich Dir doch noch mehr meinen Dank sagen für das Zeichen des warmen, freundschaftlichen, brüderlichen Mitgefühls, welches ich in diesen Geschenken sehe............

Während der Wahlagitation bin ich ein paar Wochen von Hause weggewesen, und Margarethe begleitete mich auf einer Reise nach New-York, wo wir uns vortrefflich amüsiert haben. Jetzt sind wir ruhig zu Hause und gehen unsere stillen Wege. Margarethe ist ziemlich wohl, die Kinder sind in bester Gesundheit.........

Von mir selbst kann ich Dir wenig sagen, als daß ich arbeite, arbeite, arbeite. Die Wahl hat mir ein wenig Veränderung gegeben, indem ich für einige Zeit aus meinem Redaktionszimmer herausgenommen wurde. Aber jetzt bin ich wieder in meiner regelmäßigen Tätigkeit, welche die Eigentümlichkeit hat, daß man eigentlich niemals fertig ist. Die Zeitung macht gute Fortschritte. Die Cirkulation wächst beständig. Die Druckerei hat vollauf zu tun, und das ganze Etablissement muß bald auf einem gut zahlenden Fuße sein. Der Journalismus hat Anregungen, die man anderswo nicht findet, und diese Anregungen bringen Einen über manches hinweg, das man in einer andern Thätigkeit schwer finden würde.

Über den Ausgang der Congreßwahlen hast Du wahrscheinlich aus den Zeitungen das Nähere erfahren. Nie ist ein politischer Sieg vollständiger gewesen als der der republikanischen Majorität des Congresses und nie eine Niederlage demütigender als diejenige des Präsidenten. Aber wie nötig war es auch. In fast allen südlichen Staaten hatten die Leute, welche die Rebellion gemacht, die politische Gewalt wieder in Händen, und fast überall hatte eine heftige, hier und da sogar blutige Reaktion begonnen. Die Abschaffung der Sklaverei und die Einführung der freien Arbeit im Süden waren von Neuem auf dem Spiel. Überall hatte man angefangen, die Negerbevölkerung durch Gesetze zu unterdrücken, welche nur einen Schritt vor der Wiedereinführung der Sklaverei stehen blieben, und dabei belegte der Präsident jede Bill, welche dieser Sache Einhalt tun sollte, mit seinem Veto und bestand darauf, daß man in allen diesen Dingen den ehemaligen Rebellen freie Hand lassen und sie sofort ohne weitere Bedingungen zur Mitregierung des Landes zulassen müsse........

Johnson ist ein sehr beschränkter Mann, eigensinnig und halsstarrig bis zur Gewissenlosigkeit, eitel wie fast alle die Leute, die nicht Verstand genug haben zu sehen, wie wenig sie wissen, und trotz seiner großen Erfolge im Leben noch überladen mit den üblen Attributen seiner niedrigen Herkunft. Er ist ein geborener Demagoge, dem es an nichts als am großen Talent fehlt, um in seiner jetzigen Position ein der Republik sehr gefährlicher Mensch zu werden.

Nun, wir sind Johnsons noch zur rechten Zeit Meister geworden, und für den Rest seiner Administration wird der Congreß das Land regieren ohne sich besonders um ihn zu bekümmern. Er mag sich gratulieren, wenn er einer Anklage und der Absetzung entgeht. Das Unheil, welches er bereits angerichtet hat, besteht darin, daß der Süden durch ihn zu bitterm Widerstande gegen den Congreß aufgereizt ist, und die Vollendung des Werkes der Reconstruktion mehr Zeit erfordern wird als sie sollte. Hoffen wir, daß alles friedlich vonstatten geht!

Von Deutschland hören wir ja wenig Erfreuliches. Was wird aus Hamburg? Wie lange wird es noch dauern, bis Hamburg der Logik der Situation nach zu einer preußischen Hafenstadt umgestempelt wird? Ich kann mir denken, daß die Reichsstädter sich mit dem Gedanken nicht befreunden können, aber wird es nicht doch endlich dazu kommen? Der vor sich gehende Consolidierungsproceß wird doch wohl endlich dazu führen. Ich fürchte, der Frieden Europas ist nicht auf viele Jahre hinaus gesichert, und wir wollen hoffen, daß Deutschland eine feste Gestalt angenommen haben wird, bevor neue Gefahren hereinbrechen.

Ich schließe diesen Brief am Sonntag Abend nach einem wahrhaft ruhigen Tage. Ich habe mehrere Stunden unter den neuen Büchern und Karten herumgekramt und Eurer beim Umschlagen eines jeden Blattes mit Liebe gedacht. Jetzt sitzt die ganze kleine Familie um den Mitteltisch unserer großen Wohnstube und schreibt ...

Mit brüderlichster Gesinnung

Dein

Carl Schurz.

An Theodor Petrasch

Detroit 16. Dezember 1866.

Mein liebster Peter, Endlich habe ich den langersehnten Brief. Nun ist ja Alles gut, und ich brauche meinen Glückwunsch nicht länger zurückzuhalten.

Du bist ein schöner Geselle, mich zu fragen, ob ich „erlaube", daß der Junge nach mir genannt werden dürfe! Das ist schön! Wenn sich so Etwas nicht zwischen Dir und mir von selbst versteht, was sollst Du von mir und ich von Dir denken? Schäme Dich, alter Peter, und thu mir dergleichen nicht wieder. Du mußt doch selbst gefühlt haben, daß es mich ganz besonders freute zu sehn, daß Du Alles auf eigenen Antrieb beschlossen hattest, ohne an irgend welche Formalitäten zu denken, die man wohl bei dem „reichen Onkel", aber nicht bei einem alten und wahren Freunde beobachtet. Und vergiß ja nicht, das Deiner Frau zu sagen. Ihre Bedenklichkeit in dieser Beziehung ist wohl die erste Meinungsverschiedenheit, die zwischen ihr und mir existiert hat. Nun ist's gut, und wir wollen uns Alle des kleinen gelungenen Ankömmlings freuen — und möge ich mich seiner Pathenschaft würdig machen. Meine Frau wünscht Dir und Deiner Frau ebenso herzlich Glück und bittet Euch, eine kleine Arbeit, die nächstens per Expreß bei Euch ankommen wird, von ihr anzunehmen. Sie ist gerade mit den Vorbereitungen zum Weihnachten beschäftigt, der in unserer Familie die größte Angelegenheit des ganzen Jahres ist. Unsre Stuben haben seit einigen Tagen wie eine Fabrik ausgesehn, und da meine Frau das ganze Unwesen leiten und beständig mitarbeiten muß, so entschuldigt Ihr wohl, daß sie diesmal nicht mitgeschrieben hat.

Ich armer Kerl muß natürlich schaffen wie ein Karrengaul. Außer meiner Zeitung, die mich von Morgens früh bis Abends spät festhält, habe ich noch eine Vorlesung über Deutschland zu schreiben, die ich diesen Winter an einigen dreißig Plätzen halten soll, und außerdem haben mir Ticknor u. Fields in Boston ein unwiderstehliches Honorar angeboten, wenn ich ihnen einen Artikel für das Atlantic Monthly anfertigen will, der am 20. Jan. fertig sein muß und in der Märznummer erscheinen soll. So habe ich denn zu bedauern, daß der Tag nicht mehr Stunden hat und ein Gehirn nicht immer frisch und klar bleiben will.

Nun, lieber Peter, laß uns bald hören, daß Ihr wieder ganz in Ordnung seid, und empfange die allerherzlichsten Freundesgrüße von meiner Frau und mir für Euch Alle, besonders aber für den Kleinen, dessen Namen ausführlich auszusprechen mir meine Bescheidenheit verbietet.

Wie immer und unveränderlich

Dein

Carl Schurz.

An seine Frau

Princeton, Ill., den 4. März 1867.

Meine Liebste, Ich verließ St. Louis gestern Nachmittag, nachdem ich dort und in Jefferson-City mit großem Erfolg Vorlesungen gehalten. Ich war etwas desappointiert, als ich in St. Louis keinen Brief von Dir vorfand............ Zur Strafe dafür erspare ich alle die Neuigkeiten, die ich Dir jetzt erzählen könnte, auf meine Ankunft in Detroit, — und es sind sehr wichtige Neuigkeiten dabei. Es handelt sich um nichts Geringeres, als für mich die Hälfte eines Zeitungsgeschäfts in St. Louis zu kaufen und mir die Kaufsumme so vorzuschießen, daß ich sie aus dem Geschäft heraus in drei Jahren zurückzahlen kann. So, nun habe ich in dunklen Geheimnissen gesprochen, und Du sollst nun auch kein Wort weiter davon erfahren, bis ich wieder bei Dir bin. Nur soviel will ich noch sagen, daß die Aussichten auf das Gelingen des Planes gut sind, wenn wir nach reiflicher Familienüberlegung uns entschließen ihn anzunehmen.

In St. Louis sowohl als in Jefferson City kam man mir sehr freundlich entgegen und wünscht mich nach Missouri zu ziehen, und ich glaube, daß man sehr viel für mich thun würde. Doch auch hierüber später.....

Dein Karl.

Am 30. März war das geliebte Töchterchen, Emmy Savannah, das geistig weit über seine Jahre hinaus entwickelt war, gestorben: der schwerste Schlag, der die Eltern hätte treffen können. Sie waren ganz in dem Kinde aufgegangen.

Mitte April schloß Carl Schurz einen Kontrakt mit den Besitzern der „Westlichen Post“ in St. Louis ab. Die ganze Familie siedelte auf kurze Zeit dorthin über. Die niemals feste Gesundheit von Frau Schurz hatte so sehr unter dem Verlust des jüngsten Kindes gelitten, daß etwas für ihre Gesundheit geschehen mußte. Es wurde also bestimmt, daß sie zu einer Kur nach Deutschland reisen sollte, in Begleitung der beiden älteren Kinder.

An seine Frau

New-York, den 16. Juni 1867.

Liebste, Da ich nicht früh genug in St. Louis sein werde, um Dir mit der nächsten Hamburger Post von dort aus zu schreiben, und doch weiß, wie sehr Du Dich nach Deiner Ankunft in der alten Heimat nach einem Wort von mir sehnen wirst, so setze ich mich schon heute Morgen hin, um mich mit Dir zu unterhalten. Ich kann ja doch noch an nichts anderes denken. Gestern Mittag blieben wir [1]) auf dem Dock stehen, bis das Schiff, das Euch uns entführte, aus unseren Blicken verschwunden war. Dann fuhren wir hinüber in die Stadt und nahmen ein etwas einsilbig-trauriges Mittagsmahl in einem Restaurant ein. Heute ist es recht einsam hier......... Ich werde gegen Mittag zu Kapp gehen, um seine literarischen Anschaffungen zu sehen und mir ein paar Bücher für die Reise zu holen, und dann bei Wesendonks zu Mittag zu essen. Um $6^1/_2$ Uhr abends reise ich ab und hoffe Mittwoch Morgen in St. Louis zu sein, um mein gewöhnliches Tagewerk wieder anzufangen. Chittenden und ich haben seit Eurer Abreise ein Dutzendmal stündlich nach dem Wetter ausgesehen und Vermuthungen darüber angestellt, wie Ihr Euch wohl im gegebenen Augenblick befindet.........

Und nun laß mich Dir noch einmal sagen, daß Du Dir meinetwegen keine Sorge machen sollst. Ich verspreche Dir fest, daß ich mich wohl in Acht nehmen werde, um mich keinen schädlichen Einflüssen auszusetzen. Du weißt ja, daß ich eine gute Constitution habe und ohne Schwierigkeit jedes Klima ertragen kann. Sei gewiß, daß, wenn der Gesundheitszustand in St. Louis schlecht werden sollte, ich mich der Gefahr entziehen werde.......... Nun sei auch Du brav und gehe an die Erfüllung Deiner Aufgabe, Dich wieder zu Kräften und Gesundheit herzustellen, mit Hoffnung und Energie. Noch einmal, sei brav und mutig!

Dein Karl.

An seine Frau

St. Louis, den 8. Juli 1867.

Liebste, Heute Nachmittag kamen wir, Preetorius und ich, von unserm Ausflug nach Augusta zurück. Ich schrieb Dir schon vorige

[1]) wir: er und sein Freund Chittenden, dessen Frau und Tochter auf demselben Schiffe gereist waren.

Woche von unserm Vorhaben, auf ein paar Tage Landluft zu genießen, und das haben wir nach Herzenslust getan.

Samstag Nachmittag um 4 Uhr bestiegen wir eins der gemütlichen, langsamen, ungefährlichen Missouri-Dampfboote und fuhren den Mississippi hinauf. Das Wetter war herrlich, und da wir uns vorgenommen hatten, das Geschäft und alle Geschäftsgedanken hinter uns zu lassen, so hatten wir für alles Auge und Ohr. Der Mississippi unmittelbar oberhalb St. Louis ist, wenn man sich einmal an der mächtigen Wasserfläche sattgesehen hat, keineswegs interessant, die Ufer, kaum über den Wasserspiegel erhoben, waldig, hier und da von Farmklärungen unterbrochen. Und doch gewährte uns die Stelle, wo der Missouri in den Mississippi einströmt, einen imposanten Anblick. Es war Abend geworden, und ein flammender Westhimmel spiegelte sich im Wasser, das an der Stelle, wo sich die beiden Flüsse vereinigen, sich seeartig breit ausdehnt. Wie die dunkle Wassermasse des Missouri breit und majestätisch aus den Wäldern hervorschießt, so scheint sie mit Gewalt von dem ganzen Mississippibette Besitz ergreifen zu wollen.

Man glaubt fast, sie dränge das Mississippiwasser förmlich zurück und staue es auf; denn, in langen Streifen, sieht man, wo die beiden sich treffen, eine wenigstens scheinbare Erhöhung im Mississippiwasser, an welcher sich der Missouri wie ungeduldig vorbeidrängt; und meilenweit bemerkt man eine wirkliche Abscheidung. Als wir in die Mündung des Missouri eindampften, war es bereits Abend geworden. Nur den erblassenden Widerschein des westlichen Himmels auf der mächtigen Wasserfläche sahen wir noch und in den düsteren Waldschatten des Ufers tausende unruhige Leuchtkäfer. Nur hier und da blickte uns aus den Büschen das Licht eines einsamen Farmhauses heimatlich an. Endlich fing es an, im östlichen Horziont zu wetterleuchten; der Himmel überzog sich, und vor den Regentropfen, die zu fallen begannen, zogen wir uns in unsere Kajüte zurück. Der Morgen brachte uns nach Augusta, einem kleinen Platze etwa fünfzig Meilen oberhalb der Mündung des Missouri. Ich glaube, ich schrieb Dir schon früher, daß sich dort einige der gebildeten Einwanderer aus den 30er Jahren niedergelassen haben, gebildete Leute, die dort in ihrer Weise die besseren Seiten des deutschen Wesens bewahren. Augusta ist ein kleines Städtchen von nicht mehr als 300 Einwohnern, auf Hügeln erbaut, die nach dem Mississippi steil abfallen.

Wir wurden empfangen von einem alten Herrn Münch aus Darmstadt, einem früheren Theologen und Professor, der nun seit 34 Jahren in Missouri ist. Er ist der Bruder des bekannten „Far-West", Friedrich Münch, der in der deutschen Presse eine so verdienstvolle schriftstellerische Thätigkeit entwickelt hat. Unser Gastfreund führte uns nach enthusiastischer Begrüßung in sein Haus, das natürlich auf einem der vielen Hügel liegt, und von dem man über Weingärten hinaus einen meilenweiten Blick auf und ab über den Missouri hat. Elegant wohnen diese alten deutschen Patriarchen nun freilich nicht; aber reinlich, nett und, wenn man nicht übergroße Ansprüche macht, bequem. Teppiche gibt es da nicht, aber weißgescheuerte Fußböden; gepolsterte Stühle auch nicht, aber Tische mit frischen, weißen Decken und mit Büchern darauf. Und Kinder hatte unser Gastfreund auch, von denen der älteste Sohn mindestens seine 35 Jahre zählte, während der jüngste wohl nicht über 8 oder 9 Jahre alt war.

Nach dem Frühstück wurden wir natürlich mit großem Jubel zu allen Freunden und Bekannten auf den anderen Hügeln herumgeschleppt, und nirgends durften wir unterlassen, den Wein zu probieren, den jede der Familien auf dem eigenen Hügel gezogen und in eigenem Keller gepreßt hatte. So ging es von Haus zu Haus, bis wir endlich nach vielen Freundlichkeitsstrapazen den Heimweg zum willkommenen Mittagstische antreten konnten. Unterdessen hatte sich unser ehrwürdiger Freund „Far-West", der von unserm Besuche im voraus wußte und an demselben Morgen von seiner acht oder neun Meilen entfernten Farm zu Pferde herangekommen war, auch zu uns gesellt. Unser Wirth brachte ihn zu uns mit den Worten: „Hier kommt der alte Münch; ich bin nämlich der junge Münch. Nun ist der alte Münch beinahe 70 Jahre alt und der junge etwa zwei Jahre jünger. Mittagessen mit lebhaft und laut geführten philosophischen Diskussionen. Nach Tisch aber kam die Hauptgeschichte.

Unsere Ankunft war im Städtchen laut geworden, und die Bevölkerung von Augusta, alt und jung, Männlein und Weiblein, fand sich in einem nahen Wäldchen zusammen um uns zu bewillkommen. Auch ihre Musikbande hatten sie mitgebracht, die aus lauter „selbstgemachten" Musikern besteht, aber gar nicht schlecht ist. Augustaner Wein gab es natürlich in Fülle. Ebenso natürlich war es, daß Reden gehalten werden mußten. Zuerst mußte ich zu den Männern sprechen, dann zu den Frauen; dann zu beiden zusammen. Dann mußte Preetorius heran; dann der alte Münch; bis wir alle erklärten, es sei nun des Guten genug. Natürlich waren alle die Reden deutsch, denn in Augusta gibt es keine Amerikaner mit Ausnahme des Schustergesellen, der kürzlich erst zugereist ist und nun deutsch lernt, und einiger Negerfamilien, von denen die Kinder schon deutsch können. Ein Abendessen bei einem deutschen Doktor schloß die gemüthliche Affaire, und gegen 11 Uhr stiegen wir die betreffenden Hügel hinauf und herunter, bis uns im Hause des etwa 68jährigen „jungen" Münch die willkommene Lagerstätte aufnahm.

Heute Morgen um 8 empfing uns ein anderes Dampfboot zur Rückfahrt, und wir sahen den Missouri, den wir zwei Nächte zuvor in der Finsterniss durchflogen, im hellen Tageslicht. Die Ufer sind nicht uninteressant, an vielen Stellen sogar sehr malerisch. Kühn aufstrebende Felspartieen mit — wie Spielhagen sagen würde — „lauschigen Thalschluchten" wechseln mit etwas eintönigen, mit halbtropischer Vegetation bewachsenen Waldflächen ab. Ich habe manches Plätzchen gesehen, bei dessen Anblick ich dachte: „Hättest Du hier ein kleines Landhaus und alle die Deinigen um Dich herum!"

Die kleine deutsche Colonie in Augusta macht nun freilich einen wohlthuenden Eindruck. Die Alten haben die Tradition deutschen Geistes und deutscher Bildung bewahrt, aber sie können diese Tradition ihren Kindern nicht überliefern. Es ist eine Beobachtung, die ich fast überall gemacht habe, daß hier in Amerika, vielleicht mit Ausnahme einzelner Fälle in den großen Städten, die Kinder gebildeter Deutscher gegen ihre Eltern sonderbar contrastieren. Der deutsche Geist schwächt sich ab. Wird die Erziehung ganz deutsch gehalten und alle Berührung mit dem Amerikanerthum vermieden, so wird ein stupides „Pennsylvanier Deutschthum" daraus. Geschieht das nicht, so schlagen die Wellen des Amerikanerthums bald über der zweiten oder dritten Generation zusammen. Die „Mission des Deutschthums" in Amerika, von der Manche den Mund so voll nehmen, kann also in nichts anderem bestehen als in einer Modifikation des amerikanischen Geistes durch den deutschen, während die Nationalitäten sich verschmelzen. In wenigen Jahren werden auch in dem kleinen, munteren Augusta die alten Patriarchen tot sein, und die Nachkommen müssen von der allgemeinen Strömung mit fortgerissen werden.

Dienstag, den 9. Juli.

Heute wieder das gewohnte Einerlei. Der Congreß ist zusammen, und so haben wir wenigstens einige Gegenstände der Besprechung, die neu aussehen, wenn sie es auch nicht sind. Johnson hat wieder in die Reconstruktion hineingepfuscht, und der Congreß ist damit beschäftigt, den Sinn früher gegebener Gesetze zu erklären und festzustellen. Übrigens gehen die Dinge im Süden ganz gut.........

Ich lebe ziemlich einsam. Außer den Leuten, die mich auf der Office besuchen sehe ich fast niemand. Unsere alten Watertowner Bilder habe ich in meiner Office aufhängen lassen, weil ich sie da am meisten sehe. Dicht an meinem Pult hängt Deine Zeichnung von der Maison-aux-bains in Montreux, dessen Anblick mir so schöne Zeiten ins Gedächtnis zurückruft. Nur unseres kleinen Engels Bild steht auf dem Kaminsims in meinem Schlafzimmer, und ihm gehört mein letzter Blick des Abends und mein erster des Morgens................

Dein

Karl.

An seine Frau

St. Louis, den 16. Juli 1867.

Meine Liebste,........... Mein Leben geht in stiller Eintönigkeit hin. Das Geschäft stellt alle Tage dieselben Anforderungen, und so arbeite ich ruhig weg. Wir sind jetzt daran, unser editorielles Personal zu reorganisieren...........

Du wirst lachen, wenn Du hörst, daß ich mit all meiner Gutmüthigkeit hier als „böser Mann" gelte, aber es ist in der That so. Ich bin der einzige, der unseren Leuten, wenn sie ihre Pflicht nicht thun, was leider nicht sehr selten vorkommt, dann und wann energisch den Kopf wäscht, und so heißt es denn, daß es auf der Office der „Westlichen Post“ gar nicht mehr gemüthlich ist, seit ich eingetreten bin. ....Übrigens ist die journalistische Arbeit jetzt keineswegs interessant. Der große Kampf ist vorüber; unsere Gegner sind machtlos, und es bleibt augenblicklich nichts zu thun, als die gewonnenen Resultate zu befestigen. Sobald das geschehen ist, werden sich neue Parteischeidungen bilden und neue Fragen in den Vordergrund treten. Es wird dann ein neues politisches Leben anbrechen. Aber jetzt arbeitet man ohne Enthusiasmus und Feuer, nur weil es nothwendig ist, die Maschine in Gang zu halten. Wäre ich nicht geschäftlich genöthigt mitzusprechen — und Du weißt, daß ich genöthigt bin, — so schwiege ich am liebsten still.

Ich weiß nicht, wie es ist, das Bild unseres Kindes will mir gar nicht mehr aus dem Sinn gehen. Wohl hundertmal während des Tages, während ich schreibe oder im Gespräch bin, kreuzt ihr Bild meine Gedanken. Ich kann kein schattiges Rasenplätzchen sehen ohne zu fühlen, daß mir alles dies nichts mehr werth ist, seit sie nicht mehr darauf spielen kann; und keinen Plan für die Zukunft kann ich machen, ohne daß mich eine Empfindung der Oede anwandelt. Das ist immer schlimmer geworden, obgleich ich mich, wenn ich Leute um mich habe, zur Heiterkeit forcieren und mich auch wohl auf Augenblicke vergessen kann. Ich muß dagegen kämpfen, damit ich meinen Gleichmuth wiederfinde. Ich denke mir, Jeder der ein Herz hat, muß nach solchem Verlust eine solche Periode unruhigen Schmerzes durchmachen, und wenn ich mich nach Kräften dagegenstemme, werde ich wohl zuletzt darüber Herr werden.......

Hoffentlich bist Du nun behaglich eingerichtet und machst Dir alle die Vorteile Deiner Umgebung nach Kräften für Deine Gesundheit zunutze. Hab keine Sorge um mich; denke um so mehr an Dich selbst, und laß Deinen Aufenthalt in Europa nicht umsonst sein.

Dein Karl.

An seine Frau

St. Louis, den 23. August 1867.

Meine Liebste, Ich war mitten in einem Leitartikel, als ich Deinen lieben Brief aus Ragaz bekam, und zwar ganz unerwartet. Die Bilder, die Du mir geschickt, sind ja wunderschön, nicht allein in landschaftlicher, sondern auch in artistischer Beziehung. Nur hast Du vergessen, mir auf dem Panorama von Ragaz das Haus zu bezeichnen, wo Du wohnst. . . . .

Du schlägst mir nun auch vor, Ende September schon in Europa zu sein und Dich im Oktober wieder zurückzunehmen. Das ist nicht in Übereinstimmung mit unserer Verabredung, und wie sehr ich mich auch danach sehne, Dich in Europa zu überraschen, ich kann gar nicht daran denken. . . . . Es ist absolut nöthig, daß ich Anfang November hier bin, und vorher nach Europa zu gehen, um am 1. November wieder zurück zu sein, wäre doch eine zu unsichere Geschichte. Das geht also nicht. Aber wenn ich meine Novembergeschäfte besorgt habe, werde ich meine Chancen schon in Acht nehmen. . . . . Es wäre doch hübsch, wenn wir zu Weihnachten in Hamburg zusammensein könnten, und ich würde imstande sein, mich so ein paar Wochen frei zu machen.

Ich habe von der Washington Equal Rights League eine Einladung bekommen, nächsten Winter dort einen Vortrag zu halten, und ich habe die Einladung angenommen unter der Bedingung, daß es früh im Winter, etwa vor oder gegen Mitte November, sein kann. Ich habe einige gute Sachen zu sagen und werde sie bei der Gelegenheit aussprechen, — vorausgesetzt ich kann Ruhe genug finden, um die Rede ordentlich auszuarbeiten. Unter den Deutschen macht jetzt der Sonntagszwang und der Temperenzkram wieder viel Spektakel, d. h. nicht hier in Missouri, aber rund umher, besonders in Chicago und Milwaukee. Das macht natürlich viel Rumor in der Partei; sie kracht einmal wieder in allen Fugen, aber Johnsons Handlungsweise, die Absetzung Stantons, Sheridans u. s. w. hat die öffentliche

Meinung wieder so aufgeregt und alle freisinnigen Elemente so zusammengetrieben, daß die Partei wohl für die nächste Wahl noch gut aushalten wird..........

Das Bild von Kinkel, das Du mir geschickt hast, hat mich sehr gefreut. Ich hätte ihn kaum wiedererkannt. Das Gesicht hat etwas ganz Fremdes. Ich kann mir jedoch denken, daß dieser Eindruck verschwindet, sobald man ihn sprechen hört. Ich werde ihm so bald als möglich schreiben. Du schreibst mir, daß Adolf seine Frau in Montreux besuchen und dann auf einige Tage zu Dir nach Ragaz kommen wolle. Wie doch der Name so köstliche Erinnerungen wachruft. Erinnerst Du Dich noch der Nacht, als ich unser Kind die steinerne Treppe des stillen Hauses hinauftrug und wir auf den blauen See und die Savoyer Berge zurückblickten; wie sie im weißen Mondlicht schimmerten! Und wie wir dann wie die Kinder lebten im vollen, heiteren Genuß der wunderbaren Natur! Ach, das waren noch goldene Tage, das war noch Jugend! Ich war in diesem Lande noch ein unbekannter und ungenannter Mann. Die Zeitungen wußten von mir noch nichts, und ich hatte das Beifallsgeschrei von versammelten Tausenden noch nicht gehört, aber wie viel glücklicher waren wir doch und wie viel ungetrübter genossen wir die Freude des Lebens! Das ist nun vorbei. Der Sonnenschein hat nun für uns eine andere Farbe, und wenn wir unser Leben anschauen, werden wir nicht allein daran denken, was da werden wird, sondern auch an das, was gewesen ist. Die Zeit ist vorbei, wo wir unsere Zukunft von unserer Vergangenheit abreißen konnten. Und doch weiß ich, wenn wir uns wieder einmal so zusammenfinden wie damals in Montreux, wir würden sehr glücklich sein können, ein Glück, freilich anderer Art, weniger von dem Segelwinde der Hoffnung getrieben, aber ruhiger im Genusse des Gegebenen. Ich habe doch Dieses und Jenes erreicht im Leben, und wie oft habe ich gefunden, daß es eine Chimäre war, nachdem ich es erreicht hatte! Man trauert wohl seinen verschwundenen Illusionen nach, wie man sich schöner Träume wehmüthig erinnert, aber jede überwundene Illusion ist im Grunde doch ein Gewinn. Es bleiben noch genug übrig, um unser Blut warm zu halten. Aber nachdem wir durch die Erfahrung gelernt haben, ihnen weniger zu trauen, werden auch die

Enttäuschungen weniger schmerzhaft, weil sie weniger überraschend sind. Wenn man diesen Prozeß der Entwicklung durchgemacht hat, dann schäumt allerdings der Becher der Lebenskraft nicht mehr so hoch, aber der Wein bleibt doch da, nur ist er ruhig. Gewiß, wir können wieder glücklich sein, und wir werden es auch sein, wenn wir nur unser kleines Völkchen wieder ruhig unter einem Dach und nur die Mittel zu einiger Behaglichkeit des Lebens haben. Unsere Herzen werden ja nie so ausdörren, daß sie nicht bei einem Anblick wie jenem in der Nacht auf der steinernen Treppe in Montreux immer wieder in einen Freudenruf ausbrechen könnten.......Sei so froh und glücklich, wie Du kannst. Es freut mich so sehr, daß Du Adolf wieder so nahe bist. Er ist eine edle Natur....

Dein Karl.

An seine Frau

St. Louis, den 4. September 1867.

Meine Liebste, Vorgestern bekam ich endlich wieder einen Brief von Dir, nämlich den vom 14. August, in welchem Du mir den Besuch Adolfs und Euren Ausflug nach Schaffhausen beschreibst.....

Die Arbeit behagt mir in allen Beziehungen mit Ausnahme von einer: man zersplittert die besten Ideen, die man hat, in einer Menge von Artikeln, aber man verarbeitet sie nicht im Zusammenhange. Versuchte man das, so würde man Dinge liefern, die ihrer Länge wegen nicht mehr in die Zeitungen paßten. Das, was man in sich hat und von sich gibt, produciert also keinen Gesamteffekt, sondern geht sozusagen wie tausend einzeln fallende Regentropfen dahin. Das war das Schöne früher bei meinen Reden und Vorlesungen, deren Stoff ich mit Muße und Sorglichkeit bis ins Kleinste durcharbeiten und auch in der Form vollenden konnte. Das gab große Tableaux, die einen tiefen und bleibenden Gesamteindruck machten. Solchen Arbeiten kann ich mich jetzt nicht mehr hingeben; es fehlt mir die Muße, die Ruhe, die Sammlung dazu. In der Journalistik muß man sich mit hundert Dingen beschäftigen, die verhältnismäßig Kleinigkeiten sind. Aber diese Kleinigkeiten füllen die ganze Zeit aus, in der man zu intensiver Arbeit fähig ist, und lassen Einen, wenn man das Tagewerk vollendet hat, erschöpft und ruhebedürftig. So bin ich also noch nicht dazu gekommen, etwas Rechtes zu schreiben, wie ich es diesen Sommer vorhatte. Und doch habe ich den Kopf voll von Gedanken, die auf Verarbeitung warten. Es ist doch schade, daß ich nicht reich bin und arbeiten kann, wie ich will; ich leistete mehr. Aber war hilft's! Der Gedanke, uns allen ein ruhiges sorgenfreies Alter zu sichern, ist doch auch schön, und wenn man es durch eigene Arbeit thun kann, so ist es einiger Entsagung werth.

Wir sind jetzt eifrig mit den Vorbereitungen für den Empfang Sheridans beschäftigt, der am Samstag wahrscheinlich hier eintreffen wird. Es soll Volkszüge, Fackeln, Reden und alles Mögliche geben, und Johnson soll erfahren, daß man den treuen Diener des Volkes mehr ehrt als den Präsidenten, der sich durch seine tolle frevelhafte Rachsucht verächtlich macht. Da Sheridan Soldat und den Befehlen des Präsidenten unterworfen ist, so ist wohl die Sache etwas delikater Natur. Aber wir hoffen ihn doch zu bewegen. Grant ist zwar noch immer interimistischer Kriegsminister, aber er verfeindet sich jeden Tag mit dem Präsidenten mehr und mehr. Es soll schon zu sehr heftigen Szenen gekommen sein, und es heißt, daß Grant in wenigen Tagen verlangen wird, des Kriegsministeriums enthoben zu werden. Die ganze republikanische Presse des Landes ist jetzt für das Impeachment des Präsidenten herausgekommen. Unternimmt der Congreß die Sache, was mir noch immer ein wenig zweifelhaft erscheint, so wird Wade, der jetzt dem Senate vorsitzt, Präsident für den Rest von Johnsons Termin. In diesem Falle, glaube ich, würde ihn das republikanische Nationalcomité auch für die nächste Präsidentschaft nominieren.

Jetzt hast Du wohl genug Politik, nicht wahr? Ich freue mich nun auch sagen zu können, daß der Gesundheitszustand der Stadt ausgezeichnet geblieben ist. Jetzt ist hier die Stadt beinahe gesünder als das Land. Von Cholera keine Spur. Ich bin die ganze Zeit über ganz wohl gewesen. Ich hätte wohl zuweilen etwas reiten mögen, aber die Leihstallpferde mag ich nicht und mir ein eigenes zu kaufen, soweit bin ich noch nicht. So habe ich mir denn die nötige Bewegung zu Fuß gemacht. Und dann habe ich bei einem Bekannten, der ein großes, schönes Lokal mit zwanzig Billardtischen eingerichtet hat, ein paarmal Billard gespielt. Ich will das, so oft ich Zeit habe, fortsetzen......

An seine Frau

St. Louis, den 17. September 1867.

Meine Liebste, Gestern kehrte ich von einem kleinen Ausflug zurück, den ich Sonntag unternommen hatte. Ich ging nämlich mit meinem jungen Freunde Udo Brachvogel, einem sehr liebenswürdigen und talentvollen Literaten, nach Vineland bei De Soto auf die Farm seines Bruders. Dieser Bruder ist ein bereits älterer Mann, der in Europa ein bedeutender Gutsbesitzer gewesen war. Voriges Jahr kaufte er sich eine große Farm von über 600 Acker, legte Weinberge an, baute Mühlen und ist jetzt in thätigem und hoffnungsvollem Betrieb. Die Familie wohnt in einem großen Blockhause und ziemlich ausgedehnten Nebengebäuden, und überall sieht man die Hand der thätigen Hausfrau, die mit Geschmack einzurichten versteht, wenn auch der eigentliche Luxus fehlt. In dem Haus wehte mir das wahre deutsche Behagen entgegen. Frau Brachvogel ist auch eine ältere Dame von guter Erziehung und von Jugend auf an das bequeme und reiche Leben der wohlhabenden Stände in Deutschland gewöhnt. Jetzt hat sie tapfer mit angefaßt und schafft den Ihrigen eine angenehme Heimath, obgleich ihr Herz noch immer mit Sehnsucht an Europa hängt. Der alte Brachvogel dagegen ist bereits ein enthusiastischer Amerikaner geworden, der von seiner neuen Thätigkeit ganz charmiert ist, und wenn ich die beiden Eheleute die relativen Verdienste und Vorzüge von Amerika und Europa so eifrig diskutieren hörte, kam mir so manches Gespräch in den Sinn, welches Du und ich miteinander gepflogen haben. Der Sohn vom Hause, ein prächtiger junger Mann von 20 Jahren, war früher in der preußischen Marine. Jetzt ist er mit voller Kraft in seinen neuen Beruf hineingegangen und ist ein ganzer amerikanischer Farmer geworden. — Ich verlebte dort einen recht heiteren Tag. Wir gingen über das Grundstück spazieren, genossen die prächtige Waldluft und gaben uns gemüthlichen Gesprächen hin. Gestern Morgen kam ich per Eisenbahn wieder hierher zurück, ordentlich erfrischt. Hier fand ich Deinen lieben Brief, den Du an Deinem Geburtstage geschrieben. . . . . .

Vorige Woche hatten wir einen Besuch einer deutschen literarischen Größe, Friedrich Gerstäcker, der auf einer Reise durch den Continent und nach Südamerika begriffen ist. Wir aßen regelmäßig zusammen bei Bühler und legten es darauf an, ihm gesprächsweise einige von den Münchhausiaden zu entlocken, in denen er so stark ist. Aber es schien, er merkte den Braten, und so konnten wir nichts aus ihm herauskriegen als eine einzige Hyäne, die er auf einer nächtlichen Jagd in Afrika geschossen haben wollte. Köstlich war es, daß ein hiesiger Bekannter, bei dessen Bruder Gerstäcker früher in Arkansas neun Monate lang gewohnt hatte, uns erzählte, man habe damals umsonst versucht, den Mann, der die Literatur mit seinen ungeheuerlichen Jagdgeschichten erfüllt, ein einziges Mal während der ganzen Zeit zur Theilnahme an einem Jagdzug zu bewegen; und doch schrieb er darauf das Wunderbarste von seinen Jagden und Thaten. Als er von hier nach dem Indianerland abreiste, steckte er sich in einen grauen mit Grün ausgeschlagenen Jagdrock und staffierte sich mit einer Doppelbüchse und einem mächtigen Hirschfänger aus, als ob es nun losgehen sollte. Man wird wieder wunderbare Abentüren von ihm zu lesen bekommen. Übrigens unterhielten wir uns vortrefflich mit ihm, und er versprach wiederzukommen, nachdem er die Indianerversammlungen bei Fort-Laramie gesehen, die wahrscheinlich gar nicht zustandekommen. — Auch Hecker war auf einen Tag hier, bei Gelegenheit der Sheridan-Demonstration. Er ist sehr munter, hielt uns stundenlang im Lachen. Plötzlich verschwand er, nachdem er mit uns bei Bühler zu Abend gegessen, im Gedränge der Sheridan-Demonstration, und am nächsten Tage hörten wir, daß er sich wieder schleunigst auf seine Farm zurückgezogen hatte. Er ist noch immer der alte, erstaunt Einen zuweilen mit seinem reichen Wissen und scharfen Geist, und ergeht sich dann wieder in den wildesten und tollsten Geschichten.

Ich schreibe soeben einen Aufsatz über das 11te Corps in der Schlacht bei Chancellorsville, der in der New York Tribune herauskommen soll. Ich kann nur langsam arbeiten, da ich nicht viel Zeit habe. Ich werde Dir den Aufsatz schicken, sobald er heraus ist. Ich glaube, er wird Dir gefallen.

Nun muß ich für heute von Dir Abschied nehmen; in der Setzerei haben sie schon seit einer Viertelstunde Manuskript verlangt.

Dein Karl.

An seine Frau

St. Louis, den 26. Oktober 1867.

Meine Liebste, Soeben ist Dein Brief von Gersau angekommen, dessen zufriedenstellender Ton mir sehr wohl gethan hat........ Dein Plan nach Wiesbaden zu gehen, gefällt mir ganz gut. Das Klima von Wiesbaden ist milde, und ich glaube, daß der Winteraufenthalt dort allen Anforderungen entsprechen wird.

Ich bin jetzt daran, meine finanziellen Angelegenheiten in Ordnung zu bringen, soweit sie mit dem Ablaufe des ersten Halbjahres in Ordnung gebracht werden können und müssen.......... Dann denke ich die Vorbereitungen zu meiner Weihnachtsreise nach Europa zu machen.......... Ich hatte vor, außer der Rede, die ich in Cleveland gehalten, vor den Wahlen nun nichts mehr zu thun. Aber es kam ein Nothschrei von dem Staatscomité in Wisconsin, dem ich nicht widerstehen konnte. Es hieß darin, ich allein könne den Staat retten, und so ließ ich mich denn erweichen und nahm sechs Appointments an, in Racine, u. s. w. Den alten Freunden konnte ich es nicht abschlagen, und da die Republikaner in Wisconsin sich in allen Dingen gut benommen haben, so verdienen sie es, daß man ihnen hilft. Grants Nomination zur Präsidentschaft ist nun so gut wie sicher, aber selbst seine Popularität wird nicht alle Anstrengungen überflüssig machen. Ehe ich nach Europa gehe, werde ich einige Tage in Washington zubringen müssen. Es ist eine Versammlung der Parteiführer dort projektiert, bei der ich nicht fehlen sollte, und zweitens muß ich mir einen Paß holen und mich mit dem preußischen Gesandten ins Vernehmen stellen, daß mir der Paß für die preußischen Staaten — und Wiesbaden ist ja jetzt auch preußisch — visiert wird. Ich werde mich übrigens in dieser Angelegenheit auch an Bancroft und Bucher wenden, denn ich möchte nicht gern Ungelegenheiten haben. Ich glaube nicht, daß ich zu den Amnestierten gehöre, und obgleich es nicht wahrscheinlich ist, daß man daran denken wird, mich einzustecken, so ist es doch besser sich in solchen Dingen vorher sicherzustellen..........

Ich freue mich sehr, die Kinder nun ordentlich in der Schule zu wissen. Werden sie denn in Wiesbaden auch ordentlich französisch lernen? Ich würde sehr darauf sehen. Jetzt ist die Zeit und die Gelegenheit dafür..........

Sei stark und glücklich und erinnere Dich, wenn Du an mich denkst, daß es mir ja immer gut geht.

Dein Karl.

An seine Frau

St. Louis, den 23. November 1867.

Meine Liebste, Ich habe also auf der „Amerika", einem der besten Bremer Schiffe Passage genommen und werde am 5. Dezember von New-York abreisen. Wahrscheinlich komme ich also gerade eine Woche nach diesem Briefe auf deutschem Boden an. Wie sehr ich mich darauf freue, will ich nicht versuchen zu beschreiben; Du wirst es ja selbst sehen, wenn ich erst da bin. Von Bremen werde ich per Eisenbahn nach Hamburg kommen, ohne mich unterwegs aufzuhalten, wie es sich von selbst versteht. Wenn wir unsere Weihnachten in Wiesbaden feiern, so werde ich ohne Verzug von Hamburg abreisen, und ich werde voraussichtlich überflüssig genug Zeit haben, Wiesbaden vor dem Christabend zu erreichen, es sei denn, daß mir die preußische Regierung Schwierigkeiten in den Weg legt. Ich habe an Bancroft und Bucher geschrieben und hoffe in Hamburg von beiden Briefe zu finden, die mir über die Sache Gewißheit geben. Ich habe eigentlich kaum noch Lust, Dir viel zu schreiben, denn ich sehe mich schon bei Dir. Ich beschäftige mich auch, außer mit meinen laufenden Redaktionsarbeiten, mit nichts als Vorbereitungen zu der Reise, und meine Gedanken sind immer dabei. Ja, doch. Ich bin dieser Tage dreimal im Theater gewesen und habe Edwin Booth gesehen, seinen Hamlet, Richard III. und Jago in Othello. Er verdient seinen Ruf. Von allen amerikanischen Schauspielern, die ich gesehen, ist er der bedeutendste. Sein Hamlet ist merkwürdig; zum Richard fehlt es ihm ein wenig an der Kraft einer commandierenden Individualität, aber sein Jago ist nicht leicht zu übertreffen; er kommt der Vollendung nahe. Ich ziehe ihn bedeutend dem Hamlet vor.

Aber wozu Dir Theatergeschichten beschreiben? Ich kann Dir es ja so viel besser erzählen.........

Dein Karl.

An seinen Schwager Heinrich Meyer

Wiesbaden, den 3. Februar 1868.

Lieber Heinrich, Dein Brief erreichte uns in Berlin. Ich würde sogleich geantwortet haben, aber die empfangenen und zu machenden Besuche ließen mir so wenig Muße, daß ich kaum zum ruhigen Denken, viel weniger noch zum Schreiben kommen konnte. Ich sparte also alle Briefe für das ruhige Wiesbaden auf. Gestern sind wir hierher zu unseren Kindern zurückgekehrt, und hier gibt es Muße genug.......... Nichts hätte ich mehr bedauern können, als die unglückliche Verwirrung, die unsere Zusammenkunft in Frankfurt verhinderte.............. Daß ich Dich nicht wenigstens für einige Stunden gesehen habe, schmerzt mich tief, wenn ich auch damals die Reise nach Pest nicht wohl hätte mitmachen können, da Berlin mir vor allem am Herzen lag..............

Mein Aufenthalt in Berlin war ein sehr angeregter. Ich lernte natürlich eine Menge hervorragender Leute kennen und fand mehrere alte Bekannte in der Kammer. Kaum hatte uns Adolf verlassen, als ich von einem in dem Ministerium des Auswärtigen beschäftigten Legationsrate einen Brief bekam, in welchem ich benachrichtigt wurde, Bismarck habe den Wunsch ausgesprochen mich zu sehen; wenn ich es auch wünsche, so solle ich es ihm wissen lassen. Ich that das natürlich, und Bismarck gab eine Stunde am nächsten Abend an. Ich ging hin und hatte eine anderthalbstündige Unterhaltung mit ihm. Er lud mich zum Diner am andern Tage ein, wo ich mit einigen Dutzend besternter und bekreuzter Geheim-, Gerichts- und anderer Räthe zusammentraf. Nach dem Diner verabschiedete Bismarck die Gesellschaft, hielt mich allein zurück, und wir saßen beinahe zwei Stunden zusammen. Freitag Abend sah ich ihn wieder. Du kannst Dir denken, wie mir das interessant gewesen ist. In wenigen Stunden habe ich einen tieferen Blick in das Arbeiten der Regierungsmaschine thun können, als mir das sonst durch langes Studium möglich geworden wäre. Bismarck ist, was immer seine üblen Eigenschaften sein mögen, jedenfalls ein außerordentlicher Mensch. Ich habe schon viele Staatsmänner gesehen, aber keinen, der mit so vollkommener Ungebundenheit sich über alle Dinge ausspricht. Thatsachen, die noch gar nicht oder doch nur wenig bekannt sind, die kompromittierendsten Aufschlüsse über die Motive seiner Politik, selbst sein Verhältnis zum Könige und seine Meinung von dem „alten Herrn", alles das fließt ihm so frei von den Lippen, als ob er zu einem Vertrauten spräche, dem selbst die Folterbank das Geheimnis nicht abpressen könnte. Ich glaube, es gibt kaum eine wichtige Frage der auswärtigen und inneren Politik, über die wir nicht conversiert hätten, — und über alles ließ er sich mit derselben Freiheit aus. Auf Einzelheiten kann ich natürlich hier nicht eingehen. Ich könnte Dir stundenlang davon erzählen, und es würde Dich überzeugen, daß man hier mit einem außergewöhnlichen Kopf zu thun hat, der die Menschen und die Verhältnisse, besonders die Deutschen und ihre Schwächen und Untugenden, gründlich kennt, und dessen despotische Neigungen hauptsächlich dadurch bestärkt werden, daß er allen denen weit überlegen ist, mit denen er in Kontakt kommt. Ich werde Dir darüber allerlei sagen, wenn wir uns erst sehen.

Nichts hätte komischer sein können als mein Erscheinen in der ministeriellen Tischgesellschaft. Natürlich kannte mich und kannte ich anfangs niemanden. Endlich, als wir uns eben niedersetzen wollten, machte mich Bismarck mit Einigen bekannt. Nun ging das Geflüster am Tisch herum, und das Staunen schien groß zu sein. Allmählich wurden die alten und jungen Perücken zutraulicher, und wir amüsierten uns ganz gut. Als wir uns schließlich im Salon versammelten und Kaffee und Cigarren gereicht wurden, hatte ich schon beständig einen Kreis um mich herum. Bismarck selbst schien von dem Komischen der Situation frappiert zu sein; als er die anderen entlassen hatte und wir allein waren, sagte er: „Es ist doch wirklich spaßig, daß wir hier so ruhig zusammensitzen und Cigarren rauchen. Das hätte sich keiner von uns Beiden vor 15 Jahren träumen lassen." Und gleich darauf setzte er mir seine Zukunftspolitik auseinander.

Ich habe in Berlin so viele Leute gesehen, daß ich eigentlich nichts Anderes gesehen habe. Außer der Synagoge, einem sehr flüchtigen Gang durch das Museum und einem kleinen Stück des Ballets und einer Oper bin ich eigentlich zu gar nichts gekommen. Ich wäre gern noch ein paar Tage geblieben, aber wir sehnten uns beide nach den Kindern zurück. Alles Weitere werde ich wohl auf meinen nächsten Besuch in Europa versparen müssen. Höchstens gehe ich noch auf einen Tag nach Köln, um einen Vetter und lieben Jugendgenossen zu sehen. Hoffentlich machen Du und ich später einmal eine Reise zusammen.

Von Herzen

Dein Carl Schurz.

An Gottfried Kinkel

Wiesbaden, 24. Februar 1863.

Lieber Kinkel, Vor etwa zehn Tagen hörte ich aus angeblich zuverlässiger Quelle, daß Du in Kürze in Frankfurt sein würdest, bei welcher Gelegenheit ich Dich zu sehen und zu sprechen hoffte. Jetzt höre ich, daß dies eine unbegründete Vermuthung war. Die Sache hat nur die Folge gehabt, daß ich Dir nicht schon früher schrieb. Wie gern hätte ich Dich in Zürich aufgesucht, aber es ließ sich nicht machen. Jetzt ist meine Abreise nach Amerika nahe. Übermorgen denken wir nach Hamburg zu gehen und am 4. März gehe ich mit dem Steamer Germania nach den Ver. Staaten ab.

Ich weiß, ich bin Dir lange einen Brief schuldig gewesen und kann mich nur an Deine freundschaftliche Nachsicht wenden. Du weißt ja wohl selbst, wie es zuweilen mit dem Briefschreiben geht, wenn die Thätigkeitskreise so weit aus einander liegen und man stets angestrengt beschäftigt ist. Selbst hier bin ich erst in den letzten zehn Tagen etwas zu Athem gekommen und habe die Stille des Familienlebens genossen. So hoffe ich, wirst Du mir verzeihen.

Durch meine Frau habe ich nur günstige Nachrichten über Dich, Deine Familie und Deine Stellung. So kann ich Dir auch von mir nach den vielen Kämpfen, durch die ich gegangen bin, nach bescheidenen Ansprüchen befriedigendes sagen. Meine Wirksamkeit in Amerika geht ziemlich weit über meine bloße Geschäftsthätigkeit hinaus, und ich habe nicht selten Gelegenheit, mich nützlich zu machen. Die Versuchung, wieder nach dem alten Vaterlande überzusiedeln, trat diesmal ziemlich lockend an mich heran. Aber ich kann mich nicht dazu entschließen; nicht als ob ich den jetzigen Zustand der Dinge nicht für entwicklungsfähig hielte. Ich freue mich, zu erfahren, daß Du in den Ereignissen der letzten Tage manche hoffnungsvolle Keime siehst. Aber in Amerika habe ich nun einmal tiefe Wurzel geschlagen. Die Bestrebungen meiner besten Mannesjahre haben mich mit den dortigen Reformbewegungen identifiziert, und ich kann nicht aus den Reihen der Kämpfenden austreten, während noch so viel zu thun übrig bleibt, zu dessen Förderung meine Kraft mitwirken kann. Dann würde ich mich auch mit meiner Anschauung und meiner Art zu arbeiten hier nicht heimisch fühlen. In Amerika sehn wir die Resultate eines vernünftigen und energischen Strebens rasch wachsen. Hier muß man mehr Geduld haben, a's ich mir zutraue. Und dieser Mangel, fürchte ich, würde meine Wirksamkeit beeinträchtigen.

Du hast wohl davon gehört, daß ich in Berlin mit Bismarck einige längere Conversationen gehabt habe. Er nahm mich mit großer Zuvorkommenheit auf. Er ist unzweifelhaft ein sehr bedeutender Mensch. Obgleich seine Antecedenzien nicht ansprechend sind, so darf man doch Hoffnung aus dem Umstande schöpfen, daß er einer von den energischen, impulsiven Charakteren ist, deren Handlungen wenn sie einmal engagiert sind, über ihre ursprünglichen Pläne hinausgehen. In seinen Einheitsbestrebungen wird er stramm vorwärtsgehn und irre ich mich nicht, so wird er die Bureaukratie untergraben, weil sie zu knöchern und stupid ist, um seinen Plänen als ein hinreichend gelenkes und wirksames Instrument zu dienen. Das sind zwei große Dinge. Möglicherweise hängen ihm seine anerzogenen Feudalideen noch nach. Das ist nicht sehr gefährlich, denn in unserm industriellen Zeitalter würde der Versuch einer feudalen Reaktion doch nur eine Don Quixotiade sein. Man hat ihn für einen frivolen Menschen gehalten. Meiner Meinung nach ist er das nicht, oder wenn er es gewesen ist, so ist er es nicht mehr. Übrigens scheint man in Preußen die Nothwendigkeit dieses Mannes an der Spitze der Regierung so instinktiv und allgemein zu fühlen, daß einige Individuen ausgenommen, keine der existirenden Parteien die Verantwortlichkeit auf sich nehmen würde, ihn von da zu entfernen.

In Amerika liegen die Dinge ein wenig durcheinander. Aber wenn man eine so große soziale Revolution, wie die Sklavenemancipation gemacht hat, so muß man nicht am andern Tage einen vollkommen glatten Wasserspiegel erwarten. Die Präsidentenwahl diesen Herbst wird übrigens wesentlich zur Aufklärung der Situation beitragen.

Werde ich nun bald wieder einmal von Dir hören? Meine

Frau und Kinder vereinigen ihre herzlichen Grüße an Euch Alle mit den Meinigen.

In alter treuer Freundschaft Dein

C. Schurz.

Ich bin in Spandau gewesen, und habe mehrere der alten Freunde wieder gesehen. Wir hatten einige schöne Stunden. Es geht allen recht gut.

An seine Frau

An Bord der Germania, 5. März 1868.

Meine Liebste, Laß mich Dir noch einen Gruß senden, ehe ich von dem europäischen Boden Abschied nehme. Wir sind jetzt anderthalben Tag unterwegs und hoffen, heute Abend den Canal zu erreichen und morgen in aller Frühe in Southampton zu sein. Es hat den ganzen Morgen geregnet und ziemlich stark geblasen, so daß die See in Bewegung ist und das Schiff lebhaft rollt. Es schreibt sich daher nicht besonders bequem. Übrigens wird es jetzt heller, der Wind fällt und die See wird ruhiger.......

Wie hart es auch ist, daß ich mich wieder auf einige Monate von Dir und den Kindern trennen muß, so scheide ich doch mit dem Gefühl großer Befriedigung. Was für eine köstliche Zeit haben wir doch miteinander gehabt! Wie viele Stunden wahren Herzensglückes. Wie prächtig waren unsere Kinder! Wie viel Liebe wurde uns von den Brüdern und Schwestern entgegengetragen! Und mit wie viel gegründetern Hoffnungen gehe ich nun, seit ich Deinen alten Doktor gesehn! Es war doch ein rechter Sonnenblick, und wenn solche Tage auch nur dann und wann kommen, so haben sie auch Licht und Wärme genug für viele, die ihnen vorausgegangen sind, oder die ihnen folgen mögen. Laß uns also dankbar dafür sein und ihr Andenken nicht verkümmern durch die Klage, daß sie so kurz gewesen sind. Haben wir nicht auch wirklich Ursache jetzt heiterer in die Zukunft zu sehn? Dürfen wir nicht hoffen, uns bald freier bewegen zu können und die Arbeit hin und wieder mit selbstgewähltem Genuß zu versüßen? Und wie viele Hände strecken sich uns zu warmem Drucke mit Liebe entgegen! Gewiß, wir sollten mit zufriedenem Muthe in die Zukunft sehn und nicht zu sehr über die wenigen bittern Tropfen klagen, die dann und wann einmal in den Lebensbecher fallen.

Du bist ganz muthig gewesen bei unserm Abschiede, bleibe nun auch so. Wenn Du zuweilen Dich einsam fühlst, bevölkere Deine Einsamkeit mit Hoffnungen und schönen Erinnerungen, statt mit trüben Bildern von möglichem Unheil. Um wie viel schneller und vollständiger wird Deine körperliche Heilung sein, wenn Dein Geist sich frei und heiter hält. Laß mich bei den Arbeiten, denen ich mich jetzt hingeben muß, und die vielleicht etwas anstrengend werden, stets fühlen, daß Du muthig mit mir lebst und wirkst. Du weißt nicht, wie unedlich viel mir das sein wird..........

Adieu nun. Grüße Alle herzlich.

Dein

Karl.

An seine Frau

Washington, 29. März 1868.

Meine Liebste, Wie sehr mir auch Vieles in Deutschland gefallen hatte, so muß ich doch gestehn, das Land hier heimelte mich recht an. Wie frisch und kräftig ist doch das Leben hier, und wie fühlt man auf jedem Schritt und Tritt, daß man Etwas ausrichten kann! Es ist doch eine große Sache. Du erinnerst Dich, daß ich Dir die politische Lage, wie ich sie im December hier verlassen hatte, als sehr unbefriedigend und gar bedenklich beschrieb. Alle unsre Freunde fühlten sich damals gedrückt, und man glaubte, nur die angestrengteste Arbeit würde den Erfolg der republikanischen Partei bei der Präsidentenwahl sichern können. Das ist plötzlich ganz anders geworden. Selten habe ich eine so rasche und vollständige Umwandlung gesehn. Alles ist voll von Hoffnung.........

In Connecticut, wo der Wahlkampf von den Republikanern mit großem Eifer betrieben wird, regen die Demokraten sich kaum, und allenthalben lassen sie die Köpfe hängen. Morgen fängt der eigentliche „trial" des Präsidenten an. Butler wird die erste Anklagerede halten, die ich hören werde. In zwei, höchstens drei Wochen, denkt man mit der ganzen Sache durch zu sein, und ich sehe nicht, was eine längere Verzögerung bewirken könnte. Die Verurtheilung Johnsons ist sicher, und ich bin überzeugt, daß seine Absetzung einen sehr wohlthätigen Effekt haben wird. Es gehn noch immer Gerüchte, daß er vor hat, sich zu widersetzen. Aber da die Armee in Grant's Hand ist, so würde jeder Versuch geradezu kindisch sein. Ich glaube nicht daran. Wenn auch Johnson einmal derartige Ideen gehabt hat, so muß er doch vor diesem Schritt zurückschrecken, der ihn im Handumdrehn ans Messer liefern würde........

Dein

Karl.

An seine Frau

St. Louis, 4. April 1868.

Meine Liebste, Also gestern Morgen kam ich nach einer ermüdenden Eisenbahnfahrt hier an.... Gegen zehn Uhr erst kam ich zur Office und wurde von Allen mit einer wahrhaften Freude aufgenommen. Es that mir ordentlich gut.... Preetorius besonders empfing mich mit der freundschaftlichsten Herzlichkeit......

Gestern schon habe ich wieder fürs Blatt geschrieben. Den heutigen Tag — Sonnabend habe ich ja nie viel zu thun — habe ich damit zugebracht, einen Berg von Briefen zu beantworten, der sich während meiner langen Abwesenheit auf meinem Schreibtisch aufgethürmt hatte. Ein gut Theil der Zeit ist auch mit Händeschütteln hingegangen, denn meine „Freunde" kommen einer nach dem andern, um mich zu begrüßen. Eine gute Nachricht kann ich hier einflechten. Die Geschäfte sind, obgleich rundum man über sehr schlechte Zeiten klagt, bei uns ganz vortrefflich gegangen.....

Die politische Welt hier wird natürlich noch von dem Impeachment in Athem gehalten. Möglicher Weise wirst Du schon das Ende und Resultat des Prozesses erfahren haben, ehe dieser Brief Dich erreicht. Vorigen Montag hörte ich die Eröffnungsrede Gen. Butlers, womit die Anklage eröffnet wurde. Was für eine Gelegenheit wäre das für einen großen Redner gewesen! Eine Gelegenheit, wie sie in Menschenaltern nicht wiederkommt......

So gewaltig war der Stoff für einen, der nicht allein als Jurist, sondern als Staatsmann und Bürger dieser Republik seine Größe zu erfassen wußte. Butler machte eine gewöhnliche Advokatenrede daraus, allerdings stark in ihren Argumenten, aber ohne allen höheren Schwung — so ungefähr, wie man sie in wichtigen Criminalsachen hundertmal vor größern Gerichtshöfen gehört hat. Ich saß dabei, voll von mißmuthiger Ungeduld über die verdorbene Gelegenheit, die eine große Leistung forderte, während Butler einen Punkt nach dem andern mit gleicher Trockenheit abarbeitete. Hoffentlich werden Boutwell und Bingham, deren Reden den Prozeß schließen werden, der Sache eine höhere Weihe zu geben verstehn.

Ich glaube, ich sagte Dir schon in meinem letzten Briefe, daß in Bezug auf den Geist der die Massen beseelt, ein vollständiger Umschwung eingetreten ist. Alles strebt mit Hoffnung vorwärts, und wir dürfen jetzt schon das Resultat der Präsidentenwahl als ein gesichertes betrachten. Grant's Nomination ist, wenn nicht Zeichen und Wunder geschehn, gewiß. Es giebt gar keine ernstliche Opposition mehr und die concurrirenden Candidaten haben sich stillschweigend zurückgezogen, — auch Chase, obgleich er bis zuletzt noch das Unmögliche hoffte und die Bevorzugung eines neuen Mannes einem alten Antisklavereichef gegenüber sehr schmerzlich empfindet. Ich bedaure Chase aufrichtig, aber es ist ihm nicht zu helfen. Er hat das Unglück, seine Präsidentschaftsaspirationen zu offen an den Tag zu legen, und dabei kann er die Leute, die es wirklich gut mit ihm meinen, nicht für sich warm werden lassen. Ich fürchte er wird seine Tage als verwundeter Löwe auf seinem Richterstuhle beendigen müssen. Seine Stellung als Chief-Justice, die für andere ein Gegenstand höchster Ambition sein würde, ist ihm zur Marter geworden. Das Präsidentschaftsfieber ist eine tödtliche Krankheit.

Nun genug von Politik............

Dein alter

Karl.

An seine Tochter

St. Louis, 24. Mai 1868.

Meine liebe Handy, Über Deinen Brief habe ich mich recht herzlich gefreut. Er ist verständig gehalten, correkt stylisirt, und ich finde keine überschwänglichen Ausdrücke darin. Ich glaube jetzt, daß Du einmal recht gut schreiben lernen wirst, wenn Du in derselben Weise fortfährst. Merke Dir eine Hauptregel: Man schreibe gerade wie man denkt, und sage genau, was man sagen will; man lasse sich auf keine Künsteleien des Ausdrucks ein, und brauche keine Redefiguren, besonders keine Adjektive, von denen man nicht genau weiß, was man damit ausdrücken will; man verwickle die Sätze nicht zu sehr, sondern reihe seine Gedanken einfach aneinander, wie sie auseinander folgen. Das ist die ganze Kunst des Styls; der einfachste und klarste ist immer der kräftigste und beste. Bei jungen Leuten kommt es fast immer vor, daß sie die Schönheit in hochtrabenden, überschwänglichen Ausdrücken suchen. Sie meinen, das klänge gut. Aber was nützt der gute Klang, wenn das, was man sagt, nichts heißt? Übrigens ist das eine Art von krankhafter Geschmacksperiode, die fast Jeder durchzumachen hat. Es schadet auch nicht viel; nur muß man sorgen, bald darüber hinwegzukommen. Hat man einmal der schlechten Geschmacksrichtung gehuldigt, und eine bessere gewonnen, so hütet man sich wohl, in den alten Fehler zurückzufallen. Wenn Du Deine jetzige Schreibweise ordentlich ausbildest, so kannst Du Dir diese Übergangsperiode ersparen, und das wäre um so besser. Schreibe mir nur recht häufig, alle Woche oder alle 14 Tage, über das was um Dich her vorgeht, und ich werde Dir nach und nach mehr Winke geben.

Mir geht es so gut, mein liebes Kind, wie es mir in Eurer Abwesenheit gehn kann. Diese Woche war ich in Chicago als Delegat zur Nationalconvention, und jetzt geht die Präsidentschaftscampagne an, die mir genug zu thun geben wird. Aber ich kann Dir nicht beschreiben, wie sehr ich mich nach dem Augenblick sehne, wo ich Euch wieder bei mir haben werde. Ohne Euch ist es doch nur ein halbes Leben. Ich hoffe, Du wirst nun auch Alles thun, was in Deinen

Kräften steht, um Mama zu erheitern und ihre Genesung zu befördern. Du weißt ja, wie sehr ihre Stimmung von ihrer Umgebung abhängt, und Du bist jetzt schon vernünftig genug, selbst einzusehn, wie viel Einfluß das Betragen der Kinder auf das Gemüth der Mutter hat. Adieu, meine liebe Handy.

Dein Dich herzlich liebender

Papa.

An seine Frau

St. Louis, 24. Mai 1868.

Meine Liebste, Endlich bin ich wieder in Ruhe. Gestern kam ich von der Chicago Convention zurück, deren Resultat Du ohne Zweifel schon durch den Telegraphen erfahren hast. Die Sache ist recht gut abgegangen. Mir hat man dort einen kleinen Triumph bereitet. Man machte mich nämlich zum temporären Präsidenten. Ich eröffnete die Convention mit einer kleinen Rede, die so außerordentlich gut gefallen hat, daß ich mit Glückwünschen fast erdrückt worden bin. Die Zeitungen sind des Lobes voll. Auch schlug ich ein paar Ergänzungsresolutionen zur Platform vor, die mit sehr großem Beifall einstimmig angenommen wurden, und mir beinahe ebenso viel Anerkennung eintrugen, wie die Resolutionen. Die Convention wurde in Crosby's Opernhaus gehalten und bot ein recht imposantes Schauspiel. Die Stadt war so voll von Fremden, daß man sich auf den Hauptstraßen zu gewissen Zeiten nur mit Mühe durchdrängen konnte. Anfangs war die ganze Affaire ein wenig kühl, aber der Enthusiasmus steigerte sich nach und nach. Als die Nomination Grants nach dem Aufruf der einzelnen Staaten vollendet war, brach die ganze ungeheure Versammlung in einen nicht enden wollenden Beifallsturm aus, und die Szene war so erhebend, daß einem preußischen Gesandtschaftssekretär, Hrn. von K....., der zugegen war und mir seine Gefühle nachher beschrieb, die Thränen über die Wangen liefen. Die Wahl von Colfax rief auch viele Begeisterung hervor. Ich hatte mit den meisten Missouriern für Wade gestimmt, obgleich es mir schon bei Zeiten klar war, daß er nicht nominirt werden konnte. Aber man mußte ihm wegen seiner eigenthümlichen Stellung im Impeachmentprozeß wenigstens ein starkes Votum geben. Colfax ist ein sehr populärer Mann und deßhalb ein starker Candidat. Seine Fähigkeiten sind nicht besonders, aber gerade hinreichend, um ihn dem Volke angenehm zu machen. Man liebt eben die glückliche Mittelmäßigkeit.

Im Ganzen glaub ich, wenn gut gearbeitet wird, dürfen wir den Erfolg für ziemlich sicher annehmen. Es hängt freilich ein wenig davon ab, was für Candidaten die demokratische Partei am 4. Juli nominiren wird. Nimmt man einen extremen Copperhead, so haben wir leichtes Spiel. Wird aber ein Mann wie General Hancock aufgestellt, so werden wir schwer arbeiten müssen. Doch glaube ich, daß wir auch in diesem Falle die alten Schaaren noch einmal mit Erfolg vorführen können.

In Washington trägt man sich noch immer mit dem Gedanken, das Impeachment zuletzt doch noch durchsetzen zu können. Ich glaube nicht daran. Ich fürchte sogar, die Sache wird uns schaden, wenn man sie noch viel länger hinauszieht.

Du siehst, ich bin wieder bis über die Ohren in der Politik, und jetzt schon werde ich mit Einladungen zu Versammlungen überschwemmt, besonders da die Rolle, die mir in der Convention beschieden war, mich wieder sehr stark in den Vordergrund geschoben hat...... Während der Convention waren Oheim Jacob und Papa in Chicago. Beide freuten sich an dem, was vorging, Jeder in seiner Weise. Papa ist recht munter........

Dein

Karl.

An seine Frau

Lafayette, Indiania, 2. August 1868.

Meine gute Liebste, Aus dem Datum dieses Briefes schließest Du wohl, daß ich jetzt mitten im Wahlkampf bin. Vorigen Mittwoch verließ ich St. Louis, hielt am Abend eine Rede in Bloomington, Jll., brachte den Donnerstag in Chicago bei Toni und Mama zu, sprach Freitag Abend in Indianapolis und gestern Abend hier. Heute ist es mir gelungen, mir meine enthusiastischen Freunde auf einige Stunden vom Leibe zu halten. Ach, die ganze alte Wirthschaft ist wieder los, Empfangsfeierlichkeiten an den Eisenbahnhöfen, Umzüge, Serenaden, und diese fürchterliche dicke Trommel, die mir schon 1860 so verhaßt wurde, und die mich jetzt wieder bis in meine Träume verfolgt. In Bloomington glaubten meine Anhänger etwas ganz Besonderes für mich thun zu müssen. Sie hatten insgeheim bei Herrn Olshausen telegraphisch angefragt, was für eine Weinsorte ich am liebsten trinke — denke Dir, — und als ich nun in den Gasthof kam, fand ich in meinem Zimmer einen ganzen Schrank voll von Flaschen feinen Rheinweins und Kisten Cigarren, u. s. w. Das sollte ich Ärmster nun Alles austrinken helfen, und nun muß ich zu guter Letzt meinen deutschen Brüdern das Zeugniß geben, daß sie Erhebliches leisteten und daß, ehe ich um Mitternacht abreiste, die Flaschen richtig leer waren. Und nun die Serenaden! Die Versammlung war deutsch, aber die Amerikaner bestanden darauf, ich müßte vom Balkon des Hotels einige Minuten Englisch sprechen. Ich ergab mich zuletzt in mein Schicksal und willigte ein, aber als ich nun endlich damit durch und wieder in meinem Zimmer war, — denke Dir meinen Schrecken — während draußen auf der Straße die „brass band" mit dicker Trommel sich noch wüthend abarbeitete, läßt sich plötzlich auf dem Gange vor meiner Zimmerthür ein Männergesangverein los, und so saß ich zwischen zwei Feuern. Die guten Deutschen hatten ein Lied eigens auf mich gedichtet und componirt, in welchem ich als Gott weiß was für ein Held und Freiheitskämpfer zweier Welten gefeiert wurde, und dieser Hymnus wurde nun vor meiner Thür von einem Männerchor verarbeitet, dessen Tenöre sich in einem entsetzlichen Falsetto abmarterten. Endlich ermannte ich mich, ging mitten unter die fürchterlichen Sänger, sagte ihnen, wie tief ich mich geehrt fühle und bat sie, hereinzukommen, um dem Reste meines Weinvorraths den Garaus zu machen. Das geschah denn auch, aber so leichten Kaufs sollte ich doch nicht davon kommen. Denn nachher wünschten mir die biedern Sänger noch auf Musikalisch gute Nacht, — und dabei hatte ich einen Doktor bei mir sitzen, der von der republikanischen Partei abgefallen war und den ich durch meine Rede zurückgebracht hatte, und der mir das unter beständigem Schluchzen und Weinen und Händedrücken auseinandersetzte. — Ach, der Mensch kann Unglaubliches aushalten. Das fühlte ich wieder recht, als ich mich endlich in meinem Schlafwagen auf dem Bett ausstreckte und, meiner fürchterlichen Popularität vergessend, ruhig nach Chicago rollte. Aber so gehts nun immerfort. In Indianapolis hatte ich einen Fackelzug auszuhalten, und hier eine feierliche Abholerei vom Bahnhof mit Musik und Festessen. Gott sei Dank, der Anfang ist gemacht, und meine Nerven stählen sich wieder. Wenns aber so weiter geht, werde ich doch den Comités mein Edikt gegen die Serenaden und die dicke Trommel wieder zuschicken.

Die Campagne ist hier in gutem Gange. Ich würde nicht so hineingegangen sein, wenn es nicht für uns überaus wichtig wäre, die Staaten Indiana und Pennsylvanien, die ihre Staatswahlen im Oktober haben, mit ziemlich großen Majoritäten zu gewinnen. Gelingt uns das, so sind wir des Resultats der Präsidentenwahl vollkommen sicher. Mißlingt es uns, so ist die ganze Sache in Frage gestellt. Die Zeichen der Zeit sind allerdings günstig, aber der Ausfall der Frühjahrswahlen hat uns gelehrt, daß wir auf Äußerlichkeiten nicht zu viel vertrauen dürfen. Es bedarf stetiger, energischer Arbeit, um die gute Aussicht in Gewißheit zu verwandeln, und so habe ich denn wieder die Schulter an's Rad gesetzt........

Sei mir nicht böse, daß ich mir so viel Arbeit auf den Hals geladen. Ich habe nun seit zwölf Jahren nach Kräften für diese große Sache gekämpft und ich darf und kann es nun nicht an einer letzten Anstrengung fehlen lassen, um sie zu einem glücklichen Ende zu führen und gegen eine Reaction sicher zu stellen. Siegen wir jetzt, so ist das der Schlußakt des großen Dramas und wir gehn einer ruhigen und friedlichen Entwicklungsperiode entgegen. Hier liegt ein Theil meiner Lebensaufgabe, die ich nicht unerfüllt lassen kann, ohne mir untreu zu werden......

Sei heiter und muthig und genieße die schönen Tage....

Dein

Karl.

An seine Frau

Madison, Indiana, 9. August 1868.

Meine Herzensliebste, Dieser Brief wird wahrscheinlich zu Deinem Geburtstage ankommen; wenigstens berechne ich es so. Und hier sitze ich in einer hübschen kleinen Stadt in Indiana, am Ufer des Ohio, und meine Gedanken sind alle bei Dir. Sie sind es seit mehreren Tagen gewesen. Ich habe Dir sogar zu Deinem Geburtstage ein Gedicht machen wollen, — aber, weiß Gott, die Reime wollen nicht recht mehr fließen. Und dann wurde die poetische Anstrengung auch immerfort von allerlei prosaischen Dingen durchkreuzt, — von Grant und Seymour, der Reconstruction, der Nationalschuld, der Greenback- oder -GoldFrage, u. s. w. Dabei will die Poesie nicht gedeihen. Ich hab es nur bis zu einem Bruchstück gebracht, und da der Brief jetzt fort muß, um Dich noch zu Deinem Geburtstag zu erreichen, so darf ich nicht länger auf dichterische Inspiration warten........

Seit ich Dir vor einer Woche schrieb, habe ich aber wieder rüstig fortgearbeitet. Ich spreche wieder mit dem alten Feuer; ich habe wieder einige der Plätze berührt, die ich in der Campagne von 1860 besucht, und die Leute finden, daß ich nichts von meiner alten Kraft eingebüßt habe. Meine Versammlungen sind immer zum Erdrücken voll, und fast jedesmal höre ich von einigen Bekehrungen, die ich zu Wege gebracht habe. So ist denn mein Wirken ein wirklich segensreiches. Seit Mittwoch bin ich nur auf den großen sicheren Postdampfschiffen auf dem Ohio gereist und habe bei herrlichem Wetter ganz wunderschöne Fahrten gemacht. Wie oft dachte ich, wenn Du nur bei mir wärst, wie sehr würdest Du es mitgenießen. Auf dem schönen Fluß zwischen den waldigen Hügeln kann ich dann auch zuweilen die Politik vergessen und meine Phantasie so recht frei herumschweifen lassen. Wenn ich so ein recht hübsches Landhaus am Ufer sehe, so frage ich mich, wie wäre es, wenn ihr darin zusammenwohntet? — und male mir das Bild aus; — oder ich phantasiere mir Schwalbach zusammen, wie ich es mir aus Deinen Beschreibungen herauslesen kann.......

Was Deine Rückkehr betrifft, so laß Deine Gesundheit in Bezug auf diese Frage das erste Motiv der Entscheidung sein. Ich habe Dir ja über meine Aussichten und Zukunftspläne so viel geschrieben, daß mir kaum noch etwas hinzuzusetzen übrig bleibt......

Wenn der Arzt es für Dich entschieden wünschenswerth findet, Deiner Gesundheit wegen, daß Du noch den ganzen Winter über dort bleibst, so ergebe ich mich auch darein. Das weißt Du....

Meine Engagements laufen bis zum Wahltage mit einigen Unterbrechungen zum Ausruhn. Die letzten 5 oder 6 Wochen der Campagne werde ich ganz auf Missouri verwenden. Ich habe dafür mehrere Gründe, von denen ich Dir einen noch nicht mitgetheilt habe. Der letztere ist folgender: Diesen Winter wird die Legislatur von Missouri einen neuen Senator an die Stelle Hendersons wählen. Der letztere wäre jedenfalls wiedergewählt worden, hätte er sich nicht durch seine Haltung im Impeachement völlig unmöglich gemacht. Jetzt haben sich schon im Staat verschiedene Stimmen dafür erhoben, daß ich in den Senat geschickt werden solle, der Hauptgrund dagegen ist, daß der bleibende Senator Drake von St. Louis ist und man nicht gerne die beiden Senatoren von demselben Platze nimmt. Der Gebrauch ist von Alters her dagegen. Ich trete daher auch nicht als Candidat auf. Aber da der Candidaten aus dem Lande gar viele sind und wahrscheinlich einer den andern im Einfluß neutralisieren wird, so wäre es doch möglich, daß man mich zuletzt wählte, besonders wenn ich vor der Präsidentenwahl durch meine Reden im Staat einen bedeutenden Eindruck mache. Ich spreche mit Niemandem davon und halte auch meine Freunde, die meinen Namen vorwärts bringen, zurück. Aber sollte im Lauf der Dinge die Wahl ganz ohne mein Zuthun auf mich fallen, was ich zwar nicht für sehr wahrscheinlich aber doch für möglich halte, so werde ich sie annehmen. Als Candidat werde ich jedenfalls nicht wie die andern auftreten, um mir die Unannehmlichkeiten vom Leibe zu halten. Ich werde still und schweigend warten und sehn, was mir das Schicksal bescheiden mag. Kommt es nicht, so habe ich den Vortheil nicht desappointirt zu sein, da ich ohnehin auf Nichts rechne, und die Zeitung bleibt mir immer........

Tausend Grüße für Euch alle und Dir besonders zu Deinem Geburtstage........

Dein

Karl.

Auszug aus Brief an seine Frau

Valparaiso, Ind., 16. August 1868.

Preetorius schreibt mir, daß die Amerikaner in Missouri immer mehr davon sprechen, mich an Hendersons Stelle zum Senator zu machen, und daß schon einige Blätter meinen Namen an der Spitze ihrer Colonnen förmlich aufgezogen haben. Er wollte von mir wissen, was er sagen solle, und ich antwortete: Garnichts. Ich trete nicht als Candidat auf, aber wenn, was nicht ganz unmöglich ist, die Sache von selber kommt, so wird das gar nicht so übel sein — was meinst Du?.......

An seine Tochter

Valparaiso, Ind., 17. August 1868.

Meine liebe Handy, Dein Brief über das Lutherfest hat mir viele Freude gemacht. Die Beschreibung ist einfach und doch anschaulich. Du hast natürlich nur die großen Umrisse des Festes geben wollen. Sonst werden Beschreibungen dieser Art besonders anziehend und interessant durch die Hervorhebung einzelner Züge und Contraste, die besonders eigenthümlich und charakteristisch sind. Ich glaube Du verstehst, was ich meine, wenn ich sage, daß ein Bild besonders durch seine Schlaglichter in die Augen fällt und Interesse erregt. — Mama schreibt mir, daß Du in letzter Zeit viel gelesen hast. Ich wünschte, Du gäbest mir einmal eine Übersicht von Deinen Literaturstudien mit Angabe von dem, was Dich am meisten anspricht......

Ich freue mich sehr, daß Du an geschichtlichen Studien Geschmack hast. Wenn Du die Geschichte bis zur Reformation für Dich privatim nachlesen willst, so nimm Dir die alte Beckersche Weltgeschichte, oder, wenn Du sie dort in der Bibliothek finden kannst, die Schlossersche. Ich glaube die Beckersche ist besser. Sie ist für Anfänger anziehender geschrieben, und ist weniger schwer für das Verständniß. Es kommt vorläufig darauf an, daß Du eine ordentliche Übersicht über die Thatsachen bekommst und einen ungefähren Begriff von einer jeden Zeitperiode. Dafür ist die Beckersche Weltgeschichte ganz gut. Wenn Du später einmal einen historischen Gegenstand ernstlich studiren willst, so werde ich Dir andere Bücher dafür angeben. In den Schulen wird sehr viel Accent auf Namen und Zahlentabellen gelegt. Diese Dinge sind nur insofern von Werth, als sie das „framework", den Rahmen abgeben, in welches sich das Wichtigere, die Entwicklung der Thatsachen und des Charakters der verschiedenen historischen Perioden einfügt. Auf das Verständnis des Letzteren kommts eigentlich an, und wenn Du geschichtliche Dinge Deinem Gedächtnis einprägen willst, so verliere nicht die Hauptsache über die Nebensachen aus den Augen. Die Bücher von Freitag, welche wir vorigen Winter anschafften, sind deshalb von ganz besonderem Werth. Sie verleihen der Geschichte dramatisches Leben und Farbe. Es nützt uns wenig, zu wissen, daß König Alexander von Macedonien den indischen König Porus geschlagen hat, wenn man nicht weiß, was für eine Sorte von Menschen Alexander und Porus eigentlich waren, unter welchen Umständen sie lebten und was ihre Thaten in jenem Zeitalter eigentlich zu bedeuten hatten.......

Diese ganze „Stumperei" wäre schon gut, wenn man nur dabei besser gefüttert würde. Aber das lederne Beefsteak und die in Fett gebratenen Kartoffel der Landhotels habe ich so satt, daß ich immer gern vom Tisch aufstehn möchte, wenn ich sie vor mir erscheinen sehe. Aber was kann ich machen? Essen muß ich doch, und so würge ich denn mit Todesverachtung Tag für Tag das lederne Beefsteak herunter, und oft steigt mir dabei eine melancholische Erinnerung auf an das ideale Beefsteak mit Spiegeleiern, welches Mama mir auf der Farm zu machen pflegte. — Wenn wir einmal wieder zusammen sind, nicht wahr, dann verzieht Ihr mich auch ein wenig! In dem Gedanken an diese schöne Zukunft will ich denn jetzt fortfahren, geduldig zu verschlucken was man mir vorsetzt.

Schreibe mir bald wieder, liebe Handy, und gieb Pussy einen Kuß von mir. Mit herzlicher Liebe

Dein

Papa.

An seine Frau

St. Louis, 2. November 1868.

Meine Liebste, Heute ist der Tag vor der Wahl. Vorgestern kam ich von meiner letzten Reise im Südosten Missouris zurück, heute Abend spreche ich noch einmal so in der Weise, wie ein Offizier vor dem Anfange des Gefechts die Front entlang reitet und den Truppen die letzten Instruktionen und Ermuthigungsworte zuruft, und dann ist meine Pflicht gethan. Meine letzte Tour war noch recht ermüdend, weniger weil ich große Strecken zurückzulegen hatte, sondern weil die Pferde, die mich zogen, so entsetzlich langsam waren. Gieb mir rauhe Wege, einen schlechten Wagen, aber keine langsamen Pferde. Wenn ich drei Monate fortwährend so in der Welt herumkutschiren müßte, wie Ende voriger Woche, so würde ich ein Nervenfieber bekommen. — Aber nun ist ja Alles glücklich überstanden, und ich habe das Gefühl, daß ich meine Pflicht gethan habe. Übrigens hat mir die republikanische Presse dafür auch die vollste Anerkennung angedeihen lassen. Unsre Blätter waren voll von meinen Leistungen und der Ruf, daß ich Senator werden müßte, wächst mit jedem Tag. Die Sache fängt an, sich zu größerer Wahrscheinlichkeit zu entwickeln. Was man so sagt und schreibt von meinem Eintritt ins Cabinet, sind lauter leere Gerüchte. Grant hat sicherlich darüber keine Meinungsäußerung von sich gegeben, und er wird seinen eignen Weg gehn. Es wäre wunderbar, wenn andre Leute darüber auch nur das Geringste wüßten. Unmöglich ist es allerdings nicht, daß Grant auf mich verfällt, aber ich halte es nicht für besonders wahrscheinlich. Er kennt mich zu wenig und er wird schwerlich aufs Gerathewohl handeln. Ich denke überhaupt nicht daran, daß er mir das einzige Portefeuille anbieten sollte, in welchem ich etwas leisten kann, nämlich das der auswärtigen Angelegenheiten. Der Umstand daß ich ein Fremdgeborener bin, steht natürlich sehr gegen mich. Und ich würde die Senatorstelle jedem andern Platz im Cabinet vorziehn. Ich kann darin mehr leisten, sie wird mir finanziell vortheilhafter sein, da ich meine Verbindung mit dem Geschäft beibehalten kann, und sie läßt mir viel mehr Freiheit. Überdies ist sie die einzige Stufe, durch die ich das Staatssekretariat möglicherweise einmal erreichen könnte. Erinnerst Du Dich noch, daß ein Sitz im Senat von jeher das Höchste gewesen ist, was wir uns für mich gewünscht haben? Wenn das nun jetzt von selbst kommen sollte, so dürfen wir nicht so unartig sein, etwas Anderes zu wollen. Warten wir also geduldig auf die guten Dinge, welche uns das Schicksal bescheeren mag.

Deine Angst um mich, die sich in Deinen Briefen ausspricht, ist glücklicherweise ganz umsonst gewesen. Während der ganzen Campagne bin ich überall mit der größten Freundlichkeit behandelt worden, und selbst die Schimpfereien der demokratischen Presse sind bei Weitem nicht so schlimm gewesen, wie bei früheren ähnlichen Gelegenheiten. Von einigen Oppositionsblättern dieses Staats bin ich sogar mit eigentlicher Distinction behandelt worden. Die Stimmung in Missouri hat sich überhaupt bedeutend gebessert. Hier und da stehn sich die Parteien noch einigermaßen giftig gegenüber, aber im Ganzen sind solcher Localitäten doch nur wenige. Vorgestern Abend hatten hier in St. Louis die beiden Parteien ihre letzten großen Demonstrationen, Fackelzüge etc. — und es ist nicht zu dem geringsten Exceß gekommen. Man stieß einmal zusammen, aber der demokratische Zug hielt stille, um eine Abtheilung Tanners quer vorbei ziehn zu lassen. Vor wenigen Wochen würde es noch bei einer solchen Gelegenheit Hiebe und Pistolenschüsse gesetzt haben. Aber das ist vorbei. So sehn wir denn auch einem ruhigen Wahltag entgegen. Wir haben herrliches Indian summer Wetter, und ich hoffe nur, daß es bis morgen Abend anhält. Das Resultat der Wahl wirst Du erhalten haben durch den Telegraphen, lange ehe dieser Brief Dich erreicht. Vorläufig können wir nur noch von Hoffnungen sprechen, aber sie sind sehr zuversichtlich......

Ich erwarte, daß mich das Electoral College dieses Staates,

an dessen Spitze ich als erster Elector at Large stehe, nach Washington schicken wird, um das electoral vote von Missouri für Grant dahin zu bringen. Das wird wohl gegen Anfang Januar sein, und mir einige Tage in Washington geben. Sonst werde ich wohl nicht von hier wegkommen, als höchstens zu einem Besuch in Monee, den ich vielleicht schon in ein oder zwei Wochen machen werde. Der Rest wird ruhige, stille, stetige Arbeit sein. Sollte ich zum Senator gewählt werden, so müßte ich Anfang März zur Inauguration Grants und zum Anfang der Senatssitzung nach Washington gehn, aber das wird sich erst nach dem Zusammentritt unsrer Staats-legislatur, wahrscheinlich gegen Mitte Januar, entscheiden. Bis dahin liegt die Zukunft im Unsichern. Dies ist das Programm, so weit ich es übersehn kann......

Adieu. Meine besten Grüße für Euch Alle.

Dein

Karl.

An seine Frau

St. Louis, 9. November 1868.

Meine Liebste, Nun ist die Wahl glücklich vorbei und ich ruhe auf meinen Lorbeern. Es ist Alles vortrefflich gegangen; nur das Negerstimmrecht haben wir in Missouri verloren, — aber derartige Reformen machen sich nur schrittweise, und ein zeitweiliges Mißlingen ist nur ein Schritt dem endlichen Siege zu. Die Wahl ging, wie ich Dir vorher sagte, äußerst ruhig vorüber, und jetzt herrscht der tiefste Friede. Nun hoffte ich, es würde mit meiner Arbeit vorbei sein, aber so geht's! Die Republikaner von St. Louis haben beschlossen, nächsten Donnerstag eine Versammlung zur Siegesfeier zu halten, und natürlich bin ich wieder aufgefordert worden, meine Meinung über die jetzige Situation in einer Rede darzulegen. Ebenso natürlich war es, daß ich nicht abschlagen konnte. „We want to hear you“, hieß es wieder. „The people will come to hear you!“ u. s. w. Und da die Sache, so kurz vor der Senatorwahl, von einiger Bedeutung ist, indem die Rede wie eine Art von Zukunftsprogramm von meiner Seite sein soll, sitze ich also wieder am Schreibtisch und arbeite, als ob die Campagne eben erst anfinge. Die Rede soll freilich kurz werden, aber ich habe auch nur noch 3 Tage dazu, die noch außerdem mit den gewöhnlichen Zeitungsarbeiten ausgefüllt sind. Nun habe ich mir aber zugeschworen, daß dies auf ein paar Monate hinaus die letzte außergewöhnliche Arbeit sein soll, denn ich bin wirklich der Anstrengungen müde.......

Jetzt, da die Wahl vorüber ist, fangen für mich neue Leiden an. Erstens kommen die Ämterjäger und wollen meine Verwendung, und Du kennst ja die warzenartige Klebrigkeit vieler davon. Ich halte sie mir vom Leibe so gut ich kann, aber es ist ein beständiger Kampf. Dann kommt die Senatorwahl. Einerseits habe ich meine Freunde anzuhören, die mir durchaus erzählen wollen, was sie für mich thun werden, und mir alle möglichen Intriguengeschichten mittheilen, die gegen mich gespielt werden, und mir die wohlgemeintesten Rathschläge geben. Das muß ich nun natürlich mit Todesverachtung anhören ohne eine Miene zu verziehn, und es wird mir unendlich schwer, die Leute zu überzeugen, daß ich selbst in der Sache nicht thätig sein kann und will. Dann kommen die Freunde und Agenten meiner Concurrenten, die mir alle möglichen Ämter, oder wenigstens ihre Unterstützung dafür, anbieten, um mich aus dem Wege zu räumen, was den Senat betrifft. Diese Leute lassen sich wiederum schwer überzeugen, daß ich kein Amt unter der Regierung will, und daß, wenn ich eins wollte, ich ihrer Hülfe nicht bedürfen würde. Natürlich werden da allerlei Hebel in Bewegung gesetzt, und ich kann sagen, ich wünschte, die Zeit bis zur Senatorwahl, die erst am 20. Januar vor sich gehen wird, wäre vorbei. Am liebsten wäre ich von hier fort, wenn ich könnte, um von der Sache so viel als möglich unbehelligt zu bleiben. Wenn ich Euch hier hätte, würde mir Alles viel leichter werden, denn wir können uns ja zusammen über so Vieles hinwegsetzen. Aber hier kommt mir immerhin mein alter Gleichmuth zu Statten, der, wie Du weißt, mich niemals verläßt. Mein größter Gegner ist Drake, der Senator, der noch im Senat bleibt bis 1872. Er weiß, daß, wenn ich gewählt werde und dann zwei Senatoren aus der Stadt St. Louis da sind, er beim

Ablauf seines Amtstermins den Platz räumen muß. Aber da er im Staate schon viel von seinem Einfluß verloren hat, so wird seine Opposition, wenn auch nicht zu verachten, doch keineswegs unüberwindlich sein. So giebt es, wie Du siehst, genug Dinge um mich zu unterhalten, wenn auch nicht auf die angenehmste Weise.....

Jetzt muß ich an meine Rede und meine Leitartikel gehn. Nächste Woche werde ich Dir mit mehr Ruhe schreiben können, möglicher Weise von Chicago oder Monee aus. Was Du mir von Deiner Gesundheit schreibst, ist ja ganz köstlich! O, wenn mir das einmal würde, Dich so recht kräftig und munter wieder hier in meinen Arm zu nehmen! Was würde mir das sein!

Dein

Karl.

An seine Frau

St. Louis, 16. Nov. 1868.

Meine Liebste, Daß Dein Leben in Wiesbaden jetzt gesellschaftlich lebhafter und angenehmer wird, freut mich sehr. Das ist Dir nöthig, und ich hoffe, daß die Leute, mit Denen Du umgehst, in ihren Aufmerksamkeiten so bleiben, wie sie sind. Das ist die beste Hülfe bei Deiner Kur. Wenn ich nur ein paar Wochen bei Euch sein könnte! Wie würde es mich aufthauen. Aber ich muß mir den Gedanken aus dem Kopf schlagen, da die Unmöglichkeit nun einmal feststeht. In meinem letzten Briefe erzählte ich Dir von einer Rede, die ich bei der Siegesfeier halten müßte. Nun ist doch nichts daraus geworden. Ich hatte meine Rede schon fertig, als wir, d. h. meine nächsten politischen Freunde hier und ich selbst auch, zum Schluß kamen, es sei besser, daß ich gerade jetzt keine Fragen der Zukunft in der Öffentlichkeit diskutirte. Mein Name, meine Reputation, hieß es, seien in diesem Augenblicke stärker, als sie durch irgend eine Rede gemacht werden könnten. Es sei daher besser, ich ließe meinen Namen, wie er jetzt steht, bei der Senatorwahl vor die Legislatur gehn und diskutirte künftige Fragen erst dann, wenn sie sich zur praktischen Lösung aufwerfen. Darin ist Verstand und ich stimmte bei....

Gen. Loan, der sich von meiner Popularität gedrängt fühlt, fängt an, mit großer Thätigkeit um Freunde zu werben. So war er auch vorige Woche hier, reiste aber sehr desappointirt ab, da er sah, daß man meine Wahl hier für eine sichere Sache betrachtet und daß die große amerikanische Zeitung, der Democrat, mit Wärme auf meiner Seite steht. Übrigens sind auch im Lande meine Freunde nicht faul, und alle Tage bekomme ich von diesem oder jenem Mitglied der Legislatur Versicherungen der Ergebenheit. In der Presse ist mein Name bis jetzt nur im Lande genannt worden, und das ist richtige Politik, da meine Nomination nicht von St. Louis, sondern von der Landbevölkerung ausgehen soll......

Letzte Woche hatte ich einen ganz köstlichen Brief von Papa. Er hat eine Rede gehalten. Hier ist was er sagt: „Ich habe vor der Wahl mitgearbeitet. Eines Abends hielt ein Amerikaner hier eine Rede und es war kein Deutscher da. Ich ging auf die Rednerbühne und hielt eine Rede mit dem größten Beifall. Es wurde mir ein Ständchen gebracht, natürlich ein Moneer. Schiffer und Anna waren bei der Rede zugegen. Sie sagten, sie hätten in der größten Angst dagestanden und waren bange gewesen, ich sollte stecken bleiben. Mama weinte und meinte, ich würde nicht lange mehr leben. Nun wurde ich auch noch zum Präsidenten gewählt. Aber es ging Alles gut." Ich freue mich herzlich darauf, die Sache von Mama erzählen zu hören. Ich denke nächste Woche hinzugehn....

Dein

Karl.

An seine Frau

St. Louis, 28. November 1863.

Meine Liebste, In einer halben Stunde werde ich zu unserm Saturday dinner gehn müssen, und um mir die mahnenden Regungen meines Magens, die ich schon recht lebhaft fühle, zu versüßen, will ich Dir jetzt von dieser neuen Einrichtung erzählen. Da ich jetzt doch eigentlich eine Art von Waisenknabe bin, so kam mir der Gedanke, etwas mehr gesellschaftlichen Zusammenhang zwischen die Deutschen und

Amerikaner in St. Louis zu bringen. Zu diesem Zweck schlug ich kurz nach der Wahl einigen meiner deutschen und amerikanischen Freunde vor, daß wir jeden Samstag zusammen essen wollten, und zwar in ganz zwangloser Weise, ohne irgend eine Organisation. Der Vorschlag wurde mit Freuden aufgenommen, und heute vor 14 Tagen fingen wir an, zuerst nur sieben, alles Leute von einigem Geist, Journalisten, Advokaten, und ein paar Kaufleute, die sich alle gut untereinander verstehn. Beim zweiten Diner war ich nicht, da ich nach Chicago ging, aber heute werden wir wahrscheinlich schon achtzehn bis zwanzig sein. Wir essen im Planters House, wo man ein ausgezeichnetes Diner servirt, — natürlich in einem Privat-parlor. Um 3 wird angefangen und gegen 7 trennen wir uns. Wir versammeln dort die tüchtigsten Leute von St. Louis, und ich bin überzeugt, daß das Saturday dinner in kurzer Zeit einen bedeutenden Einfluß auf die Politik des Staates ausüben wird. Hat nicht Dein Mann hier wieder einen ausgezeichneten Einfall gehabt? Er muß sich jetzt eben so gut amüsiren, wie er kann, und er sucht bei dieser Gelegenheit das Nützliche mit dem Angenehmen zu verbinden......

Sonntag, 29. November.

Ich wurde gestern unterbrochen, mußte dann zum Saturday-dinner gehn, das sehr angenehm war.......

Mit der Hoffnung, die Du immer noch hegst, daß ich zu Weihnachten bei Euch sein könnte, steht es ungünstig. Es ist nicht die Zeitung allein. Als Elektor des Staates muß ich übermorgen in Jefferson City sein, wo das Wahlcollegium sich versammelt, um die Stimmen von Missouri abzugeben. Und es ist wahrscheinlich, daß ich nach Washington geschickt werde, um das Votum dem Präsidenten des Senats zu überbringen. Dann muß ich auch hier sein der Senatorwahl wegen. Ginge ich jetzt fort, so würde mich das vielleicht zwanzig Prozent meiner Chancen kosten, und das darf doch nicht aufs Spiel gesetzt werden. Die republikanischen Zeitungen im Innern des Staats kommen jetzt eine nach der andern für mich heraus, besonders in Nord-Missouri, wo ich den stärksten Widerstand zu finden erwartete. Nun ist freilich meine Haltung ganz passiv, aber ich muß doch da sein. Alle Augenblicke kommen Mitglieder der Legislatur, die mich wenigstens sehn und über diese und jene Frage meine Meinung haben wollen. Und da muß ich zu finden sein. Nicht wahr, das siehst Du doch auch ein? Meine Chancen scheinen in der That immer besser zu werden, und wenn nicht eine entschiedene Reaction bis zum 20. Januar gegen mich eintritt, so dürfte ich meine Wahl beinahe für gesichert ansehn. Während ich nun auf Nichts mit Sicherheit rechne, kann ich doch nicht umhin, mich dann und wann ein wenig in angenehmen Träumen zu ergehn, wie wir uns für die nächsten sechs Jahre in Washington comfortabel einrichten und den größten Theil der Zeit angenehm in einer Umgebung leben werden, von der ich weiß, daß Du sie St. Louis vorziehst. Dabei kann ich die Zeitung, der ich als Senator von großem Vortheil sein kann, hübsch beibehalten, und wir werden gesellschaftlich sowohl wie materiell köstlich situirt sein....

Wie freue ich mich über das, was Du mir von Deiner Gesundheit schreibst! Nun wird es wohl auch endlich gut werden. Bringe nur Deine zweite Jugend auch unversehrt herüber. Wir wollen sie dann zu erhalten streben. — Ich bin auch ganz wohl. Die Strapatzen der Wahlcampagne haben bei mir gar keine Spur hinterlassen, und die viele Office-Arbeit greift mich eben so wenig an. Ich bin eben zum Arbeits-Gaul gemacht — und gehe ich in den Senat, so wird sich diese Arbeitskraft auch auf einem würdigen Felde geltend machen können........

Dein

Karl.

An seine Frau

St. Louis, 20. Dez. 1868.

Meine Liebste, Ich fand Deinen Brief hier vor, als ich vom Soldatenfest der Armee-Reunion in Chicago zurück kam. Es war im Ganzen eine confuse und etwas langweilige Geschichte. Am ersten Abend gab es eine Versammlung mit endlosen Reden. Das Einzige, was die anwesende Masse wirklich enthusiasmirte, war die Reveille, welche am Anfang der Verhandlungen vom Trommlercorps geschlagen wurde und eine recht lebhafte Erinnerung an das Lager- und Feldzugsleben hervorrief. Der erste lebhafte Rhythmus wurde von einer wahren Explosion von Jubelgeschrei begrüßt. Am zweiten Abend hatten wir ein großes Bankett in der Halle der Chamber of Commerce. Es waren über 1500 Offiziere bei Tisch. Aber der Saal ist so groß und es gab so viel Geräusch, daß die Toaste und Antworten darauf kaum gehört werden konnten. So gab es denn viel Confusion, und im Ganzen war die Affaire nicht sehr befriedigend. Ich beantwortete den Toast auf „the loyal and patriotic press“. Es wurde mir aufmerksamer zugehört, als irgend einem Andern, aber ich sprach nur wenige Minuten. Bei solcher Gelegenheit erwirbt man sich ein besonderes Verdienst, wenn man kurz ist.

Grant, Sherman, Thomas waren auch da, nebst einer langen Reihe hervorragender Generäle. Ich hatte mit Grant eine Unterhaltung, in welcher er sich über mehrere Dinge recht frei aussprach. Wir berührten unter Anderm unsre beiden Berichte über den Zustand des Südens, welche im Winter '65 dem Congreß vorgelegt wurden, und er äußerte sehr freimüthig, „I travelled as the General in Chief and people who came to see me, tried to appear to the best advantage. But I have since come to the conclusion, that you were right and I was wrong.“ Ich glaube, wir werden einen recht guten, verständigen und grundsatztreuen r e p u b l i k a n i s c h e n Präsidenten an ihm haben. Die Ansichten, die er über einige politische Fragen äußerte, waren sehr klar und vernünftig. Aber es ist merkwürdig, wie wenig Enthusiasmus sein Anblick bei den Massen erregt. Bei der Soldaten-Versammlung und dem Bankett saß er da in seiner ruhigen Weise, mit dem ernsten, steinernen Gesicht, und es schien fast, als ob die Leute sich nicht getrauten, in seinem Beisein ihm Vivats zu bringen, während Sherman und besonders Thomas sogleich mit der Versammlung in magnetischem Rapport standen. Wenn Grant nicht dabei ist, ruft die Nennung seines Namens immer einen Cheer hervor, aber sein Anblick wirkt erkältend. Und doch kann er in der persönlichen Conversation sich gehn lassen, gesprächig und sogar angenehm sein. Ob ich ihm näher gekommen bin, weiß ich nicht. Man sagt, er gebe viel auf mich; Sherman, z. B. sagt das, und da muß es ja wohl so sein. Wer ins Cabinet kommen wird, wer die Hauptstellen besetzen wird u. s. w., liegt noch Alles im Dunkeln. Grant ist natürlich stumm, wie ein Fisch. Die Vermuthung erschöpft sich, man macht die verschiedensten Combinationen, aber am Ende weiß man so viel, wie am Anfang. Meine Anwartschaft auf die Senatorstelle wurde unter den Generalen viel diskutirt und ich nahm Dutzende von Gratulationen in Empfang, da man, wie es schien, die Sache für abgemacht hielt. Die Presse außerhalb des Staates fängt an, sich warm für die Sache zu interessieren, und ich glaube, die Legislatur wird unter einem starken Druck der öffentlichen Meinung stehn......

Dein

Karl.

An seine Frau

St. Louis, 3. Jan. 1869.

Meine Liebste, Jetzt also sind wir im neuen Jahr. Wie gern hätte ich Dir und den Kindern den Neujahrs-Gruß und Kuß selbst gegeben! Aber so mußte ich mich mit den schönen Heimathsbildern begnügen, die meine Phantasie mir ausmalte! Möge das neue Jahr uns recht viel Segen bringen! Vor Allem Wiedersehn und Wiedervereinigung! Dann wird sich Alles Andre leicht tragen lassen. Nun, ich fange das neue Jahr mit einem gehörigen Kampfe an. Drake, Henderson, Loan und ihr Troß sind bereits in Linie aufmarschiert und setzen Himmel und Erde in Bewegung, um mich zu schlagen. Ihre Organe in der Presse greifen mich aufs bitterste an, aber in einer Weise, die mir jetzt schon viel mehr genützt, als geschadet hat. In Folge dieser Angriffe sind immer mehr Zeitungen im Staat für mich herausgekommen; es sind deren jetzt 38 englische und 10 deutsche, während mein stärkster Gegencandidat nur 13 hat. Außerdem ist die republikanische Presse außerhalb Missouri kräftig für mich ins Zeug gegangen, so daß in Bezug auf die öffentliche Meinung gar kein Zweifel sein kann. Das aber reicht nicht hin, um die Sache zu entscheiden. Meine Gegner lassen keine Intrigue unversucht, um den offenbaren Volkswillen zu Nichte zu machen. Du hast keinen Begriff von den Geschichten, die sie erzählen, und den Gerüchten, die sie verbreiten. So läßt Henderson Tag auf Tag den hiesigen demokratischen Zeitungen von Washington aus telegraphieren und schreiben, daß Gen. Grant sehr für ihn und ganz besonders gegen mich sei. Natürlich ist die ganze Geschichte erfunden, und die Widerlegung folgt diesen Dingen auf dem Fuße. Ich habe von dem Congreßmitglied E. B. Washburne, Grant's vertrautestem Freunde, Briefe in der Hand, die sich für meine Erwählung mit wahrem Enthusiasmus aussprechen. Solche Lügengeschichten wie die oben berührten, schlagen also mit vollem Gewicht auf die Erfinder zurück. Weiter hat man das Gerücht ausgesprengt, ich habe meine Familie nach Europa gebracht, weil ich gar nicht beabsichtige, in Missouri zu bleiben, und ich werde den Staat sofort nach der Senatorwahl für immer verlassen. Du siehst, sogar Du mußt herhalten. Und so geht's ins Unglaubliche.

Diese Dinge nöthigen mich, während der Senatorwahl selbst in Jefferson City gegenwärtig zu sein, um die Lügen zu widerlegen, und ich reise schon heute Nachmittag dorthin ab. Ich thue das nicht gern; es ist mir höchst zuwider, aber es geht nicht anders. Natürlich wird es mir ein Leichtes sein, meine Gegner in den gehörigen Schranken zu halten, und ich hoffe sogar, aus den Angriffen gegen mich bedeutenden Vortheil zu ziehn. Aber ist es nicht doch eine traurige Geschichte, daß ein Mann, der fühlt, daß er etwas Rechtes in sich hat, und Bedeutendes leisten kann, sich um den Platz, der ihm ein würdiges Feld für seine Thätigkeit bietet, mit allem möglichen Gesindel herumschlagen muß, das nichts als kleinliche Interessen im Kopf hat und nicht über das Alltägliche hinaussehn kann? Und ich kann nicht leugnen, daß es mir immer leid thut, wenn ich Gemeinheiten sehe, besonders wenn diese Gemeinheiten von Leuten ausgehn, die mit mir in derselben Parteireihe stehn.

Nun, im Ganzen stehn die Sachen günstig genug. Doch, wie ich Dir immer gesagt habe, ich rechne auf Nichts mit Sicherheit, und sollte die Intrigue mich besiegen, so würde ich mich darüber auch nicht erstaunen. Daß mir der Erfolg viel lieber sein würde als die Niederlage, kannst Du dir denken. Aber auch die letztere würde sich verwinden lassen. Also fürchte nicht, daß ich selbst im schlimmsten Falle wie ein begossener Pudel dastehen und greinen würde. Ich habe Euch, die mich lieben, ich habe immer noch gute Freunde; ich behalte meinen Ruf, und ich habe eine sichere Existenz. Eine Niederlage würde also im Grunde nur ein Erfolg weniger, aber kein Verlust sein. Ich bin, was man nennt, in „splendid fighting trim“ und so gehe ich auf den Kriegsschauplatz. Die Wahl ist am 19. dieses Monats, aber die Sache wird wahrscheinlich schon im Wesentlichen in 10 bis 12 Tagen durch die Caucus Nomination entschieden sein. Also, Glück auf!

Du siehst, ich bin voll von Politik, und Du wirst das wohl natürlich finden.......

Meine Gesundheit ist vortrefflich, und auch von den Eltern habe ich gute Nachricht, wenigstens bis kurz vor Weihnachten. Seitdem habe ich nicht von ihnen gehört........

Immer Dein alter

Karl.

An seine Frau

Jefferson City, 10. Januar 1869.

Meine Liebste, Seit einer Woche bin ich hier. Der Kampf, in welchem ich engagirt bin, dreht sich nicht allein um die Senatorschaft. Es handelt sich um die Herrschaft eines oder des andern Elements, der despotischen Eiferer oder vernünftigen Leute in Missouri. Senator Drake ist von Washington hierher gekommen, um den Kampf gegen mich zu führen. Ich habe den Handschuh aufgenommen. Vorigen Donnerstag hielt ich vor den republikanischen Mitgliedern der Legislatur eine Rede, die den Gegnern einen fürchterlichen Schlag versetzte. Ich werde sie Dir schicken. Montag oder Dienstag werden Loan und Drake mir antworten, und ich werde mit einer Schlußrede folgen. Im Staate, ja in vielen Theilen des

Landes, hat die Sache das größte Interesse erregt. Hier nennt man den Kampf „the battle of the giants“. In vielen Theilen von Missouri werden Massenversammlungen gehalten und Adressen cirkulirt, in welchen die Angriffe auf mich aufs stärkste verdammt und die Legislaturmitglieder instruirt werden, mich zu wählen. Es herrscht Aufregung ungewöhnlicher Art im ganzen Staat. Soweit habe ich glänzenden Succeß gehabt. Ich habe den Gegner aus allen Positionen getrieben. Gestern Abend sprachen mein Gegner Loan und ich in einer Versammlung der Südwestdelegation über die Eisenbahninteressen des Staats, und ich fegte Loan so total aus dem Felde, daß seine Freunde sich seiner schämten. Ich habe eine Mehrheit der radikalen Legislaturmitglieder jetzt schon auf meiner Seite, und ich glaube, mein Sieg ist sicher, wenn nicht ganz unerwartete Zwischenfälle kommen. Die Debatte Montag und Dienstag Abend wird entscheidend sein. Ich bin guten Muthes, habe Schaaren von Freunden und war nie in besserm „fighting spirit“. Siege ich, was wahrscheinlich ist, so ist mein Sieg ein Ereignis, nicht nur für mich, sondern für den Staat und die ganze Partei.

Heute mußt Du mit wenigen Worten vorlieb nehmen, ich bin entsetzlich überhäuft, in der That so sehr, daß ich jede Minute brauche. Wenn Du diesen Brief erhältst, wird der Kampf längst vorüber sein.

Mit alter Liebe Dein

Karl.

An seine Frau

St. Louis, 16. Jan. 1869.

Meine Liebste, Die Schlacht ist geschlagen. Es ist der größte Sieg meines Lebens. Die Opposition war stark. Senator Drake war von Washington nach Jefferson City gekommen, um meine Wahl zu verhindern, damit seine Wiederwahl in vier Jahren gesichert werde. Drake war der eigentliche Diktator der Partei. Durch meine Rede am Donnerstag voriger Woche hatte ich ihn herausgelockt. Er ging in die Falle, nahm den Handschuh auf, und kündigte an, daß er meine Rede beantworten wolle. Er nahm sich einen Tag zur

Vorbereitung. Vorigen Montag begann die Debatte. Loan sprach zuerst, unbedeutend und langweilig. Dann begann Drake seine Attacke auf mich. Er hatte ungefähr eine halbe Stunde gesprochen, als ich ihn mit einer Frage über sein Verhalten in der Verfassungsconvention von Missouri so vollständig außer Fassung brachte, daß er den ganzen Abend sein Gleichgewicht nicht wieder gewann. Um halb elf brach er seine Rede ab, um sie am andern Tage fortzusetzen. Dienstag Abend kam er und machte einen planmäßigen Angriff auf die Deutschen. Jetzt war er in meiner Hand. Als er zwei Stunden gesprochen, wurde das Publikum in der Kopf an Kopf gefüllten Assembly Halle ungeduldig und rief nach mir. Als ich die Tribüne bestieg, wurde ich schon mit enthusiastischen Zurufen begrüßt. Mit einem einzigen Satze demolirte ich die Rede Loan's. Dann ging ich an Drake. Ich habe in meinem Leben nicht besser, vielleicht nie mit so viel Feuer und augenblicklich durchschlagendem Effekt gesprochen. Meine Verteidigung der Deutschen wurde mit begeistertem Jubel begrüßt. Drake unterbrach mich verschiedene Male, aber jedesmal kam Schlag auf Schlag eine Antwort, die ihn schmetternd in seinen Sitz zurückwarf. Die Aufregung des Publikums stieg zur Fieberhitze und Drake saß in seinem Sitze: das Bild bejammernswerther Vernichtung. Ein demokratischer Senator bemerkte am andern Tage: „Whenever that German drew his shining rapier, the blood of his antagonist seemed to squirt up to the ceiling. In 30 years the legislative Halls of Missouri never witnessed anything so brilliant. Even Benton in his best days never equalled it.“ Der Sieg konnte nicht vollständiger sein. Drake eilte sogleich nach der Versammlung ins Hotel, ließ sich seine Wäsche von der Wäscherin holen, packte sie noch naß in seinen Koffer und reiste sofort ab. Es war eine eigentliche Flucht. Der ehemalige Diktator der Partei lief davon, verfolgt von dem Gelächter und Zischen nicht allein seiner Gegner, sondern selbst derjenigen, die bis dahin als Freunde zu ihm gehalten hatten.

Meine Nomination war bis dahin schon sehr wahrscheinlich gewesen. Nun war sie gewiß. Am Abend nach der großen Debatte versammelte sich der Caucus der radikalen Legislaturmitglieder, und ich wurde in der ersten Abstimmung nominirt, und ehe noch das Resultat der Abstimmung verkündigt wurde, erhob sich einer meiner früheren Gegner und auf seinen Antrag wurde die Nomination einstimmig gemacht. Nun kannte der Jubel keine Grenzen mehr. Meine Zimmer im Hotel waren bis drei Uhr Morgens mit einer dichten Menge gefüllt. Man sang das John Brown Lied und drückte sich die Hände, als ob das Joch eines Tyrannen vom Volke abgehoben wäre. Meine rechte Hand war nach der ersten Stunde so zerquetscht, daß ich die linke gebrauchen mußte. Gegen ein Uhr Nachts wurde ein Musikkorps herbeigeschafft, und ich bekam eine Serenade. Die Musik zog bis Tagesanbruch durch die Stadt. Am andern Morgen trafen telegraphische Glückwünsche von allen Theilen des Landes ein. Nachmittags um 4 Uhr reiste ich hierher zurück und kam um Mitternacht an. Gestern und heute bin ich hier von Dutzenden von Leuten, die ich nie gekannt, auf der Straße angehalten worden, um mir zu dem großen Siege Glück zu wünschen. Ich glaube, ich kann Dir ohne Übertreibung sagen, daß ich heute der mächtigste Mann in Missouri bin.

Am Dienstag findet die formelle Wahl in der Legislatur statt, und Montag Nachmittag gehe ich nach Jefferson City hinauf, um, wie es Sitte ist, von der Legislatur nach Empfangnahme meines Certifikats eine kurze Rede zu halten, in welcher ich die Summe der Bedeutung des Sieges ziehn werde. Diese Bedeutung besteht nicht in einem bloß persönlichen Triumph. Es ist der Fall des finstern Parteizelotismus, der unter Drake's Diktatur geherrscht hat, und nun einer liberalen Politik Platz macht. Es ist der Sieg einer menschenfreundlichen und versöhnlichen Zukunftspolitik über das bittere Gefühl des Hasses, welches, aus dem Kriege entsprungen, bisher den Geist der Parteikämpfe bestimmte. Deshalb sind auch alle Parteien im Staate über meinen Triumph erfreut. Wie stolz die Deutschen sind seit vorigem Dienstag, kannst Du Dir denken. Sie schwören jetzt bei nichts Höherem als bei mir. Sie haben allerdings niemals im Staat so mächtig dagestanden als jetzt. Ich gebe mir alle mögliche Mühe, um mir Fackelzüge und dergleichen vom Leibe zu halten, aber ich zweifle, ob es mir gelingen wird....

Von den Eltern habe ich seit Neujahr nicht wieder gehört, aber ich denke mir, wie glücklich sie sein müssen. Ich mache mir schon allerlei schöne Pläne, wie wir sie nächsten Winter, wenn wir ein Haus in Washington haben, auf einige Wochen zu uns kommen lassen, um ihnen in ihrem hohen Alter die große Freude des Anblicks eines großen Erfolges in einem ihrer Kinder werden zu lassen. Mein Herz wird warm, wenn ich daran denke. Ich möchte meine alte Mutter und meinen Vater gerne einmal auf die Gallerie des Senats führen und sie auf ihren Sohn in der höchsten Stellung blicken lassen, die ein Fremdgeborener in diesem Lande erreichen kann, und die kein Deutscher jemals vor mir erreicht hat. Dieses Glück sollten sie genießen, ehe sie sterben. Und auf die Weise, wie dieser Erfolg gewonnen worden ist, dürfen sie doppelt stolz sein.

Du siehst, ich schwimme auf der Spitze der Woge. Nur Eines hat mir gefehlt. Daß Du nicht da warst, um meine siegreichen Kämpfe zu sehn, und daß Du nicht im Kapitol sein kannst, wenn ich in den Senat der Ver. Staaten eingeführt werde. Deine glänzenden Augen würden mir den Triumph doppelt schön machen. Ich werde sie im Traume sehn.

Dein

Karl.

An seine Frau

St. Louis, 24. Januar 1869.

Meine Liebste, Die formelle Wahl ist nun vorbei und ich bin wohlbestallter Senator der Ver. Staaten. Es fehlt nichts mehr als die Einschwörung, die am 4. März, am Inaugurationstage von Gen. Grant, stattfinden wird. Vorigen Montag Abend ging ich nach Jefferson City. Dienstag war die offizielle Abstimmung in der Legislatur, bei der ich sämmtliche republikanische Stimmen bekam. Mittwoch um 12 Uhr wurde das Resultat in einer gemeinsamen Sitzung des Senats und des Hauses verkündigt und ich hielt eine kurze Rede, welche nicht allein bei den Republikanern, sondern auch selbst den Demokraten enthusiastischen Beifall fand, und Abends-

schob ich wieder, mit dem Wahlcertifikat in der Tasche, vergnügt nach St. Louis. Gestern Abend brachte man mir hier eine große Fackelserenade, welche ich als den Schlußpunkt der Senatorwahl ansehe. Die Sache ging sehr gut ab, meine Dankesworte wurden gehörig behurrat, und ich war froh, als die Geschichte vorbei war. Du kannst Dir keinen Begriff machen von dem Aufsehn, den unser Wahlkampf im ganzen Lande erregt hat. Die Blätter waren voll davon, und die ganze republikanische Presse des Landes war auf meiner Seite. Diesmal war auch die deutsche republikanische Presse einstimmig in ihrer Anerkennung und ihrem Jubel. Ich weiß von keiner Ausnahme. Selbst die demokratischen Blätter mit wenigen Ausnahmen betrugen sich anständig. Nur Heinzen schimpft im alten Tone lustig fort. Von meiner Wahl datiren meine guten Freunde eine neue Aera des Deutschthums in Amerika. Von allen Theilen des Landes, Nord und Süd, Ost und West, strömen Gratulationsbriefe in Masse herein. Jede Post bringt 15 bis 20. Auf meinem Schreibtisch könntest Du jetzt eine Papierverwirrung sehn, wie nie zuvor. Einige der bedeutendsten Leute des Landes haben mir ihre Glückwünsche geschickt. Auch der Telegraph hat ein gutes Stück Geld an mir verdient. Die Briefe alle zu beantworten ist mir unmöglich. Doch werde ich den Empfang einiger 40 oder 50 bescheinigen müssen. Auch in Washington war ordentlicher Jubel über meinen Erfolg. Grant soll sich sehr erfreut darüber ausgesprochen haben. Von Boston und New York habe ich Einladungen zu Diners erhalten. Möglich, daß ich das in New York annehme. Du siehst, ich habe einen eigentlichen Triumph gefeiert, der sich wahrscheinlich erneuern wird, wenn ich nach dem Osten gehe.

Jetzt aber kommt auch die Arbeit. Ich habe mir vorgenommen, einen glänzenden Senator zu machen, und dazu gehört nicht wenig. Augenblicklich schon läßt mir meine Correspondenz zusammen mit meinen Berufspflichten keinen freien Augenblick mehr. Von den Eltern habe ich ein paar Briefe bekommen, die mir die Thränen in die Augen getrieben haben. Mein Succeß hat sie überglücklich gemacht. Ich werde, wenn ich nach Washington gehe, einen Abstecher nach Monee machen und einen Tag bei ihnen zubringen. Es thut meinem Herzen gut, ihren Stolz zu sehn.

Nun auch meine stillen Freuden. Endlich ist der Reisesack mit meinen Weihnachtsgeschenken angekommen. Wie das Alles schön ist! Wie viele liebe Sachen! Ihr habt doch an Alles gedacht...

Dein

Karl.

An seine Frau

Washington, 16. Februar 1869.

Meine Liebste, Heute Morgen bin ich nach ziemlich harter Reise hier angekommen. So bin ich denn recht müde, aber ehe ich zu Bett gehe, muß ich Dir doch noch wenigstens einige Zeilen schreiben, besonders da der Brief morgen früh weg muß.

Ehe ich von St. Louis abreiste, erhielt ich noch Deinen und der Kinder Briefe, die nach der Ankunft der Nachricht von meiner Wahl geschrieben waren. Ich sah so recht aus jeder Zeile Euer Glück über meine Erfolge hervorleuchten, und ich danke Euch von Herzen dafür. Der Gedanke, wie Ihr Euch über meinen Sieg freuen würdet, hat mich durch all meine Kämpfe begleitet; er war die Quelle meiner Inspiration, und nun beim Lesen Eurer Briefe habe ich noch einmal Alles so recht durchgenossen. Weißt Du noch, wie Du mir zuweilen in einem Anfall von Kleinmuth zu verstehn gabst, Du fühltest, als ob ich am Sinken wäre? Wenn ich Dir frischen Muth geben wollte, schütteltest Du wohl den Kopf und glaubtest mir nicht recht, wenn ich sagte, meine Glanzperiode sei doch noch nicht ganz vorbei. Nicht wahr, nun habe ich doch Recht gehabt. Wenn man Talent, ehrlichen Willen und Energie hat, geht man so leicht nicht unter und die Tage, an denen ein Wolkenschatten über die Lebensbahn zieht, dienen nur dazu, das wiederhervorbrechende Sonnenlicht um so glänzender erscheinen zu lassen.

Heute bin ich zum ersten Mal nach meiner Wahl im Senat und im Repräsentantenhause gewesen. Du kannst Dir denken, wie ich von meinen alten Freunden begrüßt wurde. Ich war etwa eine halbe Stunde lang in jedem Hause der Mittelpunkt eines ordentlichen Gedränges. Selbst die Thürsteher bestanden darauf, mir die

Hände zu schütteln. Unwillkürlich kommt mir die Erinnerung an meinen ersten Besuch in Washington. Es war gerade vor fünfzehn Jahren. Ich machte damals die Bekanntschaft von zwei Senatoren, Broadhead von Pennsylvanien und Shields von Illinois, von denen der erstere längst todt ist, während der andere jetzt Contestant für einen Sitz im Hause sein wird. Mit wie viel Ehrfurcht nahte ich mich den großen Männern, und wie hoch schätzte ich die Ehre, als einer von ihnen mich einmal in die eigentliche Senatshalle während der Sitzung mitnahm. So ändern sich die Zeiten......

Dein

Karl.

An seine Frau

United States Senate Chamber,

Washington, 10. März 1869.

Meine Liebste, Heute schreibe ich Dir zum erstenmal auf meinem Platz im Senat. Ich sitze in der vordersten Reihe im zweiten Sessel von der Wand, zur Linken des Präsidenten. Mein Nachbar zur Rechten ist der ehemalige Gouverneur Brownlow von Tennessee und zur Linken Senator Poole von Nord-Carolina. Brownlow ist ein halb paralysirter alter Mann, der beständig zittert, während Poole zur Classe der „clever fellows" zählt. Mein Platz ist, glaube ich, zum Sprechen sehr gut, aber vorläufig werde ich mich bescheidenen Schweigens befleißigen.

Dies war eine ereignißreiche Woche. Vorigen Donnerstag war die Inauguration, eine großartige Affaire gut durchgeführt. Die neuen Senatoren wurden eingeschworen in Gegenwart des diplomatischen Corps und einer großen Menge, sogleich nachdem Colfax seinen Sitz als Vizepräsident eingenommen hatte. Dann kam die Inaugurationsrede, die Du unzweifelhaft schon in den Blättern gelesen hast. Die Menschenmenge war größer, als ich sie jemals in Washington gesehn habe. Auf Pennsylvania Avenue konnte man sich kaum durchdrängen. Dann kam das Cabinet, welches am Tage nach der Inauguration der Senat zu bestätigen hatte. Wir thaten es auch ohne weitere Discussion, aber es stellte sich sogleich heraus, daß Gen. Grant alle Ursache gehabt hatte, es geheim zu halten, da sich gegen einige der Ernannten in den Vorstadien die entschiedenste Opposition geltend gemacht haben würde. Obgleich der Senat der Sache ihren Lauf ließ, war doch mit der Bestätigung nicht Alles abgethan und die Administration befand sich unversehends in einer Cabinetskrisis. Man fand ein Gesetz, welches es für einen Handelsbeflissenen, besonders für einen Importeur, unmöglich macht, Finanzminister zu sein, und so war denn A. T. Stewart die Alternative gestellt, entweder sein großes Geschäft in New York oder das Finanzministerium aufzugeben. Grant schickte freilich eine Botschaft an den Senat, worin er den Congreß aufforderte, das hinderliche Gesetz zu widerrufen. Aber der Congreß zeigte sich so wenig geneigt, daß Grant bald seinen Fehler einsah und die Botschaft zurückzog. Die Krisis ist, während ich das schreibe, noch nicht ganz vorüber. A. T. Stewart hat sich freilich erboten, sein Geschäft in die Hände von Vertrauensmännern zu legen und zum Nutzen öffentlicher Zwecke verwalten zu lassen. Aber, wie es scheint, ist das nicht genügend. Wahrscheinlich werden wir morgen oder übermorgen hören, wie die Sache zum Schluß gebracht ist. Grant hat bei dieser Gelegenheit eine äußerst heilsame Lehre empfangen. Er schien sich einzubilden, daß sich diese Republik ungefähr so regieren lasse wie eine Armee. Dieser Irrthum ist ihm sofort ordentlich eingetränkt worden, und seine Begriffe von parlamentarischer Regierung haben sich in drei Tagen wesentlich aufgeklärt. Ich habe schon mehrere Conferenzen mit ihm gehabt, — die letzte, und eine ziemlich lange, heute Morgen, und er wird immer zuthunlicher. Das Vertrauen in seinen guten Willen und seine Ehrlichkeit ist allgemein und groß, aber man sieht auch, daß er in der Politik noch sehr viel zu lernen hat, und dazu sind solche Lektionen, wie diese erste, sehr förderlich. Vor wenigen Tagen sah die Situation sehr drohend aus. Wäre er halsstarrig gewesen wie Andrew Johnson, so würden wir jetzt schon in vollem Conflikt sein. Aber er ist ehrlich genug, seine Fehler einzusehn, und männlich genug, sie sofort wieder gut zu machen. Ich glaube daher, daß wir in der Folge gut miteinander fertig werden. Er ist, glaube ich, schon zu der Erkenntnis gekommen, daß eine zu persönliche Regierungsweise hier gar nicht gehn will.

Morgen wird's eine Woche daß ich im Senat bin. Aber obgleich in gesetzgeberischer Beziehung beinahe gar Nichts geschehen ist, so bin ich doch mit Arbeiten überhäuft, wie noch selten in meinem Leben. Fast jede Nacht sitze ich bis 1 oder 2 Uhr an meinem Schreibtisch, nur um mir meine Correspondenzen nicht über den Kopf wachsen zu lassen. Morgens vor 10 Uhr habe ich schon zuweilen 25 bis 30 Besuche empfangen, und dann kommt das Umherlaufen in den Departements und die Sitzung. Und Abends nach Tisch geh' die Schreiberei los. Dies ist nun freilich auch die schlimmste Zeit. Zu Anfang einer Administration ist das ganze Ämterwesen zu besorgen, und das macht mehr eigentliche Schinderei als irgend etwas Anderes. Meine Briefe kommen immer in Haufen an, dreimal täglich, und es giebt Besucher, die sich selbst mit Grobheit nicht abschütteln lassen. Nächsten Winter, wenn die Ämter erst vertheilt sind, wird das besser werden. Ich bin zuweilen sehr müde, aber gesund dabei. Ermattet geh ich zu Bett, aber frisch stehe ich wieder auf. So viel ist gewiß, es giebt keine parlamentarische Versammlung in der Welt, die so zu arbeiten hat, wie der Congreß der Ver. Staaten. Wenn ich auf die letzten 8 Tage zurücksehe, so ist mir, als wenn ich ein ganzes Jahr hier gewesen wäre..........

Immer Dein alter unverwüstlicher

Karl.

Carl Schurz' politische Laufbahn
1869—1906

Von F. Bancroft und W. A. Dunning

Für deutsche Leser bearbeitet von Max Blau

Erstes Kapitel.

Die ersten Jahre im Senat.

Als Carl Schurz am 4. März 1869 seinen Sitz im Bundessenat einnahm, hatte sich das Verhältnis des Oberhauses zur Exekutive höchst eigenartig gestaltet. Der heftige Konflikt zwischen Präsident Johnson und dem Kongreß hatte den Schwerpunkt des ganzen politischen Systems sehr zugunsten der gesetzgebenden Körperschaften verschoben, besonders aber dem Senat einen bis dahin unerhörten Einfluß verschafft. Dazu trug vor allem die Tenure-of-Office Akte bei. Dieses Gesetz bezog sich auf die große Klasse von Beamten, die der Präsident verfassungsgemäß mit Beirat und Beistimmung des Senats ernennt, und bestimmte, daß der Präsident solche Beamte nur absetzen könne, wenn der als Nachfolger Vorgeschlagene dem Senat genehm sei. Die Akte ermöglichte es den Senatoren, auf das Personal der Bundesbeamten einen größeren Einfluß als je zuvor auszuüben und so dem Präsidenten in jedem Zweige der Verwaltung sein Verhalten vorzuschreiben und, falls er sich nicht gutwillig fügte, seine Tätigkeit völlig lahm zu legen. Die Folgen waren weitreichend und höchst bedenklich. Da dem Präsidenten die Hände gebunden waren und so jede einheitliche und bestimmte Leitung fehlte, war in der Verwaltung eine Demoralisierung eingerissen, wie sie nicht einmal die Zeiten des Krieges gesehen hatten. Der Senat aber trug eine Selbstüberhebung zur Schau, als verkörpere sich in ihm die Regierung. In der Erbitterung des Kampfes mit Andrew Johnson hatte man diese Ausnahmezustände kaum beachtet, aber sie fielen nicht nur bei der Freisprechung des in Anklagezustand versetzten Präsidenten schwer ins Gewicht, sondern veranlaßten auch den ersten definitiven Vorschlag zur Reform der Verwaltung. Bald nachdem Grant seinen Einzug in das Weiße Haus gehalten hatte, wurde nämlich die Frage, wie weit der Senat bei der Besetzung der Stellen in der bürgerlichen Verwaltung mitzusprechen habe, Gegenstand ernster Debatten.

In der Annahme, daß kein Grund mehr für die Beschränkungen vorhanden sei, die man den Machtbefugnissen seines Amtes unter seinem Vorgänger auferlegt hatte, schlug der Präsident die Aufhebung der erwähnten Akte vor. Das Repräsentantenhaus, das jeden Zuwachs der Macht des Senats mit begreiflicher Unruhe betrachtete, trat sofort mit Begeisterung für den Vorschlag des Präsidenten ein. Im Oberhaus machte sich dagegen eine starke Opposition geltend. Eine Anzahl der fähigsten republikanischen Senatoren hatten auf Grund verfassungsrechtlicher Erwägungen für jenes Gesetz gestimmt, das die Macht des Senats erweitern sollte, und sie waren also wenig geneigt, das Gesetz aufzuheben. Aber Grant erklärte, daß er fest entschlossen sei, überhaupt keine Veränderungen im Personal der Verwaltung vorzunehmen, bis er völlig freie Hand habe. Diese Haltung des Präsidenten übte einen starken Druck auf die Kongreßmitglieder aus, die auf ihren Anteil beim Ämterschacher gerechnet hatten und sich nun in ihren Hoffnungen getäuscht sahen, und so kam es, zumal die Republikaner dringend wünschten, Eintracht zwischen den gesetzgebenden Körperschaften und dem Staatsoberhaupte zu bewahren, daß man eine Gesetzvorlage zusammenflickte und annahm, die dem Präsidenten auf einem Umwege wieder die Macht erteilte, Zivilbeamte abzusetzen.

Die Debatten über diese Frage, die sich durch den Monat März 1869 hinzogen, boten Carl Schurz Gelegenheit, sich gleich zu Anfang seines Amtes als Senator zu jenen Überzeugungen und Zielen zu bekennen, die seiner ganzen öffentlichen Laufbahn ihren Stempel aufdrücken und sie einzigartig in der Geschichte der amerikanischen Politik gestalten sollten. Er gab der festen Überzeugung Ausdruck, das dringendste Bedürfnis der Zeit sei die Abschaffung des Beutesystems und der Protektionswirtschaft des Kongresses und die Anstellung der Zivilbeamten auf Grund einer Prüfung. Und mit diesem Ziel vor Augen, brachte er am Ende des Jahres eine Vorlage ein, die einen umfassenden, weit über frühere Vorschläge hinausgehenden Plan zur Reform der Verwaltung enthielt. Bei der Befürwortung dieser Idee trat Carl Schurz in die engsten Beziehungen zu einer Gruppe von Senatoren, die einige der fähigsten Köpfe im öffentlichen Leben zu den Ihren zählte, darunter Trumbull, Thurman, Sumner und Bayard. Aber es verschworen sich damals verschiedene Umstände gegen die Verwirklichung einer durchgreifenden Reform. Ämtervergebung und Protektionssystem galten der Mehrzahl der Kongreßmitglieder als unentbehrliche Hilfsmittel zur Herrschaft der Partei, und die Herrschaft der Partei war ihnen die einzige praktische Methode zur Förderung patriotischer Zwecke. Präsident Grant machte zwar seinen mächtigen Einfluß zugunsten der Reform geltend und setzte im Jahre 1871 die Annahme einer Vorlage durch, der gemäß eine Kommission eingesetzt und ein System von Prüfungen vorgesehen wurde. Als jedoch diese Kommission endlich ihre Tätigkeit begann, hatten sich einige der Hauptverfechter der Idee mit der Regierung überworfen, und die Entfremdung zwischen diesen Männern und dem Präsidenten bot den reformfeindlichen Kongreßmitgliedern Gelegenheit, das neue System zeitweilig dadurch lahm zu legen, daß sie die nötigen Geldbewilligungen verweigerten. Das Gesetz blieb jedoch bestehen und bildete die Grundlage für die gedeihliche Weiterentwicklung in späteren Jahren.

Dieselben Anschauungen und politischen Überzeugungen, aus denen Schurz' Eifer für die Reform der Verwaltung erwuchs, machten seine feindliche Stellung der Regierung gegenüber unvermeidlich. Seine ganze Auffassung von öffentlichen Fragen war hoch erhaben über das niedrige Spiel persönlicher und parteipolitischer Interessen. Kontroversen, bei denen es sich in erster Linie um den Wettkampf ehrgeiziger Führer handelte, waren nicht nach seinem Geschmack, ebensowenig das Organisieren von „Maschinen" zum Stimmenfang, wenn dabei die Prinzipien und wichtigen Fragen, für die man den Wähler gewinnen wollte, ganz außer acht gelassen wurden. Vielleicht ging er in der Gleichgültigkeit gegen solche Erwägungen für einen Staatsmann in einer Demokratie zuweilen zu weit; aber gerade das verlieh seiner Stellung als Senator eine ungewöhnliche Würde und Bedeutung. Gleich bei seinem ersten Auftreten in der Debatte fesselte er durch den hohen Gehalt seiner Reden, verbunden mit formvollendeter Sprache und beredtem Vortrag, die Aufmerksamkeit seiner Kollegen und des zahlreichen Publikums, das sich in den Galerien einzustellen pflegte. Jede seiner großen Reden zeigte die literarischen Vorzüge eines abgeschlossenen Essays über den zur Verhandlung stehenden Gegenstand, und seine Beweisgründe verfehlten nie ihren Eindruck auf diejenigen seiner Zuhörer, die eines weiten historischen und philosophischen Ausblicks fähig waren. Obgleich ihm schneidende Satire zu Gebote stand, wenn es verkehrte Theorien oder verwerfliche Pläne zu geißeln galt, so vermied er doch persönliche Ausfälle und maßlose Schmähungen. Die Folge davon war, daß er sich selbst bei entschiedenen Gegnern bald größeren Respekt errang, als Sumner, der allgemein als Führer des Senats galt, je hatte gewinnen können. Das Eigenartige von Schurz' Redegabe trat besonders deutlich in seinen großen Reden über die „Rekonstruktion" und über die versuchte Annektierung von Santo Domingo hervor.

Im Frühling des Jahres 1869 standen acht der elf Sezessionsstaaten wieder in normalen Beziehungen zu der Bundesregierung und befanden sich politisch in den Händen der Republikaner, denen der Kongreß durch die Erteilung des Wahlrechts an die befreiten Sklaven und durch die gegen zahlreiche Weiße dekretierte Wahlrechtsentziehung die Herrschaft gesichert hatte. Die übrigen drei Staaten, Virginien, Mississippi und Texas, taten die zur Wiederaufnahme nötigen Schritte, und im Winter 1869/70 hatte der Kongreß über ihre Wiederzulassung zu entscheiden. Es machten sich nun in den politischen und sozialen Zuständen des Südens allmählich die Schwierigkeiten fühlbar, die sich aus der Neuordnung der Verhältnisse ergaben. Gerade die einflußreichste Klasse der Südstaatler, diejenige, die durch höhere Bildung, Reichtum und gesellschaftliche Stellung zur Führerschaft berufen war, hatte durch die Bestimmungen des vierzehnten Amendements alle politischen Rechte verloren (siehe Carl Schurz: Lebenserinnerungen II, 465). Die politische Leitung der Schwarzen, die eben erst von Sklavenketten befreit, sich den Problemen einer „freien" Existenz gegenübersahen, war vielfach in den Händen von Abenteurern aus dem Norden, die als radikale Agitatoren zu Reichtum und Ansehen zu gelangen hofften. Gegen die Herrschaft von Nordstaatlern und Schwarzen, die verschwenderisch, korrupt und unfähig war, lehnten sich nun die Weißen im Süden auf und bekämpften sie durch Geheimbünde, Schreckens- und Gewalttaten. Unter den Geheimbünden war der Ku-Klux-Klan der bedeutendste. Der Zweck des Klans, der bei Nacht in phantastischer Vermummung sein Wesen trieb, war, überall Schrecken zu verbreiten und so die Neger bei der Arbeit zu halten und zum Fernbleiben von der Wahlurne zu zwingen, die politischen Abenteurer aus dem Norden wieder dorthin zurückzuschrecken und die Verräter an der Sache der Konföderation auszurotten. Es wurden Drohbriefe ausgestreut, die mit allerlei schrecklichen Emblemen (Totenköpfen usw.) geschmückt waren. Einer Warnung von dem Häuptling einer Loge („Höhle"), der der Großzyklop hieß, folgte leicht eine Gewalttat. Wer sich verhaßt oder unbequem gemacht hatte, wurde bei Nacht von vermummten Reitern aus dem Hause geholt und mit der Pferdepeitsche gezüchtigt, und wenn er sich weigerte, von seinem Werke abzustehen oder die Gegend zu verlassen, schreckte man nicht vor dem Morde zurück. Viele Gegenden hatten grausige Geschichten vom Ku-Klux und seinen Taten zu erzählen, und die Unfähigkeit der Staatsregierungen, die Unruhen zu unterdrücken, bewies die Schwäche des neuen politischen Regimes.

Über die Art und Weise, wie die Dinge im Süden zu behandeln seien, war die Meinung der republikanischen Partei im Kongresse geteilt; alle Gruppen stimmten jedoch darin überein, daß die drei Staaten, um wieder in den Bund zugelassen zu werden, das fünfzehnte Amendement zur Verfassung annehmen müßten, nach dem das Wahlrecht der Bürger der Vereinigten Staaten weder von dem Bunde, noch von den Einzelstaaten auf Grund der Rasse, Farbe oder früheren Sklaventums verweigert oder beschränkt werden dürfe. Dieselbe Bedingung legte man auch dem Staate Georgia auf, dessen „konservative", d. h. demokratische Legislatur durch die Ausschließung der Neger von den gesetzgebenden Körperschaften den rekonstruierten Staat einer weitern „Rekonstruktion" unterworfen hatte. Als aber die Radikalen im Kongreß es versuchten, ganz unverhohlen ein Projekt durchzudrücken, das unter Mißachtung der Staatsverfassung die Amtsdauer des republikanischen Gouverneurs und der republikanischen Legislatur von Georgia zu verlängern bestimmt war, vereinigten sich die „gemäßigten" republikanischen Senatoren mit den Demokraten und vereitelten den Plan.

Carl Schurz stellte sich voll Eifer auf die Seite der Gemäßigten. Es konnte ihn zwar nichts in dem festen Glauben wankend machen, daß die Rekonstruktion auf dem Wege der Erteilung des Wahlrechts an die Neger die einwandfreieste Politik gewesen sei, aber er verwarf den Standpunkt, daß die Erhaltung der Macht der republikanischen Partei in den wieder aufgenommenen Staaten das fortgesetzte Eingreifen der Bundesregierung rechtfertige. Die vielfachen politischen und sozialen Unruhen im Süden betrachteten rabiate Parteimänner als Beweis des alten Geistes der Rebellion unter den Weißen und der feindseligen Absicht, den Aufbau der republikanischen Partei in den rekonstruierten Staaten mit Gewalt zu verhindern. Louisiana und Georgia waren in der Präsidentenwahl von 1868 der Partei verloren gegangen. Tennessee und Virginien hatten 1869 „konservative", d. h. demokratische Staatsregierungen gewählt. Die sich derartig kundgebenden Tendenzen rechtfertigten nach der Ansicht der Radikalen jeden Grad der Strenge, um die Herrschaft der Republikaner in den andern Staaten aufrecht zu erhalten.

Carl Schurz hielt eine solche Auffassung für höchst bedenklich. Während der langen Debatten, welche im Frühjahr 1870 über die Zustände in Georgia und über die Gesetze zur Durchführung der Bundesgesetze in den Südstaaten stattfanden, legte er seinen prinzipiellen Standpunkt über die Lage der Dinge im Süden dar. Wie jede Rebellion in der Weltgeschichte, so, meinte er, müsse auch diese ihr Nachspiel haben, und die Unruhen und die Gesetzlosigkeit im Süden seien nur Begleiterscheinungen eines solchen. Sie entsprängen viel tiefer liegenden Ursachen als der Parteipolitik, sie seien Anzeichen jener Nachgärung, die voraussichtlich alle Südstaaten würden durchmachen müssen. Die richtige Behandlung einer solchen Situation könne nur wie die eines Fiebers sein: nicht radikale oder drastische Mittel, sondern sorgfältige Beobachtung und Vorsicht in der Überwachung des Verlaufs, bis endlich die Zeit ihr linderndes Werk getan habe. Die „tiefgewurzelten Gewohnheiten und Anschauungen der Südstaatler" müßten sich umwandeln, und derartige Umgestaltungen könnten sich nur langsam vollziehen. Nichts aber werde eine Wiederherstellung gesunder Zustände mehr verzögern als ein Vorgehen, das nur das Parteiinteresse im Auge habe und gegen die Verfassung verstoße. Denn das werde nur den Einfluß der schlechtesten Elemente im Süden verstärken und eine unheilvolle demokratische Reaktion heraufbeschwören. Wessen die Zeit vor allem bedürfe, sei die vollständige Loslösung der „südlichen Frage" von jeglicher Parteipolitik: die Bundesregierung müsse den rekonstruierten Staaten die Lösung ihrer eigenen Probleme überlassen. Der wichtigste positive Schritt, den der Kongreß tun könne und müsse, bestehe in der Beseitigung aller Beschränkungen, die viele der tüchtigsten Südstaatler noch immer von der Beteiligung am politischen Leben ausschlössen.

In seiner Stellung zur „südlichen Frage" verriet Carl Schurz tiefe Unzufriedenheit mit der Art und Weise, wie das Wahlrecht der Neger praktisch zur Anwendung kam, und mit der Tätigkeit der republikanischen „Parteimaschine" in den rekonstruierten Staaten und anderswo. Gegen Ende des Jahres 1870 wurde diese Mißstimmung durch den aufsehenerregenden Verlauf der politischen Entwicklung in Missouri dem ganzen Lande bekannt. Die Spaltung der Republikaner hatte sich hier schon in dem Wahlkampfe offenbart, der Schurz den Sitz im Bundessenat verschaffte, sie kam aber 1870 bei der Frage zum vollen Ausdruck, ob die äußerst strengen Gesetze, die den früheren „Rebellen" das Wahlrecht nahmen, aufgehoben werden sollten. Schon längst hatte die ursprüngliche Rechtfertigung für diese Gesetze ihre Kraft verloren, und ihr Hauptwert lag darin, daß sie gewissenlosen Republikanern ein Mittel boten, die Herrschaft der Partei in der Leitung der Einzelstaaten und Kommunen aufrechtzuerhalten. Die liberalen Elemente der Partei forderten sofortige Abschaffung des ganzen Systems, aber die Radikalen, die die Parteiorganisation in der Hand hatten, widersetzten sich dieser Forderung, und durch geschickte und gewissenlose Handhabung der Masse der eben durch das fünfzehnte Amendement geschaffenen Negerstimmen verschafften sie sich im Staatskonvent die Majorität.

Carl Schurz hielt das Vorgehen der Radikalen unter jedem Gesichtspunkte für verwerflich. Es förderte eine Politik der Aufreizung und Ächtung unter den Weißen, wo ihm Versöhnung und Eintracht geboten schienen. Es verband die eben erst zum Stimmrecht zugelassenen Neger mit einer Bewegung, die jede Möglichkeit freundschaftlicher Beziehungen zwischen ihnen und der besseren Klasse der Weißen ausschloß und sie in dauernder Abhängigkeit von gewissenlosen politischen Ränkeschmieden erhielt. Es legte endlich in der Art, wie die Radikalen im Konvent eine blindergebene Majorität zusammengebracht hatten, jenes System parteipolitischer Kniffe bloß, das für Schurz der Gegenstand besonderen Abscheus war. Infolgedessen ging er mit dem festen Vorsatz in den Konvent, der die Kandidaten aufstellen und das Wahlprogramm festsetzen sollte, wenn nötig, seine Verbindung mit der republikanischen Parteiorganisation zu lösen. Dort geißelte er die Radikalen erbarmungslos, freilich aber, ohne großen Eindruck auf die gut organisierte Majorität zu machen. Der Antrag der „Liberalen", in den Wahlaufruf einen Satz aufzunehmen, der sich für die sofortige Beseitigung aller Wahlrechtsbeschränkungen aussprach, wurde abgelehnt. Daraufhin hielten die Liberalen, unter Führung von Carl Schurz und Gratz Brown, einen neuen Konvent und nahmen ein Programm an, das die sofortige Beseitigung der oben erwähnten Verkürzung des Stimmrechts forderte. Sie stellten Gratz Brown als Kandidaten für den Gouverneurposten auf und trugen, von den Demokraten unterstützt, im Staate den Sieg davon.

In diesem Wahlkampf in Missouri fanden die Radikalen unbedingte Unterstützung bei der Regierung. Diese übte allen ihr zur Verfügung stehenden Druck auf die Bundesbeamten im Staate aus und zwang sie, die „gute Sache" mit Opfern an Geld und Zeit zu fördern. Präsident Grant sprach in einem Briefe an den Steuereinnehmer von St. Louis die Überzeugung aus, daß Schurz und Brown nur darauf hinarbeiteten, die Demokraten ans Ruder zu bringen, und er forderte den Adressaten dringend auf, die regulären Parteikandidaten zu unterstützen. Obschon durch den Spruch einer so hohen Autorität aus der Partei ausgestoßen, behauptete Carl Schurz doch konsequent, er sei ein treuer Vertreter der republikanischen Grundsätze, derselben Grundsätze, die die Radikalen verleugnet hätten. Am 15. Dezember 1870, als die Lorbeeren seines in Missouri erfochtenen Sieges noch frisch waren, schilderte er in einer Rede im Senat die Geschichte der „liberalen" Bewegung aufs eindrucksvollste. Er verwies auf den Satz des Aufrufs zu den nationalen Wahlen von 1868, für den er selbst verantwortlich war, und der für die Beseitigung der Beschränkung des Stimmrechts eintrat, und zeigte, daß die Liberalen ganz im Geiste der republikanischen Prinzipien gehandelt hatten und der Präsident sich im Irrtum befand, wenn er das Gegenteil behauptete. Dieser Beweisführung schloß sich dann eine tiefgehende und beredte Darlegung der bestehenden politischen Zustände an, und der Schluß der Rede machte es klar, wie gering der Redner jede Verpflichtung gegen die Partei schätzte, wenn sie Treue gegen einen bloßen Namen, gegen Traditionen und Organisation bedeute, nicht aber Treue gegen ein wirkliches, lebendiges Prinzip. Die beiden alten Parteien hatten seiner Meinung nach die ihnen gestellten Aufgaben gelöst, und wenn die Republikaner ihre Partei zusammenhalten wollten, müßten sie sich eine fortschrittliche Reform zur Aufgabe machen, wenn auch die neuen Fragen noch nicht klar und deutlich formuliert seien.

Solch kühle und ideologische Auffassung der Parteitreue konnte natürlich nur das Mißtrauen bestärken, womit die beutelüsternen, intoleranten Parteigänger Carl Schurz betrachteten. Verschiedene Umstände hatten dahin gewirkt, daß der Präsident Ende des Jahres 1870 sehr unter dem Einfluß von Männern dieses Schlages stand.

Die großmütige und unabhängige Stellung, die Schurz in der Politik von Missouri eingenommen hatte, war nicht die einzige Veranlassuug für die Ungnade Grants. Das Verhalten des Senators gegenüber den Versuchen des Präsidenten, Santo Domingo zu annektieren, hatte nicht wenig dazu beigetragen.

Unter grober Mißachtung alles diplomatischen Brauches hatte der Privatsekretär des Präsidenten, General Babcock, der sich im Sommer 1869 zur Erledigung anderer Angelegenheiten in Santo Domingo aufhielt, dort ein Abkommen durchgesetzt, das die Annektierung dieser Republik vorsah. Als das Kabinett davon erfuhr, weigerte es sich entschieden, einem solchen Projekt seine Zustimmung zu geben, und der Minister des Äußern bot seine Demission an. Trotzdem widmete sich Grant mit mehr Mut als Klugheit der schwierigen Aufgabe, die Annektierung zu erzwingen. Ohne sich weiter um die Stimmung der anderen Kabinettsmitglieder zu bekümmern, bestimmte er durch dringende persönliche Vorstellungen den Minister des Äußern, im Amte zu bleiben und die nötigen Schritte zu tun, um den Verhandlungen Babcocks die amtliche Sanktion zu verleihen. Infolgedessen wurde auch wirklich unmittelbar vor der Kongreßeröffnung im Dezember 1869 ein Vertrag unterzeichnet. Der Präsident nahm es nun auf sich, vom Senat, dessen Zustimmung verfassungsgemäß nötig war, die Genehmigung des Vertrages zu erlangen. In dem ursprünglichen Abkommen war ein wirklich origineller Zug der Diplomatie Babcocks die feste Zusage gewesen, der Präsident werde seinen ganzen persönlichen Einfluß in die Wagschale werfen, um für das Projekt der Annektierung bei den Mitgliedern des Kongresses Stimmung zu machen und es auf diese Weise durchzusetzen. Im Sinne dieser Zusage fing der Präsident sofort eine Reihe von Unterredungen mit Senatoren an, die sich bis zur Entscheidung der Frage fortspannen.

Während dieser Session starb Fessenden, ein wichtiges Mitglied des Ausschusses für auswärtige Angelegenheiten, und Charles Sumner setzte als Vorsitzender des Komitees schleunigst die Wahl Schurz' an Stelle des verstorbenen Senators durch. Dank der intimen Freundschaft, die Sumner mit Schurz verband, gestalteten sich diese näheren Beziehungen sehr angenehm, und Schurz' reiche und vielseitige Erfahrungen im Ausland und sein weiter Ausblick waren in der Behandlung internationaler Fragen von großem Werte. Dieser Ausschuß für auswärtige Angelegenheiten war der einzige, dem Schurz während seines Amtes als Senator dauernd angehörte. Vorübergehend war er allerdings auch Mitglied des Komitees für Militärangelegenheiten, für Pensionen und für Territorialverwaltung; augenscheinlich aber bot sich ihm in diesen keine Tätigkeit, die ihn genügend befriedigt hätte, um eine Wiederwahl zu betreiben.

Über den Versuch, den Grant bei ihm machte, um ihn für sein Lieblingsprojekt zu gewinnen, erzählt Carl Schurz selbst: „Bei einem Abendempfang, den der Schriftführer des Senats gab, traf ich Präsident Grant. Ich war etwas überrascht, als der Präsident vom andern Ende des Zimmers auf mich zukam und zu mir sagte: „Herr Senator, Sie suchen mich ja gar nicht im Weißen Hause auf, und ich möchte doch schon lange mit Ihnen sprechen." Das Einzige, was ich darauf erwidern konnte, war, daß ich sehr bedaure, die Gelegenheit zu einer Unterhaltung mit ihm versäumt zu haben, aber ich wisse, er sei ein vielbeschäftigter Mann, dessen Zeit man nicht mit rein förmlichen Besuchen in Anspruch nehmen dürfe. Er wiederholte dann, daß ihm viel daran liege, mich zu sprechen. Ob ich ihn nicht recht bald einmal am Abend aufsuchen wolle. Ich stellte mich ihm sofort zur Verfügung und ging am nächsten Abend in das Weiße Haus. Er empfing mich in der Bibliothek und lud mich zu sich auf das Sofa. Und dann ging er gleich auf die Sache ein, die ihm am Herzen lag. „Wie ich höre, sind Sie Mitglied des Senatsausschusses, der den Vertrag mit Santo Domingo zu beraten hat, sagte er, und ich sähe es gern, wenn Sie für den Vertrag einträten. Wollen Sie das nicht tun?" Ich hielt es für das Beste, auf eine so unumwundene Aufforderung nicht mit Umschweifen zu antworten, sondern ganz offen zu sprechen. Ich versicherte ihm, es würde mir eine aufrichtige Freude sein, der Regierung, wann und wo immer ich das vor meinem Gewissen verantworten könne, meine Unterstützung zu leihen, aber in diesem besonderen Falle müsse ich zu meinem Bedauern gestehen, daß ich nicht nach seinem Wunsche handeln könne, da es meine aufrichtige Überzeugung sei, daß das gegen die wahren Interessen des Landes verstoße. Dann führte ich einige meiner Hauptgründe an, die in kurzem auf das folgende hinausliefen: der Erwerb und Besitz solcher tropischer Länder mit einer ganz fremdartigen, nicht assimilierbaren Bevölkerung würde dem ganzen Wesen unserer republikanischen Regierungsform äußerst nachteilig sein; er würde die Rassenprobleme, mit denen wir schon zu kämpfen hätten, noch bedeutend erschweren; diese Tropenländer könnten ihrer klimatischen Verhältnisse wegen nie vorwiegend mit Menschen germanischer Abstammung besiedelt werden; unser Staatenbund könne es nicht auf sich nehmen, sie einfach mit Waffengewalt zu beherrschen, ohne seine eigentlichsten Lebensprinzipien aufs bedenklichste zu gefährden, während anderseits nicht daran zu denken sei, der eingeborenen Bevölkerung einen Anteil an der Regierung unseres Landes zu gewähren; zu den Schwierigkeiten, mit denen wir unter den bestehenden Verhältnissen in den Südstaaten zu kämpfen hätten, würden uns noch größere und langwierigere erwachsen; und demgegenüber biete der Plan absolut nichts, was all diese Nachteile aufwöge. Außerdem aber hätten mich Unterredungen mit Mitgliedern des Senats überzeugt, daß der Vertrag keine Aussicht habe, die zur Bestätigung nötige Zweidrittelmehrheit zu erlangen, und ich bedaure aufrichtig, daß sich die Regierung einer Niederlage aussetze, die mir unvermeidlich erscheine.

Ich hatte mit dem Feuer aufrichtiger Überzeugung gesprochen, und zuerst hörte mir der Präsident mit augenscheinlichem Interesse zu und sah mich dabei an, als ob die Einwände, die ich gegen den Vertrag vorbrachte, ihm ganz neu wären und Eindruck auf ihn machten. Aber nach kurzer Zeit merkte ich, wie er die Augen im Zimmer umhergehen ließ, und mir wurde zweifelhaft, ob er mir überhaupt noch zuhörte. Als ich zu Ende gesprochen hatte, saß er ein paar Minuten lang schweigend da. Ich verhielt mich natürlich auch still und wartete auf eine Entgegnung. Endlich sagte er in ganz ruhigem Ton, als ob nichts vorgefallen wäre: „Nun, dann werden Sie hoffentlich für die Bestätigung von Herrn Jones stimmen, den ich für einen Gesandtschaftsposten vorgeschlagen habe."

Dem Senator Sumner machte Grant um Neujahr 1870 einen Besuch und bat ihn, für die Ratifizierung des Vertrages mit Santo Domingo einzutreten. Dieses überraschende und höchst ungewöhnliche Vorgehen brachte den sonst nicht leicht zu verwirrenden Senator ganz außer Fassung; er gab eine ausweichende Antwort, erklärte aber doch gleichzeitig, er sei „regierungsfreundlich". Der Präsident hörte von der Antwort wohl nur diesen Ausdruck oder erinnerte sich seiner allein, denn er behauptete später immer, der Senator habe ihm seine Unterstützung versprochen. Aber Sumner gelangte sehr bald zu der Überzeugung, daß die Annektierung der Negerrepublik durchaus nicht wünschenswert sei. Schurz hatte, wie wir zeigten, schon bei der ersten Andeutung des Projektes energisch dagegen opponiert, und nun unterstützte er Sumner auf das wärmste und eifrigste in dessen Bemühungen, die Ratifizierung des Vertrages zu verhindern. Viele Jahre später, als Schurz eines Abends eben das Hotel Arlington in Washington verlassen wollte, blieb er vor dem Hause Sumners, das jetzt den östlichen Teil des „Annexes" des Hotels bildet, stehen und sagte zu seinem Begleiter, indem er auf die Fenster des ersten Stockwerkes wies: „Ach, wie viele lange Abende habe ich dort oben mit Sumner in seinem Arbeitszimmer gesessen! Dort war es, wo wir die Pläne schmiedeten, die Grants Annektierungsprojekt zum Scheitern brachten." Obgleich Sumner infolge seines großen Rufes und seines heftigen persönlichen Zerwürfnisses mit Grant der eigentliche Rufer im Streite gegen die Annektierung war, so hatte doch Carl Schurz den Löwenanteil an der sorgfältigen Ausarbeitung der Pläne, die zur Niederlage des Präsidenten führten.

Die Aufgabe wäre eine leichte gewesen, wenn es sich bei Ratifizierung des Vertrages lediglich um diese Einzelfrage gehandelt und nicht allgemeine Fragen der Parteipolitik mit hineingespielt hätten. Anfangs erklärten sich nur wenige Senatoren bestimmt zugunsten der Annektierung, und die Mehrzahl der Republikaner verhielt sich gleichglütig, mit einer Neigung zur Opposition. Aber auf diese ursprünglich gleichgültige Stimmung verfehlte nun der große Ernst, mit dem der Präsident seinen Plan betrieb, seine Wirkung nicht. Erst ein Jahr war verflossen, seit Andrew Johnson das Weiße Haus verlassen hatte, und viele Republikaner bebten mit Entsetzen vor dem Gedanken an einen neuen Konflikt mit dem Staatsoberhaupte zurück. Sie fürchteten die Gefahr der Annektierung von Santo Domingo weniger als den Bruch zwischen der republikanischen Partei und ihrem offiziellen Führer. Und so gaben schließlich Parteirücksichten bei den meisten republikanischen Senatoren den Ausschlag. Gegen derartige Erwägungen mit Erfolg anzukämpfen, war Carl Schurz nicht eigentlich der Mann. Seine ganze Art zu denken machte es ihm unmöglich, den Parteigedanken als solchen richtig einzuschätzen. Dennoch errangen er und Sumner mit Hilfe der Demokraten den Sieg; am 29. Juni 1870 lehnte der Senat die Ratifizierung mit 28 gegen 28 Stimmen ab; zur Annahme wäre eine Zweidrittelmehrheit erforderlich gewesen.

Grant war zwar über dieses Ergebnis äußerst aufgebracht, aber gab die Schlacht noch keineswegs verloren. Bei Eröffnung der folgenden Session des Kongresses, im Dezember 1870, trat er in seiner Jahresbotschaft dringend für die Annektierung ein und schlug vor, die Frage durch eine vom Senat und Repräsentantenhaus in gemeinsamer Tagung angenommene Resolution zu entscheiden, wie man das seinerzeit mit Texas getan hatte, oder aber zum Zweck neuer Vertragsverhandlungen eine Kommission zu ernennen. Während des Sommers war es dem Präsidenten gelungen, seinen Einfluß auf die zu verstärken, die ihn schon früher unterstützt hatten, und gleichzeitig hatte er seinem tiefen Groll gegen Sumner, den er für die Verwerfung des Vertrages vornehmlich verantwortlich machte, unverhohlenen Ausdruck geliehen. Bei Sumner hatte sich in gleichem Maße tiefe Verachtung für Grant festgesetzt, und wenn er dieses Gefühl auch nicht frei aussprach, so war es doch ein öffentliches Geheimnis. Als daher die Frage der Annektierung in der Jahresbotschaft von 1870 wieder angeregt wurde, machte man sich auf einen heftigen Zusammenstoß zwischen Sumner und der Regierung gefaßt, und der ließ denn auch nicht lange auf sich warten.

Morton, einer der Führer der Getreuen des Präsidenten, brachte im Senat den Antrag ein, eine Kommission zu ernennen, die Santo Domingo besuchen und über die dort herrschenden Zustände berichten sollte. Nach den Versicherungen, die Morton seinem Kollegen Sumner gab, sollte dieser Antrag nur dazu dienen, die ganze Frage mit Anstand aus der Welt zu schaffen und dem Präsidenten die Demütigung einer offenen Niederlage zu ersparen. Aber Sumner wies den Gedanken, den Antrag ohne Einspruch durchgehen zu lassen, mit Entrüstung zurück, und eine heftige Rede, die mit den Worten begann: „Der dem Senat vorliegende Antrag verpflichtet den Kongreß zu einem blutigen Tanze", führte zum offenen und unheilbaren Bruch mit dem Präsidenten. Diese Rede, die von den beleidigendsten Unterstellungen gegen Grant und seine Ratgeber strotzte, war den besonneneren Freunden Sumners sehr peinlich. Sie lenkte die Aufmerksamkeit von der Hauptfrage ab, in der sich die öffentliche Meinung der Opposition zuneigte, und auf die persönliche Feindschaft zwischen Grant und Sumner hin. Und hier vermochten es alle Künste boshafter Beredsamkeit nicht, dem schweigsamen Kriegshelden die Liebe und Zuneigung des Volkes zu entfremden. Die Debatte über den Antrag drehte sich hauptsächlich um Sumners persönliche Beweggründe und sein Verfahren, und es wurde ihm von den Freunden des Präsidenten, besonders von Zachariah Chandler und Roscoe Conkling, übel mitgespielt.

In Temperament und Selbstbeherrschung ganz von Sumner verschieden, war Carl Schurz durch die Wendung, die dieser Austausch von persönlichen Ausfällen der Sache gegeben hatte, aufs peinlichste berührt. Er befürchtete schlimme Folgen sowohl für seinen Kollegen, als für die vorliegende Frage. Während der Vertrag dem Senat vorlag, hatte Carl Schurz in einer offenen Aussprache mit Grant erfahren, wie zähe dieser an dem Plane der Erwerbung Santo Domingos festhielt. Der Bann, den Grant im Wahlkampfe von 1870 über die „Liberalen" in Missouri verhängt hatte, war eine öffentliche Erklärung, daß der Präsident denjenigen seine Gunst entziehen werde, die wie Schurz, seinen Plänen auf Santo Domingo ihre Unterstützung verweigerten. In einer Anzahl von Staaten bot sich vielversprechende Gelegenheit, die Entschließungen der Senatoren durch den mittels der Parteiorganisation ausgeübten Druck der Regierung zu beeinflussen. Unter solchen Umständen hegte Carl Schurz ernste Befürchtungen, es könnte trotz der gegenteiligen Versicherungen Mortons plötzlich wieder der Plan der Annektierung auftauchen. Einer solchen Gefahr ließ sich am sichersten dadurch begegnen, wenn man die öffentliche Aufmerksamkeit auf die Hauptfrage zurücklenkte. Dies versuchte Schurz am 11. Januar 1871 in einer tiefdurchdachten Rede im Senat. Er vermied sorgfältig alle nicht zur Sache gehörigen Fragen, die Sumners heftiger Ausfall in die Debatte eingeführt hatte, und beschränkte sich im wesentlichen auf den e i n e n Gegenstand der Annektierung von Santo Domingo. Das war charakteristisch für Schurz' überlegene Art, die öffentliche Meinung zu bilden und zu leiten.

Das Hauptargument für seine Rede fand Schurz in allgemeinen Erwägungen, die eine Gebietserweiterung in den Tropen unratsam erscheinen ließen. Gleich als die Annektierung von Santo Domingo zuerst angeregt wurde, hatte Schurz instinktiv gefühlt, daß ganz abgesehen davon, ob überhaupt eine Gebietsvermehrung wünschenswert sei, die geographische Lage dieses Landes zur Verwerfung des Projektes führen müsse. Diesen Grundgedanken führte er nun weiter aus, indem er, mit weitem Blick und nach großen Gesichtspunkten die Geschichte der Menschheit überschauend, nachwies, daß die Tropen der Entwicklung einer höheren Kultur ungünstig sind, daß sie politische und soziale Zustände erzeugen, in denen unfehlbar die Extreme von Sklaverei und Despotismus vorherrschen müssen. Alle Schwierigkeiten, die den Vereinigten Staaten aus der Sklaverei erwachsen seien, ließen sich auf die natürliche Tendenz des Südens zurückführen, die politischen Zustände und Methoden der Tropen zu begünstigen. Die Völker Europas hätten im Laufe der Geschichte ohne Unterlaß, aber vergebens danach getrachtet, in wärmeren Landesstrichen, als denen der Heimat, sich Macht und Einfluß zu sichern. Ein romantischer Zug nach dem Süden habe manch glückliches Volk ins Verderben gelockt. Und mit Worten, wie nur der sie findet, der unter dem Einfluß der Ideale und Traditionen groß geworden ist, die der deutschen Volksbewegung von 1848 zugrunde lagen, führte Schurz als warnendes Beispiel die Geschichte seines Vaterlandes an. „In den lieblichen Gefilden Italiens hat das deutsche Kaiserreich seine Lebenskraft erschöpft; auf der Jagd nach südlichen Phantomen hat es seine glänzenden Hoffnungen auf nationale Einheit verscherzt. In der Umarmung dieser lieblichen Zauberin des Südens hat, so zu sagen, das deutsche Kaiserreich seine Manneskraft verloren.“ Als näher liegendes und unmittelbar anwendbares Beispiel der zu vermeidenden Gefahren verwies er auf die Erfahrungen Englands in Indien, auf die Frankreichs in Mexiko und schließlich auch auf die Frankreichs und Spaniens in Santo Domingo selbst und schloß mit den Worten: „Lassen Sie sich nicht auf derlei Projekte ein; spielen Sie nicht mit Dingen, die die Zukunft dieser großen Nation vergiften können. Hüten Sie sich vor den Tropen!“

Diese Rede erntete großen Beifall und vielseitiges Lob. In späteren Jahren hielt Carl Schurz sie selbst für eine der drei besten, die er im Senat gehalten hatte. Ihre Wirkung auf seine Kollegen aber stand selbstredend in keinem Verhältnis zu ihrem Werte. Mortons Antrag wurde von beiden Häusern mit großer Majorität angenommen, und demgemäß ging eine Kommission nach Santo Domingo ab und erstattete einen der Annektierung günstigen Bericht. Aber Grant, der endlich einsah, daß die öffentliche Meinung nicht auf seiner Seite stand, verzweifelte an dem Erfolg seines Unternehmens. Wie wir sehen werden, war er früher als seine Gegner bereit, die Sache ganz fallen zu lassen.

Unterdessen hatte die Diskussion die Scheidelinie zwischen den Freunden und Gegnern der Exekutive unter den Republikanern im Kongreß schärfer gezogen und denen, die die Politik des Präsidenten verurteilten, reichliche Munition für den kommenden Kampf geliefert.

Bei der Eröffnung des 42. Kongresses, im März 1871, wählten die republikanischen Senatoren in der Vorversammlung Cameron an Sumners Stelle zum Vorsitzenden des Ausschusses für auswärtige Angelegenheiten. Dieser Schritt — die Nichtwiederwahl des Vorsitzenden eines wichtigen Ausschusses ohne dessen Einwilligung

— war ein höchst ungewöhnliches Verfahren, und Sumner erblickte darin einen von der Regierung eingegebenen Racheakt. In Wirklichkeit hatten auch andere Einflüsse mitgewirkt, die jedoch zurzeit noch im Dunkel blieben. Carl Schurz sowie andere Senatoren, darunter sogar einige, die in der Regel zur Regierungspartei hielten, protestierten mit großer Wärme gegen die Verdrängung Sumners, jedoch vergebens.

Während derselben Session erklärte sich Grant, durch Morton und andere eifrige Anhänger angespornt, für die Verwendung von Bundestruppen zur Unterdrückung der Ku-Klux-Unruhen. Diese Politik unterstützte Sumner rückhaltlos, denn sie schien ihm nur eine neue Phase der alten Antisklavereibewegung, die so lange sein ganzes Denken ausgefüllt hatte. Schurz, obgleich nicht weniger Freund der Schwarzen, war ein weitblickender Staatsmann und hatte seit 1865 die „südliche Frage" gründlich studiert, sich einen offenen Sinn bewahrt und selbst inzwischen im Süden seinen Wohnsitz aufgeschlagen. Mit dem Stimmrecht der Neger hatte er in Missouri praktische Erfahrungen gesammelt, und es entging ihm nicht, welche bedeutende Rolle bloße Parteirücksichten bei der Förderung des Planes der Regierung gegen die Ku-Klux-Unruhen spielten. Und so sah er sich zu einer Handlungsweise gezwungen, die von der seines Freundes Sumner abwich. Nahezu alle andern republikanischen Senatoren der Grant feindlichen Gruppe stimmten mit Schurz überein. Bis dahin war Sumner wegen seiner hervorragenden Stellung wenigstens nominell der Führer dieser Gruppe gewesen, nun aber fiel diese Leitung, soweit überhaupt von einer solchen die Rede sein konnte, Carl Schurz zu.

Ende März 1871 war Santo Domingo zum letzten Male Gegenstand einer großen Debatte. Sumner hatte dem Senat eine Reihe von Resolutionen unterbreitet, in denen die Verwendung der Flotte, in Verbindung mit Babcocks Besuchen sowohl als mit späteren Vorgängen unter dem Präliminarabkommen, mißbilligt wurde. Dies berührte den wundesten Punkt im Verhalten des Präsidenten; denn unter wirklich naiver Mißachtung alles diplomatischen und internationalen Brauches hatten Grant, Marineminister Robeson,

Babcock und mehrere Marineoffiziere tatsächlich mit den Waffen Besitz von Santo Domingo genommen und Hayti gegenüber kriegerische Schritte getan, und dies einzig und allein auf Grund der erhofften Ratifizierung des Vertrages. Schurz' Rede über die Resolutionen war eine äußerst wirkungsvolle Darlegung des Völkerrechts. Morton, der, wie er dies wiederholt in der Debatte mit Schurz tat, von der Voraussetzung ausging, daß es letzterem bei seiner deutschen Herkunft an genauerer Kenntnis der amerikanischen Geschichte mangele, machte den Versuch, Carl Schurz durch Anspielungen auf Ereignisse im Anfang des mexikanischen Krieges ein Bein zu stellen. Aber was er darüber vortrug, verriet eigene ungenügende Vorkenntnisse. Und so war es Schurz ein Leichtes, ihm eine gründliche und für alle, mit Ausnahme des Abgeführten, belustigende Niederlage zu bereiten. Sumners Resolutionen gingen selbstverständlich nicht durch, aber ihr Hauptzweck war erreicht, und die allgemeine Aufmerksamkeit auf verschiedene sehr unüberlegte Handlungen der Exekutive gelenkt.

Mit Bezug auf die Ku-Klux-Frage, welche im Frühjahr 1871 das Hauptthema der Debatten bildete, gab sich bei den Radikalen, sobald sie ihrem Vorgehen die Unterstützung des Präsidenten gesichert hatten, der feste Vorsatz kund, sie zum Prüfstein der Parteitreue zu machen, und so die Aufstellung und Wiederwahl Grants im Jahre 1872 durchzusetzen. Die berüchtigte Ku-Klux-Akte wurde am 20. April 1871 Gesetz. Sie gab nicht nur den Bundesgerichten umfassende Jurisdiktion in der Ahndung der Gewalttaten, sondern erteilte auch dem Präsidenten das Recht, über Distrikte, in denen der Ku-Klux sein Wesen oder vielmehr sein Unwesen trieb, den Belagerungszustand zu verhängen, die Habeas-corpus-Akte aufzuheben und die Unruhen durch Militärgewalt zu unterdrücken. Tatsächlich lief das auf die Aufstellung der Theorie hinaus, daß der Süden sich wieder, wie im Jahre 1861, im Zustande der Insurrektion gegen die Autorität der Bundesregierung befinde. Die Radikalen behaupteten, die ausgedehnte Organisation des Ku-Klux bedeute ein Wiederaufleben der großen Rebellion, und die republikanische Partei müsse unter der Leitung des Mannes, der die Rebellen im

Felde überwältigt habe, verhüten, daß diese nun durch Schliche der Verschwörung ihrer Sache zum Siege verhülfen.

Carl Schurz opponierte dieser Gesetzvorlage aufs energischste. Seine Beweisführung war die gleiche wie bei den weniger drastischen Vorlagen (siehe oben) des vorhergehenden Jahres. Er war der Ansicht, daß man die Zahl des Ku-Klux gewaltig übertreibe und den Zweck dieser Verbindung aufs krasseste entstelle. Die Ausschreitungen, die man dem Geheimbunde in die Schuhe schiebe, seien nichts Neues, sondern einfach Symptome der allgemeinen Störung der Verhältnisse, die sich aus der sozialen Umwälzung im Süden ergebe, und sie seien weder so zahlreich noch so bedenkenerregend wie die, welche nach der Kapitulation im Jahre 1865 stattgefunden hätten. Die Mißbräuche unter der Regierung der Rekonstruktion hätten die Übel gesteigert und ihre Heilung verzögert, aber die Zeit werde wieder geordnete Zustände schaffen. Die Lage der Dinge rechtfertige keineswegs die Gesetzvorlage mit ihrer übertriebenen Zentralisation, ihrer rücksichtslosen Mißachtung der Rechte der Einzelstaaten und ihrer „neuen Doktrin der konstruktiven (d. h. als existierend angenommenen) Rebellion, die der erste Schritt zu einer Doktrin des konstruktiven Hochverrates sei."

Auf die schroffe und beharrliche Forderung der Befürworter dieser Maßregel, ihre Annahme zum Prüfstein der Treue gegen die republikanische Partei zu machen, gab Schurz die unumwundene, nicht zu mißdeutende Antwort: „Ich stehe in der republikanischen Partei als ein unabhängiger Mann". Er erklärte kategorisch, er werde nicht mit der Partei durch dick und dünn gehen; er sei ein „liberaler" Republikaner. Und das politische Glaubensbekenntnis der Liberalen laute: „Wir wünschen Frieden und Versöhnung überall. Wir wünschen die Beseitigung aller politischen Rechtsverkürzungen und die Aufrechterhaltung der lokalen Selbstregierung, soweit sich dies irgend mit der bestehenden Konstitution verträgt. Wir wünschen, daß die mit dem Bürgerkriege verknüpften Fragen endgültig gelöst werden, um sobald als möglich den neuen Aufgaben der Gegenwart und Zukunft freien Raum zu schaffen."

Diese Erklärung hatte eine nicht mißzuverstehende Bedeutung.

In ihr warf eine politische Bewegung ihren Schatten voraus, die sich auf derselben Bahn bewegte, wie die kurz zuvor in Missouri zum Siege gelangte, und die gegen die Politik und die Männer der republikanischen Regierung gerichtet war. Sie wies auf eine Neuordnung der Parteigrenzen und ganz besonders auf eine kräftige Opposition gegen die Wiederaufstellung Grants zum Präsidentschaftskandidaten hin. Unter den Republikanern im Senat war die Gruppe der unbedingten Gegner der Regierung klein, nur Schurz, Ferry, Trumbull und Tipton zählten dazu. Unter den Zeitungsredakteuren und andern einflußreichen Parteimitgliedern war dagegen die Unzufriedenheit mit Grant weitverbreitet; besonders sprachen Greeley, Horace White, Halstead, Samuel Bowles ihre Meinung unumwunden und mit nachhaltiger Wirkung aus.

Wie rein auch Grants Beweggründe und Absichten sein mochten, so war seine tatsächliche Leitung der Regierungsgeschäfte nichts weniger als einwandsfrei. Die Rücksicht auf Freunde und Verwandte hatte ihn dazu verleitet, eine ungewöhnlich große Anzahl von Stellen mit völlig unfähigen Beamten zu besetzen, die sowohl ihm als sich selbst Unehre machten. Seine Erkenntlichkeit gegen die Kongreßmitglieder, die für seine Santo Domingo-Politik eingetreten waren, hatte zur Folge, daß in einer Anzahl von Staaten das Personal der Bundesbeamten zu einem Werkzeug herabgewürdigt wurde, dessen Zweck die Förderung einer rein persönlichen Interessenpolitik war. So übten beispielsweise Morton in Indiana, Conkling in New York, Chandler in Michigan, Cameron in Pennsylvanien und Butler in Massachusetts, dank der ihnen vom Präsidenten gewährten Verfügung über die Beamtenstellen, eine wahrhaft autokratische Gewalt aus. In den rekonstruierten Staaten des Südens wurde die Gunst der Regierung zur Aufrechterhaltung geradezu schreiender Mißbräuche benutzt. In New Orleans waren so, in Verbindung mit Streitigkeiten innerhalb der republikanischen Partei, ein Zollkutter und Bundestruppen ganz offen zur Förderung der Interessen der Gruppe verwandt worden, die die Gunst des Zolleinnehmers Casey, eines Schwagers von Grant, genoß. In Anbetracht der in der Ku-Klux-Akte verkörperten Politik drängte sich vielen Republikanern die Besorgnis auf, man hege die Absicht, die Wahl Grants im Jahre 1872 durch Wiedereinsetzung einer Militärverwaltung im Süden zu bewerkstelligen.

Unter diesen Umständen war es begreiflich, daß die im öffentlichen Leben stehenden Männer während der Kongreßferien eifrige Umschau hielten nach den ihrer Seite günstigen Chancen und nach Blößen, die sich der Gegner gegeben hatte, um beides als Munition in dem kommenden Wahlkampfe zu verwerten. Carl Schurz blieb in enger Fühlung mit allen Liberalgesinnten und arbeitete eifrig an einem Plan, um die Wiederwahl Grants zu verhindern.

Als der Kongreß im Dezember 1871 wieder zusammentrat, brannten beide republikanischen Gruppen im Senat darauf, jeden sich bietenden Anlaß zu parlamentarischen Kämpfen im Fraktionsinteresse auszunützen. Gleich im Anfang der Session bot sich Sumner und Schurz eine günstige Gelegenheit, die Regierung, wie schon früher einmal, wegen ihres Verhaltens gegenüber fremden Mächten anzugreifen. Es handelte sich um den Verkauf von Waffen, die im Herbst und Winter 1870 in großen Mengen nach Frankreich gegangen waren. Sobald es im Lande bekannt worden war, daß die Regierung Waffen an Frankreich liefere, hatte sich begreiflicherweise der amerikanischen Bürger deutscher Abkunft eine große Erregung bemächtigt, überall wurden Versammlungen abgehalten und Resolutionen angenommen und Carl Schurz persönlich fast unter einer Lawine von Briefen, Protesten und Resolutionen begraben, die ihn drängten, die Regierung im Senate wegen des Waffenverkaufs zur Rede zu stellen. Den Geist dieser Kundgebungen kennzeichnen deutlich folgende Sätze aus einer von ihnen, die ihm mit Tausenden von Unterschriften von Bürgern aus Wisconsin zuging.

„In Anbetracht der Tatsache, daß das deutsche Volk im Bürgerkriege sich nicht mit dem bloßen Ausdruck der Teilnahme für die Vereinigten Staaten begnügt, sondern den Kredit der Republik durch den Ankauf von Obligationen in großer Menge gehoben, und auf diese Weise dazu beigetragen hat, die Mittel zur erfolgreichen Bekämpfung der Rebellion aufzubringen, und daß ferner fast jeder waffenfähige Deutschamerikaner damals dem Aufrufe des Präsidenten Folge leistete und unter die Waffen trat, sprechen wir, als Männer deutscher Abkunft und freie Bürger der amerikanischen Republik, unsere Mißbilligung aus, daß dieselben Waffen, die wenigstens zum Teil mit unserm Gelde gekauft und von uns im Rebellionskriege getragen worden sind, jetzt nach Frankreich geschickt werden, um dort dazu zu dienen, unsere Brüder und Verwandten zu töten."

Carl Schurz aber gab diesem Drängen nicht nach, denn er fürchtete bei der anmaßenden Haltung der regierungsfreundlichen Majorität im Senat ernstliche internationale Verwicklungen. Um jedoch die Einstellung der Verkäufe zu bewirken und so die Quelle einer bedenklichen Erregung zu verstopfen, wandte er sich an den Kriegsminister und bat ihn, wenn auch nur mit Rücksicht auf die innerpolitischen Folgen, den Beschwerden abzuhelfen. Aber er predigte tauben Ohren, denn der Minister gab ihm bei verschiedenen Besprechungen immer die gleiche Antwort: die Regierung habe ein Recht, Waffen an amerikanische Bürger zu verkaufen; er wisse nichts davon, daß die Waffen in die Hände von französischen Agenten gelangten, und er sehe keinen Grund, die Verkäufe einzustellen. Erst als Schurz die Hilfe des Ministers des Auswärtigen in Anspruch nahm, waren seine Bemühungen von Erfolg gekrönt, und er erhielt von beiden Ministern eine dahin gehende formelle Mitteilung. Damit war die Sache scheinbar erledigt, aber bei weiterem Nachforschen hatten sich dann für Sumner und Schurz Tatsachen ergeben, die auf Mißbrauch der Amtsgewalt und Bestechung im Kriegsministerium und auf grobe Vernachlässigung der Pflichten deuteten, die der Republik als neutraler Macht oblagen, und so schritt man denn zum Angriff.

Sumner brachte also eine Resolution ein, die eine Untersuchung bezüglich des Verkaufs von Waffen an Frankreich verlangte, und begründete dann am 13. Februar seinen Antrag in längerer Rede. Aber er war mit den Einzelheiten der Sache nicht genügend vertraut, und während er den Vorwurf, daß das Verhalten der Regierung Tadel verdiene, klar genug machte, erbrachte er den Beweis seiner Behauptung doch nicht in genügend eindrucksvoller Weise. Carl Schurz hatte ursprünglich gar nicht beabsichtigt, sich hervorragend an der Debatte zu beteiligen. Als aber die Eideshelfer der Regierung, Morton, Carpenter, Conkling und andere, zur Verteidigung des Kriegsministeriums herbeieilten, rief Sumner in schwerer Bedrängnis Carl Schurz dringend zu Hilfe. Vom 15. Februar bis Ende des Monats ruhte auf diesem nun fast ohne Unterbrechung die Bürde einer äußerst heftigen politischen Debatte. Am 19. und 20. Februar erreichte der Kampf seinen Höhepunkt, und Carl Schurz hatte den Sieg errungen.

In seiner Rede am 15. Februar führte Schurz vor allem aus, daß ihm seit jenen Bemühungen im vergangenen Jahre, die Waffenverkäufe an Frankreich zu verhindern, vieles bekannt geworden sei, was das Verhalten der Regierung in ein noch weit ungünstigeres Licht stelle. Nicht nur Waffen seien durch Zwischenhändler an eine der kriegführenden Mächte verkauft, sondern auch Munition für den Verkauf fabriziert worden; die Verhandlungen seien durch die Hände eines Mannes gegangen, der als Agent der französischen Regierung bekannt war; große Summen Geldes seien dabei auf geheimnisvolle Weise verschwunden. All dies habe nur einen schon früher gehegten Verdacht verstärkt; für das Verhalten der Regierung gebe es nur die e i n e Erklärung, daß dem Ganzen irgendein „Geschäftchen" zugrunde liege, daß irgend jemand seine amtliche Stellung zu persönlichem Vorteile gemißbraucht habe. Denn sonst sei es ja unbegreiflich, wie die Regierung etwas habe tun können, was sie in ihren Beziehungen zu einer fremden Macht kompromittieren und das gute Verhältnis trüben müsse, das zwischen ihr und einer großen, achtbaren und patriotischen Klasse der Bevölkerung bestehe. Es herrsche im Lande der Eindruck, daß irgendwo eine „militärische Clique" sitze, die einen ungesunden, weitreichenden, korrupten und gefährlichen Einfluß auf die Regierung ausübe. Dieser Eindruck nehme stetig an Stärke zu, und ob nun ein solcher Verdacht begründet sei oder nicht, so werde die geforderte Untersuchung Licht in der Sache schaffen und damit den besten Interessen des Landes und der Ehre des amerikanischen Namens dienen.

Morton betonte in seiner Erwiderung am 16. Februar besonders, daß die ganze Agitation nur in Szene gesetzt sei, um bei den Deutschen in Amerika gegen Grant und die republikanische Partei Stimmung zu machen. Aber man werde seinen Zweck nicht erreichen. Denn die Deutschen im Lande seien intelligente und gebildete Leute, die sich ganz unabhängig ihre eigene Meinung bildeten und die amerikanische Politik, die Ziele und das Wesen der Regierung ausnehmend wohl verstünden. „Die Deutschen hier im Lande gehören niemand zu eigen. Sie lassen sich von niemand in die Tasche stecken, und wäre sie noch so groß. Sie lassen sich nicht als Tauschobjekt behandeln. Sie lassen sich nicht nach der Laune und dem Einfall von politischen Machern von einer Partei zur andern führen. Sie stehen treu zu ihren Prinzipien, und man bringt sie von der Vertretung dieser Prinzipien nicht dadurch ab, daß man ihnen weis macht, die Regierung habe durch den gesetzwidrigen Verkauf von Waffen während des vergangenen Krieges bis zu einem gewissen Grade zur Unterstützung Frankreichs beigetragen."

Die Debatte verursachte große Aufregung und brachte ein zahlreiches Publikum auf die Galerien. Am 19. Februar hielt Conkling eine sorgfältig ausgearbeitete Rede, in der er die Regierung verteidigte und Sumner und Trumbull angriff. Die ganze Koterie des Weißen Hauses hatte sich eingefunden, um Zeuge der Niederlage der Regierungsgegner zu sein. In langer Reihe zählte er die Beweggründe auf, die zur Einbringung der Resolution und der Rede Sumners geführt hätten, und brandmarkte sie als Beweise eines Mangels an Patriotismus. Aber der Hauptgrund, weshalb die regierungsfreundliche Majorität die Untersuchung mit so außerordentlicher Unruhe betrachtete, wurzelte, wie schon angedeutet, nicht so sehr in Erwägungen internationaler Natur als vielmehr in dem Wunsche, die Republikaner auf alle Fälle am Ruder zu erhalten, und in der Furcht, die deutschen Stimmen der Partei verloren gehen zu sehen. Das führte Conkling auch dazu, gegenüber der von Schurz erwähnten „militärischen Clique" von einer „Senatorenclique" zu sprechen, die nicht die Franzosen, sondern die demokratische Partei mit Munition versehen und, unter republikanischer Flagge segelnd, das Schiff der republikanischen Partei zum Scheitern bringen wolle. Aber die Deutschen würden sich von niemand täuschen, nasführen oder verhandeln lassen; sie hätten zu viel für die Erhaltung der Nation getan, als daß sie das Land so bald wieder der Partei ausliefern sollten, die es an den Rand des Verderbens gebracht hätte. Die Deutschen und alle andern Bürger von gesundem Menschenverstande wüßten, daß die Agitation für eine dritte Partei und jeder Abfall von der republikanischen nur die Unterstützung der Demokraten bedeuten könne, und daß eine solche Kalamität zu ihrer Empfehlung etwas mehr verlange, als die Beschwerden und Empfindlichkeiten von Individuen.

Aber Conkling begnügte sich nicht damit, die Reinheit der Beweggründe anzuzweifeln, die zur Einbringung der Sumnerschen Resolution geführt hatten; er ging kühn zum Angriff über und beantragte ein Amendement, das auf Grund eines alten Spionagegesetzes aus dem Jahre 1799 eine Untersuchung gegen die (nicht mit Namen genannten) Senatoren verlangte. Daß jenes Gesetz auf seine Gegner Anwendung finde, unterlag nach ihm keinem Zweifel. Hatten sie denn nicht in dem Augenblicke, wo die Alabamastreitfrage mit England zur Entscheidung stand, wo in einer andern Frage der deutsche Kaiser als Schiedsrichter angerufen war, unter unbegründeten Vorwänden die Ehre der Regierung angegriffen und sie einer groben Verletzung ihrer Neutralitätspflichten beschuldigt? Waren sie nicht in Briefwechsel mit französischen Offizieren und Agenten getreten, um sich mit dem nötigen Beweismaterial zu versehen?

Sobald Conkling seine Rede beendet hatte, bat Carl Schurz zur sofortigen Erwiderung ums Wort, aber es wurde ein Antrag auf Vertagung angenommen und so die Fortsetzung der Debatte auf den nächsten Tag verschoben. Frau Schurz, die Conklings Rede mit angehört hatte, war sehr niedergeschlagen und sprach auf dem Heimweg ihrem Gatten die Befürchtung aus, er werde nicht imstande sein, die Rede zu widerlegen. Er suchte ihr Mut zuzusprechen und widmete dann den Abend bis spät in die Nacht hinein dem nochmaligen sorgfältigen Studium des Materials, das sich auf den Fall bezog, und der Vorbereitung seiner Argumente zur Beantwortung der Rede seines Gegners. Aber er konnte seine Frau nicht überreden, ihn am nächsten Tage in den Senat zu begleiten. Bei seiner Ankunft im Kapitol fand er in den Gängen des Sitzungssaales des Senats eine so große Menschenmenge, daß er sich nur mit Mühe durchdrängen konnte. Als Schurz das Wort erteilt war, beantragte Fenton, die Türen des Saales zu öffnen, um so den Damen Zutritt zu gestatten, die auf den Galerien keinen Raum mehr gefunden hatten. Der Antrag wurde angenommen, und in wenigen Minuten war jedes Sofa besetzt und jeder Zollbreit des Stehraumes gefüllt. Dieses Publikum war für den Redner eine Quelle der Anregung und Begeisterung; und niemals in seinem Leben hat Carl Schurz mit solch zwingendem Nachdruck, solchem Feuer und solch durchschlagender Wirkung gesprochen wie an diesem Tage.

In seiner Rede gab Schurz zunächst ironisch zu, daß die „Senatorenclique" existiere, und daß es ihren „Umtrieben" zuzuschreiben sei, wenn der Plan der Annektierung von Santo Domingo vereitelt und grobe Mißstände in der Verwaltung des New Yorker Zollamtes aufgedeckt und abgeschafft worden seien. Dann wandte er sich dem eigentlichen Thema zu, das sich ihm in drei Fragen darstellte: Hat die Regierung die ihr als neutraler Macht erwachsende Verpflichtung erfüllt, keine Waffen an jemand zu verkaufen, der als Agent einer kriegführenden Macht bekannt war? Verträgt sich, was geschehen ist, mit den Landesgesetzen? Ist der Verdacht begründet, daß bei diesem Geschäft Bestechungen vorgekommen sind? Auf diese drei „klaren Fragen" gäben nun die Tatsachen folgende Antwort: Das Artillerie- und Zeugdepartement hat an einen Advokaten in einem kleinen Ort im Staate New York — nicht an eine Waffenfirma! — große Mengen Gewehre verkauft, und als dessen Vertreter war ein Waffenhändler, Remington, tätig, dem man sich wenige Monate früher geweigert hatte, Waffen zu verkaufen, da er als Agent der französischen Regierung bekannt war. Diese Waffen wurden verkauft im Widerspruch gegen die gesetzliche Bestimmung, daß nur im Heer oder in der Miliz der Vereinigten Staaten nicht mehr verwendbare Waffen veräußert werden dürften. Aus den in Frankreich von Gerichtswegen angestellten Erhebungen ergibt sich, daß große

Summen verausgabt worden sind, die weder dem Verkäufer der Waffen, den Vereinigten Staaten, noch dem Agenten der französischen Regierung, Remington, zugeflossen sind, also auf eine zu persönlichem Vorteile mißbrauchte amtliche Tätigkeit deuten.

Zur Entkräftigung des Vorwurfs, daß die Untersuchung dazu angetan sei, eine etwaige Entschädigungsklage Deutschlands gegen die Vereinigten Staaten zu begründen, verwies Schurz sehr geschickt auf die Ausführungen Mortons, der mit triumphierender Miene erklärt hatte, daß Bismarck sich mit einem Lachen über die ganze Geschichte hinweggesetzt und bemerkt habe, er könne die Waffen, statt sie mit 15% Aufschlag von den Zwischenhändlern zu erwerben, umsonst an den Ufern der Loire auflesen. Daß aber die deutsche Regierung in dem Augenblicke, wo der Kaiser seines Amtes als Vorsitzender des Schiedsgerichtes in dem mit England anhängigen Streite über die Insel San Juan walten solle, durch etwaige Enthüllungen dieser Untersuchung sich in einem Amerika ungünstigen Sinne beeinflussen lassen könne, sei eine beleidigende Unterstellung, und andrerseits sei die Befürchtung abenteuerlich und unstichhaltig, daß durch die vorgeschlagene Untersuchung die Aussichten der Vereinigten Staaten vor dem Genfer Schiedsgericht in betreff der Alabama-Ansprüche präjudiziert werden könnten. Als ob nicht ganz Europa und die offizielle Welt aus den Verhandlungen vor den französischen Gerichten alle diesen Fall begleitenden erschwerenden Umstände kennten?

Nachdem Carl Schurz so die Notwendigkeit der Untersuchung nachgewiesen und die dagegen vorgebrachten politischen Einwürfe entkräftet hatte, ging er zu der in Conklings Amendement enthaltenen Drohung über. Das Gesetz von 1799 verhänge Gefängnis und Geldstrafe über amerikanische Bürger, die irgendwie mit einem Vertreter einer fremden Macht in mündlichem oder schriftlichem Verkehr stehen, durch den entweder Maßnahmen der Regierung der Vereinigten Staaten vereitelt oder ein Einfluß auf das Verhalten jener fremden Macht ausgeübt werde. Und dies Gesetz versuche man auf zwei amerikanische Senatoren anzuwenden, die — wie er in stolzer Bescheidenheit erklärte — dem Lande nicht ganz unbekannt seien, deren Laufbahn der Beweise des Patriotismus nicht ermangle, deren einziges Ziel es sei, Mißbräuche in der Verwaltung und Gesetzesübertretungen zu untersuchen. Vor diese Senatoren trete ein Wortführer der Regierung und schwenke dräuend das Gesetz, das von Geldstrafe und Gefängnis spreche. Wer in vollem Ernst gegen die Gewalthaber auftrete mit dem unerschütterlichen Entschlusse, Betrügereien aufzudecken und Gesetzesübertretungen zu ahnden, dem eröffne sich also durch „die regierenden Gewalten" die Aussicht auf den Kerker. Er müsse gestehen, er habe nicht geglaubt, daß sich die Regierung in solch verzweifelter Lage befinde.

Dann kam Schurz auf den Vorwurf der Gegner zurück, die Resolution sei dazu bestimmt, die deutschen Bürger bei den nächsten Wahlen zu beeinflussen. Er verwies nochmals darauf, wie er zur kritischen Zeit der großen Erregung über die Waffenverkäufe alles getan habe, um die Gemüter zu beschwichtigen. Wenn also in der Stimmung der deutschen Wähler sich ein Umschwung vollzogen habe, so sei dies nicht der Agitation zuzuschreiben, sondern dem von ihm gerügten Vorgehen der Regierung.

„Hätte ich damals gewußt, was ich jetzt über die Angelegenheit weiß, — und ich sage ganz offen, daß ich damals nur wußte, es würden Waffen verkauft und gingen in ganzen Schiffsladungen nach Frankreich —, ich hätte vielleicht anders gehandelt.

Die beiden Senatoren loben die Deutschen gar sehr — freilich nicht mehr als sie verdienen. Wer ihnen zugehört hat, muß zu dem Schlusse kommen, daß sie den Deutschamerikanern gewaltig den Hof machen. (Lachen.) Ich meine aber, ihr Hofmachen hätte größeren Wert gehabt, wenn diese beiden Senatoren, deren Wort bei der Regierung so schwer wog, zurzeit der Waffenverkäufe hingegangen wären und ihre flammende Beredsamkeit und ihren gewaltigen Einfluß dafür verwandt hätten, dem Unfug ein Ende zu machen; denn ihre Macht war weit größer als die meine oder die des Senators von Massachusetts (Sumner), die wir schon damals als regierungsfeindlich galten. Ja, sie machen den Deutschen tüchtig den Hof, aber nicht über Gebühr. Sie sagen, die Deutschen sind freiheitliebende, intelligente, patriotische Leute, was alles wahr ist. Die

Deutschamerikaner lieben die Freiheit, sie sind republikanischen Grundsätzen treu ergeben, aber ich möchte den Senatoren doch sagen, daß sie einer andern Sache nicht minder ergeben sind, und das ist die Sache einer „ehrlichen Verwaltung".

Beide Senatoren haben sich bemüßigt gesehen, den Senat wissen zu lassen, daß niemand im Lande die deutschen Bürger dieser Republik zu eigen habe. Das ist allerdings wahr, und ich bin stolz darauf, denn ich bin selbst einer, und mich hat gewiß niemand zu eigen. (Gelächter.)

Nein, niemand darf sich ein Verfügungsrecht über die deutsch-amerikanischen Bürger anmaßen. Kein Politiker, kein Senator, nicht einmal der Präsident der Vereinigten Staaten, aber am allerwenigsten die Klasse von Berufspolitikern, die sich krampfhaft an die Rockschöße der herrschenden Gewalt hängt, durch welchen Schmutz sie diese auch schleifen möge. (Applaus in den Galerien.) Am allerwenigsten jene Klasse von Politikern, die immer bereit ist, jeden Mißbrauch zu vertuschen, jedes Unrecht zu verteidigen, wenn die Bloßlegung der Schäden, wäre sie auch dem Gemeinwohle noch so nützlich, der Regierung mißfallen oder der Partei nachteilig sein könnte. Am allerwenigsten jene Klasse von Politikern, die dem Parteiinteresse alles opfert, Wahrheit und Recht und Gerechtigkeit und Ehre und das gemeine Beste.

Nein, die Deutschen sind niemandes Eigentum, und ich sage es mit Stolz. Wie ein Mann haben sie das Räubernest von Tammany in New York bekämpft, und ich bin gewiß, man wird sie in geschlossener Schlachtreihe beim Kampf gegen jedes Tammany sehen, sei es klein oder groß, wo immer und auf welcher Seite sie eins finden mögen."

Den Schluß der großen Rede vom 20. Februar 1872 bildete der feierliche Protest gegen den Versuch, durch den Druck der Parteidisziplin die freie Meinungsäußerung und die unabhängige Überzeugung des einzelnen zu unterdrücken.

„Das Knallen mit der Parteipeitsche hat in unsern Tagen seine Macht verloren. Das öde Parteigeschwätz liegt dem Volke brechenerregend im Magen. Wenn Sie glauben, daß die Bewegung, die stetig im ganzen Lande wächst und zunimmt, eine Intrige politischer Macher ist, so werden Sie bald Ihren Irrtum erkennen. Es ist ein Erwachen des Volksgewissens. Es ist der Protest gegen die gar zu weitherzige politische Moral und den Geist der Korruption, die in den Zeiten des Krieges und großer politischer Erregung entstanden sind und sich zu voller Blüte entwickelt haben. Es ist eine ernste Erhebung für ehrliche und makellose Verwaltung. Die läßt sich nicht durch Parteidisziplin einschüchtern, nicht durch Strafgesetze außer Fassung bringen. Heute ist sie vielleicht nur eine leichte Bewegung; versuchen Sie es, sich ihr entgegenzustemmen, und Sie werden sie morgen zu einer großen sittlichen Revolution angewachsen sehen. Was auch andere tun mögen, ich habe mein Los gewählt. Dieser Sache ist mein Herz geweiht, und mit ihr will ich siegen oder fallen."

Das Publikum in der Kammer und auf den Galerien war schließlich bei jedem „Schlager" in lauten Beifall ausgebrochen, und der Vorsitzende hatte Mühe gehabt, die Ordnung aufrechtzuerhalten. Nach Schluß der Rede machte die Mehrzahl des Publikums ihrer Begeisterung in allen erdenklichen Demonstrationen Luft, ehe sie sich anschickte, den Saal zu verlassen, und der Senat war gezwungen, die Sitzung auf eine Viertelstunde zu unterbrechen. Als der Redner eben die letzten Worte sprach, erreichte Frau Schurz, die es schließlich vor Unruhe nicht mehr zu Hause gelitten hatte, den Sitzungssaal und versuchte vergeblich hineinzukommen. Einen Augenblick später fing die Menge an herauszuströmen, und Sumner, der einige Freunde suchte, traf Frau Schurz im Foyer, streckte ihr beide Hände entgegen und rief: „Oh, Madame, ich gratuliere. Ihr Mann hat eben die größte Rede gehalten, die der Senat in zwanzig Jahren gehört hat." „Meine beste Rede", meinte Carl Schurz, als er einige Jahre später mit dem Biographen Sumners darüber sprach, „meine beste Rede war es nun freilich nicht, denn der Gegenstand selbst war verhältnismäßig unbedeutend, aber mein größter parlamentarischer Triumph im Senat war es unzweifelhaft."

Um die Wirkung von Schurz' ungewöhnlicher Redegabe abzuschwächen, die alle Zeitungen des Landes feststellten und anerkannten, konzentrierten die Gegner ihr Feuer fast ausschließlich auf ihn und seine persönlichen Ziele. Morton schilderte ihn als einen Mann, der nur darauf ausgehe die Stimmen der deutschen Wähler auf die Seite der Demokraten hinüberzuziehen, und wiederholte mit besonderem Nachdruck Schurz' öffentliche Erklärung, daß er unter keinen Umständen für Grant stimmen werde. Conkling kam nochmals auf die Unterstellung zurück, daß Schurz, um den guten Namen der Regierung zu schädigen, mit einem Spion oder Sendling einer fremden Macht in geheimem Einverständnis gehandelt habe. In volltönenden und provozierenden Worten beschuldigte der effekthascherische New Yorker Senator Carl Schurz, er habe sich mit seinem persönlichen Mute gebrüstet, sich feige Anspielungen auf Bestechlichkeit des Präsidenten herausgenommen und versucht, diejenigen, die solche Insinuationen mit Entrüstung zurückgewiesen, durch lauten und ominösen Hinweis auf ihnen drohende Gefahren einzuschüchtern.

Conkling war unverkennbar in einem Zustand äußerster Gereiztheit und setzte sich einer prompten und gründlichen Abfuhr aus. „Wenn ich gestern irgend etwas gesagt oder getan habe, was wie Sichbrüsten aussah", erklärte Carl Schurz, „so bitte ich den Senat aufrichtig um Verzeihung, denn es lag nicht in meiner Absicht, mir das ausschließliche Vorrecht meines ehrenwerten Kollegen von New York anzumaßen. Wenn ich irgend etwas gesagt oder getan habe, was wie Prahlerei aussah, so lassen Sie mich Sie versichern, daß es nicht die Bemerkung war, „selbst wenn mir tausend wie er gegenüberständen, so würde ich nicht zittern", denn das würde ich nicht als schlagenden Beweis des Mutes ansehen."

Carpenter kam immer wieder auf die Beschuldigung zurück, daß Schurz seine Pflichten als Patriot verletzt habe. Indem er nachzuweisen versuche, daß die Regierung sich in ihrem Verhalten gegen eine auswärtige Macht eines Unrechtes schuldig gemacht habe, verrate er, daß für ihn nicht der Wahrspruch gelte: „My country, right or wrong!" (Fürs Vaterland, ob im Recht oder im Unrecht.) Schurz versicherte, daß auch für ihn der Wahrspruch gelte, nur mit dem Zusatze: „if right, to be kept right; if wrong, to be set right.“ (Fürs Vaterland, ob im Recht oder im Unrecht; wenn im Recht, dann beim Recht zu erhalten, wenn im Unrecht, dann zum Recht zu führen.)

Soweit die eigentliche Frage in Betracht kam, hatte das glänzende, zwei Wochen dauernde Duell geringe Resultate. Der Senat ernannte einen Untersuchungsausschuß, aber Sumner lehnte aus Gesundheitsrücksichten die ihm naturgemäß zufallende Mitgliedschaft ab, und die regierungsfreundliche Majorität sorgte dafür, daß auch Schurz nicht Mitglied wurde. Man gestattete ihm jedoch, die Zeugen zu vernehmen. Im Mai reichte dann der Ausschuß einen Bericht ein, der die Beamten von aller Schuld in bezug auf den Waffenverkauf an Frankreich frei sprach. Obgleich Carl Schurz zugeben mußte, daß die Zeugenaussagen nicht belastend genug waren, um die Schuld rechtskräftig zu erweisen, so fühlte er doch, daß der Mißerfolg nur der feindlichen Haltung des Ausschusses den Anklägern gegenüber zuzuschreiben sei. Sein ganzes Leben lang blieb er bei der Überzeugung, daß das Verhalten des Kriegsministeriums inkorrekt und ungesetzlich gewesen sei, und daß der ganzen Sache unerlaubter Gelderwerb unter Mißbrauch der Amtsgewalt zugrunde gelegen habe.

Diese Debatte vermehrte Schurz' Ruf als Redner beträchtlich. Schon vorher hatte er als einer der Führer des Senats in der ernsten Diskussion großer Probleme und allgemeiner Fragen gegolten, jetzt hatte er sich einen Platz unter denen errungen, deren scharfe und flinke Klinge der Gegner im Fechterstreit der Debatte mit Recht fürchtete. Conkling hat niemals wieder mit Schurz gesprochen, denn dieser hatte mit seinem Sarkasmus dessen Eitelkeit eine ebenso schmerzliche Wunde geschlagen, wie Blaine, der ihn einmal mit einem Puter verglich. Die Haltung der regierungsfreundlichen Presse während und nach der Debatte legte ein klares, wenn auch feindseliges Zeugnis für die hervorragende Stellung ab, die sich der Senator von Missouri errungen hatte. Von allen Seiten richteten sich mit verdoppeltem Eifer geschickte und boshafte Verleumdungen gegen ihn, aber dabei gab man doch grollend und widerwillig zu, daß seine Leistungen im Senat erstaunlich gewandt und wirkungsvoll gewesen seien.

Zweites Kapitel.

Der „liberale Republikaner".

In der nationalen liberal-republikanischen Bewegung von 1872 nahm Carl Schurz von Anfang an eine führende Stellung ein. Sein von der Partei unabhängiger Erfolg in Missouri, seine glänzenden Leistungen im Senat, der sittliche Ton und geistige Gehalt der Reden und Artikel, durch die er auf die öffentliche Meinung einzuwirken suchte, hatten ihm als Volksredner und Journalist den Beifall vieler denkender Männer in allen Teilen des Landes eingetragen. Viele Tausende der besten Deutschamerikaner blickten schon seit langem mit Stolz zu ihm auf und hörten in politischen Angelegenheiten gerne seinen freundschaftlichen Rat.

Im Sommer und Herbst 1871 nahm seine journalistische Tätigkeit als Redakteur in St. Louis Schurz' Zeit fast ganz in Anspruch, aber einige politische Reden, besonders eine, Anfang August in Chicago, und eine andere, Ende September in Nashville gehaltene, brachten etwas Abwechslung in das ruhige Leben.

Die Rede in Chicago, die er am 12. August 1871 vor den dortigen Deutschen hielt, offenbart das Geheimnis seines gewaltigen Einflusses auf die Deutschamerikaner: hier sprach ein Mann, der seinen Zuhörern nicht die eigenen Überzeugungen aufzuzwingen, sondern sie vor allem zum Selbstdenken in politischen Fragen anzuregen suchte. Besonders die folgende Stelle ist charakteristisch für Carl Schurz als Volksredner, und sie ist von besonderem Werte, da sie zeigt, wie seine warme Liebe zum alten Vaterlande sich widerspruchslos mit den Gefühlen der Liebe und Pflicht gegenüber der neuen Heimat einte.

„Die große Seele Deutschlands, die viele Menschenalter hindurch wie ein Gespenst in der Weltgeschichte umging, hat endlich wieder einen Körper gefunden, gewaltig wie sie selbst. Die blinkende Helmspitze der Germania ist sichtbar von allen Punkten des Erdballs, und ein Gefühl, welches der Deutsche lange nicht gekannt, durchströmt jetzt jede deutsche Brust in allen Landen: das stolze freudige Gefühl, das Kind einer großen Nation zu sein. Es ist ein schönes, erhebendes, gerechtes Gefühl; möge es eine edle Frucht tragen. Möge es in dem Herzen eines jeden Deutschen nicht das Strohfeuer eitler, knabenhafter Überhebung entzünden, sondern das ernste Bewußtsein unsrer Pflicht, uns der großen Mutter würdig zu zeigen. Und nirgends ist diese Pflicht gebieterischer als hier, wo der Deutsche als Bürger eines großen Gemeinwesens, im Vollgenuß aller Rechte, die ein freier Mann besitzen kann, die unbeschränkteste Gelegenheit hat, von seinem wahren Werte Zeugnis abzulegen.

Nichts könnte mir ferner liegen, als der Gedanke an eine gesonderte politische Organisation der Deutschen in dieser Republik. Hier sind wir amerikanische Bürger, nicht mehr und nicht weniger. Und der deutsche Stolz soll uns hier nur zu dem Entschluß begeistern, zu den besten der amerikanischen Bürger zu zählen. Wir haben keine Sonderinteressen hier, wir sollen keine Sonderzwecke haben. Unsere Interessen sind keine andern, als die der Allgemeinheit; unsere Zwecke sollen keine andern sein als die des öffentlichen Wohles. Und in der Tat, wir können mit stolzer Genugtuung auf die Tatsache hinweisen, daß in der Stunde des Unglücks wie des Glücks unser neues Vaterland an seine Kinder niemals eine Forderung gestellt hat, welche nicht die deutschen Bürger im vollsten Maße mit Gut und Blut erfüllt hätten. Und mehr als das. Als die gewaltigen Ereignisse, welche in der alten Welt unsre Väter und Brüder unter die Waffen riefen, auch in diesem Lande die eingeborene Liebe zur alten Heimat zur hellen Flamme anfachten, da hat selbst diese mächtige Sympathie des Bluts niemals einen Ausdruck gesucht, der den Gesetzen dieser Republik zuwider gewesen wäre. Selbst damals vergaßt ihr keinen Augenblick, daß ihr amerikanische Bürger waret, und was die erste Pflicht des amerikanischen Bürgers ist. Und was wir in der Vergangenheit bewährt haben, das wollen wir in der Zukunft nicht verleugnen. Die amerikanische Republik wird ihre deutschgebornen Bürger stets zu ihren treuesten, gesetzliebendsten und opferwilligsten Kindern zählen, und dieser Treue wird unser nationaler Ursprung nie im Wege sein ....

Was aber den Deutschen besonders zu einem treuen Bürger dieser Republik macht, das ist die Tatsache, daß auf diesem Boden sich das Feld bietet, wo die alte germanische Freiheitsidee ihre vollste Verwirklichung finden kann. Und keinem Fremdgeborenen wird es leichter als uns, die hindernden Traditionen alter und fremder Verhältnisse abzustreifen und sich in das Wesen des freien Staates einzuleben, denn jeder von uns brachte, wenn auch nur im Keime schlafend, jene alte germanische Freiheitsidee mit sich hierher.

Ich sagte, die neue stolze Stellung des deutschen Volkes solle vor allem in uns das Bewußtsein der Pflicht entzünden, uns der großen Mutter würdig zu erweisen. Zeigen wir denn, daß wir als intelligente, überzeugungstreue und tatkräftige Werkleute bei dem Ausbau eines freien und sittlichen Staatslebens mitzuarbeiten verstehen. Und wenn ich jetzt auf die Bewegung blicke, die sich in allen Kreisen des Deutschtums geltend macht, in allen Teilen der Republik, und deren Symptome sich unverkennbar in der öffentlichen Stimme kundgeben, so wird mir täglich klarer, daß die Masse der deutschen Bürger bereits im Geiste in die Reihen derer getreten ist, welche die Wahrheit ehrlich zu erkennen streben und nach bester Erkenntnis handeln wollen.

Die große Mehrheit der Deutschen hat ja ohnehin der sogenannten praktischen Politik, d. h. der selbstsüchtigen Ausbeutung der von einer Partei gewonnenen Vorteile immer ferner gestanden als die meisten andern Klassen. Es gibt allerdings Leute unter ihnen — und leider für die Ehre des deutschen Namens schon zu viele — welche die Ausbeutungspolitik auch verstehn und auszuüben wissen. Aber sie sind doch nur ein kleiner fauler Fleck auf einem großen gesunden Körper. Es ist doch wahr, daß im ganzen die Deutschen nicht als Soldknechte, sondern als Freiwillige in der Politik stehn, die ehrlich das Beste wollen und mit dem politischen Treiben nicht durch das Motiv des gemeinen Eigennutzes verknüpft sind. Der gewissenhafte, unabhängige Geist lebt in ihnen; geben Sie ihm die Tatkraft, die ihn fruchtbar macht.

Und wie das? Lassen Sie mich wiederholen, was ich seit dem Beginn meiner öffentlichen Wirksamkeit vor meinen Landsleuten schon Hunderte von Malen ausgesprochen habe. Ich sage euch nicht: Folgt mir! Glaubt blindlings meinen Worten! Aber ich sage euch: Folgt niemandem blindlings! Vertraut nicht, sondern denkt! Schafft euch in dem Widerstreit der Meinungen mit gewissenhafter Sorge die eigene Überzeugung! Wenn ihr aber diese Überzeugung gewonnen habt, so fordere ich von euch, habt auch den Mut, als freie Männer danach zu handeln. Nicht daß wir alle immer gleich denken und handeln, sondern daß wir alle immer ehrlich denken und handeln, wird uns einen segensreichen Einfluß auf die Geschicke dieses Landes geben. Wenn alle Leute handelten wie sie denken, so würde mir um die Zukunft der Republik nicht bange sein. Ich bin auch fern davon euch zu sagen: Brecht sofort aus den Reihen aller Organisation, wenn nicht jede Einzelheit genau nach eurem Kopfe geht! Aber ich sage euch: Halten wir unbeugsam an den großen Grundsätzen fest, und opfern wir sie nie für einen Parteivorteil! Gehören wir zu denen, welche ohne Vorurteil die Wahrheit suchen und ohne Furcht die Wahrheit sagen, welche durch ihre sittliche Haltung den Politiker überzeugen, daß sie für nichts, was ihrem ehrlichen Rechtsgefühl widerspricht, zu haben sind; und scheuen wir uns nicht, im entscheidenden Augenblick durch die entschlossene Tat die Probe darauf zu machen!

Das ist die Art der Unabhängigkeit, welche die politische Atmosphäre reinigen und den drohendsten Gefahren unseres politischen Lebens mit Erfolg begegnen kann."

Die Rede in Nashville bedeutete den Anfang einer Agitation, durch die Carl Schurz eine tiefgreifende Veränderung im ganzen politischen Leben herbeizuführen hoffte. Eine Reform der republikanischen Partei an Haupt und Gliedern erschien ihm unmöglich, da die Organisation ganz in den Händen der Beamten war und nur selbstsüchtigen Interessen diente, und ebensowenig war an eine gründliche Umgestaltung der demokratischen Partei zu denken. So hieß es denn eine dritte Partei ins Leben rufen, die die besten Elemente aus beiden alten Parteien an sich ziehen und die Demokraten und die Verfechter der „persönlichen Regierung" bei den Wahlen schlagen sollte. Das Programm der neuen Partei enthielt als wichtigste Forderungen die sofortige Aufhebung aller gegen die Weißen in den Südstaaten gerichteten Wahlrechtsbeschränkungen, die volle Durchführung des Selbstbestimmungsrechtes der Staaten und Kommunen, die „Reform des Zivildienstes" und die Zolltarifreform. Die geplante Bewegung, wie sie diesem unermüdlichen Reformer vorschwebte, war in der Tat „des Schweißes der Edlen wert". Sein Ideal war eine gewaltige sittliche Volkserhebung von solcher Macht und solchem Umfange, daß die bestehenden „Parteimaschinen" samt aller Korruption und allen Mißbräuchen, die sie großgezogen, weggefegt würden und eine neue politische Ordnung der Dinge an ihre Stelle träte. Da sollten denn Intelligenz, Ehrlichkeit und Fähigkeit die ihnen gebührende Stelle in der Leitung der öffentlichen Angelegenheiten finden, und Prinzipien, nicht Personen, die Grenzlinien zwischen den Parteien ziehen. In diesem Evangelium einer idealen Organisation gipfelten alle Reden, die Carl Schurz im Interesse der liberalen Bewegung hielt. Und doch verlor er nie auf lange den festen Boden der Tatsachen unter den Füßen und bewies ebensoviel Scharfblick und Wirklichkeitssinn wie die gewiegtesten Realpolitiker unter seinen Kollegen, wenn er in Versammlungen und im Briefwechsel auf praktische Mittel zur Förderung der Reform drang.

In Nashville gründete er den ersten Verein, der sich zu dem neuen Programm bekannte, und bald darauf schrieb er an Sumner, er hoffe während des Winters in allen Teilen des Südens und auch des Nordens ähnliche Vereine entstehen zu sehen. Er rechne dabei auf die Republikaner, die nicht durch die Aussicht auf eine Anstellung bestochen oder durch den Druck der Regierung eingeschüchtert seien. Was die Demokraten angehe, so sei eine große Anzahl der Südstaatler, besonders unter den jüngern Männern, der alten Führer überdrüssig, und Grant ihnen natürlich verhaßt. Sie hegten den aufrichtigen Wunsch, die neue Ordnung der Dinge in jeder Hinsicht zu unterstützen, wenn man sie mit Billigkeit behandle. Im Westen aber lasse sich ein ähnlicher Zersetzungsprozeß in der demokratischen Partei beobachten, besonders in Missouri sei diese nach den Wahlen im Herbst 1870 als Organisation völlig aufgelöst. Das schlimmste Übel, das man bekämpfen und besiegen müsse, sei jener Parteigeist, der alles zu eigennützigen Zwecken ausbeuten wolle, und der eine Art Terrorismus geschaffen habe, dem sich nur zu viele fügten.

Der erste bedeutsame Schritt zur Verwirklichung der von Schurz geplanten nationalen Bewegung geschah auf einer großen liberal-republikanischen Massenversammlung, die am 24. Januar 1872 in Jefferson City, Missouri, stattfand. Diese forderte in einer Reihe von Resolutionen, die republikanische Partei solle die Amnestie der „Rebellen", sowie die Reform des Zolltarifs und des Zivildienstes in ihr Programm aufnehmen, und sie lud alle Republikaner, die diese Reformen befürworteten, zu einem nationalen Massenkonvent in Cincinnati am 1. Mai. Schurz stand selbstredend mit dieser Versammlung in enger Fühlung und sah darin das beste sich darbietende Mittel zur Förderung des Zieles, das ihm vorschwebte. Die Zusammenkunft in Jefferson City stand aber keineswegs über den Parteien. Es wurde in den Verhandlungen nachdrücklich als Zweck hingestellt, die Bewegung zu einer ausgesprochen republikanischen zu machen, und so den regulären Parteikonvent zur Aufstellung eines andern Kandidaten als Grant zu zwingen. In Cincinnati tatsächlich einen eigenen Kandidaten zu nominieren, war nach dem Urteil einflußreicher Liberaler weder notwendig noch wünschenswert. Alles was man bezweckte, war eine so imposante Kundgebung im reformfreundlichen Sinne, daß die Anhänger Grants zur Überzeugung gedrängt würden, die Wiederaufstellung des Präsidenten bedeute die Niederlage der Partei bei den bevorstehenden Wahlen. Aber als letzter Rückhalt blieb immer noch die Möglichkeit, dem im Jahre 1870 von Missouri gegebenen Beispiele zu folgen und, wenn die Freunde Grants sich verstockt zeigten, einen Kandidaten zu nominieren, der auf die Stimmen der Demokraten rechnen könnte.

Dieses letzte Auskunftsmittel war wenig nach Schurz' Sinne. Sein Mißtrauen gegen die Demokraten als Partei war stark und tiefgewurzelt. In Missouri hatte ihn nach dem Siege von 1870 die Wahl Frank Blairs, eines besonders radikalen Demokraten, zum Kollegen im Senat mit großem Mißbehagen erfüllt. Daß die Demokraten einen so hohen Preis für ihr Zusammengehen mit den Liberalen gefordert hatten, bestärkte Carl Schurz nur in seiner Überzeugung, auf Fortschritt mit Hilfe der alten Partei sei nicht zu rechnen. Er hoffte aber, die Organisation werde sich auflösen und ihre liberalgesinnten Mitglieder sich der Reformpartei an schließen.

Um Mitte April war es den Gutunterrichteten klar, daß die „Grant-Republikaner" entschlossen waren, auf der Wiederaufstellung ihres Führers zu bestehen, obschon sie sich durch die „Cincinnati-Bewegung" ernstlich beunruhigt fühlten. Die Beitrittserklärungen zur liberalen Sache waren nach Zahl und Einfluß höchst eindrucksvoll, viele Republikaner von Ruf hatten die Einladung nach Cincinnati unterzeichnet. Aber eine Anzahl anderer, ebenso hervorragender Mitglieder der Partei, wie z. B. George W. Curtis und Charles Sumner, deren Hingebung an die höchsten politischen Ideale über allen Zweifel erhaben war, hatten sich der Bewegung nicht angeschlossen. Überdies war die große Masse der Partei, die Grant im Jahre 1868 gewählt hatte, keineswegs von der Aufforderung erbaut, ihren Helden fallen zu lassen. Unter diesen Umständen blieb den Reformern nichts übrig, als in Cincinnati wirklich einen Kandidaten aufzustellen und sich für den Erfolg bei den Wahlen auf den Beistand der Demokraten zu verlassen.

Carl Schurz war diese Wendung der Dinge höchst unwillkommen, denn sie drängte naturgemäß die Diskussion über politische Prinzipien in den Hintergrund, da die Personenfrage nun das eigentliche Interesse der Versammlung in Anspruch nehmen mußte. Während sich die Mehrzahl seiner Freunde lebhaft und eifrig für die Aufstellung des einen oder andern Kandidaten verwandte, vermied es Schurz, öffentlich zu dieser Frage Stellung zu nehmen; er strebte einzig danach, den Konvent von allen niedrigen Machenschaften und Einflüssen, die gewöhnlich solche Versammlungen kennzeichnen, frei zu halten, und die Nominierung jedes Kandidaten zu verhindern, dessen politisches Vorleben und Charakter nicht die höchsten Ideale des Republikanismus und der Reform verkörperten.

Die Liberalen kamen am 1. Mai in Cincinnati zusammen. Wie Horace White damals an Trumbull schrieb, war Carl Schurz „der Führer und geistige Leiter dieser ganzen Bewegung". Aber auch Männer und Interessen, denen die Ziele und Ideale des Führers fremd waren, hatten sich der Bewegung angeschlossen, und diese störenden Elemente machten sich von Anfang an sehr bemerkbar. Gegen den Geist der Intrige und kleinlichen Eifersucht, den sie verrieten, legte Carl Schurz beredten Protest ein. Er war zum Vorsitzenden des Konvents gewählt worden und hielt am 3. Mai eine Rede, die in den Annalen der politischen Versammlungen wohl einzig dasteht. Alle reichen Hilfsmittel seiner Rednergabe verwandte er darauf, bei seinen Zuhörern eine hohe Auffassung ihrer Aufgabe lebendig zu erhalten. Nach einer beredten Verurteilung der Regierung und einem Lobspruch auf die Reformer warnte er diese vor einem Verhalten, das alles bisher Errungene wieder in Frage stellen müsse. „Die Sache der Reform empfängt den Todesstreich", erklärte er, „wenn wir versuchen, diese Bewegung durch Anwendung der alten Kniffe politischer Mache zu beherrschen und auszunützen, oder wenn wir unsern Eifer in kleinlichen Zänkereien und selbstsüchtigen Bestrebungen verzetteln. Wir müssen den reinsten und edelsten Eingebungen der Volkserhebung, die uns hierher geschickt hat, gehorchen ...... Keine rein persönlichen Erwägungen dürfen den Ausschlag geben. Ich mißbillige aufs entschiedenste den Ruf, den wir so oft gehört haben: Jeden Kandidaten, wenn wir nur Grant schlagen! Wir erstreben noch etwas mehr als die Niederlage Grants." Er bat den Konvent, sich bei der Entschließung über einen Kandidaten nicht bloß durch den Umstand bestimmen zu lassen, daß dieser Aussicht habe, bei den Wahlen durchzukommen. Seltene Intelligenz im Verein mit seltenen Charaktereigenschaften müsse man verlangen; nicht nur ein ehrlicher und populärer Mann, sondern ein Staatsmann sei nötig. Bei der Suche nach einem solchen müsse man die schnöden Machenschaften verachten, die zum Schaden der Republik so oft politische Körperschaften beherrscht hätten; denn diese seien der großen Sache unwürdig. Persönliche Freundschaft und Lokalpatriotismus müßten, so achtungswert sie an und für sich seien, hinter der Pflicht gegen das Gesamtvaterland und der Verantwortlichkeit für seine Zukunft zurücktreten.

Vergebens appellierte Schurz an den Konvent. Der Geist, den er zu bannen suchte, beherrschte viele der Delegierten, die sich nicht zu den hohen Idealen des Vorsitzenden aufzuschwingen vermochten. Vier Namen waren in den dem Konvent vorangehenden Besprechungen über die Präsidentschaftskandidatur besonders häufig genannt worden: Charles Francis Adams, Lyman Trumbull, Horace Greeley und David Davis. Von diesen erfüllten nach Schurz' Ansicht nur zwei, Adams und Trumbull, in jeder Beziehung die hochgestellten Ansprüche, aber Greeley und Davis fanden bei vielen der geschäftigen Macher, deren Gesinnung und Verfahren Carl Schurz eben gegeißelt hatte, Unterstützung. Einflußreiche Demokraten hatten ihm zwar persönlich die Versicherung gegeben, daß Adams, falls er in Cincinnati aufgestellt würde, den Demokraten genehm sein werde, aber die Freunde Greeleys behaupteten nachdrücklich, nur i h r Kandidat könne auf die Unterstützung der Demokraten rechnen. Unter den Delegierten, die New York und Pennsylvanien in den Konvent geschickt hatten, befanden sich viele, denen einzig und allein daran lag, sich an Grant zu rächen, weil er sich in dem Streite, der in den beiden Staaten innerhalb der republikanischen Partei entbrannt war, für ihre Gegner, Conkling und Cameron, entschieden hatte. Diese Delegierten, die in den erbitterten Kämpfen des Parteigetriebes grau geworden waren, dachten keinen Augenblick daran, politisch ein neues Leben anzufangen und den ihnen ungewohnten sittlichen Maßstab anzunehmen, den Schurz und seine Freunde aufgestellt hatten; im Gegenteil, sie fingen sofort an, nach den ihnen geläufigen Methoden für Aufstellung des ihnen genehmen Mannes zu arbeiten. Gratz Brown, Schurz' früherer Kampfgenosse, trat auf die Seite Greeleys, und dieser wurde schließlich als Präsidentschaftskandidat aufgestellt, während Brown als Belohnung die Nomination zum Vizepräsidenten empfing.

Für Schurz war die Nomination Greeleys eine schwere Enttäuschung. Sie zerstörte mit einem Schlage den ganzen Bau der Reformbewegung, den er mit so vieler Mühe errichtet hatte. Greeley stand als Mann den Idealen, zu denen sich die Liberalen bekannten, geradezu lächerlich fern, und es war allgemein bekannt, daß auch seine politischen Grundsätze ihn von den Liberalen trennten. Um die Unterstützung der Schutzzöllner von New York und Pennsylvanien, deren Wortführer Greeley war, zu erlangen, hatten die Leiter der Liberalen, sehr gegen ihren Willen, den Punkt des „Missouri Programms", der auf die Reform des Zolltarifs drang, gestrichen. Der Wahlprogrammausschuß des Konvents gestand offen, daß die Meinungen über diese Frage hoffnungslos geteilt seien. Das war nun freilich himmelweit von dem Standpunkt unbedingter Prinzipientreue verschieden, wie er Carl Schurz vorschwebte. Es war das erste Zugeständnis, das man dem Gedanken machte, es gelte vor allem, sich auf einen Mann zu einigen, den man bei den Wahlen durchbringen könne. Die Nomination Greeleys und die Art, wie sie bewerkstelligt wurde, vollendete die einmal begonnene Abwendung von den Idealen, die Schurz verwirklicht zu sehen hoffte. Am 11. Mai 1872 schrieb dieser an Samuel Bowles, den Redakteur des in Springfield erscheinenden „Republican": „Noch kann ich nicht ohne tiefen Schmerz an den Ausgang des Konvents in Cincinnati denken. Ich habe ehrlich für die Reform im weitesten Sinne des Wortes gearbeitet. Man sagte mir oft in Cincinnati, daß ich einen ausschlaggebenden Einfluß auf die Auswahl der Kandidaten ausüben könne, und wahrscheinlich war das richtig. Ich tat es aber nicht, denn ich hielt es für einen kleinlichen Ehrgeiz, die Rolle eines Präsidentenmachers zu spielen, und ich hegte den Wunsch, die Nomination möge als natürliches Ergebnis eines höher gerichteten Gemeingeistes erscheinen und so an Kraft und Wert gewinnen. Alles schien einen glücklichen Verlauf zu versprechen. Und dann sehen zu müssen, wie eine Bewegung, die anscheinend über alle — billigerweise zu hegenden — Erwartungen erfolgreich gewesen war, im entscheidenden Augenblick von einer Clique von Politikern ausgenützt wurde, die am hellen lichten Tage ihren Schacher trieben und die zu eben der Klasse gehörten, die wir zu bekämpfen glaubten; zu sehen, wie man die ganze Bewegung ihres sittlichen Charakters beraubte und zu dem niedrigen Niveau gewöhnlicher politischer

Mache herabwürdigte, das, lassen Sie mich Ihnen offen bekennen, war ein schwerer Schlag, und wenn ich als der Unterlegene erscheine, so erhebe ich unter den Umständen keine Einsprache."

Obschon seine Sache verloren war, wurde Schurz doch die Genugtuung, zu sehen, daß er sich die Bewunderung und Achtung der besten und edelsten Geister der liberalen Bewegung erworben hatte. Von allen Seiten gingen ihm Worte des Lobes für seine Haltung im Konvente und Ausdrücke des Bedauerns über seine Niederlage zu.

Die Nomination Greeleys hatte große Verwirrung unter den liberalen Führern zur Folge. Einige von denen, die sich hervorragend an der Bewegung beteiligt hatten, zogen sich sofort zurück und gaben den Kampf für die Reform auf. Andere wieder, besonders die entschiedeneren Anhänger des Freihandels, fingen an, für einen neuen Konvent und einen neuen Kandidaten zu agitieren. Viele liberale Führer jedoch, wie Samuel Bowles, der Redakteur des „Republican", und Horace White, der Redakteur der Chicagoer „Tribune", traten für Greeley ein, freilich ohne viel von der sonst üblichen Wahlkampfbegeisterung zu zeigen. Für die Kandidatur Greeleys machte sich nun aber der Einfluß vieler demokratischer Führer geltend, die, so wenig ihnen Greeley zusagte, doch fühlten, daß sie in der Befürwortung der liberalen Sache zu weit gegangen waren, um jetzt umzukehren, weil ihnen der Kandidat nicht genehm war. Überdies ließen sich aus dem Süden so viele und so einflußreiche Stimmen zugunsten Greeleys vernehmen, daß die demokratische Partei ihn nicht gut ablehnen konnte.

Während der auf den Konvent in Cincinnati folgenden Wochen erklärte sich Carl Schurz, obgleich er mit allen Gruppen der Liberalen dauernd in Berührung blieb, öffentlich weder für noch gegen Greeley. Sein Briefwechsel mit dem Kandidaten war ebenso eigenartig wie seine Rede vor der Versammlung, die diesen nominiert hatte. Am 6. Mai richtete Schurz einen sehr ausführlichen Brief an Greeley, um ihm, wie er erklärte, mit voller Aufrichtigkeit seine Ansichten über die gegenwärtige Sachlage mitzuteilen. Und an Aufrichtigkeit ließ denn auch der Brief nichts zu wünschen übrig. Er rekapitulierte kurz die Geschichte des Handels, den die Parteigänger Greeleys und Browns miteinander abgeschlossen hatten, und gab mit Bedauern der festen Überzeugung Ausdruck, „daß die Erstlinge der großen Reform die mit so schönen Hoffnungen begonnen hatte, ein erfolgreiches Stückchen politischen Schachers gewesen sei, das nicht verfehlen könne, die ganze moralische Grundlage der Bewegung zu erschüttern ...... In ihrer gegenwärtigen Gestalt appelliere sie nicht mehr an das höhere sittliche Bewußtsein, das man in Herz und Sinnen des Volkes erweckt zu haben gehofft. Die Frische und der Duft sei dahin, und man sei zum alltäglichen Niveau eines Wahlkampfes politischer Macher hinabgesunken." Die Folgen dieser Sachlage malte Schurz in den düstersten Farben. Nicht nur die Zolltarifreformer, sondern auch die Deutschen hätten sich nach der Nomination Greeleys wie ein Mann losgesagt. „Die bedeutendsten deutschen Führer im Westen", schrieb Schurz, „sind nicht bloß verstimmt, sondern fest entschlossen, aus allen Kräften gegen die aufgestellten Kandidaten zu arbeiten. Sie sind taub gegen jedes Argument und nicht gewillt, wie sie sagen, sich zum Opfer und Werkzeug von Frank Blair und New Yorker Politikern herabzuwürdigen ..... Soviel ich weiß, ist mein Blatt (die „Westliche Post") heute die einzige deutsche Zeitung im ganzen Lande, die sich zugunsten der liberalen Kandidaten erklärt hat." Über die Aussichten auf einen erfolgreichen Wahlkampf schrieb Carl Schurz nicht sehr hoffnungsvoll. Nach wiederholten Versicherungen des ungeschwächten Zutrauens zu Greeleys persönlicher Ehrenhaftigkeit, schloß Schurz mit den Worten: „Ich bin mir noch nicht klar darüber, ob es das Beste ist, in der einmal eingeschlagenen Richtung zu beharren oder gar von vorn anzufangen. Ich gestehe Ihnen offen, daß ich selbst noch nicht weiß, was ich tun werde. Ich bitte Sie nur zu glauben, daß, wie ich auch immer handeln mag, ich mich nicht von eigennützigen Beweggründen, sondern von aufrichtiger Achtung für Sie und vom strengsten Pflichtgefühl werde leiten lassen. Es würde mich freuen, wenn Sie sich mit derselben Aufrichtigkeit aussprächen, die mir jedes Wort dieses Briefes eingegeben hat."

Der Aufforderung, die dieser Schlußsatz enthielt, entsprach Greeley mit Freimut in folgender Erwiderung:

8. Mai 1872.

Geehrter Herr!

Soeben erhalte ich Ihren Brief vom 6. dieses. Ich glaube, ich kann Ihnen vollkommen nachempfinden, was Sie fühlen, denn ich war darauf vorbereitet, daß man mich unter Umständen, die den von Ihnen geschilderten ganz gleich waren, auffordern würde, für Adams oder Davis als Präsidentschaftskandidaten zu stimmen. Ich wußte — und Sie können sich selbst leicht von der Richtigkeit meiner Behauptung überzeugen —, daß diejenigen, die im Süden sich unserer Sache angeschlossen hatten, fast alle für mich waren, und doch waren sie in Cincinnati fast alle durch mir feindliche Delegierte vertreten. Diese repräsentierten das Kapital, das sie nach Cincinnati gebracht hatte, nicht aber die Wähler, die sie daheim zurückgelassen. Und die „Zolltarifreformer" aus jenen Staaten waren überhaupt nicht Republikaner, sondern Schwindler; sie waren seit Jahren keiner republikanischen Versammlung nahegekommen, wenn sie jemals eine solche besucht hatten. Trotzdem war ich bereit, für Kandidaten zu stimmen, bei deren Auswahl man keine Rücksicht auf die Wünsche der Masse der Wähler genommen hatte.

Natürlich bin ich bei der Mehrzahl der Deutschen unbeliebt, nicht so sehr weil ich Schutzzöllner, als weil ich Temperenzler bin. Sie werden nicht so allgemein für mich stimmen, wie sie für Adams oder Trumbull gestimmt hätten. Aber ich rechne in Illinois doch auf 75 000 republikanische Stimmen und also auf die Stimmen des Staates im Wahlkollegium. Selbst wenn uns Illinois verloren geht, hoffe ich, werden wir auch so siegen. New York, Connecticut, New Hampshire, New Jersey und fast der ganze Süden sind uns sicher. Ich rechne auf einigen Beistand im Nordwesten; bleibt dieser aus, so müssen wir ohne das fertig werden.

Von Anfang an habe ich mich ganz entschieden geweigert, mich auf Vereinbarungen oder einen Schacher irgendwelcher Art einzulassen. Man legte mir derlei von verschiedenen Seiten nahe, ich wies das aber mit Verachtung zurück. Deshalb konnte ich mir auch nicht vorstellen, daß meine Kandidatur durchgehen würde, da die Delegierten aus dem Süden die Stimmung der Wähler ganz schamlos mißachteten.

Ich wünschte, daß in allen unseren späteren Besprechungen das Wort Freihandel Ihnen so genehm wäre wie Zolltarifreform; das erste hat eine ganz bestimmte Bedeutung, das zweite scheint mir eine leere Phrase.

Wenn ich mir erlauben dürfte, Ihnen einen Rat zu geben, so möchte ich sagen: Warten Sie! Nehmen Sie sich Zeit zum Nachdenken und zur Besprechung. Ich glaube zuversichtlich, daß wir alle nach reiflicher Überlegung die richtigen Beziehungen zueinander finden werden.

Mit vielem Dank für Ihr persönliches Wohlwollen und Ihre Freundlichkeit verbleibe ich ergebenst

Ihr

Horace Greeley.

Aus diesen ersten Briefen und aus andern darauf folgenden ging immer deutlicher hervor, daß die „Aufrichtigkeit", welche sie kennzeichnete, nicht dazu angetan war, einen besonders hohen Grad der Übereinstimmung zwischen dem Kandidaten und dem liberalen Führer zu entwickeln — zwischen dem Manne, dessen Nomination das Ergebnis eines „politischen Schachers" war, und dem andern, dessen Verlangen nach Zolltarifreform eine „leere Phrase" war und der von „Schwindlern" in diesem Verlangen unterstützt wurde. Am 18. Mai schrieb Schurz, die Aussichten für Greeleys Erfolg seien sehr ungünstig; es werde bald eine zweite liberal-republikanische Wahlliste aufgestellt werden, und Greeley solle die Annahme der Nomination von Cincinnati hinausschieben, bis sich die Dinge besser übersehen ließen. Aber Greeley sah die Dinge in einem ganz andern Lichte als Schurz und erklärte in seiner Antwort: „Ich werde unbedingt annehmen."

Unterdes machten es sich die Freunde von Carl Schurz und Greeley zur Aufgabe, den Bruch zu heilen, den die ‚Aufrichtigkeit' des Briefwechsels zwischen den beiden Männern beständig vergrößerte, und über den Erfolg dieser Bemühungen konnte dann Horace White am 9. Juni an Schurz berichten.

Was Carl Schurz in seinem Briefe vom 18. Mai über die Aufstellung anderer liberaler Kandidaten gesagt hatte, bezog sich auf eine Konferenz, die von Männern in Aussicht genommen war, die mit den in Cincinnati aufgestellten Kandidaten unzufrieden waren. Eine von Schurz und andern unterzeichnete Einladung zu dieser Konferenz führte am 20. Juni einige sechzig Männer im Fifth Avenue Hotel in New York zusammen. Eine rückhaltlose Aussprache, in der die Sachlage von allen Seiten beleuchtet wurde, machte es klar, daß die vorherrschende Meinung dahin ging, Greeley sei als Kandidat zu akzeptieren. Diese Meinung fand kräftige Unterstützung in einer Rede von Schurz, die den Abschluß der Konferenz bildete. Er war zu der Überzeugung gelangt, daß nach dem schmerzlichen und peinlichen Ergebnis des Konvents in Cincinnati jede Möglichkeit, durch die bevorstehenden Wahlen eine ideale Reform zu erlangen, ausgeschlossen sei, und daß es sich nun nur noch um die rein praktische Frage handeln könne: Welcher von zwei unbefriedigenden Kandidaten gewährt bei der späteren Präsidentenwahl des Jahres 1876 einer wahren Reformbewegung größere Aussicht auf Erfolg? Auf diese Frage aber laute die Antwort unzweifelhaft: Greeley.

Im Sinne dieser Erklärung hielt Carl Schurz während des Wahlkampfes eine Anzahl Reden. Diese kämpften begreiflicherweise mehr gegen Grant, als für Greeley, und es fehlte ihnen an jenem Schwung, den ein anderer Kandidat und eine hoffnungsvollere Sache ihnen geliehen hätte. Für Schurz kam der überwältigende Sieg Grants nicht unerwartet; er nahm ihn mit philosophischem Gleichmut hin und ließ sich in der Hingebung an die Ideale der Reform, denen sein Herz gehörte, auch nicht einen Augenblick wankend machen.

Drittes Kapitel.

Carl Schurz als „Wilder“ im Senat.

Als der Senat im Dezember 1872 wieder zusammentrat, war die Lage der Dinge für Schurz und seine liberalen Kollegen nach der demütigenden Niederlage im Wahlkampfe nicht eben tröstlich und der Ausblick in die Zukunft wenig versprechend. Aber es kamen nun in schneller Folge Ereignisse, die sie rechtfertigten und ermutigten. Die Politik des Präsidenten im Süden, wo sich z. B. in Louisiana der von Grants Schwager unterstützte Gouverneur nur mit Hilfe von Bundestruppen im Amte erhalten konnte, fand selbst bei den regierungsfreundlichen Senatoren nicht unbedingte Billigung, und es ereignete sich der eigentümliche Fall, daß bei der nachsichtslosen Verurteilung der Regierung Carpenter und andere Republikaner Schurz' eifrige Sekundanten waren. Freilich waren alle Versuche, Grant umzustimmen, vergeblich, aber die Situation bestätigte vollauf die Behauptung der Liberalen, daß die vom Präsidenten im Süden verfolgte Politik Freiheit und Ordnung nicht nur in den rekonstruierten, sondern auch in den andern Staaten der Union zu vernichten drohe.

Gleichzeitig begannen die Enthüllungen über Skandale in der Legislative und Regierung, die sich nun Jahre lang ohne Unterbrechung fortsetzen sollten und lange vor dem Ende von Grants zweitem Amtstermin Schurz' Kassandrarufe über den drohenden Verfall des sittlichen Empfindens im politischen Leben bewahrheiteten. Ein sensationeller Fall — der offene Kauf eines Sitzes in Bundessenat — bot Schurz während der Extrasession im März 1873 Gelegenheit zu einer vernichtenden Brandmarkung der korrupten Einflüsse, die rings um den Kongreß am Werke seien und besonders von den großen Korporationen ausgingen. In der nächsten Session 1873—74 mehrten sich die Enthüllungen, und der übelriechende Strom von Bestechlichkeit und Schande erreichte 1875 und 1876 seinen Höhepunkt, als die schmählichen Betrügereien des „Whiskey Rings" aufgedeckt wurden, bei denen Brenner und Regierungsbeamte sich in Millionen hinterzogener Steuern geteilt hatten, und als der Kriegsminister Belknap Knall und Fall seine Demission einreichte, um einer parlamentarischen Untersuchung wegen Verkaufs von Händlerstellen bei den Forts im Westen aus dem Wege zu gehen.

Inzwischen kam im Herbst 1873 die große finanzielle und industrielle Krisis, die ein ganz neues Moment in die politische Sachlage einführte und mit einem Male die alten, scharf gezogenen Grenzen zwischen den Parteien durch schwierige Finanz- und Währungsfragen verwischten. Vermehrung oder Einschränkung des Papiergeldes, Papiergeldwährung oder Wiederaufnahme der Barzahlungen waren die Probleme, die dem Kongreß zur Lösung vorlagen, und Carl Schurz, der sich mit Feuereifer in die langen und verwickelten Diskussionen dieser Fragen stürzte, erwarb auch auf diesem Felde sich neue Lorbeeren. Er war der eifrige und jedem Kompromiß abgeneigte Vorkämpfer „guten Geldes" und der baldigen Wiederaufnahme der Barzahlungen. Andere leitende Vertreter derselben Idee, vor allem John Sherman, hatten nicht den Mut der eignen Überzeugung und glaubten den Parteiverhältnissen Zugeständnisse machen zu müssen. Denn im Westen war der Ruf nach mehr Papiergeld unter den Republikanern fast ebenso dringend und allgemein wie unter den Demokraten. So befanden sich die republikanischen Senatoren des Westens in einer Zwangslage und waren zu halben Maßregeln geneigt, obschon nach ihrer innersten Überzeugung drastische Gesetzgebung not tat, um die Währung auf eine solide Grundlage zu stellen. Drei führende Republikaner des Westens, Morton, Logan und Ferry, verpflichteten sich definitiv zum Eintreten für eine Vermehrung der umlaufenden Noten und wurden so Schurz' Hauptgegner.

In den ersten Monaten des Jahres 1874 war die Stimmung für einen solchen Schritt stark genug, um eine Vorlage, die die Vermehrung des Papiergeldes (der „Greenbacks") um vierundvierzig Millionen Dollars vorsah, in beiden Häusern zur Annahme zu bringen. Aber gegen den Gesetzvorschlag legte Grant nach längerem Zögern sein Veto ein. An der Besprechung der Vorlage, die zuzeiten einen höchst bittern Ton annahm, beteiligte sich Carl Schurz in hervorragender Weise. Am 14. Januar und 24. Februar hielt er Reden, die mit überzeugender Klarheit und mit gründlichster Sachkenntnis die allgemeinen Fragen der Handelskrisen und der Papiergeldwährung ohne Einlösungspflicht und mit Zwangkurs erörterten. Die Geschichte und die Theorie der Volkswirtschaft, die er mit genauer Kenntnis und zwingender Beweisführung handhabte, bildeten die Grundlage seiner Darlegungen. Diese Reden waren die Frucht eingehendster Spezialstudien und sorgfältiger Vorbereitung und erzwangen sich die Beachtung der Sachverständigen sowohl wie der Politiker.

Besonders eindrucksvoll war die Rede vom 24. Februar. Carl Schurz selbst war der Meinung, diese und die beiden über Santo Domingo seien die besten, die er im Senat gehalten. Das Publikum hatte seine besondere Freude an einigen rein persönlichen Renkontres, die, an und für sich ohne große Bedeutung, gewisse Charakterzüge der an der Debatte Beteiligten in volles Licht setzten. Morton und Cameron stellten die Behauptung auf, die Sachlage in den Vereinigten Staaten sei einzigartig und lasse sich also nicht nach allgemeinen Grundsätzen beurteilen, die man aus der Geschichte anderer Zeiten und Länder ableite. Carl Schurz fühlte, daß dieses Argument oder vielmehr diese anmaßliche petitio principii unaufrichtig war, und daß seine Gegner aus Rücksichten der Parteipolitik mit ihrer wahren Überzeugung hintanhielten. Er machte kein Hehl aus seiner Verachtung für derartige Ausflüchte und ließ alle ihm zu Gebote stehenden, gefürchteten Künste des Sarkasmus und der Ironie spielen. Dies führte zu ungewöhnlich scharfen Zusammenstößen. Morton antwortete mit großer Schroffheit und nahm dabei zu dem kläglichsten Trumpfe, der dem gebornen Amerikaner gegen einen solchen Gegner zur Verfügung steht, seine letzte verzweifelte Zuflucht: ein Ausländer sei eben nicht imstande, Amerika zu verstehen. Carl Schurz führte ihn nun aber auf Anhieb glänzend ab, indem er zeigte, die Widersprüche in Mortons Stellung zur Währungsfrage, — auffallende Widersprüche, die ganz offenkundig durch die Strömung der öffentlichen Meinung im Westen bedingt waren, — bewiesen nur, daß Morton den Wechsel in der Volksstimmung besser als die Finanzwissenschaft verstehe. Morton war mit dem Tu quoque schnell bei der Hand, das Schurz' Verlassen der regulären republikanischen Partei nahe legte. Aber auf einen unabhängigen und prinzipientreuen Mann mußte dieser zurückgegebene Vorwurf seine Wirkung verfehlen. Morton stellte nicht in Abrede, daß er seine Meinung geändert habe, und erklärte, er werde das auch in Zukunft wieder tun, sobald er zur Überzeugung gelange, daß er sich im Irrtum befunden habe. Er rühmte sich, — wie es strammen Parteigängern geziemt, — seinen Standpunkt nie so völlig geändert zu haben, daß er sich gezwungen gesehen hätte, aus der Partei auszuscheiden. „Ich habe niemals Verrat an meinen Prinzipien begangen, oder an meinen Freunden, oder an denjenigen, die mir zur Macht verholfen haben; und ich habe nie versucht, diese Macht zu ihrem Verderben zu gebrauchen." Carl Schurz verband in seiner Antwort eine schneidende Kritik mit einer epigrammatischen Definition der Moral im politischen Handeln. „Er soll mir in meiner Vergangenheit ein einziges Prinzip zeigen, das ich je verraten habe. Er soll mir in den politischen Programmpunkten, für die ich eingetreten bin, einen einzigen Widerspruch nachweisen. Es wird ihm nicht gelingen! Er ist nie aus der Partei ausgetreten, ich bin nie meinen Prinzipien untreu geworden; darin besteht der Unterschied zwischen ihm und mir."

Für einen Mann von Schurz' Charakter ist es immer schwer, eine gewisse gerechte Entrüstung über die Ausflüchte und die Unkenntnis arroganter Politiker zu verbergen. Carl Schurz hielt Morton augenscheinlich mehr für unaufrichtig als unwissend. Auf das oft wiederholte und hochtrabende Gerede von den ganz eigenartigen Verhältnissen der Vereinigten Staaten, die eine Abweichung von gesunden volkswirtschaftlichen Prinzipien rechtfertigten, antwortete Schurz: „Wenn ich mit jemand über Arithmetik oder Geometrie sprechen soll, so verlange ich, daß er, ehe wir weiter gehen, gewisse elementare Lehrsätze anerkennt; z. B. den Lehrsatz, daß zwei mal zwei vier ist, und daß der kürzeste Weg zwischen zwei Punkten eine Gerade ist. Wenn jemand, der mit mir über Arithmetik oder Geometrie diskutieren will, behauptet, daß zwei mal zwei wohl anderswo vier ist, aber nicht hier, und daß der Lehrsatz, nach dem der kürzeste Weg zwischen zwei Punkten eine Gerade ist, wohl vor fünfhundert Jahren Glauben gefunden haben mag, aber dem Geist des Fortschrittes unseres Zeitalters nicht entspricht, und daß der kürzeste Weg zwischen zwei Punkten eine gebogene Linie ist, so werde ich ihm sagen: „Sie holen sich am besten Ihre Fibel vor, lernen das Einmaleins und sehen sich den Euklid an, der zwar nicht hierzulande geboren sein mag und schon etliche Jahrhunderte tot ist, von dem Sie aber trotzdem noch eine oder die andere wertvolle Belehrung erhalten dürften."

Das Resultat der langen Diskussion war zu Schurz' großer Enttäuschung eine jener leidigen Kompromißvorlagen, die auf eine genügende Majorität im Kongreß und zugleich auf die Zustimmung des Präsidenten rechnen konnte und die Ausgabe von weiteren sechsundzwanzig Millionen Papiergeld („Greenbacks") vorsah.

Die nächste Session des Kongresses wurde unmittelbar nach den Wahlen von 1874 eröffnet, in denen die Republikaner eine allgemeine und überwältigende Niederlage erlitten hatten. Nun entwarf Sherman, als Vorsitzender des Finanzausschusses, sofort eine neue Währungsgesetzvorlage, und diese wurde unter Anwendung des stärksten Parteidruckes so formuliert, daß ihre Annahme durch die republikanische Majorität gesichert war. Es war die berühmte „Resumptionsakte", die den 1. Januar 1879 als den Tag festsetzte, von dem an alles Papiergeld gegen Bargeld einlösbar wurde. Die Vorlage zeigte in vielen Punkten sehr große Mängel, in andern große Unklarheit, und Carl Schurz griff sofort alle ihre Schwächen scharf an. Die Dunkelheiten hatte die republikanische Vorversammlung absichtlich darin stehen lassen, da nur so eine Einigung zu erreichen war. Es stand Schurz, für den ja nie Parteirücksichten geltend waren, frei, die Schwächen des vorgeschlagenen Gesetzes bloßzulegen, und er tat dies ohne Erbarmen. Aber unter dem Drucke des Parteizwanges, der die Republikaner glücklich unter einen Hut gebracht hatte, schob man seinen Einspruch achtlos bei Seite und nahm die Vorlage unverändert an. Da sie einige gute und wichtige Punkte enthielt, stimmte auch Schurz dafür, nicht jedoch ohne seinem Bedauern darüber Ausdruck zu geben, daß er nicht eine Anzahl von Amendements habe durchsetzen können, die die Vorlage klarer und folgerichtiger gemacht hätten.

Durch die Wahlen von 1874 ging die Majorität nicht nur im Unterhause des Kongresses, sondern auch allgemein in den Regierungen der Einzelstaaten und in den Kommunalverwaltungen von den Republikanern auf ihre Gegner über. Das Regime Grant, dessen Sturz Carl Schurz jahrelang erhofft und erstrebt hatte, war nun vom Volke ohne Erbarmen verurteilt und verworfen. Das war für Schurz natürlich eine Quelle großer Genugtuung. „Wie ist Sumner gerächt!" schrieb er gleich nach der Wahl an einen Freund. Zugleich war es klar, daß die Wahlen in Missouri den Staat völlig in die Hände der extremen oder „Bourbon"-Demokraten geliefert hatten, gerade als Schurz' Amtszeit als Senator zu Ende ging. Noch in einem der letzten Wahlkämpfe, nachdem Schurz mit seiner Partei gebrochen hatte, um es durchzusetzen, daß die Ungerechtigkeit gegen diese Klasse von Demokraten endlich aufhörte, war er überall im Staate mit grenzenloser Begeisterung begrüßt worden. Die äußern Zeichen der Bewunderung gingen oft so weit, daß eine Schar schlanker und sehniger Landleute ihn packte und unter wildem Jubel auf den Schultern herumtrug. So etwas war ihm, dessen gesteigerte Gefühle rein geistiger Natur waren, im höchsten Grade zuwider. Bei einem derartigen Anlaß, der ihm besonders fatal war, bemerkte er: „O ja, jetzt habt ihr mich furchtbar lieb, aber bald werdet ihr mir einen Konföderiertengeneral zum Nachfolger wählen." Selbst nach der Wahl von 1874 suchten seine Freunde ihm und sich einzureden, daß die siegreichen Demokraten liberale Gesinnung genug beweisen würden, ihn wieder in den Senat zu wählen. Aber Carl Schurz gab sich keinen Augenblick dieser Täuschung hin. Er war viel zu sehr mit der praktischen Politik vertraut, um zu vergessen, daß wenn Republiken undankbar sind, Parteien besitzgierig sind. Und seine Prophezeiung traf ein: einige Wochen später wählte die demokratische Volksvertretung von

Missouri General Cockrell, einen früheren Konföderierten, zu seinem Nachfolger.

Inzwischen erwog Schurz eingehend allerlei Pläne für die Zukunft nach dem bevorstehenden Rücktritt ins Privatleben und holte sich bei seinen Freunden, besonders bei denen, die im Osten wohnten, Rat bezüglich einer neuen Tätigkeit, die seinen Fähigkeiten angemessen wäre und seinen Neigungen entspräche. Man machte ihm verschiedene Anerbieten für bedeutende literarische Arbeiten historischen Inhalts, und eine Zeitlang dachte er daran, nach Massachusetts zu ziehen, wo ihm ausgezeichnete Bibliotheken zugänglich waren und er mit einer Anzahl geistvoller und gebildeter Freunde, die er sich in diesem Landesteile erworben hatte, in Berührung bleiben konnte.

Während der letzten Monate seiner Tätigkeit als Senator, im Winter 1874/75, hatte Carl Schurz noch einmal Gelegenheit, die Regierung wegen ihres erneuten gewaltsamen Eingreifens in die Angelegenheiten Louisianas an den Pranger zu stellen. Eine formvollendete und gedankenreiche Darlegung der Folgen, welche eine solche Politik unausbleiblich haben müsse, bildete den Inhalt von Schurz' letzter großer Rede im Senat.

Zwei Wochen, nachdem sein Mandat erloschen war, schrieb er an einen seiner Freunde in Massachusetts: „Ich fühle mich zu der Hoffnung berechtigt, daß das Jahr 1876 Gelegenheit für eine Bewegung bieten wird, wie es die von 1872 hätte sein sollen." Dieser Ausspruch zeigt, daß der Schreibende den Idealen des Konvents von Cincinnati treu geblieben war, und daß er sich schon im März 1875 mit einem Plan trug, um im Jahre 1876 der liberal-republikanischen Bewegung den Sieg zu sichern, den sie 1872 durch eine unglückselige Nomination verscherzt hatte.

Während der ersten Hälfte von Grants zweiter Präsidentschaft hatte sich die liberal-republikanische Partei allmählich ganz aufgelöst. Ihre Parteiorganisation hörte auf, ihre Mitglieder suchten teils bei den Republikanern, teils bei den Demokraten Unterkunft. Aber Carl Schurz und die ihm Gleichgesinnten konnten an keinen solchen Anschluß denken, solange Mißwirtschaft, Korruption und gefährliche

Ansichten über Finanzwirtschaft die Parteien beherrschten. Die bedenklichen Irrlehren über Papiergeldwährung und Vermehrung der Umlaufsmittel waren in beiden Parteien verbreitet, hatten aber bei den Demokraten entschieden freundlichere Aufnahme gefunden. Die Unabhängigen waren radikale Gutgeldleute, die an dem vielgeschmähten Grant wenigstens das zu loben fanden, daß er im Frühjahr 1874 durch das Veto der schlimmsten Vorlage zur Vermehrung der Umlaufsmittel die Sünden seiner Amtstätigkeit zum Teil gutgemacht hatte. Mit der Rückkehr der alten Parteiklepper der „Bourbondemokratie", die gleich den 1814 nach Frankreich zurückkehrenden Herrschern nichts gelernt und nichts vergessen hatte, machte sich nach dem Siege von 1874 häufig der alte Parteigeist laut geltend, was die Unabhängigen nur noch mehr abstieß. Es gab jedoch in der demokratischen Partei sowohl, wie in der republikanischen ein Element, das für die Ideale der Reformer kräftige Sympathien hegte, und der Gedanke, mit Hilfe dieses Elements eine tatsächliche Anerkennung der Reform von seiten beider Parteien zu erlangen, lag allen Vorbereitungen Schurz' für die nächste Präsidentenwahl zugrunde.

Während des ganzen Frühjahrs 1875 fand ein lebhafter Briefwechsel über diesen Plan zwischen Carl Schurz und dem geistvollen Kreise seiner Intimen statt, die zu ihm als ihrem Führer aufblickten, und zu denen außer den früher erwähnten Horace White, Samuel Bowles und Charles Francis Adams, auch E. L. Godkin, General J. D. Cox, Charles Nordhoff, Murat Halstead und die Söhne von Adams, besonders Henry und Charles Francis junior, gehörten. Ende April hielt eine Anzahl von ihnen mit Schurz eine Zusammenkunft in New York, wobei die Pläne für den Wahlkampf des folgenden Jahres gründlich besprochen wurden. Bald darauf reiste Schurz nach Europa, um sich dort mehrere Monate aufzuhalten.

Im Sommer nahmen nun aber die politischen Verhältnisse in Ohio eine Wendung, die die Aufmerksamkeit der liberalen Gruppe auf sich zog. Charles Francis Adams junior schrieb am 28. Juni an Schurz, „die Schlacht für 1876 müssen wir jetzt in Ohio gewinnen oder verlieren", und er beklagte, daß der Führer außer Landes sei.

„Ich bin fest davon überzeugt", fuhr Adams fort, „daß, wenn Sie jetzt nach Ohio kommen könnten, um die unabhängigen Wähler zu organisieren, so würde die Stellungnahme der Parteien zu den öffentlichen Fragen im Wahlkampfe des kommenden Jahres ein ganz anderes Aussehen erhalten." Dann schrieben Halstead und Nordhoff im Juli gleichlautende Briefe und baten Schurz dringend, rechtzeitig zum Wahlkampfe zurückzukehren. Die Demokraten, deren Kandidat wieder Gouverneur William Allen war, hatten die Vermehrung der Umlaufsmittel und die Aufhebung des Resumptionsakts als die wichtigsten Fragen in den Vordergrund gestellt. Rutherford B. Hayes, der Kandidat der Republikaner, erklärte sich entschieden für die Wiederaufnahme der Barzahlung und für „gutes Geld". Adams erneuerte seine Bitten, Schurz möge sich an dem Kampfe beteiligen, und erklärte, die Wahl Allens würde ein furchtbarer Schlag für die liberale Sache sein. „Die Waffe, die uns zum Siege verhelfen kann, sind die Stimmen der Deutschen; es ist die einzig wirkungsvolle Waffe, über die wir verfügen, und diese halten Sie in Händen. Sie müssen zeitig genug zurückkommen, um gerade noch vor Torschluß den Streich zu führen, und das mit all dem Prestige des Ihnen eben in Deutschland bereiteten Empfanges." Mehrere bedeutende Führer der Liberalen in Ohio schlossen sich dem Drängen seiner intimen Freunde an, und Carl Schurz, der vollkommen mit ihren Bestrebungen sympathisierte, kürzte seinen Aufenthalt in Deutschland ab und war Mitte September wieder in Amerika.

Er reiste unverzüglich nach Ohio und sprach an vielen Orten in deutscher und englischer Sprache zugunsten von Hayes. Aber er betonte nachdrücklich seine Unabhängigkeit von beiden Parteien, beschränkte sich in seinen Reden auf die Währungsfrage und vermied alle persönlichen Beziehungen zu dem Kandidaten, für den er agitierte. Hayes wurde mit geringer Majorität gewählt. „Ich ging heute früh nach Hause", schrieb Charles Francis Adams junior an Schurz, „mit dem beruhigenden Bewußtsein, daß der blutige, graue Skalp des alten Bill Allen sicher an Ihrem Gürtel baumelt." Der Vorsitzende des republikanischen Wahlkomitees erklärte in aller Form, daß der Sieg zum großen Teil Carl Schurz zuzuschreiben sei; zu gleicher Zeit bat er diesen um Verzeihung, daß ihm die aus dem Wahlkampfe erwachsenen Ausgaben noch nicht vergütet seien, was er sich nachzuholen erbot. Carl Schurz lehnte aber dieses Anerbieten ab, dessen Annahme das Prinzip und den Zweck seiner Beteiligung an der Agitation kompromittiert haben würde. „Ich war froh", schrieb er, „daß sich mir Gelegenheit bot, zu tun, was ich getan habe, und ich fühle mich durch den Erfolg reichlich belohnt."

Aber solche innere Befriedigung sichert keinen Lebensunterhalt. Daher folgte für Carl Schurz auf die Agitationsreisen in Ohio eine lange arbeitsreiche Periode, in der er öffentliche Vorträge hielt. Seine romantische Laufbahn, sein weiter geistiger Ausblick und seine begeisternde Redegabe hatten ihm schon über anderthalb Jahrzehnte als Vortragsredner große Beliebtheit erworben. So war es ihm ein Leichtes, sein bescheidenes Einkommen zu vergrößern, dessen sicherste, wenn auch nicht immer bedeutendste Quelle seine journalistische Tätigkeit bildete. Während der langen, anstrengenden Vortragstournee, die er im Winter 1875/76 unternahm, hörte er nicht auf, brieflich und mündlich im Interesse „einer Bewegung zu arbeiten, wie es die von 1872 hätte sein sollen". Nachdem die Kandidatur Grants durch das Repräsentantenhaus, das sich in einer Resolution fast einstimmig gegen einen dritten Amtstermin aussprach, unmöglich gemacht worden war, wurden Morton, Conkling, Blaine, der frühere Sprecher des Unterhauses, und Finanzminister Bristow die führenden Kandidaten für die republikanische Nomination. Carl Schurz fing bald für Bristow zu agitieren an, der bei der Aufdeckung der Skandale in der Verwaltung eine bedeutsame Rolle gespielt hatte, und auf den man sich also als energischen und erfolgreichen Reformer verlassen konnte.

Aber Blaines Kandidatur hatte große Aussichten, und auch viele Unabhängige neigten sich ihm zu, da er für einige liberale Maßnahmen eingetreten war und große geistige Regsamkeit und ein gewinnendes Wesen besaß. Morton und Conkling waren seine stärksten Nebenbuhler. Als Grants Adjutanten und bereitwillige Vorkämpfer verfügten sie in der Hauptsache über die stramme Unterstützung der Partei. Die Leidenschaften der Kriegszeit schlummerten. Um nun seinen Mitbewerbern innerhalb der Partei den Rang abzulaufen, benützte Blaine am 10. Januar 1876 die Gelegenheit, um im Repräsentantenhause auf die Ex-Konföderierten einen theatralisch inszenierten Angriff zu machen und die Schrecken der Kriegsgefängnisse im Süden mit den düstersten Farben zu schildern. Dies war von unmittelbarer Wirkung. Die Vorurteile des Nordens flammten auf. Blaine stolzierte in die Mitte der Szene. Aber er hatte nicht bedacht, welchen Eindruck ein solches Manöver auf die Unabhängigen machen würde, die ursprünglich für ihn gewesen waren. Viele zogen sich sofort von dem Manne zurück, der sich ihres Vertrauens unwürdig gezeigt hatte.

Carl Schurz hatte Blaines Charakter schon lange richtig eingeschätzt. Am 4. Januar 1876, also noch vor dieser neuen Offenbarung, schrieb er an Bowles: „Es werden hier in New York gewaltige Anstrengungen für Blaine und Bristow gemacht. Unser Freund Phelps ist von neuem dem „persönlichen Magnetismus" Blaines zum Opfer gefallen, Nordhoff desgleichen, und es hat den Anschein, als seien sie ihm so verfallen, daß auf ihre Ernüchterung nur geringe Aussicht ist. Ich tue alles, was in meinen Kräften steht, aber ohne große Hoffnung auf Erfolg." Sechs Tage nach Blaines aufsehenerregender Rede schickte Schurz folgenden heitern Kommentar an Bowles: „Es sieht fast so aus, als hätte Blaine selbst seiner Kandidatur den Todesstoß versetzt, wie ich es immer von ihm erwartet habe. Er mag sich scheinbar erholen, aber ich bin überzeugt, seine allzu große Pfiffigkeit wird ihm doch noch den Garaus machen."

Selbstredend hegte Blaine für Schurz und dessen Ideale keine Sympathien, aber er sah deutlich, wie wichtig es für ihn war, die Unterstützung des eigentlichen Führers der Unabhängigen zu erlangen. Weit stärkere Gegner als Phelps und Nordhoff waren seinem sprichwörtlichen Magnetismus und dem Zauber seines herzgewinnenden Wesens erlegen, die fast unwiderstehlich wirkten, selbst wenn sie völlig unaufrichtig waren. Er versuchte seine Künste von Zeit zu Zeit an Schurz, aber vergebens. Als er Schurz einmal bei Nordhoff traf, erneuerte er seine Annäherungsversuche, nachdem dieser das Zimmer verlassen hatte. Er begleitete dann Schurz auf dem Heimwege, und als sie sich dem Lafayette Platz näherten, wurde es Blaine klar, daß seine üblichen Mätzchen nichts fruchteten und der Moment für einen großen Theatercoup gekommen war. Er wurde immer freundschaftlicher, immer warmherziger, aber immer noch ohne die erwünschte Wirkung zu erzielen. Da fiel er Schurz fast buchstäblich um den Hals, blickte ihm flehend ins Auge und sagte: „Carl, Sie werden doch nicht g e g e n mich agitieren!"

Inzwischen hatte sich Carl Schurz mit dem Plan einer Konferenz der Unabhängigen getragen, wo Schritte besprochen werden sollten, um zu „verhindern, daß der Wahlkampf, der in das Jahr des hundertjährigen Bestehens der Republik fiel, nicht zu einer bloßen Rauferei um die politische Beute würde". Die nächsten vier Monate widmete er der Ausarbeitung dieses Planes. In aller Stille und mit der größten Vorsicht — um die Teilnahme der Elemente zu verhindern, die die Bewegung von Cincinnati zum Scheitern gebracht hatten — versicherte man sich der Mitwirkung von Hunderten von Republikanern und Unabhängigen, deren Namen von Einfluß auf die öffentliche Meinung und die Wähler waren.

Gerade im kritischen Stadium dieser Bewegung traf den Führer ein furchtbarer Schlag. Frau Schurz starb am 15. März 1876. Seinen vielen Freunden gelang es erst nach Wochen, ihm durch freundliche Zusprache die gewohnte Geistesruhe wiederzugeben, die die bevorstehende Arbeit erforderte. Aber im April ergingen endlich die formellen Einladungen zu einer Konferenz, die auf den 5. Mai im Fifth Avenue Hotel in New York anberaumt war. Nahezu zweihundert der Eingeladenen — eine viel größere Zahl, als man erwartet hatte — nahmen teil. Unter den Anwesenden, die viele Staaten vertraten, befanden sich Präsidenten und Professoren von Colleges, Geistliche, Schriftsteller, Philanthropen und andere Männer von großer Einsicht und bedeutendem Einfluß. Die Sorgfalt, mit der man die Fehler des Jahres 1872 zu vermeiden suchte, fand sich belohnt. Die „praktischen Politiker", die in Cincinnati das Fiasko verursacht hatten, fehlten glücklicherweise, die Verhandlungen nahmen einen harmonischen Verlauf und beschränkten sich klugerweise auf die Erteilung von Ratschlägen für die bevorstehende Wahl. Das wichtigste Ergebnis der Beratungen war die Annahme eines von Schurz verfaßten Aufrufs an die Wähler. Dieser Aufruf brachte die Bedürfnisse der Zeit in dem wohlbekannten Verlangen nach Reform in der Verwaltung und nach einer durch unabhängiges Handeln der Wähler zu bewerkstelligenden Neugestaltung der Parteien zum Ausdruck. Die größte Aufmerksamkeit zog der Teil des Aufrufs auf sich, der diejenigen Arten von Politikern beschrieb, denen die Reformer ihre Stimmen verweigern würden. Es waren keine Namen genannt, aber die bekannten Züge aller führenden republikanischen Bewerber um die Präsidentschaft, mit Ausnahme Bristows, traten in scharfen Umrissen hervor. Auf diese Weise waren nicht nur Blaine, Morton und Conkling ausgeschlossen, sondern zugleich alle Neulinge (dark horses), Verlegenheitskandidaten, deren Aussichten auf die Nomination sich auf ihre Schwäche und Nachgiebigkeit gründeten, nicht auf ihre Charakterstärke und ihre Entschlossenheit, die Reform trotz aller Hindernisse durchzusetzen. Auf die Annahme des Aufrufs erfolgte die Wahl eines ausführenden Ausschusses, der ermächtigt war, die Konferenz im Notfalle von neuem einzuberufen. Mit diesem Notfalle aber war die Aufstellung eines für die Unabhängigen unannehmbaren Kandidaten seitens der Republikaner gemeint.

Ehe der republikanische Konvent am 14. Juni in Cincinnati zusammentrat, hatte Blaine sich noch durch etwas anderes als seine „Pfiffigkeit" geschadet: seine öffentlich bekannt gewordene Bestechlichkeit erdrückte ihn, wie die Schlangen den Laokoon. Während noch die Konferenz tagte, hatte sich der Verdacht so stark geregt, daß eine Untersuchung gegen ihn angestrengt wurde, und ehe der Konvent zusammentrat, hatten ihn die „Mulligan Briefe", die seine Bestechlichkeit erwiesen, ernstlich kompromittiert. Seine Aussichten waren dahin, obgleich er mehr Anhänger hatte als irgend ein Kandidat. Bristow, Morton und Conkling fanden außerhalb ihres Heimatstaates nicht genügende Unterstützung, und so rückte nach Ausscheidung der eigentlichen Führer „der Lieblingssohn Ohios", Hayes, in den Vordergrund und erhielt die Nomination.

Seit seiner Wahl zum Gouverneur von Ohio, im Jahre 1875, war Hayes nachdrücklich der Aufmerksamkeit der Partei empfohlen worden, aber bis kurz vor dem Konvent hatte dies eine kaum merkliche Wirkung gehabt. Schon im Februar 1876 wandte sich Lee, der Sekretär des Gouverneurs, vertraulich an Schurz und erteilte ihm ausführliche Auskunft über den Standpunkt, den Hayes zu den brennenden Tagesfragen einnahm. Über seine Stellung in der Währungsfrage hatte nie ein Zweifel geherrscht. Jetzt überzeugte Lee nun Carl Schurz auch, daß Hayes bezüglich des Südens und der „Zivildienstreform" mit ihm übereinstimmte. Während der ganzen Zeit, die dem republikanischen Konvent vorausging, erhielt dann Schurz immer von neuem Aufklärungen, die es ihm ermöglichten, sich ein ziemlich klares Bild von Hayes' Charakter und Fähigkeiten zu bilden, und die ihm das volle Vertrauen gaben, Hayes werde sich den rechten Einflüssen zugänglich erweisen. Als es nun Bristow nicht gelang, den Konvent für sich zu gewinnen, lenkte sich die Aufmerksamkeit vieler Unabhängigen auf Hayes. Bald nach der Nomination erklärte Carl Schurz, anfangs nur im privaten Gespräch, daß ihm Hayes annehmbar sei, und andere führende Teilnehmer an der New Yorker Konferenz ließen sich in gleichem Sinne vernehmen.

Andere freilich, darunter solche, die Schurz sehr nahe gestanden hatten, bezweifelten, daß Hayes die erforderlichen Eigenschaften besitze, und zogen Tilden vor, von dem man zuversichtlich erwartete, daß ihn die Demokraten als Kandidaten aufstellen würden. Dabei war es nun bezeichnend für die politischen Zustände und Schurz' großen Einfluß, daß Gustav Körner aus Illinois, der auch in das Lager der Demokraten übergegangen war, Carl Schurz sofort nach der Nomination bat, er möge seinen Entschluß, für Hayes zu stimmen, nicht gleich öffentlich bekannt machen, denn wenn die Demokraten zu der Überzeugung gedrängt würden, daß sie die Unabhängigen nicht für sich gewinnen könnten, würden sie Tilden fallen lassen und sich den Verfechtern der Geldverschlechterung in die Arme werfen. „Unser Wunsch ist, daß beide Parteien Kandidaten aufstellen, die „gutes Geld" befürworten, damit in jedem Falle, ob nun die Wahl auf einen Republikaner oder einen Demokraten fällt, eines der großen Ziele der liberalen Republikaner erreicht wird."

Schurz' Stellungnahme wurde bald öffentlich bekannt. Für viele Liberale war das eine bittere Enttäuschung, und einige waren nahe daran, die Lauterkeit seiner Beweggründe in Zweifel zu ziehen, denn sie legten sein Verhalten dahin aus, daß er wieder in die Reihen der regulären Republikaner getreten sei, die er im Jahre 1872 verlassen hatte. Und sein Schritt erschien ihnen mit vollem Rechte als gleichbedeutend mit dem Ende der liberal-republikanischen Bewegung, zu deren Anregung und Förderung er am meisten beigetragen hatte.

Freilich hätte Schurz eine neue, eine Reformpartei vorgezogen, aber, da ein solches Unternehmen augenblicklich ganz aussichtslos war, arbeitete er nun vor allem darauf hin, das Regime Grant zu Falle zu bringen, republikanische Macher wie Morton, Conkling, den pfiffigen Blaine politisch unmöglich zu machen, und so die Partei zu zwingen, sich zu Führern der Reform und einer neuen liberalen Politik zu bekennen. Nach seinem Dafürhalten hatte nun aber die Kaltstellung aller jener Männer und Hayes' Nomination manches von dem zur Wirklichkeit gemacht, was die liberalen Republikaner anstrebten, und durfte als Bürgschaft für weitere Fortschritte in allernächster Zukunft gelten.

Schurz' Entschluß, für Hayes zu wirken, brachte die beiden Männer bald in intime Beziehungen. Bei einer persönlichen Unterredung, Anfang Juli, und im Laufe des regen Briefwechsels, der darauf folgte, legte der Führer der Reformbewegung deutlich und nachdrücklich dar, welcher Art der Inhalt des Briefes sein müsse, in dem der Kandidat, wie üblich, die Annahme der Nomination aussprach. Auf Wunsch des letzteren unterbreitete Carl Schurz einen Entwurf des Abschnittes, der die „Verwaltungsreform" betraf, und verschiedene darin enthaltene Wendungen, sowie der eigentliche Sinn desselben fanden Annahme. Und es war auch Schurz' Anregung zuzuschreiben, daß Hayes das feierliche Versprechen, nicht für eine Wiederwahl zu kandidieren, unmittelbar auf den Abschnitt über die „Verwaltungsreform" folgen ließ, um so die nahe Beziehung der beiden Punkte zu betonen. Die Währungsfrage wollte Hayes anfangs in seinem formellen Annahmeschreiben übergehen, aber er fügte sich schließlich der gegenteiligen Ansicht von Schurz. In der Form, wie es schließlich veröffentlicht wurde, stellte das Schreiben die Reformer sehr zufrieden, und es sicherte Hayes so die Unterstützung eines großen Bruchteils der Unabhängigen.

Wenn nun auch die ausgezeichnete Wirkung des Schreibens Carl Schurz befriedigte und ermutigte, so berührten ihn doch gewisse Dinge in der Leitung des Wahlkampfes höchst unangenehm und bestimmten ihn, Hayes ernstliche Vorstellungen zu machen. So war z. B. die Ernennung von Zachariah Chandler zum Vorsitzenden des nationalen Wahlkomitees geradezu lächerlich unpassend; aber in jenen Tagen diktierte weder der Kandidat, noch das Weiße Haus das Programm oder die Wahl der Leiter des Wahlkampfes. Obgleich Schurz zugab, daß es eine heikle Sache für Hayes sei, sich einzumischen, so war er entschieden der Ansicht, daß etwas geschehen müsse. Besonders betonte er die üble Wirkung des Verfahrens, das man von Chandler erwarten durfte, daß er nämlich von den Beamten Beiträge zur Bestreitung der Wahlkosten verlangen würde. Schurz' Befürchtungen verwirklichten sich auch sofort, und er drang nun in Hayes, einzuschreiten und, wenn möglich, dem Eintreiben solcher „freiwilligen Beiträge" von Regierungsbeamten ein Ende zu machen. Diese Vorstellungen verfehlten ihren Eindruck auf Hayes nicht. Einige Wochen später ging Schurz von diesem die Abschrift eines Briefes zu, in dem er gegen das Verfahren Protest einlegte und bat, man möge davon abstehen.

Während des ganzen Wahlkampfes hielt Carl Schurz im Interesse der Sache, für die er sich erklärt hatte, Reden, die sich durch den ihm eignen würdigen Ernst und große Beredsamkeit auszeichneten. Gleichzeitig stand er in regem und intimem Briefwechsel mit dem Kandidaten, immer bereit, allen der Reform feindlichen Einflüssen entgegenzuarbeiten. Tilden erfreute sich als Reformer eines so guten Rufes, daß die Aussichten der Republikaner beim Herannahen der Entscheidung des Wahlkampfes ernstlich gefährdet schienen. Die geriebenen Parteipolitiker, besonders Blaine, Morton und

Conkling, hatten den Eindruck, die einzige Hoffnung auf Erfolg liege in der nachdrücklichen Betonung der „Frage des Südens" und der Möglichkeit eines Triumphes der „Rebellen", falls die Demokraten siegten. Schurz bekämpfte diese Ansicht energisch und schrieb häufig und eindringlich an Hayes. Er behauptete, daß, wenn man die Reformfrage in den Hintergrund schiebe, die unabhängigen Wähler, denen es hauptsächlich um Reform zu tun sei, zu Tilden übergehen würden. „Der Ruf nach einer „gründlichen Änderung" ist sehr stark. Die Leute sagen sich: „Gouverneur Hayes ist ein ehrlicher Mann, aber welchen Zweck hat es, ihn zu wählen, wenn dann die Regierung ganz unter der Herrschaft von Männern, wie Morton, Conkling, Cameron, Chandler, Blaine usw. steht?" Und damit wenden sie sich von uns ab und gehen dahin, wo sie einer „gründlichen Änderung" gewiß sind. Ich könnte Ihnen zahlreiche Briefe von Männern zeigen, die im Herzen der republikanischen Partei zugeneigt sind, kühles Urteil, geachtete Stellung und Einfluß besitzen, und die diesen Schritt getan haben oder bereit sind ihn zu tun ..... Ich fühle, daß die Frage, die ich mit Ihnen bespreche, recht heikel ist, aber ich kann ganz frei und offen darüber reden, denn ich verfolge keine Privatinteressen dabei. Wenn Sie siegen, werden Sie mich nicht unter denen finden, die um ein Amt oder eine Gefälligkeit bitten oder dergleichen von Ihnen erwarten. Ich habe lange genug öffentliche Ämter bekleidet, um deutlich zu sehen, wie wertlos sie als Faktor menschlichen Glückes sind; besonders seit der schweren Heimsuchung im vorigen Jahre habe ich in dieser Beziehung ganz und gar keinen Ehrgeiz mehr."

Es darf nicht wunder nehmen, daß Hayes die Sachlage mit andern Augen ansah, und so fruchtete all die Kraft und Zähigkeit, mit der Schurz ihm Vorstellungen machte, nur wenig. In der Theorie mochte ihm Schurz' versöhnliche Politik zusagen, aber er konnte die Partei und ihre tatsächlichen Führer nicht unberücksichtigt lassen, selbst wenn sie herben Tadel verdienten. Am 15. September schrieb Hayes: „Mit jedem Tage rücken bei dem Wahlkampfe zwei Fragen mehr in den Vordergrund, die Gefahren eines Sieges des vereinigten Südens und Tildens Ruf als Reformer." Von diesem Gefühl bestimmt, machte sich der Kandidat in den letzten sechs Wochen vor der Wahl durchaus den Standpunkt derer zu eigen, die auf die entsetzlichen Zustände im Süden verwiesen und, wie es damals hieß, „mit Unruhe in die Zukunft blickten“, wo die Demokraten wieder das Heft in den Händen hätten. Aber Carl Schurz hielt an dem von ihm gewählten Verhalten zur Förderung der republikanischen Sache fest. Er allein unter allen führenden Rednern auf dieser Seite schob die Frage des Südens in den Hintergrund und legte den Hauptton auf die Frage der Verwaltungsreform als Grund für die Unterstützung von Hayes.

Auf die anstrengende Arbeit während des Wahlkampfes folgte wiederum eine längere Vortragsreise. Aber wenn diese private Beschäftigung ihn auch nicht in Anspruch genommen hätte, so wäre ihm bei den Verwicklungen jener Tage kaum möglich gewesen, sich nützlich zu machen. Die Wahlen hatten keine unzweideutige Entscheidung gebracht, und es handelte sich nun darum, welchem der beiden Kandidaten gewisse Wahlstimmen zuzusprechen seien. Die Situation verlangte strammsten Parteigeist, und der war bei Schurz niemals zu haben. Er suchte bei verschiedenen Anlässen, Hayes in seiner Stellung zu der Streitfrage zu beeinflussen, aber seine Bemühungen waren erfolglos.

Aber was für Meinungsverschiedenheiten auch zwischen Schurz und Hayes während und nach dem Wahlkampfe bestanden haben mochten, so waren die beiden Männer doch in allen Hauptpunkten einig, als die Anerkennung von Hayes' Ansprüchen auf die Präsidentenschaft wahrscheinlich wurde. Während der letzten Hälfte des Januar erbat sich Hayes von Schurz Vorschläge bezüglich seiner Antrittsrede und der Zusammensetzung des Kabinetts. In seiner Erwiderung legte Schurz besondern Nachdruck darauf, daß das Kabinett über die „Verwaltungsreform“ eines Sinnes sein müsse, und schlug unter diesem Gesichtspunkte Evarts zum Minister des Auswärtigen, Bristow zum Finanzminister vor. Dagegen fand der Name von John Sherman keine Erwähnung, zweifellos, weil nach Schurz' und vieler anderer Überzeugung der Parteigeist früher oder später alle etwaigen reformfreundlichen

Neigungen Shermans unterdrücken werde. Als Hayes die Absicht äußerte, einen Südstaatler in das Kabinett zu berufen, machte Carl Schurz den Vorschlag, dann einen nicht der Partei Angehörenden zu nehmen, und gegen sein Erwarten ging der Präsident darauf ein.

Schon im Dezember hatte Carl Schurz von General Cox die Andeutung erhalten, Hayes denke daran, ihn zum Mitglied seines Kabinetts zu machen, vorausgesetzt natürlich, daß der Streit über die Zählung der Wahlstimmen zugunsten der Republikaner entschieden werde. Als dann im Februar eine solche Entscheidung höchst wahrscheinlich geworden und Hayes mit bezug auf Schurz zu einem bestimmten Entschlusse gekommen war, schrieb dieser an Murat Halstead, er solle es bei Hayes durchzusetzen suchen, daß Bristow und nicht Sherman Finanzminister werde. Darauf schrieb nun Halstead folgende charakteristische Erwiderung: „Sie schlagen vor, ich solle nach Columbus reisen, um Hayes aufzusuchen und Bristow zu empfehlen. Ich habe ihn hier gesehen und Schurz empfohlen...... Shermans Berufung ins Finanzministerium ist entschieden. Es lohnt sich wohl kaum, gegen das Unabänderliche anzukämpfen.... Ich bin sehr in Hayes gedrungen, Sie zu ernennen, und habe festgestellt, daß nach seiner Meinung das Ministerium des Innern mehr Gelegenheit zur „Verwaltungsreform" bietet als das Kriegsministerium..... Ist zu befürchten, daß Sie als Mitglied des Kabinetts ein störendes Element sein würden? Wie würden Sie sich mit Sherman vertragen, wenn Evarts, Hawley und Harlan Ihre Kollegen wären? Was mir Hayes auf mein Drängen erwiderte, würde Ihnen eine sehr angenehme Lektüre sein, aber ich fühle mich nicht ermächtigt, es zu wiederholen."

Kurz darauf, am 25. Februar, schrieb Hayes an Schurz: „... Es ist nicht — oder war nicht meine Absicht, mich bezüglich der Berufungen ins Kabinett festzulegen, ehe die Frage der Gültigkeit meiner Wahl entschieden war. Aber ich halte es für angemessen, Ihnen zu sagen, daß ich schon lange den Wunsch hege, Sie im Falle der Bestätigung meiner Wahl zu bitten, in das Kabinett einzutreten. Ich bin überzeugt, daß es für das Land und für mich besonders ein Glück wäre, wenn Sie Mitglied des Kabinetts würden. Es ist nicht wahrscheinlich, daß sich meine Anschauungen darüber ändern. Am liebsten sähe ich Sie im Ministerium des Innern, sonst aber schlage ich das Portefeuille des Generalpostmeisters vor." Carl Schurz erklärte sich daraufhin zur Übernahme des Ministeriums des Innern bereit; zur Verwaltung der Post sei ein Grad von praktischem Geschäftssinn und von Erfahrung nötig, den er nicht zu besitzen glaube.

Als der Präsident die Namen der Männer bekannt gab, die sein Kabinett bilden sollten, äußerten sich die Liberalen und Reformer der Partei im beistimmenden Sinne; aber die Radikalen und die Republikaner strengster Observanz, die voraussahen, daß ihr Einfluß bei der neuen Regierung nur gering sein würde, ließen es an schneidender Kritik nicht fehlen. Daß ein Ex-Konföderierter, General Key, Generalpostmeister werden sollte, nahmen sie gewaltig übel; aber die feindseligste Besprechung erfuhr die Berufung von Schurz. Key — so meinten sie — sei ausgesprochenermaßen Demokrat und niemals etwas anderes gewesen, und seine Berufung sei eben nur ein Stückchen liebenswürdiger Torheit; aber Schurz sei ein Renegat, der die Republikaner 1872 im Stiche gelassen und sich ihnen nun wieder zugesellt habe, um der Partei von neuem Schaden zuzufügen. Und es schien ihnen besonders anstößig, daß ein solcher Mann bestimmt sein sollte, der Nachfolger eines Chandler zu werden, dessen unentwegte Treue gegen die Partei nie gewankt habe. Das war eine unerträgliche Beleidigung, die das abstrakte Prinzip der Partei zufügte! So konnte es niemand überraschen, daß sich das Gerücht verbreitete, die Republikaner würden die verfassungsmäßig notwendige Bestätigung von Carl Schurz im Senat hintertreiben. Um dieser Möglichkeit vorzubeugen, drangen einige seiner Verehrer in die demokratischen Senatoren, für seine Bestätigung zu stimmen. Es war Schurz eine besondere Genugtuung, zu erfahren, daß frühere Kollegen im Senat und auch Oswald Ottendorfer, der ihn bei dem Wahlkampf von 1876 energisch bekämpft hatte, sich bei dieser Agitation beteiligt hatten. Als der Senat über die Bestätigung der Kabinettsmitglieder abstimmte, machte sich gegen den in Aussicht genommenen Minister des Innern eine Opposition von Belang nicht geltend, und so trat also Carl Schurz in Hayes' Kabinett ein.

Viertes Kapitel.

Carl Schurz als Minister des Innern.

Die zwei großen Aufgaben, vor die sich die neue Regierung gestellt sah, waren die „Reform des Zivildienstes" und die Herstellung normaler Zustände im Süden. Mit der Lage der Dinge im Süden war Schurz zwar durch Augenschein vertraut, es bot sich ihm aber nur wenig Gelegenheit, zur Lösung des Problems beizutragen. Den Entschluß des Präsidenten, die Verwaltung von Süd-Carolina und Luisiana den Weißen zu überlassen, hatte er aufrichtig gebilligt, aber er hielt seinen Zweifel nicht zurück, daß Hayes mit seinem Plane, im Süden eine achtbare, aus Weißen bestehende republikanische Partei zu bilden, Erfolg haben werde.

In Fragen der „Reform des Zivildienstes" galt Schurz ganz allgemein als der eigentliche Sachverständige im Kabinett. In seinem eignen Ressort brachte er sofort das neue System zur praktischen Verwendung. Die Leiter der verschiedenen Abteilungen und andere höhere Beamte mußten ihm ausführliche Entwürfe zur Durchführung des Systems unterbreiten, nach dem bei der Anstellung oder Beförderung die Tauglichkeit allein ausschlaggebend sein sollte. Von diesen rein praktischen Anregungen ausgehend, arbeitete er seinen Plan aus und brachte ihn zur Anwendung. Es wurden Prüfungen eingeführt, und nur den erfolgreichen Kandidaten stand der Zugang zu den Beamtenstellen offen; und der Minister erklärte, daß auch Rang- und Gehaltserhöhungen von dem Resultate ähnlicher Prüfungen unter Berücksichtigung der nachgewiesenen Tüchtigkeit im Amte abhängig sein sollten.

Das war nun in der Tat eine Neuerung — und zwar eine scheinbar so ideologische, daß die „Politiker" sie als einen riesigen Scherz auffaßten, der ihnen so äußerst komisch vorkam, daß sie sich bei dem bloßen Gedanken daran vor Lachen die Seiten hielten. Schließlich nahmen sie aber doch wieder jene würdevolle Miene an, die sich selbst kluge Leute erst nach Jahren gründlicher politischer Erfahrung aneignen; sie nickten verständnisinnig mit dem Kopfe und ließen sich herab zu bemerken: „Na ja, wir verstehen die Politik und haben Menschenkenntnis. Von diesem Tauglichkeits- und Prüfungsrummel läßt sich Beamten und harmlosen Landbewohnern gegenüber schon reden. Wir kennen Carl Schurz, wir haben ihn eine Reform nach der andern empfehlen sehen, das lächerliche Fiasko mit Greeley eingeschlossen. Jetzt aber ist Schurz über diese Jugendeseleien hinaus und baut nicht mehr so viele Luftschlösser. Er ist endlich wie der verlorene Sohn zur Partei zurückgekehrt. Er weiß nun — oder wird es jedenfalls bald lernen, welche Achtung man republikanischen Bräuchen schuldig ist; wenn nicht, so fliegt er schleunigst. Ohne u n s e r n Einfluß wird er sich nicht lange halten." Und der Entschluß, diesen „Einfluß" gleich geltend zu machen, äußerte sich in einer wahren Sintflut von mündlichen und schriftlichen Bitten um Berücksichtigung bei der Vergebung von Ämtern. Einige flehten, andere drohten; einige beriefen sich auf früher geleistete politische Dienste, andere verlangten im voraus für zukünftig zu leistende Dienste Belohnung. Alle Bewerber aber verrieten großes Selbstvertrauen und zähe Ausdauer, und da der Minister die gleiche Zähigkeit bewies, gingen viele Monate hin, in denen Schurz immer von neuem die unzweideutige und ihren Ohren so unerfreuliche Erklärung abgab, es sei sein unabänderlicher Entschluß, niemand eine Anstellung zu geben, der nicht die vorgeschriebene Prüfung bestanden habe.

Und auch dann war es den Schurz drangsalierenden Politikern noch nicht klar geworden, daß ein Reformer, dem es ernst mit der Sache ist und dem es nicht an gesundem Menschenverstande mangelt, wohl weiß, die einzige Möglichkeit, seine Ideen praktisch zu erproben, biete sich ihm, wenn er eine verantwortliche amtliche Stellung einnimmt. Carl Schurz hatte den Ehrgeiz sich auszuzeichnen, seine Natur hungerte danach, wie sich das Herz einer Frau nach Liebe sehnt. Amt, Vertrauensstellung, Einfluß boten ihm die Gelegenheit sich hervorzutun, indem er an der Verwirklichung der Ideale arbeitete, denen er sich voll edlen Eifers geweiht hatte. In einem Briefe, den er während des Wahlkampfes von 1876 an Hayes richtete, hatte er geschrieben: „Was ich vor allen Dingen erstrebe, ist die Förderung bestimmter Ziele im Interesse des Gemeinwohls. Und deshalb muß ich versuchen, mir als Privatmann einen gewissen Einfluß auf die öffentliche Meinung und die Hochachtung von Männern zu bewahren, deren Respekt es sich zu besitzen lohnt. Das kann ich vor allem dadurch erreichen, daß ich den Leuten sage, was ich nach innerster Überzeugung für wahr halte und wofür ich auch den Beweis der Wahrheit antreten kann." Gerade dadurch, daß sich Carl Schurz streng an die Befolgung dieser Lebensregeln hielt, erwarb er sich in so reichem Maße „die Hochachtung von Männern, deren Respekt es sich zu besitzen lohnt", und ermöglichte es sich auch, seine Lieblingsreform zu fördern. Das war die Auszeichnung, nach der er trachtete.

Ein Vorfall, bei dem eine Beamtin in seinem Ministerium eine Rolle spielte, ist bezeichnend für Schurz' Vorgehen und für die Verhältnisse, mit denen er zu tun hatte. Eine Angestellte im Patentamt war nebenbei Korrespondentin für eine einflußreiche republikanische Zeitung im Staate Ohio. Der Redakteur dieses Blattes bat ihn nun um Beförderung der Beamtin, da sie während der letzten Präsidentenwahl als Zeitungskorrespondentin hervorragende Dienste geleistet habe. Auf Anweisung des Ministers sahen ihre Vorgesetzten die Akten über ihre Dienstführung nach, und das Ergebnis dieser Untersuchung war so ungünstig, daß man die Entlassung der Frau empfahl. Carl Schurz ordnete jedoch an, daß vorläufig nur eine Gehaltserniedrigung einzutreten habe und ihr Gelegenheit geboten würde, ihre weitere Verwendbarkeit im Dienste zu beweisen. Der Redakteur der Zeitung stieß sofort gewaltig ins Horn und bombardierte den Minister mit Klagen über die seinem Schützling widerfahrene Behandlung. Er erging sich des weiteren über die Dienste, die sie als Korrespondentin während des Wahlkampfes geleistet habe, erklärte sie auf Grund dieser Dienste zu einer Beförderung berechtigt und schloß mit der dem „Politiker" so furchtbaren Drohung, daß er alles, was in diesem Falle geschehe, als direkt gegen sein Blatt gerichtet auffassen werde. Für einen lebensfremden, nur im Reich der Ideen lebenden Reformer wäre die sofortige Entlassung der Frau und der Abbruch der Korrespondenz die natürliche Antwort auf diese beleidigende Anzapfung gewesen. Aber Schurz sah ein, daß ein solches Vorgehen die Frau leicht zum Opfer der Querköpfigkeit eines andern machen könnte, und daß er es hier mit einem schweren Falle von Beutefieber zu tun habe. Deshalb richtete er einen langen, in ruhigem Tone gehaltenen Brief an den aufgebrachten Redakteur und machte ihn mit dem größten Ernste von der Welt darauf aufmerksam, daß die wertvollen Dienste, die die Beamtin als Zeitungskorrespondentin geleistet habe, sie wohl im Personal der Zeitung zu einer Rang- und Gehaltserhöhung berechtige, nicht aber als Angestellte des Patentamtes, und er schloß mit einer Darlegung der allgemeinen Grundsätze der „Reform des Zivildienstes". Dann schenkte der Minister dem Fall seine persönliche Aufmerksamkeit, überzeugte sich von der Intelligenz, der guten Führung und dem Fleiße der Frau und stellte fest, daß sie recht gute Entschuldigungen für die Beschwerden vorbringen konnte, auf Grund deren die Gehaltserniedrigung verfügt worden war. Er versetzte sie deshalb in eine andere Abteilung, in der sie bis zu seinem Austritt aus dem Amte mit hervorragender Tüchtigkeit tätig war. Ihr Nebenberuf als Zeitungskorrespondentin, in dem sie die Leser in Ohio über das gesellige und politische Leben in der Bundeshauptstadt aufklärte, ließ ihr doch noch Zeit, des öftern in Privatbriefen ihrem Gefühl Ausdruck zu geben, was für ein großer und gerechter Mann der Minister des Innern sei. Der wutschnaubende Redakteur aber ließ sich durch Schurz' Verhalten versöhnlicher stimmen, wenn ihn vielleicht auch dessen Beweisgründe nicht überzeugten, und erschien in der Korrespondenz des Ministers zum heiteren und angemessenen Schlusse zuletzt selber als eifriger Bewerber um ein Amt.

Wie in der Frage der Ernennung zu den niedren Beamtenstellen, so blieb Schurz auch in jeder andern Hinsicht den Idealen der Reform, für die er eingetreten war, getreu. Obgleich es allgemein bekannt war, daß einige Abteilungen des Ministeriums des Innern, darunter hauptsächlich das Landamt und das indianische Ressort, besonders unter Grant der Tummelplatz der Beutejäger gewesen war, erfolgte jetzt doch kein allgemeiner Beamtenkehraus, sondern es fanden, vielfach zum größten Ärger der Freunde des Ministers, Amtsentlassungen nur da statt, wo eine Untersuchung ein solches Vorgehen von Fall zu Fall rechtfertigte. Schurz weigerte sich konsequent, politischen Rücksichten bei der Besetzung der ihm unterstellten Ämter Gehör zu geben, und in gleichem Sinne sprach er sich auch dem Präsidenten gegenüber bezüglich der Verwaltung der andern Ministerien aus. Seine alten liberalen Kampfgenossen machten gelegentlich Versuche, sich seines Einflusses zu bedienen, um bei Stellen im Bundesdienste eine Neubesetzung durchzusetzen, die sie gegen die Bewerber anderer Gruppen der Partei begünstigte. Besonders aus seinem eigenen Staate kamen beständig dringende Bitten, er möge doch die Ämterverteilung so einrichten, daß die Macht derer, die den politischen Sieg der Liberalen und seinen eigenen verhindert hatten, vernichtet würde. In der Antwort, die er im Juni 1877 auf eine derartige Anregung gab, erklärte er kurz und bündig die Grundsätze, nach denen er handelte.

„Ihren Brief vom 18. dieses habe ich erhalten und würdige die freundlichen Gesinnungen, welche Ihnen denselben eingegeben haben. Da Sie keine ausführliche Erwiderung erwarten, so beschränke ich mich auf die Bemerkung, daß ich mich moralisch verpflichtet fühle, bei der sogenannten Patronage in Missouri, soweit mein Einfluß reicht, nach den Grundsätzen der Reform des Zivildienstes zu verfahren, zu denen ich mich immer bekannt habe. Das schließt also ein Verfahren aus, das irgendwelche persönlichen Zwecke verfolgt. Seit dem Tage, wo ich zuerst ein öffentliches Amt antrat, habe ich es mir zur unverbrüchlichen Regel gemacht, jedesmal das Amt, das ich gerade bekleidete, so anzusehen, als ob es das letzte wäre, das ich je innehaben würde, und als ob es deshalb für meinen Ruf als Mann, der im öffentlichen Leben steht, entscheidend wäre. Man kann nur dann seine Pflicht ganz erfüllen, wenn man sie um ihrer selbst willen tut. Ich laufe dabei freilich immer Gefahr, meine Freunde, denen mein Erfolg am Herzen liegt, zu enttäuschen, aber das läßt sich nun einmal, wie mir scheint, nicht vermeiden."

Der Minister des Innern durfte sich auch mit Recht einen Teil des Verdienstes dafür zuschreiben, daß Präsident Hayes in der denkwürdigen Verordnung vom 22. Juni 1877 die Verwaltung der Regierung völlig von der Parteipolitik trennte, indem er ganz unzweideutig erklärte, kein Regierungsbeamter dürfe gezwungen werden oder die Erlaubnis erhalten, sich an der Leitung von politischen Organisationen, Vorversammlungen, Konventen oder Wahlkämpfen zu beteiligen, und es dürften von keinem Beamten oder Unterbeamten Beiträge zu politischen Zwecken erhoben werden. Da nun andere Ressorts diese Verordnung des Präsidenten weniger gewissenhaft befolgten als das Ministerium des Innern, so ergaben sich gelegentlich allerhand fatale Situationen. So fand sich etwa ein Zollbeamter oder ein Postmeister, der im Interesse seiner Partei oder seiner Fraktion eifrig tätig war, während ein im Landamt Angestellter oder ein Pensionsagent sich jeder Beteiligung an der Wahlagitation enthalten mußte.

Ähnliche Resultate und Widersprüche erwuchsen aus der von der Regierung verfolgten Politik, den leitenden Republikanern des Südens, die infolge der demokratischen Siege in jenen Staaten ihre Stellen verloren hatten, fast ohne Rücksicht auf Charakter und Fähigkeiten Ämter im Bundesdienste zu verschaffen. Kein Minister war imstande, sein Ressort von diesen politischen Schmarotzern vollkommen frei zu halten. Selbstredend widersetzte sich Carl Schurz diesem ganzen Treiben so energisch, wie er es als Minister dem Präsidenten gegenüber tun konnte. Infolgedessen entging das Ministerium des Innern fast gänzlich dem Odium, das die Regierung bald auf sich lud und für das hauptsächlich John Shermans Verfahren im Finanzministerium verantwortlich war. Derartige Inkonsequenzen schadeten der Regierung und der Sache der Reform, aber konnten Schurz in seinen Zielen und seinem Verhalten nicht irre machen.

Wenn es den Unentwegten, d. h. dem radikalen Flügel der republikanischen Partei, der sich um Grant scharte, nicht gelungen war, sich das Vertrauen des Volkes zu erhalten, so lag das an der allgemein verbreiteten Überzeugung, daß ein „großes Reinemachen" in dem ganzen Bundesdienste not tue. In fast allen Verwaltungszweigen wurden nun Untersuchungen zum Zwecke von Reformen vorgenommen. Die sensationellsten und politisch folgenschwersten Resultate erzielte das Schatzamt in Verbindung mit dem Zollamt in New York. Die durchgreifende Reform des letztern verwickelte die Regierung in einen erbitterten Kampf mit Senator Conkling und seinen Anhängern. Kaum geringere Verlegenheiten verursachte die feindselige Stimmung, die Schurz' Vorgehen im Interesse der Reform des indianischen Ressorts wachrief.

Über die Verwaltung dieser Abteilung, besonders über die Lieferungen an die Indianer in den Reservatgebieten, waren schon seit geraumer Zeit häßliche Gerüchte im Umlauf. Kurz nach seinem Amtsantritt ernannte Carl Schurz eine aus drei erfahrenen Beamten bestehende Kommission, die über das ganze System, wie es sich im tatsächlichen Betriebe darstellte, Untersuchungen anstellen und ausführlich Bericht erstatten sollte. Diese Untersuchung deckte bald Zustände und Gebarungen auf, die bis zu einem gewissen Grade die umlaufenden Gerüchte bestätigten, wennschon sich mehr Unfähigkeit und Nachlässigkeit als wirkliche Bestechlichkeit der Beamten herausstellte. Infolgedessen wurden der Kommissar und der Vorstand des indianischn Ressorts entlassen und in die ganze Abteilung ein strammerer Zug gebracht. Den abgesetzten Beamten und abgetanen Methoden fehlte es jedoch keineswegs an Freunden. Im Januar 1878, als die Art und das Resultat dieses „großen Reinemachens" bekannt wurden, unterwarf man Schurz' Vorgehen einer scharfen Kritik. Kein Geringerer als General Sherman legte öffentlich für die Tüchtigkeit des gewesenen Kommissars Zeugnis ab, und ein gewisser akademischer Staatsmann von recht kurzer Erfahrung, der später Präsident eines College in Neu-England wurde und sein Licht stets gern vor jugendlichen und noch harmlosen Gemütern leuchten ließ, nannte den Minister des Innern „einen Schwindler, der theatralische Posen und sensationelle Effekte liebe, und der den Wunsch hege, sich als Reformer Ruhm zu erwerben, aber ganz und gar nicht das Zeug zum Reformer habe". Die Kritik dieser Männer und anderer trefflicher Leute, die es gut meinten, aber weder den Minister noch die Indianerangelegenheiten kannten, fand bei den wahren

Feinden der Reform ein frohes Echo. Und so stieß Carl Schurz bei jedem Schritt, den er zur Verbesserung der Verwaltung der Indianerangelegenheiten tat, auf starke Opposition.

Die Unruhen in den Ebenen und Bergen des fernen Westens waren die Hauptprobleme, die das Regime Grant auf die neue Regierung vererbt hatte. Der Bau von Eisenbahnen, die Eröffnung von Bergwerken und der rasche Fortschritt der Besiedelung durch die Weißen hatten die Lebensbedingungen der Indianer völlig umgewandelt. Alle Stämme, selbst diejenigen, die am zahlreichsten waren und deren Jagdgebiet sich am weitesten erstreckte, sahen sich gezwungen, mit verhältnismäßig beschränkten Reservatgebieten fürlieb zu nehmen und von der Regierung Lieferungen zu erwarten, die ihnen bei der stetig abnehmenden Jagdbeute die Mittel zur Existenz gewährten. Die unruhigen und unbändigen Häuptlinge der Stämme innerhalb der Grenzen der Reservatgebiete und die nicht weniger unbändigen Weißen außerhalb derselben zu halten, war eine Aufgabe, die häufig die Kräfte der Agenten überstieg, und man sah sich dann gezwungen, Regierungstruppen zu Hilfe zu rufen. Unter dem Eindruck der wiederholten blutigen Zusammenstöße, die im Sommer 1876 in der grausamen Niedermetzelung Custers und seiner ganzen Truppe gipfelten, hatte sich ganz allgemein die Meinung festgesetzt, daß ein radikaler Wechsel in der Politik geboten sei. Unter dem Präsidenten Grant hatten kirchliche und wohltätige Vereine und Individuen offiziell als Mitberater in der Verwaltung der Indianerangelegenheiten mitgewirkt, da man so die Zivilisation in den Reservatgebieten zu fördern hoffte. Aber die Friedenspolitik, die in diesem System ihren Ausdruck fand, erklärten nun viele für einen gewaltigen Mißerfolg und verlangten, das Indianerressort solle dem Ministerium des Innern genommen und dem Kriegsministerium unterstellt werden. Da die Armee doch alle bedeutenderen Schwierigkeiten in letzter Instanz zu entscheiden habe, so, folgerte man, sei es in jeder Beziehung das Richtigere, die ganze Angelegenheit von vornherein unter militärische Leitung zu stellen. Die Generäle Sherman und Sheridan traten entschieden für diesen Plan ein, und andere hochstehende Offiziere, die während der letzten Indianerkriege wiederholte Feldzüge mitgemacht hatten, und deren Urteil also schwer ins Gewicht fiel, pflichteten ihnen bei.

Diesem Plan lag die Überzeugung zugrunde, daß die Indianer sich nie würden zivilisieren lassen, und daß die einzige Lösung des Problems also darin zu suchen sei, die Stämme unter strikter militärischer Überwachung in Reservatgebieten zu halten, von denen jede zivilisierende Berührung mit den Weißen fernzuhalten sei, bis jene dank ihrer eigenen unausrottbaren Barbarei zugrunde gingen. Diese allgemein verbreitete Auffassung hatte Carl Schurz nach eigenem Geständnis selbst geteilt, als er das Ministerium des Innern übernahm. Aber eingehende Beschäftigung mit der Frage führte eine Sinnesänderung herbei; den tüchtigen und klugen Männern der verschiedenen religiösen Bekenntnisse, die Grants Politik zu gemeinschaftlichem Wirken mit der Abteilung für Indianerangelegenheiten berufen hatte, gelang es bald, den Minister zu überzeugen, wie viel berechtigte Hoffnungen und tatsächlicher Erfolg mit der Friedenspolitik verknüpft waren. Und so wurde Carl Schurz der Anwalt und erfolgreiche Führer derer, die das alte System aufrechterhalten und weiterentwickelt sehen wollten.

Im Herbst und Winter 1877 erwog ein aus Mitgliedern beider Häuser des Kongresses zusammengesetzter Ausschuß eingehend die Möglichkeit und Ratsamkeit der Unterstellung des indianischen Ressorts unter das Kriegsministerium. Carl Schurz erschien am 6. Dezember vor diesem Ausschuß und unterbreitete einen Bericht, der alles, was sich für den Status quo sagen ließ, in der ihm eigenen eindrucksvollen Weise zusammenfaßte. Er sprach es als seine Überzeugung aus, daß das richtige Verfahren in der Behandlung der Indianer sei, sie zu Ackerbau oder Viehzucht in ihren Gebieten anzuleiten. Dies sei der erste Schritt zum Selbstunterhalt und zum Sonderbesitztum. Auch seien Schulunterricht und die übrigen Hilfsmittel der Zivilisation einzuführen. Eine solche Politik werde, so behauptete er, zum Frieden beitragen und sich auch gleichzeitig als am wenigsten kostspielig erweisen. Deshalb sei sie beizubehalten und weiter auszubauen. Aber die Armee sei nicht das geeignete Werkzeug zur Ausführung dieses Planes. Das Militär und militärische Maßnahmen seien im Notfalle unentbehrlich, aber die mühsame und langwierige Arbeit an der sittlichen und geistigen Hebung der Rothäute erfordere von denen, die damit betraut würden, Eigenschaften, die man gerade in der Armee nicht finden werde.

Neben dieser geschickt formulierten Darlegung, die Carl Schurz dem Ausschuß unterbreitete, trat er auch weiter für seine Ansichten ein, indem er sich im Januar 1879 öffentlich mit der strengen Kritik auseinandersetzte, die General Sherman an der Leitung der Indianerabteilung geübt hatte. Der wackere Kriegsheld verriet bei dieser Gelegenheit, wie auch sonst, wenn es sich um Behandlung öffentlicher Fragen handelte, mehr Draufgängertum als kühles Urteil und zog in dem Kampfe den kürzern. Im Februar lehnte das Unterhaus die Vorlage ab, die das indianische Ressort unter den Kriegsminister stellen sollte. Die Freunde der Indianer dankten Schurz aufs herzlichste für seinen Anteil an dem glücklichen Ausgang des Kampfes. Von dieser Zeit an war er ein einflußreicher Bundesgenosse derer, die es sich zur Aufgabe gemacht hatten, die Wilden zu zivilisieren. Sein Jahresbericht für 1879 enthielt eine detaillierte Darstellung der Politik, die im Laufe der nächsten fünfundzwanzig Jahre so viel zur Entwicklung des Sonderbesitztums unter den Indianern beitragen sollte. Die Erziehung der indianischen Jugend war ein Hauptmoment dieser Politik, die sich die Verbreitung zivilisierter Ideen, Bedürfnisse und Bestrebungen zum Ziele setzte, und dem Einfluß des Ministers war es zu verdanken, daß die Erziehung der Indianer auf eine gesunde Grundlage gestellt wurde. Er beteiligte sich an dem ersten Versuche, der 1877 in Hampton mit einer Indianerschule gemacht wurde; er gab die Entscheidung, daß in Carlisle eine Schule für fünfzig Indianerkinder unter Hauptmann Platt gegründet wurde, und er unterstützte mit allen ihm zu Gebote stehenden Mitteln diese Anstalt sowohl als ähnliche Schulen im Westen. In dem letzten Bericht, den Schurz 1880 als Minister einreichte, konnte er mit größtem Nachdruck erklären, daß diese Anstalten schon längst über das Versuchsstadium hinaus seien und sich als höchst erfolgreiche Mittel zur Förderung der Zivilisation der Indianer erwiesen hätten.

Es war einer jener komischen Zufälle, die dem öffentlichen Leben oft eine eigene Würze geben, daß gerade, als Carl Schurz so erfolgreich für eine weitblickende Indianerpolitik tätig war, er die Zielscheibe maßloser Schmähungen von seiten vieler wohlmeinenden Menschen wurde, die gleiche Zwecke wie er im Auge hatten. Im Sommer 1879 fing die Agitation wegen der Ponca-Indianer an, die dann bis zum Ende seiner Amtszeit nicht aufhörte, dem Minister manchen Verdruß und manchen Spaß zu bereiten. Die Poncas waren ein kleiner, harmloser Indianerstamm, der lange friedlich in seinem Reservatgebiet im südöstlichen Dakota gelebt hatte. Vor Hayes' Amtsantritt stellte sich nun die Notwendigkeit heraus, im Gebiet der kriegerischen Sioux eine Grenzregulierung vorzunehmen, um dem Strom der Goldsucher die „schwarzen Berge" aufzuschließen. Die Goldsucher sowohl, wie die Sioux zufriedenzustellen, war keine leichte Aufgabe, und die Aufmerksamkeit des Kongresses war von der Lösung dieser Aufgabe so in Anspruch genommen, daß er dabei die Poncas völlig übersah und ihre Ländereien den Sioux zuwies. Als man schließlich den Irrtum entdeckte, schien eine Wiederaufnahme der Frage, soweit sie die Sioux anging, zu gewagt, und man beschloß daher, die Poncas auf ein neues Gebiet im Indianerterritorium überzuführen. Diese Übersiedelung fand nun gerade statt, als Carl Schurz sein Amt antrat. Die Art und Weise, wie man dabei verfuhr, und natürlich auch der ursprüngliche Kongreßbeschluß, der diesen Schritt nötig machte, waren eine schreiende Ungerechtigkeit gegen die armen Poncas. Viele von ihnen starben infolge der ungünstigen Verhältnisse, die anfangs in den neuen Ländereien herrschten, und im Frühjahr 1879 verließen einige die neue Heimat und machten sich auf, um nach ihrer früheren Wohnstätte zurückzukehren. Als diesem Unternehmen durch das Eingreifen der Bundestruppen ein Halt geboten war, erfuhr nun die ganze Sachlage durch eine Entscheidung des Bundesbezirksgerichtes von Omaha eine ganz überraschende Wendung. Richter Dundy erteilte auf ein für den Indianer Standing Bear eingereichtes Gesuch hin einen Habeascorpus-Befehl und setzte den Mann in Freiheit. Daß das richterliche Urteil in diesem Einzelfall prinzipiell nur gerecht war, ließ sich nicht bestreiten. Was aber den der Entscheidung zugrunde liegenden Rechtsstandpunkt anbetraf, so eröffnete er einen beunruhigenden Ausblick auf künftige Verwicklungen in der Verwaltung der Indianerangelegenheiten. Unruhige Indianerkrieger und ehrgeizige Advokaten konnten auf Grund des hier aufgestellten Prinzips alle Bemühungen der Regierung vereiteln, die es sich zum Ziele setzten, die Bewegungsfreiheit der Indianer zu regulieren. Trotz dieser Möglichkeit beschloß jedoch Carl Schurz nach sorgfältiger Prüfung des Falles, nicht an das Oberbundesgericht zu appellieren, sondern die ganze Sache ruhen zu lassen. Er empfand das Unrecht tief, das den Poncas geschehen war, aber er glaubte, daß viel größere Übel sich ergeben würden, wenn man jetzt versuchte, den Kongreßbeschluß rückgängig zu machen. Eigene Beobachtungen, die er im Sommer 1879 auf einer Inspektionsreise machte, sowie die Berichte verschiedener Beamten überzeugten ihn, daß der Stamm, wie sehr er auch zur Zeit der Umsiedlung gelitten haben mochte, doch gegenwärtig besser daran war als in seinen im Norden gelegenen Ländereien, und daß außerdem die Rückkehr der Poncas nach dem Norden sie den beständigen Angriffen von seiten der Sioux aussetzen würde, was die schlimmsten Folgen für jene haben mußte.

Der Minister war also geneigt, den Ponca-Zwischenfall in Vergessenheit geraten zu lassen, nicht so einer der früheren Indianeragenten, Pastor Tibbles, der eine ganz systematische Agitation im Interesse der Rothäute in Bewegung setzte. Von Standing Bear und einem Indianermädchen mit dem poetischen Namen „Hellääuglein" (Bright Eyes) begleitet, durchreiste Tibbles das Land und erweckte große Sympathie für das Schicksal des Stammes. In Boston, dem Ausgangs- und Mittelpunkt der auf die Gleichstellung aller Menschenrassen gerichteten Bestrebungen, erntete er durchschlagenden Erfolg, und es wurden große Geldsummen aufgebracht, um den Poncas auf gerichtlichem Wege ihre altverbrieften Rechte und früheren Ländereien zurückzugeben. Da Schurz es unterließ, Schritte in dieser Richtung zu tun, so überschüttete man ihn mit wütenden Schmähungen. Wohlmeinende, aber hysterische

Frauen und Männer, die mehr Gefühl als gesunden Menschenverstand besaßen, beteiligten sich mit großem Eifer an diesen Angriffen auf den Minister. Tibbles aber war der Löwe des Tages und sonnte sich in seinem Ruhm als Freund der Rothäute. Frau Helen Hunt Jackson, eine wahre Menschenfreundin, die den Indianern das werden wollte, was Harriet Beecher Stowe, die Verfasserin von „Onkel Toms Hütte", den Negern geworden war, nahm sich der Sache der Poncas an und bemühte sich ernstlich, die tatkräftige Hilfe des Ministers für sie zu gewinnen. Carl Schurz erblickte in Frau Jackson das geeignete Medium, durch das er seine eigenen Ansichten über die Sache zum Ausdruck bringen konnte, und die zwei an sie gerichteten Briefe waren Muster einer sachlichen, höflichen und nachdrücklichen Darlegung seines Standpunktes, die vorteilhaft von der Aufführung seiner Tadler abstach. Trotzdem schien die dabei ins Spiel kommende Rechtsfrage einer großen Anzahl der eifrigen Indianerfreunde ganz unverständlich, und die Angriffe auf den Minister dauerten fort. Aus Motiven, die kaum das volle Licht einer unparteiischen Untersuchung vertragen hätten, nahmen sich auch „Politiker" der Sache an. Hochgesinnte Männer, wie Gouverneur Long von Massachusetts und Repräsentant Dawes fanden im Laufe des Jahres 1880 Gelegenheit, Schurz anzugreifen, und beiden wurde eine scharfe Abfertigung zuteil. Obgleich Pastor Tibbles eine bedeutende Summe gesammelt hatte, um die Rechte der Poncas durch Richterspruch feststellen zu lassen, machte er doch den Fall niemals bei Gericht anhängig. Und tatsächlich schloß das Urteil, das Richter Dundy zugunsten von Standing Bear abgegeben und gegen das die Regierung nicht Berufung eingelegt hatte, jede Möglichkeit der Wiederaufnahme des Prozesses aus. Eine gründliche Untersuchung der Lage und Wünsche der Poncas ergab, daß sie zufrieden waren, sich wohl befanden und durchaus nicht danach verlangten, in die frühere Heimat zurückzukehren. So starb die grundlose Agitation eines natürlichen Todes.

Das heitere Nachspiel zu dieser Angelegenheit besprach der Unterstaatssekretär des Ministeriums des Innern im August 1881 mit passenden Randglossen in einem amüsanten Briefe an den Exminister Schurz wie folgt: „Es gewährte mir eine besondere Freude, bei der Rückkehr von einer Seereise zu erfahren, daß der Ponca-krieg endlich vorüber ist, daß Helläuglein vor Tibbles die Waffen gestreckt und Tibbles sich Helläuglein ergeben hat." Die holde Maid und der Missionär hatten ein Ehebündnis geschlossen. Der Unter-staatssekretär fürchtete nur, daß das arme Helläuglein einen großen Fehler begangen, als sie all das ihrem Volke zugefügte Unrecht über einem noch größeren gegen sich selbst vergessen habe; aber er war bereit ihr zu vergeben, wenn es sich herausstellen sollte, daß Tibbles dadurch für immer unschädlich gemacht worden sei.

Abgesehen von der Agitation wegen der Poncas mußte sich Schurz mit einem beklagenswerten Aufruhr befassen, der im Jahre 1879 unter den Utes in Colorado ausgebrochen war. Die Indianer hatten den Regierungsvertreter, der in dem Reservatgebiet eines Zweiges des Stammes seinen Amtssitz hatte, getötet und die weib-lichen Angehörigen der Familie in die Gefangenschaft geführt. Eine Abteilung Bundestruppen, die zur Verteidigung der Weißen herbeigeeilt war, mußte sich nach Verlust ihres Führers zurückziehen. Als dann die Bevölkerung und Regierung von Colorado Anstalt machten, gegen die Utes vorzugehen und alle erlittenen Unbilden kurzerhand durch die tatsächliche Ausrottung des Stammes zu rächen, bedurfte es von seiten des Ministers eines hohen Grades von Takt und Energie, um die Angelegenheit in friedlicher und gesetzlicher Weise zu regeln. Schließlich gelang es einem mit diesem schwierigen Falle betrauten Beamten des Ministeriums, einen Aus-gleich herbeizuführen, indem er es durchsetzte, daß eine kleine An-zahl von Indianern, die allein für den Aufruhr verantwortlich waren, ausgeliefert wurde. Obgleich etwa ein Jahr nach dem ersten Aus-bruch neue Schwierigkeiten entstanden, da es bei einem Zusammen-stoß zwischen Weißen und Indianern wieder zu Blutvergießen und Totschlag kam, so legte Carl Schurz doch auch diesmal den Fall bei, ohne mit der Staatsregierung von Colorado in Konflikt zu geraten. Die ganze Handhabung dieses Falles, bei der Schurz peinlichstes und ganz unparteiisches Gerechtigkeitsgefühl gegen die Indianer bewies, erwarb ihm jedoch keineswegs die Sympathien der aufgeregten Weißen, und den rabiatesten Todfeinden der Indianer in Colorado wurde er ein Gegenstand ebenso heftiger, tiefgefühlter Abneigung wie den wärmsten, wenn auch irregeleiteten Freunden des Roten Mannes in Massachusetts.

Außer diesen und andern Angriffen, denen Carl Schurz wegen der Verwaltung seines eigenen Ressorts ausgesetzt war, richtete sich eine ganz unverhältnismäßig große Anzahl von denen, die aus der Feindseligkeit gegen die Regierung im allgemeinen entstanden, in erster Linie gegen ihn. Den strammen, unentwegten Parteikleppern war er instinktiv ein Stein des Anstoßes. Während der ganzen Amtszeit von Hayes zeigten sich die Gegensätze der verschiedenen Gruppen innerhalb der republikanischen Partei mit besonderer Schärfe. Grants alte Garde vermerkte die Politik, die Hayes im Süden verfolgte und die den Weißen freie Hand in der Leitung der Einzelstaaten ließ, sehr übel, und auch Blaine nahm mit einem großen, ihm blind ergebenen Anhange in dieser Frage eine oppositionelle Haltung ein. Für diese beiden Gruppen wurde nun Schurz die Zielscheibe aller Bosheit und alles Hasses. Im Sommer 1877 öffnete Whitelaw Reid, der sich früher mit der von Schurz geleiteten Reformbewegung als eins betrachtet hatte, die Spalten der New Yorker „Tribune" einer Anzahl bitterböser Schmähartikel aus der Feder von „Gail Hamilton", die gegen die Regierung gerichtet waren, bei denen aber der Minister des Innern ganz besonders aufs Korn genommen wurde. Die politischen Beziehungen des Redakteurs, sowie die persönlichen der Verfasserin zu Blaine, dessen Frau eine Cousine von Gail Hamilton war, ließen keinen Zweifel darüber aufkommen, woher die Anregung zu diesen Angriffen stammte. Im Frühjahr 1878 erschien Senator Blaine selbst auf dem Kampfplatze. Bald nach seinem Amtsantritt hatte Carl Schurz energische Maßregeln ergriffen, um der ausgedehnten und unaufhörlichen Plünderung der dem Bunde gehörigen Forsten durch Holzfäller ein Ende zu machen. Dieses Vorgehen der Regierung machte Blaine zum Gegenstand eines wütenden Angriffes im Senat, und er stellte dabei die von Schurz getroffenen Anordnungen als den Versuch eines Beamten von preußischer Geburt dar, europäische

Methoden in harter und tyrannischer Weise gegen die stolzen und freiheitliebenden Bürger Amerikas anzuwenden. Auch aus dem Kreise der Anhänger Grants erfolgte im März 1878 durch Senator Howe von Wisconsin ein besonders heftiger Angriff auf den Minister des Innern; jedoch deutete Howe im Hinblick auf den Umstand, daß ein großer Teil der Bevölkerung von Wisconsin aus Eingewanderten bestand, den Makel der deutschen Abstammung des Ministers nur leise an.

Seine Lebensweisheit und sein guter Humor schützten Carl Schurz davor, diese Dinge allzu tragisch zu nehmen. Wußte er doch, daß all diese geschickten Anspielungen, die ihm unamerikanische Anwandlungen zur Last legten, schnell vergessen sein würden, wenn man ihn wieder brauchte, um die deutschen Stimmen für die Republikaner zu gewinnen. Nur einmal hielt er es für angezeigt, eine Anspielung auf seine fremde Abstammung zu ahnden. Im Winter von 1878 auf 79 hatte sich Senator Dawes, gelegentlich einer scharfen Kritik einiger summarischer Maßregeln gegen Unruhestifter unter den Indianern, zu einem heftigen Angriff hinreißen lassen. „Bei der Betrachtung unsers Verhaltens gegenüber diesen schwachen und wehrlosen Menschen war es mir eine große Beruhigung, zu entdecken, daß die angewandten Maßregeln ihrem Ursprung nach nicht amerikanisch sind, sondern eine auffallende Ähnlichkeit mit den Methoden einer absolutistischen Regierung haben, die sich auf Spionage und Willkür stützt. Solche Maßregeln stehen meiner Ansicht nach einzig in ihrer Art da und werden sich hoffentlich in unserm Lande nicht einbürgern." Die günstige Gelegenheit, die diese ziemlich unkluge Anspielung bot, war zu verlockend, als daß ein Meister im Gebrauche der Ironie, wie Carl Schurz, sie sich hätte entgehen lassen. In einem offenen Briefe an Dawes erwiderte der Minister, nachdem er die oben gegebenen Sätze zitiert hatte:

„Es ist Ihnen gelungen, Ihren Standpunkt völlig klar zu machen. Von der Zeit des Pequotkrieges an bis auf den heutigen Tag hat nie ein Indianer gegen Recht und Gerechtigkeit sein Leben lassen müssen, bis ein Bürger von deutscher Abstammung Minister des Innern wurde. Immer herrschte Friede, Liebe, Brüderlichkeit.

Der Indianer ruhte drei Jahrhunderte lang wohlgeborgen am liebenden Herzen seines weißen Bruders und brauchte vor niemand zu zittern, bis in einer der Republik unheilvollen Stunde dieser gefährliche Ausländer mit der Machtfülle ausgestattet wurde, die es ihm ermöglichte, die schöne Seelenharmonie zu stören und den amerikanischen Namen durch Spionage in den Indianerlagern und durch das Blut erschlagener Opfer zu entehren. Und dies alles tat er in der Absicht, die das Licht des Tages scheuenden und grausamen Methoden einer absolutistischen Regierungsform auf amerikanischen Boden zu verpflanzen, Methoden, deren treuer und glühender Verehrer und Vorkämpfer dieser Ausländer ist und immer gewesen ist. Und „es ist Ihrem patriotischen Herzen eine große Beruhigung", daß zu hoffen steht, es werde dieser arge Plan, solche Ideen in Amerika einzubürgern, niemals gelingen. Es ist mir ein angenehmer Gedanke, daß wenigstens e i n Mann unter uns lebt, der selbst unter solch bedrohlichen Umständen nicht an der Republik verzweifelt."

Bei den Wahlen zu den Legislaturen in den Einzelstaaten und zum Kongreß, die in das Jahr 1878 fielen, wandten sich die Republikaner, besonders in Ohio und Massachusetts, mit der dringenden Bitte um Unterstützung an Schurz. In den genannten Staaten flößte die Agitation zugunsten des Papiergeldes ohne Deckung, die sich zu der Zeit mit der brennend werdenden Frage der freien Silberprägung verband, den republikanischen Führern ernste Befürchtungen ein. Carl Schurz galt als erprobter Kämpe für „gutes Geld", und er feierte jetzt in Cincinnati einen ähnlichen rednerischen Triumph, wie im Jahre 1875. Seine Rede erregte außerordentliches Aufsehen, und kompetente Beurteiler erklärten, sie habe den Ausschlag gegeben und Ohio der republikanischen Partei erhalten. Auch Boston, das in seiner gesetzten Würde vor den tollen finanziellen Irrlehren schauderte, die Benjamin F. Butler dem Volk einimpfte, bereitete Schurz einen sehr herzlichen Empfang. In beiden Städten hielt er sich an die Währungs- und Finanzfrage und erklärte ganz offen, wie früher, daß er sich durch keine Parteiverpflichtungen gebunden fühle. „Für die Partei, ob im Recht oder im Unrecht! ist niemals mein Schlachtruf gewesen und wird es auch in Zukunft nie sein," lautete seine Erklärung vor den Bürgern von Boston. Aber gleichzeitig konstatierte er es als „die Überzeugung eines unabhängigen Mannes", daß die Nation im gegenwärtigen Augenblick, wo es sich um so bedeutsame Fragen wie die Wiederaufnahme der Barzahlung und „gutes Geld" handle, ihre Hoffnungen sicherer auf die republikanische Partei baue.

Im Frühjahr 1879 wurde es durch das Vorgehen des Staatskonvents in Missouri klar, daß man damit umging, Grant im folgenden Jahre wieder als Präsidentschaftskandidaten aufzustellen. Diese Agitation für einen dritten Amtstermin Grants wuchs stetig, besonders als dieser im September von seiner Reise um die Welt heimkehrte, auf der man ihn überall mit königlichen Ehren empfangen hatte. In allen Staaten des Südens begrüßten die alten politischen Abenteurer den Gedanken einer Kandidatur ihres ehemaligen Beschützers mit Enthusiasmus. In drei der größten Staaten des Nordens wußten sich Conkling, Cameron und Logan durch schamlose Ausnützung der Parteiorganisation eine festgeschlossene und imposante Menge auf Grant eingeschworener Delegierten zum Nationalkonvent zu verschaffen.

Das Anwachsen dieser lärmenden Bewegung zugunsten Grants veranlaßte selbstredend lebhafte Opposition bei den Freunden Blaines und anderer Bewerber um die Nomination. Es diente ebenfalls dazu, viele der vormaligen Unabhängigen aufzurütteln und aufs neue zusammenzuführen, und Carl Schurz war von Anfang ihr besonderer Freund und Berater. Der Drang der Amtspflichten und die Rücksichten, die er seiner Stellung als Minister schuldig zu sein glaubte, verboten es ihm, sich öffentlich und ostentativ an der Agitation zu beteiligen, aber sein Einfluß war deshalb nicht weniger direkt und weitreichend. Durch Schurz wurde dem Präsidenten Hayes die dringende, aber erfolglose Forderung von Unabhängigen in Missouri und Pennsylvanien übermittelt, er solle seinen Verzicht auf eine nochmalige Kandidatur zurücknehmen, um die Republik vor ernstem Schaden zu behüten. Schurz erfuhr jede einzelne Wandlung in dem wechselvollen, gewaltigen Kampfe, den die Reformer in Philadelphia gegen die Herrschaft Camerons führten. Er besprach oft und in ernster Sorge mit verschiedenen Unabhängigen die Ratsamkeit einer Kandidatur John Shermans, denn er teilte mit vielen die Überzeugung, daß Sherman wohl dazu zu gebrauchen sei, die Nomination Grants zu vereiteln, daß man sich aber sonst in der Förderung der Reform wenig von ihm versprechen dürfe. Endlich erfuhr Schurz auch, daß sich bei allen Schattierungen der Grant feindlichen Republikaner eine starke Strömung zugunsten von James Garfield geltend machte, und er fühlte wohl, daß man seine Nomination unter den obwaltenden Umständen noch als ein Glück ansehen müsse.

Im Frühjahr 1880, als der Zeitpunkt für den republikanischen Konvent immer näher rückte, wurde die Nomination Grants höchst wahrscheinlich. Für diese Sachlage war zu einem großen Teil der Mangel an Eintracht unter den Gegnern eines dritten Amtstermins verantwortlich. Angesichts dieser bedrohlichen Situation bereiteten die Unabhängigen, unter beständigem Drängen und Raten von Schurz, eine öffentliche Kundgebung nach dem Muster derer von 1872 und 1876 vor. Am 6. Mai fand in St. Louis eine Zusammenkunft statt, auf der man Resolutionen annahm, die einen dritten Amtstermin aufs schärfste verdammten. Außerdem traf man Vorkehrungen zur Ernennung eines Hunderterausschusses, der im Falle der Nomination Grants in New York zusammentreten und die geeigneten Schritte tun sollte. Die Aufstellung dieses Komitees ging unter Schurz' sorgsamer Aufsicht und Beratung vor sich und war tatsächlich abgeschlossen, als die Nomination Garfields durch den republikanischen Konvent jede weitere Tätigkeit der Gegner eines dritten Amtstermins unnötig machte.

James A. Garfield kam dem Ideal, das sich Schurz von einem Präsidentschaftskandidaten gemacht hatte, näher als irgendeiner der Männer, deren Name ernsthaft in der republikanischen Partei erwähnt worden war. Aber als Kandidat zeigte er Personen sowohl als auch Prinzipien gegenüber eine Haltung, die Carl Schurz mit ernsten Befürchtungen erfüllte. Seine Haltung in der Frage der Zivildienstreform verursachte Schurz besondere Sorgen. Im republikanischen Konvent hatte der vorbereitende Ausschuß eine Resolution, die sich zugunsten der Reform aussprach und deren Förderung verlangte, verworfen, aber die Delegierten von Massachusetts brachten nun dieselbe Resolution vor das Plenum des Konvents. Die Opposition dagegen war stark, und die Debatte gab Anlaß zu der unsterblich gewordenen Frage des empörten Flanagan aus Texas: „Wozu sind wir denn hier, wenn nicht um Stellen zu bekommen?" Der Programmpunkt fand jedoch Annahme, aber alles deutete darauf hin, daß er tatsächlich nur wenige aufrichtige Verfechter unter den Delegierten hatte. Anstatt nun diesen schlechten Eindruck durch energisches Eintreten für die Reform in seinem offiziellen Annahmeschreiben abzuschwächen, zollte Garfield der Resolution nur ganz formell Beifall und gab gleichzeitig Erklärungen ab, die einer Verwerfung alles dessen gleichkamen, was Hayes in bezug auf „Patronage" der Kongreßmitglieder und politische Tätigkeit von Bundesbeamten angestrebt hatte. In einem Briefe an Garfield legte Carl Schurz sofort nachdrückliche Verwahrung ein und beklagte es, daß dieser die Sache der Reform im Stiche gelassen habe. In seiner Erwiderung stellte Garfield die Richtigkeit der erhobenen Anschuldigung in Abrede und gab zugleich seiner ausdrücklichen Mißbilligung von allem, was Präsident Hayes getan, Ausdruck, ein schlagendes Beispiel für den Unterschied zwischen Logik und Politik.

Keine der beiden Parteien stand völlig auf dem Standpunkt, den Carl Schurz in den Fragen einnahm, die ihm wesentlich und dringend schienen: Tarif, Währung und Zivildienstreform. Aber man durfte annehmen, daß die Republikaner unter der Leitung eines erfahrenen Zivilisten sich zu diesen Ideen, besonders in bezug auf die Währung und die Zivildienstreform, weniger unfreundlich stellen würden, als die Demokraten, deren Kandidat Soldat war und sich also bisher mit diesen Problemen nicht hatte befassen können. Hätten die Demokraten einen erprobten Reformer aufgestellt und ein Reformprogramm vertreten, so kann man sich leicht vorstellen, daß Schurz sein Ministeramt niedergelegt hätte, um als Führer der Unabhängigen für den demokratischen Kandidaten zu wirken. In dem obwaltenden Dilemma jedoch blieb Männern, die nicht auf eine

Partei eingeschworen waren, nichts anders übrig, als das kleinere von zwei Übeln zu wählen. Auch hoffte man, daß Schurz in seiner Stellung in Hayes' Kabinett einen günstigen Einfluß auf die Republikaner ausüben werde.

Unglücklicherweise gab Garfields Haltung dem Parteigeist unbeschränkte Herrschaft. Die Leiter des Wahlkampfes nahmen zu den altbewährten Mitteln ihre Zuflucht und erpreßten von den Beamten Beiträge zum Wahlfonds, ohne sich viel Mühe zu geben, die Sache geheim zu halten. Gleichzeitig aber suchten sie, wie üblich, die Aufmerksamkeit von diesen Dingen dadurch abzulenken, daß sie „mit Besorgnis in die Zukunft blickten", wo die Demokraten wieder zur Regierung gelangt wären. Der Frevel der Sezession, die Unbußfertigkeit und Bosheit der „Rebellenbrigadiers" und ihr verbrecherischer Plan, den Norden der Herrschaft des einmütigen Südens zu unterwerfen, boten selbst den ruhigeren und achtungswerteren Rednern ein brauchbares Thema. Sie erklärten die Sachlage für kaum weniger kritisch als im Jahre 1860 und die Pflicht jedes wahren Vaterlandsfreundes für nicht weniger klar und dringend als damals.

Carl Schurz agitierte in den zweifelhaften Staaten Indiana, Ohio, New York, New Jersey und Connecticut für die Republikaner. Seine Ansprachen unterschieden sich im Ton ganz von denen der typischen republikanischen Wahlredner. Er war vom Parteifieber unberührt. Er versicherte seinen Zuhörern, die Sachlage sei keineswegs kritisch; zu ihrer Erörterung sei ruhige Vernunft, nicht erregte Leidenschaft nötig. Die „Rebellenbrigadiers" erwähnte er gar nicht; der „einmütige Süden" flößte ihm kein Bangen ein. Dem demokratischen Kandidaten endlich, General Hancock, zollte er als Soldaten und Patrioten hohes Lob, denn er hatte ihn auf dem Schlachtfelde gesehen und fürchtete sich nicht, die Wahrheit zu sagen. Zugleich setzte er einfach und ruhig, aber mit einer Kraft der Überzeugung, der sich noch heute kein intelligenter, vorurteilsfreier Leser entziehen kann, die Gründe für seine Überzeugung auseinander, daß dem Wohl des Landes am besten mit der Wahl Garfields gedient sei.

Und Schurz' Kampfesweise fand auch bei den Realpolitikern der Parteileitung gerechte Würdigung, was aus der Angabe des Schriftführers des Nationalkomitees erhellt, nach der etwa eine halbe Million Abdrücke der Rede, die Schurz in Indianapolis gehalten hatte, in englischer und deutscher Sprache verteilt worden sei.

Die Wahl Garfields begrüßte Carl Schurz mit Freude, obgleich er wußte, daß er nicht darauf rechnen durfte, seinen Sitz im Kabinett zu behalten. Die intimen Beziehungen des zukünftigen Präsidenten zu Blaine allein schlossen für ihn jeden Gedanken an ein Bleiben im Amte aus. Am 8. März 1881 trat Schurz vom Ministerium des Innern zurück, begleitet von ungewöhnlich warmen Ausdrücken der Zuneigung und Liebe von seiten seiner Untergebenen.

Zwei Wochen später war er in Boston als Ehrengast bei einem Festmahl, das eine Anzahl hochstehender Männer aus den besten Kreisen veranstaltet hatte, um so ihrer besonderen Würdigung seiner Verdienste um das allgemeine Wohl und auch ihrer Mißbilligung der törichten Angriffe, die einige Bürger ihres Staates auf ihn gemacht hatten, kräftigen Ausdruck zu verleihen. Derartige Kundgebungen bereiteten ihm stets die größte Freude, denn sie waren ja die Beweise der „Hochachtung von Männern, deren Respekt es sich zu besitzen lohnt"; sie waren ein sichtbares Zeichen seines Erfolges und vergrößerten das Publikum, das willens war, das zu hören, „was er nach innerster Überzeugung für wahr hielt, und was er auch als wahr beweisen konnte". Bei dieser Gelegenheit sprach Carl Schurz mit großem Freimut über die Verwaltung des Präsidenten Hayes und erneuerte in aller Form sein Glaubensbekenntnis als Unabhängiger. „Die Bundesregierung hat, wie ich meine, von neuem die Falschheit der alten Behauptung erwiesen, daß Beamtenbestechlichkeit die unausbleibliche Begleiterscheinung demokratischer Institutionen ist. Was für Mißgriffe auch immer die letzte Regierung getan haben mag — und ich gestehe offen ein, daß ihrer nicht wenige sind — so gibt man doch allseitig zu, daß sie gezeigt hat, wie eine ehrliche, tüchtige, sittlicher Achtung würdige Verwaltung in unserer Republik möglich ist. Ich bezweifle nicht, daß die neue Regierung von dem besten Willen beseelt ist, nicht nur ebensoviel zu tun, sondern noch mehr zu leisten."

Das Feld der Tätigkeit, das den Unabhängigen offen stehe, beschrieb er in folgenden Worten: „In diesem Augenblick halten die beiden politischen Parteien einander ungefähr die Wage. In ruhigen Zeiten, wie den unsrigen, ist dies, im ganzen genommen, ein gesunder Zustand. Er erinnert beide Parteien daran, daß sich keine einfallen lassen darf, über die Stränge zu schlagen, ohne ihre Aussichten auf die Zukunft ernstlich zu gefährden. Zwischen ihnen steht ein Element, das sich keiner Parteidisziplin fügt, sondern nach eignem Urteil und zum Wohle des Ganzen handelt. Dies ist das Element der Unabhängigen, von dem wir sagen dürfen, daß es im besten Sinne aus Männern besteht, denen es für wichtiger gilt, daß unser Land eine gute Verwaltung hat, als daß diese oder jene Gruppe von Männern ans Ruder kommt. Dieses unabhängige Element genießt in gewöhnlichen Zeitläuften bei den Parteipolitikern keine besondere Beliebtheit, ist aber in großer Nachfrage, wenn der Tag der Wahl herannaht. Es kann der Sache einer guten Verwaltung dadurch unschätzbare Dienste leisten, daß es von der ausschlaggebenden Stimme, die es in Händen hat, gerechten und weisen Gebrauch macht und so rein patriotischen Zwecken dient. Unsere Regierung ist in gewissem Sinne notgedrungen eine Regierung von und durch Parteien, aber es wird um so segensreicher für unser Land sein, wenn es eine Parteiregierung ist, die eine starke Beimischung einer selbstlosen, aufgeklärten, patriotischen und unabhängigen öffentlichen Meinung hat.

Fünftes Kapitel.

Journalistische Tätigkeit. Clevelands erster Amtstermin. Literarische und geschäftliche Tätigkeit.

Schon vor seinem Ausscheiden aus dem Ministerium bot sich Carl Schurz auf so vielen Seiten Gelegenheit zu künftiger Tätigkeit, daß ihm die Wahl schwer wurde. Selbstredend überwogen die Angebote einer journalistischen Beschäftigung. Schurz selbst aber hegte den immer dringender werdenden Wunsch, eine umfassende Geschichte der Vereinigten Staaten mit besonderer Berücksichtigung des Bürgerkrieges von 1861—1865 zu schreiben. Und es war also unzweifelhaft in der Absicht, sich durch eine Vorarbeit für diese Hauptaufgabe zu schulen, daß er es übernahm, Henry Clay für die „Serie von Lebensbeschreibungen amerikanischer Staatsmänner" zu behandeln. Durch die eingehende Beschäftigung mit Henry Clay konnte er sich die nötige Kenntnis der Vorgeschichte und die richtige Perspektive für diejenige Periode erwerben, mit der er aus eigener Erfahrung vertraut war. Aber diese verlockenden Aussichten auf ein ganz der historischen Forschung und literarischen Tätigkeit gewidmetes Leben, von dem schon der krasse Fuchs als Zuhörer Kinkels in Bonn geträumt hatte, wurden bald durch eine ebenso anziehende, aber pekuniär lohnendere journalistische Beschäftigung verdrängt.

Henry Villard (siehe Heinrich Hilgard—Villard: Lebenserinnerungen S. 485 ff.) war Haupteigentümer der in New York erscheinenden „Evening Post" geworden und übertrug Carl Schurz, E. L. Godkin und Horace White, zugleich mit einem Anteil an dem Geschäftsgewinn, die Leitung der Redaktion. Am 26. Mai trat das Triumvirat, mit Schurz als Chefredakteur, die Leitung des Blattes an, und die „Nation", der Godkin eine angesehene Stellung unter den Wochenschriften geschaffen hatte, wurde mit unwesentlichen Änderungen die Wochenausgabe der „Evening Post". Die ungewöhnliche Fähigkeit und Erfahrung, über die dieses Kleeblatt von Männern gebot, sicherte dem Blatte einen großen Leserkreis und bedeutendes Ansehen. Aber es fehlte nicht an skeptischen Stimmen, die meinten, daß ein derartiges Zusammenwirken von „allen Talenten" im Journalismus wohl ebensowenig durchführbar sei, wie es sich einst im Ministerium Grenville-Fox in der Regierung Englands gezeigt hatte.

Die Ereignisse gaben den Skeptikern recht. In getrennten Wirkungskreisen hatten Carl Schurz und Godkin einander aufrichtig geschätzt und bewundert. Beide waren typische Aristokraten des Geistes. Über die richtige Lösung der großen Probleme des sozialen und politischen Fortschrittes waren sie im allgemeinen gleicher Meinung, aber in der Art und Weise, wie sie diese richtige Lösung anstrebten, gingen sie weit auseinander. Carl Schurz versuchte seine Gegner durch Vernunftgründe zu überzeugen; Godkin war das nicht genug, er mußte sie auch kritisch abschlachten. Die beiden waren eben auch im Temperament grundverschieden. Schurz hegte ein warmes Mitgefühl für die große Masse des Volkes, die sich nicht zu seiner geistigen Höhe aufzuschwingen vermochte, Godkin hingegen hatte für diejenigen, die er mit seinen gewaltigen Geistesgaben nicht überzeugen konnte, oft nur Verachtung oder wenigstens Gleichgültigkeit. Zu einer Zeit, wo Kapital und Arbeit oft miteinander im Streite lagen, und es sich in der Politik, statt um Verfassungsfragen, um volkswirtschaftliche und Verwaltungsfragen handelte, mußte ein solcher Unterschied der Empfindung unliebsame Folgen haben. Zudem gab auch die rein praktische Seite des Redaktionsbetriebes Anlaß zu allerlei Schwierigkeiten. Als Redakteur der „Nation" hatte Godkin Beiträge von Schurz immer hoch geschätzt. Im Winter 1872 auf 73 hatte dieser von Washington mit großer Regelmäßigkeit Korrespondenzen geschickt, die übrigens nach einer getroffenen Vereinbarung ohne seine Unterschrift erschienen und für die er sich irgendwelches Honorar anzunehmen weigerte. Als Hauptredakteur war Carl Schurz dagegen weniger nach Godkins Geschmack. Tatsächlich befriedigte die „Post", wie sie sich unter der neuen Leitung gestaltete, weder den einen noch den andern. Schurz' lehrhafte Art und sein rednerisches Pathos verschmolzen sich mit dem ausgesprochen journalistischen Talent Godkins nicht zu glücklicher Mischung. So verschieden auch das Verhalten der beiden denjenigen gegenüber war, die geistig unter ihnen standen, so bestimmt und zäh vertraten sie ihren Standpunkt geistig Ebenbürtigen gegenüber. Da sich also Reibungen bei der Leitung der „Post" nicht vermeiden ließen, trat Carl Schurz im Herbst 1883 ganz aus der Redaktion aus. Aber von wenigen und nur vorübergehenden Störungen des guten Verhältnisses abgesehen begegneten die beiden Männer einander mit der Hochachtung, die jeder den hohen sittlichen und geistigen Eigenschaften des andern schuldig war, und unterhielten bis an ihr Lebensende freundschaftliche Beziehungen.

Wieder von der Geschäftsroutine des journalistischen Berufs frei, richtete Carl Schurz seinen Blick von neuem auf die versprochene Biographie von Henry Clay und auf den Lieblingsplan einer Geschichte von Amerika. An der Biographie hatte er nur wenig, an der Geschichte überhaupt nichts arbeiten können. Denn außer seinen Pflichten als Redakteur hatten während der letzten zweiundeinhalb Jahre die mannigfachen Ablenkungen des New Yorker Lebens der Verwirklichung seiner schriftstellerischen Pläne im Wege gestanden. Nicht nur dem politischen Leben der Großstadt widmete er seine unausgesetzte Aufmerksamkeit, auch das gesellige Treiben zog ihn in seine Kreise, und im Musik- und Kunstleben stellte man an die Zeit des als vielseitiger und feinfühliger Kenner bekannten Mitbürgers immer wachsende Ansprüche. Aber wenn Schurz genußfreudig die Gelegenheit ergriff, solch geselligen und künstlerischen Neigungen nachzugehen, so bedeutete das für ihn große Opfer an Zeit, die eine Befriedigung seines schriftstellerischen Ehrgeizes unmöglich machten.

Wäre er im Besitz eines auskömmlichen Vermögens gewesen, so hätte er schon früher mehr Muße gefunden, sich literarischen Arbeiten zu widmen. Aber eine solche Tätigkeit, besonders auf dem Gebiete der Geschichtschreibung, bringt wenig Geld ein. Sparsam und fleißig wie er war, fühlte er sich doch wohl kein Jahr finanziell in behaglichen Umständen, wenn er nicht durch Arbeiten, die nicht im höhern Sinne schriftstellerisch genannt werden konnten, seine

Einkünfte vermehrte. In seiner Tätigkeit als Journalist und Vortragsredner mag ihm seine Stellung im politischen Leben von Vorteil gewesen sein; aber das Gehalt, das er als Senator und später als Minister bezog, genügte nicht zur Deckung der Ausgaben, die die bedeutenden Repräsentationskosten seiner Stellung mit sich brachten.

Um die Zeit, als mit seinem Zurücktreten von der Leitung der „Evening Post" die Hauptquelle seines journalistischen Erwerbs versiegte — denn das Einkommen aus der Teilhaberschaft an der „Westlichen Post" war gering, außer wenn er regelmäßige Beiträge dafür lieferte — verlor er durch verfehlte Anlagen den größten Teil seines Vermögens, das nie bedeutend gewesen war. Als eine Anzahl von New Yorker Verehrern, zumeist deutscher Abkunft, von diesem Verluste hörten, brachten sie Anfang 1884 eine Summe von 100 000 Dollars auf, um sie Schurz zum Geschenk zu machen. Sobald er von diesem Vorhaben erfuhr, sprach er sich sofort dagegen aus. Bei wärmster Würdigung der freundschaftlichen und großherzigen Beweggründe derer, die zu der Sammlung beigetragen hatten, empfand er nicht minder tief die Verpflichtungen, die er sich durch die Annahme einer solchen Schenkung auferlegen würde. In einem Briefe vom 21. März, der den Widerstreit der Empfindungen kurz und bündig schilderte, erklärte er, daß er das Geschenk in keiner Form annehmen könne, und bat den Plan fallen zu lassen.

Unterdessen fing die herannahende Präsidentenwahl an, seine Aufmerksamkeit in Anspruch zu nehmen. Die Verwaltung von Garfield und Arthur war der Entwicklung einer von den Parteien unabhängigen politischen Bewegung besonders günstig gewesen. Die Ermordung Garfields, die Pendleton-Akte, durch die die Reform des Zivildienstes ein gutes Stück gefördert wurde, die überwältigende Niederlage der republikanischen „Maschinen" in New York und Pennsylvanien bei den Staatswahlen von 1882 bildeten eine Reihe von Ereignissen, die eine nicht mißzuverstehende Sprache redeten. Wenigstens die gröbsten Übel der Beutepolitik hatte die öffentliche Meinung, die endlich aus ihrem behaglichen Schlummer aufgerüttelt war, in Acht und Bann erklärt. Und zu diesem Resultat hatte Carl

Schurz während seiner Tätigkeit als Redakteur und später bedeutend beigetragen.

Die Aufgabe, vor die er und seine „unabhängigen“ Gesinnungsgenossen sich gestellt sahen, war dieselbe wie bei den drei vorhergehenden Präsidentenwahlen, nämlich die Republikaner zur Aufstellung eines einwandfreien Kandidaten zu bestimmen und, falls sich dies als unmöglich erwies, in gleichem Sinne auf die Demokraten einzuwirken. Schon anfangs des Winters 1884 beschloß man, das Wahlprogramm der Unabhängigen an Washingtons Geburtstag, den 22. Februar, in Brooklyn offiziell bekannt zu machen. Bei diesem Anlaß war Carl Schurz der Hauptredner, und die Aufnahme, die das Programm fand, war höchst ermutigend. Unter den Republikanern herrschte starke Mißstimmung gegen Blaine. Trotzdem machte, als der Tag des republikanischen Nationalkonvents näherrückte, der Nachdruck, mit dem Blaines Kandidatur von ihm und seinen Anhängern betrieben wurde, seinen schließlichen Erfolg so gut wie gewiß. Gerade dagegen kämpften die Unabhängigen mit allen Kräften, aber vergeblich: bei der vierten Abstimmung wurde Blaine nominiert. Carl Schurz, der als einer der Ehrengäste auf dem Podium des Versammlungssaales saß, zog seine Taschenuhr heraus, wandte sich an einen alten Freund und sagte: „Dies ist die Stunde, die man einst in der Geschichte als die Todesstunde der republikanischen Partei bezeichnen wird.“

Diese Prophezeiung spiegelte wohl bis zu einem gewissen Grade die Überzeugung des Sprechenden wieder, die seit Anfang der siebziger Jahre fast ununterbrochen bei ihm vorgeherrscht hatte, daß nämlich die alten Parteien sich überlebt hätten. Aber noch mehr sprach sich darin das tief empfundene Gefühl aus, daß der Kandidat ein Unwürdiger sei. Er hielt Blaine, den „Volksfreund aus Maine“, für ein ganz besonders anstößiges Exemplar der Politiker, die die Politik als Sport betreiben, als großen öffentlichen Wettkampf, der sich vor Millionen von Zuschauern abspielt und bei dem der Sieg mehr einen persönlichen Triumph als die Förderung der sozialen Wahrheit und Gerechtigkeit bedeutet. In den Enthüllungen von 1876, die Blaines Beziehungen zu Eisenbahngesellschaften bloßlegten, die Regierungsländereien erhalten hatten, erblickte Schurz die Bestätigung seines ersten ungünstigen Eindrucks und noch mehr. Der herausfordernde Ton, den Blaine während seiner Amtszeit als Minister des Auswärtigen im diplomatischen Verkehr mit Südamerika angeschlagen, hatte ernste Befürchtungen erregt. Carl Schurz hatte nie in seinem Glauben gewankt, daß die Vereinigten Staaten auf den Pfaden des Friedens wandeln und sich besonders vor den Tropen hüten müßten. Als es aber 1884 zur Entscheidung kam, fühlte er, daß der Nachdruck auf die Frage der persönlichen Ehrenhaftigkeit und der öffentlichen Sittlichkeit zu legen sei. Im September 1882 hatte Blaine in der „Chicago Tribune" Schurz öffentlich in einem langen Artikel angegriffen, der vor allem den Nachweis erbringen sollte, daß dieser als Minister des Innern die Grundsätze der Zivildienstreform aufs schnödeste verraten habe, während er (Blaine), als Minister des Auswärtigen, sie konsequent hochgehalten habe. Dieser Angriff war durch einen scharfen, gegen Blaine gerichteten Artikel der „Evening Post" hervorgerufen, den man erklärlicherweise Schurz zuschrieb. Tatsächlich erfuhr Schurz, der damals zufällig auf Ferien gewesen war, von dem Artikel der „Post" erst lange nach seinem Erscheinen. Er richtete also an den Redakteur der „Tribune" ein ironisches Schreiben, versicherte ihm, daß „die ganze Kanonade gegen den Verfasser der Bemerkungen der „Evening Post" an die falsche Adresse gerichtet seien", und schloß mit den Worten: „Hätte ich damals die Redaktion der „Evening Post" besorgt, so hätte ich es vielleicht vorgezogen, Herrn Blaine in der Rolle eines Zivildienstreformers und Gegners des Beutesystems mit Milde und guter Laune als einen nicht üblen Witz zu behandeln. Aber ich bin, im Ernste gesprochen, allerdings der Meinung, daß der Verfasser der „Mulligan Briefe" nie Präsident der Vereinigten Staaten werden kann, noch werden darf." Als den Verfasser der „Mulligan Briefe", in denen Blaine selbst eingestand, daß er zum Lohn für Begünstigungen, die er als Sprecher des Hauses gewährt hatte, persönliche pekuniäre Vorteile genossen und weitere nachgesucht habe, bekämpfte ihn Carl Schurz bei den Wahlen von 1884. Er besaß einen scharfen Blick für die sittliche Seite einer Frage, und diese war für ihn selbst immer so entscheidend, daß er auch stets zuversichtlich auf ihren Sieg rechnete.

Infolge der Nomination Blaines schieden sehr viele Republikaner aus der Partei aus. Acht Tage nach dem republikanischen Nationalkonvent stellten die Demokraten als ihren Kandidaten einen Mann auf, für den die Sezessionisten unter den Republikanern rückhaltlos eintreten konnten, Grover Cleveland. Persönlich wäre Schurz die Nomination des Senators Bayard, mit dem ihn innige Freundschaft verband, lieber gewesen. Aber Bayard ließ die Mehrzahl der Unabhängigen kalt, und bei den Demokraten, wo er eine starke Gefolgschaft hatte, entschied schließlich die Erwägung gegen ihn, daß er als Kandidat keine Aussichten habe, bei den Wahlen durchzukommen.

Sobald die beiden Parteien ihre Kandidaten aufgestellt hatten, organisierte sich die Opposition gegen Blaine innerhalb der republikanischen Partei mit großer Schnelligkeit, und diese Bewegung nahm Schurz' Zeit und Tatkraft voll in Anspruch. Das Programm lautete: „Gemeinsames Vorgehen mit der demokratischen Partei, ohne in ihr aufzugehen." „Republikanische und unabhängige" Wahlvereine wurden gebildet, aber lange ehe der Wahlkampf vorüber war, machte der kecke Einfall der boshaftwitzigen New Yorker „Sun" den Spitznamen „Mugwumps" zur üblichen Bezeichnung der Unabhängigen, die sich dieses indianische Wort für Häuptling, Führer wohl gefallen lassen konnten, wenn es auch hier als „Hauptphahn" gemeint war. Am 22. Juli fand in New York eine nationale Konferenz statt, und man erließ einen Wahlaufruf, der das Programm enthielt. Der Plan zu dieser Konferenz ging von Carl Schurz aus, und er hatte auch den Aufruf verfaßt. Die Mugwumps schlugen in New York ihr nationales Hauptquartier auf, und von hier überwachte Carl Schurz das Ganze und seine Anregungen wurden genau befolgt.

Am 5. August eröffnete er den eigentlichen Wahlkampf mit einer Rede in Brooklyn. Ihr charakteristisches Merkmal war eine objektiv gehaltene Darstellung der Geschichte Blaines in bezug auf die „Mulligan Briefe“; ihr allgemeiner Gesichtspunkt aber war die furchtbare Gefahr, die man heraufbeschwöre, wenn man hohe sittliche Ideale dem Parteiinteresse unterordne. Während der Monate September und Oktober bereiste Carl Schurz das Land von Indianapolis, Indiana, bis New Haven, Connecticut, und hielt in fünfundzwanzig verschiedenen Städten Wahlreden. Der Kampf war ein besonders heftiger. Blaine übte, vornehmlich in den westlichen Staaten, eine ganz ungewöhnliche Macht auf die große Masse der republikanischen Wähler aus. Die weitverbreitete Behauptung, daß Cleveland ein unsittliches Leben geführt habe, raubte den Angriffen auf Blaines Charakter die erwartete Wirkung. Vor allem bei den Republikanern im Westen predigte man tauben Ohren, wenn man sie ermahnte, das Vaterland dadurch zu retten, daß sie für einen solchen Demokraten ihre Stimme abgäben. Blaine wurde mit verschwindend kleiner Majorität geschlagen, aber gerade der Umstand, daß der Sieg nur mit knapper Not errungen war, setzte den Triumph der Unabhängigen in um so helleres Licht, denn er ließ keinen Zweifel darüber aufkommen, daß *sie* den Ausschlag gegeben hatten. Und Sieger und Besiegte erklärten, mit größerer oder geringerer Bereitwilligkeit, daß die Lorbeeren vor allem Carl Schurz gebührten.

Doch diese Lorbeeren brachten auch schwere Verantwortlichkeit mit sich. Nach vierundzwanzig Jahren sah sich die demokratische Partei zum ersten Male wieder am Ruder, und nun mußte es sich zeigen, wie festen Fuß der Gedanke der Zivildienstreform bei ihnen gefaßt hatte. Die Angestellten der verschiedenen Ministerien, besonders des des Innern, bestürmten Schurz mit ängstlichen Fragen, ob nun ein allgemeiner Beamtenkehraus bevorstehe, und man bat ihn inständig, seinen Einfluß geltend zu machen, um dies zu verhüten. Es bedurfte nicht dieser oft rührenden Bitten, um ihn zu energischer Tätigkeit im Interesse dieser Sache anzustacheln. Gleich in dem Briefe, worin er Cleveland zu seiner Wahl Glück wünschte, schrieb Schurz: „Die eigentliche Feuerprobe ist nicht die Zolltariffrage; denn diese wird sich, davon bin ich überzeugt, leichter lösen lassen, als viele glauben. Aber die Reform des Zivildienstes wird sofort Ihre Aufmerksamkeit in Anspruch nehmen, und wenn Sie hierin nicht die richtige Entscheidung treffen, wird diese Frage Ihnen unaufhörlich große Schwierigkeiten bereiten." Auf dieses Thema sollte Carl Schurz nun zwei Jahre lang fortgesetzt zurückkommen.

Aber nicht nur in dieser Frage sprach er dem Präsidenten gegenüber seine Meinung aus. Grover Cleveland war in der Bundespolitik wenig bewandert, war sich dessen in fast krankhaftem Maße bewußt und ergriff eifrig jede Gelegenheit, sich an verläßlicher Stelle Rat zu holen. Am 6. Dezember 1884 antwortete er auf Schurz' Anerbieten, ihm „als Privatmann in jeder Weise zu dienen" wie folgt: „Sie dürfen versichert sein, daß ich mich sehr freuen werde wenn Sie mir in dieser ernsten Zeit Ihre Ansichten ausführlich mitteilen wollen. Ich möchte Sie bitten, an mich zu schreiben, wie an jemand, dessen einziger Wunsch es ist, die gute Meinung derer zu rechtfertigen, die ihm vertrauen, der jedoch wenig von dem versteht, was ihn in seinem neuen Wirkungskreis erwartet."

Die Antwort auf diese bescheidene und verbindliche Aufforderung war ein ausführlicher Brief vom 10. Dezember, in dem Carl Schurz mit der größten Offenheit seine Ansichten über die ganze Sachlage darlegte. Der Brief enthielt manchen Ratschlag, den der Schreiber acht Jahre zuvor Hayes erteilt hatte. Carl Schurz versicherte Cleveland, daß sein Einfluß bei dem Volke von seiner Haltung als Reformer abhänge, und daß man ihn deshalb um so schärfer kritisieren werde. „Wenn Ihr Vorgänger Arthur etwas tat, was Anerkennung verdiente, hieß es: Er ist doch besser als wir glaubten. Aber wenn Sie etwas tun, was den gehegten Erwartungen nicht entspricht, so wird es heißen: Er ist nicht so tüchtig, wie wir gehofft hatten." Auf diesen klugen Wink folgte der Rat, den auch Hayes erhalten hatte, daß die drei großen Ressorts, das Schatzamt, die Postverwaltung und das Ministerium des Innern, in denen so viele Ämter zu vergeben waren, Männern anvertraut werden müßten, „die das Wort Reform im gleichen Sinne wie Sie auslegen, denen es ein politischer Glaubensartikel ist wie Ihnen, und die willens sind, dafür zu kämpfen wie Sie." „Die Erfahrung hat mich gelehrt, daß kein Präsident, so fest auch seine Grundsätze und so groß auch sein Mut sein mögen, die Reform systematisch durchführen kann, wenn er dabei mit dem Widerstand seines Kabinetts zu kämpfen hat."

Bezüglich der ins Kabinett zu berufenden Persönlichkeiten hatten es sich Carl Schurz und die Unabhängigen zur Pflicht gemacht, sich jedes bestimmten Vorschlages zu enthalten. Dies war offenbar eine Frage, die innerhalb der demokratischen Partei entschieden werden mußte. Dagegen war eine Kritik der vorgeschlagenen Kandidaten ganz ausdrücklich das Recht der Unabhängigen, die für Cleveland gestimmt hatten. So fand die Wahl von Bayard, Lamar und Garland Schurz' besondere Billigung; dagegen rief der Name von William C. Whitney auf der provisorischen Liste Clevelands wahre Bestürzung unter den Unabhängigen hervor. In einem Brief an Lamar vom 2. März sprach Schurz seine Unzufriedenheit unumwunden aus. Er war persönlich nicht mit Whitney bekannt und gab zu, daß er ehrenwert und tüchtig sein möge, aber er fügte hinzu, soviel er sehen könne, wisse man von Whitney weiter nichts, als daß er der Schwiegersohn des Senators Payne sei und 25 000 Dollars zum demokratischen Wahlfonds beigesteuert habe. „Es ist eins der schmählichsten und bedenklichsten Zeichen der Zeit, daß sich Millionäre, die keinen andern Anspruch auf Auszeichnung als ihr Geld besitzen, in den Senat drängen. Weiß denn das der Präsident nicht? Ist es nun gar die Aufgabe einer Reformregierung, einen Millionär, der keinen andern Anspruch auf Auszeichnung als sein Geld besitzt, in das Kabinett zu berufen? Diese Fragen wird man aufwerfen. Und was können wir den patriotischen Männern antworten, die sich unserer Leitung anvertraut haben?"

Cleveland war erst einige Wochen im Weißen Hause, als seine Stellungnahme zur Frage der Ämterbesetzung zum Mittelpunkt eines äußerst heißen Kampfes zwischen den Unabhängigen und den Demokraten wurde, deren Wahlspruch lautete: Den Siegern gehört die Beute! Kurz nach der Wahl hatte der Nationalausschuß der Unabhängigen mit vorgängiger Einwilligung Clevelands demselben eine Glückwunschadresse überreicht, und in seiner Erwiderung hatte dieser die öffentliche Erklärung abgegeben, daß er sich bei der

Stellenbesetzung von den Grundsätzen der Zivildienstreform leiten lassen und die republikanischen Angestellten nicht vor Ablauf ihrer Amtszeit entlassen werde. Diese Politik solle jedoch in keiner Weise seiner Treue gegen die demokratische Partei Eintrag tun. In Washington erwies es sich für ihn, der von drängenden Parteiführern umringt war, tatsächlich unmöglich, bei Entlassungen und Anstellungen stets strenge nach den Grundsätzen der Reform zu verfahren, ohne dadurch andere wichtige Momente seiner Politik zu gefährden. Aber die radikalen Unabhängigen verlangten kategorisch, er solle sein gegebenes Wort einlösen, gleichviel ob dadurch andere Interessen aufs Spiel gesetzt oder wirklich drangegeben würden. Die Beutejäger versuchten im Namen des Parteiinteresses ebenso angelegentlich, den Präsidenten in die entgegengesetzte Richtung zu drängen. Der Ausgang war begreiflicherweise für keine Seite befriedigend. Während des ersten Jahres erfolgte eine bedeutsame Anzahl von Entlassungen und Anstellungen streng nach den Grundsätzen der Reform; dafür erntete der Präsident mäßiges Lob von den Unabhängigen und maßlose Schmähungen von den Beutejägern. Während des zweiten Jahres war infolge der starken Parteigegensätze, die der Konflikt zwischen dem republikanischen Senat und dem Präsidenten verschärft hatte, die Strömung den Reformern entschieden ungünstig, und Lob und Tadel flossen nun aus umgekehrter Richtung. Bei allem Schwanken in der Haltung der Regierung aber unterlag es keinem Zweifel, daß diese sich das „Verdienstsystem" zur Richtschnur gemacht hatte, soweit es in der Pendletonakte Ausdruck gefunden hatte. Der Kernpunkt der Frage, um die Reformer und Beutejäger stritten, war nicht so sehr die treue Befolgung des Gesetzes von seiten des Präsidenten, als die gewissenhafte Erfüllung seines Versprechens bezüglich der Beamtenentlassungen.

Carl Schurz verfolgte das Verhalten der Regierung mit gespannter Aufmerksamkeit und ernster Sorge. Jeder wichtige Einzelfall in Verbindung mit der Zivildienstreform gab Anlaß zu einem Briefe, in dem er unter freiester Auslegung jener früher von Cleveland an ihn gerichteten Aufforderung sich „eingehend" äußerte.

Je nachdem das Verhalten des Präsidenten den Idealen des Schreibers entsprach oder nicht, wurde Cleveland aufrichtig gelobt oder freimütig getadelt. Jeder der beiden Männer hegte stets große Achtung und Verehrung für den Charakter des andern, und das blieb auch so; aber ihre politische Denkart ruhte durchaus auf verschiedenen Grundlagen. Cleveland war Demokrat, mit einer Neigung zu den „Unabhängigen"; Carl Schurz dagegen war, bei der Lage der damaligen Parteiverhältnisse, Unabhängiger strengster Observanz. Carl Schurz war fest davon überzeugt, daß das begreifliche Streben des Präsidenten, der demokratischen Partei auch für die Zukunft Erfolg zu sichern, ein vergebliches und unerwünschtes Bemühen sei. Aber in der Kritik der Handlungen des Präsidenten stellte er sich verständigerweise nicht auf seinen eigenen, sondern auf Clevelands Standpunkt, und er betonte in seinen Briefen stets, daß die konsequente und unentwegte Anwendung der Prinzipien der Reform für das zukünftige Wohlergehen der demokratischen Partei unumgänglich notwendig sei. Gegen Ende 1886 wurde es Schurz und allen radikaleren Reformern klar, daß der Präsident den Idealen der Reform seine Gunst entzogen hatte.

In der Jahresbotschaft vom Dezember 1886 erklärte sich Cleveland nochmals als aufrichtigen Anhänger der Zivildienstreform, aber er trübte die Freude darüber sofort, indem er von dem Schaden sprach, der der guten Sache durch den irregeleiteten Eifer starrköpfiger Freunde erwachse. Dieser öffentlich ausgesprochene Tadel, den natürlich die Beutejäger mit lautem Jubel begrüßten, bestärkte die Extremen unter den Reformern nur in der Meinung, daß sie von der Regierung nichts mehr zu hoffen hätten. Auf das drängende Bitten vieler seiner Gesinnungsgenossen und zugleich dem eignen Trieb gehorchend, richtete Carl Schurz am 15. Dezember einen Aufsatz in Briefform an den Präsidenten, worin er seinen Empfindungen unzweideutigsten Ausdruck verlieh. Das Ganze war in die Form des Beweises gekleidet, daß Clevelands politisches Heil auf dem Spiele stehe, falls er nicht seine Haltung gegenüber den Zielen der Unabhängigen ändere; aber da der Schreibende wenig Hoffnung auf eine solche Umkehr verriet, klang der Brief mehr wie ein vorwurfsvoller Scheidegruß. Der Präsident mußte sich sagen lassen, daß die Unabhängigen allen Glauben an die Aufrichtigkeit seiner Versicherungen entweder bereits verloren hätten oder immer mehr verlören. „Bis vor kurzem ließ sich das Schlimmste, was Ihnen zur Last gelegt wurde, als falsches Urteil oder vielleicht gelegentlich als störrisches Festhalten an einem einmal begangenen Fehler deuten. Aber...... dieser vertrauensselige Glaube hat einen argen Stoß erhalten...... Das öffentliche Vertrauen eines Volkes nimmt gelegentlich eine Haltung ein, in der es alle Handlungen eines Mannes zu seinen Gunsten auslegt; dann wieder legt es alle Handlungen zu seinen Ungunsten aus. Sie haben alle Vorteile der ersterwähnten Haltung genossen. Wenn ich mich nicht täusche, stehen Sie jetzt auf der Grenzscheide, die sie von der zweiten trennt." Aus einem Überblick über alle Blößen, die sich die Regierung gegeben, zog Schurz den Schluß, daß der Präsident, wenn es jetzt zur Wahl käme, gegen keinen Kandidaten der Republikaner irgendwelche Aussichten auf Erfolg haben würde, ausgenommen Blaine, und auch gegen diesen nur ganz geringe. „Die Unabhängigen haben Sie sich entfremdet, und die demokratischen Beutepolitiker, die den Präsidenten im Grunde verachten, frohlocken. Diese wissen sehr wohl, wer die Männer sind, die Sie als „starrköpfige Freunde" und Leute von „irregeleitetem Eifer" von sich weisen. Und sie haben nicht vergessen, wie jene Männer die gleiche Schmähung von republikanischer Seite zu hören bekamen, als sie jede Rücksicht auf ihre eigne politische Zukunft in den Wind schlugen, Blaine verwarfen und aus der Partei ausschieden, um für Sie einzutreten, der versprochen hatte, der Vorkämpfer ihrer gemeinschaftlichen Prinzipien zu sein. Die Beutejäger glauben nur zu gern, daß der Geist, der jetzt diese Schmähung eingegeben hat, nicht sehr verschieden sein kann von dem, der sie vor zwei Jahren auf der andern Seite eingab." Schurz versicherte dem Präsidenten, daß seine Bemühungen, es gleichzeitig den Reformern und den Beutejägern recht zu machen, fehlgeschlagen seien. „Ich habe Sie mehr als einmal gewarnt, daß die größte Gefahr für Sie darin bestehe, sich zwischen zwei Stühle zu setzen. Ich fürchte, das ist Ihnen jetzt wirklich passiert!"

Es war kaum zu verwundern, wenn der Präsident von nun an im Briefverkehr mit Carl Schurz und andern radikalen Reformern große Gereiztheit verriet. Der Geist der Reform, der von keinem Kompromiß etwas wissen wollte, stand im unvereinbaren Widerspruch mit dem Parteiprogramm, das der Präsident zur Zeit vorbereitete. So kam es denn, daß die Beziehungen zwischen Schurz und Cleveland eine Zeit weniger intim waren, als sie es seit 1884 gewesen waren, ohne daß es übrigens zu einem Bruch gekommen wäre.

Während dieser Jahre ernsten Bemühens, auf die politische Stimmung Einfluß zu gewinnen, war nun Carl Schurz in aller Form auf dem Felde literarischen Schaffens aufgetreten. Im Winter 1884 auf 85 hatte er vier Monate lang den Süden bereist und jeden Staat mit Ausnahme von Mississippi besucht. Sein Zweck war einmal die Sammlung von Material für die geplante Geschichte der Vereinigten Staaten und ferner das Studium der Umwandlungen, die sich in den sozialen Bedingungen des Südens vollzogen hatten, seitdem er vor zwanzig Jahren seine ersten Beobachtungen angestellt und in dem denkwürdigen Bericht an Präsident Johnson niedergelegt hatte. Im Mai 1885 faßte er das Ergebnis seiner Reise in einer Broschüre von dreiunddreißig Seiten zusammen, der er den Titel „Der neue Süden" gab. Sein Urteil über den allgemeinen Verlauf der Dinge während der Rekonstruktion und über das Aufgeben jener verhängnisvollen Politik war überaus gerecht und aufrichtig. Im Süden hatte er die Gegenwart voll gedeihlichen Wohlstandes, die Zukunft vielversprechend gefunden. Er war der Ansicht, daß die wachsende wirtschaftliche Brauchbarkeit der Schwarzen die Lösung der Negerfrage bringen werde. Wenn erst die Schwarzen in der Erwerbung von Eigentum und in allgemeiner Intelligenz etwas weiter fortgeschritten seien, würden sie zwischen den beiden Parteien wählen lernen. Die stetig zunehmende Mannigfaltigkeit der Erwerbszweige, die schon jetzt einen hohen Grad erreicht habe, werde gleichzeitig auch die Weißen politisch auseinanderführen, und durch die normale Wirkung wirtschaftlicher und politischer Momente werde die Scheidelinie, welche Rasse und Farbe gezogen, verschwinden und Weiße und Schwarze nebeneinander an den Stimmkasten treten, um für die Partei zu stimmen, zu der ihre Interessen sie führten. Heute scheinen uns Schurz' Prophezeihungen wenig Aussicht auf Verwirklichung zu haben, da er nicht genügend Gewicht auf die Beharrlichkeit von Rassenantipathien legte; aber zur Zeit ihres Erscheinens drückten sie die hoffnungsfreudige Überzeugung des Ministers Lamar und vieler anderer weitblickender Südstaatler aus.

„Der neue Süden" fand weniger Beachtung, als seine literarischen und inhaltlichen Vorzüge verdienten. Nach der Veröffentlichung dieser Broschüre machte sich Carl Schurz ernstlich an die Ausarbeitung der Biographie von Henry Clay, die er im Sommer 1886 vollendete und Ende des folgenden Winters im Druck erscheinen ließ. Die Aufnahme, die diesem Werke zuteil wurde, war im höchsten Maße schmeichelhaft. Obschon Henry Clay fast in jeder Beziehung den persönlichen und staatsmännischen Idealen fernstand, denen sein Biograph huldigte, so hatte ihn Schurz doch mit einer Gerechtigkeit und Treue geschildert, die allgemeine Anerkennung fand. Politische Veteranen aus den grauen, fernen Jahrzehnten vor 1830, Whigs sowohl wie Jackson-Demokraten, legten mit bewegter Beredsamkeit in Briefen an den Verfasser Zeugnis für die Lebenswahrheit ab, mit der er den Mann gezeichnet, den sie noch persönlich gekannt hatten. Historiker von Fach priesen in ihren Besprechungen das tiefe Verständnis und die Genauigkeit in der Schilderung des politischen und sozialen Milieus seines Helden. Literarische Kritiker fanden in dem Werke jenes Form- und Stilgefühl, das den Verfasser zur Aufnahme in die Zunft der Schriftsteller berechtigte. Nicht am wenigsten erfreute Carl Schurz die nicht bloß als leeres Kompliment zu nehmende Anerkennung von Männern, wie Exsenator Drake und Senator Dawes, mit denen er durchaus nicht in freundschaftlichen politischen Beziehungen gestanden hatte.

Der Erfolg seines „Henry Clay" gab Carl Schurz für den langgehegten Plan eines größeren Geschichtswerks erneuten Antrieb. Gleichzeitig aber nahm der Gedanke, seine Lebenserinnerungen aufzuzeichnen, ein Gedanke, den Schurz schon lange unbestimmt in sich herumgetragen hatte, unter der Einwirkung verschiedener Einflüsse definitive Gestalt an. Er stand vor dem Abschluß seines sechzigsten Lebensjahres; mehrere Verleger drängten eifrig zur Ausführung des Planes, und viele Freunde, darunter Expräsident Hayes, erklärten es für seine Pflicht, an die Abfassung einer Autobiographie zu gehen.

In der Absicht, für beide literarische Unternehmungen Stoff zu sammeln, entschloß sich Carl Schurz zu einer Reise nach Europa. Er hoffte, in verschiedenen diplomatischen Archiven wichtige Aufschlüsse über die auswärtigen Beziehungen der Vereinigten Staaten während des Zeitraums zu finden, den er behandeln wollte. In Spanien und Deutschland gedachte er, sich persönliche Erlebnisse wieder deutlicher ins Gedächtnis zurückzurufen. Gleichzeitig machten eigne Geschäftsangelegenheiten seine Anwesenheit in Hamburg nötig, wo die Familie noch bedeutende finanzielle Interessen hatte. Er begab sich also im April 1888 nach Europa und kehrte erst spät im November zurück. Obgleich diese Reise für die Förderung seiner literarischen Pläne nur geringe Früchte zeitigte, war sie doch reich an persönlichen Erfahrungen und Freuden sowohl, wie an Beweisen der Hochachtung, die man dem weitbekannten Manne zollte. In Deutschland wurden ihm von vielen, die an der Spitze des politischen und geistigen Lebens standen, Zeichen der Verehrung und Wertschätzung zuteil. Während seiner Abwesenheit von Amerika wurde Harrison zum Nachfolger Clevelands gewählt; es war seit 1852 das erste Mal, daß Carl Schurz sich nicht an der Agitation bei einer Präsidentenwahl beteiligte.

Bald nach seiner Rückkehr nach New York erfuhr man, daß die Reise in die alte Heimat in geschäftlicher Hinsicht wichtige Resultate gezeitigt hatte: im Dezember machte die Hamburg-Amerikanische Dampfschiffahrtsgesellschaft bekannt, daß er mit dem Beginn des neuen Jahres die Stellung ihres Generalvertreters in Amerika übernehmen werde. Mit dem Gedanken an eine feste Anstellung, die ihm ein sicheres Einkommen gewährleistete, hatte sich Schurz getragen, seitdem er von der „Evening Post“ zurückgetreten war; aber verschiedene auf den Ankauf einer Zeitung gerichtete Pläne hatten sich zerschlagen. Die Verbindung mit der großen Dampfschiffahrtsgesellschaft war in vielen Beziehungen angenehmer, als irgend eine andere geschäftliche Tätigkeit es hätte sein können. Obgleich er keine kaufmännische Bildung besaß, wie er seinerzeit schon Hayes geschrieben, hatte Carl Schurz sich doch seit langen Jahren eifrig mit dem Studium internationaler Fragen im Handel wie in der Diplomatie abgegeben. Und er übernahm die Stellung in der festen Zuversicht, daß sie ihm Zeit und Kraft lassen würde, auch seinen literarischen Neigungen nachzugehen. Aber er konnte nun einmal der Verlockung nicht widerstehen, sich tätig am sozialen und politischen Leben der Zeit zu beteiligen; und dies und der geschäftliche Beruf schoben beständig seine ihm so lieben, aber weniger dringlichen Pläne in den Hintergrund. Allmählich kam er freilich zu der Überzeugung, daß er sich in der Hoffnung, die Pflichten als Generalagent mit literarischem Schaffen verbinden zu können, getäuscht habe, und nachdem er auf besonderen Wunsch der Gesellschaft noch sechs Monate länger, als er beabsichtigte, die Stellung beibehalten hatte, löste er am 1. Juli 1892 seine Verbindung mit der Hamburg-Amerika-Linie.

Sechstes Kapitel.

Redakteur von „Harpers Wochenblatt". Der Nestor in der Politik.

Es waren noch keine acht Tage seit der Lösung seiner geschäftlichen Beziehungen zu der Hamburg-Amerika-Linie vergangen, da wandte sich die Firma Harper and Brothers an Carl Schurz mit der Bitte, an Stelle des schwer erkrankten George William Curtis den Leitartikel für das von ihnen verlegte „Harper's Weekly" zu liefern. Das war eine Aufgabe so recht nach seinem Herzen, und nur der Schmerz über das schwere Leiden des teuren Freundes trübte ihm die Freude an der Arbeit, die er von Woche zu Woche fortsetzte. Am 31. August 1892 starb Curtis, und das „Wochenblatt" vom 10. September brachte einen warmberedten, brüderlich liebevollen Nachruf, der unzweifelhaft aus Schurz' Feder stammte. Die ursprüngliche Vereinbarung, nach der Carl Schurz jede Woche den Leitartikel schreiben, aber der Name des Verfassers ein Geheimnis bleiben sollte, wurde anfänglich als rein provisorisch angesehen. Aber man war beiderseits mit dem Arrangement so zufrieden, daß es nahezu sechs Jahre in Kraft blieb. Freilich verrieten Stil und Ideen bald den Schreiber, und schließlich zeichnete Carl Schurz vom Januar 1897 an seine Artikel und vertauschte so die bisherige vage und mystische Autorität des Blattes mit der klaren und deutlichen des eigenen Namens und Rufes.

Die Verbindung mit einem angesehenen Wochenblatt war Carl Schurz aus verschiedenen Gründen sehr willkommen. Sie ermöglichte es ihm, auf die öffentliche Meinung einzuwirken, ohne sich der Plackerei und Verantwortlichkeit einer tagtäglichen Redaktionstätigkeit unterwerfen zu müssen. Und diese Gelegenheit bot sich ihm gerade zu einer Zeit, wo die politische Sachlage sein intensivstes und hoffnungsvollstes Interesse wachrief. Es war mitten in der Wahlagitation des Sommers 1892, Cleveland und Harrison die Kandidaten, Zolltarif und Währungsfrage die Hauptprogrammpunkte.

Um zu begreifen, wie intensiv und hoffnungsvoll zugleich Schurz' Interesse an diesem Wahlkampfe war, brauchen wir nur einen schnellen Blick rückwärts zu werfen. Unsere Leser werden sich erinnern, wie groß und beinahe bitter seine Enttäuschung über die Haltung war, die Cleveland ein paar Jahre vorher der Frage der Zivildienstreform gegenüber eingenommen hatte. Aber die berühmte Zolltarifbotschaft von Dezember 1887, in welcher der Präsident energisch auf Herabsetzung der Einfuhrzölle drang, obgleich man ihn warnte, daß er dadurch seine Aussichten auf Wiederwahl verscherzen könne, hatte einen solchen Grad von Mut und Zielbewußtsein verraten, daß er die Unabhängigen fast ohne Ausnahme für sich gewann und diese ihn in dem für ihn unglücklichen Wahlkampfe von 1888 unterstützt hatten. Die Verwaltung Harrisons, dessen Amtszeit sich ihrem Ende näherte, hatte den Unabhängigen keinen Anlaß gegeben, ihre Sympathien und ihren Beistand den Republikanern zuzuwenden. Blaines auswärtige Politik hatte bei Ruhigdenkenden ernste Befürchtungen erweckt. Die Antwort auf Clevelands Zolltarifbotschaft war die McKinley Bill gewesen. Die „Frage des Südens", die lange geschlummert hatte, wurde durch neue Gesetzvorlagen wieder angeregt, die den Negern das Stimmrecht erzwingen sollten. Das einzige, was man gegen die immer drohender werdende Agitation für freie Silberprägung getan hatte, war die Annahme der unglückseligen „Sherman Bill", die durch vorgeschriebene Silbereinkäufe den Preis dieses Edelmetalls zu steigern hoffte, aber tatsächlich nicht nur den Preisfall nicht aufhalten konnte, sondern auch das Schatzamt durch dauernden Abfluß des Goldes in ernstliche Verlegenheit setzte. Kurz, jeder bedeutungsvolle Schritt der republikanischen Politik widersprach Schurz' tiefsten Überzeugungen.

Daher hatten Carl Schurz und seine politischen Gesinnungsgenossen die Idee einer Wiederkandidatur Clevelands im Jahre 1892 eifrig unterstützt. Das Haupthindernis, das ihr im Wege stand, war der heftige, vor nichts zurückschreckende Widerstand seitens David B. Hills, des damaligen Gouverneurs von New York, und Tammany Halls, die zusammen die demokratische Parteiorganisation des Staates vollkommen in der Hand hatten. Seit er in New York seinen Wohnsitz genommen, hatte sich Schurz bei den Staats- und Kommunalwahlen an jeder Bewegung gegen Tammy und seine Verbündeten hervorragend beteiligt. Es gab daher seinen Bemühungen um die Wiederaufstellung Clevelands einen erhöhten Reiz, wenn er bedachte, daß ein Erfolg hier zugleich die Niederlage der unheiligen Allianz zwischen Tammany Hall und Hill bedeutete. Zur Förderung seines Wunsches, Cleveland von neuem nominiert zu sehen, verfiel Carl Schurz natürlich zuerst wieder auf den Gedanken einer Kundgebung der Unabhängigen v o r dem Zusammentritt der Nationalkonvente der beiden alten Parteien. Aber sein Vertrauen auf die

Wirksamkeit eines solchen Schrittes war weniger fest als früher, und schließlich ließ man nach langen Beratungen den Plan fallen. Mit einflußreichen Demokraten und Unabhängigen hatte Carl Schurz zahlreiche zwanglose Besprechungen oder stand in lebhaftem Briefwechsel mit ihnen. Exminister Whitney, der in New York für Cleveland tätig war, suchte Schurz schon Anfang 1892 auf, um sich mit ihm zu beraten, und als er im Juni zum Konvent nach Chicago reiste, trug er eine Adresse und eine Anzahl von Resolutionen, die Schurz alle entworfen hatte, in der Tasche. Diese sollten im Notfall verwandt werden, um die verschiedenen Staatsdelegationen unbedingt auf Cleveland zu verpflichten; aber es bedurfte ihrer nicht, denn Clevelands Nomination erfolgte mit seltener Einmütigkeit.

Aber wenn auch der Nationalkonvent in Chicago sich enthusiastisch für Cleveland entschieden hatte, so teilten die demokratischen Maschinenpolitiker im Staate New York diese Stimmung keineswegs, und ihre Feindseligkeit machte sich auch im Laufe des Wahlkampfs empfindlich fühlbar. Clevelands demokratische Wahlleiter wurden ernstlich besorgt. Endlich traten im September, dank besonders den Bemühungen des Exministers Whitney, die Führer der feindlichen Richtung zu einer persönlichen Beratung mit dem Kandidaten zusammen. Auf dieses vielbesprochene Ereignis folgte die offizielle Erklärung, daß die Parteiorganisation Cleveland unterstützen werde, und es fehlte nicht an Andeutungen, ja an positiven Behauptungen, daß der Kandidat dieses Ergebnis durch die bindende Zusage, im Falle eines demokratischen Sieges der „Maschine" in der Besetzung der Ämter freie Hand zu lassen, erkauft habe.

Gesundheitsrücksichten hinderten Carl Schurz, sich wie gewöhnlich als Redner tätig an der Agitation zu beteiligen. Statt dessen beschloß er, einen für die Öffentlichkeit bestimmten Brief an die Unabhängigen der Stadt Brooklyn zu richten, der in einer dortigen Wahlversammlung verlesen werden sollte. Der Brief war fast zur Absendung fertig — Schurz las bereits die Korrekturbogen — da fingen die Zeitungen an, bedenkliche Gerüchte zu verbreiten, nach denen Cleveland sich der Parteiorganisation auf Gnade und Ungnade ergeben habe. In seinem Schreiben hatte Schurz als Reformer zu Reformern gesprochen und dabei der Überzeugung Ausdruck gegeben, daß sie alle mit Clevelands Zollpolitik und besonders auch mit seiner herausfordernden Haltung Hill und Tammany Hall gegenüber zufrieden sein könnten. Hier war nun wirklich ein Dilemma, nur für Carl Schurz nicht. Er beschloß sich sofort darüber Klarheit zu verschaffen, ob die Voreingenommenheit der Unabhängigen für Cleveland sie abermals dazu verleitet hätte, sich eine zu günstige Meinung von ihm zu bilden. „Falls der Mann, der besonders „wegen der Feinde, die er sich gemacht", beliebt ist, mit diesen Feinden ein Bündnis geschlossen hat, so ist mein Brief nicht mehr am Platze", schrieb er. „In seiner gegenwärtigen Form könnte mein Schreiben, wenn es überhaupt Beachtung findet, zu der Frage Anlaß geben, ob Grover Cleveland selbst mit den von mir ausgesprochenen Ansichten übereinstimmt...... Diese Frage könnte den Kandidaten in große Verlegenheit bringen. Vielleicht aber würde er sagen, daß es ihn zwar sehr freue zu sehen, welch hohe Meinung ich von ihm hege, aber daß er im ganzen die Dinge mit andern Augen ansehe als ich. Solch eine Antwort wäre geeignet, mich sehr lächerlich zu machen. Nun wünsche ich weder Herrn Cleveland in Verlegenheit zu bringen, noch aber auch mich lächerlich zu machen." Daher traf Schurz Anordnungen, den Brief, falls Cleveland sich mit dem Inhalt desselben nicht einverstanden erklärte, in der bevorstehenden Versammlung nicht verlesen zu lassen. Alle Schwierigkeiten wurden jedoch dadurch aus dem Wege geräumt, daß er aus zuverlässiger Quelle erfuhr, was sich tatsächlich zwischen dem Kandidaten und den Führern der Parteiorganisation zugetragen hatte. Cleveland hatte sich in keiner Weise gebunden; er hatte den widerspenstigen Politikern den Meister gezeigt, vor dem sie sich, wenn auch grollenden Herzens, beugen mußten. So ging denn also der Brief ab. Er machte großes und berechtigtes Aufsehen, einmal wegen seiner zwingenden Argumente, vor allem für die Herabsetzung des Zolltarifs, dann aber auch, weil er jene falschen Gerüchte widerlegte, daß Cleveland vor den Maschinenpolitikern zu Kreuze gekrochen sei, und diejenigen, die gern an die Gerüchte geglaubt hatten, nun auch dieses schwachen Trostes beraubte. Der Brief fand als Agitationsschrift weite Verbreitung.

Während der ganzen Wahlzeit brachte jede Nummer von „Harpers Wochenblatt" einen Leitartikel von Carl Schurz, worin er mit der ihm eigenen Klarheit und sittlichen Kraft die verschiedenen Fragen besprach, für die sich unabhängige, auf kein Parteiprogramm eingeschworene Wähler interessierten. Mehr als einer dieser Artikel beweist, daß er die Tariffrage ebenso vollkommen beherrschte wie die Währungsfrage, und daß die Sophistereien des Hochschutzzolles ihm ebenso erfolglos Schlingen stellten wie die des „Lumpengeldes". Aber immer noch war es außerhalb eines engen Kreises nur wenigen bekannt, daß die Artikel aus seiner Feder stammten.

Der große Sieg der Demokraten bei den Novemberwahlen gewährte Schurz ungemeine Befriedigung. Am beredtesten kam dieses Gefühl in der Ansprache zum Ausdruck, die er am 10. Dezember 1892 bei Gelegenheit des jährlichen Festessens des New Yorker Reformklubs hielt. Das Bankett nahm den Charakter einer Jubelfeier an, die dem von Cleveland-Demokraten und Unabhängigen erzielten Triumphe galt. Cleveland selbst war zugegen und hielt eine Rede. Ihm folgte Schurz, der sich „die sittlichen Kräfte in der Politik" zum Thema gewählt hatte. Diese Kräfte seien es, die bei den letzten Wahlen den Ausschlag gegeben hätten. Nicht die Politiker von Beruf, sondern die verlachten und verachteten Idealisten hätten die Volksstimmung richtig beurteilt. Das sittliche Gefühl habe sich als stärker erwiesen denn der Parteigeist. „Und was sind diese sittlichen Kräfte?" fragte er. „Es ist der Patriotismus, der dem gemeinen Wohle, der Ehre und Größe des Vaterlandes jede andere Rücksicht unterordnet; das Gerechtigkeitsgefühl, das das Recht um des Rechtes willen liebt und das Unrecht als Unrecht haßt und verlangt, daß einem jeden werde, was ihm zukommt; das Pflichtbewußtsein, das uns antreibt, uns um ein wahres Verständnis dessen zu bemühen, was dem Lande und jedem seiner Bürger frommt; der ehrliche und feste Wille zum Rechten, der auch in andern Sympathie und Achtung für ehrlichen und festen Willen weckt; der stolze Mannesmut, der allen Lug und Trug verachtet und mit aufrichtiger

Bewunderung aufblickt zu dem Geradsinn, der jeder Opposition Trotz bietet, und zu dem kühnen, selbstlosen Eifer, der im Dienste des Gemeinwohles alles tut, was in seinen Kräften steht." Diese moralischen Kräfte, so behauptete er, hätten die große Masse der Demokraten bestimmt, sich gegen den Schutzzoll und die damit verbundene politische Korruption aufzulehnen. Diese Kräfte hätten auch die Unabhängigen beseelt, „die Männer, von denen man, wie einst von dem großen Engländer Burke sagen könne: ‚Sie machen wohl manchmal einen Frontwechsel, aber geben niemals ihren Posten auf'; die Männer, die im Kampfe für ‚gute Regierung' den Mut hatten, ohne Zuflucht unter das schützende Dach der Partei Gefahren zu trotzen; die Männer, die für unsere Parteipolitiker ‚diese aufgeklärten, selbstlosen, patriotischen, über Parteiinteressen erhabenen Bürger sind', wenn es sich nämlich um die Interessen der Gegner handelt, die aber derselbe Parteipolitiker ‚Fatzken und nicht ernsthaft zu nehmende Scheinheilige' nennt, wenn sie sich zufällig über die Interessen seiner Partei erhaben zeigen." Unter dem erhebenden Eindruck des Anlasses malte sich der Redner die Möglichkeit einer Verschmelzung der Unabhängigen und der Demokraten zu einer dauernden Parteiorganisation aus. Obgleich die Unabhängigen vielmehr eine Idee und ihren Vorkämpfer, als eine Partei und ihren Führer unterstützt hätten, verachteten sie doch, so erklärte er, loyalen Anschluß an eine Partei keineswegs. „Sie wissen die Organisation im Dienste von Prinzipien, Idealen und gesunder Politik zu würdigen und zu schätzen. Aber sie mißtrauen Prinzipien und Idealen, die im Dienste einer Organisation stehen, und sie verdammen und verachten eine Organisation ohne Prinzipien und Ideale. Wenn die demokratische Partei den Wunsch hegt, sie, die Unabhängigen, fest und dauernd an ihre Organisation zu fesseln, so braucht sie sich selbst nur fest und treu zu den Prinzipien, Ideen und politischen Zielen zu bekennen, für die jene Männer eintreten."

Diese Auffassung von der Bedeutung und den Zwecken der Partei war ganz im Sinne von Schurz' wohlbekannten Anschauungen, aber neu war sein Vorschlag eines dauernden Anschlusses an die Demokraten. Insofern dies nicht nur ein vom Augenblick eingegebener Gedanke war, entsprang er der Hoffnung, die alte Partei jetzt unter der Führerschaft Clevelands eine völlige Umgestaltung erleben zu sehen. Diesem Manne schwuren die Unabhängigen willig Treue. Wie Carl Schurz bei dieser Gelegenheit selbst zu Cleveland sagte: „Hier sind Sie unter Freunden, die nicht einen oder zwei, sondern alle Artikel Ihres politischen Glaubensbekenntnisses mit Ihnen teilen, gleichviel ob diese sich auf verfassungsrechtliche Grundsätze, Zolltarif, Währungsfrage oder Reform des Zivildienstes beziehen, unter Freunden, die mit ganzem Herzen und mit ganzer Seele der großen Sache, die Sie vertreten, und Ihnen selbst ergeben sind, weil Sie diese Sache ehrlich und mutig vertreten."

Aber im Drange der Ereignisse, die in rascher Folge auf die neue Regierung einstürmten, schwand die Hoffnung auf eine siegreiche Cleveland-Demokratie mehr und mehr. Trotz all seiner hohen Ziele, seiner urwüchsigen Kraft und seines eisernen Willens konnte sich der Präsident nicht gegen die sozialen und wirtschaftlichen Mächte behaupten, die sich gegen ihn erhoben. Die demokratische Partei erlebte allerdings eine völlige Umgestaltung, aber weder durch ihn, noch in einem ihm günstigen Sinne. Seine Zollpolitik scheiterte an dem Widerstand der kapitalistischen Demokraten des Ostens. Seine Währungspolitik aber erlitt, nach einem kurzen, blendenden Triumph, durch die populistischen Demokraten des Westens Schiffbruch. Während der aufregenden Vorgänge dieses Umwandlungsprozesses unterstützte Carl Schurz die Politik des Präsidenten in Schrift und Wort und fand einen bescheidenen Trost in den unverkennbaren Fortschritten, die wenigstens eins seiner Lieblingsideale, die Zivildienstreform, machte.

Nach dem Tode von Curtis wurde Carl Schurz, der bereits Vorsitzender des New Yorker Zivildienstreformvereins war, im Jahre 1892 als Curtis' Nachfolger zum Vorsitzenden des nationalen Zivildienstreformverbandes gewählt, der im Jahre 1881 gegründet worden war. Die Worte, mit denen er einst Curtis' Wirken geschildert hatte, ließen sich nun genau auf ihn selbst anwenden. „Er war nicht nur der Vorsitzende, ... dessen Wiederwahl von Jahr zu Jahr als selbstverständlich erschien, sondern auch geistiges Haupt und leitende Macht und sittlicher Lebensatem der ganzen Bewegung. Die Reden, die er bei Gelegenheit der Jahresversammlungen des Verbandes hielt, waren wie Meilensteine auf dem Wege des Fortschrittes..... Er erstattete dem Lande Bericht über das Getane und über das, was noch zu tun übrig blieb; er wirkte aufklärend auf die öffentliche Meinung, ermutigte seine Mitarbeiter und verteilte mit gerechter Hand Lob und Tadel unter die politischen Parteien, wie sie es verdienten."

Daß Carl Schurz so in doppeltem Sinne der Nachfolger von Curtis wurde, ist eine ungewöhnliche Anerkennung der hohen Geistes- und Charaktereigenschaften der beiden Männer. Gegenseitige Achtung und Sympathie verband sie seit vielen Jahren aufs engste. Curtis wandte sich ausschließlicher der Literatur, Schurz mehr der Politik zu. Sie waren sich als junge Männer und Mitglieder des republikanischen Nationalkonvents im Jahre 1860 begegnet und gleich nahe getreten. Der Triumph, den Curtis' Beredsamkeit damals davontrug, war die Veranlassung, daß die Grundsätze der Unabhängigkeitserklärung in den Wahlaufruf der republikanischen Partei Aufnahme fanden, und das war für Schurz eine Erinnerung, die er fast ein halbes Jahrhundert später noch eine der erhebendsten seines ganzen Lebens nannte (siehe Carl Schurz: Lebenserinnerungen, Band II, S. 138ff.). Zwölf Jahre später hörte Curtis die Rede, die Schurz über den Verkauf von Waffen an Frankreich hielt, und erklärte sie für „unzweifelhaft die allerbeste Rede, die er je gehört habe". Den schönsten und passendsten Nachruf auf George William Curtis bildeten die Worte von Carl Schurz: „Und wie er das Ideal eines Parteimannes und eines Unabhängigen war, so kann man ihn auch den schönsten Typus des amerikanischen Gentleman nennen."

Um den großen Ernst und glühenden Eifer zu begreifen, mit denen Carl Schurz so viele Jahre für die Sache der Zivildienstreform tätig war, müssen wir uns erinnern, welch niederschmetternden Eindruck die erste Schilderung des „Beutesystems" in ihm auslöste, die ihm der Journalist Grund 1854 von diesem furchtbaren Krebsschaden am Leibe der Republik gab (siehe Lebenserinnerungen

Bd. II, S. 16 ff.) und mit welcher Sorge alle weitblickenden Staatsmänner jenes System betrachteten. Hatte doch u. a. Abraham Lincoln wenige Tage nach dem Falle von Richmond mit Schmerz geäußert, als er einem Freunde die Menge der Ämterjäger zeigte, die seine Tür belagerte: „Sehen Sie nur! Die Rebellion haben wir nun zwar besiegt, aber hier ist etwas, was unserer Republik gefährlicher werden kann, als selbst die Rebellion.“ Den Feind, den es zu bekämpfen galt, hat Carl Schurz 1894 in seinem Jahresberichte mit folgenden markigen Worten gekennzeichnet:

„Das Beutesystem, den Brauch, der öffentliche Ämter, ob hoch oder niedrig, aus öffentlichen Vertrauensstellungen in Beutestücke für die siegreiche Partei verwandelt, kann man ohne jede Übertreibung eine der größten Quellen des Unheils, vielleicht sogar die größte in unserer Geschichte nennen. In der ganzen langen Liste unserer Übel ist keins der Lebenskraft unserer freien Institutionen gefährlicher.

Es hat die Tendenz, unser ganzes politisches Leben von seinen wahren Zielen abzulenken. Es erzieht die Menschen dazu, in der Politik etwas anders als das allgemeine Wohl zu verfolgen. Es macht käufliche Selbstsucht an Stelle des Gemeingeistes zur Triebkraft des politischen Handelns und organisiert diese Selbstsucht zu einer gewaltigen politischen Macht.

Es zieht die schlechtesten Elemente unserer Bevölkerung in die aktive Parteipolitik und verdrängt so die besten. Politische Parteien verwandelt es aus Verbänden patriotischer Bürger, die sich im Dienste einer großen Idee zusammengefunden, zu Rotten von Söldlingen, die eine große Idee in ihren Dienst stellen. Es erniedrigt den Kampf der Parteien, der ein Prinzipienkampf sein sollte, zu einer Balgerei um die Beute. Indem es den Geist der Käuflichkeit erweckt, fördert es die korrupte Verwendung von Geld bei Parteikämpfen und Wahlen.

Es nimmt die Leitung der politischen Organisationen Männern aus der Hand, die geeignet sind, die öffentliche Meinung zu leiten und auf hohe Ziele hinzuwirken, und liefert sie an Leute aus, die politische Räuberhorden organisieren und leiten. Es schafft den

„Boß“ und die „Maschine“, verdrängt den Staatsmann durch den Boß und die organisierte öffentliche Meinung durch die Tyrannei der Maschine.

Es verwandelt den Inhaber eines öffentlichen Amtes, der der Diener des Volkes sein sollte, in den Diener einer Partei oder eines einflußreichen Politikers und legt Beschlag auf die Zeit und Arbeitskraft, die dem Lande gehören sollte, und auf das Geld, das er vom Volke für öffentliche Dienste erhält. Es schwächt sein Pflichtgefühl, denn es lehrt ihn, daß die Verpflichtung gegen die Partei oder den politischen Patron der Verpflichtung gegen das öffentliche Interesse gleich steht, wenn jener nicht gar der Vorrang vor dieser gebührt, und daß sein Verbleiben im Amte nicht von treuer Pflichterfüllung abhängt. Es stumpft sein Ehrgefühl ab, denn es verführt ihn, die sich ihm im Amte bietende Gelegenheit auszunutzen, um sich für die Opfer, die seine Partei ihm als ihrem Sklaven aufgebürdet hat, schadlos zu halten. Es untergräbt in jeder Richtung die Disziplin des öffentlichen Dienstes.

Es macht unser konstitutionelles System zuschanden. Es führt dazu, daß die Mitglieder der Legislative sich in großem Umfange das der Exekutive zustehende Recht anmaßen, Beamte zu ernennen, und ihre eigne unverantwortliche Auffassung von persönlichen oder Parteiinteressen an die Stelle des Verantwortlichkeitsgefühles der Exekutive schieben, die nach den Grundsätzen des Allgemeinwohles handeln soll. Es setzt diejenigen, welche das Ernennungsrecht ausüben, vom Präsidenten der Vereinigten Staaten angefangen, dem wilden Ansturm von Horden von Ämterjägern und deren Patronen aus, die die Zeit und Arbeitskraft in Anspruch nehmen, die jene dem öffentlichen Interesse widmen sollten. Es hat schon den Tod von zwei unsrer Präsidenten verursacht, eines, des ältern Harrison, durch Sorgen, und des andern, Garfields, durch Mord; und ganz neuerdings trägt es die Schuld an dem Tod eines Mayors in Chicago und eines Richters in Tennessee.

Dank ihm sinken unsre Senatoren und Repräsentanten im Kongreß zu der erbärmlichen Rolle von Ämterhändlern und selbst zu bloßen Agenten solcher Ämterhändler herab; der Schacher um die Beute wird für sie so wichtig wie ihre Tätigkeit als Gesetzgeber. Es führt das Protektionssystem als ein Mittel ein, mit dessen Hilfe die Exekutive einen korrumpirenden Einfluß auf die Legislative auszuüben vermag. Es macht blind gegen das Verbrecherische der Bestechung, indem es die Bestechung durch Ämter als gesetzmäßigen Brauch behandelt. Es gewöhnt den Geist des Volkes an im Grunde korrupte Handlungen und untergräbt so das natürliche Gefühl für Recht und Unrecht in der Politik.

Es sichert, unter Ausschluß der bessern Elemente, hohe politische Stellen solchen Leuten, deren einzige Fähigkeit darin besteht, daß sie sich durch geschickte Handhabung des Protektionssystems eine persönliche Gefolgschaft zu erhalten wissen. Es hat so das Niveau der Brauchbarkeit in öffentlichen Ämtern schmählich herabgedrückt, im starken Gegensatz zu dem hohen Durchschnittsgrade von Tüchtigkeit in allen andern Berufszweigen.

Es trägt mehr als alles andere dazu bei, daß die Verwaltung unserer großen Städte zu einem wahren Pfuhl der Korruption wird, daß Tammany Halls möglich werden und daß an manchen Orten die Polizei der Schutz des Verbrechers und der Schrecken derer ist, deren Sicherheit sie wahren sollte. Es setzt uns durch das schamlose Schauspiel seiner periodisch wiederkehrenden Beutezüge dem Spott und der Verachtung der ganzen zivilisierten Menschheit aus, nährt und kräftigt in unserm eignen Volke den ernsten Zweifel daran, ob demokratische Institutionen in einem großen Gemeinwesen möglich sind, und führt auf einer endlosen Mannigfaltigkeit von Wegen in unser politisches Leben mehr Elemente der Entsittlichung, der Verderbnis und des Verfalls ein als irgendein anderer schlimmer Einfluß, von dem ich weiß, ja vielleicht mehr als alle andern schlimmen Einflüsse zusammengenommen."

Die Zeit, Aufmerksamkeit und Arbeitskraft, die Carl Schurz dieser einen Sache der Zivildienstreform widmete, hätten genügt, den Durchschnittsmenschen, der sein sechzigstes Lebensjahr zurückgelegt hat, vollauf zu beschäftigen. Früher oder später nahm jede Einzelheit der Bewegung in Bundes-, Staats- oder Kommunalverwaltung seine Aufmerksamkeit in Anspruch und fand durch seinen

Rat weise Förderung. Mit Grover Cleveland besprach er weniger ausführlich und ungeduldig, aber nicht weniger aufrichtig als während dessen erster Präsidentschaft, die Verstöße der verschiedenen Ressorts gegen den Geist der Reform. Auf Morton, durch dessen Wahl zum Gouverneur von New York im Jahre 1894 die lange Herrschaft der Koalition von Hill und Tammany Hall ein Ende fand, übte er mit Geschick Einfluß genug aus, um seine wirksame, wenn auch etwas schwankende Unterstützung für die nötige Ausdehnung der Reform in der Staatshauptstadt Albany zu gewinnen. Als nachher Gouverneur Black, der Nachfolger Mortons, sich auf die Seite der Beutejäger stellte und daran ging, den Zivildienst „ein bischen weniger steifleinen zu machen", reiste Carl Schurz an der Spitze einer Deputation, die gegen die Gesetzvorlagen Einspruch erheben sollte, nach Albany und hielt am 6. März 1897 vor dem Gouverneur eine meisterliche Ansprache, in der sich zwingende Beweisführung mit dem beredten Ausdruck der Empörung verband, ohne jedoch gegen die äußere Form der Schicklichkeit und Höflichkeit auch nur im mindesten zu verstoßen. In der Kommunalverwaltung von New York bereitete der kleinliche Hader einiger Reformer, denen die Ausführung der Zivildienstgesetze besonders am Herzen lag, dem Reformbürgermeister manche böse Stunde, und dieser war froh, Carl Schurz die verwickelten Fragen vorlegen und die Probleme mit dessen bereitwilligem und geschicktem Beistand lösen zu können.

Überhaupt nahm die Kommunalpolitik Carl Schurz während dieser vielbeschäftigten Jahre sehr in Anspruch. In dem immer wiederkehrenden Kampfe zwischen der „Boßherrschaft" und einer aufgeklärten Politik des Fortschrittes hatte er sich, wie schon erwähnt, bald in die Reihen der Kämpfer gegen Tammany Hall gestellt. Von 1886—1894 war die Stadt völlig in den Händen von Tammany, und Carl Schurz mußte sich mit der Rolle des protestierenden Führers einer ohnmächtigen, aber unerschrockenen Minderheit der Unabhängigen begnügen. Endlich brachten die Wahlen des Jahres 1894 den Sieg: das Zusammengehen der Republikaner und Reformer, die W. L. Strong als Kandidaten für das Bürgermeisteramt aufgestellt hatten, war von Erfolg gekrönt. Dieses Ergebnis war hauptsächlich einem „Kreuzzug gegen das Laster" zuzuschreiben, der von dem Pastor Dr. Parkhurst geleitet wurde und zur Enthüllung schlimmster Korruption in der Polizeiverwaltung führte. Der neue Bürgermeister berief Theodore Roosevelt an die Spitze des Polizeiausschusses, und dessen ehrliches und energisches Vorgehen in der Durchführung der Gesetze, die die Sonntagsheiligung durch das Schließen aller Restaurants erzwingen sollten, verursachte eine ernstliche Spaltung unter den Reformern. In der Wahl von 1895 hielten ihre Führer das Kartell mit den Republikanern noch aufrecht, aber empört über die strenge Durchführung der Sonntagsheiligungsgesetze sagte sich das deutsche Element der Reformpartei von dieser los und unterstützte Tammany Hall, während eine kleine Gruppe von Radikalen, die ein Zusammengehen mit der republikanischen Parteiorganisation für ebenso unmoralisch hielt, wie das mit Tammany Hall, einen heftigen Wahlkampf gegen beide großen Parteien und ganz besonders gegen die andern Reformer führte.

Carl Schurz verfolgte den Verlauf des Wahlkampfes mit regem Anteil. Daß die Deutschen sich von der „Fusion" zurückzogen, war ihm tiefschmerzlich, wennschon er ihre Unzufriedenheit mit den Schankwirtschaftsgesetzen wohl begreifen konnte. Auch für den Standpunkt der Radikalen fehlte es ihm nicht an Verständnis; hatte er selbst doch manches schwere Opfer gebracht, wenn er für Prinzipien, nicht für vorübergehende politische Erfolge eintrat. Die Radikalen hatten sich große Hoffnung darauf gemacht, daß er offen auf ihre Seite treten und ihnen kräftige Unterstützung leisten werde, aber er erklärte sich schließlich doch für die „Fusion". Seine Rede vom 30. Oktober 1895 enthält wahrscheinlich die stärkste und vielleicht die einzige klar ausgesprochene Verteidigung des politischen Opportunismus im besten Sinne des Wortes, die er jemals vorgebracht hat. Sich an die unzufriedenen Reformer wendend, sagte er:

„Im Laufe der Jahre habe ich an zwei großen Reformbewegungen teilgenommen; die eine hatte die Abschaffung der Sklaverei zum Ziele und ist schließlich von Erfolg gekrönt gewesen, die andere strebt die Reform des Zivildienstes an und wird — daran zweifle ich nicht — ebenfalls erfolgreich sein. In meinem Wirken zur Erreichung dieser

Zwecke habe ich nun gewisse Erfahrungen gemacht und gewisse Lehren gesammelt, die unsere Freunde vom „Verein für gute Regierung" mir gestatten werden, ihnen zu unterbreiten.

Es ist wohlgetan, uns und andern hehre Ideale vor Augen zu halten und getreulich nach ihrer Verwirklichung zu streben. Aber wenn sie sich nicht sofort verwirklichen lassen, so dürfen wir kleine Fortschritte und selbst Umwege nicht verschmähen, die uns ihnen, wenn auch nur langsam, näherbringen.

Wenn wir zur Erreichung eines löblichen gemeinnützigen Zieles den Beistand und die Mitwirkung von vielen brauchen, — und das müssen wir fast immer —, so dürfen wir uns nicht nur auf diejenigen beschränken wollen, die gerade so wie wir denken, und die von genau denselben Beweggründen beseelt sind wie wir selber. Wenn wir das tun, so werden wir allerdings einen sehr schönen und auserwählten Kreis bilden, aber am Stimmkasten werden wir dann leicht eine klägliche Rolle spielen und uns nicht die Macht sichern, die zur Erreichung unseres löblichen, gemeinnützigen Zieles erforderlich ist. Man muß oft kleine Zugeständnisse machen, um gute Resultate von hohem Werte zu erlangen."

Diese etwas ungewöhnliche, wenn auch zu rechtfertigende politische Lebensregel, die Carl Schurz bei dieser Gelegenheit vertrat, hatte nicht Werbekraft genug, den Reformern wieder zum Siege zu verhelfen. Tammany gewann die Wahlschlacht und trat, nachdem es auch bei den Wahlen des Jahres 1897 erfolgreich gewesen war, die Herrschaft von New York wieder an.

Inzwischen fand der epochemachende Präsidentenwahlkampf von 1896 statt. Weit davon entfernt, das Ideal zu verwirklichen, das Carl Schurz im Jahre 1892 in seiner Rede vor dem Reformklub aufgestellt hatte, verdammte die demokratische Partei Cleveland und alle seine Werke, nahm die freie Silberprägung in ihr Programm auf und nominierte William J. Bryan für die Präsidentschaft. Die neuen Führer, die mit Bryan in den Vordergrund traten, Tillmann, Altgeld und andere, waren fremde Gestalten auf dem politischen Kampfplatz der Nation; es war als seien sie nicht der Demokratie, sondern den Populisten und Sozialisten entsprossen.

In Carl Schurz erregte selbstredend die so greulich verjüngte demokratische Partei nur Unruhe und Widerwillen. Das Dogma der freien Silberprägung rief die Erinnerung und Stimmung der siebziger Jahre in ihm wach, wo er so erfolgreich gegen Greenbacks und Geldverschlechterung gekämpft hatte. Aber auch für den Kandidaten und die Parteileitung, auf die die Republikaner im Kampfe gegen Bryan ihre Hoffnung setzten, konnte er sich nicht erwärmen. William McKinley, dessen Name in der ganzen Welt gleichbedeutend mit hohem Schutzzoll war, und Mark Hanna, an dem gewissenlose politische Machenschaften schon damals einen zynischen Vorkämpfer fanden, konnten für einen Reformer und „Freihändler" selbst im äußersten Notfalle keine willkommnen Führer sein. Gegen das Programm und den Kandidaten der Demokraten sprach er sich als „Unabhängiger" selbstverständlich unverzüglich und nachdrücklich aus. Daraufhin regnete es natürlich von allen Seiten Aufforderungen der republikanischen Wahlvereine, für ihre Sache im Lande zu agitieren, aber er lehnte alle ab. Obgleich sein Gesundheitszustand zur Zeit derartig war, daß ein Eingehen auf derartige Bitten in irgendwelchem Umfange ihm physisch unmöglich gewesen wäre, so bestimmten ihn doch noch andere Gründe zu seiner Haltung. Der Leiter des republikanischen Wahlkampfes war Exsenator Clayton, und als eine von diesem Herrn unterzeichnete Bitte an Schurz gelangte, ließ seine Absage um deswillen nichts an Bestimmtheit fehlen, weil die Erinnerungen, die sich für ihn an jenen Namen knüpften, höchst unerquicklich waren.

Je weiter der Wahlkampf fortschritt, desto klarer wurde es, daß die ausschlaggebende Schlacht sich im Mittelwesten abspielen werde. Alle Kraft zu einer großen Anstrengung auf diesem Felde zusammennehmend, reiste Schurz am 5. September nach Chicago und hielt dort unter den Auspizien des „Amerikanischen Bundes für gutes Geld", einer parteilosen Organisation, eine Rede für gesunde Währung. Noch standen ihm dieselben Gaben zu Gebote, die vor zwanzig Jahren seine Wahlreden gekennzeichnet hatten, dasselbe Feuer, dieselbe Begeisterung, dieselbe zwingende Überzeugungskraft, die große Mengen von Wählern auf seine Seite herüberzogen.

Er enthielt sich jeder Erwähnung McKinleys oder der republikanischen Partei und richtete einzig und allein einen vernichtenden Angriff auf die geschichtlichen, wirtschaftlichen und politischen Grundlagen des Verlangens nach unbeschränkter Silberprägung. Die Wirkung dieser Rede zeigte sich nicht nur in der Begeisterung, mit der sie Republikaner und „Golddemokraten" begrüßten, sondern vor allem in der Beachtung, die ihr die Partei Bryans schenkte. Gouverneur Altgeld, bei weitem der beste Kopf unter den „Freunden des Silbers", sah sich bemüßigt, auf die Argumente, die Schurz vorgebracht hatte, in aller Form zu erwidern, und dieser, in dem die alte Kampfeslust mit aller Stärke wiedererwacht war, stürzte sich von neuem in das Getümmel der Schlacht und antwortete dem Gegner in einer ausführlichen Entgegnung.

Das Resultat der Wahl im November, die McKinley ins Weiße Haus führte, trug Schurz viele Glückwünsche zu dem Einfluß ein, den er nach allgemeinem Urteil auf den Ausgang des Kampfes ausgeübt hatte. Seine eigne tiefe Befriedigung über die Niederlage Bryans war nicht von gleich großer Freude über die Wahl McKinleys begleitet. Mit ernster Unruhe betrachtete er die Einflüsse, die aller Wahrscheinlichkeit nach unter der neuen Regierung die Oberhand erlangen würden. In New York, wo die Besorgnis über die Agitation zugunsten der freien Silberprägung geradezu maßlos gewesen war, gab einer seiner Freunde, der zu den Finanzgrößen gehörte, dem Gefühl der Erleichterung über den Ausgang der Wahl in einer Anregung Ausdruck, die folgenden Brief von Carl Schurz an Mark Hanna veranlaßte:

„Gestern erfuhr ich zu meiner peinlichsten Überraschung von Herrn......, er habe es Ihnen gegenüber als wünschenswert hingestellt, daß ich in Präsident McKinleys Kabinett eintrete. Ich beeile mich Ihnen zu sagen, — obgleich dies hoffentlich kaum nötig ist — daß jene Anregung nicht nur ohne mein Wissen geschehen ist, sondern daß, wenn ich die leiseste Ahnung von der Absicht des Herrn ...... gehabt hätte, ich sofort Einspruch dagegen würde erhoben haben. Tatsächlich hege ich nicht nur kein derartiges Verlangen, sondern ich würde im Gegenteil, wenn man mich um meine Meinung befragte, entschieden von einem solchen Vorhaben abraten. Nach meinem Dafürhalten wäre es geradezu ein Unglück, wenn ein Führer der Gutgelddemokraten oder Unabhängigen eine Stellung annähme, die irgendwie als Belohnung für geleistete Dienste aufgefaßt werden könnte und so den Leuten einen Grund gäbe zu glauben, daß die Beweggründe, die diese Klasse der Wähler dahin führten, für McKinley zu stimmen, keineswegs rein selbstlos und patriotisch gewesen seien. Überdies halte ich es auch vom praktischen Gesichtspunkte aus für sehr bedenklich, ein Ministerium aus heterogenen Elementen zu bilden. Die Erfahrung spricht dagegen. Was sich im Fall einer vollständigen Umgestaltung der politischen Parteien tun ließe, will ich hier nicht erörtern. Aber so liegt die Sache ja heute nicht.

Ich darf mich hoffentlich ganz im Vertrauen darüber aussprechen, wie, nach meinem bescheidenen Urteil, der Präsident sich für die Dienste derer erkenntlich zeigen könnte, die bei den letzten Wahlen die republikanische Partei unterstützt haben. Er könnte das tun, indem er einmal ihre Ansichten bei der von ihm einzuschlagenden Politik freundlich berücksichtigte, und zweitens eine Anzahl besonders tüchtiger und verdienter Beamten, die gegenwärtig im Bundesdienste stehen, beibehielte oder nach abgelaufener Amtszeit von neuem anstellte, wie das Präsident Cleveland im Falle des Postdirektors der Stadt New York getan. Das würde mit den Grundsätzen der Zivildienstreform übereinstimmen, die in dem Präsidenten McKinley, solange er Mitglied des Kongresses war, immer einen treuen und fähigen Vertreter gefunden hat. Ich bin gewiß, daß ein solches Verhalten von der aufgeklärten öffentlichen Meinung des Landes auf das freudigste begrüßt werden und das allgemeine Zutrauen zu dem Präsidenten verstärken würde."

Dieser Brief zeigt aufs deutlichste den Geist, von dem alle Beziehungen zwischen dem Präsidenten und Carl Schurz geleitet waren. Nur in der Frage der Zivildienstreform nahmen sie den gleichen Standpunkt ein, aber es war kaum zu hoffen, daß die Forderungen des radikalen Reformers bei einem Präsidenten von so wenig kampfslustigem Temperament Erfüllung finden würden, wo das selbst bei einer so starken und unbeugsamen Natur wie Cleveland nicht gelungen war. Im letzten Jahre seines Amtes hatte dieser so etwas wie unbedingte Anerkennung bei Schurz geerntet, als er die Zahl der nur durch Prüfung zugänglichen Stellen sehr weit ausdehnte und auch in anderer Hinsicht Reformprinzipien zu bedeutsamer Anwendung brachte. Schurz' kühnste Hoffnungen gingen jetzt wohl kaum weiter, als daß es gelingen möchte, McKinley davon abzuhalten, alles das wieder rückgängig zu machen, was schon erreicht worden war. Die ersten Monate der neuen Regierung boten Schurz vielfach Gelegenheit, dem Präsidenten seine Lieblingsideen zu predigen. Ein reger Briefwechsel und zwei Unterredungen trugen dazu bei, den Präsidenten in seinen guten Vorsätzen zu bestärken, obgleich der Druck, den die Beutejäger auf ihn ausübten, wie er selbst zugab, gewaltig war, und Ende Juli 1897 legte McKinley seine der Zivildienstreform freundliche Gesinnung durch eine Verordnung an den Tag, nach der Amtsentlassungen aus rein politischen Gründen bedeutend eingeschränkt wurden.

Die herzlichen Beziehungen der zwei Männer blieben jedoch nach wie vor auf diese eine Frage der Reformpolitik begrenzt. Im Oktober 1897 näherte sich der Präsident Carl Schurz mit der Bitte, er möge für die Republikaner bei den Wahlen in Ohio agitieren. Die Antwort war eine höfliche, aber prompte und bestimmte Ablehnung, und die dafür gegebenen Gründe die folgenden: erstens sei er durch die Agitation für die Wahl von Seth Low zum Bürgermeister von New York zu sehr in Anspruch genommen, und zweitens mache ihm das Programm der Republikaner von Ohio eine Beteiligung an dem Wahlkampf nahezu unmöglich. Beide Gründe schlossen wirklich einen wesentlichen Gegensatz zu der Partei des Präsidenten in sich. Das Eintreten für Seth Low in New York bedeutete unter anderm einen Kampf auf Leben und Tod mit dem republikanischen Führer im Staat, T. C. Platt, der nach allgemeiner Annahme bei der Regierung großen Einfluß besaß, und die Mißbilligung des Wahlprogramms von Ohio bekundete eine Gegnerschaft gegen die Zollpolitik, die gerade im Juli in der Dingley-Akte gesetzliche Gestalt erhalten hatte.

Über fünf Jahre waren nun (1897) verflossen, seit Carl Schurz alle geschäftlichen Beziehungen gelöst hatte, in der Erwartung, sich der Abfassung seiner historischen Arbeiten widmen zu können. Auf dem Gebiete seines geplanten Werkes über den Bürgerkrieg hatte er bisher, was methodisches Studium anbelangt, sich überhaupt noch nicht ernstlich beschäftigen können, abgesehen von einem langen, aber noch unvollendeten Essay über Charles Sumner. Im Jahre 1891 hatte er eine kurze Skizze über Abraham Lincoln veröffentlicht, die sofort allgemein als mustergültig anerkannt wurde, und man durfte erwarten, daß die intime Freundschaft und die politischen Sympathien, die Schurz und Sumner verbunden hatten, zu seiner Zeit für den Senator von Massachusetts und dessen Stellung in der Geschichte dasselbe leisten werde, wie der frühere Aufsatz für den großen Präsidenten.

Aber wie lebhaft auch Schurz' Interesse an der Vergangenheit war, so drängte es doch niemals die Ansprüche, die die Gegenwart an ihn stellte, in den Hintergrund. Abgesehen von politischen Fragen in Bund, Einzelstaat und Kommune, die ihn, wie wir ausgeführt haben, dauernd aufs lebhafteste beschäftigten, trat man von vielen Seiten für private und sonstige Unternehmungen mit der Bitte an ihn heran, den Zauber seiner Rednergabe in ihren Dienst zu stellen. Und diese Bitte war selten vergebens.

Besonders oft wandten sich die Deutschamerikaner an ihn, den man sich gewöhnt hatte, als Vertreter und Wortführer vor der Öffentlichkeit anzusehen. Die Liste seiner Ansprachen vor den verschiedenen Vereinen ist lang und äußerst vielseitig. Er sprach unter anderm bei den Gedächtnisfeiern für Kaiser Wilhelm I., Bismarck, Lasker, Steinway, beim Festessen zu Ehren des Botschafters White, beim Stiftungsfest des New Yorker Liederkranzes 1897 und bei der Feier des fünfzigsten Jahrestages der Revolution von 1848. Als Ehrenmitglied der Handelskammer erging häufig die Bitte an ihn, bei Erinnerungsfeiern und andern festlichen Gelegenheiten die Rede zu halten. Eine seiner amüsantesten Leistungen war die Ansprache, die er bei einem Festessen der Klavierbauer hielt, denn er war geborner Musiker wie Redner.

Um sich einen klaren Begriff davon zu machen, welche Opfer

an Zeit und Kraft ihm diese verschiedenen Nebenbeschäftigungen auflegten, muß man bedenken, daß Carl Schurz sich niemals auf die Eingebung des Augenblicks verließ und, wenn irgend möglich, sich sorgfältig auf seine Reden vorbereitete, indem er sie eigenhändig niederschrieb und dann wiederholt umarbeitete.

Im April 1898 brachte ihm der Rücktritt von der Redaktion von „Harpers Wochenblatt" wenigstens auf einer Seite Befreiung von unablässigen Ansprüchen an seine Arbeitskraft. Die politischen Anschauungen und die finanziellen Interessen der Eigentümer machten eine Änderung in der allgemeinen Haltung der Wochenschrift nötig, um sie mit der allgemeinen Stimmung, die stürmisch nach Krieg und Gebietserweiterung verlangte, mehr in Einklang zu bringen. Von Carl Schurz war, gegenüber dieser Strömung, auch nicht das kleinste Zugeständnis zu erwarten, und so hörten seine Leitartikel auf. Der Abbruch dieser ihm liebgewordenen Beziehungen war aber nur der erste von vielen, die der Krieg mit Spanien herbeiführte. Er stand jetzt in seinem siebzigsten Lebensjahre. Als Vierziger hatte er Grants Absichten auf Ländererwerb in den Tropen mit Erfolg bekämpft, und die öffentliche Meinung hatte seinen Standpunkt nicht mißbilligt. Nun, da er fast siebzig Jahre zählte, bekämpfte er, wie wir sehen werden, einen ähnlichen Plan, aber bei jedem Schritt begrüßte ihn ein wahrer Sturm von Spott und Hohn, denn diesmal überschrie das amerikanische Volk desselben Mannes Proteste mit lautem Pochen auf eine Weltmission.

Siebentes Kapitel.

Kampf gegen den Imperialismus. Ausgang.

Den drohenden Vorzeichen der eigentumlichen Stimmung des amerikanischen Volkes, die in dem Krieg mit Spanien gipfelte, folgte Carl Schurz mit wachsender Unruhe und Sorge. Die „energische" Politik, die Blaine als Minister des Auswärtigen den südamerikanischen Staaten gegenüber und in der Beringmeerfrage, wegen der Ausübung des Robbenfangs, England gegenüber einschlug, trug viel zu der tiefen Abneigung bei, mit der Schurz die Regierung Harrisons betrachtete. Clevelands prompte Verwerfung des auf Annektierung Hawaiis gerichteten Projektes hatte warme Anerkennung bei ihm gefunden, obgleich die vorsichtige und reservierte Erklärung des Präsidenten über seine Stellung zu der Frage kaum den Anforderungen entsprach, die Schurz' eigene, prinzipiell ablehnende Haltung gegenüber jeder Gebietserweiterung in den Tropen stellen mußte. Am 19. März 1893 hatte Cleveland geschrieben: „Ich will nicht behaupten, daß mir eine Annektierung unter allen Umständen und zu jeder Zeit unangebracht erscheinen wird, aber ich bin der Meinung, daß wir uns die Sache erst reiflichst überlegen müssen. Und das tun wir augenblicklich.“ In einem Artikel über die „Weltmission Amerikas“ (Manifest Destiny), der im Oktober 1893 in „Harper's Magazine“ erschien, führte Schurz eingehend die Gründe aus, weshalb man mit Rücksicht auf die Wohlfahrt der Nation den Gedanken an die Annektierung von Hawaii endgültig fallen lassen müsse.

Als Cleveland im Dezember 1895 die Welt durch seine denkwürdige Botschaft über die Frage der Grenzregulierung von Venezuela in Erstaunen setzte, und das amerikanische Volk mit nachdrucksvoller Einstimmigkeit die Herausforderung und Demütigung der englischen Regierung guthieß, war Carl Schurz einer der wenigen, die sofort voll Entrüstung dagegen protestierten, die Botschaft für unklug und unnötig erklärten und sich bemühten, die kriegerische Stimmung zu bekämpfen. Mit ganzem Herzen trat er in die Agitation für einen Schiedsgerichtsvertrag mit Großbritannien ein und war bei jeder sich ihm bietenden Gelegenheit in Wort und Schrift für die Förderung dieses Planes tätig. Die Kriegsgefahr zog vorüber, aber der Geist, den die Krise so deutlich offenbart hatte, blieb lebendig und unbefriedigt. Das Gelüst nach Krieg und „Expansion“, als endgültige Beweise einer selbstbewußten nationalen Macht, hatte sich, wie vielerlei Anzeichen bewiesen, der Stimmung des Volkes bemächtigt. Im Frühjahr 1898 bot die Lage der Dinge in

Kuba die erwünschte Gelegenheit zur Befriedigung dieses Verlangens, und der Krieg mit Spanien folgte.

Die Ereignisse, die zum Eingreifen der Vereinigten Staaten in Kuba führten, beobachtete Carl Schurz mit wahrer Seelenpein. Er wußte aus eigener Erfahrung, wieviele Leiden ein Krieg im Gefolge haben mußte; er verachtete die Wühler unter den Journalisten und Politikern, die sich besonders bemühten, das Volk noch mehr gegen Spanien aufzuhetzen, und am meisten fürchtete er die Rückwirkung eines erfolgreichen Krieges auf die Zukunft der politischen Institutionen der Republik. Als die Situation sich im April zur Krise zuspitzte, tat er alles, was in seinen Kräften stand, um das Unheil abzuwenden. Solange er noch für „Harpers Wochenblatt" schrieb, drang er in jedem Leitartikel auf die Notwendigkeit der Erhaltung des Friedens. Für die New Yorker Handelskammer verfaßte er die Resolutionen, die am 7. April von dieser Körperschaft angenommen wurden und dahin gingen, daß ein Krieg mit seinen unberechenbaren Schrecken und Leiden, wenn nicht durch den Zwang der Not herbeigeführt, nicht nur ein Unglück, sondern ein Verbrechen sei. In einer kurzen Rede, in der er diese Resolutionen begründete, schilderte er aus eigener Anschauung die entsetzlichen Szenen, deren Zeuge er unter den Verwundeten auf dem Schlachtfeld von Gettysburg gewesen war und erklärte, daß während er nicht für „Frieden um jeden Preis" sei, er ebenso entschieden gegen den Gedanken eines Krieges um jeden Preis sei. Er bediente sich seines — niemals großen — Einflusses auf Präsident McKinley, um diesen in seinen aufrichtigen, aber rückgratlosen Friedensneigungen zu stärken. Am 1. April schrieb er ihm: „Die Stimmung der ruhigdenkenden und selbstlosen Patrioten im Lande unterstützt Ihre Friedenspolitik mit Vertrauen, Dankbarkeit und Bewunderung....... Jeder Versuch, den Sie in diesem Augenblick der Entscheidung machen, um noch zuletzt einen ehrenvollen Frieden aufrecht zu erhalten, wird Ihnen unvergängliche Lorbeeren eintragen."

Eine Woche später schrieb Schurz, „das Kriegsfieber, das die sensationelle Presse angefacht hat, ist im Begriff nachzulassen", und er drang darauf, daß, was immer der Ausgang der Krise sein möge, man keine Mühe scheuen dürfe, um auch den leisesten Verdacht zu vermeiden, als sei das Verlangen nach Kuba der geheime Beweggrund für das Vorgehen der Regierung. In seiner Botschaft vom 11. April empfahl der Präsident dem Kongreß die Intervention in Kuba zu dem ausschließlichen Zwecke, den Unruhen und Leiden auf der Insel ein Ende zu machen. Obgleich ein Krieg mit Spanien deutlich ins Auge gefaßt war, so war doch der Ton der Botschaft durchaus friedlich und human und verriet keinen imperialistischen Ehrgeiz. Schurz dankte dem Präsidenten für seine „ausgezeichnete Botschaft" und fügte hinzu: „Ich bezweifle nicht, daß Sie in Ihren Bemühungen zur Erhaltung des Friedens bei dem Volke Unterstützung finden werden". Diese verbindliche Phrase konnte freilich die Tatsache nicht verdecken, daß die Masse des Volkes, gleich der Majorität im Kongreß, im Herzen den Kampf herbeiwünschte, und so kam es denn zum Kriege.

Von nun an richtete Carl Schurz sein eifriges Bestreben ausschließlich darauf, dem Anwachsen der Eroberungslust, die durch die Erfolge des Heeres und der Flotte so kräftig genährt wurde, Einhalt zu tun. Obgleich die Regierung die Annektierung Kubas in aller Form von ihrem Programm ausgeschlossen hatte, so brachten doch Porto Rico und die Philippinen die Frage der „Expansion" bald auf ein Gebiet, für das man sich durch keine Versprechungen gebunden hatte. Auch der Gedanke, Hawaii zu annektieren, wurde nun mit größerem Eifer als je wieder aufgenommen. Schurz bekämpfte sofort jede Anregung, die auf Einverleibung irgendeines dieser Länder in die Vereinigten Staaten zielte. Seine Briefe an den Präsidenten fanden immer weniger Beachtung, je mehr andere Einflüsse sich unwiderstehlich bei diesem geltend machten; aber schon am 1. Juni zeichnete Schurz in einem Schreiben an McKinley in großen Umrissen das politische Programm, auf dessen Grundlage sich dann die „antiimperialistische" Bewegung entwickelte, und trat mit schlagenden Gründen dafür ein. Die feierliche Zusage, Kuba seine Freiheit zu lassen, müsse, so argumentierte er, als Erklärung der grundsätzlichen Haltung der Republik mit Bezug auf alles Gebiet gelten, das das Schlachtenglück in die Gewalt der Vereinigten Staaten gebe. Porto Rico müsse, wie Kuba, ein unabhängiger Staat werden, die Philippinen aber seien an eine andere Macht, etwa Holland oder Belgien, zu überlassen. Auf diese Weise werde man die verantwortungsvolle Bürde von schwierigen Kolonien vermeiden, und die Vereinigten Staaten würden die stolze und äußerst vorteilhafte Stellung der „großen neutralen Weltmacht" einnehmen. Auf diese Weise werde auch ihr Handel bei einem Minimum von Risiko seine größtmögliche Ausdehnung erfahren und die republikanischen Institutionen der Gefahr entgehen, die aus der politischen Verbindung mit andersgearteten und tieferstehenden Völkern erwächst.

Carl Schurz drang in den Präsidenten, dem amerikanischen Volk und dem Ausland entschiedene und wiederholte Erklärungen im Sinne eines solchen Vorgehens zu geben und so das Gewissen des Volkes aufzurütteln, daß es auf der Annahme einer derartigen Politik bestände. Aber McKinley war seiner ganzen Charakteranlage nach mehr geneigt, der öffentlichen Meinung zu folgen, als sie zu leiten, und bei Eröffnung der Friedensverhandlungen drängten die Ereignisse alle auf eine Erwerbung der spanischen Kolonien mit Ausnahme von Kuba. Wenn man sich erinnert, wie eifrig Carl Schurz ein Menschenalter zuvor sich der Annektierung Santo Domingos widersetzt hatte, kann man sich leicht vorstellen, was er bei der Aussicht auf den Erwerb von so weit abliegenden und fremdartigen Gebieten, wie es die Philippinen waren, empfand. Den tiefen Seelenschmerz, den er duldete, teilte er mit einer großen Anzahl von überlebenden Gesinnungsgenossen aus den Frühzeiten der republikanischen Partei, und diese Stimmung fand in einem Brief von John B. Henderson an Carl Schurz, der sein Nachfolger im Senat gewesen war, ihren Ausdruck: „Fast jede Zeitschrift, die ich lese, jede Zeitung, die mir in die Hände kommt, ... und jeder Schritt der Regierung, für deren Erfolg ich so angestrengt und Sie so erfolgreich gewirkt haben, ... alles scheint sich zu verschwören, mich für wahnsinnig zu erklären. Bin ich toll oder bin ich es nicht? Wenn Sie ja sagen, so will ich den Kampf aufgeben. Wenn wir aber nach gehabter Konsultation zu dem Schlusse gelangen, daß ich wirklich noch im Besitze meines Verstandes bin, dann lassen Sie uns um Gottes willen und um der Menschheit willen und zum Besten unseres gemeinschaftlichen Vaterlandes laut unsere Stimme erheben und keine Schonung üben."

Um der gewaltigen Strömung, die nach „Expansion" verlangte, wenn möglich einen Damm entgegenzustellen, beriefen ihre Gegner eine „nationale Konferenz über die auswärtige Politik der Vereinigten Staaten". Schurz verfaßte den Aufruf und war der Hauptredner in der Versammlung, die am 18. August stattfand. Er gab eine ernste und beredte Ausführung der Anregungen, die er in seinem Briefe vom 1. Juni dem Präsidenten unterbreitet hatte. Eine Politik der Expansion wurde aus Gründen der Ehre, der Moral, konstitutioneller Erwägungen und der Handelsinteressen bekämpft. Charakteristischerweise schob Schurz die Frage der Moral in den Vordergrund. „Es mag ein wenig altmodisch sein, aber ich glaube noch immer, daß die Ehre eines Volkes, nicht weniger als die des einzelnen, gebietet, ein gegebenes Wort zu halten....., daß Ehrlichkeit jetzt und immerdar am längsten währt. Und nun frage ich diejenigen unter uns, die eine Annexionspolitik befürworten, ob die Regierung, falls sie unter irgendeinem Vorwande irgendeine der spanischen Kolonien annektiert, nicht tatsächlich diesen Krieg, den sie nach feierlicher Erklärung im Namen der Freiheit und Menschlichkeit unternommen hat, in einen Krieg zum Zwecke der Selbstbereicherung verwandelt. Ich frage sie, was sie antworten können, wenn unsere Verkleinerer die Anklage der Heuchelei und Selbstsucht gegen uns erheben. Ich frage sie, wer uns Glauben schenken wird, wenn wir wieder vor die Welt treten und die schönen Redensarten von selbstloser Freiheits- und Menschenliebe wiederholen. Ich frage sie, ob sie als Patrioten wirklich glauben, daß es unserer großen Republik würdig oder nützlich ist, vor aller Welt als eine Nation dazustehen, deren feierlichsten Beteuerungen man nicht trauen kann."

Über die Rückwirkung der Expansion auf die politischen Einrichtungen der Vereinigten Staaten äußerte er sich in dem gleichen Sinne, wie bei der Debatte über Santo Domingo und bei zahlreichen späteren Gelegenheiten. Es sei so gut wie sicher, daß die Inseln, falls man sie annektiere, mit der Zeit um Aufnahme in den Bund einkommen würden. Die Erwerbung von Porto Rico werde, so prophezeite er, zu der von Santo Domingo, Hayti und wahrscheinlich Kuba führen. „Aber selbst da werden wir schwerlich Halt machen. Wenn wir erst einmal die Expansionspolitik ohne jede Rücksicht auf die Folgen eingeschlagen haben, so werden wir unsern Imperialisten williges Gehör schenken, wenn sie uns sagen, daß unsere Oberaufsicht über den Nicaraguakanal nur dann gesichert sei, wenn diesen auf beiden Seiten amerikanisches Gebiet einschließe, und daß deshalb das ganze Land bis hinunter an den Kanal, und noch ein gutes Stück darüber hinaus, unser werden müsse. Das brächte uns einen weitern Zuwachs von etwa dreizehn Millionen spanisch-amerikanischer Mischlinge, einige zwanzig Senatoren und fünfzig bis sechzig Unterhausmitglieder, mit siebzig bis achtzig Stimmen im Wahlkollegium. Mit ihnen käme eine Flut spanisch-amerikanischer Politik, die als die gewalttätigste, durchtriebenste und korrupteste auf Gottes Erdboden berüchtigt ist. Welcher denkende Amerikaner, dem die Zukunft der Republik am Herzen liegt, muß nicht vor einer solchen Möglichkeit zurückschaudern?"

Bei der Frage der Handelsinteressen der Vereinigten Staaten führte Carl Schurz auf Grund eines reichen statistischen Materials aus, daß in direkter und freier Konkurrenz mit andern Nationen weit bessere Resultate zu erzielen seien, als durch ein Handelsmonopol in den Spanien weggenommenen Inseln. Porto Rico müsse, wie Kuba, unabhängige Republik werden, und die Philippinen solle man, unter der Garantie wirtschaftlicher Autonomie, Holland oder Belgien zur politischen Verwaltung überlassen. „Wenn die amerikanische Diplomatie nicht geschickt genug ist, um in der endgültigen Regelung solche Resultate herbeizuführen, so würde sie sich ganz bestimmt nicht geschickt genug erweisen, die heiklen Aufgaben zu lösen, die ihr erwachsen würden, falls all diese Inseln in unsern Besitz übergingen."

Aber derartige Erwägungen konnten die Strömung nicht aufhalten, die die Regierung mit sich fortriß, der Politik der Annektierung entgegen. Bei seinem tiefen Abscheu vor einem solchen Ausgange wurde für Carl Schurz der Kampf dagegen zum Prüfstein seiner politischen Sympathien. Er begriff, daß dies die Hauptfrage der Zeit geworden war, und traf seine Entscheidung ohne jede Rücksicht darauf, ob ihn dies von alten Freunden trennte oder mit früheren Gegnern zusammenführte. Sein politischer Standpunkt hatte sich stets auf Prinzipien, nicht auf persönliche Freundschaften gegründet. Im Herbst 1898 stellten die New Yorker Republikaner Theodore Roosevelt, der eben von seinen glänzenden militärischen Erfolgen in Kuba heimgekehrt war, als Kandidaten für den Gouverneurposten auf. Viele meinten, seine Wahl werde den Triumph der Grundsätze der Zivildienstreform bedeuten, für die Schurz schon so lange und eifrig tätig war. Aber Schurz sah einen andern Roosevelt als den frühern Vorsitzenden der New Yorker Zivildienstkommission. Roosevelts imperialistische Neigungen waren offenkundig, und er nahm gleich im Anfang des Wahlkampfs Gelegenheit, sich mit nicht mißzuverstehendem Nachdruck zu ihnen zu bekennen. Carl Schurz trennte sich daraufhin unverzüglich von ihm. „Wir sind lange Freunde gewesen", schrieb er ihm, „und ich hatte aufrichtig gehofft, für Ihre Wahl zum Gouverneur eintreten zu können..... Und ich hoffte noch, bis ich den Bericht über Ihre Rede in Carnegie Hall las...... Die macht es mir unmöglich, für Sie zu stimmen. Ich kann Ihnen nicht sagen, wie schmerzlich es mir in Anbetracht unserer langjährigen, aufrichtigen Freundschaft ist, dies schreiben zu müssen."

Auf seine Erklärung, daß er Gegner Roosevelts sei, gingen Schurz von alten Mitstreitern in den Kämpfen für die Reform im Staate New York viele Ausdrücke des Tadels und Bedauerns zu. Ihnen galt Roosevelt recht eigentlich als Verfechter einer gegen die „Maschine" gerichteten Politik und Verwaltung im Staate; Schurz sah in ihm in erster Linie einen Kandidaten für die Präsidentschaft der Vereinigten Staaten mit einem Programm, das eine Eroberungs- und Annexionspolitik begünstigte. „Für Roosevelt stimmen", so schrieb Schurz an einen Freund, „hieße ihn tatsächlich zum Präsidentschaftskandidaten nominieren, und es wäre ein furchtbares Unglück für das Land, wenn er in das Weiße Haus einzöge." Senator George F. Hoar, dessen Sorge über die Politik der Expansion ihn dazu bewog, Carl Schurz um Hilfe in dem Kampfe gegen diese Strömung anzurufen, suchte diesem zugleich die Furcht mit Bezug auf Roosevelt zu benehmen. „Nach meiner Ansicht", schrieb Hoar, „liegt nicht die geringste Möglichkeit vor, daß er je als Präsidentschaftskandidat aufgestellt wird, und wenn er wirklich nominiert und gewählt werden sollte, glaube ich, daß alle Fragen des Imperialismus längst gelöst sein werden, ehe er Gelegenheit hat, sie im Guten oder Bösen zu beeinflussen."

Im Lichte der späteren Entwicklung betrachtet, erwies sich Carl Schurz mindestens als ebenso guter Prophet wie Hoar. Die zwei Männer gingen in ihrer Auffassung darüber, wie weit der einzelne sich dem Parteizwange zu fügen habe, zu sehr auseinander, um irgendeine Frage des politischen Verhaltens unter demselben Gesichtswinkel betrachten zu können. Schurz schrieb an Hoar: „Sie sind strammer Parteimann, ... und was ich Ihnen jetzt sagen werde, wird Sie vielleicht sehr verletzen. Nach meiner Überzeugung gibt es nur Eins, was unser Land vor dem Sturz in das Verderben retten kann, daß nämlich alle oder doch fast alle republikanischen Kandidaten für die Ämter in den Einzelstaaten und für den Kongreß, soweit sie besonders für diese Expansionspolitik eingetreten sind, bei den Wahlen durchfallen." Schurz' zuversichtliche Hoffnung, daß dem Imperialismus durch eine Niederlage der Republikaner ein Ende bereitet werden könne, erwies sich als ebenso unbegründet, wie Hoars Glaube, daß ihr Sieg diese Wirkung haben werde. Während der Friedensvertrag dem Senat zur Bestätigung vorlag, hielten die beiden Männer ernstliche, aber erfolglose Beratungen. Die Hauptschwierigkeit war die, sich auf ein positives Programm zu einigen, nach dem sich in den Philippinen die Ordnung aufrecht erhalten ließ, ohne daß man mit bewaffneter Hand von den Inseln Besitz ergriff. Hoar nahm Schurz' Anregung an, die Frage sei durch einen Kongreß der Großmächte zu entscheiden, der eine gemeinsame Bürgschaft für stabile Regierung und Autonomie der Inseln übernehmen sollte. Aber dieser Plan verstieß, wie jeder andere vorgeschlagene, gegen den Geist des Chauvinismus, den der Krieg erweckt hatte, und in Ermangelung jedes praktisch durchführbaren Planes, die Philippinen sich selbst zu überlassen, wurde im Februar 1899 der Vertrag ratifiziert, der die Philippinen unter die Herrschaft der Vereinigten Staaten stellte. Es folgten dann die langen Kämpfe zur Unterwerfung der Eingebornen mit all den gräßlichen Vorfällen, die solch ein Krieg mit tieferstehenden Rassen im Gefolge zu haben pflegt.

Der Gang der Ereignisse feuerte Carl Schurz zu einer Anzahl von Reden an, in denen er gegen diese neue und gefährliche Strömung im politischen Leben der Nation warnend seine Stimme erhob. Er konnte und wollte es nicht glauben, daß der Ruf nach Expansion etwas anderes sei als eine vorübergehende Verirrung, die sich mit der Zeit bei kluger Behandlung geben müsse. Mit unermüdlichem Eifer legte er seinen Zuhörern die Lehren der Geschichte und der Vernunft ans Herz, die bewiesen, daß die neue imperialistische Strömung mit den Institutionen und Überlieferungen der Republik unvereinbar seien. Am 4. Januar 1899 hielt er in der Universität von Chicago und am 7. April in Philadelphia eine ausführliche Ansprache über die großen Tagesfragen. Unterdessen organisierte sich die verhältnismäßig kleine und zerstreute, aber überzeugungstreue Schar derer, die den von ihm vertretenen Standpunkt teilten, zu einer Propaganda gegen den Imperialismus, und Carl Schurz trat ihnen sofort bei. Im November 1898 war er zum stellvertretenden Vorsitzenden des „antiimperialistischen Vereins" gewählt worden, der sein Hauptquartier in Boston aufgeschlagen hatte, und von da an war er der unermüdliche Ratgeber in allen Phasen der Tätigkeit des Vereins.

Der Bruch mit Roosevelt, der doch halb Unabhängiger und Reformer war, und die freundlichen Beziehungen zu Senator Hoar, dem Hochschutzzöllner und eifrigen Parteimann, beweisen in gleichem Maße, wie tief Carl Schurz davon überzeugt war, daß alle andern politischen Fragen vor derjenigen der Expansion zurücktreten müßten. Als die Präsidentenwahl von 1900 herannahte, befürchtete er, daß die Unpopularität seiner Ansichten über den Imperialismus der Sache der Zivildienstreform unwiderruflichen Schaden zufügen könnte. Und so erklärte er, eine Wiederwahl zum

Leiter des Nationalbundes und des New Yorker Zweigvereins ablehnen zu müssen. Auf die dringenden Bitten seiner alten Mitarbeiter willigte er schließlich ein, sein Amt als Vorsitzender des New Yorker Vereins beizubehalten, bestand aber darauf, die offizielle Leitung des Nationalbundes niederzulegen.

Es war ziemlich klar, daß Bryan und McKinley sich im Jahre 1900 wiederum als Präsidentschaftskandidaten gegenüberstehen und daß die Demokraten sich gegen den Imperialismus erklären würden. Carl Schurz gab daher bald zu erkennen, daß er beabsichtige, für Bryan zu stimmen. Schon am 5. November 1899 sprach er in einem Briefe an einen Freund seinen tiefen Widerwillen gegen die Firma Bryan und die Firma McKinley-Hanna aus, erklärte jedoch, wenn er gezwungen werde, zwischen diesen beiden zu wählen, so werde er es für seine Pflicht, eine gräuliche Pflicht, betrachten, alle persönlichen Bedenken herunterzuwürgen und um jeden Preis den Imperialismus zu schlagen oder doch den Versuch dazu zu machen. Während des Winters und Frühlings beteiligte er sich rege an den Bemühungen zum Zusammenschluß der verschiedenen demokratischen Fraktionen, die sich 1896 über die Silberfrage getrennt hatten. Die Hauptrolle spielte bei diesen Bemühungen für Schurz die Hoffnung, die sie boten, dem Imperialismus den geschlossenen Widerstand einer ganzen Partei entgegenzustellen und gleichzeitig bei den Demokraten die Frage der freien Silberprägung in den Hintergrund zu drängen. Um auf die Wahlleiter Bryans den denkbar größten Druck auszuüben, hielten die „antiimperialistischen Vereine" während des ganzen Frühjahrs eine lebhafte Agitation gegen die Maßnahmen aufrecht, die die Regierung zur Unterwerfung der Filipinos getroffen hatte. Dieser Bewegung lieh Carl Schurz nicht nur unermüdlich seinen Rat, sondern er trat auch am 24. Mai 1900 vor einer Massenversammlung der Antiimperialisten in Cooper Union in New York in einer eingehenden Rede dafür ein. Eine Zeitlang rechnete er zuversichtlich darauf, die Freisilberdemokraten in ein Werkzeug zur Wiederbelebung der alten amerikanischen Ideale umzuschaffen und Bryan zum kühnen Kampfe für die Freiheit der Inseln zu ermutigen. Der Konvent in Kansas City versetzte jedoch seinen Hoffnungen einen argen Stoß. Die Demokraten, die Bryan nominierten, nahmen allerdings energisch Stellung gegen den Imperialismus und erklärten dies ausdrücklich als die Hauptfrage bei den Wahlen; aber mit diesen befriedigenden Erklärungen verband man die Wiederholung des extremen Silberfreiprägungsprogramms von 1896 in aller Form, und Bryan selbst widmete während des Wahlkampfes der Silberfrage eine solche intensive Aufmerksamkeit, daß er sich alle Wähler, die eine Wiederaufnahme der Währungsfrage noch für möglich hielten, entfremdete.

Als sich voraussehen ließ, daß der Wahlkampf diese unerfreuliche Wendung nehmen werde, bemühte sich eine Anzahl von Schurz' Freunden verschiedentlich, die Aufstellung eines dritten Kandidaten, der das Vertrauen der Wähler hätte, herbeizuführen. Carl Schurz folgte ihren mannigfachen Versuchen mit Anteil und Sympathie, aber ihr völliger Mißerfolg überraschte ihn kaum. Vor die Alternative gestellt, die er fast ein Jahr zuvor vorausgesehen hatte, erklärte er sich für Bryan, wie er sich vier Jahre vorher für McKinley erklärt hatte, indem er sein Augenmerk ganz allein darauf richtete, die Niederlage des Gegenkandidaten herbeizuführen. Wie schmerzlich ihm das auch persönlich und wie unpopulär es sein mochte, für ihn gab es kein Schwanken. Hundertfach größeres Unrecht und Unheil, als er ein Menschenalter früher mit Bezug auf Santo Domingo und Westindien vorausgesehen oder auch nur gefürchtet hatte, war nun wirklich im Orient geschehen. Sein tiefstes Empfinden kam in einem Briefe an Charles Francis Adams zum Ausdruck: „Ich habe sorgfältig und eingehend alle Vorgänge in ihren Einzelheiten und ihrer Bedeutung erwogen und bin dabei zu der felsenfesten Überzeugung gekommen, daß die Geschichte unseres Versuches, die Philippinen zu erobern, eine Geschichte des Betruges, falscher Vorspiegelungen und des brutalen Verrates von Freunden ist. Wir haben uns eine verfassungswidrige Gewalt angemaßt, die Grundprinzipien unserer Demokratie im Stich gelassen, unsere Soldaten mutwillig in einer ungerechten Sache geopfert, Unschuldige grausam hingemordet und so eine in der Geschichte der Republiken unerhörte, entsetzliche Blutschuld auf uns geladen. Diese

Politik muß ganz unausbleiblich über unser Land Gefahren, Verrohung, Schande und Unheil heraufbeschwören, die in ihren schließlichen Folgen unendlich viel verderblicher sein werden, als alles, was man uns als wahrscheinliches Resultat der Niederlage McKinleys prophezeit. Das ist meine ehrliche Überzeugung. Ich kann es daher vor meinem Gewissen nicht verantworten, durch Abgabe meiner Stimme indirekt dieser Politik meine Billigung auszusprechen und sie zu ermutigen, und ich kann auch andern nicht raten, dies zu tun."

Sein Hauptanteil an dem Wahlkampf bestand in einer Rede, die er am 28. September in einer vom „antiimperialistischen Verein" einberufenen Versammlung im Saal der Cooper Union hielt. Am 5. November schrieb er wieder an Adams: „Lassen Sie mich Ihnen am Vorabend der Wahl sagen, daß ich schon seit geraumer Zeit nicht mehr auf Bryans Sieg rechne." Der Grund für dieses Gefühl war die Haltung des Kandidaten in der Frage der Freisilberprägung. Carl Schurz fügte hinzu, er habe einmal daran gedacht, sich gänzlich vom Wahlkampfe zurückzuziehen und den Dingen ihren Lauf zu lassen, aber er sei, wie im Jahre 1872, bei dem Kampfe zwischen Greeley und Grant, zu dem Schlusse gelangt, daß sich trotz des Kandidaten etwas erreichen lasse, wenn er aktiv für die gute Sache eintrete. Als Bryan in einer öffentlichen Rede in New York ausrief: „Groß ist Tammany Hall und Croker ist sein Prophet!", gab Schurz seinem ganzen Ekel darüber in den Worten Ausdruck: „Ah, war das nicht scheußlich!" Einige Monate später schrieb er an einen alten deutschen Freund über diesen Wahlkampf: „Meine damalige Lage war, wie Sie wohl begriffen haben, ein wahres Martyrium.... Daß die Sache, gegen die ich sprach, bei der Wahl siegen werde, war mir vollkommen klar; aber wenn ich nicht Protest dagegen eingelegt hätte, hätte ich meine ganze Existenz als sittlicher Mensch Lügen gestraft."

Der überwältigende Sieg McKinleys im Jahre 1900 versetzte Carl Schurz in die trübste Stimmung. Sein Glaube an das amerikanische Volk und an die Zukunft seiner Institutionen war tief erschüttert. Er konnte sich keinem Zweifel darüber hingeben, daß die Haltung der Regierung in den Philippinen bei der großen Mehrzahl der Wähler Billigung fand. Aber es lag nicht in seiner Natur, eine so gerechte Sache aufzugeben. Er unterstützte auch ferner die Agitation der Antiimperialisten, die es sich jetzt zum besondern Ziel setzten, einmal die Verrohung des Heeres, wie sie sich in dem unmenschlichen Vorgehen bei der Unterjochung der Filipinos kund gab, bloßzulegen und ihr Einhalt zu tun, und zweitens von der Regierung der Vereinigten Staaten eine förmliche, bindende Zusage zu erlangen, daß die Unabhängigkeit der Filipinos der Endzweck ihrer Politik sei. Carl Schurz' Rat und gewandte Feder trug, nachdem Roosevelt als Nachfolger McKinleys 1901 ins Weiße Haus eingezogen war, bedeutend dazu bei, daß den Grausamkeiten ein Ende gemacht wurde und eine offizielle Erklärung erfolgte, die, wenn auch mit Bezug auf den Zeitpunkt ganz unbestimmt, doch die künftige Unabhängigkeit der Filipinos in Aussicht stellte.

Es verging kaum ein Jahr, in dem Carl Schurz sich nicht irgendwie an einer der Fragen der städtischen Verwaltung oder des allgemeinen Interesses tätig beteiligte. Bei der Bürgermeisterwahl von 1901 schrieb und sprach er für Seth Low, den Kandidaten der „Fusion", die sich aus reformfreundlichen Elementen und der republikanischen Partei gebildet hatte, obgleich der demokratische Gegenkandidat, Edward M. Shepard, sein intimer Freund und politischer Gesinnungsgenosse war. Shepard hatte die etwas abenteuerliche Idee, er könne sich des Einflusses von Tammany Hall bei der Wahl bedienen und dann doch seine Reformpläne durchführen. Carl Schurz beklagte dieses Verhalten, ohne die Beweggründe des Freundes in Zweifel zu ziehen. Jeder ehrte des andern Ziele und die Fähigkeit, mit der er sie vertrat, und der Wahlkampf, der mit Shepards Niederlage endete, ließ in den persönlichen Beziehungen der beiden Freunde keine Verstimmung zurück.

Während der auf 1900 folgenden Jahre widmete sich Carl Schurz auch angelegentlich der Sache der Zivildienstreform, besonders im Staate und in der Stadt New York. Der durch Bryan veranlaßte Zusammenbruch der demokratischen Partei im Osten und Roosevelts Weggang nach Washington lieferten den Staat New York einer republikanischen „Maschine" aus, deren Geist und Verhalten

Schurz besonders anstößig und den Reformen, für die er mit solcher Hingabe gewirkt hatte, feindselig war. Als Vorsitzender des New Yorker Vereins für Zivildienstreform blieb er dauernd mit den einander bekämpfenden Strömungen in Fühlung und war mit ungeschwächtem Eifer im Dienste dieser Sache tätig. Die Ansprüche, die diese Frage allein an seine Zeit und Kraft stellten, waren außerordentlich groß.

Die Umstände, unter denen sich die Präsidentenwahl von 1904 abspielte, waren für Schurz sehr ermutigend. Beide Parteien hatten sich für schließliche Freigebung der Philippinen erklärt; die Republikaner waren durch die Rede des zeitweiligen Vorsitzenden des Konvents, Elihu Root, dazu verpflichtet, die Demokraten aber hatten sich in aller Form in ihrem Wahlaufruf dafür ausgesprochen. Diese Tatsache verringerte Schurz' Sorge über diese Seite des Imperialismus bedeutend. Sonstige wichtige politische Fragen und die Persönlichkeit der beiden Kandidaten wirkten zusammen, so daß Schurz dem Demokraten Parker den Vorzug vor dem Republikaner Roosevelt gab. Von dem nun Fünfundsiebzigjährigen durfte man kaum erwarten, daß er sich aktiv als Redner bei dem Wahlkampf beteiligen werde. Aber er trug doch seinen Teil zu den öffentlichen Erörterungen in Form eines Briefes bei, den er an den Schriftführer des „Parker Independent Club" richtete und der durch seine zwingende Kraft und erschöpfende Darlegung bewies, daß seine geistigen Fähigkeiten noch auf der alten Höhe standen. Dieser Brief fand weiteste Verbreitung, und Richter Parker selbst erklärte vier Wochen vor den Wahlen, er sei „die wertvollste Beisteuer, die bis dahin zum Wahlkampfe gemacht worden sei."

Obschon Carl Schurz auf die Tätigkeit als politischer Redner mit ihren großen Strapazen bei seinen Jahren nun dauernd verzichten mußte, so war er doch bei andern Gelegenheiten noch sehr als Redner gesucht, und er konnte es verschiedentlich nicht über sich gewinnen, solche Einladungen abzuschlagen. So war er 1904 auf der Weltausstellung von St. Louis am „Deutschen Tage" einer der Festredner; im selben Jahre sprach er auf der Konferenz über internationale Schiedsgerichte in Carnegie Hall in New York. Im Juni

1905 war er der Gast der Universität von Wisconsin, um den Hut eines Ehrendoktors der Rechte zu empfangen, und hielt die bei solchen Gelegenheiten an vielen Universitäten übliche Ansprache.

Schon vor dieser Zeit jedoch hatte die Freude am öffentlichen Reden viel von ihrem früheren Reiz für ihn eingebüßt, zweifellos, weil er, je älter er wurde, desto sorgfältiger bei der Vorbereitung zu Werke ging, während seine körperlichen Kräfte naturgemäß abnahmen. Im November 1903 bat Ch. F. Adams als Präsident der Historischen Gesellschaft von Massachusetts, ihn dringend, bei einer Gedenkfeier zu Ehren des vor kurzem verstorbenen Theodor Mommsen, vor dieser Gesellschaft, zu deren wenigen Ehrenmitgliedern Carl Schurz und der große deutsche Geschichtschreiber gehörten, die Rede zu halten. Schurz' Antwort in einem Privatbrief an Adams zeigte, daß er lebhaft wünschte, sich einer so ernsthaften und mühevollen Aufgabe zu entziehen, und halb im Scherz und halb im Ernst versicherte er: „Wenn ich etwas hasse, so ist es das Redenhalten. Es ist der Fluch meines Lebens." Er hielt aber doch eine zwanglose Ansprache vor der Gesellschaft, denn er wußte die Ehre, die sie ihm erwies, wohl zu schätzen, und er mochte sich die Gelegenheit nicht entgehen lassen, seiner Bewunderung für Mommsen vor einer gelehrten und auserlesenen Gesellschaft, die in der Mehrzahl aus persönlichen Freunden bestand, Ausdruck zu verleihen.

Einen triftigen Grund zur Ablehnung fast aller Einladungen, öffentlich als Redner aufzutreten, lieferte ihm sein lebhaftes Interesse an seiner rein literarischen Tätigkeit; denn er hatte sich nun endlich an die systematische Ausarbeitung seiner Memoiren begeben. In einem Briefe vom 23. August 1901 schrieb er: „Ich habe in diesem Sommer einiges von meinen Lebenserinnerungen aufgezeichnet und fange an, Freude an der Arbeit zu finden." Er bedauerte, daß er kein Tagebuch geführt habe, da er dann nicht Gefahr gelaufen wäre, Dinge zu erzählen, „von denen wir nur glauben, daß wir uns ihrer erinnern", und erzählte im Anschluß daran von einer Unterhaltung mit dem deutschen Historiker Sybel: Nach einem seiner Besuche bei Bismarck fragte ihn Sybel, was der große Kanzler ihm über den Ausbruch des deutsch-französischen Krieges gesagt habe. Als Schurz ihm die Worte des Kanzlers wiederholte, bemerkte Sybel lächelnd: „Na ja, Bismarck hat die Geschichte so oft erzählt, daß er sie nun schließlich selbst glaubt."

Die Methode, die Carl Schurz bei seiner Arbeit befolgte, war vielmehr die eines Historikers als die eines bloßen Sammlers von einzelnen amüsanten oder interessanten Lebenserinnerungen und erforderte deshalb große Mühewaltung. Sein Eifer wuchs mit dem Fortschreiten des Werkes, und doch lockte es ihn, auf den die Gegenwart immer einen stärkeren Reiz ausübte als die Vergangenheit, noch einmal in ein anderes, wenn auch verwandtes Gebiet. Als er jetzt die eigenen frühen Erlebnisse im politischen Leben Amerikas an seinem geistigen Auge vorüberziehen ließ, versetzten diese ihn in die Stimmungen und Gefühle zurück, die einst die große Frage der Sklaverei in ihm erweckt hatten. Und da gerade zu dieser Zeit in der öffentlichen Diskussion die beunruhigenden Zustände im Süden, wo die Weißen mit allen ihnen zu Gebote stehenden Mitteln die Neger an der Ausübung ihrer politischen Rechte zu hindern fortfuhren, an der Tagesordnung waren, so wandte sich Schurz unter diesem doppelten Antriebe von neuem der Negerfrage zu. Sein Aufsatz über dieses Thema erschien im Januar 1904 in „McClures Magazine". Er war wesentlich von demselben Geiste beseelt, wie seine beiden früheren Arbeiten über die gleiche Frage, die er im Abstande von zwanzig Jahren geschrieben hatte, der Bericht an Präsident Johnson vom Jahre 1865 und die Broschüre vom Jahre 1885 mit dem Titel: „Der neue Süden". Die Entwicklung der letzten zwei Jahrzehnte gaben ihm keinen Grund, seine frühere Diagnose der Schwierigkeiten im Süden oder die damals vorgeschriebenen Mittel zu ihrer Abstellung zu verwerfen. Daß man die Schwarzen an der Ausübung ihrer politischen Rechte hinderte, beklagte er als für beide Rassen gefahrvoll, und er predigte eindringlich das Evangelium der Erziehung zu wirtschaftlicher und sozialer Brauchbarkeit, als des einzigen Heilweges für die Neger sowohl, als für die gesamte Bevölkerung des Südens. Es war sein glühender Wunsch, eine vorurteilsfreie Erörterung des Gegenstandes anzuregen, und er hoffte zuversichtlich, aus dem reichen Schatze seiner Erfahrung und seiner Studien etwas zur Lösung der Frage beisteuern zu können. Aber die herrschende Zeitstimmung war seinen Anschauungen abgeneigt. Die Expansion hatte die Vorstellung von „tieferstehenden Rassen" nur noch verstärkt und so mit Bezug auf die Neger einer Auffassung zum Siege verholfen, für die Schurz freilich nicht eintreten konnte. Den Zweck seines Aufsatzes beschrieb er einem Freunde mit diesen Worten: „Die sittliche und ideale Seite der Frage habe ich nur ganz leise berührt und mich auf praktische Erwägungen beschränkt in dem Wunsche, bei der besseren Klasse der Südstaatler ohne Rücksicht der Partei eine gewisse praktische Wirkung hervorzubringen. Aus demselben Grunde habe ich es auch vermieden, die Tatsache besonders zu betonen, daß zwischen der Behandlung der Neger und der imperialistischen Politik eine große Wahlverwandtschaft besteht."

Mittlerweile machten seine „Lebenserinnerungen" ständige und erfreuliche Fortschritte. Im Herbst 1905 fing der frühste Teil in „McClures Magazine" in Lieferungen zu erscheinen an und brachte dem Verfasser eine reiche Fülle von anerkennenden Schreiben aus beiden Weltteilen. Der Erfolg des Werkes war gleich beim Anfang seines Erscheinens gesichert, ob man es nun vom geschichtlichen, biographischen oder literarischen Standpunkte aus betrachtete, und er erfüllte Carl Schurz mit tiefer und inniger Genugtuung. Wohl der bedeutendste lebende amerikanische Schriftsteller fällte das Urteil: „Die erste Lieferung der Selbstbiographie von Carl Schurz zählt zu den schönsten, wert- und reizvollsten literarischen Erzeugnissen, die ich je gelesen habe."

Die außerordentlich günstige Aufnahme, die seine Lebensbeschreibung fand, war Schurz ein Sporn zu frischer und wohlgemuter Tätigkeit, aber die Fühlung mit den öffentlichen Fragen verlor er auch jetzt nicht. Die Sache der Antiimperialisten lag ihm besonders am Herzen, und er lebte der frohen Hoffnung, den Tag der Unabhängigkeit der Philippinen beschleunigen zu können. Im März 1906 glaubte er bestimmt, wie er sich in einem Briefe ausdrückte, daß „die öffentliche Meinung eine seinem Standpunkte entschieden günstige Wendung nehme", und er machte allerlei Vorschläge zur Förderung seiner Bestrebungen.

An einen alten Freund, mit dem er im privaten Briefwechsel stand, schrieb er optimistisch im Februar 1906, kaum vierzehn Tage vor Abschluß seines siebenundsiebzigsten Lebensjahres: „Wenn ich meine Memoiren fertig habe, nehme ich den Sumner vor und führe ihn zu Ende." In seinem Herzen schien nur Raum für heitere Empfindungen — jetzt, wo er sich ganz dem Genuß einer erfolgreichen und mit großem Beifall aufgenommenen literarischen Tätigkeit hingeben konnte. Sieben Jahre waren seit dem 2. März verflossen, an dem er sein siebzigstes Jahr vollendet hatte. Jenen Tag hatte man mit zwei Banketten festlich begangen, von denen seine amerikanischen Freunde das eine bei Delmonico, der „Deutsche Liederkranz" das andere in seinem Vereinshause veranstaltete. Bei beiden Gelegenheiten hatte eine große Anzahl hochangesehener Männer der langen Reihe seiner Dienste im Interesse des öffentlichen Wohles gedacht und ihn selbst mit Lobeserhebungen und Glückwünschen überschüttet. Der Ton der Wehmut, der bei solchem Anlasse unvermeidlich scheint, hatte weder in seinen Worten noch in seinen Gefühlen einen Widerhall gefunden. Seitdem waren ganz mählich die Jahre gekommen, die das Greisenalter bringen, aber ihre Bürde drückte nicht. Körperlich war er noch rüstig, nur das Ohr war weniger scharf, und ein altes Leiden machte sich vielleicht etwas häufiger bemerkbar. Geistig war er noch frisch und rege wie je. Die Freude, die er stets daran fand, seine Gedanken in treffende Worte zu kleiden, blieb ungeschwächt. Sein Briefwechsel war für einen Privatmann fast unglaublich umfangreich. Der Kreis seiner persönlichen Freundschaften war ebenso ausgedehnt, wie der seines Interesses an öffentlichen Angelegenheiten und nahm so einen großen Teil seiner Zeit und Aufmerksamkeit in Anspruch. Im Laufe der Jahre war sein Name in das Verzeichnis der Beamten vieler wohltätigen und Bildungsvereine gerückt, der politischen Vereine ganz zu geschweigen, an denen er sein ganzes Leben lang regsten Anteil genommen hatte. Das germanische Museum der Harvard Universität, die germanistische Gesellschaft von Amerika, die nationale Schiedsgerichtsvereinigung, die New Yorker Hilfsgesellschaft für Armenpflege und die Gesellschaft zur Errichtung eines Denkmals für General Siegel in New York sind nur einige von den Körperschaften, die seinen Namen auf der Liste ihrer Leiter führten und die auf seine rege Teilnahme und tätige Beihilfe rechnen durften.

Mit seinen vier Kindern, zwei Töchtern und zwei Söhnen, führte er ein höchst glückliches Familienleben, bis ihm im Sommer 1900 ein grausames Geschick den jüngsten, Herbert, an der Schwelle eines vielversprechenden Mannesalters entriß. Während der neunziger Jahre wohnte er eine Zeitlang in Pocantico Hills im Staate New York. Dort fand er solchen Genuß an seiner geräumigen und reich ausgestatteten Bücherei, an der kräftigenden Landluft und der malerischen Umgebung, daß der Zauber, den nahe Beziehungen zu öffentlichen Angelegenheiten und zu tätigen, geistvollen Menschen auf ihn ausübten, fast seine Kraft verlor. Später wohnte er mehrere Jahre in New York in der 64. Straße. Von dort zog er 1902 in ein Haus in der 91. Straße und wurde so der Nachbar seines warmen Freundes Andrew Carnegie. Dort wohnte er von nun an, wenn er in der Stadt war. Während seiner letzten Jahre verbrachte er verschiedentlich die rauhe Jahreszeit in Augusta, Georgia, den Sommer aber immer in den Bergen bei Bolton Landing an dem Ufer des Lake George im Staate New York. Hier war sein nächster Nachbar der liebste seiner alten Freunde, Dr. Abraham Jacobi, und in unmittelbarer Nähe hatten sich eine Anzahl deutschamerikanischer Familien angesiedelt, die ihn als ihren Schutzpatron verehrten und für die er alle eine fast väterliche Zuneigung hegte.

Der ernste Ton aller seiner öffentlichen Reden hat Anlaß zu der weitverbreiteten Vorstellung gegeben, daß er eine harte und kalte Natur gewesen sei, ohne Humor und den Freuden der Geselligkeit abhold. Das ist aber ein großer Irrtum. Die Vögel, die in den Zweigen sangen, wenn er seine Lieblingswege im Walde durchschritt, konnten kaum fröhlicher sein als er. Im Familienkreis, unter Verwandten und intimen Freunden sprudelte sein Humor unaufhörlich. Scherzreden über allerlei Dinge, ernste und unbedeutende, die neueste amüsante Neuigkeit, die Erzählung komischer Erlebnisse und Träume, harmloser Spott und Übertreibung und eine unersättliche Freude am Komischen machten ihn in seinen Mußestunden zum liebenswürdigsten und unterhaltendsten Gesellschafter. Wer jemals das Glück gehabt hat, im intimen Kreise an seinem Tische zu sitzen, kann sein behagliches Lachen nicht vergessen, und wie natürlich und anspruchslos er seine Anekdoten zum besten gab, allerlei heitere Späße vorbrachte und dann in die allgemeine Heiterkeit einstimmte, die sie hervorriefen. Glücklicherweise läßt seine Selbstbiographie solche Stimmungen durchblicken und überliefert der Nachwelt einige Spuren der Jovialität und des Frohsinns, die das Privatleben des Mannes durchwärmten, ein Leben, so schön in seiner Schlichtheit, so reizvoll in der glücklichen Mischung von Ernst und Heiterkeit, von hohem Streben und weisem Sichbescheiden.

Jemehr er sich dem „unentdeckten Lande" näherte, „von des Bezirk kein Wandrer wiederkehrt", desto heiterer schien er zu werden. Bald nach seiner Rückkehr aus dem Süden schrieb er Mitte April 1906 an einen intimen Freund und erkundigte sich eifrig nach den Aussichten in der Frage der Philippinen. „Ich bin vorigen Samstag aus dem Süden heimgekehrt und bis jetzt einem Anfall des Bronchialleidens, das mich sonst um diese Zeit zu plagen pflegte, glücklich entgangen. Außer dem Alter kann ich kaum über etwas klagen." Nur wenige Tage später zeigten sich Symptome, die bald sehr ernst wurden. Als das Leiden sich verschlimmerte, konnte er in den sorgenvollen Mienen seiner Kinder lesen, daß sein Zustand hoffnungslos sei. Ruhig fügte er sich in sein Geschick, traf einige Anordnungen über sein so plötzlich abgebrochenes Werk und sagte, er bedauere nur schmerzlich, daß er seine Memoiren unvollendet lassen müsse. Als er von den Seinen Abschied nahm, suchte er sie mit der Versicherung zu trösten: „Es ist so einfach zu sterben." Das Ende kam in den frühen Morgenstunden des 14. Mai 1906.

Personen-Register.

Adams, Charles Francis 162. 211. 382. 386. 396. 479. 480. 483.
—, Ch. F. jun. 396.
—, Henry 396.
Allen, William, Gouverneur 162. 397.
Altgeld, Gouverneur 462. 464.
Althaus, Friedr. 92. 96. 137. 141. 156. 208. 211. 261.
Andrews, Politiker 162.
Anneke 57. 159.
Arthur, Präsident 435. 440.
Abholter 36. 39.

Babcock, General 350. 358. 359.
Bancroft, F. 299. 300. 339.
Banks, Gouverneur 162.
Barstow, Gouverneur 132.
Bates 177.
Bayard, Senator 343. 438. 441.
Belknap, Kriegsminister 390.
Benton 331.
Bingham 308.
Bismarck 279. 301. 302. 304. 368. 483. 484.
Black, Gouverneur 460.
Blaine 373. 398. 399. 401. 403. 404. 405. 423. 426. 430. 436. 437. 438. 439. 444. 450. 468.
Blair, Frank 169. 380. 385.
Blau, Max 339.
Bollert, Dr. M. 66.
Bolton 111.
—, Sarah 108.
Booth, Edwin 174. 300.
Boutwell 308.
Bowles, Samuel 361. 383. 384. 396. 399.
Brachvogel, Udo 296.
Brewer, Gardner 161.
Bristow, Finanzminister 398. 399. 401. 402. 406. 407.
Broadhead, Senator 336.
Brockelmanns 119.
Brown, Gratz 348. 382. 385.
Brownlow, Senator 336.
Brune, Gefängniswärter 123.
Bryan, Will. J. 462. 463. 464. 478. 479. 481.
Buchanan 146. 154. 157. 190.
Bucher 299. 300.
Burlingame, Politiker 162.
Butler, General 307. 308. 361. 425.
Byron 3. 4.

Canby, General 249. 268. 269.
Canitz, Graf 21.
Cameron, Senator 357. 361. 382. 391. 405. 426.
Carnegie, Andrew 487.
Carpenter 364. 372. 389.
Casey, Zolleinnehmer 361.
Chandler, Zachariah 355. 361. 404. 405. 408.
Chase 308.
Chittenden 286.
Christine, Königin von Spanien 206.

Clay, Henry 432. 434. 446.
—, Cassius M. 198
Clayton, Senator 463.
Cleveland, Grover, Präsident 432. 438. 439. 440. 441. 443. 445. 449. 450. 451. 452. 453. 455. 460. 462. 465. 469.
Cockrell, General 395.
Colfax, Senatspräsident 310. 311. 336.
Conkling, Roscoe 355. 361. 364. 365. 366. 368. 372. 373. 382. 398. 401. 403. 405. 415. 426.
Cox, J. D., General 396. 407.
Croker 480.
Cumberland 229. 236.
Curtis, George W. 380. 448. 455. 456.
Custer 416.

Damm 140.
Davis, David 382. 386.
Dawes, Senator 421. 424. 446.
Dillon, Abbé 9.
Dolder, Kaufmann 63.
Douglas 157. 175. 177. 178. 180. 183. 185.
Drake, Senator 315. 321. 327. 329. 330. 331. 332. 446.
Dundy, Richter 419. 421.
Dunning, W. A. 339.

Ernsthausen 34.
d'Ester 140.
Evarts 406. 407.

Falkenthal, Ferd. 66. 117.
Fenton 367.
Ferry, Senator 361. 390.
Fessenden 350.
Flanagan 428.
Flatten 2.
Fletcher, Gouverneur 274.
Fox, Minister 433.
Fremont 146. 147. 154. 210. 216. 241. 244.
Froebel, Julius 148.

Garfield, James 427. 428. 429. 430. 435. 458.
Garibaldi 192.
Garland 441.
Geary 238.
Gerstäcker, Friedr. 297.
Gill, Senator 185.
Gissem 118.
Godkin, E. L. 396. 432. 433.
Gögg 95.
Göpp 184.
Goethe 13.
Grant 248. 249. 252. 253. 257. 295. 298. 307. 308. 310. 314. 318. 320. 326. 327. 328. 333. 334. 337. 342. 343. 349. 350. 351. 354. 355. 357. 358. 359. 361. 362. 365. 372. 378. 379. 381. 382. 388. 389. 391. 394. 396. 398. 403. 413. 414. 416. 417. 426. 427. 468. 480.
Greeley, Horace 196. 361. 382. 383. 384. 385. 387. 410. 480.
Gregorovius 138.
Grenville, Minister 433.
Griebel 29.
Grimes, Senator 196.
Grimm 22.
Grow, Kongreßmitglied 167.
Grund, Journalist 456.
Grysar 5.
Gully, Dr. 139.

Hahn, Gouverneur 270.
Halstead, Murat 361. 396. 397. 407.
Hamilton, Gail 423.
Hancock, General 311. 429.
Hanna, Mark 463. 464. 478.
Harlan 407.

Harper & Brothers 448.
Harrison, Präsident 447. 449. 450. 458. 469.
Harvey 172.
Hawley 407.
Hayes, Rutherford B. 397. 401. 402. 403. 404. 405. 406. 407. 409. 410. 414. 419. 423. 426. 428. 430. 440. 447.
Hecker 113. 116. 147. 148. 181. 297.
Hegel 8.
Heim 23.
Heinzen 334.
Helläuglein, Indianermädchen 420. 422.
Henderson, Senator 315. 316. 327. 328. 472.
Herborn 32.
Heribert 61. 64. 65. 118.
Herzen 143. 210.
Heß, Frau 62.
Hilgard, Heinrich 432.
Hill, David B. 450. 452. 460.
Hittorf 63. 75.
Hoar, George F., Senator 475. 476. 477.
Hobart 172.
Hoffmann, Major 216. 219.
Holmes 162.
Hölscher 3.
Hooker, General 223. 238. 240. 246. 253.
Howard, General 239. 272. 273.
Howe, Senator 424.
Hunter 259.

Jackson 127. 216.
—, Frau Helen Hunt 421.
Jacobi, Dr. Abraham 487.
Johnson, Andrew, Präsident 258. 260. 263. 269. 270. 273. 274. 278. 279. 282. 290. 292. 295. 307. 337. 341. 354. 445. 484.
Johnston, General 253. 254. 255. 256. 257. 259.
Jones, Gesandter 352.
Jüssen, Edmund 221.

Kapp 286.
Key, General 408.
Kilpatrick 255.
King, Rufus 219.
Kinkel, Gottfried 39. 49. 55. 63. 66. 70. 72. 75. 80. 81. 85. 86. 87. 88. 101. 117. 123. 129. 145. 153. 159. 303.
—, Frau Johanna 74. 75. 156. 159.
Körner, Gustav 402.
Kossuth 85. 93. 95. 102.

Lamar, Minister 441. 446.
Larrabee 171.
Lee, General 250. 253. 254. 255.
—, Gouverneursekretär 402.
Lehmann, Dr. 82.
Lessing 8.
Lincoln, Abraham 173. 177. 179. 180. 185. 186. 187. 188. 189. 190. 191. 192. 194. 195. 196. 197. 198. 199. 201. 211. 213. 226. 227. 245. 248. 253. 257. 258. 262. 277. 457. 467.
Loan, General 323. 327. 329 330. 331.
Logan 390. 426.
Long, Gouverneur 421.
Longfellow 162. 163. 164.
Low, Seth 466. 481.
Lukas 21.
Lyons, Frau 220.

Mathias-Joseph 61.
v. Manteuffel 79.
Mc Clellan 220. 244.
Mc Kinley, William 450. 463. 464. 465. 466. 470 471. 472. 473. 479. 480. 481.

Meier, Student 63. 64.
Meyer, Adolph 86. 202. 204.
—, Emilie 135.
—, Heinrich 135. 143. 150. 152. 201. 202. 248. 259. 276. 281. 300.
—, Margarethe 86. 87. 89. 96.
Mommsen, Theodor 483.
Morton, Senator 354. 356. 357. 358. 359. 361. 364. 368. 372. 390. 391. 392. 398. 401. 403. 404. 405. 460.
Münch, Friedr. 148. 288. 289.
Muñoz, Gardist 206.

Nattmann 6. 22.
Nordhoff, Charles 396. 397. 399.

Olshausen 312.
Osterhaus, General 267.
Ottendorfer, Oswald 408.
Otterburg 196.
Overbeck 19. 22. 23. 27. 31. 32. 36

Parker 482.
Parkhurst, Dr. Pastor 461.
Paine 178. 199. 200.
Payne, Senator 441.
Perry 206.
Petrasch, Theodor 3. 9. 14. 18. 22. 24. 26. 29. 32. 33. 37. 43. 44. 225. 234. 242. 280. 283.
Phelps 399.
Pierce, Franklin 107.
Platt, T. C. 418. 466.
Poole, Senator 336.
Pope 220.
Potomac 222.
Potter 186.
Preetorius 286. 289. 307. 316.
Prutz 8.
Pütz 6. 22.

Randall, Gouverneur 195.
Raveaux, Franz 21.
Reichenbach, Graf 22.
Reid, Whitelaw 423.
Remington, Waffenhändler 367.
Rianzares, Herzog 206.
Robeson, Marineminister 359.
Ronge, Frau 94.
Roosevelt, Theodor 461. 475. 477. 481-482.
Root, Elihu 482.
Rosecranz 228.
Röser 172.
Rothe 171.

Saal 22.
Sack, Max 36.
Salm, Prinz 265.
Scheck 166.
Scheffer 169.
Schelling 8.
Schetteler, Frau 1.
Schiller 23.
Schimmelfennig 201.
Schirrmacher 22.
Schmidt 23.
Schmitz 26.
Schofield, General 249. 250.
Schurz, Agathe 231.
—, Anna 80. 82. 83. 86. 90.
—, Antonie 75. 80. 82. 311.
—, Christian 53. 60. 63. 64. 65. 72. 75. 80. 201. 205. 212. 213. 215. 218. 221. 222. 224. 236. 238. 239. 241. 274. 323.
—, Emmy 285.
—, Handy 309. 316.
—, Herbert 487.
—, Marianne 1. 2. 90. 214. 220; s. a. Schurz, Christian.
—, Margarethe 100. 104. 108. 109. 113. 121. 122. 126. 129. 130. 131. 133. 135. 138. 142. 153. 157. 159. 161. 163. 164. 168. 170. 171. 173. 174

Schurz, Margarethe 175. 176. 178. 179. 180. 181. 183. 184. 185. 186. 187. 188. 189. 191. 193. 195. 196. 197. 198. 199. 200. 201. 203. 204. 205. 215. 218. 221. 223. 224. 239. 240. 242. 247. 248. 252. 254. 256. 258. 260. 264. 265. 266. 268. 270. 271. 272. 273. 275. 276. 278. 281. 284. 285. 286. 292. 294. 298. 299. 302. 305. 306. 307. 310. 311. 314. 316. 318. 320. 322. 325. 327. 329. 330. 333. 335. 336. 371. 400.
Schütz 140.
Schwarz, Ph. 22. 119.
Seward 177. 182. 194. 197. 199. 201. 259.
Seymour 314.
Shakespeare 3. 5.
Sharkey, General 270.
Shepard, Edward M. 481.
Sheridan, General 249. 292. 295. 416.
Sherman, General 240. 241. 246. 249. 250. 252. 256. 257. 265. 326. 327. 390. 393. 406. 407. 414. 415. 416. 418. 427. 450.
Shields, General 109. 336.
Sigel, General 219. 220. 223. 240. 487.
Sloan, Scott 174.
Slocum, General 255. 268. 270.
Smith, A. D. 173. 174.
—, Kirby 258.
Solger 148.
Speltz 22. 28.
Spinoza 8.
Spraul, Kapitän 216. 219.
Standing Bear, Indianer 419. 420. 421.
Stanton 248. 260. 292.
Steedman, General 265.
Stewart, A. T. 337.
Strodtmann 56. 59. 62. 64. 75. 98.
Strong, W. L. 460
Sybel, Historiker 483.
Sue, Eugen 15.
Sulzbach 55.
Sumner, Senator 247. 273. 274. 343. 344. 350. 353. 354. 355. 357. 358. 359. 362. 363. 365. 369. 371. 373. 378. 380. 394. 467. 486.
—, Georg 164.

Techow 77. 140.
Thomas, General 238. 239. 249. 265. 326.
Thurmann, Senator 343.
Tibbles, Pastor 420. 421. 422
Ticknor u. Fields 284.
Tiedemann, Dr. 79. 109. 175. 217. 218. 219. 220.
Tilden 402. 404. 405.
Tillmann 462.
Tipton, Senator 361.
Trumbull, Senator 343. 361. 365. 381. 382. 386.

Uhland 13.

Vance, Gouverneur 257.
Vosen 8. 21.
Voß, Charlotte 96 138. 159.
Villard (Hilgard) Henry 432.

Wade, Senator 235. 310.
Wagner, Aug. 36
Washington, Präsident 246. 258.
Washburne, E. B. 328.
Weber 28.
v. Weise 7. 23. 31. 32. 42.
Wells, Gouverneur 270.
Werlich, Gebr. 153.
Wermerskirch 219.
Werner 36.
Wesendonck 141. 286.
Wessel 50.

Westendarp, Willy 217. 219.
Whipple 162.
White, Horace 361. 381. 384. 388. 396. 432.
Whitney, William C. 441. 451.
Wilkinson 169.
Willich 101. 102.
Wilson, Senator 161. 162.
Wright, J. 112.

Yerkes 184.

Zschokke 9.

Kolibri 360 GmbH
Ferdinand-Jühlke-Straße 7
99095 Erfurt, Deutschland
produktsicherheit@kolibri360.de